国家科学技术学术著作出版基金资助出版

实验动物管理与使用指南

贺争鸣　李根平　朱德生　卢胜明　主编

科学出版社

北京

内 容 简 介

本书以实验动物法制化和规范化管理为主线，结合《实验动物管理条例》、《实验动物质量管理办法》和“北京实验动物管理规范及质量标准研究”课题研究成果，并参考近 5 年国内外实验动物管理与使用的相关文件，力求全面、准确、完整地介绍相关管理机构、法律法规、部门规章、技术标准和管理措施，以及近 30 种实验（用）动物及转基因动物管理的技术要求与应用。

本书可作为科技主管部门、实验动物生产和使用单位管理实验动物工作的技术依据，也可作为从事医学实验研究、产品质量检验人员、医学院校教师和研究生的参考用书。

图书在版编目（CIP）数据

实验动物管理与使用指南/贺争鸣等主编. —北京：科学出版社, 2016.5
ISBN 978-7-03-048261-7

Ⅰ.①实… Ⅱ.①贺… Ⅲ. ①实验动物–管理–指南 Ⅳ.①Q95-331

中国版本图书馆 CIP 数据核字(2016)第 099916 号

责任编辑：夏 梁 / 责任校对：李 影
责任印制：张 伟 / 封面设计：北京铭轩堂广告设计公司

科 学 出 版 社 出版
北京东黄城根北街 16 号
邮政编码：100717
http://www.sciencep.com

北京虎彩文化传播有限公司 印刷
科学出版社发行 各地新华书店经销
*
2016 年 5 月第 一 版 开本：787×1092 1/16
2022 年 2 月第五次印刷 印张：30 1/4
字数：695 000

定价：180.00 元

编 委 会

序

实验动物质量是实验动物管理的核心内容。为加强用于生命科学和生物技术研究的实验动物的管理，已有几十个国家和国际组织先后发布并实施了实验动物管理和使用指南，以加强实验动物的规范化、标准化管理，推动实验动物科技工作的进步和生命科学的发展。科技部于 1988 年发布实施了《实验动物管理条例》，目前已有五个省市通过人大立法发布了地方的《实验动物管理条例》，《中国药典》（2015 年版，三部）也提出了实验动物质量和管理要求。但是，从目前我国已有的管理法规看，涉及的实验动物种类还十分有限，一些已经广泛用于产品法定检验和生物技术产品生产的实验（用）动物还没有纳入管理范围，导致使用随意性较强，规范化管理缺失，造成实验动物饲养管理和使用及相关产品的安全性存在隐患。

由贺争鸣研究员、李根平研究员、朱德生教授和卢胜明研究员领衔，联合国内实验动物及相关领域的专家和学者，共同编写《实验动物管理与使用指南》一书，提出了近 30 种（国家标准和地方标准仅对其中 12 种实验动物提出要求）实验（用）动物的质量管理要求和使用要求，为科技主管部门实施全方位的管理提供依据，这将极大地促进我国实验动物管理水平的提升。

该书以实验动物管理的基本元素为基础，以推动生命科学研究为主线，从多角度和多层面较为系统地阐述了实验动物管理与生命科学研究的内在关系，明确提出各种实验（用）动物的管理技术要求，实属难得。有些资料是作者的研究成果和长年积累，首次发表，难能可贵。总之，该书是我国第一部较为全面的实验动物管理的专业著作。相信该书的出版对加快我国实验动物监管工作立法、推动实验动物规范管理和使用，以及促进生命科学的发展具有现实意义。

中国科学院院士

2015 年 10 月 21 日

前　言

实验动物科学是生命科学的重要组成部分，对生命科学研究和生物技术发展起着不可或缺的支撑保障作用。推动实验动物质量的标准化，依法管理实验动物的科学研究、生产与应用，保证动物实验结果的可靠性，是科技进步、经济社会发展和对外开放的需要，具有重大的现实意义。

自1988年以来，我国颁布了《实验动物管理条例》及一系列的行政规章和技术标准，北京、湖北、云南、黑龙江和广东等省市先后通过人大为实验动物管理立法，其他省市也采取不同的形式发布了实验动物管理办法或实施细则，使我国实验动物质量的标准化、生产与使用的规范化和管理工作的法制化水平得到提升。但随着生命科学和生物技术的飞速发展，对实验动物工作的科学监管和技术支撑能力与服务水平提出了新的、更高的要求，因法规、规章和技术标准（或技术规范）的滞后而突现管理缺失或不到位，造成依法实施行政许可和科学监管的疲软与管理漏洞。

本书的编写正是顺应这种发展势态，在查阅国外实验动物管理法规和规范的基础上，系统收集、分类整理和综合分析了我国30多年来的管理经验，组织有关专家完成了《实验动物管理与使用指南》。

《实验动物管理与使用指南》包括七部分内容（组织机构、法规、标准及通用技术要求，相关支撑条件与生物安全，从业人员与职业健康，哺乳类实验动物，禽类实验动物，水生实验动物，其他实验用动物）共35章，涵盖了管理法规与质量标准、生物安全与应急管理、健康检查与卫生防疫、环境条件与操作技术，以及各种实验动物的生物学特性、繁育技术和饲养管理等。既包括目前国家、行业和地方标准中涉及的13种动物（小鼠、大鼠、豚鼠、地鼠、家兔、犬、猴、小型猪、鸡、斑马鱼和剑尾鱼、树鼩、实验用羊），也包括目前既无国家标准、又无行业和地方标准，但在实际中已广泛用于研究和产品生产的实验用动物（长爪沙鼠、猫、雪貂、马、牛、鸭、鹅、鸽、鹌鹑、两栖类、家蚕、果蝇、秀丽隐杆线虫、蚊、稀有鮈鲫、实验红鲫、诸氏鲻虾虎鱼、文昌鱼）。内容全面，描述简洁，便于使用。

本书可作为我国实验动物生产与使用的行政许可和许可后实施科学监管的技术规范，为推动实验动物管理工作的依法实施和实验动物科技工作有序发展的具有科学性、规范性和可操作性的指导用书。

感谢国家科学技术学术著作出版基金委员会和科学出版社对本书的编写出版给予的大力支持和帮助。感谢实验动物界的老前辈和知名专家的鼓励、热心支持和悉心指导。感谢来自全国14个省市33个单位的53位专家在本书编写过程中所作出的无私奉献和辛勤劳动。

尽管我们尽了最大的努力，但因水平有限，不足之处在所难免，恳切希望各位专家、学者、读者批评斧正。

贺争鸣　李根平　朱德生　卢胜明

2015年10月

目　　录

第一章　实验动物管理机构

实验动物行业实行的是法制化管理、标准化规范、商品化供应、社会化共享，是国家科技规划的内容之一，在国家科技基础条件建设中具有重要意义，其中行政管理发挥着统领全局的作用。

第一节　实验动物行政管理机构

一、实验动物管理机构沿革

1982 年 11 月，国家科学技术委员会（简称国家科委，现科学技术部）在云南召开第一次全国实验动物工作会议，决定把发展实验动物科学纳入国家计划，并在北京、上海、天津、昆明等地建立 4 个国家级实验动物中心。这次会议标志着我国政府部门管理实验动物工作的开始。此后，卫生部委托北京市卫生局和上海市卫生局分别在北京和上海成立医学实验动物管理委员会，秘书处分别挂靠在北京第二医学院和上海第二医学院。1985 年，卫生部率先在上海、北京试行实验动物合格证制度。1988 年，经国务院批准，国家科委发布实施了《实验动物管理条例》，确立了科技行政部门作为实验动物主管部门的地位。随后各省、各部委发布了落实《实验动物管理条例》的实施细则。1991 年，国家技术监督局（现为国家质量监督检验检疫总局）发布实施了《实验动物国家标准》。1996 年 10 月，北京市第十届人民代表大会常务委员会第三十一次会议通过了《北京市实验动物管理条例》，这是我国第一部关于实验动物管理的地方性法规，开创了整合地方各部门资源管理实验动物工作的先河。

二、国家主管部门及其职责

目前，我国实验动物工作的管理模式是统一规划，条块结合，共同管理，资源共享。根据《实验动物管理条例》，我国实验动物工作实行政府逐级管理。科学技术部主管全国实验动物工作，统一制定我国实验动物管理条例和发展规划，确定发展方向、发展目标和实施方案。科学技术部的职责之一是：负责编制和实施国家重点实验室等科技基地计划，会同有关部门拟订重大创新基地建设规划，参与编制国家重大科学工程建设规划，提出科研条件保障的规划和政策建议，推进国家科技基础条件平台建设和科技资源共享。实验动物是推动科学进步与创新的重要自然科技资源之一，是科技条件基础平台建设的重要内容。

三、地方主管部门及其职责

省、自治区、直辖市科技厅（委、局）主管本地区的实验动物工作。具体开展实验动物行政许可、实验动物质量监控和实验动物行政执法工作，制定本地区实验动物发展规划，组织开展实验动物科技攻关。

多数省级科技部门通过实验动物管理委员会行使实验动物管理职能。实验动物管理委员会一般由省级科技主管部门主要负责人牵头、省政府相关部门主管科技工作的副职参加而组成的非实体性议事协调机构。实验动物管理委员会是全省实验动物工作管理与协调的机构，其主要职责是在本省内宣传、贯彻国家的实验动物法规、标准，协助行政主管部门、省政府或省人大制定本省的实验动物管理规范性文件、政府规章或地方法规，协调本省各部门开展实验动物工作，协助本省实验动物主管部门对实验动物科学研究进行规划，对实验动物生产与使用进行监督，指导实验动物专家委员会培训实验动物从业人员、交流实验动物管理经验、促进国际合作等。

如北京市实验动物管理委员会，主任委员一般由市科委主任担任，常务副主任委员由市科委主管实验动物工作的副主任担任，秘书长由市科委主管处室处长担任，常务副秘书长由北京市实验动物管理办公室主任担任，副主任委员及委员由来自市教委、市卫生局、市农业局、市药监局、市技术监督局、市公安局、市工商局、北京海关、中央相关部委主管司局领导等政府机关和在京院所、大学等企事业单位领导组成。

四、实验动物管理办公室

实验动物管理办公室是具体负责某一地区实验动物管理的具体办事机构，有的为科技主管部门下属独立法人单位，大部分是以实验动物管理委员会办公室的名义存在；协助地方科技主管部门具体组织实验动物行政许可现场检查、从业人员培训、实验动物质量抽检、实验动物法规和标准宣传、实验动物学术交流等工作。

第二节　实验动物行业管理机构

一、实验动物行业协会的定位

实验动物行业协会是行业性社会团体组织，在加强行业自律、维护市场秩序、推动公平竞争、提供政策咨询、维护企业合法权益等方面发挥着重要作用。行业协会对整个行业的发展起到协调作用，是经济领域中不可或缺的市场主体之一。行业协会具体职能包括：组织行业培训、信息交流；参与行业利益有关的政府决策和立法建议；代表企业进行反倾销、反垄断、反补贴；制定行业标准；开展行业统计和行业调查等。行业协会在国家法规规定内实现对本行业的自我管理、自我服务、自我监督、自我保护，发挥着政府与行业或政府与市场之间的纽带和桥梁作用。

二、实验动物行业协会管理职责

（1）政策宣传：向会员宣传党的路线、方针和政策，宣传国家和地方与实验动物相关的法律、法规和规范管理的文件，诚实守信，开拓创新，促进本地区实验动物法制管理工作。

（2）业务培训：依托实验动物行业的专家资源和众多研究院所资源，开展实验动物从业人员技术培训，提高个人会员业务水平，提升本地区生物医药产业的竞争实力。

（3）认定资格：按照国际惯例，依据国家有关规定，对本地区实验动物从业人员进行考核评估，认定上岗资格和实验动物学术与技术能力等级，颁发证书。

（4）维护权益：向政府有关部门反映实验动物相关单位和个人意见、要求和合理化建议，维护会员的合法权益。

（5）信息服务：充分利用实验动物信息网络，为会员提供技术与服务信息，编辑出版实验动物学学术、技术、信息、科普和继续教育等书刊资料及影像制品。

（6）合作交流：凝聚本地区实验动物行业企事业单位和相关领域的工作者，围绕实验动物行业的发展，组织实验动物相关领域的技术交流。构筑实验动物相关领域的研讨与交流平台。

（7）表扬奖励：对会员中的优秀单位和个人进行表彰、奖励，同时报送相关部门认定。被表彰、奖励人员可作为向更高层部门举荐的候补者。对作出突出贡献的科技人员给予行业科技奖励。

（8）中介服务：开展与实验动物和动物实验有关的动物饲养繁育知识及技术、实验动物和动物实验设施的工程设计、动物实验技术、仪器设备、笼器具、垫饲料及与其相关的生物工程产品等的各种中介服务工作，并承办和协办各种商务会展等工作。

（9）承办政府有关部门交办的其他工作。

三、全国地方实验动物行业联盟

全国地方实验动物行业联盟作为行业和政府之间的纽带，对行业发展发挥着特殊的促进作用。各地实验动物行业组织和机构，通过形成行业联盟，依托政府和自身的丰富资源，围绕管理创新、技术创新、服务创新和产品创新，落实政府创新战略，为推进以生命科学为主体的创新活动提供全方位、深层次、高质量的专业化服务。与此同时，促进行业自律、资源汇聚、信息交流、服务共享和共同进步。行业联盟打造了中国实验动物行业协调管理、质量控制、信息交流、资源保障、技术创新和人才建设新型平台，解决了行业内存在的管理参差不齐、信息数据散乱、质量控制不严、资源难以共享和高级人才匮乏等问题，作为政府建设的主体平台的重要补充，更好地支撑和保障我国人、畜重大疾病防治和生物制药研究。

联盟的宗旨是：秉持“法规是准绳，标准是纽带，共享是基础，联合是力量”的宗旨，通过组织创新与机制创新，汇聚行业资源，提升联盟成员竞争力，强化行业从业人员的社会责任感。联盟的工作主线是：基于资源共享的服务理念，通过加强与政府主管部门的联系，加强与各省（自治区、直辖市）实验动物管理机构的沟通与协作，谋划中国实验动物行业发展，引领和支撑国家生命科学创新活动，以联盟的方式共同参与国际竞争，提高中国实验动物行业的影响力。本联盟的主要工作：开展地方实验动物法制管理工作交流，协调促进实验动物标准制定与共享，建立实验动物信息共享系统，建立实验动物人才培训考核系统，开展实验动物行业需求调研，规划实验动物产业发展目标，营造良好的实验动物行业发展环境。

第三节　实验动物单位管理机构

一、实验动物管理委员会及其职责

单位实验动物管理委员会一般由单位主管实验动物工作的领导担任主任委员，动物中心主任担任副主任委员或秘书长。组成人员一般应有实验动物饲养技术人员、单位后勤服务部门领导、业务科室主任等，至少5人。

根据北京、湖北、云南、黑龙江、广东等地方法规的要求，单位实验动物管理委员会是依法成立的、管理本单位实验动物工作的组织。其职责是对本单位实验动物管理中的事项进行讨论、决议，重大事项经管理委员会讨论后，作为建议方案提交给单位领导班子会议决定。对单位涉及实验动物的科研项目、从业人员进行管理，其职责一般通过章程确认下来。

单位实验动物管理委员会的任务主要是：宣传、贯彻执行《实验动物管理条例》等实验动物法规和国家标准；依法管理本单位的实验动物生产和使用，行使监督检查职责；依据国家和地方的实验动物法规，制定和修改本单位实验动物管理办法及实施细则；负责对实验动物学科的发展等提供咨询，参加课题立项论证，并对科研成果审查；对模范执行实验动物法规的单位和个人提出表彰意见，对违反实验动物法规的单位和个人提出批评和相应处罚。

二、实验动物福利伦理委员会及其职责

设立实验动物福利伦理委员会的目的是维护实验动物福利、规范实验动物伦理审查和实验动物从业人员的职业行为。各类实验动物的饲养和动物实验必须获得福利伦理委员会的批准，并经过有关培训后方能进行。福利伦理委员会的成立意味着今后有关实验动物的所有行为将依据动物保护、动物福利、动物伦理和利益平衡四大原则对动物实验者进行审查，对严重违反实验动物福利伦理的部门或个人，该委员会有权要求其限期整改，并将此作为警示信息记录到信用信息管理系统，予以公示。以此达到维护实验动物福利、规范行业行为的目的。

从事实验动物相关工作的单位，应成立由管理人员、科技人员、实验动物专业人员和本单位以外人士参加的实验动物福利伦理委员会，具体负责本单位有关实验动物的福利伦理审查和监督管理工作。不具备成立福利伦理委员会条件的单位或个人，可以委托其他单位的福利伦理委员会审查有关项目。任何其他组织不能代替实验动物福利伦理委员会的职责。福利伦理委员会至少由5人组成，设主席1名，副主席、委员若干名。主席应由实验动物专业人员（最好是兽医专业）担任。每届任期3～4年，由单位负责聘任、岗前培训、解聘，并及时补充成员。所有委员要承诺维护实验动物福利伦理。该委员会要制定章程、审查程序、监督制度、例会制度、报告制度、工作纪律、专业培训计划等。

实验动物福利伦理委员会的职责是：审查和监督本单位开展的有关实验动物的研究、

繁育、饲养、生产、经营、运输，以及各类动物实验的设计、实施过程是否符合动物福利和伦理原则，对批准的动物实验项目应进行日常的福利伦理监督检查，发现问题时提出整改意见或作出暂停实验动物项目的决议。

福利伦理审查工作的基本原则如下。

动物保护原则：审查动物实验的必要性，各类实验动物的使用必须有充分理由为前提，制止没有科学意见和社会价值或不必要的动物实验，对实验目的、预期利益与造成动物的伤害、死亡进行综合评估；优化动物实验方案以保护实验动物特别是濒危动物物种，减少不必要的动物使用数量；在不影响实验结果的科学性、可比性情况下，鼓励应用动物实验替代方法，使用低进化水平动物替代高等级动物，用非脊椎动物或组织细胞替代整体动物，用分子生物学、人工合成材料、计算机模拟等非动物实验方法替代动物实验。

动物福利原则：保证实验动物生存过程中包括运输中享有最基本的权利，享有免受饥渴、生活舒适自由，享有良好的饲养和标准化的生活环境，各类实验动物管理要符合该类实验动物的技术操作规程。

伦理原则：应充分考虑动物的权益，善待动物，防止或减少动物的应激、痛苦和伤害，尊重动物生命，制止针对动物的野蛮行为，采取痛苦最少的方法处置动物，实施人道终点。保证从业人员的安全；动物实验方法和目的符合人类的道德伦理标准和国际惯例。

利益平衡原则：以当代社会公认的道德伦理价值观，兼顾动物和人类利益；在全面、客观地评估动物所受的伤害和应用者由此可能获取利益的基础上，负责任地出具实验动物或动物实验福利伦理审查报告。

有下列情况之一的，不能通过实验动物福利伦理审查。

（1）申请者的实验动物相关项目不接受或逃避伦理委员会审查。

（2）不提供足够举证或申报审查的材料不全或不真实。

（3）缺少动物实验项目实施或动物伤害的客观理由和必要性。

（4）从事直接接触实验动物的生产、运输、研究和使用的人员未经过专业培训或明显违反实验动物福利伦理原则要求。

（5）实验动物的生产、运输、实验环境达不到相应等级的实验动物环境设施国家标准；实验动物的饲料、笼具、垫料不合格。

（6）实验动物保种、繁殖、生产、供应、运输和经营中缺少维护动物福利、规范从业人员道德伦理行为的操作规程，或不按规范的操作规程进行；虐待实验动物，造成实验动物不应有的应激、疾病或死亡。

（7）动物实验项目的设计或实施不科学。没有利用已有的数据对实验设计方案和实验指标进行优化，没有科学选用实验动物种类及品系、造模方式或动物模型以提高实验的成功率。没有采用可以充分利用动物的组织器官或用较少的动物获得更多的实验数据的方法；没有体现减少和替代实验动物使用的原则。

（8）动物实验项目的设计或实施中没有体现善待动物、关注动物生命，没有通过改进和完善实验程序，减轻或减少动物的疼痛和痛苦，减少动物不必要的处死和处死的数量。在处死动物方法上，没有选择更有效地减少或缩短动物痛苦的方法。

（9）活体解剖动物或手术时不采取麻醉方法；对实验动物的生和死处理采取违反道德伦理的、使用一些极端的手段或会引起社会广泛伦理争议的动物实验。

（10）动物实验的方法和目的不符合我国传统的道德伦理标准或国际惯例或属于国家明令禁止的各类动物实验。动物实验目的、结果与当代社会的期望、与科学的道德伦理相违背。

（11）对人类或任何动物均无实际利益并导致实验动物极端痛苦的各种动物实验。

（12）对有关实验动物新技术的使用缺少道德伦理控制，违背人类传统生殖伦理，把动物细胞导入人类胚胎或把人类细胞导入动物胚胎中培育杂交动物的各类实验，以及对人类尊严的亵渎、可能引发社会巨大的伦理冲突的其他动物实验。

（13）严重违反实验动物福利伦理审查原则的其他行为。

三、实验动物生物安全委员会及其职责

生物安全是一个涉及面广、潜在隐患严重的问题。实验动物生物安全的管理与一般病原微生物操作的管理不同。一般病原微生物操作主要强调保护操作人员健康和环境安全，而实验动物生物安全管理还要考虑保护实验动物，除了操作或感染的病原微生物外，不允许有其他微生物二次污染。因此，实验动物生物安全委员会的成员中，除了单位主管领导外，一定要有兽医人员。

为了切实做好实验室生物安全工作，国务院发布了《病原微生物实验室安全管理条例》，中国合格评定国家认可委员会制定了《实验室生物安全通用要求》等国家标准及相关文件。实验动物各相关单位应成立实验动物生物安全委员会，依据国家管理规定，结合本单位具体情况，制定可考核、可检查、执行方便、奖惩分明的生物安全管理文件。实验动物生物安全的管理要遵循预防为主、依法管理、及时处置、保障安全的原则。

实验动物生物安全委员会的职责是：负责组织制定所在单位的生物安全管理手册、程序文件、作业指导书等管理体系文件，对涉及感染因子、动物使用、重组DNA及基因修饰物质时的研究方案进行审查和微生物危险度评估；负责本单位生物安全的日常监督、检查；负责制定新的安全政策及仲裁安全事件纠纷等。职责的落实既应考虑与生物安全直接相关的活动（如样本的运输、接收、检测等），也应考虑促使管理体系有效运行的各项间接活动（如人员培训、内部审核、外部审核、日常监督检查等），通过协调把各项活动落实到各部门及相关人员，并在管理手册中清楚地描述，规定各个部门和相关人员的岗位职责，承担的任务和责任，以及在工作中失误应负有的责任。只有明确各自的职责，做到各负其责、各尽其职，才能保证生物安全工作的有条不紊。单位的实验室生物安全操作管理文件的编制、发布与实施，对建立健全单位生物安全管理制度，指导监督生物安全法规在单位实验室管理中的实施有重大意义。

第二章　法规、规章与标准

第一节　法规与规章

为实施实验动物工作的法制化和规范化管理，1988年经国务院批准，国家科学技术委员会（简称国家科委，现科学技术部）发布了《实验动物管理条例》。各部门、各地区依据《实验动物管理条例》并结合各自工作的特点，制定了相应的管理条例、管理办法和实施细则。另外，在我国现行法律法规体系和管理框架中，涉及与实验动物管理有关的法律、行政法规和部门规章也比较多，其中一些重要条款也是实验动物科技工作者必须了解和遵守的。

一、行政法规和部门规章

1.《实验动物管理条例》

1988年，经国务院批准，国家科委以2号令发布了我国第一部实验动物管理行政法规《实验动物管理条例》。该条例共八章、三十五条，从管理模式、饲育管理、检疫与传染病控制、应用、进口与出口管理、工作人员及奖惩等方面明确了国家管理准则，这一行政法规的发布标志着我国实验动物管理工作开始纳入法制化管理轨道。

2.《实验动物质量管理办法》等

1997年，由国家科委、国家技术监督局联合发布了《实验动物质量管理办法》（国科发财字〔1997〕593号），共五章、二十五条。明确提出了我国实行实验动物生产和使用许可证制度，对许可证的申请和管理作出了规定。

为落实《实验动物质量管理办法》提出的任务，科技部又先后发布了《国家实验动物种子中心管理办法》（国科发财字〔1998〕174号）、《国家啮齿类实验动物种子中心引种、供种实施细则》（国科发财字〔1998〕048号）、《关于当前许可证发放过程中有关实验动物种子问题的处理意见》（国科发财字〔1999〕044号）、《省级实验动物质量检测机构技术审查准则》和《省级实验动物质量检测机构技术审查细则》（国科发财字〔1998〕059号）等部门规章。这些规范性文件的出台，有力地促进了实验动物种子的保存、使用和资源共享，推动了国家和地方两级实验动物质量检测机构的建设及全国实验动物质量检测体系的形成。

3.《实验动物许可证管理办法（试行）》

2001年，科学技术部与卫生部等七部（局）联合发布了《实验动物许可证管理办法（试行）》（国科发财字〔2001〕545号），共五章、二十三条。规定了申请许可证的行为主体、条件、标准、审批和发放程序，强调了许可证的管理和监督。

4.《关于善待实验动物的指导性意见》

2006 年 9 月，科学技术部发布了《关于善待实验动物的指导性意见》（国科发财字〔2006〕398 号），共六章、三十条。提出了工作管理和监督的模式，分别从实验动物的饲养管理、应用、运输及相关措施等方面，对善待实验动物提出了要求。突出了动物实验替代方法是科学地善待实验动物和维护实验动物福利这一核心内容。

5.《军队医学实验动物合格证（认可证）管理办法》

总后卫生部颁布了《军队医学实验动物合格证（认可证）管理办法》，确定了 4 个合格证和 2 个认可证的管理模式。明确了合格证（认可证）的申请条件、审批程序和检查要求。

上述这些规定和管理措施的实行，从不同的侧面和层次极大地加强了实验动物生产和使用工作的管理力度，保证了实验动物质量，动物实验的准确性、可靠性和重复性，对推动我国生命科学研究和生物技术产业发展及水平提高起到了重要作用。

二、地方法规和规章

1.《北京市实验动物管理条例》

1996 年 10 月 17 日，北京市在全国率先以立法形式制定了《北京市实验动物管理条例》（以下简称《北京条例》），这是我国第一部实验动物地方科技法规，1997 年 1 月 1 日起实施。2004 年经北京市第十二届人民代表大会常务委员会第十七次会议修订，于 2005 年 1 月 1 日起施行。共八章、三十八条。

为贯彻落实《北京条例》，根据实际工作需要，北京科委和北京市实验动物管理办公室又先后发布了《北京市实验动物许可证管理办法》（京科政发〔2005〕454 号）、《北京市实验动物从业人员培训考核管理办法》、《北京市实验动物从业人员健康体检管理办法》、《北京市实验动物质量检测工作管理办法》、《北京市实验动物行业信用信息管理办法（试行）》、《北京市实验动物行政执法档案管理办法》、《实验动物行政许可程序》和《北京市实验动物福利伦理审查指南》等文件。《北京条例》和相关管理文件的发布施行，对加强北京地区实验动物法制化管理工作，进一步提升实验动物这一科技基础支撑条件的水平发挥了重要作用，有力地促进了北京科技事业的发展。

2.《湖北省实验动物管理条例》

2005 年 7 月 29 日，湖北省第十届人民代表大会常务委员会第十六次会议通过了《湖北省实验动物管理条例》（以下简称《湖北条例》），并于 2005 年 10 月 1 日起施行。共八章、三十九条。《湖北条例》对实验动物的生产与经营、应用、质量检测与防疫、生产安全与动物福利、管理与监督等活动进行规范，并明确了相关的法律责任。《湖北条例》明确规定了实验动物工作实行许可制度。

3.《云南省实验动物管理条例》

2007 年 7 月 27 日，云南省第十届人大常委会第三十次会议审议通过了《云南省实验动物管理条例》（以下简称《云南条例》），并于 2007 年 10 月 1 日起施行。共八章、四十条。《云南条例》对实验动物的管理部门、使用单位和个人、许可证管理制度、质量检测与检疫、管理与监督、动物实验伦理、法律责任等作出了明确的规定。

4.《黑龙江省实验动物管理条例》

2008 年 10 月 17 日，黑龙江省第十一届人大常委会第六次会议审议通过了《黑龙江省实验动物管理条例》（以下简称《黑龙江条例》），并于 2009 年 1 月 1 日起施行。共八章、四十条。《黑龙江条例》从规范实验动物管理、维护公共卫生安全、适应科学研究和社会发展需要出发，完善了实验动物许可证制度，明确了从事实验动物工作单位和人员的权利、义务，细化了实验动物生产与使用的具体措施，建立了疫情报告制度，强化了对实验动物工作的监督检查，并规定了相应的法律责任。

5.《广东省实验动物管理条例》

2010 年 6 月 2 日，广东省第十一届人大常委会第十九次会议审议通过了《广东省实验动物管理条例》（以下简称《广东条例》），并于 2010 年 10 月 1 日起施行。共七章、五十三条。《广东条例》规定对实验动物生产和使用单位实行许可管理制度，设定了实验动物饲养及实验的相关条件，同时规定必须接受省实验动物监测机构的质量技术监督和检验测试，保障动物福利，尊重动物伦理，明确了法律责任等。

6. 其他地方法规和管理办法

为贯彻实施《实验动物管理条例》和《实验动物许可证管理办法（试行）》，各地方政府以不同形式发布了实验动物管理办法，以加强本地区实验动物和动物实验的管理，如 2012 年，湖南省以政府令的形式发布了《湖南省实施〈实验动物管理条例〉办法》，2014 年，上海市科学技术委员会发布了《上海市实验动物许可证申领管理办法》等，有力地推动了我国实验动物工作整体水平的提升与发展。

三、与实验动物有关的法律、法规和规章

1.《中华人民共和国野生动物保护法》

1988 年 11 月 8 日第七届全国人民代表大会常务委员会第四次会议通过，根据 2004 年 8 月 28 日第十届全国人民代表大会常务委员会第十一次会议《关于修改〈中华人民共和国野生动物保护法〉的决定》第一次修正，根据 2009 年 8 月 27 日第十一届全国人民代表大会常务委员会第十次会议《关于修改部分法律的决定》第二次修正。共五章、四十二条。该法旨在保护、拯救珍贵、濒危野生动物，保护、发展和合理利用野生动物资源，维护生态平衡。该法规定保护的野生动物是特指珍贵、濒危的陆生、水生野生动物和有益的或者有重要经济、科学研究价值的陆生野生动物。野生动物是重要的实验动物

资源，利用现代生物技术和我国野生动物资源丰富的优势，开展野生动物的实验动物化，对提升实验动物资源的丰富度和对科学研究的支撑能力至关重要。因此，在实验动物行业中普及《中华人民共和国野生动物保护法》有着重要的现实意义。

该法还指出："珍贵、濒危的水生野生动物以外的其他水生野生动物的保护，适用渔业法的规定。"因此，在开发和利用其他水生野生动物进行科学研究时，也应关注《中华人民共和国渔业法》的要求。

2.《中华人民共和国动物防疫法》

1997年7月3日第八届全国人民代表大会常务委员会第二十六次会议通过，2007年8月30日第十届全国人民代表大会常务委员会第二十九次会议修订，根据2013年6月29日第十二届全国人民代表大会常务委员会第三次会议《关于修改〈中华人民共和国文物保护法〉等十二部法律的决定》再次修订。共十章、八十五条。该法是我国加强对动物防疫工作的管理，预防、控制和扑灭动物疫病，促进养殖业发展，保护人体健康，维护公共卫生安全的重要法律；也是实验动物行业应遵循的一部重要的法律。

在由地方人大发布的条例中，对实验动物的防疫也都作出了明确规定。在要求"预防免疫后的实验动物不得用于生物制品的生产、检定"和"实验动物的预防免疫，应当结合实验动物的特殊要求办理"的同时，也强调"对应当进行预防免疫的实验动物，依照《中华人民共和国动物防疫法》的规定实施预防免疫"。

3.《中华人民共和国进出境动植物检疫法》

1991年10月30日第七届全国人民代表大会常务委员会第二十二次会议通过（主席令第53号）和公布，自1992年4月1日起施行。2009年该法根据中华人民共和国第十一届全国人民代表大会常务委员会第十次会议《全国人民代表大会常务委员会关于修改部分法律的决定》进行修正。该法是我国为防止动物传染病、寄生虫病和植物危险性病、虫、杂草，以及其他有害生物传入、传出国境，保护农、林、牧、渔业生产和人体健康，促进对外经济贸易发展的重要法律。随着国际合作研究和学术交流的不断加深和范围的不断扩大，实验动物和各种动物模型的共享与交换也越来越多，因此依法实施检疫监督，防止在科研活动中随着动物的引进将病原体传入我国，也是我们应该给予高度关注的问题。

4.《国家重点保护野生动物驯养繁殖许可证管理办法》

1990年12月30日林业部发布的部门规章性文件，自1991年4月1日起施行。2015年4月30日，国家林业局根据《国家林业局关于修改部分部门规章的决定》，对该文件做了修改。该文件主要规定，从事驯养繁殖野生动物的单位和个人，必须取得国家重点保护野生动物驯养繁殖许可证。

本办法所称野生动物，是指国家重点保护的陆生野生动物；所称驯养繁殖，是指在人为控制条件下，为保护、研究、科学实验、展览及其他经济目的而进行的野生动物驯养繁殖活动。前面提到，野生动物是重要的实验动物资源，其中不乏国家重点保护野生动物。因此，实验动物科技人员在涉及国家重点保护野生动物驯养繁殖时必须按照《国家重点保护野生动物驯养繁殖许可证管理办法》规范自己的行为。

5.《中华人民共和国畜牧法》

2005 年 12 月 29 日第十届全国人民代表大会常务委员会第十九次会议通过，自 2006 年 7 月 1 日起施行。2015 年 4 月 24 日，第十二届全国人民代表大会常务委员会第十四次会议根据《关于修改〈中华人民共和国计量法〉等五部法律的决定》，对该法做了修正。本法适用于在我国境内从事畜禽的遗传资源保护利用、繁育、饲养、经营、运输等活动。由于实验动物行业与畜牧业在属于畜禽类的实验动物如鸡、猪、狗、羊等的饲养、应用和管理中有一定的交叉，其中有些条款与实验动物管理有一定的关系，因此应遵循《中华人民共和国畜牧法》的有关规定。

6.《国家突发重大动物疫情应急预案》

2006 年 2 月 27 日，国务院依据《中华人民共和国动物防疫法》、《中华人民共和国进出境动植物检疫法》和《国家突发公共事件总体应急预案》，发布了《国家突发重大动物疫情应急预案》（以下简称《预案》），并开始实施。《预案》是有关控制和处理突发重大动物疫情的行政法规。

《预案》主要针对的是两大类动物疫情：一是造成或者可能造成畜牧业生产严重损失的疫情；二是对社会公众健康严重损害的重大动物疫情。这两大类动物疫情，实验动物均有可能发生。因此，《国家突发重大动物疫情应急预案》对实验动物工作，特别是实验动物疫情的预防、控制及发生后的处理有着重要的指导意义。

7.《病原微生物实验室生物安全管理条例》

2004 年 11 月 5 日国务院第六十九次常务会议通过，2004 年 11 月 12 日，以第 424 号国务院令形式公布的行政法规，自公布之日起施行。该法规适用于我国境内的实验室及其从事实验活动的生物安全管理，对加强病原微生物实验室生物安全管理，保护实验室工作人员和公众的健康有着重要的意义。因此我国实验动物生物安全管理也必须遵循本条例的各项规定。本条例对实验动物质量管理也具有重要的指导作用。

8.《病原微生物实验室生物安全环境管理办法》

2006 年 3 月 8 日国家环境保护总局以第 32 号令发布，自 2006 年 5 月 1 日起施行。该管理办法是自 2004 年第 424 号国务院令《病原微生物实验室生物安全管理条例》公布以来重要的有关病原微生物实验室生物安全管理的部门规章。其中规定了“新建、改建、扩建实验室，应当按照国家环境保护规定，执行环境影响评价制度”。特别是对开展病原学研究的动物生物安全实验室，必须依照实验室生物安全国家标准的规定划定等级，按照实验室污染控制标准和环境管理技术规范实施管理，并接受监督检查。

9.《高等级病原微生物实验室建设审查办法》

2011 年 4 月 27 日，科学技术部以第 15 号令发布了《高等级病原微生物实验室建设审查办法》，自 2011 年 8 月 1 日起施行。该办法主要根据《病原微生物实验室生物安全管理条例》第十九条“新建、改建、扩建三级、四级实验室或者生产、进口移动式三级、四级实验室应当经国务院科技主管部门审查同意”的规定而制定，对新建、改建、扩建三级、四级实验室或者生产、进口移动式三级、四级实验室应当具备的条件及申请审查程序作出了规定。

10.《药物非临床研究质量管理规范》(GLP)

2003年6月4日国家食品药品监督管理局以第2号局令发布，自2003年9月1日起施行。2007年4月15日，发布了《药物非临床研究质量管理规范认证管理办法》(国食药监安〔2007〕214号)。药物非临床研究的质量和成败与实验动物质量和动物实验技术规范密切相关。因此《药物非临床研究质量管理规范》是与实验动物行业相关的一个重要的规范性文件。由于医药行业是实验动物最主要的一个应用领域，它的发布实施对提高我国药物非临床研究的质量，确保实验资料包括动物实验数据的真实性、完整性和可靠性，保障人民用药安全，落实《中华人民共和国药品管理法》均有重要的意义。

11.《国家科技计划实施中科研不端行为处理办法(试行)》

《国家科技计划实施中科研不端行为处理办法(试行)》是由科学技术部第25次部务会议审议通过(第11号科学技术部令)，2006年9月14日发布，并于2007年1月1日起施行。在本办法所列出的六种不端行为中，包括“违反实验动物保护规范”。将实施实验动物保护规范的行为提升至国家科技计划实施中的科研诚信建设这样一个高度，足以说明国家科技管理机构对实验动物工作的重视，说明规范科学研究中使用实验动物的行为，不再是一个简单的技术层面问题，而是科技人员在实际工作中对待科研诚信的一种具体体现。

总之，上述法律、法规和规章与实验动物管理有着或多或少、或直接或间接的关系，其中有些是实验动物管理的重要依据。有关部门和相关人员应根据实际情况有重点地学好、用好这些法律、法规和规章，使实验动物管理更加规范化、法制化。

四、实验动物管理的具体要求

目前实施的实验动物管理行政法规、地方法规和部门规章等，以及涉及有关实验动物管理的法律法规，虽然发布层次、制定角度，以及因发布时间差异而带来的力度不同，但体现出的总体思路和最终目标是一致的，主要规定如下。

1. 许可证管理

许可证管理是保障实验动物和动物实验质量的重要措施，是规范实验动物管理的市场准入制度。文件明确规定：从事实验动物生产经营或使用的单位和个人必须取得《实验动物生产许可证》和《实验动物使用许可证》；明确了申请许可证的条件，申请、审批和发放程序，以及管理和监督；对不按许可范围生产、供应、使用实验动物和未取得许可证擅自从事实验动物生产、使用活动的单位或者个人规定了法律责任。实验动物许可证实行年检制度。许可证的有效期为五年。

获得许可证是单位和个人从事实验动物工作的行业准入门槛，是实验动物工作规范管理的重要依据。许可证管理的实施从源头上堵住了不合格的实验动物流入市场。因此，通过实施实验动物许可证这一规范化管理模式，不仅促进了实验动物市场的健康发展，同时也保证了实验动物的质量。

2. 合格证管理

实验动物合格证管理与实验动物许可证管理两者之间既有联系，又有区别。许可证管理认定的是生产和使用实验动物单位或个人的“资格”，而合格证管理是对实验动物质量的控制。要求拥有实验动物生产许可证的单位，应严格按照国家有关实验动物的质量标准进行生产和质量控制，在出售实验动物时应提供实验动物质量合格证，并附符合标准规定的近期实验动物质量检测报告。取得实验动物使用许可证的单位使用的实验动物必须来自拥有实验动物生产许可证的单位，并且是质量合格的实验动物。

同时，管理文件还规定在进行科研成果鉴定时，必须提供所用实验动物的合格证明。对使用不具有合格证书的实验动物进行实验者，或在供应实验动物时不提供质量合格证者作出了处罚规定。

3. 质量检测和监督检查

质量管理是实验动物管理工作的核心内容，而实验动物质量检测和监督检查是实验动物质量管理的重要措施。有关规定在管理文件中主要体现在：①设立国家级和省级实验动物质量检测机构，建设我国实验动物质量监测网络；②依据实验动物标准，开展定期检测和质量评价；③捕获野生动物以补充实验动物种源，或建立实验动物新品种，或用于某项科学研究，需要对野生动物进行原地和异地隔离检疫；④按照相关要求和规定，对实验动物进行免疫；⑤制定应急预案，以应对发生的重大动物疫情。

4. 从业主体资格认可管理

加强对从事实验动物工作的单位和个人的资质认定与管理是保障从业人员健康和安全，保证实验动物质量和动物实验质量的基础。为此，管理文件作出规定：①要求从事实验动物工作的单位应当设立实验动物管理机构，配备专业科技人员，负责对实验动物项目的管理，并对动物实验进行伦理审查；②要求从事实验动物工作的人员应当经过专业培训，经考核合格取得实验动物从业人员岗位证书；③要求从事实验动物工作的单位应当对从事实验动物的工作人员采取安全防护措施，每年组织身体健康检查，确保工作人员的安全和实验动物工作顺利进行。

5. 实验动物种子管理

实验动物是指经人工饲育，对其携带的微生物和寄生虫实行控制，遗传背景明确或者来源清楚的，用于科学研究、教学、生产、检定及其他科学实验的动物。其中“经人工饲育”、“对其携带的微生物和寄生虫实行控制”、“遗传背景明确或来源清楚”的规定性要求，都为我国实验动物的质量控制提供了法规性的依据。“用于科学实验的动物”的界定，使实验动物与其他用途的动物如经济动物、宠物动物、观赏动物、野生动物等明确地区分开来。尽管其他用途的动物也可作为“实验用动物”，或培育成实验动物，但必须符合实验动物的特定要求。

规范实验动物种子质量是全面提高我国实验动物质量的最基本环节。管理文件规定了国家实验动物种子中心的任务。同时要求实验动物种子应来自国家实验动物种子中心或国家认可的保种单位、种源单位，遗传背景清楚，质量符合国家标准。

6. 实验动物使用管理

为实现实验动物质量的全程控制，保证动物实验结果的可靠性，管理文件明确规定，应用实验动物开展各项科学研究、产品质量法定检验、申报科研项目，以及使用实验动物为材料或载体生产产品时，要把应用合格实验动物作为基本条件。应用不合格实验动物取得的检定或者安全评价结果无效，所生产的制品不得使用。违反相关规定所获得的科研成果不予验收、鉴定和评奖。

7. 实验动物福利伦理审查管理

在生产、使用和运输过程中，应关爱实验动物，不虐待实验动物，维护实验动物福利。从事实验动物工作的单位应当设立实验动物管理机构，对动物实验进行伦理审查，确保实验方案符合伦理要求，并对实验过程进行监督管理。鼓励开展动物实验替代、优化方法的研究与应用，尽量减少动物使用量。这些内容几乎在所有管理文件中均有一致的要求和规定。

8. 实验动物设施管理

实验动物设施包括以实验动物本身研究和繁育生产为主的生产设施和以使用实验动物为主体的实验设施。管理文件规定：①实验动物生产设施和动物实验设施必须符合国家标准要求；②尽管动物生产设施与动物实验设施技术指标接近，但使用目的、使用方式、人员控制等都不相同，因此需要将两者分开设置；③为保证动物实验结果的可靠性和安全性，规定在同一实验室内不得同时进行不同品种、不同等级或者互有干扰的动物实验；④动物实验环境设施是否合格作为基本条件，直接与实验动物有关的科研立项，科技成果的验收、鉴定、评奖，以及与实验动物为原料或载体生产的产品质量检测检验相关；⑤涉及放射性和感染性等特殊要求的实验室，应当按照有关规定执行；⑥从动物福利角度考虑，对于灵长类实验动物及犬、猪等天性喜爱运动的实验动物、种用动物应设有运动场地并定时遛放。运动场地内应放置适于该种动物玩耍的物品。

有关实验动物设施环境技术指标，以及垫料、饮水和笼具的详细内容，请参阅本章第二节。

9. 利用野生动物的管理

野生动物是实验动物资源的重要来源，许多实验动物是将野生动物经过人工驯养、选择和标准化建立起来的并用于科学研究等的特殊动物种群。在保护、发展和合理利用野生动物资源，维护生态平衡的基础上，科学合理地开展野生动物的人工驯养和实验动物化工作，使野生动物保护和实验动物资源开发利用得到平衡发展，这是管理文件所强调的观点。应注意：①为补充动物种源，或开发实验动物新品种，或因科学研究而需要捕捉野生动物，应当经野生动物行政主管部门批准，并依法办理相关手续；②为防止发生生物安全问题，应对野生动物采取隔离检疫措施；③因科学研究需要捕捉国家一级和二级保护野生动物的，必须向国务院或省、自治区、直辖市政府野生动物行政主管部门申请；④因科学研究而需要进行野生动物进出境的，必须按照我国相关法律法规的规定执行。

10. 处罚规定

无论是在哪一级的管理办法，都有对违反相关规定的处罚条款。行政处罚不是目的，是纠正违规行为的有力措施。因管理办法发布时间的差异，处罚力度也有不同，但是基本原则是一致的。在一些地方法规中，还对受到处罚后不得申请许可证的年限作出了规定。

第二节 标　　准

实验动物标准是对实验动物质量和检测方法提出的技术法规，涉及实验动物生产、使用、检测、管理及监督等各个方面。实验动物标准从微生物学、寄生虫学、遗传学、营养学和环境设施的角度，对保证实验动物质量、动物实验科学和安全，以及相关支撑保障条件作出了具体规定。为保证动物实验结果的可靠性，应使用合格的实验动物；保证各项环境指标稳定；为动物提供满足各生长发育阶段要求的全价配合饲料。因此说，国家、行业和地方的实验动物标准的提出对开展实验动物及其相关条件的监测与控制，保证实验动物和动物实验质量具有十分重要的意义。

一、标准体系框架

我国实验动物标准是伴随着实验动物工作全面开展和水平不断提升而呈现的一个从无到有，再到逐步完善的发展过程。1990 年以前，以北京、上海等地区的医学、生物制品研究和兽医相关单位为主，基于我国生命科学迅猛发展对实验动物所需数量和质量要求不断提高，开展了国内外情况调研，参照国外相关标准和监测方法，初步建立了实验动物微生物、寄生虫、遗传、营养和环境质量检测方法，并应用于实际工作，为制定我国实验动物标准奠定了基础。

经不同渠道先后发布的国家标准、行业标准和地方标准共同形成一个有机整体，进一步丰富和完善了我国实验动物质量标准体系，对全方位提高实验动物质量，保证科学研究工作的质量起到了不可或缺的重要作用。

作为生物制品的生产资质和质量检验的支撑条件，实验动物和动物源性组织活细胞的质量直接影响疫苗等生物技术产品的安全性和有效性。因此《中国药典》（2015 年版，三部）对实验动物提出了明确的要求。

（一）国家标准

1. 哺乳类实验动物标准

1994 年由国家质量技术监督局（现国家质量监督检验检疫总局）首次发布，包括实验动物质量和检测方法标准 47 项，涵盖了小鼠、大鼠、地鼠、豚鼠、兔等实验动物的微生物、寄生虫、遗传、营养、环境等几个方面。2001年修订时增加了犬和猴的质量控制标准及检测方法标准，共83项。部分标准（注：11个检测方法标准）经再次补充修订后，于2008年12月3日发布，2009年3月1日起实施。3项条文强制标准（注：遗传、环境和营养）经再次修订后，于2010年12月23日发布，2011年10月1日起实施。目前，标准涉及的实验动物包括小鼠、大鼠、地鼠、豚鼠、兔、犬、猴（注：环境及设施标准中还包括猫、鸡和小型猪）。2014年，国家质量监督检验检疫总局和中国国家标准化管理委员会发布了《实验动物机构质量和能力的通用要求》（GB/T 27416—2014），于2014年10月1日起实施，要求本标准所提及的实验动物包括各种来源的用于实验的动物，适用于所有从事实验动物生产繁育和从事动物实验的机构。

现实施有效的哺乳类实验动物国家标准见表2-1。

表2-1 哺乳类实验动物国家标准

序号	标准名称	国标号
1	实验动物 寄生虫学等级及监测	GB 14922.1—2001
2	实验动物 微生物学等级及监测	GB 14922.2—2011
3	实验动物 细菌学检测 标本采集	GB/T 14926.42—2001
4	实验动物 细菌学检测 染色法、培养基和试剂	GB/T 14926.43—2001
5	实验动物 沙门菌检测方法	GB/T 14926.1—2001
6	实验动物 耶尔森菌检测方法	GB/T 14926.3—2001
7	实验动物 皮肤病原真菌检测方法	GB/T 14926.4—2001
8	实验动物 多杀巴斯德杆菌检测方法	GB/T 14926.5—2001
9	实验动物 支气管鲍特杆菌检测方法	GB/T 14926.6—2001
10	实验动物 支原体检测方法	GB/T 14926.8—2001
11	实验动物 鼠棒状杆菌检测方法	GB/T 14926.9—2001
12	实验动物 泰泽病原体检测方法	GB/T 14926.10—2008
13	实验动物 大肠埃希菌 0115a，c：K（B）检测方法	GB/T 14926.11—2001
14	实验动物 嗜肺巴斯德杆菌检测方法	GB/T 14926.12—2001
15	实验动物 肺炎克雷伯杆菌检测方法	GB/T 14926.13—2001
16	实验动物 金黄色葡萄球菌检测方法	GB/T 14926.14—2001
17	实验动物 肺炎链球菌检测方法	GB/T 14926.15—2001
18	实验动物 乙型溶血性链球菌检测方法	GB/T 14926.16—2001
19	实验动物 绿脓杆菌检测方法	GB/T 14926.17—2001
20	实验动物 无菌动物生活环境及粪便标本的检测方法	GB/T 14926.41—2001
21	实验动物 念珠状链杆菌检测方法	GB/T 14926.44—2001
22	实验动物 布鲁杆菌检测方法	GB/T 14926.45—2001
23	实验动物 钩端螺旋体检测方法	GB/T 14926.46—2008
24	实验动物 志贺菌检测方法	GB/T 14926.47—2008
25	实验动物 结核分枝杆菌检测方法	GB/T 14926.48—2001
26	实验动物 空肠弯曲杆菌检测方法	GB/T 14926.49—2001
27	实验动物 体外寄生虫检测方法	GB/T 18448.1—2001
28	实验动物 弓形虫检测方法	GB/T 18448.2—2008
29	实验动物 兔脑原虫检测方法	GB/T 18448.3—2001
30	实验动物 卡氏肺孢子虫检测方法	GB/T 18448.4—2001
31	实验动物 艾美耳球虫检测方法	GB/T 18448.5—2001
32	实验动物 蠕虫检测方法	GB/T 18448.6—2001

续表

序号	标准名称	国标号
33	实验动物 疟原虫检测方法	GB/T 18448.7—2001
34	实验动物 犬恶丝虫检测方法	GB/T 18448.8—2001
35	实验动物 肠道溶组织内阿米巴检测方法	GB/T 18448.9—2001
36	实验动物 肠道鞭毛虫和纤毛虫检测方法	GB/T 18448.10—2001
37	实验动物 酶联免疫吸附试验	GB/T 14926.50—2001
38	实验动物 免疫荧光试验	GB/T 14926.51—2001
39	实验动物 免疫酶染色试验	GB/T 14926.52—2001
40	实验动物 血凝试验	GB/T 14926.53—2001
41	实验动物 血凝抑制试验	GB/T 14926.54—2001
42	实验动物 免疫酶组织化学法	GB/T 14926.55—2001
43	实验动物 淋巴细胞脉络丛脑膜炎病毒检测方法	GB/T 14926.18—2001
44	实验动物 汉坦病毒检测方法	GB/T 14926.19—2001
45	实验动物 鼠痘病毒检测方法	GB/T 14926.20—2001
46	实验动物 兔出血症病毒检测方法	GB/T 14926.21—2008
47	实验动物 小鼠肝炎病毒检测方法	GB/T 14926.22—2001
48	实验动物 仙台病毒检测方法	GB/T 14926.23—2001
49	实验动物 小鼠肺炎病毒检测方法	GB/T 14926.24—2001
50	实验动物 呼肠孤病毒III型检测方法	GB/T 14926.25—2001
51	实验动物 小鼠脑脊髓炎病毒检测方法	GB/T 14926.26—2001
52	实验动物 小鼠腺病毒检测方法	GB/T 14926.27—2001
53	实验动物 小鼠细小病毒检验方法	GB/T 14926.28—2001
54	实验动物 多瘤病毒检验方法	GB/T 14926.29—2001
55	实验动物 兔轮状病毒检测方法	GB/T 14926.30—2001
56	实验动物 大鼠细小病毒抗体检测方法	GB/T 14926.31—2001
57	实验动物 大鼠冠状病毒/延泪腺炎病毒检测方法	GB/T 14926.32—2001
58	实验动物 狂犬病病毒检测方法	GB/T 14926.56—2008
59	实验动物 犬细小病毒检测方法	GB/T 14926.57—2008
60	实验动物 传染性犬肝炎病毒检测方法	GB/T 14926.58—2008
61	实验动物 犬瘟热病毒检测方法	GB/T 14926.59—2001
62	实验动物 猕猴疱疹病毒 1 型抗体检测方法	GB/T 14926.60—2001
63	实验动物 猴逆转 D 型病毒检测方法	GB/T 14926.61—2001
64	实验动物 猴免疫缺陷病毒检测方法	GB/T 14926.62—2001
65	实验动物 猴 T 淋巴细胞趋向性病毒 1 型检测方法	GB/T 14926.63—2001
66	实验动物 猴痘病毒检测方法	GB/T 14926.64—2001
67	实验动物 哺乳类实验动物的遗传质量控制	GB 14923—2010
68	实验动物 近交系小鼠、大鼠生化标记检测法	GB/T 14927.1—2008
69	实验动物 近交系小鼠、大鼠免疫标记检测法	GB/T 14927.2—2008
70	实验动物 环境及设施	GB 14925—2010
71	实验动物 配合饲料通用质量标准	GB/T 14924.1—2001
72	实验动物 配合饲料卫生标准	GB 14924.2—2001
73	实验动物 配合饲料营养成分	GB 14924.3—2010
74	实验动物 配合饲料 常规营养成分的测定	GB/T 14924.9—2001
75	实验动物 配合饲料 氨基酸的测定	GB/T 14924.10—2008
76	实验动物 配合饲料 维生素的测定	GB/T 14924.11—2001
77	实验动物 配合饲料 矿物质和微量元素的测定	GB/T 14924.12—2001

2. 禽类实验动物标准

1999 年 11 月 10 日由国家质量技术监督局发布了《SPF鸡 微生物学监测》（GB/T 17998—1999），自 2000 年 4 月 1 日起开始实施。经修订补充后，于 2008 年 12 月 31 日由国家质量监督检验检疫总局和中国国家标准化管理委员会联合发布（表 2-2），并于 2009 年 5 月 1 日起实施。本标准规定了SPF鸡和SPF鸡蛋（胚）需要监测的微生物种类及相应微生物的监测方法。本标准适用于SPF鸡和鸡蛋（胚）的微生物学控制。

表 2-2 SPF 鸡国家标准

标准名称	标准号
第 1 部分：SFP 鸡 微生物学监测总则	GB/T 17999.1—2008
第 2 部分：SFP 鸡 红细胞凝集抑制试验	GB/T 17999.2—2008
第 3 部分：SPF 鸡 血清中和试验	GB/T 17999.3—2008
第 4 部分：SPF 鸡 血清平板凝集试验	GB/T 17999.4—2008
第 5 部分：SPF 鸡 琼脂扩散试验	GB/T 17999.5—2008
第 6 部分：SPF 鸡 酶联免疫吸附试验	GB/T 17999.6—2008
第 7 部分：SPF 鸡 胚敏感试验	GB/T 17999.7—2008
第 8 部分：SPF 鸡 鸡白痢沙门氏菌检验	GB/T 17999.8—2008
第 9 部分：SPF 鸡 试管凝集试验	GB/T 17999.9—2008
第 10 部分：SPF 鸡 间接免疫荧光试验	GB/T 17999.10—2008

2008 年 11 月 21 日由国家质量监督检验检疫总局和中国国家标准化管理委员会联合发布了《产蛋后备鸡、产蛋鸡、肉用仔鸡配合饲料》（GB/T 5916—2008），并于 2009 年 2 月 1 日起实施。本标准规定了产蛋后备鸡、产蛋鸡、肉用仔鸡配合饲料的质量指标、试验方法、检验规则、判定规则，以及标签、包装、运输和储存的要求。本标准适用于产蛋后备鸡、产蛋鸡、肉用仔鸡的配合饲料，不适用于种鸡及地方品种鸡各阶段的配合饲料要求。

虽然该标准不是专门为实验用 SPF 鸡制定的，但是在实际工作中，饲料生产厂家和质量检测部门将参考本标准，用于 SPF 鸡饲料的生产和质量控制。值得注意的是，该标准所规定的技术指标是配合饲料营养成分的最低要求，有些指标并不完全适合 SPF 鸡的饲养繁殖，这是在工作中应给予注意的。

3. 其他相关国家标准

其他相关国家标准见表 2-3。

（二）行业标准

实验动物行业标准见表 2-4。

（三）地方标准

北京市、上海市、广西壮族自治区、江苏省、湖南省和云南省等质量技术监督部门，针对国家标准中没有规定的实验动物，先后发布了实验用小型猪、实验用鱼（斑马鱼和剑尾鱼）、实验树鼩、实验东方田鼠、实验动物笼器具和垫料的质量标准，以保证实验动物质量和动物实验结果的准确性，规范实验动物、笼器具和垫料的质量管理（表 2-5）。

表 2-3 其他相关国家标准

标准	适用范围	主要内容
《实验动物设施建筑技术规范》（GB 50447—2008）	适用于新建、改建、扩建的实验动物设施的设计、施工、工程检测和工程验收	规定了实验动物设施的设计、施工、检测和验收等方面满足环境保护和实验动物饲养环境的要求
《医疗器械生物学评价 第2部分：动物保护要求》（GB 16886.2—2000）	适用于在脊椎动物体上的实验	规定了生物学实验中动物使用的最低要求
《实验室生物安全通用要求》（GB 19489—2008）	适用于涉及生物因子操作的实验室	规定了不同生物安全防护级别实验室的设施、设备和安全管理的基本要求。其中，针对于感染动物饲养相关的实验室活动，规定了对实验室内动物饲养设施和环境的基本要求
《生物安全实验室建筑技术规范》（GB 50346—2004）	适用于微生物学、生物医学、动物实验、基因重组，以及生物制品等使用的新建、改建、扩建的生物安全实验室的设计、施工和验收	规定了生物安全实验室设计、施工和验收方面满足实验室生物安全防护的通用要求
《实验动物机构质量和能力的通用要求》（GB 27416—2014）	适用于所有从事实验动物生产繁育和动物实验的机构	本标准规定了实验动物机构的设施、管理和运行在质量、安全、动物福利、职业健康等方面应达到的基本要求

表 2-4 实验动物行业标准

标准	适用范围	主要内容
《猕猴属实验动物人工饲养繁育技术及管理标准》（LY/T 1784—2008）	适用于猕猴属实验动物的人工饲养繁育和科研实验	规定了猕猴属实验动物人工饲养繁育、设施环境及质量控制的技术要求
《微生物和生物医学实验室生物安全通用准则》（WS 233—2002）	适用于疾病预防控制机构、医疗保健、科研机构	本标准规定了微生物和生物医学实验室生物安全防护的基本原则、实验室的分级、各级实验室的基本要求

表 2-5 实验动物地方标准

标准	适用范围	主要内容
北京实验用小型猪标准（DB11/T 828.1—2011～DB11/T 828.6—2011）	适用于实验用小型猪微生物学和寄生虫学等级监测、遗传质量控制、病理学诊断、配合饲料和设施建设与环境条件控制等	规定了实验用小型猪微生物学和寄生虫学等级分类、检测要求、检测程序、检测方法、检测规则、结果判定、判定结论；遗传分类、繁殖方法和近交系及封闭群的遗传质量控制；病理学检查的内容和方法；配合饲料的质量要求、营养成分要求、营养成分测定要求、卫生要求、检测规则及标签、包装、储存和运输要求；设施、环境条件的技术要求，垫料、饮水、笼具和运输的原则要求
北京实验用鱼标准（DB11/T 1053.1—2013～DB11/T 1053.6—2013）	适用于实验用斑马鱼和剑尾鱼微生物学和寄生虫学等级监测、遗传质量控制、病理学诊断、配合饲料和水环境条件及设施的设计、施工、验收与日常的监督管理等	规定了实验用斑马鱼和剑尾鱼微生物学和寄生虫学等级及监测；遗传分类及命名原则、实验用鱼的繁殖方法、近交系和封闭群的遗传质量监测；病理诊断技术规范；配合饲料的产品分类与规格、技术要求、检验方法、检验规则、标签、包装、运输和储存等；设施内外环境要求、水源水质等技术要求
湖南实验用小型猪标准（DB43/T 958.1—2014～DB43/T 958.5—2014）	适用于实验用小型猪微生物学等级监测、遗传质量控制、病理学诊断、配合饲料和设施建设与环境条件控制等	规定了实验用小型猪遗传分类、繁殖方法和近交系及封闭群的遗传质量控制；微生物学等级分类、检测要求、检测程序、检测方法、检测规则、结果判定、判定结论、样品保存；病理学检查的内容和方法；配合饲料的质量要求、营养成分要求、营养成分测定、卫生要求、检测总则及标签、包装、储存和运输要求；设施、环境条件的技术要求，垫料、饮水、笼具和运输的原则要求

续表

标准	适用范围	主要内容
湖南医用供体猪标准（DB43/T 959.1—2014～DB43/T 959.5—2014）		规定了医用供体猪遗传分类、繁殖方法和近交系及封闭群的遗传质量控制；微生物学等级分类、检测要求、检测程序、检测方法、检测规则、结果判定、判定结论；病理学检查的内容和方法；配合饲料的质量要求、营养成分要求、营养成分测定要求、卫生要求、检测规则及标签、包装、储存和运输要求；设施、环境条件的技术要求，垫料、饮水、笼具和运输的原则要求
湖南实验东方田鼠饲养与质量控制技术规范（DB43/T 951—2014）	适用于实验东方田鼠饲养与质量控制	规定了实验东方田鼠遗传学、微生物学和寄生虫学、病理学要求及分类；遗传学、微生物学和寄生虫学、病理学检测方法；配合饲料营养成分和饲养生活环境条件的技术要求；垫料、饮水、笼具的使用原则
上海实验用小型猪标准（DB31/T 240—2001）	适用于生物医学实验、生物制品和人体器官移植等用途各类实验用小型猪的遗传分类，微生物学和寄生虫学检查，饲养，环境设施	规定了实验用小型猪的遗传分类和繁殖方法，微生物学、寄生虫学和饲料质量要求与检查方法，环境条件与设施的技术要求，垫料、饮水、圈舍和笼具的要求
广西实验用小型猪标准（DB45/T 546—2008）	适用于实验用小型猪	规定了实验用小型猪的遗传分类和繁殖方法，微生物学和寄生虫学要求、配合饲料质量要求、环境条件与设施质量要求，以及它们的检测方法
广东猕猴属动物饲养管理规范（DB44/T 348—2006）	适用于广东省所辖区域内各行业猕猴属动物的人工繁育、生产、实验等	规定了猕猴属动物人工繁育、生产及环境条件和设施的技术要求，同时规定了猕猴属动物的饲养种类、饲养管理和质量控制要求及动物的检验、检疫方法
江苏实验动物笼器具标准（DB32/T 967～972—2006；DB32/T 1215～1216—2008）	适用于以不同材料制成的实验动物笼器具	规定了塑料笼箱、金属笼箱、笼架、层流架、饮水瓶、独立通风笼盒（IVC）、代谢笼、隔离器等实验动物笼器具的质量要求，以及试验方法、检验规则、标志、包装、运输、储存
北京实验动物笼器具标准（DB11/T 1125—2014）	适用于实验动物笼器具的质量控制和质量评价	规定了实验动物不锈钢笼器具、塑料笼器具、层流柜、独立通风笼具系统的组成、规格、质量要求、检测方法和检验规则
云南实验树鼩质量、环境和饲料标准（DB53/T 328.1—2010～DB53/T 328.5—2010）	适用于实验树鼩微生物学、寄生虫学等级分类、封闭群树鼩遗传质量控制，饲料质量和实验树鼩生产、使用的环境及设施，以及与设施所涉及的施工、验收、日常的监督管理	规定了实验树鼩的微生物学和寄生虫学等级和监测，遗传分类、封闭群的繁殖方法和遗传质量监测，配合饲料的质量要求、试验方法、检验规则、标志、包装、运输和储存等要求，环境条件与设施的技术要求，废水、废弃物及动物尸体处理，笼具、垫料、饮水、运输、检测方法和检测报告等要求
云南实验树鼩饲养管理、生物学特性和模型制作标准（DB53/T 328.6—2012～DB53/T 328.10—2012）	适用于实验树鼩的饲养管理，生物学特性数据测定；实验基本操作技术；HCV 病毒感染树鼩原代肝细胞模型制作；HCV 病毒感染模型的制作	规定了实验树鼩的引种、驯化、饲养、繁殖、质量监测；生物学特性数据的测定方法；实验基本操作技术；细胞制备和病毒感染等制作技术和方法；HCV 病毒感染模型的制备
海南五指山猪标准（DB46/T 251—2013～DB46/T 253—2013）	适用于普通级五指山猪的生产和使用	规定了普通级五指山猪的术语和定义、遗传分类、遗传控制，以及微生物和寄生虫的等级与监测、检查方法、检查程序、检查规则、检查报告；饲料的质量要求和检测方法；设施建筑、工艺布局、环境技术指标与检测方法、饲养条件、污水和废弃物处理、运输
上海普通级实验用羊的病原监测（DB31/T 705—2013）	适用于生物制剂、动物实验及生命科学研究等用途的各类普通级实验用羊的病原监测	规定了普通级实验用羊的病原监测，包括检测要求、检测程序、检测方法、检测规则等
北京实验动物垫料标准（DB11/T 1126—2014）	适用于实验动物垫料的质量控制	规定了实验动物垫料的原材料、质量要求、检测方法和检测规则
江苏实验动物垫料标准（DB32/T 2129—2012）	适用于实验动物垫料	规定了实验动物垫料的材料、加工、要求、试验方法、检验规则、标志（标签）、包装、运输、储存

（四）《中华人民共和国药典》（2015年版，三部）

在国家药典委员会编制的《中华人民共和国药典》（2015年版，三部）中明确规定："用于制备注射用活疫苗的动物细胞应来源于无特定病原体（specific pathogen free，SPF）动物；用于制备口服疫苗和灭活疫苗的动物细胞应来自清洁级或清洁级以上动物。所用动物应符合实验动物微生物学和寄生虫学检测要求的相关规定。""检定用动物，除另有规定外，均应用清洁级或清洁级以上的动物。"

此外，还规定：培养细胞用的牛血清应来源于无牛海绵状脑病地区的健康牛群；消化细胞用的胰蛋白酶应证明无外源性或内源性病毒污染；用于制备鸡胚或鸡胚细胞的鸡蛋，除另有规定外，应来自无特定病原体的鸡群；用于制备抗血清的马匹，应进行检疫，并重点检查鼻疽、马传染性贫血、马副伤寒流产和布鲁菌病。必要时，也应作其他传染病及恶性肿瘤的检查。

《中华人民共和国药典》（2015年版，三部）对乙脑减毒活疫苗生产用的地鼠细胞，规定除了排除实验动物国家标准要求的淋巴细胞脉络丛脑膜炎病毒、仙台病毒、小鼠肺炎病毒和呼肠孤病毒Ⅲ型外，还应排除小鼠肝炎病毒、小鼠细小病毒、小鼠脊髓灰质炎病毒、汉坦病毒、猴病毒5、大鼠K病毒、吐兰病毒、地鼠多瘤病毒和反转录病毒。

二、主要内容

（一）微生物学等级标准和检测方法标准

现行实施的有效的微生物学等级标准，规定了小鼠、大鼠、豚鼠、地鼠、兔、犬、猴、鸡、小型猪、斑马鱼和剑尾鱼、东方田鼠、树鼩、实验用羊等实验动物的微生物控制要求。

1. 微生物学等级标准

（1）《实验动物 微生物学等级及监测》（GB 14922.2—2011）是强制性标准。本标准适用于小鼠、大鼠、豚鼠、地鼠、兔、犬和猴。本标准规定的主要内容包括以下几个方面。

动物质量等级：小鼠和大鼠分为清洁级、无特定病原体级（SPF）和无菌级；豚鼠、地鼠和兔分为普通级、清洁级、SPF级和无菌级四个等级，犬和猴分为普通级和SPF级两个等级。

检测项目分类：为在加强对危害性大的病原微生物进行检测的同时简化检测工作，将病毒检测项目分为"必须检测项目"和"必要时检测项目"两类，并对两类项目做了限定性说明，"必须检测项目：是指在进行实验动物质量评价时必须检测的项目。必要时检测项目：是指从国外引进实验动物、怀疑有本病流行、申请实验动物生产许可证和实验动物质量合格证时必须检测的项目"。

质量控制参数：在等级划分的基础上，根据不同种类的实验动物，规定了不同等级动物应排除的病原微生物。确定参数的基本原则：排除人畜共患病原和动物烈性传染病病原、对科学干扰大的病原、潜在感染或条件致病的病原。

选取样品规则：标准规定了取样数量和取样方法。根据生产繁殖单元大小决定取样数量，取样的多少依动物群体数量而定，对取样方位也做了规定。小型啮齿类实验动物（小鼠、大鼠、豚鼠、地鼠）需送至检测实验室进行取样，兔、犬、猴等较大动物可不处死动物，在现场进行活体采样。

检测工作程序：对从接收动物到发出检测报告的全过程作出了明确的规定。对不同等级动物的检测频率和选取动物作出了具体要求。

检测结果判定：标准规定，“在检测的各等级动物中，如有一只动物的一项指标不符合该等级标准要求，则判为不符合该等级标准”。

免疫：标准规定兔和犬可以采取免疫方法来控制病毒病的发生。但对实验动物来讲，免疫是否对动物的生理和免疫状态有影响，因而影响利用此类动物开展相关研究的实验结果还不是十分清楚。因此标准规定，普通级兔可以免疫，但清洁级以上则不能免疫，需要通过控制环境条件加以解决。普通级犬要求免疫，而 SPF 犬不能免疫，要求抗体阴性。

（2）《SPF 鸡 微生物学监测总则》（GB/T 17999.1—2008）规定了 SPF 鸡微生物学的 19 个检测指标，其中包括 2 种支原体、3 种细菌和 14 种病毒；标准对检测程序、检测规则、结果判定和检测报告的规定原则与《实验动物 微生物学等级及监测》基本相同。

（3）在实验用小型猪质量控制方面，北京、上海、广西、海南、湖南等地先后发布了地方标准。以北京标准为例，该标准规定了：①小型猪的定义；②根据病原微生物学控制程度，分为普通级、清洁级和无特定病原体级三个等级；③不同等级的小型猪应检测的病原微生物；④检测程序、检测方法、检测规则和报告。

湖南省《异体移植用无指定病原体医用供体猪》（DB43/T 959.1—2014～DB43/T 959.5—2014）从应用的角度提出了小型猪质量标准，这也是国内第一个根据应用要求而对实验动物质量作出规定的标准。

（4）在实验树鼩微生物学等级及监测（DB53/T 328.1—2010）标准中，规定了：①实验树鼩的定义；②根据病原微生物学控制程度，分为普通级和无特定病原体级两个等级；③不同等级的树鼩应检测的病原微生物；④检测频率、检测程序、检测方法、采样、结果判定和报告。

（5）实验东方田鼠饲养与质量控制技术规范（DB43/T 951—2014）规定了：①实验东方田鼠的定义；②根据病原微生物控制程度，分为普通级、清洁级和无特定病原体级三个等级；③不同等级树鼩应检测的病原体；④质量检查程序和检查规则。

（6）实验用鱼标准（DB11/T 1053.1—2013）规定了：①实验用鱼的定义；②根据病原微生物控制程度，分为普通级和无特定病原体级两个等级；③不同等级实验用鱼应检测的病原体；④检测程序、检测频率、检品要求、检测方法和结果判定等。

（7）普通级实验用羊的病原监测（DB31/T 705—2013）规定了：①实验用羊的定义；②普通级实验用羊应排除的 6 种病原微生物，以及免疫要求；③检测要求、检测程序、检测方法、检测规则等。

2. 微生物检测方法标准

（1）《实验动物 微生物学检测方法》（2001 年版和 2008 年版）是推荐性标准。标准对采样部位和采样方法进行了描述，提出了各种检测试剂、培养基配方和配制方法，对检测方法作出了规定。在细菌学检测方面，对操作步骤进行了规定，并结合每个细菌的具体特点，对某些细菌的生化鉴别特性做了具体的描述。在病毒学检测方面，不仅明确了每一种病毒的检测方法，而且对检测结果的判定标准和判定方法做了说明。

（2）《SFP 鸡 微生物学监测总则》（GB/T 17999.1—2008～GB/T 17999.10—2008）规定了 SPF 鸡应排除的 19 种病原微生物检测方法，包括临床观察、血清学试验（血清平板凝集试验、血清中和试验、琼脂扩散试验、血凝抑制试验、试管凝集试验、间接免疫荧光试验、酶联免疫吸附试验）、胚敏感试验、病原体分离和聚合酶链反应。

（3）在广西《实验动物 小型猪》（DB45/T 546—2008）标准中，规定了 ELISA、间接凝集试验、PA、乳胶凝集试验为病原微生物检测方法，并将检测方法的具体操作步骤列在标准的附录中。在北京《实验用小型猪 微生物学等级及监测》（DB11/ T 828.1—2011）标准中，主要采用已有国家标准或行业标准规定的检测方法，包括红细胞凝集抑制试验、微量血凝抑制试验、ELISA、PCR 等。

（4）在实验树鼩微生物学等级及监测标准中，主要采用 GB/T 14926 中规定的检测方法，并在规范性附录中规定了腺病毒的检测方法。

（5）在实验东方田鼠饲养与质量控制技术规范中，主要采用 GB/T 14926 中规定的检测方法。

（6）在实验用鱼标准（DB11/T 1053.1—2013）中，主要采用已有国家标准或水产行业标准规定的检测方法。

（7）普通级实验用羊的病原监测（DB31/T 705—2013），主要采用已有国家标准或行业标准规定的检测方法。

（二）寄生虫学等级标准和检测方法标准

现行实施的有效的寄生虫学等级标准，规定了小鼠、大鼠、豚鼠、地鼠、兔、犬、猴、小型猪、斑马鱼和剑尾鱼、东方田鼠、树鼩等实验动物的寄生虫控制要求。

1. 寄生虫学等级标准

（1）《实验动物 寄生虫学等级及监测》（GB 14922.1—2001）是强制性标准。标准规定了实验动物等级划分和各等级动物的寄生虫学标准。与微生物学等级标准相对应，将实验小鼠和大鼠的寄生虫学等级分为清洁级、SPF 级和无菌级，豚鼠、地鼠和兔分为普通级、清洁级、SPF 级和无菌级 4 个等级，犬和猴分为普通级和 SPF 级 2 个等级。在等级划分的基础上，根据实验动物种类确定了不同等级动物应排除的寄生虫。在取样数量和取样方法、对必须检测项目和必要时检测项目的规定、检测程序及检测结果的判定等方面所作出的规定，与微生物学等级标准一致。

（2）《SFP 鸡 微生物学监测总则》（GB/T 17999.1—2008）没有对寄生虫控制的要求。

（3）广西《实验动物 小型猪》（DB45/T 546—2008）要求普通级排除弓形体和体外寄生虫（节肢动物），SPF 级没有规定。北京《实验用小型猪 第 2 部分：寄生虫学等级及监测》（DB11/T 828.2—2011）要求普通级应排除体外寄生虫和弓形虫，清洁级和无特定病原体级应在普通级等级标准的基础上，再排除球虫和肠道蠕虫。

（4）在实验树鼩寄生虫学等级及监测标准（DB53/T 328.2—2010）中规定了：①实验树鼩的定义；②根据寄生虫学控制程度，分为普通级和无特定病原体级两个等级；

③不同等级的树鼩应检测的寄生虫；④检测频率、检测程序、检测方法、采样、结果判定和报告。

（5）在实验东方田鼠饲养与质量控制技术规范（DB43/T 951—2014）中规定了：①实验东方田鼠的定义；②根据寄生虫控制程度，分为普通级、清洁级和无特定病原体级 3 个等级；③不同等级树鼩应检测的寄生虫；④质量检查程序和检查规则。

（6）在实验用鱼标准（DB11/T 1053.2—2013）中规定了：①实验用鱼的定义；②根据病原微生物学控制程度，分为普通级和无特定病原体级两个等级；③不同等级实验用鱼应检测的寄生虫；④检测程序、检测频率、检品要求、检测方法和结果判定等。

（7）在普通级实验用羊的病原监测（DB31/T 705—2013）中规定了：①实验用羊的定义；②普通级实验用羊应排除体外寄生虫和弓形虫；③检测要求、检测程序、检测方法、检测规则等。

2. 寄生虫检测方法标准

《实验动物 寄生虫学检测方法》（2001 年版和 2008 年版）是推荐性标准，主要采用已有国家标准（GB/T 18448）或行业标准规定的检测方法。实验动物寄生虫检测方法以直接检查虫体或虫卵为主，对取样部位的具体采样方法进行了描述，根据形态学指标进行结果判断。个别项目的检测以血清学方法为主。犬、猴中常见的寄生虫种类、检验方法与啮齿类实验动物中相应的寄生虫种类相同，只增加对形态的描述。规定了弓形虫的 PCR 检测方法。

实验用小型猪弓形体的检测方法为间接血凝试验和 PCR；体外寄生虫的检测方法为镜检。在实验树鼩寄生虫学等级及监测（DB53/T 328.2—2010）标准中，主要采用 GB/T 18488 中规定的检测方法。

在实验东方田鼠饲养与质量控制技术规范（DB43/T 951—2014）中，主要采用 GB/T 18488 中规定的检测方法。

在实验用鱼（DB11/T 1053.2—2013）的标准中，用规范性附录的形式规定了实验用鱼寄生虫检测方法，包括体内和体外寄生虫，以显微镜检查（组织切片法、水浸片法和压片法）为主。对实验用鱼寄生虫的形态和实验用鱼感染症状做了描述。

在普通级实验用羊的病原监测（DB31/T 705—2013）标准中，主要采用 GB/T 18488 中规定的检测方法。

（三）遗传学标准和检测标准

现行实施的遗传学标准，规定了小鼠、大鼠、小型猪、实验用鱼、树鼩、东方田鼠等实验动物的遗传质量控制要求。

1. 遗传学质量标准

《实验动物 哺乳类实验动物的遗传质量控制》（GB 14923—2010）为条文强制标准。本标准规定了哺乳类实验动物的遗传分类及命名原则、繁殖交配方法和近交系动物的遗传质量标准。本标准适用于哺乳类实验动物的遗传分类、命名、繁殖及近交系小鼠、大鼠的遗传纯度检测。

本标准规定的主要内容包括以下几个方面。

1）遗传分类及命名原则

依据“国际小鼠遗传标准命名委员会”和“大鼠基因组和命名委员会”2001年发布的《近交系小鼠、大鼠命名规则》，规定了近交系小鼠、大鼠的命名原则。这部分内容作为强制性条款，使得命名符合国际通用规则，有利于国际交流。为便于理解命名原则，提供了示例（非强制性内容）。在附录中，对遗传修饰动物的命名原则进行了规定。

2）繁殖方法

本标准规定了近交系、封闭群和杂交群动物的繁殖方法。其中，将近交系动物和封闭群动物的繁殖原则、引种作为强制性条款；而对近交系动物繁殖生产是否需要设立基础群、血缘扩大群和生产群不作强制性要求。

3）生化位点和H-2单倍型

标准规定了近交系小鼠检测的14个生化位点和近交系大鼠检测的11个生化位点。将H-2单倍型作为小鼠主要的免疫遗传指标列入标准的资料性附录中。

4）遗传质量监测

标准规定了近交系、封闭群和杂交群动物进行监测的技术要求，包括：质量标准、检测时间间隔、检测方法及实施、采样数量、检测结果的判定及处理等。其中，近交系动物的质量标准和检测间隔时间作为强制性条款，而其他内容不作强制性要求。对封闭群动物和杂交群动物的遗传质量监测规定，全部为推荐性条款。

5）遗传质量检测方法

标准规定了近交系动物、封闭群动物和杂交群动物的遗传质量检测方法。所规定的检测方法超出《实验动物 近交系小鼠、大鼠生化标记检测法》（GB 14927.1—2008）和《实验动物 近交系小鼠、大鼠免疫标记检测法》（GB 14927.2—2008）所规定的范围。

近交系动物的遗传质量检测方法：生化标记基因检测法和免疫标记基因检测法。除以上两种方法外，还可选用其他方法进行遗传质量检测，如毛色基因测试、下颌骨测量法、染色体标记检测、DNA多态性检测法、基因组测序法等。

封闭群动物的遗传质量检测方法：生化标记基因检测法。除此之外，还可选用其他方法进行群体遗传质量检测，如下颌骨测量法、DNA多态性检测法及统计学分析法等。统计项目包括生长发育、繁殖性状、血液生理和生化指标等多种参数，通过连续监测把握群体的正常范围。

杂交群动物的遗传质量监测：由于杂交群动物不进行繁殖而直接用于试验，一般可不进行遗传质量监测，需要时参照近交系的检测方法进行质量监测。

广西《实验动物 小型猪》（DB45/T 546—2008），给出了近交系和封闭群小型猪的定义；规定了近交系和封闭群的繁殖方法，要求近交系小型猪的繁殖需设立培养群、基础群和生产群；要求：“作为繁殖用的近交系或封闭群试验小型猪应分别来自近交系或封闭群的基础群，必须遗传背景明确，来源清楚，有较完整的资料（包括品系名称、个体编号、出生日期、双亲编号、繁殖及路灯）和谱系。”

北京《实验用小型猪 第3部分：遗传质量控制》（DB11/T 828.3—2011），给出了近交系和封闭群小型猪的定义，并规定12月龄体重不超过35kg；规定了近交系和封闭群的繁殖方法，规定了近交系和封闭群的引种要求，要求近交系小型猪的繁殖需设立基础群、血缘扩大群和生产群；规定了封闭群的繁殖方式和不同繁殖方式所要求的最小引种规模。

《实验树鼩 第3部分：遗传质量控制》(DB53/T 328.3—2010)，给出了近交系、封闭群和杂交群树鼩的定义，封闭群树鼩的繁殖方法主要参考GB 14923封闭群动物的繁殖方法进行。

《实验东方田鼠饲养与质量控制技术规范》(DB43/T 951—2014)，规定了近交系和封闭群东方田鼠的繁殖方法，并说明："作为培育封闭群用的祖始东方田鼠来源于野外或实验室培育"，"作为培育近交系用的祖始东方田鼠必须来源于原种封闭群"。

《实验用鱼 第3部分：遗传质量控制》(DB11/T 1053.3—2013)，给出了近交系、封闭群和杂交群实验用鱼的定义和繁殖方法，对引种提出了具体要求。

2. 遗传检测方法标准

(1)《实验动物 近交系小鼠、大鼠生化标记检测法》(GB 14927.1—2008)和《实验动物 近交系小鼠、大鼠免疫标记检测法》(GB 14927.2—2008)为推荐性标准。

"生化标记检测法"规定了小鼠13个生化位点的检测方法和大鼠9个生化位点的检测方法。规定了生化位点检测所用设备和材料、样品的制备、实验条件和结果判定方法，并配有电泳图谱模式图，便于电泳结果判定。在标准的附录中，列出了缓冲液配方、染色剂配方及常用小鼠和大鼠的生化位点标记基因。

"免疫标记检测法"规定了近交系小鼠、大鼠皮肤移植术法和近交系小鼠H-2单倍型检测方法。在移植术法部分，规定了小鼠和大鼠在做背部和尾部皮肤移植时所用设备和材料、操作步骤和结果观察的技术要求；在近交系小鼠H-2单倍型检测部分，规定了所用设备和材料、操作步骤和实验结果评定的技术要求。并在标准的附录中，列出了12种常用近交系小鼠H-2单倍型。

(2)广西《实验动物 小型猪》(DB45/T 546—2008)标准规定了近交系小型猪的遗传质量检测方法（微卫星检测法和皮肤移植法），并在标准的附录中列出了12个微卫星标记位点和检测方法的具体操作步骤（注：虽然标准也对封闭群小型猪的遗传检测进行了规定，但标准所规定的微卫星位点不适于封闭群小型猪的遗传质量检测）。

标准还对实验用小型猪质量的检测间隔、抽样要求、结果判定和判定结论作出了规定。

(3)北京《实验用小型猪 第3部分：遗传质量控制》(DB11/T 828.3—2011)，规定了近交系和封闭群小型猪遗传的微卫星DNA标记检测方法，在标准的规范性附录中列出了10个（近交系）和25个（封闭群）微卫星标记位点和检测方法的具体操作步骤。

标准还对实验用小型猪质量的检测间隔、抽样要求、判定标准作出了规定。

(4)《实验树鼩 第3部分：遗传质量控制》(DB53/T 328.3—2010)，规定了封闭群树鼩遗传质量检测方法（生化标记和微卫星分子标记），并在标准附录中给出了具体的实验方法。

(5)《实验东方田鼠饲养与质量控制技术规范》(DB 43/T 951—2014)，规定了近交系和封闭群东方田鼠的遗传检测方法。按照国家标准（GB 14927.1—2008）规定的检测方法，或按照本标准规范性附录A中给出的方法对东方田鼠近交系和封闭群进行遗传检测。

（6）《实验用鱼 第 3 部分：遗传质量控制》（DB11/T 1053.3—2013），规定了近交系和封闭群实验用鱼的微卫星、SNP 和生化标记遗传检测方法。

（四）环境及设施标准

《实验动物 环境及设施》（GB 14925—2010）为条文强制标准，北京《实验用小型猪 第 6 部分：环境及设施》（DB11/T 828.6—2011）、广西《实验动物 小型猪》（DB45/T 546—2008）、上海《实验动物 实验用小型猪》（DB31/T 240—2001）、湖南《实验用小型猪 第 5 部分：环境及设施》（DB43/T 958.5—2014）、湖南《异种移植用无指定病原体医用供体猪 第 5 部分：环境及设施》（DB43/T 959.5—2014）、湖南《实验东方田鼠饲养与质量控制技术规范》（DB43/T 951—2014）、北京《实验用鱼 第 6 部分：环境条件》（DB11/T 1053.6—2013）、云南《实验树鼩 第 5 部分：环境及设施》（DB53/T 328.5—2010）为推荐性地方标准。上述标准规定了实验动物及动物实验设施和环境条件的技术要求及检测方法，同时规定了垫料、饮水和笼具的原则要求，适用于实验动物（包括：小鼠、大鼠、豚鼠、地鼠、兔、犬、猴、猫、鸡、小型猪、树鼩、东方田鼠、实验用鱼）生产、实验场所的环境条件及设施的设计、施工、检测、验收及经常性监督管理。以《实验动物 环境及设施》（GB 14925—2010）标准为例，分析所规定的主要内容。

1. 设施与环境分类

按照设施的使用功能，分为实验动物生产设施、实验动物实验设施和实验动物特殊实验设施。按照对人员、物品和动物出入的控制程度，对空气净化的控制程度，以及适用于饲养动物的等级，将实验动物环境分为普通环境、屏障环境和隔离环境。

2. 环境参数控制指标

（1）实验动物生产间：对不同控制级别、用于不同种实验动物生产的工作间，规定了温度、最大日温差、相对湿度、最小换气次数、气流速度、相通区域的最小静压差、空气洁净度、沉降菌最大平均浓度、氨浓度、噪声、照度和昼夜明暗交替时间等项目的技术指标，并对一些指标作出说明。

（2）动物实验间：规定的控制项目与实验动物生产间相同，技术指标则有所区别。一些项目的技术指标要严于实验动物生产间的控制指标。同时还规定，特殊动物实验设施动物实验间的技术指标除满足一般动物实验间的要求外，还应符合相关标准（如 GB 50346《生物安全实验室建筑技术规范》的要求。

3. 检测类型和检测指标分类

为加强环境检测，同时兼顾检测指标的合理性和简化检测工作，对检测性质和检测指标进行了分类规定。检测类型分为静态检测和动态检测，检测指标分为日常性检测指标、监督性检测指标和必要时检测指标。如何在实际检测中执行，标准中有详细的说明。

4. 增加相关技术指标

与 2001 年版的标准相比较，增加了屏障环境设施的辅助用房主要技术指标，以满足功能要求。

5. 污水、废弃物及动物尸体处理

对污水、废弃物及动物尸体处理的规定更加详尽，具有可操作性。在4项规定中，其中3项为强制性条款。

6. 笼具、垫料、饮水的要求

标准不仅对笼具的材质和产品制作的质量提出要求，而且规定了常用实验动物所需居所最小空间，实验用大型动物的笼具尺寸应满足动物福利的要求和操作的需求。“垫料必须经灭菌处理后方可使用”和“清洁级及其以上级别实验动物的饮水应达到无菌要求”作为强制性条款列入标准。

7. 动物运输

标准对动物运输做了详尽的规定，由2001年版中的3条增加为3个方面15项条款。从运输笼具、运输工具和实验动物3个方面对运输整个过程作出了规定，并强调“运输笼具应符合微生物控制的等级要求，并且必须在每次使用前进行清洗和消毒”，“运输工具在每次运输实验动物前后均应进行消毒”。

8. 检测方法

在附录中，对各项环境指标的检测方法从检测条件、检测仪器、样品采集、测定方法、结果计算等方面作出了具体规定。

关于实验树鼩、东方田鼠、小型猪和实验用鱼等实验动物的环境条件要求，在此不作详述。

（五）配合饲料质量标准和测定标准

现执行的配合饲料质量标准规定了小鼠、大鼠、豚鼠、地鼠、兔、犬、猴、鸡和小型猪、树鼩、东方田鼠、实验用鱼等实验动物的配合饲料质量控制要求。

1. 配合饲料质量标准

《实验动物 配合饲料通用质量标准》（GB 14924.1—2001）为强制性标准。北京《实验用小型猪 第5部分：配合饲料》（DB11/T 828.5—2011）、广西《实验动物 小型猪》（DB45/T 546—2008）、上海《实验动物 实验用小型猪》（DB31/T 240—2001）、湖南《实验用小型猪 第3部分：配合饲料》（DB43/T 958.3—2014）、湖南《异种移植用无指定病原体医用供体猪 第3部分：配合饲料》（DB43/T 959.3—2014）、湖南《实验东方田鼠饲养与质量控制技术规范》（DB43/T 951—2014）、北京《实验用鱼 第5部分：配合饲料技术要求》（DB11/T 1053.5—2013）、云南《实验树鼩第4部分：配合饲料》（DB53/T 328.4—2010）为推荐性地方标准。以“通用质量标准”为例说明该标准强调了实验动物配合饲料及饲料原料的质量要求，对检测规则、包装、标签、储存、运输等各项环节作出了明确的规定，是对各类实验动物饲料作出的基本规定和通用要求。

《实验动物 配合饲料卫生标准》（GB 14924.2—2001）为强制性标准。该标准对实验动物配合饲料的卫生要求作出了具体规定，包括：重金属（铅、镉、汞、砷）、环境中持续污染物（六六六和滴滴涕、黄曲霉毒素）及微生物指标［菌落总数、大肠菌群、致病菌（沙门氏菌）和霉菌等］。

《实验动物　配合饲料营养成分》（GB 14924.3—2010）为条文强制标准。该标准将配合饲料分别按维持饲料和生长、繁殖饲料规定了用于实验小鼠、大鼠、豚鼠、地鼠、兔、犬、猴配合饲料中4类40种营养成分的含量，并将配合饲料常规营养成分指标、氨基酸指标中的赖氨酸、蛋氨酸+胱氨酸作为条文强制，其他指标作为推荐性内容。此标准与《实验动物　配合饲料卫生标准》共同构成了实验动物配合饲料标准的核心。

《产蛋后备鸡、产蛋鸡、肉用仔鸡配合饲料》（GB/T 5916—2008）为推荐性标准。

在北京、广西、上海、湖南等地制定的小型猪标准中，均对饲料质量作出了规定。以广西《实验动物　小型猪》（DB45/T 546—2008）为例说明，该标准规定了实验用小型猪饲料40项营养成分指标控制要求，包括8项常规营养成分指标、10项氨基酸指标、13项维生素指标、9项矿物质和微量元素指标。

《实验树鼩　第4部分：配合饲料》（DB53/T 328.4—2010）规定了实验用树鼩42项营养成分指标控制要求，包括9项常规营养成分指标、12项氨基酸指标、12项维生素指标、9项矿物质和微量元素指标。

《实验用鱼　第5部分：配合饲料技术要求》（DB11/T 1053.5—2013），规定了实验用鱼配合饲料的产品分类与规格、技术要求、检验方法、检验规则、标签、包装、运输和储存等，提出了斑马鱼和剑尾鱼饲料的主要营养成分指标，以及维生素、矿物质和氨基酸推荐值。

2. 配合饲料测定标准

《实验动物　配合饲料卫生标准》（GB 14924.2—2001）规定了实验动物（小鼠、大鼠、豚鼠、地鼠、兔、犬、猴）配合饲料中各种污染物和微生物的测定方法。

实验动物配合饲料的国家标准（GB/T 14924.9—2001、GB/T 14924.11—2001、GB/T 14924.12—2001）规定了配合饲料及原料的常规营养成分（7项）、维生素（14项）、矿物质和微量元素（9项）的测定方法。

《实验动物　配合饲料　氨基酸的测定》（GB 14924.10—2008）规定了配合饲料及原料的氨基酸（10项）的测定方法。实验用小型猪、实验用树鼩、实验用鱼配合饲料营养指标的检测方法，除了采用国家标准GB 14924—2008之外，执行的其他标准还有：GB/14699.1《饲料采样方法》、GB/T 16765《颗粒饲料通用技术条件》、GB/T 5918《配合饲料混合均匀度的测定》、GB 10648《饲料标签》、GB/T 18823《饲料检测结果判定的允许误差》、SC/T 1077《渔用配合饲料通用技术条件》、GB/T 21514《饲料中脂肪酸含量的测定》（ISO/TS 17764）、NY/T 471《绿色食品畜禽饲料和饲料添加剂使用准则》、GB/T 16764《配合饲料企业卫生规范》。

（六）病理学诊断标准

北京《实验用小型猪　第4部分：病理学诊断规范》（DB11/T 828.4—2011）和《实验用鱼　第4部分：病理学诊断规范》（DB11/T 1053.4—2013）、湖南《实验用小型猪　第

4 部分：病理学诊断规范》（DB43/T 958.4—2014）和《遗体移植用无指定病原体医用供体猪 第 4 部分：病理学诊断规范》，是目前国内仅有的两种实验动物的 4 个病理学标准。

以北京《实验用小型猪 第 4 部分：病理学诊断规范》为例说明，该标准规定了实验用小型猪病理学检查的内容和方法，包括检查规则、检查程序、临床病理学检查、解剖病理学检查、结果判定和检查结论等。将病理学检查分为临床病理学和解剖病理学两个部分，并将血液学和血液生化指标检查作为临床病理学的检查内容，全面客观评价实验用小型猪的健康状况。

（七）笼器具标准

实验动物笼器具的系列标准是由江苏省科学技术厅提出、江苏省质量技术监督局发布的地方标准。在《实验动物 环境及设施》（GB 14925—2010）中，虽然对实验动物饲养笼具和运输笼具提出技术要求，并对常用实验动物（小鼠、大鼠、豚鼠、地鼠、兔、犬、猴、猫、鸡、小型猪）所需居所最小空间作出规定，但更多的是一些原则规定。

江苏《实验动物笼器具》（DB32/T 967—2006～DB32/T 972—2006；DB32/T 1215—2008～DB32/T 1216—2008）标准，对结构与尺寸、不同类型饲养笼具的具体要求（如材质、密闭性、风机及噪声、传递系统、过滤系统）作出规定。在质量检测方面，规定了外观检查（手触、目测）；实际尺寸测量；强度、耐冲击、耐温、耐压、耐酸碱等理化参数的测定，以及对塑料产品（塑料笼盒、饮水瓶等）异常毒性的检查。在标准的附录中，列出了各项技术指标的检测方法。

北京《实验动物 笼器具》（DB11/T 1125—2014）标准，对不锈钢笼器具、塑料笼器具、层流柜和独立通风笼具系统做了技术要求，规定了质量检测方法和抽样规则，并以附录的形式给出了常用实验动物（小鼠、大鼠、豚鼠、地鼠、兔、猫、犬、猴）所需最小饲养空间。

目前已发布地方标准的实验动物笼器具有：隔离器、代谢笼、独立通风笼盒、塑料笼箱、金属笼箱、笼架、层流架、饮水瓶等。

（八）垫料标准

在《实验动物 环境及设施》（GB 14925—2010）中，虽然对实验动物垫料提出了要求，但比较笼统，仅是一些原则规定，也未给出垫料质量评价方法。

在江苏《实验动物垫料》（DB32/T 2129—2012）和北京《实验动物垫料》（DB 11/T 1126—2014）标准中，给出了垫料的定义；规定了垫料的原材料、质量要求、检测方法和检测规则；在规范性附录中，具体规定了含水量、吸水率、含尘量的测定方法。

（九）设施建筑技术要求

《实验动物设施建筑技术规范》（GB 50447—2008）为条文强制标准。本规范包括 10 章和 2 个附录。主要内容：规定了实验动物设施分类和技术指标；实验动物设施建筑和结构的基本要求；对作为规范核心内容的空调、通风和空气净化部分，则详尽地规定了气流组织、系统构成及系统部件和材料的选择方案、构造和设计要求；还规定了实验动物设施的给水排水、电气、自控和消防设施配置的原则；最后对施工、检测和验收的原则、方法做了必要的规定。

为了更加准确地理解规范的内容，在规范的后面附有规范的条文说明。

（十）动物保护与福利

《医疗器械生物学评价　第2部分：动物保护要求》（GB 16886.2—2000）由国家质量技术监督局于2000年12月13日发布，2001年5月1日起实施。本标准等同采用国际标准ISO 10993-2：1992《医疗器械生物学评价　第2部分：动物保护要求》。为更好地实施本标准，在附录A中增加了我国有关标准和法规。

本标准规定了生物学试验中实验动物使用的最低要求。本标准包括定义、要求和建议等几个主要部分，并在附录中给出了国内外有关法规。

在“要求”这一部分中，突出了“3R”的理念和要求，并规定了人员的资格、饲养管理与使用的要求，以及手术前、中、后的动物福利要求和动物处死的方法。在“建议”这一部分中，提出“主管部门、财政部门和科研人员应对替代方法的认可和（或）发展机遇优先权”。

（十一）灵长类实验动物的饲养与管理

《猕猴属实验动物人工饲养繁育技术及管理标准》（LY/T 1784—2008）是目前唯一一个详细规定灵长类实验动物饲养繁育，以及环境设施和动物质量控制的行业标准。本标准所规定的内容较《实验动物　哺乳类实验动物的遗传质量控制》（GB 14923—2010）规定的动物饲养技术要求更为全面和细致。其中，显著不同、具有特点的内容包括：①开展猕猴人工饲养，应具有独立法人资格，具有按照《野生动物驯养繁殖许可证》等要求取得的相关证书。②“应按操作规程对猴群和新进猴进行严格检疫，做好检疫记录并及时处置患病动物”；“确诊为狂犬病、马尔堡病、结核病的动物应立即处死并销毁”。

（十二）生物安全

在《实验室生物安全通用要求》（GB 19489—2008）、《生物安全实验室建筑技术规范》（GB 50346—2004）和《微生物和生物医学实验室生物安全通用准则》（WS 233—2002）中，均对动物实验的生物安全作出了规定。

在《实验室生物安全通用要求》（GB 19489—2008）中，将动物实验生产安全实验室分为ABSL-1～ABLSL-4，并对不同级别的实验室的设施设备、人员操作、废物处理等都提出了具体要求。由于内容很多，请直接参考有关标准。

第三章　环境设施的质量要求与管理

第一节　环境设施管理

实验动物设施必须维持环境的稳定，减少环境因子的变化，符合动物的生理、行为需求。根据不同研究需要和不同动物对环境的要求，规划、设计和建造实验动物设施，以实现不同的功能，满足特殊要求，装备特殊设备，严格控制环境的目的。同时不仅满足现有项目的需求，也要为未来的发展留有空间。

一、设施分类与环境指标要求

1. 设施分类

实验动物设施按照其功能分为生产设施、实验设施和特殊实验设施三类。实验动物生产设施是指用于实验动物生产（保种、育种、繁殖、生产、育成、供应）的建筑物和设备的总和。实验动物实验设施是指以研究、实验、教学、生物制品和药品及相关产品生产、检定等为目的而进行动物实验的建筑物和设备的总和。实验设施也可进行特殊品系的培育、保种、繁殖（如基因修饰动物的研究开发）。实验动物特殊实验设施包括感染性动物实验设施（动物生物安全实验室）和应用放射性物质或有害化学物质等进行动物实验的设施。

实验动物设施按照对传染因子和环境参数控制程度，分为普通环境设施、屏障环境设施和隔离环境设施。普通环境设施符合实验动物居住的基本要求，控制人员和物品、动物出入，不能完全控制传染因子，适用于饲育普通级实验动物。屏障环境设施符合动物居住的要求，严格控制人员、物品和空气的进出，适用于饲育清洁级和（或）无特定病原体（specific pathogen free，SPF）级实验动物。隔离环境设施采用无菌隔离装置以保持无菌状态或无外源污染物。隔离装置内的空气、饲料、水、垫料和设备应无菌，动物和物料的动态传递需经特殊的传递系统，该系统既能保证与环境的绝对隔离，又能满足转运动物时保持与内环境一致。适用于饲育无特定病原体级、悉生（gnotobiotic）及无菌（germ free）级实验动物（表 3-1）。

表 3-1　实验动物设施分类

设施分类		使用功能	适用动物等级
普通环境		实验动物生产、动物实验、检疫	普通动物
屏障环境	正压	实验动物生产、动物实验、检疫	清洁动物、SPF 动物
	负压	生物危害动物实验、检疫	普通动物、清洁动物、SPF 动物
隔离环境	正压	实验动物生产、动物实验、检疫	SPF 动物、悉生动物、无菌动物
	负压	生物危害动物实验、检疫	普通动物、清洁动物、SPF 动物、悉生动物、无菌动物

2. 设施环境指标要求

（1）实验动物生产间的环境技术指标应符合表3-2的要求。

表 3-2　实验动物生产间的环境技术指标

项目	指标								
	小鼠、大鼠		豚鼠、地鼠			犬、猴、猫、兔、小型猪			鸡
	屏障环境	隔离环境	普通环境	屏障环境	隔离环境	普通环境	屏障环境	隔离环境	屏障环境
温度/℃	20～26		18～29	20～26		16～28	20～26		16～28
日温差/℃，≤	4								
相对湿度/%	40～70								
换气次数/（次/h，≥）	15&	20	8#	15&	20	8#	15&	20	—
动物笼具处气流速度/（m/s，≤）	0.20								
相通区域的静压差/Pa，≥	10	50*	—	10	50*	—	10	50*	10
空气洁净度/级	7	5或7§	—	7	5或7§	—	7	5或7§	5或7
沉降菌最大平均浓度/（cfu/0.5h，Φ90mm平皿，≤）	3	0	—	3	0	30	3	0	3
氨浓度/（mg/m³，≤）	14								
噪声/dB（A），≤	60								
照度/lx　工作照度，≥	200								
动物照度	15～20					100～200			5～10
昼夜明暗交替时间/h	12/12或10/14								

注1：表中“—”表示不作要求

注2：表中氨浓度指标为动态指标

注3：普通环境的温度、湿度和换气次数指标为参考值，可在此范围内根据实际需要适当选用，但应控制日温差

注4：温度、相对湿度、压差是日常性检测指标；日温差、噪声、气流速度、照度、氨气浓度为监督性检测指标；空气洁净度、换气次数、沉降菌最大平均浓度、昼夜明暗交替时间为必要时检测指标

注5：静态检测除氨浓度外的所有指标，动态检测日常性检测指标和监督性检测指标，设施设备调试和（或）更换过滤器后检测必要检测指标

*表示隔离设备内外静压差

§根据设备的要求选择参数。用于饲养无菌动物和免疫缺陷动物时，洁净度应达到5级

#可根据动物种类和饲养密度适当增加

&为降低能耗，非工作时间可降低换气次数，但不应低于10次/h

（2）动物实验间的环境技术指标应符合表3-3的要求。特殊动物实验设施动物实验间的技术指标除满足表3-3的要求外，还应符合相关标准的要求。

（3）屏障环境设施的辅助用房主要技术指标应符合表3-4的规定。

二、设施外环境的管理

1. 设施选址要求

按照国家标准的要求，实验动物设施应避开自然疫源地。生产设施宜远离可能产生交叉感染的动物饲养场所。宜选在环境空气质量及自然环境条件较好的区域。宜远离有严重空气污染、振动或噪声干扰的铁路、码头、飞机场、交通要道、工厂、储仓、堆场等区域。

表 3-3 动物实验间的环境技术指标

项目	指标								
	小鼠、大鼠		豚鼠、地鼠			犬、猴、猫、兔、小型猪			鸡
	屏障环境	隔离环境	普通环境	屏障环境	隔离环境	普通环境	屏障环境	隔离环境	隔离环境
温度/℃	20～26		18～29	20～26		16～26	20～26		16～26
日温差/℃，≤	4								
相对湿度/%	40～70								
换气次数/（次/h，≥）	$15^{\&}$	20	$8^{\#}$	$15^{\&}$	20	$8^{\#}$	$15^{\&}$	20	—
动物笼具处气流速度/（m/s，≤）	0.2								
相通区域的静压差/（Pa，≥）	10	50^{*}	—	10	50^{*}	—	10	50^{*}	50^{*}
空气洁净度/级	7	5 或 $7^{\S}$	—	7	5 或 $7^{\S}$	—	7	5 或 $7^{\S}$	5
沉降菌最大平均浓度/（cfu/0.5h，Φ90mm 平皿，≤）	3	0	—	3	0	30	3	0	0
氨浓度/（mg/m^3，≤）	14								
噪声/dB（A），≤	60								
照度/lx 工作照度，≥	200								
动物照度	15～20					100～200			5～10
昼夜明暗交替时间/h	12/12 或 10/14								

注1：表中“—”表示不作要求

注2：表中氨浓度指标为动态指标

注3：温度、相对湿度、压差是日常性检测指标；日温差、噪声、气流速度、照度、氨气浓度为监督性检测指标；空气洁净度、换气次数、沉降菌最大平均浓度、昼夜明暗交替时间为必要时检测指标

注4：静态检测除氨浓度外的所有指标，动态检测日常性检测指标和监督性检测指标，设施设备调试和（或）更换过滤器后检测必要检测指标

*表示隔离设备内外静压差

§根据设备的要求选择参数。用于饲养无菌动物和免疫缺陷动物时，洁净度应达到 5 级

#可根据动物种类和饲养密度适当增加

&为降低能耗，非工作时间可降低换气次数，但不应低于 10 次/h

表 3-4 屏障环境设施的辅助用房主要技术指标

房间名称	洁净度级别	换气次数/（次/h），≥	相邻区域的静压差/Pa，≥	温度/℃	相对湿度/%	噪声/dB（A），≤	照度/lx，≥
洁物储存室	7	15	10	18～28	30～70	60	150
无害化消毒室	7 或 8	15 或 10	10	18～28	—	60	150
洁净走廊	7	15	10	18～28	30～70	60	150
污物走廊	7 或 8	15 或 10	10	18～28	—	60	150
入口缓冲间	7	15 或 10	10	18～28	—	60	150
出口缓冲间	7 或 8	15 或 10	10	18～28	—	60	150
二更	7	15	10	18～28	—	60	150
清洗消毒室	—	4	—	18～28	—	60	150
淋浴室	—	4	—	18～28	—	60	100
一更（脱、穿普通衣、工作服）	—	—	—	18～28	—	60	100

注：表中“—”表示不作要求

实验动物生产设施的待发室、检疫观察室和隔离室主要技术指标应符合表 3-2 的规定

动物实验设施的检疫观察室和隔离室主要技术指标应符合表 3-3 的规定

动物生物安全实验室应同时符合 GB 19489—2008 和 GB 50346—2004 的规定

正压屏障环境的单走廊设施应保证动物生产区、动物实验区压力最高。正压屏障环境的双走廊或多走廊设施应保证洁净走廊的压力高于动物生产区、动物实验区；动物生产区、动物实验区的压力高于污物走廊

2. 实验动物设施外环境的管理

实验动物设施应独立设置，其周围无积水、杂草、垃圾场站、蚊蝇孳生地等污染源。实验动物设施外环境应定期进行消毒、杀虫、灭鼠，保持整洁、卫生。人员、车辆进入动物生产设施前应有消毒防疫措施。

三、设施内环境的管理

1. 人员管理

进入实验动物设施内部的人员包括：兽医、兽医技术员、管理人员、研究与技术人员、动物饲养员。所有从业人员应经过专业知识和业务技能培训，持证上岗，熟悉实验动物法规和标准，执行本单位的各种规章制度和标准操作规程（SOP），每年应进行一次身体健康检查，确定适合在实验动物岗位工作。管理人员应具备医学、生物学或畜牧兽医学等相关专业大专以上学历，具有扎实的实验动物专业知识和较丰富的管理经验，能够组织所属人员对实验动物设施进行科学管理。动物饲养员应该掌握实验动物学专业知识和动物繁育、饲养管理操作技能。能够根据不同动物的生物学特性，自觉执行本单位的各种规章制度和 SOP，规范化地开展动物繁育和饲养管理工作。研究与技术人员应该掌握实验动物学专业知识和动物实验操作技能。能够根据不同动物的生物学特性和实验设计的要求，自觉执行本单位动物实验管理规章制度和 SOP，规范开展动物实验工作。兽医应具备大专以上学历，熟练掌握各种实验动物疾病的防控知识和技能。

进出实验动物设施的所有人员应养成良好的卫生观念，经常洗澡、修剪指甲，勤洗换衣服，男士不蓄留长发和胡须，女士不化妆。进入设施时，不随身携带钥匙、手表、手机、饰物等与作业无关的物品；进入设施后，要随手关好每一道房门，不得解、脱工作服，更不得吸烟、饮食和嬉戏打闹。

2. 物品管理

1）物品进入设施的要求

与动物生产、实验或设施管理无关的一切物品，均不得传入设施。必须传入设施的有关物品在进入设施之前，必须根据设施的环境控制标准，进行相应的消毒灭菌处理。对于进入普通设施的物品，凡可能携带动物病原者，必须经过有效的消毒处理后，再传入普通环境。对于进入屏障设施的物品，凡能耐高温高压灭菌的物品，如垫料、工作服、笼具、饮水瓶、某些工具和未经 ^{60}Co 照射灭菌的饲料等，均应经过高压蒸汽灭菌后传入；不宜用高压蒸汽灭菌但能用药物浸泡消毒的物品，如拖鞋、塑料容器、某些工具和经 ^{60}Co 照射灭菌的饲料包等，可经过药物浸泡，由渡槽传入屏障环境；不宜用高压蒸汽灭菌也不能用药物浸泡消毒的物品，如记录用纸、笔、某些工具和实验材料等，需经传递窗/间消毒处理后传入屏障环境。对于进入隔离设施的一切物品，均应先经高压蒸汽灭菌处理，再传入隔离器。

普通级实验动物饮水应符合《生活饮用水卫生标准》（GB 5749—2006）的要求，即动物可以直接饮用合格的自来水；而清洁级以上动物的用水（包括动物饮用和其他用水）

应为无菌水。

2）设施内物品的储存

实验动物设施内所有物品应设置固定位置存放，摆放整齐，标示明确，确保先进的物品先用。对于笼架具、台架等固定物品，平时应整齐地摆放于适宜位置；对于饲喂器具、作业工具、生产或实验器材等频繁出入设施的物品，消毒后应用适当容器盛装，标明类别和消毒日期，整齐摆放于相应储存间内，不得就地摆放。物品使用后，应将储存间打扫干净。将更换下来的物品和其他废物，随时传出设施并及时实施分类处理。

3）废弃物的处理

在动物生产或实验工作中，每天都会产生大量的废气、动物粪尿、废弃垫料、一次性口罩和手套、动物尸体及组织等废物。为了避免这些废物对工作区域及周围环境的污染，必须按照相关要求对其进行无害化处理。

（1）普通废气的处理：常规实验动物设施在运行过程中会产生大量的废气。对这些废气处理的目的主要是避免气味对周围环境的污染，因此，通常采用活性炭或液体吸附除臭的方法进行处理。

（2）普通下水的处理：通常利用化粪池将其中的有形物如动物粪便、杂物等进行沉淀，定期请环卫公司将沉淀物清掏并实施无害化处理，将分离后的污水排入市政污水管道。

（3）普通固态废物的处理：作业完毕，应将废弃垫料、一次性口罩和手套等固态废物随时由污物通道（如屏障环境的污物走廊）传至外环境，并及时装进垃圾袋或专用储存箱/站，请环卫公司实施无害化处理。

（4）普通动物尸体、组织和锐器的处理：将动物生产或实验过程中所产生的动物尸体及组织随时装进专用的医疗垃圾袋，并及时放入冰柜暂存；将废弃的针头、玻璃、手术刀片等利器及时放入耐扎容器中保存。积存一定数量后，请有资质的环卫公司（事先应签订协议书），按照《医疗废物管理条例》的有关要求，实施无害化处理。

（5）特殊（感染性或放射性）废物的处理：对感染性动物实验过程中所产生的具有污染或潜在污染的所有废物（包括废气、废水、各种固态废物）进行处理时，必须严格按照《医疗废物管理条例》的要求进行无害化处理；对放射性动物实验过程中所产生的具有污染或潜在污染的所有废物（包括废气、废水、各种固态废物）进行处理时，还要兼顾《医用放射性废物管理卫生防护标准》（GBZ 133—2002）的有关规定。

3. 动物管理

1）动物进入管理

实验动物由外环境进入实验设施前，应核对实验动物的来源、数量、规格、性别、包装、质量合格证明和（或）检验检疫报告等基本情况，并根据动物等级分别实施相应的传递与检疫程序。

（1）普通动物：从运输容器中取出后，肉眼观察评判动物质量。一般要求：精神状态良好，运动活泼；肢体匀称，四肢无残缺、畸形和外伤；被毛光亮、色正，紧贴身体；皮肤弹性良好，无创伤和异常物；发育良好，肥瘦适中，体质健壮；天然孔无异常分泌物。发现动物不健康时，应拒收整批动物；未见异常时，将动物转入检疫间进行检疫（有条件者，应为犬、猴等大动物洗浴消毒）。检疫周期：本地购进的兔、豚鼠为 3～7 天，犬、猴为 7～14 天；国内异地购进动物的检疫期应延长 7～14 天；国外引进动物的检疫期不少于 30 天。检疫期间，饲养人员每天应参照上述标准，密切注意观察并记录动物的精神、运动、皮肤、被毛、饮食、粪尿等临床基本情况。兽医应参照相关国标，采用镜检、血清学检查等方法，对被检疫动物群的体内外寄生虫、病原微生物进行必要的抽检；对检疫期间死亡的动物，应进行解剖和（或）实验室检验。根据检验结果，兽医判定被检疫动物群的质量是否合格。检疫合格者，方可转入饲养间进行饲养和实验。

（2）清洁级动物和 SPF 动物：应将运输容器通过屏障设施的传递窗/间传入。然后，清洁区的饲养人员打开运输容器，对动物进行外观检查。未见异常则将动物转入观察间进行 2～3 天的临床观察（国外引进动物的检疫期不少于 30 天）。未见异常情况者，方可将动物转入饲养间进行饲养和实验。

（3）无菌及悉生动物（包括转入隔离设施的 SPF 动物）：将动物传入隔离器进行 2～3 天的临床观察（国外引进动物的检疫期不少于 30 天）。未见异常情况者，方可进行饲养和实验。

2）日常管理

实验动物进行日常管理还应根据它们的生物学特性和习性，进行其他有针对性的管理。具体管理参见相关章节。

4. 内环境的保洁与维持

1）设施启用前的保洁与消毒

（1）卫生消毒：屏障设施建成后，首先要通过除垢、清扫、擦抹等方式，将设施内吊顶、墙面、地面、设备表面等所有区域的污垢、粉尘清除干净。然后进行设施的整体消毒。

（2）环境检测与验收：设施整体消毒 48～72h 后，启动送、排风机组。通风 24～48h 后，请具有实验动物环境检测资质的检测机构，按照有关国家标准，对该设施的各项内环境指标进行检测。检测结果合格后，方可向实验动物管理机构提出验收申请。设施验收合格后，方可投入使用。在正式使用前应重新进行整体消毒处理。

2）内环境日常维护

（1）日常维护：一方面应按照各种通风空调设备的操作和维护要求，进行规范操作，避免环境指标出现异常；另一方面，应每天观察内环境指标（主要包括温度、相对湿度、压差），如出现异常，应及时查找原因并解决。

（2）日常保洁与消毒：日常工作完毕后，应先将所有更换下来的笼架具、用具等污物按照物品退出设施的路线传至洗消间；再将设施内所有笼架具、台架、门、窗、地面等部位打扫干净。每天定时将所有无动物区域的紫外灯打开 30～60min，进行空气消毒，每周按照人员退出路线用消毒剂对地面进行两次以上的擦抹和拖地消毒，每周对于整个设施内的饲养架具、管理用具和环境进行 1～2 次擦抹或喷雾消毒工作，不留死角。对于实验设施，每批实验结束后还要进行一次彻底的清洗消毒。

3）内环境指标的动态检测

对于温度、相对湿度、压差等日常性监督指标，应每天进行观察记录，最好进行不间断的实时动态检测和记录；对于落下菌、氨浓度、噪声、照度等监督性检测指标，每年应由专业检测人员进行不少于一次的动态检测和记录；而空气洁净度、换气次数、气流速度等指标，应在必要时进行检测（用以评价设施的换气性能是否达标，即是否需要更新高效过滤器、更新高效过滤器后的调试等）。设施内环境指标的动态检测是一项容易忽视的工作，应引起足够的重视。

5. 饲养设备的管理与维护

一般实验动物饲养设备的管理与维护按照设施日常保洁与消毒即可，但层流柜、IVC（独立通风笼具）、隔离器等饲养设备有其特殊要求。在实际工作中必须保证这些设备的通风净化装置性能完好、电力供应的连续及实际操作（包括动物传递）的洁净化。为保证饲养设备内动物的安全，最好安装报警装置，以便及时发现并排除各种故障。在隔离器的日常使用中，还应每天观察手套、传递仓帽及隔离器软包是否膨隆，清洁时不要使用粗糙抹布和利器，以防隔离器的透明度降低甚至被划伤，每次操作完毕要把手套指部拉出或变动折叠部位，以防材料老化折断。以上饲养设备一般每3～6个月应进行一次内环境洁净度的检测，每半年保养一次送、排风机，初效滤材应每月检查清洗一次、高效滤材应每年更换1～2次（视其前端保护情况而定）或终阻力达到初阻力的两倍时更新一次。

四、环境消毒

在动物生产或实验过程中，为保障设施环境和动物质量达标，常需要使用各种清洗、消毒、驱虫药剂。购买和使用时，应选择洗消效果良好、对人员和动物危害较轻的产品。常用清洗、消毒、驱虫药剂的使用剂量、范围与方法见表3-5。

表3-5　常用清洗、消毒、杀虫剂及使用方法

药剂名称	使用浓度	使用范围	使用方法
洗衣粉	适量	各种衣物、用具的洗涤	单独或与84消毒液混用
洗涤灵	适量	各种用具的洗涤	单独或与洗衣粉混用
百毒杀	200～500倍稀释	一般物品和环境的消毒	浸泡、擦抹、喷雾
新洁尔灭	0.1%～0.5%		
84消毒液	100～200倍稀释		
过氧乙酸	0.25%～2%		
来苏水	1%～5%	污物、地面的消毒	浸泡、擦抹
高锰酸钾	0.03%～0.05%	水果、蔬菜的消毒	浸泡
乙醇	75%	手、动物运输笼、实验用品的消毒	擦抹、喷雾
高锰酸钾、甲醛	（30g+40ml）/m^3	密闭环境的消毒	熏蒸
环氧乙烷	1200mg/L	一般物品的消毒	熏蒸
1%阿维菌素	0.02ml/kg BW	驱除大动物体内、外寄生虫	皮下注射
宠物香波	适量	驱除大动物体外寄生虫	药浴
除虫菊酯	适量	驱除一般环境中的蚊蝇	喷雾

注：为防止病原体产生耐药性，应交叉使用不同的消毒药剂

第二节 笼具的质量要求与管理

一、笼具的质量要求

实验动物几乎一生都要生活在笼具中，因此，笼具结构、大小及材质对实验动物的质量、健康和福利产生直接影响。随着实验动物科学的发展和实验动物质量要求的提高，实验动物笼具的开发生产向着统一的要求靠拢，逐步形成了相对一致的规范要求。在国内外的标准与指南中都提出了不同动物对于笼具尺寸的要求，尽管没有明确笼具材质和结构的要求，但以下几点是公认的：①笼具材质应是安全无毒的，不能对动物产生任何危害；②应能有效防止动物逃逸和啃咬；③耐用，适应于经常性更换、清洗、消毒、灭菌而不损坏；④结构上符合动物习性的要求。

1. 笼具分类

按制作材料可分为：塑料笼具、金属笼具、木质笼具、纸质笼具。按使用动物种类可分为：小鼠盒、大鼠盒、豚鼠盒、兔笼、犬笼、猴笼等。按使用功能可分为：一般笼盒、隔离器、层流柜、IVC、代谢笼和运输笼（盒）等。

2. 笼具选材原则

一般按下列 3 方面进行选材：①制作笼具的材料对人和动物均无毒、无害，保证人和实验动物福利和健康；②笼具成品应适应使用要求（频繁更换、清洗，经常性地高温、高压及药物消毒）；③笼具应能防止实验动物啃咬和逃逸。

3. 笼具选材要求

笼具选材要求比较严格，一般应考虑以下几个方面：①制作笼具的所有材料及零部件必须具有无毒、无味、易清洗、易消毒、耐酸碱腐蚀的性能。②材料应具有耐高温、高压及耐冲击等性能。③材料的性能宜达到如下指标：A. 耐酸碱腐蚀，分别在 pH2、pH10 的溶液中浸泡 24h 不腐蚀，即不改变其原来的物理、化学性质；B. 耐高温，在 121℃以上温度蒸汽熏蒸，30min 不变形；C.耐冲击，制成箱体后，从 1m 高度自由落下不破损。④金属笼具宜选用不锈钢，其材质首选 1Cr18Ni9Ti，其化学成分、机械性能指标等应符合国家标准。⑤纸质笼具多用于运输，宜采用无毒、无味纸质制作，但材料要具有一定的牢固度，至少在两侧要配有 15cm×10cm 的不锈钢网，以便在运输途中通风。⑥木质笼具多用于运输和做窝，宜采用无毒、无味硬杂木制作，避免使用含有芳香物质的松柏科木料。

4. 塑料笼具常用材料

塑料笼具常用材料见表 3-6。

常用材料还有聚苯乙烯（PS）（常用于放射性、感染性、有毒物质实验用笼具），聚甲基戊烯（PMP）（常用于实验动物代谢笼具）和抗高温聚碳酸酯（HTPC）塑料。

表 3-6　实验动物塑料笼具常用材料及其性能

		物性	耐热范围	缺点
聚丙烯	polypropylene，PP	具有良好的电性能和高频绝缘体	100～120℃	低温时变脆，不耐磨，易老化
聚碳酸酯	polycarbonate，PC	工业上生产的是双酚类的芳香族聚碳酸酯，硬度强	127～135℃	高压后的透明度逐渐降低
聚砜树脂	PSF	以双酚 A 和 4,4 二氯二苯砜为原料，经缩聚反应制备而成的一种热塑性工程塑料。聚砜材料刚性和韧性好，耐温、耐热氧化；抗蠕变性能优良；耐无机酸、碱、盐溶液的腐蚀，耐离子辐射，无毒，绝缘性和自熄性好	–160～175℃	

二、笼具的大小

按照国家标准，常用实验动物笼具的大小最低应符合表 3-7 的要求。实验用大型动物的笼具尺寸应满足动物福利的要求和各项操作的需求。

表 3-7　常用实验动物所需居所最小空间

项目	小鼠			大鼠			豚鼠		
	＜20g 单养时	＞20g 单养时	群养（窝）时	＜150g 单养时	＞150g 单养时	群养（窝）时	＜350g 单养时	＞350g 单养时	群养（窝）时
底板面积/m^2	0.0067	0.0092	0.042	0.04	0.06	0.09	0.03	0.065	0.76
笼内高度/m	0.13	0.13	0.13	0.18	0.18	0.18	0.18	0.21	0.21

项目	地鼠			猫		猪		鸡	
	＜100g 单养时	＞100g 单养时	群养（窝）时	＜2.5kg 单养时	＞2.5kg 单养时	＜20kg 单养时	＞20kg 单养时	＜2kg 单养时	＞2kg 单养时
底板面积/m^2	0.01	0.012	0.08	0.28	0.37	0.96	1.2	0.12	0.15
笼内高度/m		0.18		0.76（栖木）		0.6	0.8	0.4	0.6

项目	兔			犬			猴		
	＜2.5kg 单养时	＞2.5kg 单养时	群养（窝）时	＜10kg 单养时	10～20kg 单养时	＞20kg 单养时	＜4kg 单养时	4～8kg 单养时	＞8kg 单养时
底板面积/m^2	0.18	0.2	0.42	0.6	1	1.5	0.5	0.6	0.9
笼内高度/m	0.35	0.4	0.4	0.8	0.9	1.1	0.8	0.85	1.1

三、笼具的使用管理

1. 中、大型实验动物笼具的使用管理

若为干养式笼具，应根据饲养动物的规格和数量适时更换垫盘，通常每 1～2 天应更换 1 次。垫盘的清洗、消毒同啮齿类笼具；若为水冲式笼具，应每天上、下午各冲洗一次，冲洗笼具应彻底、无粪尿等污物附着。每月应对整个笼具进行 1～2 次全面的擦抹或喷雾消毒。

2. 啮齿类实验动物笼架具的使用管理

塑料盒，一般每周更换两次；网盖和鼠笼，通常应每 2～4 周更换一次。更换下来的鼠盒和鼠笼应及时清洗、晾干、灭菌后备用。每月应对整个笼架进行 1～2 次全面的擦抹或喷雾消毒。

第四章　饲料、饮用水和垫料的质量要求与管理

第一节　饲料的质量要求与管理

实验动物饲料的营养成分是按照国内外该动物的营养需求标准进行配制的，在一些特殊研究项目中，其营养成分的数量和质量可以精确配制成半纯化饲料或完全由化学物质配制的纯化饲料。

一、质量标准

1. 总体原则

饲料应该从按照饲料工业标准进行生产的饲料厂家购买。饲料包装袋上要标注生产日期和通过检验的分析数据，在接受大批量饲料时要留出少量饲料用于独立测试。添加药物的饲料必须经兽医开具处方并在其监督下才能使用。所有饲料的营养含量应该经实验分析或其他测试核实。有关动物种类特异性营养要求可参考相关标准文件。除非研究另有需要（如研究和测试中使用的特别程序），所有实验动物都应该根据物种的要求获得适口性强、卫生和营养充分的饲料。所有饲料应无污染，从水果和蔬菜市场获得的废弃青饲料可能成为污染源，应避免使用。

2. 相关规定

不同国家和地区、不同行业和机构对实验动物饲料质量的总体要求大致相同，但在细节方面各有不同和特点。

1）美国 FDA 的 GLP 规定

动物饲料应定期分析以确定预期会存在于饲料中，且会干扰实验的污染物，其浓度不会超过计划书指定的范围。分析文件以原始资料保存。

2）日本医药品 GLP 规定

在动物饲料中，如果混入可能给实验带来影响，并且其存在是可以预见的杂质时，为了确认它不超过实验方案设定的水平以上，应定期进行分析。这时，该分析记录必须作为原始数据加以保存。

3）中国实验动物管理法规和技术标准

《实验动物管理条例》第十三条规定：实验动物必须饲喂质量合格的全价饲料。霉烂、变质、虫蛀、污染的饲料，不得用于饲喂实验动物。直接用作饲料的蔬菜、水果等，要经过清洗消毒，并保持新鲜。

《关于善待实验动物的指导性意见》第十二条要求：饲养人员应根据动物食性和营养需要，给予动物足够的饲料。其营养成分、微生物控制等指标必须符合国家标准。应充

分满足实验动物妊娠期、哺乳期、术后恢复期对营养的需要。对实验动物饮食进行限制时，必须有充分的实验和工作理由，并报实验动物管理委员会（或实验动物道德委员会、实验动物伦理委员会等）批准。

《饲料和饲料添加剂管理条例》第十二条规定：企业生产饲料、饲料添加剂，不得直接添加兽药和其他禁用药品；允许添加的兽药，必须制成药物饲料添加剂后，方可添加；生产药物饲料添加剂，不得添加激素类药品。第十八条规定：禁止生产、经营停用、禁用或者淘汰的饲料、饲料添加剂及未经审定公布的饲料、饲料添加剂。第二十条规定：饲料、饲料添加剂在使用过程中，证实对饲养动物、人体健康和环境有害的，由国务院农业行政主管部门决定限用、停用或者禁用，并予以公布。

《动物源性饲料产品安全卫生管理办法》第十八条规定：禁止在反刍动物饲料中使用动物源性饲料产品，但乳及乳制品除外。第十九条规定：禁止经营、使用无产品登记证的进口动物源性饲料产品；禁止经营、使用未取得《动物源性饲料产品生产企业安全卫生合格证》的动物源性饲料产品。

《实验动物 配合饲料通用质量标准》（GB 14924.1—2001）规定：将实验动物配合饲料分成维持饲料和生长、繁殖饲料，要求在配制实验动物饲料时，各种原料和添加剂的各项营养指标应采用实测数据。配合饲料应该混合均匀（均匀度大于10%）、新鲜、无杂质、无异味、无霉变、无发酵、无虫蛀及鼠咬；规定不得使用菜子饼粕、亚麻仁饼粕等含有有害毒素的饲料原料，也不得使用发霉、变质或被农药及其他有害物质污染的饲料原料。

《实验动物 配合饲料卫生标准》（GB 14924.2—2001）规定：配合饲料卫生质量符合相应的饲料、粮食或食品卫生标准，配合饲料应该无毒、无害、不得掺入抗生素、驱虫剂、防腐剂、色素、促生长剂及激素的添加剂，对化学污染物砷、铅、镉、汞、六六六、滴滴涕、黄曲霉素制定指标，对主要几种动物的微生物指标如菌落总数、大肠杆菌、霉菌、沙门氏菌等作出了规定，要求清洁级实验动物配合饲料进行高压消毒或辐照灭菌。

《实验动物 配合饲料营养成分》（GB 14924.3—2010）规定：各种实验动物饲料的标准分别按维持饲料和生长、繁殖饲料对常规营养成分、氨基酸指标、维生素指标、矿物质和微量元素指标做了具体规定。

国家药品监督管理局令（第14号）《药品非临床研究质量管理规范》第十九条规定：非临床研究机构应根据国家关于实验动物的有关规定，选用合格的实验动物和饲料，对实验动物进行饲养和管理。动物饲养室内使用的清洁剂、消毒剂及杀虫剂等，不得影响实验结果，并应详细记录其名称、浓度、使用方法及使用的时间等。动物的饲料应定期检验，确保其符合营养标准，以及影响实验结果的污染因素低于规定的限度，检验结果应作为原始资料保存。以上各规定的着眼点是将饲料中可能影响实验结果的污染因素排除掉，这些因素包括一般无机物及重金属、有机化合物（包括农药的残留）、放射性物质及微生物等指标。

二、灭菌方法与灭菌效果的评价

为了保证实验动物健康和设施的安全，大多数饲料需经过消毒灭菌后才能饲喂实验动物。目前国外已大多采用辐照饲料饲喂动物，而国内仍然以高压灭菌饲料为主。一些大动物的饲料原料如蔬菜、瓜果等可以通过药物浸泡、清洗、加热等方法进行消毒。

实验动物配合饲料微生物质量检测，是实验动物饲料标准化的重要内容之一，它包括细菌总数、霉菌和酵母菌数、大肠菌群最近似值（MPN）及致病沙门氏菌检测。饲料灭菌的目的就是杀灭饲料中所有的微生物。

1. 干热灭菌

将饲料置于 80～100℃的条件下烘烤 3～4h。通常能杀灭霉菌和大肠杆菌，但干热灭菌对营养成分的破坏较多，特别是对维生素的破坏尤为严重。实际工作中常采用 80℃，并延长烘烤时间的方法，以减少营养损失。由于该方法烘烤温度不易掌握、灭菌不彻底、饲料变硬降低适口性等缺点，而不常使用。

2. 高温高压蒸汽灭菌

将饲料置于 121℃、110kPa 的蒸汽灭菌器内 20min。密封包装的饲料必须拆开用透气材料重新包装或者在密封包装材料上打适量孔隙，以便蒸汽渗透。饲料包装体积不宜过大，以免影响中心部分灭菌效果。

此法基本能够达到彻底灭菌的目的。由于灭菌时间较短，营养成分的损失相对较少。目前已有较大容量的灭菌器，可以进行大批量饲料的灭菌。该法灭菌时蒸汽需渗透到饲料内部，因此，灭菌后不宜保存太长时间，同时要注意防潮。高温高压对饲料中维生素的破坏较严重，还会引起饲料蛋白质凝固变性，影响饲料的适口性。

预真空高温高压蒸汽灭菌器现已普遍使用，经预真空后可以使蒸汽温度更高，达 132℃，压力可达 210kPa，因此，达到灭菌效果所需时间更短，10min 左右基本上就可以彻底灭菌。但温度越高、时间越长，越容易造成饲料的焦化与营养成分的破坏。

3. 辐照灭菌

目前普遍采用 ^{60}Co 为放射线源对饲料进行辐照灭菌，又称冷灭菌。NY/T 1448—2007《饲料辐照杀菌技术规范》规定，无菌动物、悉生动物饲料辐照杀菌的最低有效剂量为 25.0kGy，最高耐受剂量为 50.0kGy；SPF 动物、清洁动物为 10.0～25.0kGy；普通动物为 4.0～10.0kGy。辐照后饲料要妥善保存，使用前经传递窗（或传递间）紫外线照射[和（或）化学方式消毒]外包装后传入屏障设施。

由于射线穿透力强，灭菌效果很好。辐照灭菌对一般配合饲料营养成分的破坏较小，但对化学物质配制的纯化饲料影响较大。

4. 其他灭菌方法

其他灭菌方法还有通过微波干燥杀菌机进行饲料的灭菌；通过药物熏蒸方法灭菌；通过药物浸泡、清洗等方法进行消毒灭菌。由于各种原因，使用不多。

三、储存与管理

饲料应该储存在避光、温度湿度可控制和没有害虫的特定区域，以保证饲料质量的稳定。马上要用的和给料器中的饲料也采取类似保护措施。日常饲喂用饲料应该存放在顶部密封的容器内以免受潮和光照的影响，并经常从储存室补加饲料。

饲料和垫料储存区必须定期良好维持和清洁以避免水的污染、害虫进入和霉菌生长。饲料大量储存时，应尽可能减少使饲料出现污染、变质和腐败的可能性。当大量饲料储存于低温、干燥和通风良好的室内时，应在饲料加工后 3 个月内用完（灭菌饲料应在 6 个月内）。储存时，饲料袋上应做好标记，先用储存时间长的。如果储存区温度保持在 16℃条件以下，饲料保存期可适当延长。有些实验即使饲料中含很少量的化学残留物也可能影响其结果，因此，应该要求饲料供应商提供饲料中有关杀虫剂、除草剂等污染情况分析结果的检验报告。

动物饲养室内不可大量储存饲料，短期使用的少量饲料可储存在饲养室的防虫容器内。罐头饲料可长时间储存，但猫饲料除外，因为其含有大量鱼类制品，其中的硫胺素酶可破坏硫胺，引起硫胺缺乏症和中枢神经系统疾病。

制定有效控制害虫的计划特别重要。有毒物品应该储存在饲料间和动物区外的安全空间。控制害虫用的诱饵应该装在专门设计的、不让非目标动物进入的防散漏容器内。

排除法应该是害虫和捕食者控制的主要方法。对于室内设施，所有开口应该有封口，所有缝隙要封闭。开口的封口网眼大小，1.3cm 是适合的，而 1.9cm 网眼大小可用于有屋脊通风口的天花板上以阻止啮齿类和鸟类的进入。用于天花板的网眼大小可以小于 1.9cm，使其不影响正常气流。还应该考虑在沿建筑物基础部分（特别是木质结构时）的地下安装金属丝网。

如果害虫或捕食者不能单靠排除法控制，应该采用非致死性捕食者控制方法作为第一道防线，而且工作人员应该进行当地最有效方法的培训。如果必须使用致死性方法，应该尽可能人道。腿夹、体夹、诱捕、胶粘和疼痛性毒素[如士的宁（strychnine）和 1080]不应该使用，因为这些方法会引起严重的和持续的疼痛和痛苦。

因为传染因子的关系，一般不鼓励使用猫来控制害虫。如需使用，必须合理管理（如去势或阉割，定期接种疫苗、驱虫等）。基于生物安全危险的考虑，这些动物应该限制在所用设施中。

第二节　饮用水的质量要求与管理

饮用水是实验动物生存的基本需求，饮用水中的有害物质超标可能损害实验动物的健康，对动物机体产生不利的影响，降低动物实验结果的可靠性和准确性，所以制定严格的实验动物饮用水的质量要求与管理规范十分必要。

一、质量标准

1. 总体原则

一般情况下，应保证实验动物能按其具体要求而获得适宜而无污染的饮水，实验动物饮用水的品质应符合人饮用水的标准。为保证水质的质量，必须定期监测其 pH、硬度、微生物状况及化学物质污染情况，特别是实验动物饮用水的水质可能影响实验结果的研究项目。对于要求高纯水的研究项目，可对水进行处理或提纯，以尽量减少或消除其污染物。水的处理方法应当合理选择，因为有些饮用水的处理方法可能影响动物生理过程的改变、微生物区系的变化，或影响实验结果。例如，经氯化处理的自来水对有些种类的动物适用，但对另一些动物则有毒性，如水生动物。

供水装置，如饮水管和自动饮水器，应定期检查以保证正常运行。有时要训练动物使用自动饮水装置。采用饮用水瓶的，最好是更换而不宜加灌，以防潜在的微生物交叉污染；如果是重新灌装，则应注意每只水瓶要放回原笼位置。

2. 质量标准

GB 14925—2010《实验动物 环境及设施》已做了明确规定，基础级实验动物饮用水应符合 GB 5749—2006《生活饮用水卫生标准》，清洁级及其以上级别实验动物的饮水应达到无菌要求。

欧美一些发达国家对饮用水的污染物的要求非常严格，而我国的饮用水标准对许多检测指标还没有进行强制性监控。主要差异见表 4-1。

表 4-1 各国对饮用水的控制要求（单位：mg/L）*

污染物	加拿大	美国	WHO	中国（GB 5749—2006）
铝	0.1	0.05～0.20	—	0.2
锑	0.006	0.006	0.018	0.005
砷	0.025	0.010	0.010	0.010
石棉	—	700 万纤维/L	—	700（>μm，万/L）
钡	1.00	2	0.7	0.7
镉	0.005	0.005	0.003	0.005
钙	200	—	—	—
硼	5.00	—	0.5	0.5
铁	0.300	0.3	—	0.3
铅	0.010	0	0.001	0.010
镁	50.0	—	—	—
锰	0.050	0.03	0.4	0.1
汞	0.001	0.002	0.001	0.001
钼	0.25	—	0.07	0.07
镍	—	—	0.020	0.020
铬	0.050	0.01	0.050	0.050
铜	1.0	1.3	2.0	1.0
磷	0.010	—	—	—
硒	0.01	0.05	0.01	0.01
银	0.050	0.10	—	0.05
钠	200	—	—	200
铊	—	0.002	—	0.0001
锌	5.00	5.00	—	1.0
铀	0.02	—	0.009	—
溴酸盐	0.01	0.01	0.01	0.01
氯胺	3.0	—	3.0	—
氯化物	<251	—	—	250
亚氯酸盐	—	1.0	—	0.7
氰化物	0.2	0.2	0.07	0.05
氟化物	1.5	4.0	1.5	1.0
硝酸盐	45	10	—	10
硫酸盐	500	—	500	250
三氯乙烯	0.005	—	—	0.07
总溶解固体	<500	—	—	<1000
浑浊度	0.3NTU	5NTU	—	5NTU
pH	6.5～8.5	6.5～8.5	—	不大于 8.5
大肠杆菌	0/100ml	5/100ml	—	不得检出

*石棉、浑浊度、pH 和大肠杆菌除外。

屏障与隔离环境内饲养的实验动物饮用水必须符合 GB 5749—2006 标准，再进行灭菌处理，灭菌效果应符合相同实验动物级别的寄生虫、微生物控制标准 GB 14922.1—2001、GB 14922.2—2011。

二、器皿的清洗消毒

（1）清除盛水器皿中的饲料、饮水等剩余物，采用中性洗涤剂水溶液洗净附着的污物。

（2）清洗水槽中加入次氯酸钠，浓度调至 100～200ppm①。

（3）将饮水瓶完全浸泡于水槽中，浸泡 12～24h。

（4）用清水洗净饮水瓶上附着的消毒液，水槽中消毒液重新更换。

（5）干燥后放在规定的清洁场所，并进行必要的裹盖，以防二次污染，待用。

三、灭菌方法

（一）普通级实验动物饮用水灭菌处理

不强制要求灭菌处理，但应防止二次污染的可能。移动式盛水器皿应每次使用前进行清洗、消毒、漂净，固定式供水管、饮水嘴应定期拆卸进行彻底清洗、消毒、漂净，方法同“盛水器皿（饮水盆、饮水瓶、瓶塞等）的清洗消毒”。

（二）清洁级及以上实验动物饮用水应经过灭菌处理

一般采用高压蒸汽灭菌和过滤除菌两种处理方法。

1. 高压蒸汽灭菌操作程序

（1）高压灭菌的条件，根据灭菌器的机种、性能、容量大小，以及被灭菌饮水的量、容量、形状、污染程度等不同而不同，应采用“液体”灭菌模式。

（2）将耐高压蒸汽灭菌的清洁水瓶洗净后，装入饮水瓶容量 80%的自来水（符合 GB 5479—2006 标准），盖上经清洗消毒过的饮水瓶塞，放入耐热性饮水瓶容器中。

（3）在饮水瓶的适当部位，贴上高压灭菌用颜色指示剂，并用铅笔注上日期、时间等。

（4）将装有水瓶的容器放入高压灭菌器，因为灭菌物是饮水（液体），因此除此之外的东西（如垫料、饲料等）不能同时放入灭菌器一起灭菌。

（5）饮水的灭菌条件一般为 121℃、40～50min。

（6）灭菌结束后，应慢慢排放蒸汽，灭菌 30min 以上的饮水，冷却时间要稍长一些，灭菌器门打开后，需静止片刻再取出，以防止沸水喷出。

（7）灭菌后的饮水放在固定的洁净场所保存，火菌后及使用前应检查颜色指示剂的灭菌程度。

（8）用规定记录纸记录高压灭菌器处理的日期、时间、条件、操作者、被灭菌物的种类和数量等。

---

① $1ppm=1\times10^{-6}$

2. 过滤除菌操作程序

（1）沙滤系统：采用石英砂介质过滤器，主要目的是去除原水中含有的泥沙、铁锈、胶体物质、悬浮物等颗粒在 20μm 以上对人体有害的物质，自动过滤系统可以自动（手动）进行反冲洗、正冲洗等一系列操作。

（2）活性炭吸附系统：采用活性炭过滤器，目的是为了去除水中的色素、异味、生化有机物、降低水的余氨值及农药污染和其他对人体有害的物质。自动过滤控制系统可以自动（手动）进行反冲洗、正冲洗等一系列操作。

（3）树脂交换系统：采用优质树脂对水进行软化，主要是降低水的硬度，去除水中的钙镁离子（水垢）并可进行智能化树脂再生。

（4）超滤系统：采用 5μm 孔径精密过滤器使水得到进一步的净化，使水的浊度和色度达到优化，保证 RO 系统安全的进水要求。

（5）反渗透系统：采用反渗透技术进行脱盐处理，去除钙、镁、铅、汞等对人体有害的重金属物质及其他杂质，降低水的硬度，脱盐率 98%以上，生产出达到国家标准的纯净水。

（6）杀菌系统：采用紫外线杀菌器进行再次杀菌。

四、普通级实验动物饮用水质量检测

实验动物饮用水质量是指实验动物设施供水管网末梢水质状况。检测频率一般为每半年一次，特殊情况应增加检测频率。

（1）实验动物饮用水的标准检验方法采用《GB/T 5750.1—2006 生活饮用水标准检验方法 总则》。

（2）实验动物饮用水水样采集与保存采用《GB/T 5750.2—2006 生活饮用水标准检验方法 水样的采集和保存》。

（3）实验动物饮用水水质分析质量控制采用《GB/T 5750.3—2006 生活饮用水标准检验方法 水质分析质量控制》。

（4）实验动物饮用水感官性状和物理指标检测采用《GB/T 5750.4—2006 生活饮用水标准检验方法 感官性状和物理指标》。

（5）实验动物饮用水无机非金属指标检测采用《GB/T 5750.5—2006 生活饮用水标准检验方法 无机非金属指标》。

（6）实验动物饮用水金属指标检测采用《GB/T 5750.6—2006 生活饮用水标准检验方法 金属指标》。

（7）实验动物饮用水有机物指标检测采用《GB/T 5750.7—2006 生活饮用水标准检验方法 有机物综合指标》及《GB/T 5750.8—2006 生活饮用水标准检验方法 有机物指标》。

（8）实验动物饮用水农药指标检测采用《GB/T 5750.9—2006 生活饮用水标准检验方法 农药指标》。

（9）实验动物饮用水消毒副产物指标检测采用《GB/T 5750.10—2006 生活饮用水标准检验方法 消毒副产物指标》。

（10）实验动物饮用水消毒剂指标检测采用《GB/T 5750.11—2006 生活饮用水标准检验方法 消毒剂指标》。

（11）实验动物饮用水微生物指标检测采用《GB/T 5750.12—2006 生活饮用水标准检验方法 微生物指标》。

（12）实验动物饮用水放射性指标检测采用《GB/T 5750.13—2006 生活饮用水标准检验方法 放射性指标》。

五、清洁级及以上实验动物饮用水质量检测

屏障与隔离环境实验动物饮用水的微生物检测采用“无菌检查法”(《中国药典》,2010年版，三部附录）的方法，其他指标检测同“普通环境实验动物饮用水质量检测”。微生物指标检测一般每3个月一次，其他水质指标每半年一次。

六、灭菌效果评价

（一）普通环境实验动物饮用水评价

普通环境实验动物饮用水不强求进行灭菌处理，但供水机构应进行消毒处理，微生物指标应参考GB 5749—2006标准，不得含有病原微生物。

（二）屏障和隔离环境实验动物饮用水高压蒸汽灭菌效果评价

高压蒸汽灭菌效果的监测主要选用以下3种方法。

1. 实时检测

实时检测，又称程序监测。根据安装在灭菌器上的量器（压力表、温度表、计时表）、图表、指示针、报警器等，指示灭菌设备工作正常与否。此法能迅速指出灭菌器的故障，但不能确定待灭菌物品是否达到灭菌要求。此法作为常规监测方法，每次灭菌均应进行并作相应记录。

2. 化学指示监测

利用化学指示剂在一定温度与作用时间条件下受热变色或变形的特点，以判断是否达到灭菌所需参数。常用的有以下几种。

（1）自制测温管：将某些化学药物的晶体密封于小玻璃管内（长2cm，内径1～2mm）制成。常用试剂有苯甲酸（熔点121～123℃）等。灭菌时，当湿度上升至药物的熔点时，管内的晶体即熔化，灭菌完毕后虽冷却再凝固，其外形仍可与未熔化的晶体相区别，此法只能指示温度，不能指示热持续时间是否已达标，因此是最低标准。主要用于实验动物饮用水灭菌温度的监测。

（2）3M压力灭菌指示胶带：此胶带上印有斜形白色指示线条图案，是一种贴在待灭菌的无菌包外的特制变色胶纸。其粘贴面可牢固地固定于饮水瓶表面，在121℃、20min后，胶带100%变色（条纹图案即显现黑色斜条）。3M胶带既可用于实验动物饮用水灭

菌温度的监测，又可在其表面填写灭菌日期、时间、保质期等内容。

3. 生物指示剂监测

利用耐热的非致病性细菌芽胞作指示菌，以测定热力灭菌的效果。菌种用嗜热脂肪杆菌，本菌芽胞对热的抗力较强，其热死亡时间与病原微生物中抗力最强的肉毒杆菌芽胞相似。生物指示剂有芽胞悬液、芽胞菌片及菌片与培养基混装的指示管。检测时应使用标准试验包，每个试验包中心部位放置生物指示剂 2 个，放在灭菌柜室的 5 个点，即上、中层的中央各一个点，下层的前、中、后各一个点。灭菌后，取出生物指示剂，接种于溴甲酚紫葡萄糖蛋白胨水培养基中，置 55～60℃温箱中培养 48h 至 7 天，观察最终结果。若培养后颜色未变，澄清透明，说明芽胞已被杀灭，达到了灭菌要求。若变为黄色浑浊，说明芽胞未被杀灭，灭菌失败。

（三）屏障和隔离环境实验动物饮用水过滤除菌效果评价

实验动物饮用水过滤除菌效果评价同样采用“无菌检查法”（《中国药典》，2010 年版，三部附录），经细菌培养不得有任何细菌生长方为合格。

第三节　垫料的质量要求与管理

垫料是影响实验动物健康、动物实验结果和动物福利的重要环境因素之一。我国对实验动物垫料的开发、研究、质量标准制定等方面的工作均落后于实验动物科技的其他工作，更落后于发达国家。

一、种类与质量标准

1. 种类

垫料是用于满足实验动物保暖、筑巢等舒适性和行为习性，并吸附动物排泄物和臭气以维持卫生状况的铺垫物。实验动物垫料种类较多，按照是否与动物身体接触，大致可分为接触性和非接触性两种。非接触性垫料用于吸尿、吸湿、接粪等，如干养家兔笼具下面接粪盘中的垫料——纸板状垫料、塑料布垫料、木屑等；最为常用的是接触性垫料，用于吸尿、吸湿、筑巢、保暖等，如大鼠、小鼠笼盒中的垫料——纸屑、刨花，牛栏、猪圈中的稻草等。近年国外应用吸水材料压制成纸板状垫料，具有方便、卫生等优点，但成本较高。

国内常用的垫料主要有以下几种。

（1）木屑（锯末）：是木材加工过程中产生的废弃物，有粗、细之分。因为容易沾在动物被毛之上，一般不作为接触性垫料使用。

（2）刨花：也是木材加工过程中产生的废弃物，有大、小之分，接触性垫料常选用小刨花，由于刨花来源的树种不同，其化学性、物理性有明显的差别，大量实验证明杨树的小刨花为最好，而松树的刨花有一定毒性，应该忌用。

（3）玉米芯：用干玉米芯粉碎后加工而成，目前已在国内较多单位使用，但成本较高。

（4）干草：主要用稻草，某些动物（如豚鼠、猪、牛、羊）是喜草的，可以应用。

（5）纸屑：具有良好吸水性的纸屑也是很好的垫料，但由于来源及成本所限，很少应用。

（6）棉花：虽然很好，但成本太高。

（7）其他：如煤渣、尿不湿等。

2. 相关规定

1）国外实验动物垫料质量管理工作

大多数国家的法律、法规很少涉及实验动物垫料质量管理方面的内容。

美国国家研究委员会（National Research Council）领导下的实验动物资源研究所（Institute of Laboratory Animal Resources，ILAR）编辑出版的《实验动物管理及使用指南》（*Guide for the Care and Use of Laboratory Animals*），是美国和其他许多国家管理本国的实验动物工作的依据。该《指南》指出“①垫料是可以控制的环境因子，对动物实验结果和动物健康有影响。兽医或管理人员应该与动物实验研究人员讨论、选择、使用合适的垫料。②大多数啮齿类动物对某些特定材料有着明显的偏好，没有一种垫料适合所有种类的实验动物或动物实验研究。③软木类垫料是经常使用的垫料材料，但是未经处理的软木刨花和木屑片，因影响动物的代谢而不适合某些种类的实验研究。④购买动物垫料时，要对垫料制造流程、检测办法、储存方式等进行详细了解。⑤在换笼时，必须保证足够的垫料以保证动物的洁净。”

美国《药品质量管理规范》（Good Laboratory Practice Regulations，GLP）（21CFR58）中提到“垫料的存放要与其他物品分开，避免被污染。动物饲养中使用的垫料不应该干涉动物实验结果，垫料要勤换，以保持动物健康和干净。”

美国国家癌症研究所（National Cancer Institute）特别规定其生物测定试验的承包商只能应用热处理的硬木屑片作为垫料。

美国 NIH 对硬木类垫料提出了技术规范（NIH specifications：Laboratory Animal Bedding，Hardwood，Screened. NIH Stock Number 63-3600），要求“①垫料原材料必须是山毛榉树（beech）、桦木（birch）、枫树（maple）或者它们的混合物，不接受其他原材料类型。②垫料加工必须按照最新颁布的、有效力的 NIH 标准 4E 执行（NIH Standard No.4E）；运输时，垫料水分含量必须保证高于 6%，但低于 12%。③成品垫料形状应为小方片状，不含有尖片、刨花、碎片及过量尘埃；检测标准为成品垫料在细碎度测定器（Ro-tap）上振荡 30s 后，留在 8 号筛子（No.8 U.S.Standard sieve）上的垫料应少于总质量的 5%，或者通过 20 号筛子（No.20 U. S. Standard sieve）的垫料不得多于总质量的 6%。④生产厂家应出具政府认可的实验室对其垫料的检测报告。⑤垫料包装应为 40 磅[①]垫料/袋（±1 磅）”，同时包装和材料必须按照最新颁布的、有效力的 NIH 标准 4E 执行（NIH Standard No.4E）。”

《动物福利法》（Animal Welfare Act 2007）没有涉及动物垫料问题。

2）我国实验动物垫料质量管理工作

我国对垫料质量技术规范要求更少。

① 1 磅=0.453 592 千克

国家标准《实验动物 环境及设施》(GB 14925—2010)中，对垫料这样描述，“垫料的材质应符合动物的健康和福利要求，应满足吸湿性好、尘埃少、无异味、无毒性、无油脂、耐高温、耐高压的材料；垫料必须经灭菌处理后方可使用。”

《实验动物管理条例》第十五条提到，“实验动物的垫料应当按照不同等级实验动物的需要，进行相应处理，达到清洁、干燥、吸水、无毒、无虫、无感染源、无污染。”

《关于善待实验动物的指导性意见》中提到“实验动物笼具、垫料质量应符合国家标准。笼具应定期清洗、消毒；垫料应灭菌、除尘，定期更换，保持清洁、干爽。”

《药物非临床研究质量管理规范》第十条提到，“研究单位具备饲料、垫料、笼具及其他动物用品的存放设施。各类设施的配置应合理，防止与实验系统相互污染。易腐败变质的动物用品应有适当的保管措施”。此部分与美国GLP中的规定相似。

《实验动物质量管理办法》没有具体要求。

3. 质量标准

垫料的质量取决于垫料的物理、化学和生物性状。

1）物理性状

垫料粉尘是实验动物设施内的主要尘源，严重影响设施内和笼盒内环境的空气洁净度，常引起实验动物呼吸道和皮肤疾患。实验动物啃咬和误食垫料，会造成胃肠和呼吸道的异物损伤。在质量评定时要检查颗粒的均匀性、吸水性、柔软性，有无异物、针刺物等。

2）化学性状

来源于木材的垫料本身含有芳香类、酚类等化学物质，易挥发，尤其像松树刨花垫料所含的有害物质，对动物的健康有一定危害，甚至有致癌的可能。尤为严重的是垫料里的化学污染物，如农药、重金属等，既影响实验动物的生长发育、繁殖，也干扰实验结果。因此在质量评定时，要检查化学杀虫剂、真菌毒素、亚硝胺、消毒剂的残基和重金属等。

3）生物性状

垫料易受微生物、寄生虫和昆虫等污染，成为严重的生物污染源，是体外寄生虫和节肢动物的主要感染源（尤其是螨）。在质量评定时不同级别要求检查相应要求的细菌、病毒、寄生虫和真菌种类等。

总之，实验动物垫料的质量应该达到如下要求。

（1）吸湿性强，柔软、舒适、无尘土，保持干燥和清洁。

（2）不能引起实验动物皮肤、黏膜的损伤。

（3）易于高压消毒灭菌、易于储存，最好能重复利用。

（4）动物不能采食、能筑巢。

（5）无异味，不含芳香类和挥发性化学物质。

（6）无农药、无重金属污染。

（7）不变质、腐败、霉变，不引起实验动物变态反应，无其他化学物质的污染。

（8）无微生物、寄生虫、昆虫等污染，无虫蛀。

（9）应该物美价廉、容易获得、来源清楚。

垫料的使用量和类型应该适合所饲养的动物，并且符合粪便处理系统。

二、灭菌方法与灭菌效果的评价

不论哪个级别实验动物使用的垫料，使用前都必须进行消毒灭菌，严格控制微生物、寄生虫及其他生物污染。使用后垫料中通常含有大量粪尿、饲料残渣，是微生物良好的培养基和寄生虫、昆虫的孳生场所，所以必须经严格的生物无害化处理，特别是从感染实验、化学毒性实验、放射性实验等实验中换下的垫料，必须用专门的处理设备，彻底无害化处理，防止有毒有害物质的危害，保护人类生存、生活环境。

垫料的灭菌方法与饲料灭菌相似，目前主要采用高温高压蒸汽灭菌。灭菌时要注意包装的透气性和包装体积大小适当。由于垫料不存在营养破坏问题，为了彻底灭菌，可以适当增加灭菌温度、压力和时间。通常，121℃、110kPa 的蒸汽灭菌 20min，就能够达到彻底灭菌的目的。

同时，也可选择 ^{60}Co 辐照或其他方式进行灭菌处理。

三、储存与管理

垫料的储存和管理可以参照饲料。垫料的包装应使用完全密封的一次性包装材料，为了维持垫料品质及减少被污染的机会，垫料在储存过程中均宜用垫板、架子或台车来与地面隔离。垫料要保存在干燥、凉爽、远离污染源的地方，与饲料相比，垫料的吸湿性强，更需注意保持储存室的干燥。保质期应该不超过一年。

灭菌后垫料会吸收一定的湿气，必须有充分的排气和干燥时间，保持良好的储存条件。灭菌后垫料应及时使用，不宜长时间储存。

第五章 生物安全与应急管理

第一节 生物安全概念

2003 年，传染性极强的严重急性呼吸综合征（SARS）在全球多个国家暴发，直接导致数千人感染，近千人死亡。SARS 大规模流行在得到彻底控制之后，又发生了 3 次实验室内感染事件，致使多名研究人员感染。生物安全和实验室安全事件对实验人员和全球公共卫生体系所带来的巨大威胁，引起了政府、社会和学术界对实验室生物安全问题的高度重视。

2004 年，国家质量监督检验检疫总局发布了《实验室生物安全通用要求》，以及世界卫生组织出版的《实验室生物安全手册》（第三版），对实验室生物安全防护的管理程序、操作规程、安全指导方针作出了更加详细和明确的规定，其中也包含动物实验室的生物安全防护。关于动物实验主要是防止生物危害。

1. 生物安全

必须实施避免危险生物因子通过对实验室人员暴露，向实验室外扩散并导致危害的综合措施是为了人们对于由动物、植物、微生物等生物体给人类健康和自然环境可能造成的不安全进行防范。生物安全（biosafety）是一个系统的概念，即从实验室研究到产业化生产，从技术研发到经济活动，从个人安全到国家安全，以上都涉及生物安全性问题。生物安全又是一个广义的概念，它包括：①外来物种迁入对我国生态系统的不良改变或破坏；②人为造成的环境剧烈变化危及生物的多样性；③科学研究开发生产和应用中，经遗传修饰的生物体和危险的病原体等可能对人类健康、生存环境造成的危害等，以上均属于生物安全的范畴。

2. 实验室生物安全

实验室生物安全（laboratory biosafety）是指当操作具有潜在感染力的微生物时，为防止实验室人员的感染和感染因子向实验室外扩散，采取恰当的实验室操作和实验程序，使用一定的实验室安全装备，对实验室的设施及结构提出特定要求，并将上述诸因素综合起来进行应用的过程。

3. 生物因子

生物因子（biological agents）是指一切微生物和生物活性物质。

4. 病原体

病原体（pathogens）是指可使人、动物和植物致病的生物因子。

5. 气溶胶

气溶胶（aerosols）是指悬浮于气体介质中的、粒径一般为 0.001～100μm 的固态或液态微小粒子形成的相对稳定的分散体系。

6. 危险废弃物

危险废弃物（hazardous waste）是指有潜在生物危险、可燃易燃、腐蚀性、毒性、放射性和对人类及环境起破坏作用的一切有害废弃物。

7. 生物安全柜

生物安全柜（biological safety cabinet，BSC）即负压过滤排风柜。防止操作者和环境暴露于实验过程中产生的生物气溶胶。

8. 个人防护装备

个人防护装备（personal protective equipment，PPE）是指用于防止人员受到化学和生物等有害因子伤害的器材和用品。

9. 缓冲间

缓冲间（buffer room）为设置在清洁区与半污染区和污染区之间的缓冲密闭室，具有通风系统，其两个门具有互锁功能，不能同时处于开启状态。

10. 动物性气溶胶

动物实验室是一种特殊的人工控制的独特工作环境系统，动物实验期间动物呼吸、排泄、抓咬、挣扎、逃逸、更换垫料、饲料、排泄物处理、尸体剖检、血液或组织样品采集、离心、超声破碎、振荡、混匀、转移、倾倒上清液等过程中，均可产生大量的生物危害性极大的动物性气溶胶。

11. 人畜共患病

在脊椎动物与人类之间自然传播感染的疫病。病原体包括细菌、病毒、支原体、衣原体、螺旋体、立克次体、真菌、原生动物和内外寄生虫等，可通过直接接触节肢动物、啮齿动物等媒介及病原污染的空气、水等传播。重要的人畜共患病为炭疽、结核病、布鲁菌病、狂犬病、口蹄疫及旋毛虫病等。

12. 实验室感染

动物实验过程中，工作人员通过黏膜接触、吸入、食入、意外创伤、接触感染动物、处理传染物等多种途径感染病原微生物，引发严重的实验室感染性疾病。因此，感染性疾病动物实验应根据所研究病原微生物的危险度等级在相应级别的生物安全防护动物实验室内进行，尤其是禽流感、SARS、手足口病、结核病、艾滋病、甲型 H1N1 流感、乙型肝炎等重大感染性疾病动物实验宜在 ABSL-3 或 ABSL-4 实验室内进行。动物实验本身具有其特殊性，动物实验室内生物危害的形成和出现具有复杂性和严重性。值得注意的是，正常动物群往往会自然流行某些传染病，并且能通过各种途径传播给人。在正常动物饲养管理中，也应设有一定的安全防护，特别是个人防护不可放松。

13. 生物安全防护

动物实验中的安全防护主要是指在实验过程中对可能对实验人员造成的危害和对公共环境造成的污染等各种不安全因素进行的防护。这些不安全因素主要来自化学、物理和生物等方面。动物实验一定根据实验的性质选择实验设施，设施内设备和防护装置应该完善，且实验人员应严格遵守各项规章制度和操作规程。动物实验中的安全防护包括防火、防毒、防爆、防触电、防辐射、防外伤等，还包括防动物咬伤、防动物传染，以及防止来自动物的气溶胶吸入感染。

第二节　实验室常见的人身安全事故分析

实验室是一个相对独立的环境，和外界的公共环境相比，有很大的区别。实验室里因为操作物质的不同，可能会产生不同的危害。这些危害根据危害物性质的不同，可以划分为感染性和非感染性危害。

一、感染性危害

对于实验室感染性危害，一直受到实验室人员和公众的关注，得到比较全面的感染性危害的统计和分析。表 5-1 是实验室常见感染及其相对公众人群的相对危险度。对于实验室感染性危害，通常根据病原体的不同，进一步分为细菌性、病毒性、寄生虫性等。

表 5-1　实验室常见细菌感染及其对公众人群的相对危险度

微生物	感染例数	相对危险度
志贺氏菌	15	1
布氏杆菌	7	8012.5
沙门氏菌	6	0.08
金黄色葡萄球菌		
所有菌属	6	NA
甲氧西林耐药	5	NA
脑膜炎奈瑟菌	4	40.8
大肠杆菌 0157：h7	2	8.6
球孢子菌	2	1.1
难治梭状芽胞杆菌	1	0.03

1. 细菌性感染

2010 年 12 月 19 日，东北农业大学应用技术学院畜禽生产教育 0801 班 30 名学生在动物医学学院实验室进行“羊活体解剖学实验”后，得上了一种浑身无力的怪病；从 2011 年 3 月 14 日至 5 月 25 日，东北农业大学共有 27 名学生和一名教师被确诊感染布鲁菌病。调查发现，从 2010 年 12 月，该校动物医学学院的教师从某养殖场购入了四只山羊进行教学实验，不过这四只山羊在采购时并没有被要求出具相关检疫合格证明，该校老师也没有进行现场检疫。

在实验过程中老师没有严格要求学生遵守操作规程进行有效防护，为此次感染事件埋下了隐患。

2. 病毒性感染

1967 年，德国马尔堡病实验室里的工作人员突然发生高热、腹泻、呕吐、大出血、休克和循环系统衰竭。法兰克福和贝尔格莱德也有类似症状患者。这些地方共同点就是，均采用来自乌干达的猴，用于脊髓灰质炎疫苗等研究。一共有 37 人，包括实验室工人、医务人员，以及他们的亲戚都感染上了一种莫名的疾病，其中有 1/4 的人死去。3 个月后，发现马尔堡病毒。

1997 年，美国某灵长类中心，实验人员眼睛溅入了来源于猴的体液后，死于 B 病毒感染。后续的补救措施是：重新评估现有的预防、诊断和治疗措施，更新的 B 病毒指南，强调需要利用更新的抗病毒药物进行预防性治疗。

2009 年，加利福尼亚州国家灵长类中心（CNPRC）65 只 titi 猴，23（35%）只发现有上呼吸道症状，并进展到暴发性肺炎和肝炎，19/23（83%）死亡或者安乐死。直到 2013 年，才发现其是由一种新腺病毒（TMAdV，titi monkey，*Callicebus cupreus*）诱发的。而且有足够的数据显示，该病毒可以传播给人，并导致 1 例直接或间接接触者发生疾病，1 例直接或间接接触者发生了隐性感染。

3. 寄生虫感染

1 个工作人员在做冈比亚锥虫 Wistar 大鼠传代时，手臂被污染的针刮伤，虽然用肥皂和水清洗，但 1 周后扎伤部位出现大的硬性下疳（原发性的皮肤炎症）、发烧、头疼、厌食、疲劳，血涂片有大量的锥体虫。另一位技术员在接种冈比亚锥虫小鼠接种传代时被扎伤，该冈比亚锥虫来源于患者，已经在小鼠传代 142 代，扎伤 8 天后发烧，10 天后局部红斑肿胀，11 天腋窝淋巴结、脾大，白细胞减少、血小板减少，检查时同样在皮肤和血涂片发现有大量的锥体虫。因为寄生虫的接触史特别明确，采用有针对性的抗寄生虫治疗，均痊愈。没有产生严重的后果。

二、非感染性危害

相对于感染性危害所得到的关注，非感染性危害常常被动物设施的管理者、工作人员和公众所忽视。其实在动物设施内，非感染因素导致的危害也非常突出。通常把动物实验室能产生的非感染损害，根据损害的性质，分为过敏、疫苗伤害、外伤等。

1. 过敏

对于过敏，预防和治疗是关键，这里举一个例子来说明成功治疗的重要性。美国弗吉尼亚大学医学院的一位研究者，35 岁，加入实验室后不到 1 年对动物过敏，鼻炎、结膜炎加重，出现支气管痉挛，因支气管痉挛急诊治疗，并看过过敏门诊。其过敏原检测发现：大鼠尿 1∶10 000；豚鼠、马的皮屑 1∶1000；皮内注射猫皮屑：2+。因为工作需要，其在实验室饲养大鼠，某次实验操作不慎，被大鼠咬伤，出现了严重的过敏反应。幸亏其实验室离医院很近，采取了积极的治疗措施，主要是肾上腺素升压处理，以及气管切开保持气路的通常，其才幸免于难，并且在10min后就脱离危险。

通过对其实验室的现场检查发现：饲养大鼠的房间通风不好，不能有效预防过敏原。政府管理部门要求，其实验室必须重新设计新的通风，新通风之前避免接触大鼠，并提示其尽量避免接触大鼠。

过敏在动物从业人员里发病率还是相当高的，其发病率为14%～44%。所以对动物从业人员的过敏问题，应当得到政府动物管理部门和各使用单位的足够重视，并采取积极措施加以预防和控制；并培养从业人员现场急救的知识，最大限度地保障工作人员的健康和安全。

2. 疫苗

20岁牧民，为牛做免疫，预防牛腹泻，使用的灭活疫苗牛联合疫苗为轮状病毒、冠状病毒、大肠（杆）菌F5（K99）三联疫苗，使用含油乳化剂作为佐剂，肌内注射2ml。因在操作中不慎，将1ml的疫苗误扎入手指，1h后到医院，医生给予口服阿莫西林-克拉维酸（奥格门汀），抬高手（减压）等措施。4h后，患者因肿胀疼痛，感觉迟钝返回，血细胞检查发现白细胞高，中性粒细胞高，采用了外科减压、冲洗等外科清创措施，并辅助静脉注射头孢类抗生素，48h后缝合创口；4天后出院，继续口服头孢菌素。第6天，伤口感染，流脓，腋窝淋巴管炎，无发热，血细胞检查发现CRP升高，白细胞正常。患者接受入院治疗：静脉氟氯西林和苄青霉素治疗5天后（被扎伤后第11天）缓解，出院并继续口服氟氯西林和苄青霉素。被扎伤后第14天，再次淋巴管炎，CRP显著升高，无发热，白细胞正常，再一次接受清创手术，发现：曲肌肉鞘内油性白色液体。患者手术后持续疼痛，被送入整形外科；在被扎伤后第21天因骨坏死进行了截肢（掌指关节）手术。

总结：治疗失误源于判断失误，治疗主要考虑了感染，而真正的疾病根源来源于制剂；4h后的外科减压，冲洗不彻底，也是源于对疾病的病因不清楚。WHO发布了疫苗意外的处置原则，特别强调清创的重要性。

3. 外伤

动物设施内饲养多种动物，其体型大小差异比较大，对于小动物，抓咬伤一般不会产生直接的严重后果，主要考虑的是上述的过敏及感染性疾病。而对于体型较大的动物，以及凶猛的动物，发生外伤的概率就大大增加，而且可能导致严重后果。例如，对于非人灵长类动物，体型较大，动作灵活迅速，如果直接咬到工作人员，尤其咬到如股动脉等关键部位，可能导致工作人员大量流血而死亡。

第三节 动物传染性疾病与生物安全

传染性疾病是危害实验动物健康的主要疾病。通常除灵长类动物、猪、狗等大动物外，很少实施治疗。但近年随着转基因动物的出现，对动物疾病的治疗已成为兽医的重要任务之一。

（一）传染性疾病的危害性

（1）传染性疾病的暴发和流行可造成实验动物大批死亡和质量下降，如兔瘟、鼠痘、犬细小病毒肠炎等，其结果可造成实验动物生产和科研工作不能正常进行。

（2）某些疾病虽不造成动物的大批死亡，如仙台病毒性肺炎、小鼠肝炎、巨噬细胞病毒感染等，但可改变动物的免疫功能，干扰实验结果，影响科研的准确性和可靠性，甚至得出错误的结论。

（3）某些人畜共患病，如流行性出血热、狂犬病、结核等，直接影响实验动物从业人员的健康。

（二）传染性疾病的预防原则

传染病的控制必须抓住传染源、传播途径和易感动物这 3 个环节。

1. 传染源

患病或隐性感染动物，以及能不断向外排出病原体的动物和病死的动物都是传染源。某些野生动物，如野鼠及患病的人类也都可能成为传染源。

2. 传播途径

病原从传染源排出后，必须经过一定的方式或媒介才能再次侵入易感动物的体内，这些方式或媒介称为传播途径。主要的传播途径有空气飞沫传播、经水及食物传播、虫媒传播、垫料传播和垂直传播等。

3. 易感动物

动物群中对病原体具有易感性的动物称为易感动物。动物也可因遗传因素或后天获得性免疫而对某些病原体不易感。

（三）兽医及其职责

（1）实验动物设施应配有兽医，兽医应有兽医专业本科学历，以及 5 年以上的兽医或实验动物从业经验，同时必须取得实验动物从业人员岗位证书。

（2）负责监督动物设施的卫生条件、动物的饲养管理、疾病的预防和污染品的使用管理。

（3）做好动物健康的监控、疾病诊断治疗、动物疾病的防控、预防接种。

（4）动物设施的消毒，动物进出设施的检疫和运输等管理。

（5）动物福利施行情况的监督等。

（四）传染性疾病的预防措施

（1）设计布局合理的动物设施是预防疾病的必备条件。饲养区、实验区、办公区要严格分开。

（2）科学合理的标准操作规程，并有严格的监管措施，如动物的隔离检疫制度；人员、动物、物品进出动物设施；动物的保种繁殖制度；人员培训及职业健康检查制度等。

（3）合格的兽医管理团队是动物疾病防治的重中之重。

（4）动物疾病的预防接种：合理的免疫程序、免疫计划的接种疫苗，如兔瘟疫苗、狂犬病、犬瘟热、肝炎、细小病毒、猪瘟、口蹄疫、结核等。

（5）严格监控动物健康状况，一旦发现病情及时采取措施封锁、扑杀、销毁、隔离治疗。

（6）按国家实验动物微生物和寄生虫标准定期采样、检测。

（五）动物健康状况监护

动物健康状况的监护职责由值班兽医承担，其工作内容包括每天巡视动物房，观察动物的行为、个体检查、采食和饮水观察，实施传染病的预防、患病动物的处理、卫生监督和动物房照相监视的检查。

1. 日常检查

1）观察动物的状况、外貌

每天定时进入动物房，观察安静状态下动物有无以下异常表现或症状：精神萎靡不振、敏感性增高、运动失调、被毛粗乱、皮肤有无创伤、丘疹、水泡、溃疡、脱水皱缩；头部、颈部、背部有无肿块，四肢关节有无肿胀；尾部有无肿胀、溃疡、坏疽，鼻孔有无渗出物、呼吸是否困难；眼部有无渗出物、结膜炎，口部是否流涎、张口困难；粪便排出量、颜色、含水量、排粪次数、有无未消化的饲料、黏液、血液、寄生虫、尿液量、次数及颜色和气味等。

2）个体检查

通过触摸背部、臀部、四肢，判定动物营养状态；检查皮肤和肌肉的弹性，看动物是否脱水；四肢、躯干是否有外伤及肿瘤；耳部是否有耳螨；肛门皮肤及被毛有无粪便污染；眼部有无角膜炎、晶状体是否浑浊，有无白内障；口腔牙齿是否异常，口腔黏膜是否出血肿胀、糜烂、溃疡；听诊心率、主动脉音、肺间及肠音；条件允许可作心电、B超、X射线检查。

2. 哨兵动物检查

哨兵动物通常用于大鼠和小鼠的健康状态监控，定期进行微生物、寄生虫和病理检测，哨兵动物应根据需求，设置合理，检测及时。

3. 卫生与免疫

设计合理，保持卫生，管理科学的动物设施是保持动物健康的必备条件，避免动物设施温湿度过高或过低对动物造成的伤害。控制动物、人员、物品的进出，防止外源性污染。大动物要有合理的免疫程序和计划。

4. 患病动物的处理

对疑似患病或患病动物应及时发现，及时隔离，及时汇报。建立隔离区，在隔离检疫区作进一步检查。对动物尸体及污染物按有关要求处理。

5. 尸体处理程序

尸体处理程序为：①尸体剖检；②病理学检查；③微生物学检查；④血液学检查；⑤生物化学检查。

（六）隔离

隔离包括新购入动物的隔离观察和患病动物、可疑感染动物的隔离。隔离是防止动物传染病的重要措施之一，其目的在于控制传染源，防止病原体向周围环境扩散，以免更多的动物受到传染，以便于将传染病控制在最小范围内，及时扑灭。隔离区为独立的建筑，应远离健康动物，隔离区内要定期消毒，隔离区内的人员、动物、物品及污染物在规定检疫期内不得离开隔离区。隔离期满，所有物品及污染物必须经严格的消毒处理。

（七）检疫

1. 检疫原则

为防止新引入的动物带入病原，必须经过合理的隔离检疫。检疫就是应用各种方法对动物及其产品进行疫病和微生物检查，以防止疫病的传播和发生。检疫的程序及时间视动物的种类而定。检疫后合格的动物方可进入健康动物群。检疫发现患有传染病的动物应根据国家相关的规定处理，必要时进行安乐死处理。

2. 检疫项目

参照国家实验动物微生物和寄生虫控制标准进行检测。

3. 检疫时间

啮齿类动物通常为 2 周，猪、犬、灵长类通常隔离检疫期为 4～6 周。

4. 其他注意事项

1）啮齿类动物

新引进的啮齿类动物，应有供应商提供的实验动物质量合格证书，3 个月内的健康检测报告，合格的运输包装。兽医可凭借供应商所提供的检测报告，确定具体的检疫期和适应期。

2）兔

应检查是否接种过兔瘟疫苗。

3）犬和猫

新引进的犬和猫，应有供应商提供的最新的健康报告，犬还必须有犬瘟热、犬传染性肝炎、犬钩端螺旋体与犬病毒性肠炎病毒等疫苗免疫证明，无体外寄生虫、弓形虫和犬恶丝虫。猫则可能要有猫病毒性鼻气管炎和猫泛白细胞减少综合征等疫苗免疫。狗和猫的蛔虫、犬恶丝虫、犬十二指肠虫及一些体外寄生虫感染属人畜共患疾病。

4）猴

灵长类动物检疫要特别防止 B 型疱疹病毒和结核菌感染。因此要注意人员防护，防止人员受伤。

（八）废物处理

1. 废物

废物主要包括脏垫料、动物排泄物、纸张及其他物品。使用过的垫料是实验动物设施废弃物中数量最多的废弃物。设置负压废弃物倾倒站，避免垫料在清理过程中随空气漂散。工作人员穿戴防护装备，如防护服、口罩、面罩、手套和防水皮鞋等。不同污染程度的废弃垫料，应以不同的方式处理，一般性无害的废弃垫料，可直接进行最终处理，常用方法包括堆肥、焚烧、经下水道排放或按一般废弃物处理。具有毒性、传染性和放射性污染的垫料按国家相关标准施行。废弃物应定期清理，不做长期存放；应远离动物饲养区、人员休息区；避免泄漏、孳生蚊蝇及野鼠。处理废弃物的工作区、车辆应及时清洁消毒。

2. 动物尸体

动物设施中必须配备冷藏设备以暂时存放动物尸体。无害性动物尸体（指未进行毒性、感染性或放射性实验的动物尸体），可以直接掩埋或焚烧处理，或由专业的医疗垃圾处理公司统一集中处理。进行过毒性、感染性或放射性实验的动物尸体按国家相关处理程序操作。

第四节　人员管理与安全防护

一、安全教育

动物实验的安全防护应列入实验人员的培训内容。对实验中各类不安全因素要有阐述。让实验人员掌握必要的防范技能。要经常对实验人员进行安全教育，不断提高安全意识，一旦出现突发事件，能够迅速冷静地处理和排除故障。

二、健康管理

实验动物环境中可能存在某些微生物和病原体会感染人并引起疾病；由人体携带的病原体也可以传染给实验动物。来源于动物的气溶胶是一种漂浮在环境空气中的物理胶状颗粒，它一般包含动物的排泄物、皮毛等对人十分活跃的致敏源。例如，动物粪便中过多的氨气对人的呼吸道有较强的刺激。动物实验室的管理人员有责任对上述有损健康的因素加以控制，以免给工作人员的健康造成威胁。实验动物工作人员发生变态反应是最为常见的问题之一。约有 1/4 的工作人员会对动物灰尘、血液和粪便产生过敏反应。

关心工作人员的健康并进行严格管理是保证实验工作人员安全的基础。对每一个人要建立安全健康医务监督检查登记制度，并有针对性地对上述危险因素做好防御工作。

（1）人员上岗前除了技术培训外，必须进行健康检查，确认没有传染病（含微生物和寄生虫）和其他影响工作的疾病者才能上岗。上岗前对其抽血，留血清低温保存，以备后用。

（2）必须定期（半年或一年）进行健康检查。有明显过敏反应的人员亦应考虑更换工作岗位。

（3）如果进行已知的传染性实验，要对工作人员进行血清抗体检测并留存，以后要进行定期特异抗体检测，以便了解工作人员是否在工作中受到了感染。

（4）进行强传染性的动物实验工作，有条件者要进行药物和血清抗体预防治疗或备用，有相应疫苗的要进行预防免疫。

（5）进行强传染性的动物实验工作，要聘请或指定专家对实验室工作人员进行医疗监督，一旦实验室感染能够及时发现并进入指定医院或备用医疗病房进行有效治疗。

三、意外损伤的防护

1. 外伤防护

外伤防护在实验动物工作中是一项重点工作，引起外伤的因素主要有以下几个方面。

（1）设施表面划伤，因此实验室各种表面，含门、窗（把手）、墙（角）尽可能做成圆弧状，不可有锐利的棱角，以防划伤皮肤。

（2）动物笼架和一切用具，如狗链、猴链要做得光滑、无刺无锐。

（3）操作中避免动物咬、抓伤，一旦发生及时处理（包括上述预防治疗），做好个人防护，包括安全防护帽、眼镜、手套、服装、鞋袜等。

（4）动用注射针头、手术刀、锐利的器械和仪器时小心避免受伤。不要用手直接安卸针头，不用手直接处理用过的针头和锐利器具。用屏障原理和普遍防御的原则防止身体各部位暴露于血液和普遍防御所规定的其他体液中。

2. 化学防护要按操作规程进行

危险化学品存在着爆炸、燃烧、中毒、腐蚀、放射等特点。如果处理不当，在运输、使用和储存过程中就会酿成巨大灾难。所以要严格按操作规程进行相对应的安全防护，如佩戴个人安全防护眼镜、手套等。

1）爆炸品

爆炸品很多，如硝酸甘油和苦味酸遇到高温、摩擦、冲击或与某些物品接触即发生急剧化学反应，产生大量气体和热量从而爆炸。因此，要储存在人少、阴凉、通风良好的地方；在运输使用中尽量小心操作，避免明火、摩擦、冲击等。再如，具有强烈氧化性能的氯酸钾和高锰酸钾，遇到酸和某些有机物而混合或经摩擦撞击和受高温即引起燃烧爆炸。还如，压缩气体和液化气体，因撞击和受热会引起燃烧爆炸，故均应注意按要求操作。

2）自燃、易燃品

即使无明火接触，但在适当温度下也能进行化学反应放出热量，达到燃点而发生燃烧。例如，黄磷、硝化纤维胶片。易燃品如乙醚、乙醇在常温下是液态，极易挥发为气态，遇火便能引起燃烧爆炸。又如，赤磷、硫磺和硝化纤维是固态，燃点较低，受热或冲击、摩擦及与氧化剂接触时能引起急剧的连续燃烧爆炸。还如，金属钠和钾等受潮易分解，放出易燃气体，放出热量引起燃烧。

3）腐蚀品

此类化学品，如强酸、强碱类和溴、酚等具有强烈的腐蚀性，接触人体和其他物品可造成损伤和破坏，甚至引起燃烧和爆炸，造成伤亡。

4）危险品的保管

在危险品保管中防火和防爆的基本方法是：防止易燃气体、易燃物蒸汽与空气混合，消除可引燃的火源，阻止火灾或爆炸的扩展。

3. 药物管理

剧毒品如氰化物、三氯化二砷、有机汞、有机磷等具有强烈毒性，少量侵入人体即可造成死亡。所以，对其要严格按操作规程进行保存、使用，一般实验室不宜长期保存剧毒药物，实验完成后将剩余药物及时交给保管中心保存。在实验室使用期必须由两人持钥匙共同保管，同时到场取用。对原有量和使用量进行准确记录。操作实验后，必须洗手，以免误食。有皮肤损伤者尽量不操作传染性和剧毒性药物。即使非操作，也会因接触皮肤侵入机体而使人畜中毒，在使用中要特别注意。

4. 辐射和紫外线的防护

1）紫外线防护

无臭氧型紫外线灯是生物医学经常使用的空气和表面消毒手段。同时，紫外线照射过多对人体也有害处，如皮肤和眼睛损伤、致癌等。所以，使用中必须加以防护。一般实验室操作不必开启紫外线灯，必要开启时要控制使用时间，并做好个人防护，不要有裸露的身体表面，必须佩戴防紫外线眼镜。有些物品如橡胶类产品受到过多的紫外线照射就会破坏，对类似易损物品和仪器在开启紫外线灯时应遮盖。

2）放射性药品

放射性药品如 ^{60}Co 能不断地自动放出肉眼看不见的 α、β、γ 等射线，人体受到过量的照射，会引起放射病。感光材料和其他药物受到照射后会变质。所以对放射药物，要按国际标准规定保存和使用。在前面我们已经提到放射性实验动物污染防护的设施、设备、实验操作等问题。以下从管理角度强调：①凡是从事放射性工作的人员必须了解放射防护的基本知识，必须经过放射防护部门的考核合格后方可上岗。②做好工作人员的医疗监督，建立工作人员健康状况档案，特别要定期对其与放射病有关的生理指标进行检测，发现问题立刻停止接触放射性工作并进行及时治疗。③坚决贯彻国家法规和各项规章制度，严守操作程序。④做好个人防护。皮肤破损、血红蛋白和白细胞偏低或过高、慢性肝肾疾病及有某些器质性功能性疾病的人不得从事放射性工作。凡进入放射性同位素实验室，必须穿戴有相应防护功能的个人防护服。在放射性实验室内不得随意脱去内层工作服和工作鞋等。在有灰尘和有气溶胶产生的操作中不得随意摘掉口罩。放射区和非放射区的鞋不得通用。放射性工作人员应认真做好个人防护用品的保管、放射性检测和除污染工作，严格防止交叉污染。在放射区不准放置无关的非放射物品和个人用品。放射区内，工作人员不得随意丢弃非放射性废物，不准吸烟、喝水和进食，不准随便坐、靠、摸，以及做其他可能造成体表和工作服污染的工作。⑤做好放射性废物处理。⑥做好放射性沾染的清除。人员体表、个人防护用品、实验用品、地面和墙面等受到放射性沾染，都必须清除直到低于表面沾染水平控制值，并达到尽可能低的水平，不致发生污染转移和扩散。

第五节　基因修饰动物与生物安全

基因修饰技术在很大程度上能对医学、农业生产、药物研究产生很大的促动，现代生物技术可以将无关联的生物品种，包括植物、动物和微生物中的遗传材料相互转移（并且可以指定要转移的基因），并且可以做到突变实验动物的任何一个基因，一段大的 DNA 序列（包括染色体的倒位和异位），甚至突变一个碱基，这均有可能产生出新型的动物。实验动物科学研究中应用基因工程对 DNA 进行体外操作，添加或删除一个特殊的 DNA 序列，然后导入早期的胚胎细胞中，产生遗传结构得以修饰的动物。目前利用基因修饰技术已建立了许多理想的人类疾病动物模型。但是，在生态方面，如果基因修饰动物的外源基因向野生群转移，就会污染到整个种质资源基因库。因此，采取相应的预防措施防止基因修饰动物和正常野生群动物交配，从而防止发生基因污染，已引起生物学家的广泛重视。

一般说来，包括表达病毒受体的转基因动物，一般也不会感染该种系病毒。例如，表达脊髓灰质炎病毒受体的转基因小鼠，通过人工接种病毒，可以产生病毒感染，并产生和临床类似的组织病理学改变。但该模型和人类疾病不同的是，如果从口腔感染该病毒，病毒在小鼠肠道内复制不充分或没有复制。如果这种动物到野外，一般不会成为脊髓灰质炎病毒的新宿主。这个例子表明，对于一种新的转基因动物，应当深入研究，以确定其安全性。

对于基因修饰动物有关的工作需要进行危险度评估，主要考虑其插入的基因的危害及对工作人员的威胁，主要考虑插入基因是否有产毒性、致病性、致敏性、抗生素抗性等，对于操作者，需要考虑其是否为易感宿主、对实验室工作人员是否有危害、是否有传播可能、是否有治疗方法等。

危险度评估是一种动态发展的工作，必须结合最新进展，进行适当评估，保证基因修饰动物的安全应用。

第六节　实验动物应急管理

为了有效预防、及时控制和消除实验动物突发重大事件的危害，保障从业人员和公众身体健康与生命安全，维护正常的社会秩序，各省、自治区、直辖市人民政府实验动物主管部门和各实验动物机构应根据全国突发事件应急预案的有关规定，结合本地区、本单位的实际情况，制定本辖区和本单位的实验动物突发重大事件应急预案。

一、实验动物突发重大事件的基本概念

实验动物突发重大事件是指对实验动物从业人员和社会公众健康与生命安全，以及实验动物生产、教学、科研和检定工作造成或可能造成严重危害的突发性事件。主要包括：①突发重大实验动物疫病，包括人畜共患性疾病、动物烈性传染病和群体性不明原因疫病；②各种原因造成的实验动物突发灾害事件；③大型实验动物设施屏障系统突然遭受破坏或重大火灾地震或大面积停水停电；④因动物实验引起的生物危害性化学剧毒性或放射性物质泄漏、环境污染，以及其他严重影响科学研究运行和公众健康的事件；⑤地区性实验动物突发性短缺。

二、实验动物突发重大事件的危害分级

实验动物突发重大事件，根据其可能造成的危害程度、波及范围和影响力大小等情况，由高到低划分为特别重大突发事件（Ⅰ级）、重大突发事件（Ⅱ级）、较大突发事件（Ⅲ级）、一般突发事件（Ⅳ级）4 个级别。

特别重大突发事件（Ⅰ级）：是指突然发生，已经造成重大社会影响，并存在波及毗邻省市的可能，严重影响科研和产品质量检定工作，需要上级部门统一组织协调，调动多部门资源和力量进行应急处置的紧急事件。

重大突发事件（Ⅱ级）：是指突然发生，在一定区域内对人类健康、环境生态平衡和公共安全产生影响，并造成实验动物严重短缺、影响科研和产品质量检定工作，需要调动多部门资源和力量联合处置的紧急事件。

较大突发事件（Ⅲ级）：是指突然发生，在局部地区内对人类健康和环境生态平衡产生影响，需要调动有关部门的资源和力量进行处置的事件。

一般突发事件（Ⅳ级）：是指突然发生，局限在少数单位或局部地区，仅影响实验动物本身且涉及动物数量有限，只需调动个别部门的资源和力量便能够处置的事件。

依据实验动物突发重大事件已经或即将造成的危害程度、波及范围和影响力大小等发展情况与紧迫性等因素，由低到高划分为一般（Ⅳ级）、较重（Ⅲ级）、严重（Ⅱ级）、特别严重（Ⅰ级）4 个预警级别，并依次采用蓝色、黄色、橙色和红色加以表示。

一般（Ⅳ级）：预计将要发生一般（Ⅳ级）以上实验动物突发重大事件，一旦发生后传播较快并可能向更大范围扩散。

较重（Ⅲ级）：预计将要发生较大（Ⅲ级）以上实验动物突发重大事件，一旦发生后传播快并迅速向较大范围扩散。

严重（Ⅱ级）：预计将要发生重大（Ⅱ级）以上实验动物突发重大事件，事态正在逐步扩大。

特别严重（Ⅰ级）：预计将要发生特别重大（Ⅰ级）以上实验动物突发重大事件，事态正在不断扩大，有向毗邻省市蔓延的可能。

三、实验动物突发重大事件应急处理原则

1. 以人为本，保障科学研究工作的正常进行

把保证实验动物从业人员和公众生命安全与身体健康及科研工作正常进行作为应急工作的基本出发点，以“早发现、早报告、早处置”为原则，最大限度地减少实验动物突发重大事件对所有相关人员和科研工作者造成的危害和影响。

2. 属地为主原则

实行属地化管理，由当地科技行政主管部门统一指挥协调所辖地区的实验动物机构，各负其责，在应对突发事件全过程中充分体现团结协作的思想和行动反应。

3. 预防为主原则

把针对实验动物突发重大事件管理的各项工作落实在日常管理工作之中。加强有关应急技术的培训，完善网络建设，做好应急物资的储备，有计划地开展预案演练，提高防范意识，将预防与应急处理有机结合起来。把突发事件的发生危险和发生后所造成的损失减少到最低。

4. 依靠科学，依法规范

充分听取各方面的意见，发挥专家队伍的作用，采用科学先进的应急处置技术，提高应对突发重大事件的科技水平。依据有关法律、法规等，确保预案的规范性、科学性和可操作性。

5. 与相关应急预案相衔接

明确实验动物突发重大事件的范围；明确实验动物突发重大事件的应对措施；明确实验动物突发重大事件应急预案与其他相关文件的关系，做到职责到位，有机衔接。

四、组织机构与职责

由所属地区科学技术行政部门联合该地区政府相关部门及驻地部队的有关部门负责人组建实验动物突发重大事件应急指挥部（以下简称应急指挥部）。

应急指挥部总指挥由所属地区科学技术行政部门负责人担任。

应急指挥部的主要职责是：负责突发重大事件应急处理的统一领导、统一指挥；在应对突发重大事件工作中协调与政府及部队有关部门的关系。

所属地区科学技术行政部门负责组建该地区的实验动物突发重大事件应急指挥部办公室（以下简称应急指挥部办公室），办公室设在该地区实验动物管理办公室，作为日常办事机构和突发事件发生时的指挥平台。

应急指挥部办公室的主要职责是：负责与所属地区突发公共事件专项应急指挥部建立密切联系，适时启动应急处理程序；负责组织对实验动物突发重大事件的调查、确认、

上报、应急处理和善后工作的实施；负责组建突发重大事件应急专家组、应急检测实验室和应急处理预备队；开展应急技术培训和应急处理演练；负责组织制定该地区实验动物突发重大事件应急处理程序；负责对实验动物从业人员进行突发重大事件应急处理相关知识的教育；负责建立突发重大事件专家信息库。

从事实验动物及相关产品生产和使用的单位和个人，负责本单位有关实验动物突发重大事件的预防工作，并积极配合做好实验动物突发重大事件的应急处理工作。

实验动物突发重大事件应急工作，应遵循预防为主、常备不懈的方针，贯彻统一领导、各负其责、及时发现、快速反应和迅速处理的原则。

第七节　实验动物事件应急预案的制定

为了有效应对本区域内实验动物重大突发事件，以及保障实验动物从业人员和社会公众身体健康与生命安全而制定，同时本预案还要维护科学、教学、研究、生产等工作正常进行。实验动物事件应急预案通常会根据国家和当地的有关动物的法律、法规进行制定，且制定原则不能与当地的法律、法规相违背。例如，北京地区会根据《突发公共卫生事件应急条例》、《北京市突发公共事件总体应急预案》、《重大动物疫情应急条例》和《北京市实验动物管理条例》及《北京市重大动物疫情应急预案》等相关法规进行制定。

一、实验动物突发重大事件应急预案的主要内容

各地区实验动物突发重大事件应急预案应包括以下主要内容。

（1）突发事件应急处理指挥部的组成和相关部门的职责。

（2）突发事件的监测与预警。

（3）突发事件的信息收集、分析、报告、通报制度。

（4）突发事件应急处理技术和监测机构及其任务。

（5）突发事件的分级和应急处理工作方案。

（6）突发事件预防、现场控制、应急设施、设备、救治药品和医疗器械，以及其他物资和技术的储备与调度。

（7）突发事件应急处理专业队伍的建设和培训。

（8）突发事件应急处理的善后规定。

二、实验动物机构的实验动物突发重大事件应急预案的主要内容

（1）突发事件应急处理指挥部的组成和相关部门的职责、相关人员联系方式。

（2）突发事件的日常监控与预警要求。

（3）突发事件的报告、上报制度。

（4）突发事件应急处理技术负责人和监控人员及其任务。

（5）突发事件的分级和应急处理工作方案。

（6）突发事件预防、现场控制，应急设施、设备、救治药品及其他必备的物资和技术的储备与管理。

（7）突发事件应急处理专业队伍的名单和培训要求。

（8）当地相关突发事件应急处理机构的联系方式。

第八节　实验动物应急预案的启动

一、现场调查

1. 调查原则

在现场调查过程中，专家组人员不仅要对疫病的发生发展情况做准备及进行全面的调查，而且应调查与控制并举，有针对性地采取必要的紧急处理措施，同时注重人员安全与防护，将疫情控制在最小范围内，并随时与应急指挥部保持密切联系，及时汇报现场调查新情况。

2. 调查过程

（1）赶赴现场。应急指挥部办公室在接到报告后，应立即上报应急指挥部主要领导，同时派相关优势专业的专家和技术人员，在2h内到达现场进行调查。

（2）流行病学调查。调查小组在现场调查过程中，对疫病的分布、是否有人员感染、疾病发生的严重程度、流行过程的地区性（外来的、地方性的等）、发病的可能原因（可能的传播途径、传染源）、疫病的发展过程及发病动物免疫程序等进行全面调查并详细记录。

（3）临床观察。应急专家组对发病实验动物和疑似病例的临床症状、病理变化等进行观察，并详实记录。

（4）病料采集。应急专家组应以《突发重大动物疫情应急条例》为基准，以不扩散疫情为原则，根据疑似疫病种类判定是否可进行现场剖检。对符合现场剖检条件的病例，应根据发病症状无菌采集最适器官或最有价值的病灶样品、全血或血清等，必要时取患病活体动物，由技术人员快速送往指定检测实验室。

（5）现场控制。应急专家组、应急反应队伍协同当地区、县应急指挥中心及当事实验动物机构人员，根据疫情发生的状况结合本单位指定的应急方案制定具体控制措施，迅速对现场作出有效控制，调查和控制并举，把疫情控制在最小范围内。①隔离：发病实验动物与疑似发病动物、健康动物迅速隔离，分群饲养。②禁运：在饲养场周围设置警示标志，禁止易感动物和相关物品运出。

（6）递交报告。由应急专家组根据调查情况，如实填写《实验动物突发重大疫病现场调查报告》，并在2h内将报告递交应急指挥部办公室。

（7）预警建议。应急指挥部接到《实验动物突发重大疫病现场调查报告》后，应在4h内召开相关专家组会议，听取现场调查小组的汇报，并根据疫病类型及处置需要，提出启动应急预案或初步提出预警建议。

二、综合诊断

1. 初步诊断

应急专家组根据患病实验动物的流行病学调查、临床症状、病理变化等对疫情进行综合分析，并对疫病作出初步诊断。应急指挥部结合专家意见和《实验动物突发重大疫病现场调查报告》，根据不同疫病种类采取相应的处理措施。

2. 分类判断

（1）疑似高致病性禽流感、狂犬病、布鲁菌病、口蹄疫、结核病、传染性海绵状脑病、炭疽、兔出血症、犬瘟热等疫病发生的，应由当地实验动物突发重大事件应急指挥部根据疫情发生的严重程度，迅速上报并移交当地重大动物疫病应急指挥部或当地突发公共卫生事件应急指挥部处理。当地实验动物突发重大事件应急指挥部积极做好配合工作。

（2）疑似鼠疫、流行性出血热、猴B病毒病、淋巴细胞脉络丛脑膜炎等疫病发生的，当地实验动物突发重大事件应急指挥部应及时上报当地突发公共卫生事件应急指挥部。必要时，当地实验动物突发重大事件应急指挥部组织应急专家组和应急反应队伍，积极配合专项指挥部的工作，并采取相应的控制和处理措施。

（3）疑似鼠痘等疫病发生的，应由应急指挥部办公室负责处理，送检病料在指定应急检测实验室进一步确诊。

（4）不明原因引起实验动物大批发病或死亡的，应急专家应首先排除是否由饲料或其他污染物中毒等引起。若确为疫病引发，当地科技部门与应急指挥部可协同组织力量进行科学研究工作，查找病原，制定有效的技术标准、规范和控制措施。

3. 实验室确诊

患病实验动物若需当地实验动物突发重大事件应急指挥部进一步确诊，则专业技术人员应将采集的病料组织及时送往应急检测实验室，病料主要包括患病动物的血液、血清、病变组织及部分活体患病动物等。实验室根据《国家实验动物微生物检测标准》等标准规定，结合疫病实际情况，通过病原学诊断、分子生物学诊断、病理组织学诊断等方法进一步确诊。最后根据诊断结果及时修改和完善防控措施。

三、疫情处理

1. 处理原则

（1）应急指挥部可实施销毁、消毒、紧急免疫接种等控制和扑灭措施，有关单位和个人应积极配合处理。

（2）对因采取扑杀、销毁等措施给当事人造成的已经证实的损失，给予合理补偿。紧急免疫接种和补偿所需费用，遵照国家和当地突发公共事件总体应急预案的有关规定执行。

（3）实验动物重大事件应急预案启动后，应急指挥部的各部门，包括应急专家组，各相关委、办、局等，应根据预案规定的职责要求，积极配合、互相协作，服从应急指挥部的统一领导，采取有关控制措施。

（4）突发重大实验动物疫情应急处理要采取边调查、边处理、边核实的方式，有效控制疫情发展。

2. 现场处理

突发重大实验动物疫病确诊后，应急反应队伍应在地方实验动物突发公共事件应急指挥部的统一领导下，及时开展应急处置工作。

（1）隔离。应急反应队伍在应急专家组的指挥下，将患病及疑似患病实验动物与同群健康动物隔离饲养。

（2）扑杀。经应急专家组确诊，常规实验动物突发重大疫病、外来重大疫病或已消灭的疫病在一定范围内复发时，建议扑杀所有的发病动物和同群动物。

（3）治疗。种用或稀有品种的实验动物突发烈性传染病，在发病早期，对健康易感动物紧急免疫接种，试用药物治疗；发病中后期，视实验动物的经济价值和科研价值而定。

（4）无害化处理。病死及扑杀后的实验动物尸体、排泄物、污染的饲料、垫料、污水等必须进行无害化处理。无害化处理可以选择深埋、焚化、焚烧等方法。在处理过程中，应防止病原扩散，涉及运输、装卸等环节要避免撒漏，对运输装卸工具要彻底消毒。

（5）消毒。对被污染的用品、笼具、场地等进行严格消毒。①饲养场清洗和消毒。首先清理污物、粪便、垫料等；金属设施设备的消毒，可采取火焰、熏蒸等方式消毒。②交通工具清洗消毒。在发病饲养场出入的交通要道设立临时性消毒点，对出入人员、运输工具及有关物品进行消毒；对所有可能被污染的运载工具应严格消毒，车辆的外面、内部及所有角落和缝隙都要用清水冲洗，再用消毒剂消毒，不留死角。③笼舍、场地等的消毒。办公区、饲养人员的宿舍、公共食堂、道路等场所，采用消毒液喷洒的方式消毒。④与患病动物直接接触人员所用物品的消毒。疫情发生期间，饲养人员及其他与患病动物直接接触人员所用衣物等物品，用有效消毒剂浸泡、经高压灭菌或开水煮沸。

（6）人员防护。①适当防护措施。在疫情处置时，直接接触患病动物的处理人员及其他相关人员必须采取相应的防护措施，包括穿戴或佩戴防护服、橡胶手套、医用防护口罩、医用护目镜和可消毒的胶靴等。②洗手和消毒。每次操作完毕后，用消毒液洗手。废弃物要装入塑料袋内，置于指定地点并进行无害化处理。③健康监测。曾与患病动物和疑似病例接触的人员，如发现有异常状况，应及时送往当地卫生部门进行健康监测和医学观察。

3. 周围区域的措施

发病区域周围临近的饲养场必要时采取一定的预防措施，注意隔离、消毒，加强饲养管理，从而保障实验动物在良好的环境下生长、繁殖。

4. 追踪处理

对已售出的可能染疫的实验动物及动物产品进行追踪。以疫病发生的最长潜伏期推算，已售出的在潜伏期之内或已发病的实验动物，由当地科技主管部门（辖区内售）或报上级主管部门（已售辖区外）协调处理。

四、确认疫情终止

应急指挥部专家组成人员根据疫情处理具体情况及是否满足以下条件，向预案启动部门提出疫情终止建议。

（1）传染源已消除。患病动物和病原携带者已被治愈；尸体已经无害化处理。

（2）传播途径被切断。通过消毒、杀虫、灭鼠等方法，使传染源散播在外环境中的病原体基本被清除。

（3）没有新的病例发生。通常是自疫区内最后一只发病动物及同群动物处理完毕起，经过该病的最长潜伏期未出现新病例。

五、总结上报

在一起突发重大疫情调查处理结束后，应急指挥部办公室及时撰写处理总结报告，对应急处理工作进行全面客观的评价，总结经验教训，提出改进工作的要求和建议，并上报应急指挥部和当地科学技术行政部门。

突发重大疫情的实验动物单位，应及时全面总结经验教训并撰写事故报告，上报当地实验动物主管部门和本单位上级主管机构。

第六章　动物运输的管理

第一节　概　　述

大部分实验动物从生产到使用都要经过运输这一环节。每当动物由它们原有的、熟悉的生活环境转移至运输箱内，再运输到陌生的动物房时，都会诱发动物产生一定程度的恐惧感，即应激反应。因此，运输过程的管理、运输方式及运输容器的选择都是至关重要的。

美国的《实验动物管理和使用指南（2010）》中规定："包括本机构内部转运在内的所有动物的运输都需进行详细规划以加强动物的生物安全、尽量减少转运时间、降低动物传染病的危险，保护动物免受极端环境的影响、避免拥挤及外伤，同时在运输过程中应提供适量饲料和饮水。每一次运输时都必须了解动物运输时的特殊要求，观察动物的临床疾病表现，并且通过相应的检验检疫。同时应按动物品种和环境要求对动物进行保定。协调订购和接收动物的动物饲养人员应确保动物能够被顺利接收，并饲养在合适的设施内。负责运输/接收的人员应训练有素地将运输时间控制在最少，并在运输途中准确进行状态记录。运输应在正常工作时间内完成或提前进行相应的安排。对于非商品化的动物，兽医在接收时应认真检查其健康状态；对怀孕动物、老龄动物等，以及特殊健康状况或术后动物应提供特殊照顾。对于水生动物和两栖类，需要在运输中保持水生或湿润环境，并提供特殊照顾。"

我国有关实验动物运输的要求是"实验动物的运输工作应有专人负责。实验动物的装运工具应当安全、可靠。不得将不同品种、品系或者不同等级的实验动物混合装运。"

实验动物运输过程中的许多方面都涉及动物的福利，包括运输计划的制定、运输容器的设计、运输车辆的设计、司机及其他参与运输人员的资格、运输时间和饲料及饮水的供应。因此，运输中动物福利的施行和保护也是非常重要的。

本章节涵盖了以下常用的实验动物：大鼠、小鼠、地鼠、沙鼠、豚鼠、犬、猫、兔、雪貂、小型猪和非人灵长类。

一、运输对动物福利的影响

目前关于动物运输的研究大都集中在家畜而非实验动物（Grandin，1997；SCAHAW，2002，2004）。然而，运输应激是影响实验动物福利及任何涉及实验动物及其后代的科研研究真实性的重要因素（Claassen，1994；Reilly，1998）。其包括从设施内转移的小鼠到长途飞机运输的灵长类（Wallace，1976；Malaga，1991；Tuli et al.，1995）在内的所有运输旅程和所有动物种类。应激产生的生理学和行为学上的反应对许多生物学功能和机体系统都会产生影响。如果应激很严重或时间较长时，可能需要人为地采取措施使动物恢复平静。

运输中的应激同时增加了被转运动物感染疾病的风险。所以，实验动物运输的最重要目标就是通过分析运输中动物可能遭遇的所有潜在影响因素（表 6-1），而将运输过程中动物的应激或恐惧降至最低。

表 6-1　运输中动物遭受应激的潜在来源

• 搬运
• 与熟悉的同种个体分离，可能为单只运输或单独饲养
• 被限制在一个不熟悉的运输箱中
• 装载和卸载
• 运输中的运动和颠簸，包括加速和减速
• 为保持平衡而产生的身体应激（尤其是大动物）
• 不熟悉的场所、声音和气味
• 温度和湿度的波动
• 没有饲料，或拒食、拒饮
• 光线的扰乱：暗视野
• 最终使用者使用新的饲养和护理程序，包括不熟悉的人、不熟悉的环境及可能新的动物群体

可根据一系列的参数衡量动物的应激水平，包括循环的皮质醇、肾上腺酮和葡萄糖的水平，肾上腺大小，行为，饲料和饮水的消耗，体重下降等（Moberg and Mench，2000）。这些参数往往彼此相互关联，为衡量应激水平提供基本信息。

总之，运输对动物的应激很显著，应该慎重对待，非必需时绝不转运。在运输中，即使采取一切可能的措施将运输应激控制在最低水平（如小心地计划旅程，确保所有人员都经过专业培训并具有责任心），动物仍至少遭遇如表 6-1 所列的一些应激因素。

尽量减少动物运输应激的第一步是仔细了解它们的天性和行为，包括它们正常的活动行为，是否需要（或应该）在运输中进食或饮水，以及动物是否容易感知它们所处的环境。在进行运输计划时，应特别注意以下可能引起应激的因素。

（1）包括运输舒适性在内的动物健康和福利。

（2）运输箱的设计和材料，包括方便装载和最大程度降低搬运时动物的不适感及能够在运输中进行动物状态的检查。

（3）每个运输箱中动物的数量及每只动物所占的空间。

（4）运输箱中的环境状况。

（5）底层铺垫物（垫料）、筑巢材料、饲料和饮水（或替代的液体供应）的质量和数量。

（6）运输的时间。

（7）换乘的次数或者运输工具的改变，尤其当需要卸载和重新装载时。

（8）运输工具的类型。

（9）搬运和转运动物人员的经验、态度和培训。

（10）当动物到达目的地时，怎样帮助动物适应及怎样使动物从运输中恢复。

二、相关法律

动物进出口必须遵守输出、输入国的法规条例。必须确保相关文件完备及准确，避免延迟。需特别注意相关法律和指南的有效性，尤其是运输过程中的动物追踪。发货人有责任保证动物运输符合所有的法律要求。美国国家研究委员会（NRC）出版的《实验动物的人道主义运输指南（2006）》对实验动物运输的相关条例和指南进行了详细介绍。

如果在中国境内运输，必须遵守《实验动物管理条例（1988）》和《关于善待实验动物的指导性意见（2006）》有关实验动物运输的要求，《中国国际航空公司货物国内运输总条例（1998）》中有关活体动物运输的条款，以及中华人民共和国民用航空行业标准《活体动物航空运输装载（MH/T 1013—2004）》中的相关规定。

如果是国际动物运输，一般以空运为主。动物运输必须遵守《动物福利法案》（AWA）、国际航空运输协会（IATA）的《活体动物运输规则（1995）》、全球动物运输协会（AATA）的《活体动物运输手册（第二版）》、《濒危灭绝动植物种国际贸易公约》（CITES）的名单附录，以及输出、输入国的相关法规。例如，英国实验动物科学协会（LASA）的《实验动物运输指南（2005）》、美国农业部动植物卫生检验局（APHIS）关于动物运输的要求等。

第二节　运 输 计 划

尽管关于实验动物运输的国家管理条例很少，但是仍需仔细规划其运输过程。凡是超过 50km 路程或涉及运输方式改变的运输都需制定运输计划，内容包括路途中可能发生的所有情况和意外事件。

一、基本原则

当准备动物运输时，需全面深入地考虑以下原则来进行运输的规划，以确保整个旅程中动物福利的施行。每一个运输计划都随着动物种类、运输距离、运输工具的种类及是否为国际运输而不同。然而，所有的运输计划都必须包含紧急联系人的信息，以备发生紧急情况时或运输中其他需要协助情况时使用。

二、制定运输计划

根据要求选择合适的路线及运输代理。必要时，应制定多于一条的路线计划，以保证当既定路线不能进行或不合适时进行替换。最好选择直飞、完整的路程，最好只使用一种交通工具。

从动物福利方面考虑，长途运输往往比短途运输影响更大。因此，应尽量缩短运输时间和距离。但是从动物角度，旅程的质量更为重要——一次无打扰的运输好过因中途停靠、休息导致的运输中断，尤其应避免卸载和再装载。而且因为在动物被装载、运输的起始阶段及卸载过程中，它们会被人类搬运，与其他不熟悉的动物或物品混装，所以这些阶段都会造成动物严重的应激，应格外注意。

同时还应考虑到气候、季节和一天当中动物运输的时间。

三、准备所需文件

根据运输类型、动物种类、微生物学等级和运输路径的不同，需要以下不同的文件。

1. 一般性文件

一般性文件包括：实验动物质量合格证明；出县境动物检疫合格证明；动物及动物产品运载工具消毒证明；货运单及活体动物运输申报单；国家检疫机构颁发的进出口许可证；报关发票；装箱单；健康证明；运输箱标签（例如，带箭头的“此端向上”）；饲喂指南；收货人地址，24h 联系电话；单独或群体动物记录；联系人名单及电话号码等。

除此之外，若需要还应包括有：适于运输的文件；运输日志；运输计划或动物运输证明；实验动物使用管理机构的转运许可；运输工具的登记和保险；《濒危野生动植物种国际贸易公约（CITES）》许可证和非木质包装声明等。

2. 动物文件

动物文件包括：动物种类、品系、学名、数量、性别、年龄（周龄）、体重、身份识别码、其他需要标记的要求。

3. 人员文件

人员文件包括：联系人的姓名、地址、电话号码、手机、传真号码；发货人、中间商、收货人、承运人、主要职责人、兽医。

4. 运输箱文件

运输箱文件包括：包装、装载的时间、日期，表明指向箭头和“活动物”的标签，以及 24h 联系电话。

5. 预期事件

预期事件包括：预期和实际休息时间；运输前发货人再次对运输计划进行审查；运输前收货人再次对运输计划进行审查。

6. 其他文件

其他文件包括：规范司机的 SOP；动物运输规定；各种类动物规定的空间大小、垫料、筑巢材料、饲料和饮水供应；重要通知和交流记录；旅程进展的日志；日程表；运输工具清洁、维护操作要求；紧急预案及联系人；和进口相关的收货/转运记录。

所有的文件都应在每次旅程开始前准备齐全。国际运输需在启程前几周内计划，确保所有的操作符合要求。这些文件不仅包含动物转运许可，还包括动物健康状况的必要信息，还可能包括客户要求的历史记录。所有的原始文件都应在装载时提供，并将复印件传给必要的人员。

四、确定运输方式

常见的运输方式为公路运输和航空运输，其中使用专用运输车辆和人员的公路运输是最佳的实验动物运输方式，因为可以人为控制整个旅程状况——从起点到终点。司机应进行如何照顾动物的培训，做到有责任心、有经验、有同情心和有能力。同时，因动物福利需求，可由动物技术人员或其他辅助人员协同运输。这对于因运输不能被司机独自照顾和控制的大动物尤为重要。若必须进行航空运输时，应符合空运实验动物的相关要求，并确保空运前后的动物福利。

无论何种运输方式都应严格按照SOP进行记录。记录至少应包括：动物运输规定；装箱和容积要求；饲养要求，包括垫料、饲料、饮水、饲养密度；环境条件；重要通知和交流记录；日程表；所有必需文件（包括许可证和标签）；相关当地运输规定的指南；培训要求；运输工具的清洁；运输工具的维护和检查；紧急预案及联系人；按官方要求制定的回程计划。

五、明确人员责任、任务及沟通

运输中会涉及几个阶段和许多参运人员，包括发货人、收货人、司机、承运人、搬运工、海关官员和最终使用者。每个人员都应了解各自的职责，以及当紧急情况发生时的必要处理方式；还应了解相关人员的联系方式和随后的处理流程。

六、准备运输箱

无论何种运输方式，皆需使用特制的动物运输容器，并保证其可以防止微生物污染及承受短暂性的挤压。

应在出发前准备好运输箱。给予动物足够的垫料、饲料和饮水（或其他替代的液体和营养品）。某些物种，如非人灵长类和犬，最好在装载前使动物适应运输箱。

七、粘贴标签

每个运输容器必须清楚粘贴，内容包括："活动物"；"此端向上"，带有方向箭头；运输箱的搬运说明；运输箱内的动物种类和数量；发货人的姓名、地址和24h联系电话；饲喂和饮水说明，或者"禁止饲喂"标签。

八、最终检查

动物运输前，必须确认收货人可以接收，并告知收货人预计的到达时间。若有延误或提前，需提前告知收货人。如果旅程开始（或到达）时间在工作时间之外，必须保证安保人员（或值班人员）知道此次运输，并清楚与谁联系接收动物。最终检查还必须确认动物是否适合此次运输。

九、制定应急预案

需要充分考虑以下情况以便制定相应的应急预案。

（1）延迟装载。如果装载延迟不可避免，那么必须照顾好动物，而且可能需要在运输箱内放置饲料和饮水。如果时间较长，还需卸载某些动物进行休息。例如，犬需要运动；非人灵长类可能需要一个备用设施作为应急使用。此类情况一般发生在出发地而非最终目的地。在牢固的运输箱中，必须给予动物足够的饲料、饮水和垫料，保证能坚持至少48h，不需要中途打扰或移出动物。

（2）放弃原定路线。需要提前制定备选路线和应急计划，以备不时之需。

（3）交通工具故障。若运输工具故障时，不能将动物单独放置。司机应随身携带必要的联系设备，如车载电话或手机等通讯工具。司机不得远离车辆（如必须远离车辆应在确保动物安全的情况下离开），并且应有备用的车辆和司机。

（4）到达时需付关税或其他税费。即使不是应付的税费，口岸官员也有可能要求必须当时交付。最好做到“先缴付，后争论！”

（5）运输途中死亡，包括紧急安乐死。运输中动物的死亡必须告知收货人，并调查死亡原因，尤其是大量个体死亡时。

（6）相应的剖检。必须进行检查，包括运输箱的环境评估（若可能）。通过判断尸僵或自溶时间来估计死亡时间。这些信息可以帮助分析动物死亡时的运输阶段。除非动物尸体腐烂，否则必须进行仔细的观察和细致的剖检。这些信息有利于分析动物死亡原因，防止未来动物死亡事件的发生。

十、到达与接收

发货人和收货人必须都同意运输的各项条件，包括出发、到达时间，以便收货人进行适当的准备——提供给动物新鲜的饲料、饮水和垫料；及时进行动物的卸载。并且在装入饲养笼前必须由有经验的专业人员进行检查。若发现任何相关动物福利的问题，必须尽快告知发货人和运输中涉及的其他人员。

到达时，动物必须被放置于先前准备的笼具内，进行饲喂、饮水和休息。每个托运货物都必须包含动物运输许可，以及包含动物详细信息和动物需特定照顾信息的载货单。

需注意的是收货人有照顾动物和确保动物安全到达的责任。这包括制定应急预案以确保当动物延迟运输和动物到达时间在正常工作时间外时动物可以被安全接收。另外，如果动物不能及时地被卸载和转入设施，那么应将动物临时安置在其他地方。无论何人接收动物，都需在运输单上签字并尽快检查动物，最好是在运输方离开前进行。

每次运输后，在进行科研工作前给予实验动物一段适应过程是至关重要的。每个动物使用机构都需制定不同动物的适应时间。然而，作为一般性指南，应该按照设施与设施之间运输时至少7天的适应期，设施内运输时至少3天的适应期进行。

第三节　运输箱的质量要求与管理

用于实验动物的运输箱必须适合旅程需求和动物种类。一个理想的运输箱应包括：在运输中，将动物限制在舒适的环境中，保证应激最小化；包含足够的饲料和饮水（或者其他形式的湿料）；包含足够的垫料，保证动物舒适和恒温状态；保持将各种应激因素降到最低；保持足够的通风；防逃跑、防渗漏，防止动物对搬运者产生威胁；确保在装载、运输或移出运输箱时动物不会伤害自己；当装载无病毒或微生物学控制的动物时，防止或限制微生物的进入；若运输箱需再次使用，那么此运输箱应适于在不同批次运输间进行全面消毒；应在不开箱的情况下可以对动物及其环境进行检查。

以下是达到如上所列各要求的一般性原则，并分别列举了某些运输箱的尺寸。注意应根据动物实际大小进行运输箱的制作。IATA 制定了《活体动物运输规则》规范动物的航空运输，包括动物的一般护理和装载，运输箱的设计和制造，包装或装箱的密度，以及饲料、饮水的安排。大多数航空公司都签署并执行《活体动物运输规则》，此规则每年进行修改和印刷。

一、运输箱的设计和材料

用于小型实验动物的运输箱一般为长方形，根据动物种类、品系及运输要求的不同设计成不同的形状和大小。因为使用长方形盒子，所以在运输码放时要保证箱与箱之间有足够的通风。可通过坡度设计的盒子或在盒子顶部和底部安装间隔装置来实现。必须安装把手或其他抬举装置，以避免不恰当地抬举盒子或人员搬运时与动物过度接近。这些装置同样具有间隔和通风的作用。当单个运输箱或一组运输箱重量超过 25kg 时必须使用铲车，应有合适的设计保证装载又安全地完成任务。与此同时，足够的通风非常必要。应至少在运输箱的相对两面设置通风孔，并且保证不会发生闭塞。设置通风孔的区域需根据动物品系、运输箱尺寸、预计装箱密度、使用的过滤材料和运输中可能的环境条件来决定。通风孔需由铁丝网或塑料网覆盖，并保证动物不能将身体的任何部分伸出箱外。不管是出于动物福利考虑，还是避免搬运运输箱的人员受伤，运输箱都不应有锋利的边缘。

需进行微生物控制的运输箱通常带有覆盖某种形式过滤材料的通风孔。孔径大小根据过滤程度要求和有效去除经空气传播微生物（尤其是病毒）的能力而决定。必须了解过滤材料会降低运输箱内的通风性（最高达 70%），尤其是当它潮湿时。应通过控制其他条件，诸如装箱密度、运输箱设计和总体通风换气次数等来进行补偿。过滤运输箱还需设置观察窗来监测运输时的动物状态。当运输特定动物种类时，如 SPF 动物，发货人需遵守特殊运输箱要求。

很多材料可用于运输箱的制作，其中塑料、瓦楞纸板或双壁聚乙烯板（Correx）较为常用。其他不常用的材料包括木材、中密度纤维板（MDF）、金属和玻璃纤维。其中塑料、玻璃纤维的特点是坚硬、不易弯曲、耐用，经常作为制作可重复利用运输箱的材料；瓦楞纸板和双壁聚乙烯板的特点是相对便宜、易于丢弃，因此通常用来制作非重复利用或不需要特别耐用的运输箱。瓦楞纸板运输箱较常用于实验啮齿类动物的短途运输。纸板的内表面可覆盖塑料或涂蜡以保护容器免受尿液的损害和渗漏。

二、各种实验动物运输箱的特殊要求

（一）啮齿类动物

1. 材料

运输箱主体可选用带有防水层的厚纸板、模型塑料（包括聚乙烯、聚碳酸酯、聚苯乙烯等）、瓦楞塑料复合板、层压塑料复合板、玻璃纤维或铝材等制作。里层表面应为光滑、防水、耐用的表面。适于作为观察窗的材料是金属网或透明塑料片（如聚苯乙烯）。推荐使用聚酯纤维（涤纶）作为过滤网的材料。

2. 制作

运输箱可以是一次性或重复使用的。制成的 SPF 动物运输箱必须保证在其上放置 8 个同样运输箱时仍不损坏最底层的运输箱。大运输箱的制作必须保证有足够的结构支持。这些原则在国际运输时尤为重要。SPF 动物运输箱可以包含一个或更多个内部容器，以及一个次要包装作为辅助包装。

不同品系的小鼠可以放在同一运输箱中进行运输，但必须用隔断将它们分别放置，保证其正常生理和环境条件，以及装箱密度。

运输箱表面的设计和材料必须保证不能被动物咬穿。例如，可以使用覆盖细铁丝网或塑料片的运输箱，或者使用坚固、光滑的塑料运输箱。对于地鼠，整个运输箱的内部都应覆盖一层（最好两层）细铁丝网，保证它们咬不穿运输箱。地鼠很容易咬穿细铁丝网的游离边缘、接合不严的缝隙、翘起的缝隙或铁丝网的皱褶处，所以必须仔细检查确保运输箱坚固。盒盖处的铁丝网也应扣紧以确保动物不能咬到游离的边缘。

在铁丝网上应铺垫筑巢材料或垫料以保证动物舒适。所有的筑巢材料或垫料必须无毒、一般不易食，并可以进行消毒。垫料的数量必须保证在整个行程中能够充分吸收尿液或粪便，以及容器内放置的其他遗洒的湿料或饮水。

设计运输箱时，必须保证在不打开的情况下可以观察其内部情况。在运输箱盖上可以设计一个或多个观察窗，覆有与运输箱其他部位材料一样的保护性翻门。而且在设计时应留有空间或其他结构以保证码放时不影响通风效果。

3. 通风和过滤

不同运输箱的通风装置类型和位置不同，但必须保证至少三面有通风孔以保证对流。总共的通风区域应至少占侧壁总面积的 14%。

通过铁丝网或者其他覆盖物来隔开动物与过滤网的直接接触。过滤网应用防水和耐磨的材料（如涤纶）制作，避免运输过程中的损坏。过量的湿气会影响空气穿透过滤网的效率，所以过滤网应放置在不会被雨淋的位置，或有防雨保护。

4. 尺寸大小

保证动物可以在运输箱内进行所有的正常活动。必须保证足够的高度，以保证足够的空气量并避免接触伤害。带有过滤网的运输箱在某种程度上限制了通风，降低了热损耗。可以通过减少动物数量、降低产热来进行弥补。表 6-2 列举了几个不同实验动物生产厂商的部分运输箱规格（图 6-1）。

表 6-2　不同实验动物生产厂商的部分运输箱规格

运输箱名称	尺寸大小（长×宽×高）	资料来源
Sew Easy™	61cm×41cm×18cm	Charles River
Gnoto-safe™	43cm×33cm×18cm	Charles River
JAX® Mice shipping container	45cm×29cm×19cm	Jackson Laboratories
Taconic Transit Cage™（TTC™）	56cm×41cm×18cm	Taconic

TTC™, Taconic

Sew Easy™, Charles River

JAX® Mice shipping container, Jackson Laboratories

图 6-1　啮齿类动物运输箱

（二）兔和雪貂

1. 材料

以下材料适用于兔或雪貂运输箱的制作：金属板、玻璃纤维、纤维板、硬塑料、坚固密接的铁丝网、覆有铁丝网的木材。

2. 设计原则

兔一般为单独运输或分箱运输。除运输箱的一般要求外，还应满足以下条件。

（1）兔运输箱的高度必须严格按照要求，以防因后踢导致后背损伤。

（2）长途运输时，应设置网格状地面或区域以便分隔兔的排泄物和休息区。

（3）无铁丝网的运输箱必须在通气孔上覆盖铁丝网。

现行的 IATA《活动物运输规则》中详述了用于兔和雪貂的运输箱设计和制作。

（三）犬

1. 材料

应使用符合 IATA 要求的玻璃纤维、金属、实木或塑料运输箱，目前较常使用适用于伴侣动物运输的运输箱（如 SKY Kennel®）。塑料运输箱不适用于大型犬及好斗犬的运输，应使用实木、金属或胶合板等材料，并在笼门两侧各安置两个扣锁（图 6-2）。应注意某些航空公司不接收木制运输箱。

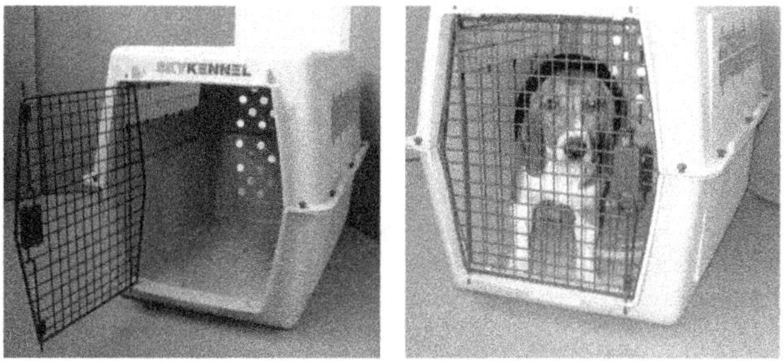

图 6-2　犬运输箱

2. 设计原则

根据 USDA 的特殊要求及 IATA 的推荐，国际上最常用的比格犬运输箱有两种尺寸，分别为 68cm（长）×51cm（宽）×48cm（高）和 81cm（长）×56cm（宽）×58cm（高）。并规定年龄 6 月龄以下或体重 9kg 以下的比格犬，可使用大运输箱，同性别两只一箱进行运输，年龄大于 6 月龄或体重大于 9kg 的比格犬，只能单箱单只运输。怀孕动物因其身体散热的能力有限，也应单箱单只运输。详见表 6-3。

表 6-3　适用于比格犬的不同运输箱规格

运输箱名称	尺寸大小（长×宽×高）	装箱密度及体重范围
#200	68cm×51cm×48cm	1 只＜11kg
#300	81cm×56cm×58cm	2 只＜8.6kg ＜6 月龄 1 只 11～14.2kg 1 只怀孕动物
#400	91cm×61cm×66cm	1 只＞14.2kg

3. 制作

必须有坚固的骨架，并对连接处和拐角进行处理，防止动物抓挠或咬穿。运输箱门的设计应为滑门或铰链门，保证坚固性。

4. 通风

门的对侧整个墙壁上设置 2.5cm 的通风孔或通风窗，孔与孔之间相距 10cm。另选择运输箱的一面墙壁按照同样方式设置通风孔。通风总面积至少占四面墙壁总面积的 16%。这是最低的通风要求，可以适当在顶部或四周增加通风孔或窗，或使用大的通风孔，但是要覆有铁丝网。保证动物不能将鼻子、爪子或尾巴伸出运输箱。

5. 松散饲养

犬一般装于专门的运输箱内单独运输，尤其是长途运输时。然而，将犬成群运输会降低运输应激、提高动物福利。公路运输时，可以将犬散养在单性别的小群中。同时，车厢内部应为木质或金属构架，覆有铁丝网及内门。按规定提供必要的垫料、饲料和饮水。保证犬能够在运输箱内站立、转身、卧倒和伸展。

（四）猫

1. 材料

适合的材料为硬塑料或玻璃纤维。

2. 设计原则

猫一般装于专用的运输箱内（如 Vari Kennel®、SKY Kennel®）进行运输。一般来说，大小应该为 52cm（长）×35cm（宽）×35cm（高）的长方形运输箱（图 6-3），或 50cm（直径）×35cm（高）的圆形运输箱。对于国际运输，通风孔上必须覆有边缘固定（钉牢或粘贴）的铁丝网，以防动物抓挠过滤网。运输箱的门必须牢固，防止意外打开；同时在顶部应设有观察窗。

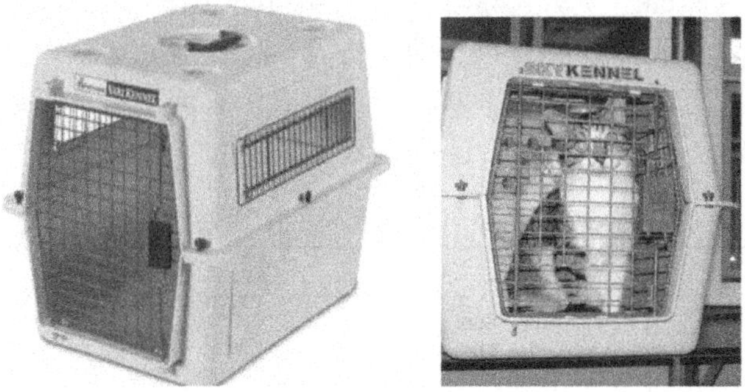

图 6-3 猫运输箱

（五）非人灵长类

1. 材料

适合的材料为木材、中密度纤维板和（或）硬塑料。

2. 设计原则

除一般性要求外，还应遵守如下原则。

（1）运输箱的骨架必须特别坚固，并对连接处和拐角进行处理，防止动物抓挠、咬穿或使动物受伤。

（2）必须完全保证所有空隙的大小合适，动物不能将手足和尾伸出运输箱外。

（3）必须保证至少三面的通风装置，防止装载运输箱时堵塞通风孔。通风孔上应覆有铁丝网或铁格窗，通风面积至少占整个运输箱面积的 10%，若有过滤网时，此数值还应适当提高以弥补气流的降低。若使用多格运输箱时，格与格之间也应保证通风。

3. 猕猴

保证可以从运输箱的正面很容易观察到动物，一般用铁丝网制成。运输箱门应为滑门，并带有防盗锁定装置。应提供放置饮水和饲料的位置，并防止遗洒。同时在动物头顶设置扶手，帮助动物在运输中保持平衡。

长途运输时，至少部分地面应为板条或铁丝网，确保尿液、粪便可落入底部可更换的托盘中。同时，可以在运输箱的内部设置门槛，防止尿液流出。运输箱底层应防水，并放置垫料吸收尿液和粪便。接粪盘应用锁固定。

根据不同动物的体重推荐运输箱大小的原则如下（图 6-4）。

（1）3.0kg 以下动物，可使用 IATA 推荐的运输箱尺寸。然而，当运输多个动物时，最好将其分割成 5 个单独的隔间，推荐将运输箱分割成 3 对动物隔间，这样每个动物都有同伴，而且活动空间也较大。

（2）3.0kg 以上动物，IATA 批准的运输箱为 2 个隔间，成对运输 4 只动物，运输箱的高度至少为 69.5cm。

大于此尺寸的运输箱会导致过多的移动，增加运输中受伤的可能性。

图 6-4　非人灵长类运输箱

（六）小型猪

犬运输箱的设计、制作，运输中的装载、饲喂和一般性护理同样适用于小型猪。一般来说，用于犬运输的 SKY Kennel®运输箱适用于相似重量的小型猪的运输。表 6-4 是小型猪运输箱的推荐尺寸，必须保证小型猪能够在运输箱内完全伸展和卧倒。

表 6-4　小型猪的运输箱大小

SKY Kennel®类型	内部尺寸	小型猪的最大体重/kg	装箱密度/只
小型	50cm×36cm×35cm	7	1
		4	2
一般型	64cm×46cm×44cm	12	1
		7	2
		4	3
中型	77cm×51cm×53cm	20	1
		12	2
		8	3
		5	4
大型	86cm×56cm×62cm	28	1
		15	2
		10	3
		7	4
		5	5

续表

SKY Kennel®类型	内部尺寸	小型猪的最大体重/kg	装箱密度/只
超大型	97cm×65cm×71cm	45	1
		25	2
		15	3
		10	4
		8	5
		6	6

三、动物编组和装箱密度

一般倾向于将同种动物成对或成群运输。一个运输箱内的所有动物应来自于同一种群，并且尽量将相似年龄、相同性别的动物放置在一起。配偶和其后代应在可行的条件下放置在同一运输箱中运输。然而，犬、猫和小型猪一般应单独运输，除非为同种性别并能和平相处；另外，非人灵长类应按照同性别的两只一组运输。不同种属不能混装在同一运输箱中，尤其当它们可能为捕食与被捕食关系时（如大鼠和小鼠）。

同一运输箱内的动物数量必须保证动物运输时舒适，并考虑到所有旅程中可能发生的情况。运输中动物所需的空间大小与长期饲养时的要求不同，经常随动物的体温、种群关系、温度环境和各种动物的不同习性而变化。因此，应根据温度条件、动物特性、喜欢的姿态、运输时间等制定适宜的动物装箱密度。

目前有大量的文献探讨牲畜运输时的装箱密度对动物福利的影响，但是对于实验动物装箱密度的研究较少。实验动物生产厂商根据多年的实践经验分别制定了适用于本公司的动物装箱密度（表 6-5）。同时以 Charles River 公司为例，列举了其啮齿类动物的装箱要求供使用者参考（表 6-6）。

表 6-5 啮齿类动物最低装箱密度（每只动物空间）

品系	质量/g	每只动物空间/cm^3	资料来源
小鼠	24	80	Harlan[a]
	25	40	Jackson Laboratories[a]
	35	60	Charles River[a]
	21～25	120	LABA/LASA（1993）指南[b]
大鼠	229	400	Harlan
	250	410	Charles River
	250	230	Taconic[a]
	226～250	203	LABA/LASA（1993）指南
豚鼠	349	310	Harlan
	350	250	Charles River
	251～350	176	LABA/LASA（1993）指南
地鼠	50	100	Charles River
	60	120	Harlan
	30～60	96	LABA/LASA（1993）指南
沙鼠	50	100	Charles River
兔和雪貂	3590	1340	Harlan
	＞1001	1600	LABA/LASA（1993）指南

注：此表仅列举某一特定体重范围的装箱密度数据

a 此装箱密度根据各公司资料计算所得

b LABA/LASA（1993）《实验动物运输中的护理指南》是由 LASA 制定，并由 LABA 对伦敦希斯洛机场的动物接机处进行了调查和再评估

表 6-6　Charles River 公司啮齿类动物的装箱要求*

体重范围/g	日龄/天（非肥胖型）	日龄/天（肥胖型）	装箱密度/只
大鼠			
＜50	＜21	＜21	20
51～75	22～26	22～24	17
76～100	27～30	25～26	13
101～125	31～35	27～28	10
126～150	36～42	29～36	9
151～200	43～50	37～42	8
201～250	51～60	43～48	6
251～300	61～70	49～56	5
301～400	71～94	57～63	4
401～450	>95	64～70	3
>451		>71	2

体重范围/g	日龄/天	装箱密度/只
小鼠		
<35	<56	40
>36	>57	33
豚鼠		
<350	<33	10
351～600	34～65	6
601～800	66～81	5
>801	>82	4
地鼠		
<50	<21	25
51～70	22～42	20
>71	>43	15
沙鼠		
<35	<35	35
36～50	36～56	25
51～70	57～84	20
>71	>85	15

体重范围/kg	装箱密度/只
兔	
<2.5	2
>2.6	1

动物种类	大鼠装箱密度/只	小鼠装箱密度/只	豚鼠装箱密度/只	地鼠装箱密度/只
特殊情况				
退役种鼠	3	33	2	3
种鼠	3	33	2	3
见栓孕鼠	7	17	3	3
孕鼠	7	17	3	3
同窝仔鼠	7/窝	7/窝	3/窝	10/窝
整窝	2 母+仔鼠	3 母+仔鼠	2 母+仔鼠	2 母+仔鼠
哺乳期雌鼠	7	33	3	15

* 此建议装箱密度适用于 Sew Easy™ 运输箱，可根据动物的健康安全情况进行调整

第四节　运输工具的要求和管理

一、运输车辆的设计

用于实验动物运输的运输工具必须适于此项用途，应隔热，并可控加热、制冷和通风。此通风系统应与运输车辆的发动机分开工作，并配有报警装置以便当温度、湿度或风扇操作超出预设值时提醒司机。车厢的内部空间应洁净、消毒，并装有照明灯光以便装载和检查。通风天窗或通风孔应分配均匀，以免淤塞、强风和形成“冷区”。运输车厢需可抵抗极端天气条件，如极端温度、光照、噪声和强风；并配有绳索固定点以便在运输过程中保护运输箱，防止其倒塌。同时，可以在车厢内部地面放置橡胶垫来避免包装好的运输箱的大幅移动打扰动物。

所有用于运输活动物的车辆应具备以下条件：与车辆发动机相独立的空调系统；记录车辆内部温度的系统；手机或车载电话；紧急预案；车辆故障的后备；交接步骤指导；恰当的装载、包装和码放方式；用于运输箱的地面连接点；内部灯光；记录车厢内部环境参数的记录设备；牢固、带网眼的内门；从驾驶座可看到货物情况；运输非人灵长类或其他要求隔离狂犬病的动物时需使用保险格子窗和可锁的双门系统。

二、司机及随车人员的培训及资格

确保所有人员都经过培训，具有责任心并具备装载、护理动物的能力。最好在运输中，有一名随车人员专门负责动物的福利。在某些情况下，此随车人员可作为司机。

目前没有专门的实验动物运输人员培训要求。然而，若涉及赛马和家畜的运输，则规定要求具有资格证书。应设置相应的课程来判断和衡量有关人员运输实验动物的能力，包括：相应物种的基础生物学和养殖学；动物的搬运和控制；动物健康、不适、疼痛、痛苦和折磨的状态识别；减轻不利因素的恰当措施；了解何时必须进行兽医治疗；紧急安乐死技术；有关动物运输、健康、安全的法律规定（包括隔离规定）。

能力资格证书必须随车携带，并接受检查。司机还需携带应急预案参考书，包括机械故障、事故处理或各种原因引起延误时的处理。

司机和搬运者必须了解搬运相关实验动物时的人身健康和安全要求，尤其当人员对某些动物过敏时。必要时，司机应咨询相关健康和安全专家决定是否需要进行预防免疫。

1. 主要司机和随车人员的资格

以下列举的能力培训是运输过程中任何人员搬运动物的前提条件，并且必须由主管部门批准的机构进行。主要包括：何人对运输中各个阶段负责；向何机构咨询运输条件或文件；何执行机构进行运输之前、运输中和到达后的动物检查；资格批准所需的条件；如何设计旅程；预计改变条件的能力和对未知情况的紧急预案制定；车辆使用的知识，结构要求，以及运输时驾驶对动物福利的影响；装载和驾驶适于公路运输车辆的能力，确保动物的福利；在装载和卸载时搬运动物的恰当方法；各物种法定的饲料、饮水和休息要求；装载密度，需考虑运输时间和周围情况；温度、湿度对动物福利的重要性，并根据情况进行加热和通风的调节；应激的原因，有能力识别动物非健康状态和糟糕的动物福利，以及何时需寻求兽医帮助；运输过程中有能力护理身体不适或受伤的动物；如何在紧急情况下抓捕和搬运动物。

2. 搬运运输箱

任何负责搬运装有活动物的运输箱的人员必须具有足够能力并尊重动物。装有动物的运输箱必须小心搬运，避免粗暴对待、过度噪声或振动，尽量保持水平。未授权的人员应禁止接近或派送动物，禁止人员不按规定饲喂动物。若必须在运输中打开运输箱，则必须由授权人员在封闭的区域内进行，防止动物逃跑。

若运输大量动物时，必须将运输箱分开放置，以确保足够的空气流通。司机必须有经常检查运输箱的意识，确保动物免受湿气、阳光直射或强风等影响运输箱内的温度的危害。

第五节　运输过程中的动物护理

一、基本要求

被运输的动物的健康状态对于动物福利是很重要的。而且因为运输应激会导致潜伏感染表现为临床症状，所以在装箱前动物需进行全面检查。如果发现任何非正常行为或不健康现象，则必须拒绝装载。

运输过程中的动物护理一般适用于健康动物的常规运输。然而，实验动物的健康状态有时因实验目的的不同而调整。年龄、体型大小、外科手术和健康状况都会影响动物应对运输应激的能力，所以当动物健康状况不佳时，必须采取其他必要的预防措施来确保它们的福利。

二、垫料、饲料和饮水

必须为动物提供垫料或褥草。它可以吸收湿气，为动物提供舒适和安全感，帮助减弱颠簸、振动和不可避免的温度改变。垫料必须干净，并且符合动物相应的微生物等级。经常使用的垫料包括粗木屑、刨花、玉米芯或碎纸。垫料必须具备完全吸收尿液的能力，防止容器底部过度潮湿。应提供给所有有需求的动物品系必要的垫料或筑巢材料，尤其是啮齿类动物。适于作为筑巢材料的材料包括纸条、稻草、卫生纸或任何适于不同动物品种、品系和年龄的商品化的筑巢材料。

饲料和饮水必须按照发货人的要求提供。一般来说，直到发货前动物都可以进食和饮水，犬、猫除外（为减少因运动眩晕导致的恶心和呕吐，犬、猫在运输前4h内不得饲喂）。兔和啮齿类动物最好在运输全程中都有食物供应。运输中，成年犬、猫、雪貂和非人灵长类可限定为一天饲喂一次；然而，幼年动物和授乳动物可能需要更频繁的饲喂和饮水。食物必须为动物习惯的种类并符合动物相应的微生物等级。

法律规定食物和饮水的供应量必须至少为预计运输时间的两倍。应在防渗漏的运输箱内提供动物所需的饮水，或以凝胶、湿料或水果、蔬菜的形式进行提供。若运输时间长于 24h，则被运输动物需要特殊的饲料、饮水和检查。

所有装水容器的边缘必须为钝圆的，保证动物不会伤害自己。除非承运人有不同的要求，一般都需提供饮水或其他形式的湿分。幼年动物、授乳动物、小型猪和非人灵长类可能需要更频繁的饮水供应。

三、温度、湿度控制

不同种类的动物有相应的温度、湿度变化范围，见表 6-7［环境调节实验室委员会，小动物组（方案），1996］。

表 6-7 饲养动物适宜温度、湿度范围

物种	温度/℃			湿度/%		
	最低	适温	最高	最低	适温	最高
大鼠	21.0	—	25.0	45	50	55
小鼠	21.0	23.0	25.0	45	50	55
豚鼠	21.0	—	25.0	45	50	55
兔	21.0	23.0	25.0	—	—	—
猫	21.0	24.0	27.0	—	—	—
猴	21.0	24.0	27.0	45	50	55
幼犬	21.0	24.0	27.0	45	50	55

四、怀孕动物的运输

因为被运输的怀孕动物种类和各国、各地区对怀孕动物运输的要求不尽一致，所以运输标准应在满足动物健康安全和福利的前提下，根据当地运输要求进行。一般建议距预产期一周内的怀孕动物不能被运输，然而，当直接运输或运输时间相对较短并且有适当的兽医看护指导时，可以在临近分娩时进行运输。但是应注意距预产期 3 天内的怀孕动物绝对禁止运输，以确保运输中不发生流产或分娩的危险。表 6-8 为 LASA 推荐的怀孕动物运输时间，供使用者参考。

表 6-8 常见实验动物的妊娠时间和推荐运输时间

动物种类	妊娠期/天	直到何时可以被运输/天
大鼠	21	17
小鼠	21	17
豚鼠	56～75	45
猪	114	91
兔	30～32	22
犬	61～65	40
猫	64～67	42
狨	144	96
长尾猕猴	153～167	102

ETS 193 的 Article 9 中规定怀孕的雌性动物不能在妊娠的最后 10 天或生育后的一周内进行运输。然而，运输工作组推荐“怀孕的实验动物一般不能在妊娠的最后 5 天进行运输”（表 6-8），以确保运输中不发生流产或分娩的危险。某些种类动物，例如，兔在运输应激下极易流产，不应在妊娠的最后 3 天内移动。而且，对于大动物，如犬和非人灵长类，一般不建议怀孕末期进行运输。

因为怀孕动物身体散热的能力有限，所以必须保证低装载密度。

如果在分娩一段时间后（至少 7 天）进行运输，则需为授乳的动物和幼仔提供额外的看护，包括提供足够的垫料和筑巢材料。新生儿必须在脐带愈合后才能进行运输。

五、各种实验动物的运输护理要求

（一）啮齿类动物

1. 运输前的准备

在运输箱内放置干净、消过毒、干燥的垫料和（或）筑巢材料。最常用的材料为刨花、锯屑或木削片等木制品，玉米芯，或特质的纸片或纸屑等纸质制品。这些材料的最主要作用是吸收运输箱内动物排泄物或饮水、饲料产生的湿气。对于小型啮齿类动物，还需提供筑巢材料来帮助它们通过筑巢或挖洞来进行温度调节。因大多数啮齿类动物喜欢聚集在一起进行温度调节，所以当单独或小群运输动物时应尽量提供更多的筑巢材料。足够的垫料和筑巢材料应在整个行程中能保持运输箱内部的干燥，但是不能影响通风效果。

2. 饲喂和饮水指导

饲喂颗粒干燥维持料的啮齿类动物在运输时可以仍然饲喂相似的饲料。同时也可以将颗粒料浸在水中制成湿料，提供动物必需的水分和营养。

还可以通过“奶瓶状饮水瓶”进行饮水的提供，但是空运时此装置可能会因为压力的改变引起水的溢流。对于生物安全级别的运输箱，为了维持微生物级别，一般不在运输中添加饮水，而应在包装动物时装入足够的饮水和食物。除饮水外，也可选用其他种类的水分来源，诸如琼脂或凝胶、固化水（凝胶水）等。凝胶水产品一般含有额外的养分（碳水化合物），但不能当全价饲料使用。

运输过程中的紧急饲喂和饮水要求如下。

在不能进行微生物控制的条件下，不得打开生物安全级别的实验啮齿类动物运输箱！必须提供给动物多于预计运输时间两倍的饲料和饮水。若运输时间可能超出预计运输时间两倍，必须告知发货人并在可控条件下进行相应的处理。

打开装有实验啮齿类动物的运输箱一定会影响动物“健康”或“无疾病”等级，因而影响它们作为实验动物的使用。但是在某些情况下，必须打开运输箱避免或终止动物的痛苦，即使这会影响它们作为实验动物的使用，而且有可能意味着会被安乐死或重新安排。

3. 动物护理及装载

运输过程中，某些SPF动物运输箱可能配有加热或冷却袋，或者其他的温度调节装置。但是这些装置是不可靠的，同时可能含有被列为危险物质的化学药品。因此使用时必须格外注意，并确保动物福利。

4. 健康状况的观察及影响

近交系的表型，基因突变或修饰，年龄和健康等级都会影响啮齿类动物抵抗运输应激的能力。近交系动物或带有有害基因突变的动物对运输应激的抵抗力较低，对于这些动物而言，制定详实可行的紧急预案是非常重要的。

基因修饰动物在运输时往往需要特殊照顾，因此需制定特殊的运输计划（Robinson et al.，2003）。例如，对于肥胖和怀孕动物，因为它们散热能力有限，所以装箱密度要低；怀孕啮齿类动物在妊娠末期（妊娠期的最后1/5时间）不适于运输。

（二）兔和雪貂

兔或雪貂在包装后的24h内不需饲喂，但是当运输超过24h时必须提供饲料和饮水。兔在运输中一般不进食或饮水，但是必须为其提供饲料和饮水，以防长途运输、延迟或意外的停靠。可给兔提供胡萝卜、水果、干草或谷类食物；可给雪貂提供罐装猫粮或狗粮。

（三）犬和猫

1. 饲喂和饮水指导

被运输的犬和猫饲喂间隔不长于24h，饮水间隔不长于12h。必须制定详细的饲喂和饮水指南。犬和猫都有晕动病的倾向，所以在出发前的4h内不应提供饲料或饮水。只有当运输长于24h（控制温度条件下的运输）才应饲喂犬和猫。若需饲喂，应给予动物正常饮食；若不能提供，可用饼干和（或）罐装食物代替。必须注意不要过量饲喂引起呕吐。

运输车辆应每4h停靠一次，检查动物状态。在停靠期间，可以提供动物饮水。当动物饮水吸收消化后（30min）再继续出发。不建议运输途中卸载动物进行饲喂。

2. 动物护理及装载

犬猫类，尤其是猫，非常讨厌被限制在运输箱内。若可能，应提前将运输箱放置在它们的饲养笼中，使其适应。同时，使动物习惯于短期的限制和运动状态也是很有必要的（如放置在手推车上进行短程运输），尤其是在长途运输之前。应将此项包含到日常适应和训练项目中。在放置于运输箱之前，应该让狗充分运动。每个运输箱内放置的动物数量应依据动物大小及整个运输中的环境条件而定。需检疫的动物必须与其他动物隔离放置。

必须放置合适的垫料，如干净的锯屑和纸屑，以吸收尿液和粪便，同时为动物提供保暖和舒适的环境。有时可能需要多种材料混合来达到最佳的舒适和卫生。运输过程中司机必须携带额外数量的干净垫料以备不时之需。

运输犬和猫的车辆必须配备机械通风，而且当车辆停靠或运输雪貂时，最好有可以单独控制外部电源供应的空调设备。即使是短途运输，运输箱也必须固定在运输车辆中。车厢内放置橡胶垫可以帮助固定货物和降低噪声。若在运输途中必须打开运输箱，则应在封闭的区域内进行，防止动物逃跑。

（四）非人灵长类

此部分涉及实验室中常规使用的猕猴和狨的运输，同样适用于松鼠猴、獠狨、长尾黑颚猴和狒狒，但不适用于大猩猩的运输。

对于非人灵长类的运输，保证运输时间最短是最重要的。通过详细的计划，严密的监测和恰当的应急预案，大多数国家的国内运输时间可以控制在 12h 内，而国际运输应控制在 56h 内。

1. 饲喂和饮水指导

包装后的第一个 24h，不需要饲喂动物。然而，应按预计运输时间的两倍为动物提供足够的湿料。对于国际运输，还应提供额外的辅助饲料和（或）饮水。

必须注意提供的各种饲料不得违反当地的进口法规。当动物到达使用者设施时，尽量保证动物的饮食与其习惯的相似。

2. 动物护理及装载

当运输非人灵长类动物时，发货人和看护员应遵守一系列基本原则，以确保动物福利和动物舒适性。非人灵长类动物不喜欢被囚禁，并表现得非常不高兴，会寻求一切可能的机会逃跑。所以在保证动物安全和福利的同时，运输箱必须足够牢固。

动物的健康是很重要的，兽医应在出发前 24h 内检查动物。虽然，目前非人灵长类动物一般都来自特定生产厂商饲养的健康种群，发生传染性疾病的风险比较小（应注意并不是所有国家都是如此）。然而，因为很多的传染性疾病是人畜共患的，可由非人灵长类传染给人，反之亦然，所以必须注意个人的防护。为了最大程度地降低传染病传播的概率，一般建议不同批次的非人灵长类动物不得密切接触。

3. 到达与接收

动物到达时，必须立即从运输箱中移出并与它的同伴重聚，提供必要的饲料和饮水。有时还需要就如何使用饮水阀对动物进行引导或用碗盛水，帮助它们尽快适应新环境。

应由专业人员记录动物到达时的体重和健康状态。

动物的运输转移一定会包括不熟悉的看护人员、环境、饲养制度、饮食和动物群体。因此在开展科学研究前，应提供一段时间的适应期，使动物从运输应激中恢复。适应期的长短因动物的性情和条件、运输距离长短，以及出发地和目的地的饲养条件、看护人员差异程度而不同。

（五）小型猪

用于实验用途的小型猪一般为断奶仔猪，使用坚固运输箱和有空调系统的车辆进行公路运输。

1. 运输前准备

提供足够量的垫料，并在长途运输时考虑更换。因为猪易发生热应激，所以必须监测车厢内部的温度和通风，并在运输中适当调节。

2. 饲喂和饮水指导

应在早晨提供部分饲料（日粮的 10%～20%），但是大量的饲料（80%～90%）应在晚间或过夜停靠时提供。饮水应根据环境温度每隔 4～6h 提供一次。

3. 到达与接收

为了尽量降低病原微生物传播的危险，运输车辆应停靠在远离其他猪群或畜群的地点。任何接近动物运输车辆或车厢内部的人员都应穿着一次性长靴，并踏过含有消毒液的湿垫。到达时，应在保护入口的情况下将运输箱转入动物设施，降低病原体交叉污染的危险。运输箱返还前应进行清洁和消毒。

若不能保证运输车辆经过全面消毒，运输车辆不能用于运输其他猪只，因为猪源性病原体离开动物后可以存活很长时间。

第七章　实验动物质量追溯体系

利用现代信息技术手段（RFID，即无线射频识别技术，或二维码）建立的实验动物质量追溯体系，为实验动物资源质量控制提供了有效的管理手段，能够监管从动物出生到死亡的整个过程，包括实验动物出生、建档、饲养、销售、接收、科研（检验、检定、生物制品生产、教学）活动和动物尸体处理。同时，质量追溯体系的建立为行业管理部门提供了行业数据统计分析的综合平台，便于统计分析行业的整体发展趋势。因此，该体系的研发与推广对实验动物行业的发展具有重要的理论意义和实践意义。

质量追溯体系依托现代信息技术和通讯技术，为实验动物生产与使用单位的各项业务提供了标准的信息管理模式与方法。该体系包括实验动物生产单位信息管理应用软件，实验动物使用单位信息管理应用软件，实验动物信息综合管理平台，实验动物生产和使用单位 RFID（或二维码）标签及 RFID（或二维码）标签读写软件。本章重点介绍利用 RFID 技术建立的大型实验动物个体追溯系统。

一、实验动物电子芯片识别技术

无线射频识别技术（radio frequency identification device，RFID）是一种非接触式的电子芯片自动识别装置。它可以置于动物皮下或体表，通过射频信号自动识别目标对象并获取数据信息。识别过程无需人工干预，可工作于各种恶劣环境，操作快捷方便。RFID 技术一方面可满足实验动物行业对个体动物的唯一标识和质量追溯要求；另一方面，通过 RFID 的唯一编码，可查找到动物个体从出生到死亡整个生命周期所有的关键信息，满足实验动物信息化管理需求，实现有效监控实验动物的目的。

与现在广泛应用的二维码技术相比，电子标识存储的信息量大，具有防水、防磁、耐高温、使用寿命长、数据可加密等优势。采用 IP65 等级标准设计的芯片外壳，具有抗撞击能力和防水能力强的特点，加上激光封装技术和 EO 消毒技术，为芯片质量提供了可靠保证。另外，北京市实验动物管理办公室主持开发的电子芯片外围采用生物凝胶包裹，能够将芯片固定在注射部位，解决了芯片在动物体内游走的问题。

实验动物电子芯片读写器的外形设计经改进后，符合实验动物行业特点和安全性需求，具有读取距离远和可识别移动目标的特点。低功耗设计增强了读写设备的可用性，具有高抗干扰性，能够满足不同环境的需求。读写器的接口丰富，采用 USB 和 2.4G 蓝牙技术与电脑相连，具有广泛的系统兼容性，可读写多种类型的国际通用的 RFID 芯片，能够满足不同国家和地区的市场需求。

二、实验动物质量追溯体系

1. 实验动物质量追溯体系的构成

考虑到实验动物行业的生产与使用单位的信息化建设现状，为进一步提高从业单位的信息化管理水平，确保有效采集实验动物行业基础数据，并增强该体系的实用性和可推广性，本系统以实验动物信息数据支撑为核心，充分考虑行业未来发展需求，利用实验动物生产与使用单位现有的软硬件资源，采用技术成熟、安全稳定的以互联网为总线的混合三层架构模式，有效提高了系统的兼容性和开放性。

该体系的企业用户采用 Client/Server 结构体系进行基础数据的采集和整理，监管部门采用 Browse/Server 结构体系进行数据分析挖掘的多平台集成方式。即生产与使用单位数据采集平台由专业的数据采集软件组成，可以在线与离线方式对数据进行采集。远端服务器为数据仓库，可接收多种数据库传送的数据，并进行整合和有效分时的存储。监管部门通过调用生产和使用单位的产生的基础数据，统计和挖掘管辖区域内实验动物生产环节和使用环节中的行业整体动态数据。

1）实验动物生产单位动物生产信息管理应用软件

实验动物生产单位动物生产信息管理应用软件主要应用于实验动物的生产单位，用于提升实验动物生产单位的信息化管理水平。该软件包括动物档案管理、日常饲养记录管理、饲养室管理、兽医护理管理、动物销售管理、统计报表管理、数据申报管理和系统设置管理，共计 8 部分功能模块。

该软件具有初始化实验动物生产数据的功能，可以预设实验动物生产数据的相关数值。实验动物的生产数据可以通过该软件直接输入，也可以通过读写器应用软件扫描或者直接输入相关数据。单位负责人可以设定需要上传的数据，选用定时自动上传或手动不定时上传的方式，将相关数据上传至实验动物信息远程管理平台的服务器。另外，该软件可以实时统计本单位实验动物生产和管理的相关信息，按照不同的需求统计分析相关数据，以报表或图形的形式输出，并可实现实时打印功能，便于相关数据的及时归档。

生产单位基本信息是由本单位自行维护的，可对远程信息平台内的单位基本信息进行同步。通过本地系统软件，可直接反馈信息给主管单位的综合管理系统平台，便于及时与主管单位交流沟通，有效提高实验动物生产单位的管理效率。

2）实验动物使用单位动物信息管理系统应用软件

实验动物使用单位动物信息管理应用软件主要应用于实验动物的使用单位，用于提升实验动物使用单位的信息化管理水平。该软件与实验动物生产单位动物信息管理系统应用软件的功能模块和模块的功能基本相同，包括动物档案接收管理、日常饲养记录管理、饲养室管理、兽医护理管理、动物实验管理、实验室工作计划管理、统计报表管理、数据申报管理和系统设置管理，共计 9 部分功能模块。

针对实验动物使用单位的实验动物管理特点，增加了动物实验管理和实验室工作计划管理模块，删除了动物销售管理模块，其他模块与实验动物生产单位动物信息管理系统应用软件中的模块相同。该软件同样具有实验动物使用数据的初始化和数据采集功能，可以自动或手动上传指定数据至实验动物信息远程管理平台的服务器，可以分析统计本单位实验动物使用和管理的相关信息，能够实时打印统计分析产生的报表和图表等功能，便于实验室管理人员及时归档相关信息。

使用单位基本信息同样是由本单位自行维护的，可对远程信息平台内的单位基本信息进行同步。通过本地系统软件，可直接反馈信息给实验动物主管单位的综合管理系统平台，便于及时与主管单位交流沟通，有效提高实验动物使用单位的管理效率。

3）实验动物 RFID 标签读写应用管理软件

实验动物生产单位和使用单位的 RFID 读写器应用软件完全相同。实验动物电子芯片读写器在安装该软件后，与实验动物电子芯片配合使用，可以有效实时输入或采集实验动物的生产和使用单位的相关信息或数据，为实验动物生产和使用单位，以及实验动物管理部门的管理工作提供及时有效的相关信息和数据的支撑。

该软件的架构是采用模块化方式设计的，可以根据生产或使用单位的需求，增加或者删除相应的功能模块。该软件具有实验动物生产数据的实时采集功能，在与安装了实验动物生产或使用单位动物管理软件的计算机连接后，可对采集的数据进行批量的导入导出。此实验动物电子芯片读写器带有屏幕显示功能，可对本单位的动物信息进行浏览与查询。

4）实验动物基础数据信息管理综合平台

实验动物基础数据信息管理综合平台主要应用于实验动物管理部门，为管理部门提供行业数据管理与各种级别的统计服务。该平台是基于网络和数据库技术构建的，以微软的.NET2 构架作为支撑和开发环境，通过 XML 方式，实现了统计报表的标准化描述。

该平台所能实现的功能包括复杂汇总表的定义功能，数据的审核功能，报表数据的再加工功能，从多个数据源提取数据参与运算和任意查询检索功能，以及针对实验动物行业数据挖掘具有不同层次报表、数据的管理功能。为了加强数据的安全性防护，该平台提供数据备份、恢复和导入导出机制，可以根据各类综合管理单位的需求设定用户权限，对用户和报表任意分组。该平台还具有实时或批量接收单位系统软件提报数据的功能，并针对可能产生的并发业务设计了相关的解决方案。

2. 实验动物质量追溯体系的应用

实验动物质量追溯体系的试点工作已经在北京地区展开，主要应用于犬、猴、小型猪和兔等体型较大的实验动物，并取得了阶段性的成果。实验动物生产和使用信息管理应用软件和实验动物信息综合管理平台运行良好，各项业务能够正常开展，操作流程顺畅，达到了预期目标。与 RFID 硬件厂商相结合，共同试点应用的 RFID 数据采集软件系统达到了设计要求，能够满足生产和使用单位的需求。目前根据试点反馈的信息，实验动物质量追溯体系得到了进一步的完善，为在北京地区全面推广质量追溯体系奠定了基础。

第八章　实验动物管理成本核算

实验动物管理水平的高低，不仅影响实验动物本身的饲养、繁育及动物福利，而且影响动物实验结果的稳定性、准确性和真实性，进而影响整个生命科学基础研究和生物医药产业。随着近几十年国内实验动物行业的快速发展，大大小小现代化的实验动物设施拔地而起，设施的专业化、自动化程度显著提高，同时，实验动物行业管理的规范化、标准化进程日益加快，整个行业无论是软件还是硬件水平都有了长足的进步。大家也意识到，现代化的实验动物设施是个高投入、高消耗的设施，推行精细化管理理念，合理控制实验动物设施运行成本，使实验动物设施能够自我维持、良性发展，也成为实验动物管理的趋势。本章将重点讨论，如何计算实验动物管理的成本；如何在合理的成本下提高实验动物的管理效果和效率。希望可以协助实验动物项目管理和行政管理人员、设施运行管理人员、实验动物饲养人员、动物实验人员等行业从业人员从各自的角度来提高效率，促进整个行业的进一步发展。

第一节　管理成本的组成分析

实验动物设施根据其功能的不同，可分生产型设施和使用型设施（含隔离检疫型），不同类型的设施在成本组成上不尽相同。无论是哪种设施，在进行成本分析时，首先要将该设施的所有花费逐一列出，按照用途进行分配和归集，从而为成本管理提供基础资料。

一、成本分类

（1）从财务分析的角度，按成本类型的不同，动物设施的成本可分为基建、设备、能耗、人力、物料、测试加工等。该分类方式非常简单，做花费归集时无需与工作流程相结合，数据一目了然。但缺点是该数据需要进一步的流程分解后，才能对设施管理人员的成本管理提供指导。如人力成本，实际包括机构管理人员成本、设施管理人员成本、技术服务人员成本、兽医人员成本、饲育人员成本、设备维护人员成本等。当该项成本偏高，需要分析其合理性时，就需要将该项成本再次按工序分解后才可以使用。

（2）根据花费形式的不同，动物设施的成本可分为三大类成本：设施日常直接成本、设施内部支持成本及设施资源性成本。

以上两种成本分类方法相结合，可以让设施负责人非常直接地了解设施的运转情况，为发现问题，进行分析，作出改进，以及未来运行预测等后续工作提供强有力的基础数据。

二、设施的成本归类

（1）设施日常直接成本，是指设施的日常花费成本，包括动物饲养繁育或使用、技术服务过程中每日消耗的物料和人工等成本，包括换笼、饲喂、记录、人员进出、笼器具消耗、实验试剂、耗材、给药、样本收集等花费，一般可分为饲养性成本和实验项目的技术类成本。

（2）设施内部支持成本，是指在设施的运行和维护过程中所花费的支持性间接成本，该成本并非动物饲养、使用或实验直接消耗的成本，但与这一过程直接关联。如动物健康监测花费、内部卫生消毒成本、笼具清洗成本、废弃物处理费用、能耗费用等。

（3）设施资源性成本，是指机构针对设施运行管理所投放的成本，包括设施的土地、建筑、大型设备投入、资质认证及维护、政策管理及实验审批、设施维护、财务、人事等运营管理成本等。

不同设施，随着动物饲养量和技术服务工作量的变化，总体成本会相应变化。而这三类成本中，设施资源性成本最稳定，其次是内部支持成本，而变化最大的是日常直接成本。目前大多研究机构都将设施日常直接成本和内部支持成本计算为动物房的成本，定期（一般按年）进行核算，而资源性成本往往与研究机构的其他部门合并管理，费用整体摊销。

对于综合性实验动物设施，包括多物种动物的饲养区域和技术服务，如小鼠中心、兔中心、狗中心、猴中心等及转基因平台、隔离检疫平台、表型分析平台、药效筛选平台等，我们往往会将其分为多个分设施对日常直接成本和内部支持成本进行核算。而各分设施的资源性成本，除有明确指向性以外，往往也是按比例进行整体费用的摊销。例如，动物设施同时有AAALAC International认证的小鼠设施和非AAALAC International认证的大鼠设施，那么设施建设的费用可以按两个设施的面积比来摊销。但是，AAALAC International认证的费用就只能算在小鼠设施头上，与大鼠设施无关。

第二节　管理成本核算的方法

正确地将动物设施花费的基本数据归集至不同的类别下，是进行成本核算最基础且是最重要的一步。首先必须让大家意识到成本核算的重要性，并明确成本核算并不只是财务人员或是成本会计的工作，而是整个动物设施团队共同的事，需要多部门的协作。

一、成本数据采集原则

在花费的数据采集的过程中，各部门都需要遵循以下几个原则。

（1）合规性原则：所有花费必须符合国家和政策法规，符合相应资金使用的审批流程，且与设施的运行管理有直接或间接的相关性。

（2）时效性原则：所有花费在归集时应有明确的统计期限，按年、季、月、日，或是按项目的起始或终止时间。在对应统计期限内的花费是指当期实际消耗的花费，如果该花费对应的内容在核算周期内是库存形式而未消耗，或是非核算周期内的消耗，均不应纳入当期花费内。为此，不能从支付的财务票据来进行数据统计。例如，1月某动物设施购买了500kg饲料，当月支付了所有饲养费用。在2月初还剩50kg，则计算1月动物饲养成本时，应该按450kg的饲养消耗来计算。

（3）一致性原则：花费数据的归集标准应该在成本核算的整个过程中保持一致。仍以动物饲养成本按月进行核算为例，花费数据采集在不同分设施、不同月份应该有统一的标准。例如，每月 27 日至次月 26 日，所有数据就应该全部按此日期统计，不要出现饲料按此周期统计，能耗按自然月统计，人员花费按工资发放周期统计这样混乱的情况。

二、成本核算的步骤

遵循以上原则，成本核算基本数据的归集和核算可分 3 个步骤推进。

（1）由财务人员主导，设立基础成本参数表或是明细账。主要包括如下几种。

- 物料明细账，建立物料的计量、入库、领用、盘存等管理制度。该制度不仅是针对物料仓库的，同时也是针对各物料领用部门的，从而两者数据可以进行核对，保证数据的准确性。同时，对物料的领用和消耗进行分析，结合其单价，确定主要物料和辅助物料。
- 设备明细账，建立设备折旧清单和耗材清单。根据不同设备的使用特点和频率，建立各设备的折旧参数。如小鼠笼具，一般分两个部分，不锈钢架和耐高温塑料盒（PC、PSU 或 PEI 材料）。不锈钢架可按 10～12 年做设备折旧，而笼盒材质不同其使用寿命不同，则需按 2～5 年做折旧。
- 人工明细账，即根据业务或技术人员的不同岗位和级别，算出不同岗位人员的标准工时成本。
- 基建及能耗分摊账，即根据各个区域所占面积的大小比例，计算房产折旧及能耗费用的分摊比例。注意，针对不同类型的设施，能耗分摊不能简单地按面积比例分摊。如一个 SPF 动物设施和同样面积的普通饲养场所，由于空调暖通、送风系统的截然不同，能耗有显著区别。为此，建议对不同类型的场所建立试点的能耗测量，通过数据分析确定此后分摊的比例。
- 其他外包检测服务的统计表，如测序、工程维保、饲料成分检测等，包括外包的频次和单价等信息。

（2）财务人员对整个设施的任务和对应工作流程进行了解，确定成本核算的对象和成本项目，开设相应对象或项目的成本明细模板单。

不同分设施/功能分区内可能在进行不同的任务，按任务内容的不同，使用的核算方法不同，开设成本明细模板单的方式不一。例如，动物饲养繁育这一没有明确项目起止点的任务，与有明确项目起止点的技术服务性任务，应该使用不同的核算方式，则最终采用两种截然不同的成本明细模板单。

（3）各个部门按成本明细模板单的格式，针对各个成本核算对象或项目的实际耗用情况进行原始数据的填写，数据汇总至财务人员处进行成本数据的整理、分类，并计算出不同核算对象或项目的成本。

三、管理成本的核算方法

根据动物设施内工作流程的不同，其成本核算的方法不同。

（一）动物每日饲养成本

对于动物设施来说，动物每日饲养成本是最基础也是最重要的成本数据，也是考量各个设施运行管理水平的重要指标。为了核算该成本，我们先需要确定动物每日饲养花费的核算单位：一般大动物以“只”为单位，而小动物以“笼”为单位，则动物饲养成本的单位为“每只每天”或“每笼每天”。由于动物设施内动物数量众多，而每个操作工序都非常零碎，物料使用也非常繁杂，基本不可能记录每一只/笼动物的实际消耗量。为此，动物饲养成本的核算一般用“品种法”来计算。品种法适用于大量大批简单生产的过程，用当期（一般为一个月或一个季度）发生的费用总和除以总的饲养单位，就可以直接计算出每笼每天或每笼每只的饲养成本。

简单来说，我们需要两个数据：每月/季设施用于饲养繁育的所有成本（包括设施日常直接成本、设施内部支持成本及设施资源性成本）和每月/季动物饲养量，两者相除，即得动物每日饲养成本。

饲养成本在实际计算过程中，日常直接成本非常清晰，但内部支持成本及资源性成本数据需要一定的计算。例如，清洗消毒过程是为整个动物设施服务的，而动物设施内除了饲养繁育外，还有大量技术服务项目的用具需要清洗消毒，那么就需要按两者的清洗消毒量比例进行分摊，即将一部分的清洗消毒成本摊至饲养繁育。资源性成本也是用类似方式处理。

每月/季动物的饲养总量，大动物一般饲养量稳定性高，可只在变动时进行登记，并按月/季统计。而小动物特别是大小鼠的大量饲养，每日都有频繁的配繁、分笼、淘汰的操作，为此建议每日统计。对于大规模饲养的设施，在条件允许的情况下建议通过饲养管理软件来作笼位管理，以解决人工统计费力、不及时、易错等问题。

有些设施除了通用 SOP 规定下的饲养方式外，还有少量特殊的品系饲养过程与常规饲养有一定的区别。例如，某些动物需要使用特殊的饲料或垫料，或是换笼的频率和常规品系不一致，为此这些动物的饲养成本就不能直接采用以上方式进行核算，而是要针对性地作核算调整。一般采用部分成本类别替换的模糊方式来进行。以特殊饲料喂养的品系为例，假设特殊饲料单价为 80 元/kg，当月消耗 50kg，对应 400 笼小鼠一个月的消耗量，而普通饲料的单价为 12 元/kg，当月消耗 1000kg，对应 8000 笼小鼠一个月的消耗量。那么在计算普通动物的日饲养成本时，应该将饲料花费算作 12×（1000+50）=12 600（元）。其他成本计算方式不变，假设最终计算出来的普通动物的日饲养成本为 5.5 元/（笼·天）。假设每笼小鼠每日消耗饲料量不因饲料的不同而变化，均为 4.17g（1000kg÷每天 8000 笼÷每月 30 天=4.17g），那么，特殊饲养喂养的小鼠比普通饲养喂养的小鼠每日多消耗 0.28 元［饲料差价为 68 元/kg，每日消耗 4.17g，则消耗差价为 68×4.17÷1000=0.28（元）］。故特殊饲料喂养动物的日饲料成本为 5.5+0.28=5.78［单位为元/（笼·天）］。

（二）实验动物的生产成本

实验动物作为生物医药研究过程中非常重要的“材料”，必须有它的价格，那么就需核算实验动物饲养生产的成本，除了需要确定动物每日的饲养成本外，还需要以下数据的统计（以大小鼠为例）。

（1）该动物种群的月生产指数（production index，PI）：每月每只母鼠生产的小鼠数量。繁殖笼内一般按一雄两雌的配繁方式。PI 表示了品系的繁殖表型，除了与品系本身的生殖特性相关，还与动物饲养繁育的环境、健康监测及具体繁殖配繁方式等直接相关。

（2）该动物品系的销产比（sale ratio，S%）：所有出生的后代动物中可作为直接实验材料向其他项目提供的比例。一方面，由于实验的需求不同，对于动物的性别，基因型都有一定的要求，为此并非所有的后代都可以直接作为实验材料。以 DB 小鼠为例，由于 DB 纯合子本身不育，只能用杂合子相互交配，而后代为纯合子的比例为 25%，而绝大多数实验都使用雄性，使得真正可以使用的比例约为 12.5%。另一方面，繁殖笼后代中的一些小鼠会被挑选，留作种鼠来更替繁殖笼，根据各品系繁殖周期、表型或是生产周期不同，留作种鼠的比例不一致。

（3）该品系的繁殖笼比例（breeding cage ratio，BC%）：该种群繁殖笼的笼位数占种群总笼位数的比例。

（4）动物每笼每天饲养成本（animal daily cost，ADC）。

根据以上数据，该种群的每月总繁育花费为，种群总笼位数×30×ADC，而可以每月向其他项目提供的实验动物数量为，种群总笼位数×BC%×2×PI×S%，则平均每只可提供动物的成本为两者相除，为 15×ADC/BC%/S%/PI。通过这样的计算可以看出，生产指数越高，销产比越高，繁殖笼比例越高，单只动物的成本越低。

（三）动物实验项目的成本

动物实验项目的成本，由于有明确的项目起止点，且具有不连续，不同项目不同流程等特点，为此不能应用“品种法”来进行成本核算。动物实验的成本一般包括 3 个部分：动物材料成本、实验过程中动物饲养成本和实验操作成本。前两项成本可以参照之间章节的方法获得，而实验操作成本一般采用“标准成本法”进行核算。需将整个实验操作细分至最小实验模块，列出各模块的标准成本明细表，即生产工艺流程标准及材料用量标准。根据不同实验的标准操作流程（SOP），列出各个成本消耗点，包括物料标准投入量，标准人力工时消耗，仪器工时，等等。最后将各个小实验模块的成本作拼接，即获得整个实验操作的成本。

以药效实验为例，根据其工作流程将其分解为动物准备、药物配制、给药操作、观察测量、样品收集、检测分析等多个部分，每个部分按动物、物料、人工时、设备损耗、能耗等分项作出成本明细模板单来。该表和之前介绍过的物料明细账、设备明细账和人工明细账，基建及能耗分摊账等基础数据相整合，就可以核算出该药效实验的标准成本明细表。但这只是标准成本，在实际操作过程中，可能会出现一些操作重复、物料损耗的情况，为此该项目的实际成本需要在标准成本的基础上，根据实际情况进行修正。

一般研究型的设施内，每天有多个项目同时进行，并且每天都有新的项目开始，有老的项目完成。如每个项目独立跟踪，核算本身的成本非常高。为此，可以找到这些项目的共性成本，主要是指资源性成本和内部支持成本，按实验规模比例摊销至各个实验项目，那么针对各项目只需要核算项目的直接成本即可。一般实验规模可根据实验周期和动物数量为参考数据。

而对于技术服务性质的设施，如一些 CRO 公司的实验动物平台，其技术平台的标准化程度很高，非常类似于生产企业的流水线作业，如 DMPK 平台。为此，仍然可以用“品种法”进行核算，将该平台一段核算周期内的所有成本除以当期完成的项目量，就可获得单个项目的成本。

针对不同的核算对象和项目的特点，我们应该选用不同的核算方法。该成本核算的结果是否合理，还需要返回各个业务部门做进一步的验证及一段时间的追踪调整，并且需要对各个时期不同情况下的成本进行对比分析，找出差异点，进行验证。

第三节　管理成本核算的应用——精细管理

进行实验动物管理的成本核算，不仅是为了让管理者掌握实验动物成本组成和花费去向，更重要的意义是让所有成员了解该管理的实际情况，找出其中存在的问题，并进一步优化和改进，以逐渐提高实验动物的管理水平，达到精细化管理的要求，可见实验动物管理的成本控制与精细管理（lean management）是相辅相成的。

一、成本控制的前提

实验动物的繁育和使用的全部过程必须严格遵照实验动物的相关法律法规，包括环境标准、动物质量标准、实验动物福利规范等，这些规范是进行成本控制的前提，任何对成本进行管控的方式都不能违背这些政策法规和标准。

二、成本控制的方法

作为实验动物设施的管理者，必须对实验动物的照料和使用、设施内物料组织、实验动物从业人员的安全、动物设施内的环境控制和维护，以及实验动物的健康等一系列的工作内容负责。所谓成本控制，就是发现这些工作内容中低效甚至无效的流程，进行高效优化。该过程可以分为 4 个步骤。

（1）评估（assessment）：对现有工作流程进行全面评估，找到存在的问题。

（2）计划（planning）：对发现的问题进行分析，制定整改计划，建立新的流程。

（3）执行（execution）：按整改计划和新的工作流程执行。

（4）跟踪（follow-up）：对整改计划进行持续跟踪，记录和分析。

通过这样 4 个步骤，通过跟踪发现存在的问题已经解决，达到预期目的的新流程作为新的 SOP，后续执行；对于跟踪后仍然存在问题的流程再一次进入评估阶段，再按“评估—计划—执行—跟踪”这个步骤进行不断的优化。

三、如何发现需优化的流程

在实验动物设施中，流程工序繁多，如何确定需要被评估的流程呢？我们先从成本的角度看看我们存在的浪费有哪些。

（1）动物的过度饲养，销产比低，使得实际使用的动物成本大大增加。

（2）笼位安排得不合理：库存盒与繁殖盒的比例不合适。

（3）繁殖笼更替不及时，产生大量低生产指数的品系。

（4）不必要的转运：动物设施内有大量的物料转运，但各区运输车不一致，每到一个区域就需搬抬转运。

（5）操作工具不合适：运输车设计不合理，单次运输量少；工作车太大，进不了笼架之间的走道。

（6）动物设施辅助空间太小，转不开，各道工序的员工移动路线相互交叉。

（7）员工操作区的布局不合理，产生不必要的走动：没有考虑人体工程学，导致操作速度慢且容易让人疲倦甚至产生劳动损伤。

（8）库存量不合理：过度储藏，导致资金的无效占用甚至损失。

以上这些情况是各个动物设施常发生的，而这些浪费的点正指出了管理上存在的问题，我们需应用“评估—计划—执行—跟踪”来进行优化。

四、如何进行优化

问题很多的情况下，我们应该如何把握重点解决关键性问题呢？这就要结合前边的成本核算的数据，看实验动物管理的成本最主要是花在哪里，就从哪里入手。图 8-1 为一个综合型动物设施全年成本的组成图，不难发现我们控制成本、优化流程也应该从其中消耗最大的三大块入手：设施设计和建造（房产+仪器+能耗）、人力成本和物料成本。

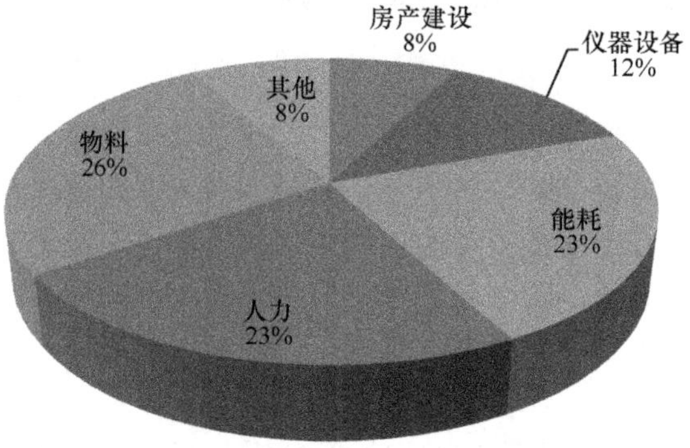

图 8-1　综合型动物设施全年成本组成图

设施设计和建造的方案，包括工艺平面设计、土建、净化装修、空调暖通和送排风设计、笼器具选型等，都与设施运转后的后续成本息息相关，特别是能耗。要构建一个节能的动物设施，应在设计时按 LEED（leadership in energy and environmental design）认证的理念和标准来进行。另外，工艺流程的合理性也需在此时考虑，这直接管理着后期仪器、物料和人力的成本。要构建一个好的动物设施，设施的管理者就应该在平面设计阶段考虑好未来动物设施运转的各项工作流程，包括人、物、动物的流向，以及管理方式。只有将这些考虑清楚了，动物设施才能按功能需求量体裁衣，做到未来硬件、软件的完美配合。否则，会出现新建好的动物设施需要改建的尴尬且又浪费巨大的情况。

（1）人力成本的降低，一般有两种方法：通过操作流程、操作工具的优化来提高人员的工作效率或是尽量使用自动化的设备来代替人力。前者我们经常采用，例如，在物料运输的过程中，在各个区域用统一的运输车，这样大大减少人力搬抬的工作量；在换笼时，工作车设计合理、储物能力强且大小合适，使得换笼人员可以在笼架边上完成换笼工作，无需搬着笼盒到处走。而后者使用时，我们要慎重，因为自动化设备如洗笼机、垫料输送系统、自动饮水系统等的使用固然能够有效降低人力成本，但可能大大提高了设备成本及维护监控报警成本，为此需要详细进行投资回报分析来最终确定是否要购置自动化设备。一般来说，设施规模越大，单一化程度越高，越有必要通过自动化设备来降低成本。

（2）物料成本的降低，一般是通过采购管理、仓库进销存系统的优化来进行。动物设施除项目使用的特殊物料外，最主要的物料为饲料、垫料、笼盒配件。采购物料质量的好坏，特别是稳定性，以及耗材的价格寿命比，对物料成本的影响最大。

（3）合理的动物设施设计，会影响工作流程，进而降低人力和物料成本；自动化设备的使用，使得投料标准化，同时也降低了物料成本；而好的物料的使用可以优化工作的流程，从而有效降低人力成本。三者相辅相成，形成了有机的整体。

此外，实验动物的管理，特别是现场管理，与其他生产企业的现场管理具有相通性。在十多年前，就有人将现代化现场管理的经典体系——丰田公司的5S现场管理理念引入了实验动物管理领域，获得了巨大的效果。做到整理、整顿、清洁、标准化和持续主动维护，才能在提高实验动物质量和稳定性的同时，将成本控制和精细管理的理念落实到日常工作中去。

第九章　从业人员与职业健康

第一节　资格与培训

一、资格认可与培训考核

《实验动物管理条例》（1988 年 10 月 31 日经国务院批准，中华人民共和国国家科学技术委员会令第 2 号发布施行）第六章规定：实验动物工作单位应当根据需要，配备科技人员和经过专业培训的饲育人员。各类人员都要遵守实验动物饲育管理的各项制度，熟悉、掌握操作规程；地方各级实验动物工作的主管部门，对从事实验动物工作的各类人员，应当逐步实行资格认可制度。目前，各省、市、自治区由于多方面原因的制约，此项工作进展程度差异较大，侧重面也有所不同。本文以北京市为例，说明如下，仅供参考。

《北京市实验动物管理条例》（1996 年 10 月 17 日北京市第十届人民代表大会常务委员会第三十一次会议通过，2004 年 12 月 2 日北京市第十二届人民代表大会常务委员会第十七次会议修订）第二章也规定：从事实验动物工作的单位，应当配备科技人员，应当组织从业人员进行专业培训；未经培训的，不得上岗；应当组织实验动物专业技术人员参加实验动物学及相关专业的继续教育；从事实验动物工作的单位，应当组织技术工人参加技术等级考核；对从事实验动物工作的专业技术人员，根据其岗位特点和专业水平评定、晋升专业技术职务。

为加强和规范实验动物从业人员的上岗管理，提高实验动物从业人员的专业素质，保证实验动物和动物实验的质量，依据《北京市实验动物管理条例》，北京市实验动物管理办公室（以下简称市动管办）于 2006 年 1 月 1 日制定并实施了《北京市实验动物从业人员培训考核管理办法》（简称《办法》）。《办法》中实验动物从业人员是指从事实验动物生产、供应、经营和动物实验的科技人员、专业管理人员和技术工人，以及从事实验动物相关产品生产的质量技术负责人。《办法》中规定市动管办负责本市实验动物从业人员专业培训与考核的管理工作；从事实验动物相关工作的单位负责本单位实验动物从业人员的培训与管理工作；市动管办负责制定实验动物从业人员考试大纲并组织考试。考试合格者方可从事实验动物工作；市动管办按照考试大纲设立考试题库，随机抽取考题进行考试。

为了进一步规范实验动物专业技术人才培训考核工作，促进实验动物人才评估专业化、社会化，依据《北京市实验动物管理条例》和有关法律法规，按照《实验动物人才分类分级标准》的要求，市动管办在 2011 年主持制定了《北京市实验动物人才培训考核评估办法》。其中所称实验动物人才，是指从事实验动物行业工作的专业技术人员。

实验动物人才按其工作性质分为实验动物专业技术人才和动物实验专业技术人才，并按其对实验动物相关知识和技能熟悉和掌握程度，分别分为初级、中级、高级和专家级。实验动物人才培训考核评估实行全国统一的培训提纲、考试题库和评估标准。《办法》适用于在北京市行政区域内从事实验动物工作的专业技术人员的等级分类和培训考核评估。

二、基本条件

实验动物从业人员应具有良好的职业道德和敬业精神，热爱实验动物工作，积极为实验动物事业的建设与发展服务。

实验动物从业人员必须了解和遵守国家有关的实验动物法律、法规、质量标准和动物福利要求；实验动物从业人员必须参加由地方实验动物主管部门组织的实验动物从业人员岗前专业培训和考试，在获得“实验动物从业人员岗位证书”后方可从事实验动物相关工作；实验动物从业人员应具有良好的卫生习惯和心理卫生素质，符合实验动物从业人员体检健康标准。

三、实验动物专业技术资格考核评估

实验动物专业技术人员除基本条件外，还应当分别具备相应的专业知识和技能。

（一）初级实验动物技术人员考核评估

（1）了解实验动物专业的基本知识和基本技术，掌握常见实验动物的一般生物学特性。

（2）掌握实验动物生产繁育、饲料加工生产，笼器具使用、消毒灭菌方法和岗位操作规程。

（3）能认真履行岗位职责，完成本职工作任务；在上一级工作人员的指导下能够解决实验动物生产繁殖、饲料加工、消毒等工作中常见的技术问题。

（4）了解本专业范围内相关技术标准、操作规程等技术（管理）文件要求。

（5）了解实验动物设施运行管理与维护的基本知识和基本技能。

（6）在实验动物生产繁育、饲料加工等技术性工作中，任职期内无操作失误或失职情况发生。

（7）通过专业基础知识和专业技能考试获得实验动物技术初级资格证书。

（二）中级实验动物技术人员考核评估

（1）了解和掌握实验动物专业的基本知识和基本技能，熟悉常见实验动物的一般生物学特性。

（2）掌握近交系、封闭群实验动物生产繁育及保种的技术规范和操作规程。熟悉饲料加工生产，笼器具使用、消毒灭菌方法和岗位操作规程。

（3）能担任高级专业技术人员的助手，同时能指导下级专业技术人员学习和工作。

（4）能认真履行岗位职责，圆满完成本职工作任务；能够独立解决实验动物生产繁殖、饲料加工、消毒灭菌等工作中常见的技术问题。

（5）了解本专业范围内相关技术标准、操作规程等技术（管理）文件要求。

（6）掌握实验动物设施运行管理与维护的基本知识和基本技能。

（7）在实验动物生产繁育、饲料加工等技术性工作中，任职期内无操作失误或失职情况发生。

（8）通过专业基础知识和专业技能考试获得实验动物技术中级资格证书。

（三）高级实验动物技术人员考核评估

（1）掌握实验动物专业的基本知识和基本技能，熟悉常见实验动物的一般生物学特性。

（2）掌握近交系、封闭群实验动物生产繁育及保种的技术规范和操作规程。了解动物营养需要、质量监控方法和标准，熟悉饲料加工生产，笼器具使用、消毒灭菌方法和岗位操作规程。

（3）在技术上能承担指导和培训下一级专业技术人员，掌握实验动物设施运行管理与维护的基本知识和基本技能。能够独立解决实验动物生产繁殖、饲料加工、消毒、设施维护和环境控制等工作中较复杂的技术问题。

（4）能认真履行岗位职责，圆满完成本职工作任务，业绩卓著、贡献突出。

（5）熟悉本专业范围内相关技术标准、操作规程等技术（管理）文件要求。

（6）结合实际工作需要能制定出实验动物的生产繁育计划和动物种群维系方案；与其他相关人员一道制定岗位职责和岗位 SOP 等技术材料。

（7）在担任中级实验动物专业技术人员期间，取得下述成就之一：①作为主持或主要参加人（前三名）参与在研或完成省、部级以上科研课题的研究；②以第一作者在核心专业期刊上发表本专业学术论文 1 篇以上（含 1 篇），或前三名作者在学术刊物上发表本专业学术论文 3 篇以上（含 3 篇），或以第一作者在全国性学术研讨会上宣读论文（或获优秀论文）2 篇以上（含 2 篇）；③负责或参与（经主管部门证明为主要贡献者）实验动物新品种、品系的培育工作，并且该动物具有一定的应用价值；④获省、部级三等奖以上科研成果前 3 名，或有技术发明或创造，获专利证书。

（8）在实验动物生产繁育、保种、饲料加工等技术性工作中，任职期内无操作失误或失职情况发生。

（9）通过专业基础知识和专业技能考试获得实验动物技术高级资格证书。

（四）实验动物专家考核评估

（1）了解国内外实验动物技术的发展现状和发展趋势，熟知实验动物质量监控方法和质量标准。具有扎实的实验动物专业基础知识和基本技能，在国内同行业中具有较高的知名度和影响力。

（2）能制定近交系、封闭群实验动物生产繁育、保种、饲料加工生产、笼器具使用、设施运行与维护及消毒灭菌的技术规范和操作规程。

（3）在技术上能指导和培训专业技术人员。能够解决实际工作中复杂的技术问题和重大关键技术问题。

（4）能认真履行岗位职责，圆满完成本职工作任务，业绩卓著、贡献突出。

（5）熟悉本专业相关技术标准、操作规程等技术（管理）文件要求。

（6）具有实验动物新品种、品系的培育和遗传育种的技能。能够开展家畜、家禽、水生动物及野生动物的实验动化研究的方案制定和实施工作。

（7）在担任高级专业技术人员期间，具备下列条件之二：①作为主持人目前承担有实验动物相关的省、部级以上科研课题或近 3 年内完成了实验动物相关的省、部级以上科研课题；②近 5 年内以第一作者或责任作者在学术核心刊物上发表本专业学术论文 3 篇以上（含 3 篇），或以前三名作者发表本专业学术论文 10 篇以上（含 10 篇）；③负责或参与（经主管部门证明为主要贡献者）实验动物新品种、品系的培育工作，并且该动物具有一定的应用价值；④获省、部级三等奖以上科研成果前 3 名，或有技术发明或创造，获专利证书。

（8）在实验动物技术性工作中，任职期内无操作失误或失职情况发生。

（9）掌握一门外语，能较熟练阅读本专业外文期刊、文献资料，能应用外语进行专业学术交流。通过有关部门组织的外语考试，成绩合格。

（10）通过专业基础知识和专业技能考试获得实验动物技术专家级资格证书。

四、动物实验技术资格考核评估

动物实验专业技术人才除符合基本条件外，还应当分别具备相应的专业知识和技能。

（一）初级动物实验技术人员考核评估

（1）了解实验动物专业的基本知识和基本技术，掌握常见实验动物的一般生物学特性。

（2）熟悉动物实验的一般程序和标准化操作规程。

（3）掌握实验动物的抓取固定和常用麻醉方法；熟练进行实验动物的常规健康检查和分组编号。

（4）熟练掌握各种途径给予试品的方法和实验样品的采集技术，掌握动物无痛苦处死和尸体及实验污染物的无害化处理方法。

（5）熟悉动物实验前后的饲养管理和特殊护理要求，能认真做好实验观察和实验记录。

（6）掌握所用仪器设备，熟练进行实验样品的处理和检测，较好地开展仪器设备的维护和保养工作。

（7）掌握屏障和隔离环境的人员、动物和物品的净化要求和基本操作程序。

（8）在动物实验工作中，任职期内无重大操作失误或失职情况发生。

（9）通过专业基础知识和专业技能考试获得动物实验人员初级资格证书。

（二）中级动物实验技术人员考核评估

（1）有较系统的实验动物专业基础理论知识和专业技能。初步了解国内外动物实验技术现状和发展动态，并能在实际工作中应用。

（2）掌握本专业必要的实验技术，有一定的科研能力，在高级专业技术人员指导下能承担实验动物某一领域课题的研究工作，能准确掌握和应用本专业的规范、规则、标准和细则。

（3）能够结合工作实际制定技术工作计划，能独立解决动物实验中较复杂的技术（管理）问题。

（4）能够承担动物实验专业范围内初级专业技术干部的培训工作及开展本专业咨询服务工作。

（5）担任初级专业技术职务期间，具备下列条件之一：①作为主持人或主要参加人（前3名）参与在研或完成省、部级以上科研课题的研究；②以第一作者在学术刊物上发表本专业学术论文1篇以上（含1篇），或前3名作者在学术刊物上发表本专业学术论文2篇以上（含2篇），或以第一作者在全国性学术研讨会大会上宣读论文（或获优秀论文）2篇以上（含2篇）；③获省、部级三等奖以上科研成果前3名，或有技术发明或创造，获专利证书。

（6）熟悉动物实验的一般程序和标准化操作规程，掌握常规动物实验设计和一般动物实验的方法，能协助高级动物实验人员进行特殊动物实验设计并具体组织实施。

（7）能正确书写实验记录，熟练统计分析实验数据，正确撰写实验报告。

（8）具有一定的外语水平，能熟练查阅专业文献。掌握现代先进技术，熟练操作现代仪器设备，较好地开展仪器设备的维护和保养工作。

（9）了解动物实验相关的生物安全知识和一般事故处理技术。

（10）掌握屏障和隔离环境的人员、动物和物品的净化要求和基本操作程序。

（11）在动物实验工作中，任职期内无重大操作失误或失职情况发生。

（12）通过专业基础知识和专业技能考试获得动物实验人员中级资格证书。

（三）高级动物实验技术人员考核评估

（1）有系统而扎实的专业基础理论知识和专业技能；有跟踪实验动物专业科技发展前沿水平的能力；能运用国内、外高新技术在较大范围内指导动物实验工作。

（2）掌握本专业的实验技术，有较好的科研能力和经验，能独立承担实验动物某一领域研究课题的研究工作；能准确掌握和应用本专业的规范、规则、标准和细则；能较好地制定本部门各岗位的标准化操作规范，并用于指导动物实验领域的科研、生产、技术改造和推广工作。

（3）能够结合工作实际制定技术工作计划和部门发展规划，能独立解决动物实验中复杂的技术（管理）问题。

（4）能够承担动物实验专业范围内中级专业技术人员的培训工作及开展本专业咨询服务工作。

（5）担任中级专业技术职务期间，具备下列条件之二：①任期内作为主持人或主要参加人（前3名）参与在研或完成省、部级以上科研课题的研究；②任期内以第一作者在学术刊物上发表本专业学术论文3篇以上（含3篇），或前3名作者在学术刊物上发表本专业学术论文8篇以上（含8篇），或以第一作者在全国性学术研讨会上宣读论文（或获优秀论文）5篇以上（含5篇）；③获省、部级三等奖以上科研成果前3名，或有技术发明或创造，获专利证书；④作为副主编以上出版本专业教材或专著，独立撰写5万字以上。

（6）熟悉动物实验的一般程序和标准化操作规程，掌握常规动物实验设计和一般动物实验的方法，能进行特殊动物实验设计并具体组织实施。

（7）能正确分析实验结果，熟练统计分析实验数据，正确撰写实验报告和工作总结材料。

（8）具有较好的外语水平，能较熟练阅读本专业外文期刊、文献资料，通过有关部门组织的外语考试，成绩合格。掌握现代先进技术，熟悉现代仪器设备。

（9）在专业范围内，能从理论与实践结合上提出有针对性的动物实验方面的意见和建议，并具有解决动物实验技术等工作中关键性问题的水平；有将高新技术应用于动物实验领域的能力。

（10）掌握动物实验相关的生物安全知识和事故处理技术。

（11）掌握屏障和隔离环境的人员、动物和物品的净化要求和基本操作程序。熟悉动物实验设施的运行管理和维护。

（12）在动物实验工作中，任职期内无重大操作失误或失职情况发生。

（13）通过专业基础知识和专业技能考试获得动物实验人员高级资格证书。

（四）动物实验专家考核评估

（1）掌握现代实验动物科学的理论、知识和技能，具有丰厚而扎实的专业理论基础知识和娴熟的实验操作功底；掌握实验动物专业科技发展前沿水平；能运用国内、外高新技术在较大范围内指导动物实验工作。在国内同行业中具有较高的知名度和影响力。

（2）具有严谨的科学工作态度和踏实的工作作风。

（3）在本学科的某一领域有开创性研究或根据国家需要和国内外研究现状、发展趋势，提出本学科某一领域研究方向，设计重大并具有开创性的研究课题。

（4）熟练掌握本专业的实验方法和实验技术，有较强的科研能力和丰富的科研经验；具有较好的科研组织协调能力，能独立承担实验动物重大研究课题。

（5）能准确把握和应用国内外实验动物专业范围内的标准、规范、法规及其编写依据；能正确制定本部门各岗位的标准化操作规范，并用于指导动物实验领域的科研、生产、技术改造和推广工作。

（6）能够结合工作实际制定技术工作计划和部门发展规划，能较好地解决动物实验中复杂的技术（管理）问题和重大技术关键问题。

（7）能够承担动物实验专业范围内专业技术人员的培训工作及开展本专业的咨询服务工作。

（8）担任高级专业技术职务期间，具备下列条件之二：①作为主持人，目前承担有实验动物相关的省、部级以上科研课题或近 3 年内完成了实验动物相关的省、部级以上科研课题；②近 5 年内以第一作者或责任作者在学术核心刊物上发表本专业学术论文 5 篇以上（含 5 篇），或以前 3 名作者发表本专业学术论文 15 篇以上（含 15 篇）；③任期内作为主编出版本专业教材或专著，独立撰写 10 万字以上；④获省、部级三等奖以上科研成果前 2 名，或有技术发明或创造，获专利证书。

（9）熟悉动物实验的一般程序和标准化操作规程，掌握常规动物实验设计和一般动物实验的方法，熟练进行特殊动物实验设计并组织实施。

（10）能正确分析实验结果，熟练统计分析实验数据，正确撰写实验工作总结材料。

（11）掌握一门外语，能熟练阅读本专业外文期刊、文献资料，能应用外语进行专业学术交流。通过有关部门组织的外语考试，成绩合格。掌握现代先进技术，熟悉现代仪器设备。

（12）在专业范围内，能从理论与实践结合上提出有针对性的动物实验方面的意见和建议；有将高新技术应用于动物实验领域的能力。

（13）掌握动物实验相关的生物安全知识和事故处理技术。

（14）掌握屏障和隔离环境的人员、动物和物品的净化要求及基本操作程序。熟悉动物实验设施的运行管理和维护。

（15）在动物实验工作中，任职期内无重大操作失误或失职情况发生。

（16）通过专业基础知识和专业技能考试获得动物实验人员专家级资格证书。

第二节　职业健康与安全

《实验动物管理条例》第二十八条规定：实验动物工作单位对直接接触实验动物的工作人员，必须定期组织检查。对患有传染性疾病，不宜承担所做工作的人员，应当及时调换工作。《北京市实验动物管理条例》第十二条也规定：从事实验动物工作的单位，应当采取防护措施，保证从业人员的健康与安全，组织从业人员每年进行身体检查，及时调整健康状况不宜从事实验动物工作的人员。

职业健康与安全是动物使用及管理中极其重要的一部分。其内容重点在于维持安全及卫生的工作环境。

一、有害因子分类及危害程度评估

参与含危险性物质（生物性、化学性或物理性之危险物质，其中物理性又含离子化或非离子化射线物质）研究项目的工作人员，必须符合相应资格，能够正确判定相关危险，以及针对危险种类选用适合的保护方法和装备。

针对使用动物过程中，可能产生的危害状况，如动物咬伤、化学性清洁物质、过敏源及人畜共患的疾病等，应该加以明确指出及评估。具专业背景的卫生及安全防护专家应直接参与危险工作程序评估及制定应急处理预案。

二、人员培训

应为从事具危害性实验的工作人员制定一套严密的操作规程并使其严格执行。应明确告知可能接触到的危害物质的详细情况并使其能熟练地使用必要的安全防护装备。

实验动物工作单位应该针对下列状况给予适当的培训，如人畜共患传染病、化学物质安全、微生物及物理性危害（放射性物质及过敏源）、与实验程序相关的异常状况及物品（如使用转基因动物等）、废弃物处理、个人卫生及其他与危害工作场所有关事项。

三、个人卫生

实验动物从业人员应保持个人清洁卫生。实验动物工作单位应提供适当防护服，换洗衣物统一清洗、消毒。

某些情况下应使用一次性手套、口罩、外袍、连体工作服及鞋套等。工作人员应经常更换衣物并在处理动物前后及去除保护手套时清洗双手，以保持个人卫生。在实验动物设施内穿着的隔离服不应穿出设施外。工作人员严禁在实验动物设施内进食、饮水、抽烟及使用化妆品。

四、个人安全防护

实验动物工作机构应提供个人安全防护所需装备，必要时，还需采用其他保护性措施。实验动物从业人员应该随时穿着相应保护性衣物，除卫生考虑外，还需隔绝动物过敏原对人的伤害。在某些情况下，工作人员在离开工作区时应淋浴。安全防护服及装备不应穿离危险物品工作区或动物室。对在具有潜在危害环境中工作的人员，应提供适当保护措施。例如，在灵长类动物区中的工作人员，应供应手套、手臂及头部保护装备、面罩、脸部保护镜片等。

五、健康检查及工作适合性评估

实验动物从业人员应进行职前健康检查和年度健康检查以评估其工作适合性。对于从事潜在危害性工作人员亦应进行定期健康检查，如对接触灵长类动物的工作人员，应经常性地作有关疾病的筛查，以确定无肺结核等疾病感染；另外，应适时预防接种相应疫苗，如接种狂犬病疫苗等，以防人畜共患传染病对工作人员的危害；至于针对有可能感染到的特定传染性疾病，亦需事先接种该种疫苗。

第十章　小　　鼠

第一节　主要生物学特性

一、生理学特性

（一）动物学分类

小鼠（mouse，*Mus musculus*）属脊椎动物门、哺乳纲、啮齿目、鼠科、鼷鼠属动物。小鼠来源于野生鼷鼠，从 17 世纪开始用于解剖学研究及动物实验。20 世纪初，小鼠被广泛用于遗传学、发生学和肿瘤学等学科领域的研究工作。

（二）一般特性

新生小鼠赤裸无毛，全身为红色，闭眼，两耳与皮肤粘连，体重仅 1.5g，体长 20mm 左右。3 日龄脐带脱落，开始长毛。7～8 日龄开始爬动，下门齿长出。9～11 日龄听觉发育齐全。12～14 日龄睁眼，长出上门齿，开始采食和饮水。3 周龄可离乳独立生活。4 周龄雌鼠阴腔张开。5 周龄，雄鼠睾丸降落至阴囊，开始生成精子。成年小鼠体重随品系不同略有差别，体重为 18～40g，体长为 110mm 左右。小鼠寿命 2～3 年。

小鼠成熟早，繁殖力强，一般雌鼠 35～50 日龄，雄鼠 45～60 日龄性成熟。雌鼠性周期 4～5 天，妊娠期 19～21 天，哺乳期 20～22 天，每胎产仔 5～16 只，年产 6～10 胎，生育期为 1 年。小鼠交配后 10～12h，雌鼠在阴道口形成 1 个白色的阴道栓，这是交配成功的标志。

（三）解剖学特点

（1）齿式为 2（门 1/1，犬 0/0，前臼 0/0，臼齿 3/3）=16，门齿终身生长，需经常磨损来维持齿端的长度。

（2）小鼠无汗腺，尾部有 4 条明显的血管，两侧的静脉和腹侧的动脉比较明显，便于进行采血和静脉注射。

（3）小鼠胃容量小，成年小鼠胃容量为 1～1.5ml，不耐饥饿，肠道较短，盲肠不发达，以谷物性饲料为主。脾脏有明显造血功能，雄性脾脏大于雌性约 50%。

（4）淋巴系统发达。长骨骨髓终身具有造血功能。

（5）雌性为双角子宫。乳腺发达，胸部 3 对，腹部 2 对，分布范围很广，可达胸部、腹部，甚至胸背部。雄性幼年时睾丸藏于腹腔，性成熟后下降到阴囊。

（6）小鼠有褐色脂肪组织，在后背皮下左右肩胛骨之间分布比较明显。

二、行为学特性

（1）小鼠性情温顺，易于抓捕，不会主动咬人。非同窝雄性易斗，常咬伤背部和尾部。小鼠对外界环境的变化比较敏感，不耐冷热，对疾病抵抗力低，不耐强光和噪声。温度过高或过低时，生殖能力下降，严重时会发生死亡。雌鼠吃仔鼠与其胆小怕惊有关。

（2）喜居于光线暗的安静环境，昼伏夜动，喜欢啃咬。小鼠白天活动较少，夜间却十分活跃，其进食、交配、分娩多发生在夜间，其中傍晚与黎明最为活跃。

（3）小鼠适于群养，单笼饲育会影响其食量和生长，但是过分拥挤也会抑制其生殖能力。

第二节　引种的管理

一、引种要求

我国已经建立国家啮齿类实验动物种子中心，并发布了《国家啮齿类实验动物引种、供种细则》和《国家实验动物种子中心管理办法》。有实验动物生产繁育许可证的单位，小鼠引种需依据以上文件规定办法，向国家实验动物种子中心申请办理引种。国内自行培育的品种品系和从国外引进的或其他渠道获得的品种、品系，需经省（自治区、直辖市）科委报国家实验动物种子中心审批备案。

作为繁殖用原种的近交系和封闭群小鼠要求遗传背景明确，来源清楚，有较完整的资料（包括品系名称、近交代数、遗传基因特点及主要生物学特征等）。近交系引种动物需来自近交系的基础群，一般引种不少于 3 对。封闭群小鼠的引种数目不能少于 25 对。

二、隔离检疫

为确保新引进的种用小鼠不带进病原体，必须经过隔离检疫。检疫的步骤与时间视各个设施的需求而有所不同，一般包括如下步骤。

（1）小鼠引进设施时，一般应在检疫室观察 10～14 天，观察时间长短视动物情况与动物来源而定。对于从国外进口的小鼠，需在隔离设施隔离检疫 30 天。

（2）新引进的小鼠，若发生死亡或呈濒死状态，应作病理解剖，初步判定动物死亡原因，必要时作病毒抗体测定及细菌分离等病原体检测工作。

（3）小鼠引进第一天应由兽医师进行检查，肉眼检查体表被毛和皮肤，可用显微镜检查有无皮炎、外寄生虫或真菌感染。采取新鲜粪便作细菌培养及寄生虫检查。

（4）同一批引进小鼠数目较多时，可随机挑选 3～5 只动物，按照相应微生物控制级别作病理解剖及微生物检测。确认符合微生物等级之后再入群饲养。

第三节　繁 育 技 术

一、留种与交配方法

1. 留种

进入生产的种鼠要经过挑选，即选种。种鼠应符合该品系的遗传学特征，无变异。初选时按健康标准一般选留2～5胎的仔鼠，适当延长哺乳期到23天，然后雌雄分开，同时做好记录，育成期中出现异常者应立即淘汰。配种前按健康标准和生殖器情况进行定选。小鼠初配的适龄期为60～90天。应选择体质强壮、活泼、被毛有光泽、尾部血管明显、眼鼻无异物、外生殖器发育良好和生长发育正常的小鼠作为种鼠。

2. 交配方法

小鼠按预定的配种方案置于繁殖盒中，建立繁殖卡。配种方案因小鼠的品种品系不同而不同。广义的繁殖如大群生产，有两种方法。

1）*长期同居法*

采用将1只雄鼠与1只雌鼠同居。在雌鼠分娩后几小时内可再行交配受孕。

2）*定期同居法*

将1只雄鼠与6只雌鼠编为一个繁殖单元。每周向雄鼠笼放入1只雌鼠，即依周次使雄鼠与1只雌鼠同居，同时将受孕雌鼠提出，置单笼分娩、哺乳、离乳，以此类推。每只雌鼠生产周期为42天，比长期同居法要长。

二、近交系小鼠的繁殖

近交系小鼠的繁殖可分为基础群、血缘扩大群和生产群。当近交系小鼠生产供应数量不是很大时，一般不设血缘扩大群，仅设基础群和生产群。

基础群：设基础群的目的是保持近交系自身的传代繁衍和为扩大繁殖提供种用动物。要求以全同胞兄妹交配方式进行繁殖，并设动物个体记录卡（包括品系名称、近交代数、动物编号、出生日期、双亲编号、离乳日期、交配日期、生育记录等）和繁殖系谱。

血缘扩大群：设血源扩大群的目的是为大规模繁殖生产提供种用动物。要求种子来自基础群，以全同胞兄妹交配方式进行繁殖，设繁殖记录卡（包括品系名称、动物编号、出生日期、双亲编号、交配日期、生育记录等）。

生产群：设生产群的目的是生产供应实验用近交系动物。要求种子来自基础群或血缘扩大群，一般以随机交配方式进行繁殖，设繁殖记录卡（包括品系名称、出生日期、交配日期、生育记录等），随机交配繁殖代数不超过4代。

三、封闭群小鼠的繁殖

封闭群小鼠的繁殖原则是尽量保持封闭群的基因异质性及多态性，避免近交系数随繁殖代数增加而过快上升。

1. 繁殖方法的选择

(1) 当封闭群中每代交配的雄鼠为 10～25 只时，一般采用最佳避免近交法，也可采用循环交配法。

(2) 当封闭群中每代交配的雄鼠为 26～100 只时，一般采用循环交配法，也可采用最佳避免近交法。

(3) 当封闭群中每代交配的雄鼠超过 100 只时，一般采用随选交配法，也可采用循环交配法。

2. 繁殖方法

1) 最佳避免近交法

留种时，每只雄鼠和每只雌鼠，分别从子代各留一只雄性和雌性，作为繁殖下一代的种子。将同代的雌、雄种用动物分别标以笼号 1、2、3……25。n 代动物繁殖的下代动物以 n+代表示（设 n 为繁殖代数，并为自 1 开始的自然数）。保持种群规模不低于 10 只雌种水平。

2) 循环交配法

循环交配法广泛适用于中等规模以上的小鼠封闭群。其优点：一是可以避免近亲交配，二是可以保证种用小鼠对整个封闭群有比较广泛的代表性。具体实施办法是将封闭群划分成若干个组（一般为 3～6 组），每组包含有多个繁殖单位（一雄一雌单位，一雄二雌单位，一雄多雌单位等），安排各组之间以系统方法进行交配。

3) 随选交配法

此法适用于每代动物多于 100 只的交配繁殖。即从整个种群中随机选取种用小鼠，然后任选雌雄种子交配繁殖。

四、杂交一代小鼠的繁殖

将两个用于生产杂交一代小鼠的亲本品系进行交配，所得子代即为杂交一代。在杂交一代小鼠生产中，由于所用亲本的雌雄不同，F_1 代动物因母体环境不同或性染色体的不同而出现差异。杂交一代动物直接用于实验，不能留种。亲本规模大小可根据 F_1 代小鼠的需要量来决定。

第四节 饲养管理

一、设施环境

温度：小鼠临界温度为低温 10℃，高温 37℃。最适温度为 20～26℃，每日温度不宜波动太大。一般小鼠饲养盒内温度比环境高 1～2℃。

湿度：饲养间相对湿度应控制在 40%～70%，最适相对湿度为 50%～60%。一般小鼠饲养盒内湿度比环境高 5%～10%。

空气清新度：通常以氨浓度作为动物饲养间空气清新度的指标，要求氨浓度不超过 20ppm。以通风换气来控制饲养间的空气清新，换气次数根据饲养的动物种类和饲养密度进行调整，一般控制在 10～20 次/h，小鼠饲育笼旁气流速度小于 0.2m/s。

光照：小鼠适宜光线暗的环境，强光会对其正常生理活动产生影响，尤其白化小鼠的视网膜在强光下会造成损伤。饲养间的光照强度以 15～20lx 为宜，明暗交替为 12h/12h 或 10h/14h。

噪声：小鼠喜欢安静的环境，饲养间的噪声应控制在 60dB 以下。此外，超声波对动物的影响常常比人感受的要大，应避免电器的蜂鸣、笼具与地面摩擦、脚轮的摩擦声等。

笼具：宜用无毒塑料制成的透明或不透明的鼠盒，不锈钢丝编制的笼盖，饮水器为玻璃或塑料瓶，瓶塞上装有可自动吸水的金属或玻璃饮水管。笼架一般可移动，主要采用不锈钢材质。笼具应可经受多种方法消毒灭菌。

层流柜和独立通风笼具（IVC）是常用的小鼠饲养设备，这些设备通过高效过滤器可保持饲养笼盒内空气的净化。

小鼠笼具的内外边角均应圆滑、无锐口，每只小鼠所占笼具的最小面积和笼具高度要达到国家标准的要求。

二、饲料、饮水和垫料

1. 饲料

小鼠饲喂配合饲料，要求必须保持营养物质的平衡稳定，富含蛋白质，否则会影响生长发育、生产繁殖和抵抗疾病的能力（尤其在断奶时仔鼠死亡率高）。按照生长时期的不同，可分为生长料、繁殖料和维持料。成型饲料具一定的硬度，以便小鼠磨牙。为保障实验小鼠的微生物净化，饲料应用前需消毒灭菌。小鼠饲料的消毒灭菌主要有两种方法，一种为预真空高压灭菌，灭菌效果可靠，但是饲料的营养成分会有一定损耗。另一种是用 ^{60}Co 辐射灭菌，这种方法对营养成分的破坏很小，但成本相对较高。

2. 饮水

实验小鼠的饮用水必须进行消毒灭菌处理。常用实验动物饮水机对动物饮用水进行过滤和消毒处理，也可用盐酸将水酸化（pH 2.5～3.0），酸化水在一定程度上可抑制细菌生长。也可采用高压锅灭菌，效果更可靠。动物饮用水应定期进行除菌效果监测，监测频率应不低于每月 1 次。

3. 垫料

垫料应选用吸湿性好、尘埃少、无异味、无毒性、无油脂的材料。常用的垫料有刨花、玉米芯、再生纸等。严禁使用针叶木（松、桧、杉）刨花作垫料，这类刨花发出具有芳香味的挥发性物质，影响药理和毒理方面的实验结果。垫料需高压灭菌或 ^{60}Co 辐照灭菌后方可使用。

三、饲养操作与日常管理

小鼠胃容量小，随时采食，是多餐习性的动物。饲养要求保障动物随时采食，一般每周添料 3～4 次。在小鼠大群饲养中，每周应固定 2 天添加饲料，其他时间可根据情况随时注意添加。动物饮水同样保障随时饮用的需求。应用饮水瓶饲喂时，由于会有饲料残渣在小鼠饮水过程中进入水瓶，因此，动物饮水瓶要求每天清洗一次，每周消毒一次。

由于小鼠的饮食和排泄均在笼盒中进行，因此，需要及时更换垫料以保持空气的清新。但是，啮齿类动物自然领地的习性也需要保留一些排泄的余味，垫料的更换也不宜太频繁。一般每周更换 2 次为宜。换垫料时将饲养盒一起移去，在专门的房间倒垫料，以防止室内的灰尘和污染。

饲养和管理人员必须严格遵守操作规程，并做好工作记录，包括近交谱系图、品系记录、个体记录、繁殖记录、工作日志，以及饲养室温度、湿度等，记录应妥善保存。

四、废物处理

小鼠生产和实验过程中会产生许多废弃物，包括污水、废弃垫料、一次性口罩、手套、帽子及动物尸体等。必须按照相关要求进行无害化处理，以达到不污染环境的目的。

1. 污水的无害化处理

设施排出的污水应首先集中在储水池中进行消毒。消毒方法使用最多的是化学处理。一是向污水中通以氯气（1000～2000mg/L，作用 2～6h），或是通以臭氧（100～750mg/L，作用 30～90min），或者加热法处理。一般认为，加热法较化学法更为可靠。污水消毒可加热至 95℃以上，作用不少于 30min，然后才能排入市政下水管道。

2. 普通固态废弃物的无害化处理

将污染垫料、一次性口罩、手套、帽子等固态废物由污染通道传至外环境，及时装进垃圾袋中或专用的垫料容器内，注意防蝇、防渗漏，并及时交付有资质的环卫公司进行无害化处理。

3. 普通动物尸体、组织和锐器的处理

动物尸体装入专用尸体袋中并存放于冰柜中待统一焚烧。针头、玻璃、手术刀片放入锐器收集箱。一次性使用的注射器、输液管等塑料制品，毁形后按有关要求统一进行无害化处理。

4. 特殊（感染及放射性）废弃物的处理

进行感染和放射性实验所产生的废弃物，必须按照国家有关法令进行无害化处理，

严禁作为普通废弃物进行一般处理。

第五节　使用管理

一、小鼠的获取

1. 来源

实验应用的小鼠应来自获得实验动物生产许可证的单位，并附有实验动物质量合格证明和最近一次的质量检测报告。从境外引进小鼠，按照实验动物进出口的有关规定执行。

2. 运输与接收

1）运输

无论何种运输方式，都需要使用特制的小鼠运输盒，运输盒上有一层高效滤膜能防止外界微生物污染，同时，运输盒应能够承受短暂性的挤压。提供舒适安全的环境及防止小鼠在运输过程中逃逸，而且运输盒要保证足够的通风。

运输工具需要有温度控制设备，以减少小鼠在运输中对于过热或过冷天气的反应及不适。如果运输期间超过 6h 以上，则需添加足量饮水及饲料。

2）接收

当小鼠抵达目的地时，通过传递设施进入隔离检疫区域。动物饲养管理人员应小心地打开运输箱，检查小鼠是否有任何死亡或异样。将小鼠移入灭菌的鼠盒，并给予足够的饮水及饲料，再移入隔离检疫室，观察是否有任何异常行为或疾病的迹象。一般观察 3～5 天后投入使用。

3. 观察与健康评价

1）每日巡视

设施内的所有小鼠每日应巡视至少一次，观察小鼠的精神状况、采食和饮水情况，以及有无疾病症状。外观判断小鼠健康的标准是：①食欲旺盛；②眼睛有神，反应敏捷；③体毛光滑，肌肉丰满，活动有力；④身无伤痕，尾不弯曲，天然孔腔无分泌物，无畸形；⑤粪便黑色呈麦粒状。

2）异常动物的处理

小鼠如呈现疾病症状或行为异常时，应立即向兽医报告，并作适当处理。如有怀疑感染或生病的小鼠应立即原地单笼隔离，对尸体、废物、废水应进行无害化处理；小鼠呈现传染病症状时，应转入隔离检疫室，并加强消毒管理；发病濒死动物与死亡动物必须进行病理解剖与必要的实验室诊断，实验室检测指标由兽医根据需要确定，包括寄生虫检查、血液生理学及血液生化学、血清抗体检测、细菌分离等。

3）小鼠健康监测

除每日巡查及对患病动物进行及时处理之外，还应按照国家标准定期对小鼠进行质量监测。目前实验动物的微生物和寄生虫国家标准规定每 3 个月至少进行一次检测。

小鼠出现疾病一般不进行治疗，确诊后进行淘汰，一些珍贵品系或基因修饰的小鼠可进行相应治疗，但必须与大群隔开。

二、基本操作技术

（一）抓取与保定

徒手保定：小鼠性情比较温顺，一般不会主动咬人。在小鼠较安静时打开鼠笼盖，一般情况下用右手靠近鼠尾尾根部捏住并将其提起，放在较粗糙的平面或鼠笼盖上，轻轻地向后拉鼠尾，当其向前爬行时，用右手拇指和食指捏住小鼠颈部皮肤和两耳，捏住后翻转右手，掌心向上，将鼠体置于右手掌心中，左手拉住小鼠尾部，用左手无名指或小指压紧尾根，使小鼠身体成一条直线。此种抓取固定方法适用于肌内注射、腹腔注射、灌胃等操作。

器械保定：取尾血或进行尾静脉注射等操作需使用特定的固定装置，即将小鼠的身体固定，并将尾部充分暴露出来。如进行外科手术、心脏采血、解剖等操作，需使用固定板进行固定。固定板可以是根据实际情况自制的泡沫板、木质板、蜡板等。

（二）供试品给予方法

1. 经口途径

经口给药通常有口服与灌胃两种，口服法可将药物放入饲料或溶于饮水中，直接由小鼠摄取，此方法虽简单方便，但往往剂量不够准确。目前常用灌胃法。用左手徒手法固定小鼠，使之身体呈垂直或略向后仰，颈部拉直。右手持灌胃器，沿体壁用灌胃针测量口角至最后肋骨之间的长度，作为插入灌胃针的深度。然后经口角插入口腔，与食管成一直线，轻轻转动针头刺激鼠的吞咽，再将灌胃针沿上腭（咽后）壁缓慢插入食管 2～3cm，通过食管的膈肌部位时略有抵抗感。如动物正常呼吸且无异常挣扎行为，即可注入药液。如遇阻力应抽出灌胃针重新插入。一次灌注药量为 0.1～0.2ml/10g 体重，不超过 0.4ml/10g 体重。操作宜轻柔，防止损伤食管，如药液误入气管内，动物会立即死亡。

2. 经皮途径

为了鉴定药物或毒物经皮肤的吸收作用、局部作用和致敏作用等，可采用经皮肤给药方法。采用背部一定面积的皮肤，经脱毛后，将一定的药液涂在皮肤上，药液经皮肤吸收。

3. 注射途径

1）皮内注射

先将注射部位及其周围的被毛用弯剪剪去，以 75%酒精棉球局部消毒。然后用左手将皮肤捏成皱襞，右手持注射器，使针头与皮肤呈 30°角刺入皮下，再将针头向上挑起并稍刺入，即可注射。注射后，可见皮肤表面鼓起一小丘，同时因注射部位局部缺血，皮肤上的毛孔极为明显。小鼠的皮内注射通常都选用背部脊柱两侧的皮肤。

2）皮下注射

先用酒精棉球消毒需注射部位的皮肤，再将皮肤提起，用注射针头穿刺入皮下。一般先沿纵轴方向刺入皮肤，再沿体轴方向将注射针推进 10mm 左右。若左右摆动针尖很容易，则表明已刺入皮下。然后轻轻抽吸，如无回流物即可缓缓注射药液。注射后，缓慢拔出注射针，稍微用手指压一下针刺部位，以防止药液外漏。小鼠皮下注射通常选用颈背部的皮肤。

3）肌内注射

将注射部位被毛剪去，酒精棉球消毒后，右手持注射器，使注射针与肌肉成 60°角，一次刺入肌肉中。注射药液之前，要先回抽针栓，如无回血则可注入药液。因小鼠肌肉较少，一般不做肌内注射。如实验必须做肌内注射时，选小鼠一侧后肢大腿外侧肌内注射。

4）静脉注射

小鼠一般采用尾静脉注射法。小鼠尾部血管在背、腹侧及左右两侧均有集中分布，每侧均有数对伴行的动、静脉组成的血管丛。在这些血管中有三根比较粗大：腹侧的动脉和两侧的静脉。两侧尾静脉比较容易固定。操作时，先将动物固定在固定器内或扣在烧杯中，使尾巴外露，尾部用 45～50℃的温水浸泡半分钟或用酒精棉球擦拭使血管扩张，并可使表皮角质软化，然后将尾部向左或向右捻转 90°，使一侧尾静脉朝上，以左手拇指和食指捏住鼠尾，使静脉充盈，用中指和无名指从下面托起尾巴，右手持注射器，使针头与静脉小于 30°的角度，从尾下 1/4 处（距尾尖 2～3cm）进针，刺入后先缓注少量药液，如无阻力，血管在瞬间变白，表示针头已进入静脉，可继续注入。一次注射量不超过 0.25ml/10g 体重。注射完毕后把尾巴向注射侧弯曲以止血，或者用消毒棉球压迫止血。如需反复注射，应尽可能从尾巴末端开始，之后向尾根部方向移动注射。

5）腹腔注射

徒手法固定小鼠，用左手拇指和食指紧紧抓住颈背部两耳之间的松弛皮肤，手掌成杯状握住鼠背，使得腹部皮肤伸展，同时用小指压住尾根。注射时，应使动物头部略低，腹部抬高，右手将注射器的针头刺入。进针部位是距离下腹部腹中线稍向左或右 1cm 的位置。针头先到达皮下，继续向前进针 3～5mm，再以 45°刺入腹肌，针尖通过腹肌后有突破感，抵抗力消失，回抽无血。固定针尖，缓缓注入药液。小鼠一次注射量不超过 0.2ml/10g 体重。

6）脑内注射

将小鼠额部消毒。操作者用左手拇指及食指抓住鼠两耳和头皮并固定好动物，右手用套有塑料管、针尖露出 2mm 长的 5 号针头，直接由额部正中刺入脑内注射。

（三）样品收集

1. 血液采集

1）尾尖采血

用刀片划破或用针刺破尾部静脉血管，会有血滴出，用于少量采血。反复多次采血应从尾尖部开始。

2）眶静脉窦采血

小鼠麻醉后侧卧位固定于实验台上，左手拇、食两指从背部较紧地握住小鼠的颈部（应防止动物窒息）。取血时，左手拇指及食指轻轻压迫动物的颈部两侧，使头部静脉血液回流困难，眼球充分外突，眶静脉丛充血。右手持针头刺破球结膜，会有血液流出，以采血管采血。采血后用消毒纱布压迫眼球 30s。采血部位经 3～7 天即可恢复。若反复采血，可左右眼交替使用。

3）腹主动脉采血

小鼠麻醉后，仰卧于实验台上，剖开腹腔，移开腹部脏器，暴露附于后腹壁的腹主动脉，以注射器向心方向刺入抽取血液。此法常用于实验结束时，采血量较大。

2. 粪便采集

采集粪便标本的方法，因检查目的的不同而有差别。通常是采集自然排出的粪便。小鼠可用肛拭子采集粪便：将灭菌棉签用灭菌生理盐水或培养液稍浸湿后，轻轻插入动物肛门深处 3～4cm，缓缓转后取出，棉签上即沾有粪样。

3. 尿液的采集

将小鼠放在特制的代谢笼内饲养，动物排便时，可通过笼子底部的大小便分离漏斗，将尿液与粪便分开，从而达到采集尿液的目的。此外，小鼠在捉拿等应激状态会有几滴尿液排出，可用于微量样本采集。

4. 精液采集

可收集雌雄交配后 4～24h 的雌性动物生殖道内的阴道栓，涂片染色观察凝固的精液。也可采用附睾内采精法。由于附睾内储存有大量精子，故可从性成熟雄性小鼠附睾中直接采集精液。将性成熟的雄性小鼠用颈椎脱臼法处死，立即摘出睾丸和附睾，在灭菌滤纸上除去血液和脂肪组织，然后用前端尖锐的剪刀剪开附睾尾，取出精子团。整个附睾中，只有附睾尾中才有成熟的精子，故欲采集成熟精子，必须从附睾尾采集。

（四）麻醉与镇痛

在进行外科手术或者实验的时候必须使用麻醉和镇痛药物来避免对小鼠造成疼痛。很多麻醉药物会对实验结果及小鼠生理机能指标产生影响，因此要根据实验的类型、目的及实验持续的时间和小鼠的年龄、品系来选择合适的麻醉剂和麻醉方法。

小鼠常用吸入麻醉的方法，吸入麻醉药物常见的有安氟醚、异氟烷、乙醚等。小鼠吸入麻醉需在通风橱内进行，将含有吸入麻醉剂的棉球或纱布放入麻醉箱内，也可用小型干燥器或用塑料薄膜封口的大烧杯代替麻醉箱，将小鼠放入麻醉箱，观察小鼠的行为。开始时动物出现兴奋，继而出现抑制，自行倒下。当动物角膜反射迟钝、肌肉紧张度降低时，即可取出动物进行试验。小鼠吸入麻醉维持时间较短，常用于采血等操作。

也可使用注射药物的方式进行麻醉，常用药物包括戊巴比妥、氯胺酮等。给药途径及给药剂量见表 10-1。

表 10-1 小鼠麻醉及镇痛药物剂量表

药物	剂量	途径
麻醉前给药		
阿托品（atropine）	0.002～0.005mg/100g	IM，IV，SC
	0.12mg/100g	IP
镇静剂		
乙酰丙嗪（acepromazine）	0.075mg/100g	IM
安定（diazepam）	0.5mg/100g	IP
氯胺酮（ketamine）	2.0mg/100g	IM
注射麻醉剂		
氯胺酮	2.2～4.4mg/100g	IM
	10mg/100g	IP
	2.5mg/100g	IV
戊巴比妥（pentobarbital）	1.5mg/100g	IV
	6.0mg/100g	IP
硫喷妥钠（thiopental）	2.5mg/100g	IV
	5.0mg/100g	IP
硫戊巴比妥（thiamylal）	2.5～5.0mg/100g	IV
混合注射麻醉剂		
氯胺酮&甲苯噻嗪（xylazine）	8.7mg/100g & 1.3mg/100g	IM
芬太奴&氟哌利多&安定	0.2～0.5ml/100g（10%溶液）	IM
（fentanyl & droperidol & diazepam）	0.5mg/100g	IP
氯胺酮&乙酰丙嗪	2.2～4.4mg/100g & 0.075mg/100g	IM
吸入麻醉剂		
甲氧氟烷（methoxyflurane）	麻醉：2%～4%	
	维持：0.5%～1.5%	
氟烷（halothane）	麻醉：1%～3%	
	维持：0.5%～1.5%	
CO_2	维持：10～15s	
止痛剂		
杜冷丁（meperidine）	2.0mg/100g	IM，SC
纳布啡（nalbuphine）	1.0mg/100g	IM，SC，IV
布托啡诺（butorphanol）	0.5mg/100g	IM，SC
丁丙诺啡（buprenorphine）	0.1～0.5mg/100g	IM，SC
	0.2mg/（100g·12h）	SC
	0.2mg/（100g·6～8h）	IP

注：IM. 肌内注射；IV. 静脉注射；SC. 皮下注射；IP. 腹腔注射

（五）安死术

1. 脱颈椎（颈椎脱臼）法

脱颈椎法是指在枕骨大孔处施加强大的外力，使颈椎脱臼，脊髓与脑髓的联系迅速中断，小鼠瞬时死亡。将小鼠放在桌面或笼盖上，左手拇指和食指按住鼠头部后端接近枕骨大孔处，或用剪刀、大镊子等器具按压住该部位，右手抓紧鼠尾，迅速向后上方用力一拉，使颈椎脱臼，小鼠立即死亡。由于破坏的是脊髓和脑髓，动物的脏器没有受到损坏，可以用来取样，进行其他实验。

2. 吸入法

把小鼠放入密闭容器中，向容器中充入麻醉气体，小鼠因吸入过多麻醉药品缺少氧气而死亡。常使用的药物为二氧化碳、异氟烷、乙醚等。现在有商品化的二氧化碳动物处死器。

3. 注射法

一般采用腹腔注射途径，过量注射麻醉剂，采用麻醉用剂量的10～25倍。

4. 断头法

利用专用的小鼠断头剪刀或断头器（一种专用铡刀）处死小鼠。

第六节 健 康 检 查

一、异常行为的观察

小鼠患病的异常症状包括：离群、弓背、被毛粗乱、眼睛凹陷、体重下降、精神不振、腹泻、发出吱吱叫声（与严重的呼吸道疾病有关）、呼吸困难、四肢苍白或发绀、产仔数下降、仔鼠死亡率升高等。但很多疾病并不表现出临床症状，如绿脓杆菌感染小鼠并不表现任何症状，一旦小鼠受到放射或使用免疫抑制剂时就会引起致死性的败血症。

二、主要传染性疾病

实验应用的小鼠均为清洁级以上的小鼠，应该不携带传染性疾病的病原，以下是清洁级小鼠必须排除的传染性疾病。

1. 鼠痘

鼠痘是由鼠痘病毒（mouse poxvirus，MPV）引起的实验小鼠的烈性传染病，多呈暴发性流行，致死率较高，常造成小鼠全群淘汰，危害极大。临床表现以四肢、尾和头部肿胀、溃烂、坏死，甚至脚趾脱落为特征，故又称脱脚病。

鼠痘的自然宿主为小鼠，不同品系小鼠的易感性差异很大，A、DBA、C3H 等品系易感，C57BL 对 MPV 的抵抗力强，呈隐性感染，因而成为主要的潜在疫源。MPV 病毒经皮肤伤口、消化道、呼吸道感染。妊娠母鼠可将病毒垂直传染给胎儿。首次感染的小鼠多呈急性型发病，病鼠被毛粗乱，食欲减退，于4～12h 死亡。亚急性型（皮肤型）病鼠口、脸、鼻、眼睑肿胀甚至破溃，四肢及尾部肿胀破溃有浆液性分泌物，随后结痂，进而血液供应中断发生坏疽，1～2天坏疽部位脱落，还可引起孕鼠流产。慢性型病鼠由上两种病型鼠迁延转化而来，见于本病流行后期，生长发育缓慢，产仔数明显减少。本病可根据鼠痘的典型特征，如头部、眼睑、四肢及尾肿胀溃烂或脱落作出初步诊断，然后分离病毒或利用 ELISA 诊断试剂盒检测抗体而确诊。发病动物应立即全群淘汰处死，尸体焚烧，饲养室熏蒸消毒，封闭 3 个月。

2. 淋巴细胞性脉络丛脑膜炎（LCM）

LCM 是由淋巴细胞性脉络丛脑膜炎病毒（lymphocytic choriomeningitis virus，LCMV）引起的人和许多种动物共患的传染病。小鼠感染后呈 3 种病型，即内脏型、大脑型和迟发型，人类感染后主要表现为流感样症状和脑膜炎。

LCM 为人畜共患病，小鼠、豚鼠、仓鼠、犬、猴、鸡、兔和棉鼠均易感，有实验证明金黄地鼠对 LCMV 易感，而大鼠则不易感。只有持续感染的小鼠和急性感染的仓鼠能传播病毒。病鼠通过唾液、尿和鼻分泌物排出病毒。健康鼠可通过呼吸道感染，乳鼠通过乳或子宫垂直感染，许多鼠成为不发病的隐性带毒者。LCMV 感染后的临床症状可表现为 3 种类型：内脏型、大脑型和迟发型。内脏型 LCM 小鼠表现被毛粗乱、结膜炎，有时出现腹水。大脑型 LCM 由脑内及神经途径感染而产生，病鼠表现为脑内接种后 5～6 天，有的小鼠突然死亡，其他小鼠表现被毛粗乱、懒动、嗜睡、消瘦，常见结膜炎和面部水肿，小鼠于出现症状后 1～3 天死亡。迟发型 LCM 常发生于子宫内感染和出生后 1～2 天感染的小鼠，病毒在体内增殖，但无症状，直到 9 个月后，可见病鼠体重减轻、被毛粗乱、蛋白尿、腹水、弓背等症状。

LCM 的诊断可通过病毒的分离与鉴定及血清学试验来进行。取病鼠病理组织制成冰冻切片，采用免疫荧光试验确定细胞质内特异性的病毒抗原包涵体的存在。还可采用酶联免疫吸附试验检测 LCMV 抗体。一旦鼠群感染 LCMV，应将整群全部淘汰，尸体焚烧。

3. 仙台病毒

小鼠仙台病毒（sendai virus，SV）很难控制，常呈隐性感染，急性型多见于 20 日龄左右乳鼠，表现呼吸道症状。仙台病毒感染可对实验研究产生严重干扰，如改变体液和细胞介导的免疫应答，可改变被感染的肿瘤细胞的表面抗原及其致癌性等。

小鼠仙台病毒的自然宿主是啮齿类动物。冬春季多发，在未感染过病毒的易感鼠群中，新生鼠和幼鼠最易感，常发生严重的肺炎，于 3～5 天死亡。NIH、C3H、DBA/2 等品系对本病毒敏感，而 C57BL / 6、BALB / c 等品系对其抵抗力较强。本病毒主要通过直接接触和空气传播。鼠群中 35～49 日龄的小鼠，主动免疫力尚不成熟，接触本病毒后易于感染，并成为鼠群中的传染源。小鼠感染本病后可有两种表现型。慢性型多见于幼鼠至 42 日龄的小鼠，呈亚临床感染，病毒在鼠群中长期存在，并呈地方性流行。急性型病鼠常表现临床症状，即被毛粗乱、呼吸困难、消瘦等。孕鼠死胎率提高，新生乳鼠死亡率上升。本病可依靠小鼠特异的发病日龄作出初步诊断，然后进行病毒分离和血清学检查可确诊。本病防治的关键是建立无病毒感染的鼠群，发现病鼠立即淘汰整个鼠群，也可用剖宫产技术建立新的种群。

4. 小鼠病毒性传染性肝炎

小鼠肝炎病毒（mouse hepatitis virus，MHV）可引起小鼠发生肝炎、脑炎和肠炎，一般呈亚临床感染或慢性感染，而机体抵抗力低时可引起急性发病死亡，导致实验失败。MHV可改变各种免疫应答参数，影响酶的活性，从而对实验产生严重的干扰。

MHV经空气和直接接触传播，自然状态下只感染小鼠。健康鼠通过接触病鼠排泄物和其污染的物品而感染。MHV也可垂直传播。小鼠感染MHV后，急性发病时，病鼠被毛粗乱、消瘦、精神萎靡，有时有腹水，幼鼠可见后肢麻痹。乳鼠可发生腹泻，生长迟缓，进而死亡。小鼠感染低毒力的MHV时常常呈隐性感染，成为鼠群中的严重传染源。取病鼠肝脑组织制成组织悬液，接种DBT细胞，观察特征性的巨大融合细胞或蚀斑可对MHV感染作出初步诊断。也可用ABC染色法染色病鼠肝脾组织，观察其细胞质内MHV抗原，从而作出诊断。酶联免疫吸附试验是比较敏感的用于MHV检测的血清学方法，而免疫粘连血凝试验因其简单、重复性好，在一般单位得到广泛的应用。在MHV检测中应注意使用多价抗原来提高检出率。

5. 嗜肺巴斯德杆菌

嗜肺巴斯德杆菌可感染小鼠、大鼠、豚鼠和地鼠。本菌革兰氏染色阴性，染色时菌体两端着色较浓。动物多呈隐性感染，成为动物呼吸道及消化道的常在菌，当动物抵抗力下降、菌体毒力高或细菌数量多时引起动物发病。健康动物通过呼吸道、消化道感染，也可经过外伤及生殖器官感染。嗜肺巴斯德杆菌为条件致病菌，常与其他细菌混合感染，而引起动物发病。例如，本菌与仙台病毒混合感染可引起致命性肺炎，与肺炎支原体混合感染可引起并发症而使病情复杂化。本菌感染小鼠后，散在发病，表现为呼吸困难、有咕噜咕噜的呼吸音、动物体重减轻，出现结膜炎、眼炎、乳房炎、不孕、流产、皮下脓肿等。本病的诊断比较容易，取病料进行细菌分离培养，血平皿37℃培养24h，菌落表面突起，灰白色，溶血，光滑似露滴状，直径1mm。然后涂片镜检，也可作生化检查或用标准血清作凝聚反应，即可确诊。

6. 泰泽氏菌病

本病因Ernest Tyzzer首先描述而命名。病原菌为毛状芽胞杆菌（*Bacillus piliformis*）。小鼠、大鼠、豚鼠、兔对本菌均易感。感染后的典型症状为出血坏死性肠炎和弥漫性灶性肝坏死，可给动物造成很大危害。本病的病原是毛状芽胞杆菌，革兰氏阴性，专性细胞内寄生。其芽孢在体外可生存数年，在尸体内很易自溶。

本病可通过食入被本菌污染的食物经消化道感染。试验证实本菌可垂直传染。过分拥挤、环境内高温高湿、长途运输、X射线照射、使用皮质类固醇药物等应激因素可促使本病的发生和发展。小鼠感染后，往往呈隐性感染，当机体免疫力下降时发病。本病的首发症状是出现突然的死亡。其他动物表现为被毛逆立、嗜睡、严重腹泻、粪便呈水样或黏液状。动物脱水，食欲废绝，2～4天死亡。毛状芽胞杆菌不能在人工培养基上生长。本菌的诊断应取病鼠肝脏组织或肠组织作涂片，镜下若观察到典型的成束、细长的杆菌即可确诊。也可取病料接种经可的松激发的小鼠，观察小鼠的典型病理变化而确诊。

7. 体内寄生虫

1）弓形虫

弓形虫（*Toxoplasma gondii*）又称刚第弓形体，是一种人畜共患的寄生虫。小鼠是其主要中间宿主，猫是终末宿主。该虫主要寄生在猫的肠上皮细胞和小鼠各种器官的细胞内。健康小鼠、大鼠、豚鼠吞噬猫体内产生的卵囊而被感染，成为其中间宿主。人、羊、狗、牛等也可感染刚第弓形体而成为其中间宿主。感染后的小鼠会严重干扰实验结果。小鼠感染刚第弓形体后，因其毒力、数量、感染途径的不同而呈隐性感染或急性发病。发病小鼠的肠黏膜、眼、心、肾上腺、脾、脑、肺、肝、肌肉等组织发生坏死。重症病例可死亡，轻症病例可自然康复。本病的诊断可采用直接涂片法和饱和盐水浮集法检查弓形体的速殖子、包囊。对于终末宿主则检查其卵囊。也可采用取病料组织液动物接种，再查找其速殖子、包囊或卵囊。同时可用间接血凝法等血清学方法检测抗体来确诊。

2）蠕虫

小鼠体内的蠕虫主要有四翼无刺线虫（*Aspiculuris tetraptera*）、隐匿管状线虫（*Syphacia* sp.）、短膜壳绦虫（*Hymenolepis* sp.）等。这 3 种寄生虫呈世界性分布，常呈现混合感染。短膜壳绦虫为人畜共患病，对人有较强的致病性。隐匿管状线虫和四翼无刺线虫是蛲虫。宿主吞噬卵后，在小肠孵化，幼虫在肠内寄生，并经一段时间后成熟，隐匿管状线虫排卵于肛周区，四翼无刺线虫排卵于肠内。前者生活史为 12～15 天，后者为 22～27 天。短膜壳绦虫可有中间宿主，中间宿主为节肢动物，也可呈直接型生活史，此时其整个生活史需 20～30 天。

感染蠕虫的小鼠表现贪食、发育迟缓、被毛无光泽、繁殖鼠生产力低，甚至出现吃仔现象。严重感染可引起肠套叠、肠炎、直肠脱出、肝肉芽肿。本病的诊断可用饱和盐水浮集法、沉淀集卵法等方法检查虫卵，也可解剖小鼠从肠道内容物中检查虫体。

8. 体外寄生虫

小鼠体外寄生（ectoparasite）虫常见的有螨、蚤、虱等。小鼠体外寄生虫可经直接接触传染，健康鼠接触病鼠及其污染物时被感染。患鼠因寄生虫种类的不同而症状不同，一般可出现被毛粗乱、烦躁不安、消瘦、发育迟缓、种鼠生产力下降、仔鼠成活率低等症状，感染严重部位可脱毛、结痂、瘙痒、溃疡或发生皮炎。取病鼠的被毛、皮屑等病料置于载玻片上，镜检查找虫体或虫卵即可确诊。推荐使用透明胶纸黏取法，快速、简便、检出率高。

三、质量检测与疾病诊断

小鼠的微生物学和寄生虫学质量监测应按中华人民共和国国家标准《实验动物 微生物学等级及监测》（GB 14922.2—2011）和《实验动物 寄生虫学等级及监测》（GB 14922.1—2001）进行。一般要经过抽样、编号、外观检查、采血、解剖、实验室检查的过程。

（一）外观检查

仔细观察小鼠是否表现出异常症状，包括：精神状态、运动情况、体表有无异常、生产能力和带乳情况、排粪是否正常、采食和饮水等。

（二）剖检

定期抽取一定数量的动物（如即将淘汰的小鼠）进行解剖，观察各内脏器官的大小、形态、颜色、质地，并作详细的记录。对出现异常的器官组织，还应按照病理学和微生物学检查的要求取样，及时送往专业检测实验室进行有关检查。

（三）实验室检查

针对不同的检测项目，采用的方法也不一样。详细内容参见国家标准《实验动物 微生物学检测方法》和《实验动物 寄生虫学检测方法》。

1. 细菌和真菌

多采用病原学方法，即分离培养病原菌的方法。对于发病动物，要对病变的各组织和脏器作细菌学检查，而正常动物的常规检测，主要采用刮取皮屑、采气管分泌物或鼻咽腔分泌物及肠内容物作细菌培养检查。

对不能在培养基上生长的细菌（如泰泽病原体），可采取病变组织直接压片、镜检的方法检查，并结合病理检查结果作出判断。

2. 病毒

主要采用血清学诊断和病原学检查方法。用已知的病毒抗原检查动物血清中特异性抗体水平和阳性率，从而得知动物群体的感染情况。因此，血清学方法适用于定期的常规检测。常用方法有 ELISA、IFA、EIA 和 HI 等。而在疾病暴发流行需对病原作出诊断时，以病原学检查为主。常用的方法包括细胞和鸡胚接种培养、聚合酶链反应、病理切片和电镜检查等。

3. 寄生虫

主要以病原学检查为主。也有辅助诊断的血清学方法，如国家标准《实验动物 寄生虫学检测方法》推荐的间接血凝用于弓形虫的检查等。

四、卫生与防疫

（一）防疫原则

（1）隔离饲养：不同种类、不同品系和不同来源的实验动物应分开饲养，防止交叉感染。

（2）引进动物严格检疫：从具有动物生产许可证的单位引进动物，作为种用动物必须来源于国家啮齿类实验动物种质资源中心。动物应用前需有隔离检疫过程。

（3）坚持卫生消毒制度：定期对动物房舍和饲养用具进行消毒，杜绝各种微生物的侵入和繁殖。

（4）饲养管理人员定期进行健康检查，有人畜共患病者，调离与动物接触的工作岗位。

（5）保种单位要对保种的动物定期进行质量检查，发现问题应及时更新种群。

（6）严格防止野生动物侵入实验动物室，对死亡动物进行无害化处理。

（二）日常的预防措施

（1）饲养人员应严格执行不同等级实验动物的饲养管理和卫生防疫制度和操作规程，认真做好各项记录，发现情况，及时报告。

（2）实验动物设施周围应无传染源，不得饲养非实验用家畜家禽，防止昆虫及野生动物侵入。

（3）坚持日常卫生消毒制度，降低环境设施中的病原体含量。

（4）饲养室严禁非饲养人员出入和各类人员互串，购买或领用动物者不得进入饲养室内。

（5）饲料和垫料库房应保持干燥、通风、无虫、无鼠，接触小鼠的饲料、饮水和垫料均应消毒灭菌。

（三）发生疫病时的扑灭措施

（1）及时发现、诊断和上报疫情，并通知邻近单位做好预防工作。

（2）迅速隔离患病动物，污染的环境和器具紧急消毒。实验用动物应停止实验观察或淘汰。

（3）若发生危害性大的疫病，如鼠痘、流行性出血热等应采取封锁等综合性措施。疫情扑灭经消毒处理后一个月方可解除封锁。

（4）病死和淘汰动物应采取焚烧等措施合理处理。

（5）应根据疫病种类和疫情情况，及时报上级管理部门和防疫部门。例如，发生鼠痘疫情需及时上报当地实验动物管理机构；发生流行性出血热疫情则需上报当地实验动物管理机构的同时，通报当地疾病控制中心。

（四）消毒措施

饲养小鼠的屏障环境必须特别防止微生物从外部侵入，因此消毒一般选用广谱消毒剂，如卤化物消毒剂（次氯酸钠、碘伏等）、逆性皂液（界面活性剂）、过氧化物消毒剂（过氧乙酸）及季铵盐类（如新洁尔灭）消毒剂等进行消毒，提倡交替使用。

（1）动物饲养器具、物品等进入动物饲养屏障环境时应加以控制数量及传递次数。

（2）传递窗、缓冲间内部用消毒液消毒后需打开紫外线灯 30min 后方可打开内侧门。

（3）每个工作日对洁库、浴室、缓冲间及动物房地面擦拭消毒；对使用过的体重计、作业车和器械进行擦拭和浸泡消毒。无动物区域紫外灯照射消毒。

（4）每周在换窝的同时对饲养架擦拭消毒，对屏障内所有区域进行空气消毒，用喷雾器喷雾后，有紫外线灯的要打开紫外线灯。

（5）每月对室内排气口进行清洗，然后消毒液浸泡，拭干水分后重新安装。

（五）隔离措施

隔离患病动物和可疑感染的动物是防治传染病的重要措施之一。隔离时应选择不易散播病原体、消毒处理方便的地方或房舍进行。如患病动物数量较多，可集中隔离在原来的动物房内。隔离场所禁止非工作人员和动物出入和接近。工作人员出入应遵守消毒制度。隔离区内的用具、饲料、粪便等，未经彻底消毒处理，不得运出。对于发生烈性人畜共患病（如流行性出血热等）的动物群，应及时采取有效措施，全群扑杀，严格消毒，防止疫情进一步扩散。

第十一章 大　　鼠

第一节 主要生物学特性

一、动物学分类

大鼠（rat，*Rattus norvegicus*）属于脊椎动物门、哺乳纲、啮齿目、鼠科、大鼠属动物。实验大鼠是野生大鼠褐家鼠的变种，起源于亚洲，于 17 世纪初期传到欧洲，18 世纪中期，野生大鼠及白化变种首次用于实验。大鼠是常用的实验动物，广泛应用于生物医学研究的各个领域中。

二、生理学和解剖学特性

（1）大鼠外观与小鼠相似，但个体较大。一般成年大鼠体长 18～20cm。尾长为身长的 1/3～1/2。新生仔鼠无被毛，呈赤红色，两耳贴连头部皮肤，耳壳闭合，体重 5.5～10g。2 天周身呈粉红色，3～4 天两耳张开，并开始长出小绒毛，8～10 天切齿萌出，并开始爬行，14～17 天双目睁开，16 天后被毛长齐，19 天第一臼齿萌出，21 天生出第二臼齿，可以离乳。上下颌各有 2 个切齿和 6 个臼齿，齿式为 2（1003/1003）=16。切齿终身不断生长，大鼠需不断啃咬磨牙以维持其长度恒定。

（2）大鼠骨骼 105～108 块，大鼠的生长发育期长，长骨长期有骨骺存在，不骨化。

（3）胃由前后两部分组成，前部为无腺区，后部为有腺区，前后两部分由一个界限嵴分开，食管通过界限嵴的一个褶进入胃小弯，此褶是大鼠不能呕吐的原因。

（4）大鼠无胆囊。

（5）肝脏再生能力强，切除 60%～70%的肝仍有再生能力。

（6）大鼠生长发育的快慢与其品系、营养状况、健康状况、环境条件，以及母鼠的哺乳能力、生产胎次均有密切关系。一般成年雄鼠 300～600g，雌鼠 250～500g，寿命为 2～3 年。

三、行为学特性

（1）大鼠性情温顺，易于捉取，但当粗暴操作或营养缺乏时可攻击人或互相撕咬，互相撕咬严重时可致死。

（2）大鼠是杂食动物，嗅觉发达，味觉很差，随时采饮，以谷物为主兼食肉类。对营养缺乏敏感，特别是维生素和氨基酸缺乏时，可发生典型的缺乏症状。

（3）大鼠喜欢夜间活动，白天常挤在一起闭目休息。进食、交配和分娩多在夜间发生。

（4）大鼠对空气中的粉尘、氨气、硫化氢等极为敏感，易引发呼吸道疾病。大鼠对各种刺激很敏感，环境条件的微小变化即可引起大鼠的应激反应，强烈的噪声可导致大鼠恐慌、互相撕咬、吃仔等现象。对空气相对湿度耐受性差，如空气过于干燥，相对湿度低于 40%时，常发生坏尾症，还会引起哺乳母鼠食仔现象发生。

（5）大鼠汗腺极不发达，尾巴是散热器官。当环境温度过高时，靠流出大量唾液调节体温，但当唾液机能失调时，易中暑死亡。

（6）大鼠具有群居优势，同笼多个饲养比单个饲养的大鼠体重增长快、性情温顺、易于捉取，单个饲养的则胆小易惊、不易捕捉。

第二节 引种管理

一、引种要求

参照小鼠的要求（第十章）执行。

二、隔离检疫

参照小鼠的要求（第十章）执行。

第三节 繁育技术

一、大鼠生殖特点

1. 性成熟

正常的发育过程中，雄鼠出生后 23～25 天睾丸开始下降，30～35 日龄进入阴囊，45～60 天产生精子，60 日龄以后就可交配。雌鼠一般在 70～75 日龄阴道开口即可交配。但过早交配，增加雌鼠负担，对子代发育不利。最适交配日龄为雄鼠 90 日龄、雌鼠 80 日龄。

2. 性周期

大鼠性周期为 4～5 天，典型的 4 天性周期分为发情前期、发情期、发情后期和间情期。大鼠排卵通常在发情后 8～10h，发情多在夜间。排卵通常是自发的，但强壮的雄鼠能强迫雌鼠在非发情期接受交配，促进其排卵怀孕。黄体的形成及其发育是在发情后期，这时卵子已进入输卵管内。在发情间情期，卵泡又开始发育。

3. 生殖能力

雌鼠产仔的多少，取决于品种、胎次、饲养管理的好坏和雌鼠的年龄、体质等。一般情况下，适龄雌鼠第 1～4 胎产仔多，第 5 胎以后逐渐减少。每胎可产仔 8～13 只，最多可达 20 只。

4. 交配

雌性大鼠在发情期的数小时内被雄鼠反复追逐之后才接受交配。交配后，雌鼠的阴道口形成一种特殊的膣栓即阴栓。阴栓是雄鼠的精液、雌鼠的阴道分泌物与阴道上皮细胞的混合物遇空气后迅速变硬形成的。阴栓一般在交配后 12～24h 自动脱落。检查阴栓的有无可作为判断交配是否成功的重要标志。

5. 妊娠和分娩

大鼠的妊娠期因品种不同略有差异，一般为 19～23 天。孕鼠受惊吓可造成流产或早产。大鼠的分娩昼夜均有发生，但以夜间居多。孕鼠临产前一般表现为不安状态，常不停地整理产窝，随着子宫收缩将仔鼠娩出。分娩结束后 12～24h 母鼠出现产后发情，此时若与雄鼠交配，多能受孕。

二、大鼠的选种、育种与保种

繁育用的种鼠应该制定严格的选种条件，以便保持亲代的优良体质和繁殖效率。繁殖用种鼠宜选择第 2 至第 3 胎的仔鼠留种。同胎产仔鼠数以 8～14 只的为宜。每窝留仔鼠 8 只左右，以保证仔鼠在哺乳期能吃到足够的乳汁，发育均匀、健壮。预留种鼠的数量应比所需量多出 1/3，便于进一步选择。

预留种鼠离乳后，雌雄分笼饲养，发现不良个体应及时淘汰。保留发育正常，体态、四肢和尾巴匀称，生殖器官正常的个体留种。

三、封闭群大鼠的繁育

1. 繁殖原则、交配方式和繁殖方法

繁殖原则、交配方式和繁殖方法可参照小鼠执行。

2. 哺乳和育成

一般大鼠每胎生育仔鼠数量均可在 10 只以上，个别窝较少。每窝保留哺乳仔数 10～12 只为宜，多于 12 只时予以淘汰，个别产仔不足 10 只的可从其他富余的窝内补充至 10 只。当哺乳只数超过 12 只时，相对较弱的仔鼠吃不到足够的乳汁而发育不良，导致仔鼠个体之间发育不均匀。

母鼠产后 1～2 天，由于产后不适，饲料消耗量突然下降。饲料消耗量从第 3 天开始恢复正常，并有逐渐增加的趋势。1～8 天仔鼠体重增长速度慢，平均日增重 1.8g，每天消耗的饲料量尚不大。8～10 天仔鼠长出切齿，14～17 天仔鼠睁眼，逐渐采食，仔鼠日增重达 2.4g，但这个时期仔鼠仍以母乳为主，所以饲料量略有增加，以上这个阶段称为哺乳第一阶段。

从仔鼠生出第一、第二臼齿（19～21 天）后，饲料的消耗量迅速上升，这是由于仔鼠从全吃乳期过渡到半吃乳期，到哺乳末期基本以吃饲料为主。这个时期仔鼠生长发育速度平均日增重 3.0g，是哺乳期生长速度最快的阶段，称为哺乳第二阶段。

仔鼠的哺乳期一般为 21 天，留种的仔鼠可延长到 23 天。过于延长哺乳时间，不仅

影响母鼠的健康，还会影响母鼠的发情。哺乳期满的仔鼠要与母鼠分开，雌雄分笼饲养。如果离乳以后雄、雌混养，两周内应清查并分开，超过两周或发现雌鼠盒内混入雄鼠，所在的整盒大鼠应视为不合格动物全部淘汰。

四、近交系大鼠的繁育

近交系大鼠繁育与引种的原则、保种与谱系记录和生产繁殖参照近交系小鼠执行。

第四节 饲养管理

一、设施环境

1. 环境条件

参照小鼠的要求（第十章）执行。

2. 笼具

目前，大鼠常用的饲养笼具有开放不锈钢笼架、独立通气笼具（IVC）、通气排风笼具（EVC）、隔离包系统笼具。饲养笼盒有多种材料，大鼠应采用无毒塑料及不锈钢材料制作的商品化笼盒。国内生产的啮齿类动物塑料盒主要为聚4-甲基戊烯-1塑料（4-methyl-1-pentene，TPX）或聚砜（polysulphone，PSU）、聚醚酰亚胺（polyetherimide，PEI）。

（1）开放不锈钢笼架大鼠饲养笼盒宜选用TPX和PC塑料，因为相对于PP塑料，前两者除了无毒无味、强度高、耐冲击、耐酸碱之外，还具有透明和更能耐受蒸汽高温消毒的特点。IVC、EVC、隔离包笼具饲养笼盒多选用强度更高、更耐冲击、耐高温、耐酸碱的PSU和PEI材质笼盒。

（2）大鼠饲养盒网罩、饲料斗、部分笼盒的网底等，应使用不锈钢材料制作。不宜使用镀锌铁丝，尤其当进行微量元素相关实验时，则禁止使用镀锌铁丝和其他金属材料。

（3）用不锈钢丝制成的大鼠笼，可用于饲养育成大鼠或实验观察期间的大鼠，其优点是通气性好、大鼠窝内的臭味发散得快，便于观察。缺点是不宜保温，动物容易受外界环境因素的影响，不宜用于繁殖饲养。

（4）大鼠的饲养盒规格应满足国家标准对各类动物所需居所最小空间的规定。

二、饲料、饮水和垫料

参照小鼠的要求（第十章）执行。

三、饲养操作与日常管理

1. 一般状况检查

（1）每日早上上班后和下午下班前，观察饲育室温度、湿度并记入固定格式的记录表内。发现温度、湿度、噪声、振动、照明、压差、送排风等异常时，应立即通知设施管理人员进行检查维修。

（2）检查饮水和摄食量是否正常，若摄食量明显下降，则首先检查该笼的饮水瓶是否有漏水或堵塞，再检查大鼠是否有疾病症状。

（3）观察动物状况是否有异常表现、疾病征兆或死亡，异常时应及时通知兽医进行诊断。

（4）观察动物有无逃逸，已经逃逸的大鼠应及时捕捉并淘汰处理，不宜再放回笼内。

2. 饲料添加

每 2～3 天添加一次颗粒饲料，按大鼠采食情况，添加时以上次添加的饲料基本吃完为宜，但应保证大鼠随时都能吃到饲料。

3. 饮水供给

根据大鼠采饮情况，至少每周更换饮水瓶 2 次，当瓶内饮水不足时，应连瓶一起更换，不宜在旧瓶内添加饮水，换下的水瓶经洗刷消毒后备下次使用。个别情况需要添加时，将瓶内剩余水全部倒掉，重新添加新的饮水。

4. 换窝

在屏障环境内以普通笼具饲养的大鼠，每周更换垫料 2 次，刚刚分娩的大鼠应延长至 1 周后更换。至少每月将全部饲养盒、盖子和料斗彻底洗刷消毒 1 次。

在 IVC 和洁净空气层流柜饲养的大鼠，按照每个单元所饲养动物数量和 IVC、洁净空气层流柜操作规程执行，可适当延长换窝周期，但一般应保证每周 1 次。

5. 大鼠的种鼠

大鼠的种鼠一般生育 4 胎，繁殖能力好的种鼠可延续到 5 胎，即应淘汰。不孕、食仔和不能哺乳的种鼠均应及时淘汰处理。

6. 检查

检查发现有异常的大鼠，淘汰的同时应进行微生物、寄生虫学和病理学检测。检测结果异常时，需报告管理人员，征求处理意见。

四、废物处理

参照小鼠的要求（第十章）执行。

第五节 使用管理

一、大鼠的获取

1. 来源

参照小鼠的要求（第十章）执行。

2. 运输与接收

参照小鼠的要求（第十章）执行。

3. 健康状况观察与评价

参照小鼠的要求（第十章）执行。

二、基本实验操作技术

1. 大鼠的保定

1）徒手保定

右手抓住大鼠尾根部将其轻轻提起，置于笼罩或实验台面上，以左手掌心轻轻扣住大鼠背部，左手拇指与其余四指相对，由耳后抓住大鼠颈背部皮肤，反转手腕使大鼠腹面向上。对较小个体的大鼠也可将拇指和食指插入大鼠腋下环绕，使大鼠头部和肩部置于手掌虎口中，其余三指和掌心握住大鼠身体，反转手腕使大鼠腹面向上。

2）器械固定

根据实验需要可选用器械固定，可用烧杯罩住大鼠身体，将尾部露出，进行尾部操作，或使用大鼠固定器固定。大鼠固定器通常为圆筒形结构，大鼠可自动钻入放在面前的筒状固定器中，通过调节固定器的长短来限制钻进筒中大鼠的活动，主要用于尾部操作。

3）解剖板固定

麻醉后的大鼠可固定于专用解剖板上，按实验所需体位，用纱布条或细棉绳绑定四肢，另外一头可以固定于板周边缘上，必要时可令大鼠腹面向上，用皮筋扣住门齿，以固定头部。

4）注意事项

大鼠切齿较长，抓取不当、刺痛或激怒状况下可能咬伤实验者，应注意个人防护。抓住尾部提取大鼠时，如果抓住靠尾端部，若大鼠挣扎激烈可导致鼠尾皮肤撕脱。徒手抓取大鼠时，如果握力太大可使大鼠窒息死亡，应在操作时不断有意识地调整和放松力量。

2. 供试品给予方法

1）经口途径

（1）口服法：把药物放入饲料或溶于饮水中让大鼠自动摄取。此法优点在于简单方便，缺点是不能保证剂量准确。适用于对动物疾病的防治或某些药物的毒性实验，以及复制某些与食物有关的人类疾病动物模型。

（2）灌胃法：在急性实验中，宜采用灌胃法。灌胃法是用灌胃器将所应投给动物的药灌到动物胃内。灌胃器由注射器和特殊的灌胃针构成，大鼠的灌胃针长6～8cm，直径约1.2mm。灌胃针的尖端焊有一小金属圆球，金属球是中空的。焊金属球的目的是防止针头刺入气管或损伤消化道。针头金属球端可弯曲成20°左右的角度，以适应口腔、食道的生理弯曲度走向。用左手固定大鼠，右手持灌胃器，将灌胃针从大鼠的口腔插入，压迫其头部，使口腔与食道成一直线，将灌胃针沿咽后壁慢慢插入食道，可感到轻微的阻力，此时可略微变换灌胃针方向，以刺激引起吞咽动作，顺势推进直至所需深度，推出少许药液并观察动物反应，如动物表现安静、呼吸正常，可缓慢推入余下药液，然后轻轻退出针头。一般灌胃针插入大鼠食道为4～6cm。大鼠灌胃量一般是1ml/100g，常用灌胃量一般每次可为1～4ml。

2）经皮肤途径

大鼠是常用的经皮给药模型，尤其是用于经皮毒性试验。首先对大鼠背部一定面积的皮肤脱毛，以前用脱毛剂，现在常用不损伤皮肤的直流电电动剃刀。大鼠脱毛后用专用的固定架固定，将药液涂在皮肤上，用透气材料覆盖并以无刺激胶布固定一定时间（如4h），将大鼠从固定架取出，去除胶布和覆盖物，用温水清洗，吸干身上的水珠。使用挥发性的药液必须在通风橱内进行。

3）注射途径

皮下注射：一般选取背部皮下及后肢皮下。注射时用左手拇指及食指轻轻捏起皮肤，右手持注射器将针头刺入，把针尖轻轻向左右摆动，容易摆动则表明已刺入皮下，然后注射药物。给药容量为0.1～0.3ml/10g体重。

（1）皮内注射：参见小鼠的方法（第十章）执行。

（2）肌内注射：肌内注射一般选用肌肉发达、无大血管经过的部位。注射时针头要垂直快速刺入肌肉，如无回血现象即可注射。注射部位宜选大腿外侧肌群。

（3）静脉注射：大鼠的静脉注射常采用尾静脉注射。参见小鼠的方法（第十章）。一次的注射量为0.1～0.2ml/10g体重。

（4）腹腔注射：参见小鼠的方法（第十章）执行。

4）其他途径给药方法

（1）呼吸道给药：呈粉尘、气体及蒸汽或雾等状态的药物或毒气，可通过动物呼吸道给药。如实验时给动物做乙醚吸入麻醉、用锯末烟雾制作慢性气管炎动物模型等，特别在毒理学实验中应用较广泛。

（2）脑内给药：常用于微生物学动物实验，将病原体等接种于被检动物脑内，然后观察接种后的各种变化。用手掌压住大鼠身体，并固定头部，在前额正中的眼耳连线中点，垂直进针，刺入2～3mm，一次注射的参考量为0.03～0.05ml。

（3）直肠内给药：使用顶端光滑膨大的针头（或灌胃针），用手指按摩法排出大鼠直肠内的粪便，徒手固定大鼠，使大鼠保持头低尾高，妥善固定其尾部后，将针头慢慢插入大鼠肛门，并顺直肠方向推进，达到所需深度后推进药液，同时使针头缓慢退出至药液完全注入。

3. 样品收集

1）血液采集

（1）尾静脉采血：需血量较少时，如作红、白细胞计数，血红蛋白测定，制作血涂片等可用此法。动物麻醉后，用75%乙醇消毒尾部皮肤，用刀割破尾动脉或尾静脉，让血液自行流出。采血结束后，消毒、止血。多次反复采血应从尾尖部开始。

（2）眼眶后静脉丛采血：采用一根特制的长 7～10cm 的硬质玻璃取血管，其一端内径为 1～1.5mm，另一端逐渐扩大，细端长约 1cm 即可。将取血管浸入 1%肝素溶液，干燥后使用。采血时，左手拇指及食指抓住鼠两耳之间的皮肤使鼠固定，并轻轻压迫颈部两侧，阻碍静脉回流，使眼球充分外突，眼眶后静脉丛充血。右手持取血管，将其尖端插入内眼角与眼球之间，轻轻向眼底方向刺入，刺入 4～5mm 深，当感到有阻力时即停止刺入，旋转取血管以切开静脉丛，血液即流入取血管中。采血结束后，拔出取血管，放松左手，无菌纱布按压止血。用本方法大鼠一次可采血 0.5～1.0ml。

（3）股静脉或股动脉采血：大鼠多采用股静脉或股动脉采血，方法是：大鼠经麻醉后，剪开腹股沟处皮肤，即可看到股静脉，把此静脉剪断或用注射器采血即可，股动脉较深需先剥离，再采血。

（4）腹主动脉采血：大鼠麻醉后，仰卧于实验台上，剖开腹腔，移开腹部脏器，暴露位于后腹壁的腹主动脉，以注射器向心方向刺入抽取血液。此法常用于实验结束时，采血量较大。

2）尿液及粪便采集

（1）代谢笼法：将大鼠放在特制的代谢笼内，动物排便时，可以通过笼子底部的大小便分离漏斗将尿液与粪便分开，达到采集的目的。由于大鼠尿量较少，操作中的损失和蒸发，大鼠膀胱排空不一致等，都可造成误差，因此一般需收集 5h 以上的尿液，最后取平均值。如需要测定尿中活性成分，尿液收集瓶应置于冰袋中，或采用可以制冷的代谢笼。

（2）反射排尿法：大鼠被人抓住尾巴提起时排便反射比较明显。故若需采取少量尿液时，可提起大鼠，将排出的尿液接到带刻度的容器内。用手指轻轻按摩大鼠直肠两侧，也可刺激大鼠反射性排出粪便。

3）精液采集

（1）电刺激采精法：主要器材为大鼠固定板、电极、电源。将雄性大鼠呈站位或卧位保定，剪去包皮周围的被毛，并用生理盐水冲洗、拭干，将电极插入直肠直至到靠近输精管壶腹部的直肠底壁（深度 2～3cm）。选择电极电源的频率、电压和电流至大鼠勃起射精，收集精液（电刺激参数：频率 20～30Hz，电压 3～12V，电流 4～12mA，1～3s/次，间隔时间 2～5s）。

（2）附睾内采精法：参见小鼠的方法（第十章）执行。

（3）阴道栓涂片法：参见小鼠的方法（第十章）执行。

4. 麻醉与镇痛

1）吸入麻醉法

麻醉药以蒸汽或气体状态经呼吸道吸入而产生麻醉，常用乙醚作为麻醉药。使用乙醚麻醉大鼠时，可将动物放入有机玻璃麻醉箱内，把装有浸润乙醚棉球的小烧杯放入麻醉箱，然后观察动物。开始动物自主活动，不久动物出现异常兴奋，不停地挣扎，随后排出大、小便，渐渐由兴奋转为抑制，倒下不动，呼吸变慢。如动物四肢紧张度明显减低、角膜反射迟钝、皮肤痛觉消失，则表示动物已进入麻醉，可行手术和其他操作。乙醚易燃，应避免引火，并应在通风橱中进行麻醉。

2）注射麻醉法

常用的麻醉药有戊巴比妥钠、硫喷妥钠、氨基甲酸乙酯等。大鼠常采用腹腔注射法进行全身麻醉。封闭群大鼠对麻醉药的反应个体差异较大，在注射麻醉药物时，先用麻醉药总量的2/3，密切观察动物生命体征的变化，如已达到所需麻醉的程度，余下的麻醉药则不用，避免麻醉过深抑制延脑呼吸中枢，导致动物死亡。

大鼠腹腔注射全身麻醉常用药物及用量如下。戊巴比妥钠：3%～5%生理盐水溶液，腹腔注射 40～50mg/kg 体重。硫喷妥钠：1%～3%水溶液，腹腔注射 40mg/kg 体重。氨基甲酸乙酯（乌拉坦）：20%～25%水溶液，腹腔注射 1000～2000mg/kg 体重。氯胺酮：腹腔注射 75～90mg/kg 体重。

3）局部麻醉

用局部麻醉药阻滞周围神经末梢或神经干、神经节、神经丛的冲动传导，起到局部性麻醉与镇痛作用。局部麻醉操作方法很多，可分为表面麻醉、局部浸润麻醉、区域阻滞麻醉及神经干（丛）阻滞麻醉。

（1）表面麻醉：利用局部麻醉药的组织穿透作用，透过黏膜，阻滞表面的神经末梢。在口腔及鼻腔黏膜、眼结膜、尿道等部位手术时，可把麻醉药涂敷、滴入、喷于表面上，或尿道灌注给药。药物宜选用 0.5%～1%利多卡因。

（2）区域阻滞麻醉：在手术区四周和底部多点注射麻醉药阻断疼痛的向心传导。常用药为 0.5%～1%普鲁卡因。

（3）神经干（丛）阻滞麻醉：在神经干（丛）的周围注射麻醉药，阻滞其传导，使其所支配的区域无疼痛。常用药为 0.5%～1%利多卡因。

（4）局部浸润麻醉：沿手术切口逐层注射麻醉药，靠药液的张力弥散浸入组织，麻醉感觉神经末梢。常用药为 0.25%～0.5%利多卡因、0.5%～1%普鲁卡因。

5. 安死术

1）颈椎脱臼法

将大鼠置于粗糙平面上，左手拇指与食指用力向下按住鼠头的同时，右手抓住鼠尾用力向后拉，将脊髓与脑髓拉断，大鼠立即死亡。此法适用于体重 200g 以下的大鼠。

2）急性失血法

大鼠麻醉后，可采用股动脉放血方法使大鼠急性失血死亡。

3）过量麻醉法

注射过量麻醉药物，以常用麻醉剂量的 10～20 倍注射造成动物死亡。也可以吸入过量的乙醚、异氟烷、异氟醚、甲氧氟烷等麻醉药使动物致死。

4）CO_2 致死法

将大鼠放入专用的容器或塑料袋内，打开 CO_2 储气罐，通过气体输送管，将 CO_2 输入容器内，大鼠吸入 CO_2 后逐渐昏睡，直至死亡。CO_2 价廉、不易燃、不易爆、不对环境产生污染，当装置选用合理时，对操作人员也没有任何危害。现在有商品化的 CO_2 动物处死设备。

第六节 健康检查

一、异常状况的观察

1. 一般状况观察

皮毛：有无光泽、竖毛、脱毛、污物、血渍。

眼睛：有无眼屎、流泪、角膜损伤。

口腔：有无流涎、出血。

耳：有无外伤、耳壳曲折、中耳炎等。

四肢：有无外伤、弯曲、肿胀、骨折。

肛门：有无腹泻、便血、脱出。

粪便：排出粪便的含水量、颜色、排粪次数、粪便量；粪便中有无未消化谷粒、黏液、血液、寄生虫虫体。

尿液：排尿的次数、每次尿量及颜色等。

精神状况：有无呆滞、无力、动作不活泼、对刺激反应迟钝、食欲不振或拒食等。

营养状况：有无消瘦、过度肥胖、发育异常。

姿势和步态：有无姿势异常、行走和站立困难、运动失调等。

2. 触诊检查

（1）外部触诊：心跳、呼吸检查、皮下淋巴及其他肿物、骨骼及其他体表可触及的变化。

（2）内部触诊：口腔内黏膜、牙齿、牙周检查。

（3）触觉检查：弹性、硬度、肿胀、触痛等感觉。

3. 大群动物观察

繁殖生产的大鼠或进行实验中的大鼠，如果连续发现不正常个体或大群繁殖力下降，体弱的年幼动物，甚至不明原因死亡等情况，应考虑为异常情况。

二、主要传染性疾病

（1）沙门氏菌病（salmonellosis）：沙门氏菌对脊椎动物有广泛的感受性，是较常见的人畜共患病的病原。大鼠感染后，有时长期不表现临床症状，呈隐性感染状态，在机体抵抗力下降时可发病。沙门氏菌（*Salmonella* spp.）为革兰氏阴性的短杆菌，无芽孢、鞭毛。此菌抵抗力弱，60℃以上和一些常规消毒药就可将其杀死，但在饮水、土壤和粪便中可存活数月。37℃培养 24h 可长出 1～3mm 的光滑菌落，在葡萄糖、山梨醇、甘露醇中常产酸、产气。

临床症状：急性型呈暴发流行，看不到任何临床症状动物即大批死亡，往往是工作人员下班时一切正常，第 2 天上班发现动物已有 1/3 死亡；亚急性型表现为病鼠食欲减退甚至废绝，被毛蓬乱无光泽，眼结膜发炎、眼睑黏合，腹泻，粪便呈泡沫状黏液、黄绿色、味恶臭，严重时粪便中带有血丝，通常可见病鼠腹部膨大，手弹可听到明显的鼓音，一般病程 2～3 周。慢性型有上述症状，但症状较轻，患鼠逐渐消瘦，2～3 周后逐渐恢复。

预防：本病的主要预防措施是严格饲养管理，饲料严防野鼠污染，加强饲养中各个环节的消毒灭菌，注意饲养人员的带菌状况检查，可以利用剖宫产手术建立无本病的鼠群。一般鼠群感染本病，很难彻底排除，需全群淘汰，重新引种。

（2）支原体病（mycoplasma infections）：病原体为肺支原体（*Mycoplasma pulmonis*），为革兰氏染色阴性。典型的支原体菌落为圆形“荷包蛋”样。支原体没有细胞壁，没有运动力，发酵葡萄糖，不发酵精氨酸。菌体呈多种形态，如圆形、杆状、放射状、环状。其广泛存在于自然界，能引起大鼠、人和多种动物疾病。

流行病学：传染源为发病或隐性带菌的动物。它主要以呼吸道感染为主要传播途径，垂直感染或直接接触是常见的传播方式。但它没有严格的宿主，人和各种实验动物都可发病，尤以大鼠、小鼠为甚。

临床症状：常呈隐性感染，症状不明显，少数表现不活动，震颤，被毛粗乱、弓背，体重减轻等，常常在饲养盒一角蹲缩。大鼠主要引发肺炎症状。动物突然发病时，呼吸急促甚至呼吸困难，有支气管肺炎或细支气管扩张和肺脓肿症状。大鼠最易感染的部位是呼吸道和关节，感染部位可见病理变化，主要表现为炎症反应，包括充血、水肿及浆液性分泌物形成。鼻腔、中耳的泡状肥大部有脓性黏液性渗出物。在气管、支气管、细支气管内有黏液性渗出物。由于支气管堵塞导致膨胀不全。最后可见部分肺叶表面上有许多奶油色结节性脓肿。

诊断：大鼠鼻咽部擦拭取材培养，检查出支原体即可确诊。

预防及控制：预防本病的措施是加强饲养室的卫生消毒工作，对饲养室周围的环境进行化学药物消毒。控制本病最有效的办法是保持无支原体的动物种群，可采取剖宫产净化或重新引进种群。

（3）流行性出血热（epidemic hemorrhagic fever，EHF）：1981 年，WHO 统一命名为肾综合征出血热（hemorrhagic fever with renal syndrome，HFRS），病原体为汉坦病毒（hantan virus，HV），国内多称为流行性出血热病毒，是主要感染大鼠的一种重要的人畜共患病，可引起人高热、出血和肾脏损伤，我国屡有发生流行性出血热造成人员死亡的报道。

流行病学：汉坦病毒感染的自然宿主主要是田鼠，小鼠、大鼠、仓鼠、家鼠亦可携带病毒，通过尿、粪便、唾液等排泄物向外排毒；人类感染主要是由于接触带毒的宿主动物及其排泄物而感染。大鼠是实验动物中最主要的传染源。

临床症状：汉坦病毒感染在大鼠中主要表现为地区性流行，大鼠感染后一般无临床症状，无明显病理变化或只有轻微肺部炎症，也不发生死亡；人感染汉坦病毒可引起严重疾病，具有地区性、季节性和普遍易感性等流行特点，临床过程轻重不一，过程较复杂，最初表现为发热、头痛、肌痛和严重不适，严重者最后发生肾衰竭、尿毒症甚至死亡。

由于大鼠感染 HV 无明显症状，因此实验室的检测对了解 HV 感染状况十分重要。

近年来，多采用间接免疫荧光试验或ELISA进行检测。从最近的报道来看，野鼠的感染状况比较严重；而动物房饲养实验动物未见HV感染的报道。

预防：预防HV感染的措施是阻断传染源与易感动物的接触，建立严格的清洗消毒制度，饲料、垫料、笼具、工作服都要彻底消毒。开展灭鼠运动，防止野生家鼠进入动物房；若发现感染鼠，及时处理。

（4）仙台病毒感染、嗜肺巴斯德杆菌感染、泰泽氏菌病、弓形虫病、蠕虫感染和体外寄生虫：参见第十章小鼠的有关内容。

三、大鼠质量检测与疾病诊断

大鼠的质量检测通常包括微生物学和遗传质量的检测，检测的依据为国家标准。

（1）按照微生物、寄生虫控制等级要求，实验大鼠应每季度进行微生物及寄生虫学周期性检测。检测中种群的任何一只动物存在一项阳性结果，即判为不符合该等级动物质量。

（2）新建立和引进的近交系大鼠应进行全面遗传学检测，近交系大鼠的生产群至少每年进行一次遗传检测。

（3）疑似遗传污染或病原体污染的大鼠应随时进行遗传学检测和隔离检疫。

（4）观察有异常的大鼠，应停止繁殖生产（实验中的动物，应停止实验），采取病原体检查、病变检查、血清学检查等手段，进行疾病的诊断。

四、卫生与防疫

参照小鼠的要求（第十章）执行。

第十二章 豚 鼠

第一节 主要生物学特性

一、生理学特性

1. 动物学分类与来源

豚鼠（cavy，guinea pig；*Cavia porcellus*）属哺乳纲、啮齿目、豪猪形亚目、豚鼠科、豚鼠属动物。原产于南美大陆西北部，成群穴居，分布较广。16 世纪作为宠物动物由西班牙人带入欧洲。1780 年，Laviser 首次用豚鼠做热原实验，在 20 世纪 20 年代后期，英国培育的短毛豚鼠邓金-哈特雷（Dunkin-Hartley）是最早用于实验的豚鼠品系。目前豚鼠已广泛应用于医药学、生物学、兽医学等研究领域。已培育有多个近交系和远交系。

2. 一般特性

豚鼠身体短粗，头大颈短，耳圆且小，四肢短小，前足有四趾，后足有三趾。有尖锐短爪，无尾。无主动攻击行为，不善于攀登跳跃。全身被毛短粗紧贴体表，毛色多样，有白色、黑色、棕色、灰色、黄色等。毛色组成有单色、双色、三色。

豚鼠是食草动物，饲料中粗纤维含量较多。豚鼠体内不能合成维生素 C，故需要在饲料或饮水中补充。对发霉变质的饲料也极敏感，常因此引起减食、废食和流产等。

3. 解剖学和生理学特点

（1）豚鼠门齿尖利呈弓形深入颌部，能终身生长；臼齿发达。

（2）咀肌发达，胃壁较薄但盲肠发达，几乎占腹腔容积的 1/3，并富有淋巴结。

（3）胸腺在颈部，位于下颌骨角到胸腔入口之间。

（4）肝脏呈暗黄色。胰腺位于十二指肠弯曲部的肠系膜上，呈乳白色脂肪样的片状物，分泌的胰液经胰腺管进入十二指肠。

（5）性成熟早，雌鼠 30～45 天，雄鼠 70 天。性周期 15～17 天，妊娠期 65～72 天，一般产仔 3～4 只，哺乳 2～3 周。新生仔鼠周身被毛，两耳竖起，两眼睁开，有视力，有门齿，出生后 1h 即能活动。这是因为其脑的发育在胚胎期 42～45 天就已成熟，属于胚胎发育完善动物。5 月龄体成熟时，体长 22.5～35.5cm，体重 450～700g，雌鼠可达 700g，雄鼠可达 750g 左右。

（6）豚鼠的寿命与品种、营养及饲养环境有关，一般为 4～5 年，种鼠的使用期限一般在 1.5 年之内。

（7）紧凑的身体利于保存热量但不利于散热，耐冷不耐热，自动调节体温能力较差。当环境温度变化无常且幅度较大时，易造成豚鼠自发性疾病流行，当室温升至 35～36℃

时，易引起豚鼠急性肠炎。

（8）嗅觉和听觉发达，有听觉耳动反射。

（9）自身不能合成维生素 C，对其缺乏敏感，需要从外界完全补给。

（10）对抗生素处理敏感，尤其是青霉素，轻则发生肠炎，重则死亡。

（11）容易被致敏，易引起变态反应，对免疫抑制剂敏感。

二、行为学特性

胆小易惊，温度的波动，声音的刺激，气味的变化，饲养环境和器具的变化，都会给豚鼠带来惊吓。对外界突然的响声、振动十分敏感，常出现呆滞不动，僵直不动，可持续数秒至 20s 后四散逃跑，有时表现为耳郭竖起（即普赖反射），并发出吱吱的尖叫声。

豚鼠喜群居，其活动、休息、采食多呈集体行为，休息时紧挨躺卧，单笼饲养时易发生足底溃疡。群体中有专制型社会行为，1～2 个雄鼠处于统治地位，一雄多雌的群体形成明显的稳定性。喜欢安静、干燥、清洁的环境且需较大面积的活动场地。

性情温顺，很少发生斗殴，斗殴常发生在新集合在一起的成年动物中，特别是其中有两个以上雄性种鼠时较常发生，但很少咬伤饲养管理和实验人员。

第二节　引种的管理

一、引种要求

参照小鼠的要求（第十章）执行。

二、隔离检疫

参照小鼠的要求（第十章）执行。

第三节　繁 育 技 术

一、繁殖特性

1. 性成熟

豚鼠有性早熟特征，雌鼠一般在 14 日龄时卵泡开始发育、于 60 天左右开始排卵。雄鼠 30 天左右开始出现爬跨和插入动作，90 日龄后具有生殖能力的射精。

2. 发情

雌鼠为全年多发情期动物，发情的雌鼠有典型的性行为，即用鼻嗅同笼其他豚鼠，爬跨同笼其他雌鼠。与雄鼠放置一起，则表现为典型的拱腰反应，即四条腿伸开，拱腰直背，阴部抬高。雌豚鼠性周期为 15～17 天，发情时间可持续 1～18h，平均 6～8h，多在下午 5 时到第二天早晨，排卵是在发情结束后。发情时间可因交配而缩短。

3. 交配

豚鼠生长发育到 90 天以上，体重在 650g 以上可进行繁殖，但在 4 月龄左右才达到体成熟。此时方可进行配种繁殖，否则不但母鼠体质过度损耗，其产生的后代体质和生命力也较弱。交配成功后，在雌性阴道内形成阴道栓。查找阴道栓可确定交配日期，准确率达 85%～90%。

4. 妊娠

豚鼠妊娠期为 65～72 天，平均 68 天，比其他啮齿类动物长得多，青年豚鼠妊娠期有延长的趋势。在分娩 2～3h 后，母鼠出现一次产后发情，此时交配妊娠率可达 80%。

5. 分娩

分娩前一周耻骨联合出现分离，最大限度可达 3cm 左右，可作产期判断。雌鼠于分娩时蹲伏，产后把仔鼠身上舔食干净并吃掉胎盘。

6. 哺乳

产仔数 1～8 只，多数为 3～4 只。豚鼠虽然只有一对乳房，但泌乳能力强，可很好地哺乳 4 只仔鼠。母鼠间有互相哺乳的习惯，这一点与其他啮齿类及兔、狗不同。仔鼠一般在 14～21 天离乳。

二、繁殖管理

1. 选种

要求选 2～3 胎体质强壮、活力强、抗病力强的仔鼠作种用。选种时采取同窝中选雄不选雌的方法，每窝选 1～2 只健康的仔鼠，最好每次从多个饲养间同时选种，每个饲养间只选同一性别。产仔少、产仔不良（流产、死仔多等）或体质差的后代不选种。

留种可以考虑以下几个方面：①体态丰满颀长，营养良好，骨骼粗壮结实。②毛色光亮，被毛洁净密实。③体躯呈流线形，头、颈、胸、腹、臀结构紧凑。行动敏捷活泼。④眼明亮，无分泌物。鼻潮湿，无脱毛现象。呼吸平稳。⑤皮肤柔软有弹性，无皮肤病。⑥雄鼠睾丸对称，阴囊皮肤细致，阴茎发育正常。母鼠外阴洁净，乳房发育良好，乳头突出。

2. 育种

生产群应制定符合种群规模的选种计划，定期进行选种。保种应选择符合本品种特征的动物进行选种，制定出每年的留种计划，淘汰不合格动物，如发育迟缓、体弱、产仔少、繁殖力下降等。

3. 繁殖方法

种群在大规模繁育的过程中采用 1∶5（雄雌比）或更高比例的长期同居交配方法。

由于豚鼠有共同抚育幼仔的特性，采用此方法可大幅度地提高幼崽的成活率。采取一雄多雌的交配方法应做好生产记录，及时移出离乳的仔鼠（14～21 天），防止争食和误交配。近交系豚鼠按照兄妹交配的方式进行种群维持和繁殖。

豚鼠繁殖使用期限一般为 1～1.5 年。为维护种群生产，一般间隔 3 个月左右定期淘汰由于胎次过多或体质瘦弱的生产种，及时补充新种。

4. 谱系管理

繁殖种群应做好繁殖记录，每个鼠盒均应有记录卡片，随时记录生产情况。谱系记录应包括父母编号、动物编号、出生日期、交配日期、产仔只数等信息。谱系记录应及时整理归档，有条件的可以进行电子标签管理。

5. 净化

随着生命科学研究、生物医药产业发展对豚鼠质量要求的不断提高，使用清洁级以上的动物越来越多。为保持微生物等级要求，需要定期进行种群净化。豚鼠的净化以剖宫产手术为主。

第四节 饲养管理

一、设施环境

饲养设施分为普通环境、屏障环境和隔离环境。

豚鼠听觉好，对外来的刺激如突然的振动、声响较敏感，甚至可引起流产，因此，饲养环境应保持安静。

豚鼠笼具的材质应符合对动物健康和福利的要求，采用无毒、无放射性、耐腐蚀、耐高温、耐高压、耐冲击、易清洗、易消毒灭菌的材料。笼具的内外边角均应圆滑、无锐口，动物不易噬咬、咀嚼。豚鼠多采用聚乙烯塑料等材质的专用鼠盒饲养，也可用网状或硬质底面，但网状底面不适合长期饲养繁殖。豚鼠不能登高，跳跃能力差，笼具若高于 40cm，一般不需加盖。笼具的规格应满足国家标准的要求。

二、饲料、饮水、垫料

1. 饲料

豚鼠因为不能合成维生素 C，所以需要从饲料或饮水中获取。成年豚鼠 10mg/（kg 体重·d）的维生素 C 可满足维持和生成发育的需求，而妊娠繁殖期需要 30mg/（kg 体重·d）；现行国标规定每千克饲料中含维生素 C 1500mg（维持）和 1800mg（生长繁殖）。多数商品化的饲料均强化了维生素 C，基本可以满足要求。但要考虑维生素 C 的不稳定性，如果储存不当或时间过长，维生素 C 的含量会显著下降。一般饲料在 1 个月或 2 个月内喂完比较合适。除在饲料中添加维生素 C 外，饲养在普通环境的豚鼠可以通过饲喂甘蓝、白菜、菠菜等青绿蔬菜来补充维生素 C，也可通过饮水添加维生素 C（200～400mg/L），但要注意每天添加新鲜的水并防止氧化。含氯离子和一些金属离子的水会使维生素 C 失效，因此使用不锈钢的饮水设备比较理想。

豚鼠对某些必需氨基酸特别是精氨酸的需要量较高。酪蛋白的第一限制氨基酸对于豚鼠为精氨酸，而植物性蛋白含有丰富的精氨酸，豚鼠作为食草动物，以植物来源的 18% 蛋白质的日粮能生长良好。用含 18%～20%蛋白质的饲料饲养豚鼠可有较好的繁育成绩。

豚鼠在饲料中添加 1%玉米油时，供豚鼠生长和防止皮肤变化已足够。

当日粮中磷含量未经细致控制，豚鼠可能发生软组织钙化。

豚鼠对粗纤维的消化能力强，通常日粮中要求含有 12%～16%的粗纤维。如果粗纤维含量不足，可以引起豚鼠出现排粪障碍和脱毛现象。

饲料消耗随年龄、环境和生理状态而不同，正常情况下豚鼠每天每千克体重消耗 60g 左右的饲料。为防止豚鼠浪费饲料，可采用 J 形料槽加以控制。

2. 饮水

普通级动物的饮水应符合 GB 5749—2006 生活饮用水卫生标准的要求。清洁级以上动物的饮水需达到无菌要求，并应定期进行无菌检测。生产群可用酸化水，以达到抑菌目的。酸化水 pH 为 2.5～3.0。提供新鲜的饮水是饲养管理的基本要求，成年豚鼠每天饮水约 40ml，因为豚鼠有戏水的习惯，浪费的比需要的多，通过每天给予定量的饮水来控制，可防止垫料潮湿。自动饮水系统不适合豚鼠。

3. 垫料

参照小鼠的要求（第十章）执行。

三、饲养操作与日常管理

根据豚鼠的生理特点、解剖学特性和行为学习性，在日常饲养管理中应注意以下要点。

（1）每天喂料一次，给料前把料盒内的残留物清洁干净，如留有尿液时，用干净垫料擦除，加料不宜过满，给料时应根据饲养盒内动物数和季节变化而增减。

（2）每天上午、下午分别给水一次，按照每只每天 40ml 的量计算每次每盒动物的饮水量，两次给水间隔不少于 5h。饮水瓶塞至少每周更换一次。

（3）每月换料盒 1～2 次，平时发现有料盒污染应及时更换。

（4）每周更换 1～2 次垫料，饲养笼盒每两周更换一次。屏障设施在换垫料的同时，用浸有消毒液的纱布擦拭饲养笼架。

（5）每周检查生产情况，记录产仔数、死仔数及日期。及时淘汰体弱的豚鼠。

（6）每周离乳一次，雌雄分居饲养。每盒最多不超过 25 只，随日龄增加而相应减少只数。

（7）种鼠雌、雄分开饲养，密度不能过大，2～5 周龄时，每盒不能超过 20 只，以后随体重增加逐渐减少，直至每盒 6～8 只。

（8）每天工作完毕后需清扫地面，以无菌水或消毒液拖地。

四、废物处理

参照小鼠的要求（第十章）执行。

第五节 使用管理

一、豚鼠的获取

1. 来源

参照小鼠的要求（第十章）执行。

2. 运输与接收

参照小鼠的要求（第十章）执行。注意豚鼠对声音和温度敏感，运输时应考虑这些影响因素。豚鼠对环境变化也比较敏感，检疫观察期应比大小鼠延长，一般经5～7天的适应期后再投入实验。

3. 健康状况观察与评价

参照小鼠的要求（第十章）执行。

二、基本操作技术

1. 抓取与保定

豚鼠性情比较温顺，易于抓取。一只手抓肩膀，手指夹住前肢提起，另一只手托起臀部，对妊娠鼠应小心操作防止造成流产。

固定豚鼠可用固定架或其他固定装置，固定后进行实验操作。

2. 供试品给予方法

1）经口途径

胃管给药：使用灌胃针头沿豚鼠上腭壁插入食道，确认没有误入气管，投药后轻轻拔出胃管。

口腔给药：经口投喂固体药物时，可以把豚鼠放在实验台上，用左手从背部向头部握紧并固定动物，以拇指和食指压迫左右口角使其口张开。实验者把药物放在豚鼠舌根处，使动物迅速闭口而自动咽下。

2）经皮途径

豚鼠是皮肤过敏试验的常用动物，常采用背部脱毛、涂布药物的方法，利用专用马夹固定保护涂药部位。

3）注射途径

豚鼠皮下注射一般选择大腿内侧、背部、肩部等皮下脂肪少的部位，通常在豚鼠大腿内侧面注射。静脉注射对于豚鼠比较困难，可选择舌下静脉、阴茎静脉和大腿的隐静脉等部位。

其他注射给药，如肌内注射、腹腔注射、皮内注射、脑内注射等方式亦可应用，其操作要领参照小鼠的要求（第十章）执行。

3. 样品收集

采血：切割边缘耳静脉、剪尾或眼静脉丛均可获得少量血液。由于豚鼠皮肤较厚，外观血管不明显，静脉穿刺采血比较困难，一般可获得2～3ml血，隐静脉是较容易的采血部位之一。心脏穿刺是大量取血的方法，一般300～400g的豚鼠可取血10～15ml。在实验结束时，也可采用腹主动脉采血。采血需在麻醉状态下进行操作。

粪便、尿液的采集：一般使用代谢笼采集动物的粪便、尿液，通过特有装置将粪尿分开收集。

精液采集：参照大鼠的方法（第十一章）执行。

4. 麻醉与镇痛

（1）吸入麻醉：参照小鼠的方法（第十章）执行。

（2）注射麻醉：途径包括静脉注射、皮下注射、肌内注射、腹腔内注射等。由于豚鼠静脉注射给药难度较大，通常选择腹腔注射或肌内注射的途径给药。豚鼠常用麻醉药剂量与用法见表12-1。

表12-1　豚鼠全身麻醉剂用量与用法

麻醉剂	给药方法	剂量/（mg/kg）
戊巴比妥钠	IV	30
	IP	40
氨基甲酸乙酯	IP	1500
硫喷妥钠	IV	20
	IP	55
水合氯醛	IP	200～300
盐酸氯胺酮	IM	22～44

（3）局部麻醉：参照大鼠的要求（第十一章）执行。

5. 安死术

淘汰动物或实验结束处理动物，应遵循动物福利与伦理的要求，对动物进行安死术，执行安死术的人员需经过培训。常用的方法包括以下几种。

（1）吸入法：参考小鼠的方法（第十章）执行。

（2）过量麻醉法：参照小鼠的方法（第十章）执行。

（3）放血法：通常采用腹腔注射麻醉（戊巴比妥钠，40mg/kg）后，股动脉放血直至动物死亡。

（4）断头法：采用专用断头器让豚鼠瞬间死亡。

第六节 健康检查

一、异常行为的观察

观察豚鼠的异常行为是日常饲养管理的重要环节，它不仅可以早期发现疾病，还能发现饲养管理中存在的问题。豚鼠行为异常包括：活动过度，不停转圈，或者离群、少动等。体表异常包括：溃疡、肿块、外伤、五官及排泄孔分泌物、污浊及被毛不光滑、粗糙、逆立等。饮食异常包括：不吃饲料或不喝水，排便、排尿异常等。出现异常应及时记录并报告兽医或动物管理负责人，以便采取措施。

二、主要传染性疾病

1. 沙门氏菌病

由沙门氏菌属细菌引起的疾病总称。临床上多表现为败血症和胃肠炎，也可使怀孕的动物发生流产。沙门氏菌很容易在动物与动物、动物与人、人与人之间通过直接或间接途径传播，没有中间宿主。主要传播途径是消化道。在豚鼠繁殖群中，以怀孕母鼠和刚断奶的仔鼠损失最严重。发病多呈急性暴发型，没有前驱症状而在 4～5 天大批死亡。亚急性型的动物呈现行动呆滞、蜷缩一隅，被毛蓬松、食欲不振、结膜炎、眼睑黏合，出现腹泻、颤抖、摇晃，病程延续 7～10 天而死亡。慢性型的动物除出现上述类似症状外，还出现消瘦，延续较长时间后逐渐康复或死亡。根据流行病学、临诊症状和病理变化，只能作出初步诊断；确诊需从患病动物的血液、内脏器官、粪便，流产胎儿胃内容物、肝、脾取材，作沙门氏菌分离、鉴定。近年来，单克隆抗体技术、酶联免疫吸附试验、核酸探针和 PCR 技术已用来进行本病的快速诊断。

2. 呼肠孤病毒Ⅲ型感染

由呼肠孤病毒（reovirus）Ⅲ型引起小鼠、豚鼠、仓鼠感染的传染病。临床表现以油性被毛效应和脂肪性下痢为特征。宿主范围广泛，流行无明显的季节性。该病主要通过消化道和呼吸道途径传播，还可通过孕鼠垂直传播，致胎儿或新生乳鼠死亡。根据油性被毛效应和脂肪性下痢，临床症状可作初步诊断，通过病毒分离、血清学诊断等进行确诊。

3. 多杀巴斯德杆菌感染

多杀巴斯德杆菌（*Pasteurella multocida*）属巴斯德杆菌属。本菌能使多种畜禽发生巴斯德杆菌病，主要表现为出血性败血症或局部慢性感染，实验动物中主要对兔有高度致病性，引起兔出血性败血病，对兔造成很大危害，严重影响兔的生产质量和动物实验结果。本菌的主要侵犯部位为鼻黏膜，引起鼻塞，出现连续打喷嚏现象，且伴有浆液或黏液脓性鼻涕，还可发生慢性或萎缩性鼻炎、中耳炎、肺炎、皮下脓肿、生殖道脓肿等不同症状，肺炎可有从慢性化脓性支气管肺炎到急性肺炎等不同表现，中耳炎有时病变可波及内耳，出现斜颈及回旋症状。

本菌为革兰氏阴性球杆菌或短杆菌，两端浓染，此菌可从呼吸道分泌物，以及生殖道分泌物、病灶组织及脓液中分离，在普通琼脂上很难生长，在血平皿上形成 $1mm^2$ 左右、光滑露滴样、灰白色、不溶血的菌落。

本病感染的主要途径为密切接触患病动物鼻腔或阴道等排出的分泌物，屏障系统可有效防止兔、豚鼠等感染此菌，兔的管理和饲养人员应注意个人卫生，保持饲养设施的清洁，切断细菌的入侵途径，可有效地减少此菌的感染。

4. 其他

淋巴细胞脉络丛脑膜炎、仙台病毒感染、泰泽氏菌病、弓形虫病、蠕虫感染和体外寄生虫可参见小鼠的有关内容（第十章）执行。

三、质量检测与疾病诊断

参照小鼠的要求（第十章）执行。

四、卫生与防疫

参照小鼠的要求（第十章）执行。

第十三章　地　　鼠

第一节　主要生物学特性

一、分类与来源

地鼠又称仓鼠（hamster），属哺乳纲、啮齿目、仓鼠科、仓鼠亚科动物。仓鼠亚科动物广泛分布于欧亚大陆，有 5 个属、12 个种、52 个亚种。实验用地鼠由野生地鼠经人工驯化而成，作为实验动物主要有 2 种：金黄地鼠（golden hamster；*Mesocricetus auratus*）和中国地鼠（Chinese hamster；*Cricetulus griseus*）。

金黄地鼠又称叙利亚地鼠，来源于 1930 年从叙利亚 Aleppo 地区捕获的 3 只野生地鼠，世界上育成的金黄地鼠近交系 38 个，部分近交系 8 个，突变系 17 个，封闭群 38 个，目前使用的金黄地鼠大部分属于封闭群。

中国地鼠又名黑线仓鼠或背纹仓鼠。中国地鼠有封闭群和近交系 20 个。

二、一般生理和解剖学特性

1. 金黄地鼠

金黄地鼠身体粗壮，尾巴短，被毛柔软，常见地鼠脊背为鲜明的淡金红色，腹部与头侧部为白色，由于突变毛色和眼的颜色产生诸多变异，因此有野生色、褐色、白色、黄棕色等，耳朵呈圆形，眼小而亮，眼亦有红色和粉红色。成年体长 15～20cm，雌性 15～20cm，雄性 15～18cm。成年体重 85～130g，雌性 90～130g，雄性 85～120g。

金黄地鼠颊囊位于口腔两侧，由一层薄而透明的肌膜组成。齿式为 2（1003/1003）=16；脊椎 43～44 节，肺分 5 叶，右 4，左 1；肝分 7 叶，左右各 3，有 1 个很小的中间叶；胃分前胃和腺胃两部分，胃小弯很小；肾乳头很长，一直伸到输尿管内；肠的长度为 68～72cm，其中小肠的长度为 36～39cm，大肠的长度为 32～35cm；十二指肠和空肠较长，回肠较短，盲肠较长，结肠长；全身有 15 个淋巴中心，35～40 个淋巴结。睾丸呈桑椹状，雌性乳头 6～8 对。

金黄地鼠性成熟 30 日龄左右，性周期 4～5 天，属全年发情动物，发情持续时间 4～12h；妊娠期平均 16.0（15～17）天，是妊娠期最短的哺乳类实验动物，雌性生殖寿命为 6 个月，雄性生殖寿命相对较长。哺乳期 19～21 天，平均窝产仔数 11 只（5～18）只，初生重 1.3～3.2g，幼仔出生后生长发育很快，出生时全身裸露，4 日龄开始长被毛，12 日龄可爬出窝外觅食，14 日龄睁眼，从出生到体成熟大约 60 天，寿命 2～3 年。

2. 中国地鼠

中国地鼠呈灰褐色，体型小，成年体长约 9.5cm，体重 28～40g，眼大黑色，外表肥壮、吻钝、短尾，背部从头顶直至尾基部有一暗色条纹。行动迟缓，喜独居，晚上活动，白天睡眠。

中国地鼠颊囊容易牵引翻脱。无胆囊，总胆管直接开口于十二指肠。大肠相对短，其长度与体长比值比金黄地鼠小 1 倍。全脑与体重比值 2 月龄时比金黄地鼠大 1 倍。脾脏/体重比值远小于小鼠。细支气管上皮为假复层柱状上皮，与人类相近。雄性睾丸硕大，长 13mm 左右，占体重 3.5%，雌性有乳头 4 对。

中国地鼠一般在 8 周龄性成熟，最适应繁殖的年龄是 12 周龄，发情周期是 3～7 天（平均 4.5 天），妊娠期平均 20.5（19～21）天，每胎产仔 4～8 只，最多可达 10 只。哺乳期 20～25 天；寿命 2～2.5 年。

三、行为学特性

（1）地鼠是昼伏夜行动物，一般在夜晚 8～11 时最为活跃，运动时腹部着地，行动不敏捷，易于捕捉。牙齿很坚硬，胆小，警觉敏感，嗜睡。具有储食习性，常有食仔癖。喜居温度稍低、湿度稍高的环境。

（2）有嗜睡习惯，睡眠很深时，全身肌肉松弛，且不易弄醒，有时误认为死亡。室温低时出现冬眠，一般于 8～9℃时可出现冬眠，此时体温、心跳、呼吸频率、基础代谢率均降低。16℃以下停止繁殖。

（3）有好斗习性，成年地鼠相互间容易打架和撕咬，难于成群饲养。

第二节　引种的管理

一、引种要求

参照小鼠的有关规定（第十章）执行。

二、隔离检疫

参照小鼠的有关规定（第十章）执行。

第三节　繁 育 技 术

一、选种和育种

地鼠选种可按初选、再选和定种 3 个步骤进行。初选通常从生产母鼠的 2～4 胎仔鼠中挑选，为避免近亲交配，同窝仔鼠仅留单一性别（雄性或雌性），选留的仔鼠哺乳期为 19～21 天；再选从断奶开始到 60 日龄期间结束，根据地鼠健康和发育状况进行挑选；定种从 60 日龄以后开始到配种繁殖前。

地鼠从断奶到配种繁殖前整个期间为育种阶段，为保证种群质量，地鼠育种环节非常重要，因此育种期间应加强饲养管理和环境控制，保证地鼠在此期间得到足够的营养和稳定的环境条件。

二、保种

地鼠种群可分为核心种群和生产种群，生产群地鼠应来自于核心种群，为保证核心种群地鼠的质量，通常使用隔离设施饲养核心种群地鼠，并且严格规范配种繁殖过程，定期进行微生物检测和遗传检测。核心种群地鼠的繁殖应有完整记录，并建立种群系谱。生产种群地鼠应定期更新。

三、繁殖方法

地鼠属昼伏夜行动物，成年雌、雄鼠交配行为都在傍晚和晚上进行；雌性地鼠 70 日龄，雄性地鼠 80 日龄即可配种繁殖。地鼠繁殖通常采用两种方式进行，第一种方式按 1 雌和 1 雄比例配种，傍晚将雌性地鼠放入雄性地鼠笼盒内，第二天早上，将雌性地鼠取出放回原笼盒内，受精后一般在雌鼠的阴道处可看到精液凝固形成的栓塞。第二种方式按 1 雄 2 雌比例配种，将 2 只雌性地鼠放入雄性地鼠笼盒内，同居 4～5 天后将雌性地鼠分别取出放回原笼盒内，配种后 12 天左右检查雌性地鼠是否受孕。

四、净化技术

通过净化技术可排除地鼠携带的某些病原体，从而建立 SPF 地鼠种群。地鼠种群净化仍然采用传统的剖宫产技术，通过 SPF 代乳母鼠或人工乳喂养剖宫产幼鼠，从而达到提高地鼠种群质量的目的。净化地鼠种群应在屏障设施或隔离设施中饲养。

第四节　饲 养 管 理

一、设施环境

1. 环境设施条件

参照小鼠的管理规定（第十章）执行。普通级动物环境温度要求可适当放宽至 18～29℃。

2. 笼具

饲养地鼠的笼具可选用无毒塑料或透明 PC 材料制成，笼盖通常为不锈钢材质。笼具的规格应满足国家标准的要求。目前国内生产的金黄地鼠笼具的尺寸是 310mm×230mm×250mm，可饲养育成年地鼠 4 只，成年繁殖雌鼠 1 只或成年雄鼠 2～3 只。中国地鼠饲养一般用小鼠笼具。地鼠饮水瓶为无毒性的 250ml 塑料瓶，瓶塞为硅胶材质，不锈钢吸水管。

二、饲料、饮水、垫料

1. 饲料

地鼠饲料通常为全价营养颗粒饲料，直径约 12mm，长度 30～40mm，地鼠日采食量为 10～15g。

地鼠对营养要求较高，尤其是对蛋白质，饲料中的蛋白质含量应不低于 21%，繁殖地鼠饲料的蛋白质含量为 23%～25%。饲料中蛋白质含量不足将导致地鼠繁殖力下降；其他营养成分含量应符合 GB 14924.3—2010《实验动物 配合饲料营养成分》中的要求；SPF 地鼠饲料应采用 ^{60}Co 照射或高压灭菌处理。

2. 饮水

参照小鼠的要求（第十章）执行。

3. 垫料

参照小鼠的要求（第十章）执行。

三、饲养操作与日常管理

参照小鼠的管理规定（第十章）执行。

四、废物处理

参照小鼠的管理规定（第十章）执行。

第五节　使 用 管 理

一、地鼠的获取

1. 来源

参照小鼠的要求（第十章）执行。

2. 运输与接收

参照小鼠的要求（第十章）执行。

3. 观察与健康评价

参照小鼠的要求（第十章）执行。

二、基本操作技术

1. 抓取与保定

抓取地鼠时需要事先戴好防护手套，通常用戴手套的左手迅速扣住地鼠背部，左手拇指和食指捏住颈背部皮肤将地鼠轻轻提起，并固定在左手掌心中。80g 以上的成年地鼠可采用单手抓取，双手固定，一只手捏住颈背部皮肤，另一只手托住地鼠臀部。

2. 供试品给予方法

常用给药方法包括口服给药、皮下注射、肌内注射、腹腔注射和静脉注射。皮下注射一般在颈背部皮下进行；肌内注射一般从后肢大腿外侧肌肉注入；静脉注射通常选择股静脉注射。

3. 样品收集

1）血液收集

地鼠血液采集可根据采血量，选择眶静脉丛采血和心脏穿刺法。眶静脉丛采血法可参照小鼠的操作进行，适于微量采血。心脏穿刺法：地鼠麻醉后仰卧固定，用 75%乙醇消毒胸部皮肤，用左手触摸胸部左侧第 3～4 肋间，右手用采血注射器在心跳最明显处迅速刺入，缓慢抽取血液。一般可采集 2.0～5.0ml 血液。如果在实验结束时，也可以采用腹主动脉采血法，具体操作参见小鼠的方法（第十章）。

2）粪便与尿液收集

参照小鼠的要求（第十章）执行。

3）精液采集

地鼠精液收集可采用阴道收集法和电刺激法。阴道收集法是在地鼠交配后 12h 内，采集雌性动物阴道内的精栓；电刺激法是将电极棒插入雄性地鼠的直肠适当深度，选择适当频率，打开电源，从而刺激射精。如果实验结束时，也可采用附睾取精，具体方法参照小鼠的技术要求（第十章）执行。

4. 麻醉

地鼠麻醉一般采用全身麻醉，麻醉方式多选用吸入麻醉，具体方法参照小鼠的要求（第十章）执行。

5. 安死术

参照小鼠的要求（第十章）执行。

第六节 健康检查

一、异常行为的观察

参照小鼠的要求（第十章）执行。

二、主要传染性疾病

1. 疥癣

疥癣为地鼠常见的体外寄生虫疾病，主要表现为皮肤瘙痒或结痂、背毛大量脱落、肌体消瘦。一般认为是由螨虫感染所致。动物感染螨后出现的症状和病变与螨寄生于宿主的部位有关。寄生于皮肤表面的螨，可引起皮肤角化、棘皮症和皮肤结痂；寄生于动物皮内的螨，可引起严重的皮肤反应，出现角化、皮炎和浆液性渗出物，严重时可引起化脓性皮炎或皮肤溃疡；寄生于外耳道的螨，可引起动物剧痒不安而产生自伤，感染严重时可出现流血和脓性渗出物。螨对动物引起的病变是螨的采食习性和宿主应答的结果。

实验动物体外寄生虫的检测方法主要有肉眼观察、透明胶带粘取法（适用于小动物）、解剖镜下通体检查法（适用于小动物）、拔毛取样（适用于较大动物）、刀片刮取皮层物取样（适用于皮层内寄生螨类的检测）等。

2. 其他疾病

其他如沙门氏菌感染、多杀巴斯德杆菌感染、支气管鲍特杆菌感染、泰泽氏菌感染、淋巴细胞脉络丛脑膜炎、仙台病毒感染、弓形虫、蠕虫感染等疾病参见小鼠和大鼠的有关内容（第十章和第十一章）。

三、质量检测与疾病诊断

参照小鼠的要求（第十章）执行。

四、卫生与防疫

参照小鼠的要求（第十章）执行。

第十四章 家　　兔

第一节 主要生物学特性

一、动物分类学

兔（*Oryctolagus cuniculus*）属哺乳纲、兔形目、兔科。兔科中有真兔属（*Oryctolagus*）、野兔属（*Lepus*）和白尾棕色兔属（*Sylvilagus*）。目前作为实验动物使用的兔为真兔属，也有的实验使用野兔和白尾棕色兔属。兔品种资源丰富，在美国实验动物资源研究所（ILAR）的目录上，用于实验用的兔品种或品系资源有30多个，其中包括13个近交系。另外在英国维持着16个近交系兔，日本保存了20多个兔品种资源。除常用兔品种外，美国JAX公司还保存了数个突变品系。我国最常用的实验兔品种主要有3个，包括新西兰兔、日本大耳兔和青紫兰兔，另外也少量使用中国白兔、哈白兔和WHBE兔（白毛黑眼兔，浙江中医药大学培育）等特有品种资源。

二、生理与解剖学特性

（1）属食草动物，易消化粗纤维，对青绿饲料的消化率较高。

（2）耳大，血管清晰，便于注射和采血。

（3）颈部有减压神经独立分支。胸腔结构特殊。

（4）回肠与盲肠相连处膨大形成一厚壁的圆囊，称为圆小囊，是B淋巴细胞分化中枢，为兔的特有结构。

（5）被毛较厚，靠耳和呼吸散热，体温变化灵敏，最易产生发热反应，发热反应典型、恒定，常被选用进行药品和生物制品的热原试验。

（6）出生时赤裸无毛，眼睛紧闭，耳闭塞无孔，趾趾相连，不能自由活动。3～4日龄时长绒毛，4～8日龄脚趾开始分开，6～8日龄耳内出现小孔与外界相通，10～12日龄眼睛睁开，出巢活动并随雌兔试吃饮料，21天左右即能正常吃料，30天左右被毛形成。100日龄左右脱换乳毛，130～190日龄第2次换毛。每年春、秋季均有一次换毛现象，换毛期间抵抗力差，易发疾病。妊娠期30～33天，哺乳期42天，窝产仔7～10只。适配年龄，雄7～9月龄，雌6～7月龄，交尾刺激排卵，属常年多发情动物，有产后发情现象。寿命达8～10年。

三、行为学特性

兔具有夜行性和嗜眠性，夜间十分活跃，而白天表现十分安静，除喂食时间外常闭目睡眠。当使其仰卧，顺毛抚摸其胸腹部并按摩其太阳穴可使其进入睡眠状态，在不进行麻醉的情况下可进行短时间的实验操作。

排便习惯固定于一角，有夜间直接从肛门口吃粪的食粪癖，易发生球虫感染，但不吃落地或其他兔排泄的粪。哺乳期仔兔也有吃食雌兔粪的习性。

听觉和嗅觉都十分灵敏，胆小怕惊。散养的家兔喜欢穴居，有在泥土地上打洞的习性。兔对环境影响亦很敏感，喜爱幽静和空气新鲜的环境，并具有耐寒不耐热、耐干燥不耐潮湿等特性。气温超过30℃或环境过度潮湿，可引起减食、废食，对雌兔还可引起流产、泌乳量减少、不肯哺乳带仔等现象，并诱发各种疾病的流行。仔兔对温度的要求更严。

性情温顺但群居性较差，如果群养同性别成兔，彼此经常发生斗殴咬伤。还具有啮齿类行为，喜欢磨牙且具有啃木习惯，木制笼具和巢箱常被啃咬损坏。

四、常用实验家兔的品种及特征

实验用兔品种很多，目前世界范围内应用最广泛的是新西兰白兔，我国医学生物学研究中最常用的有下列几个品种。

1. 日本大耳白兔

原产于日本，是以中国白兔为基础与日本兔杂交培育而成，具有体型较大、生长发育快、繁殖力强等优良特性，属皮肉兼用型品系。其特征是额宽，面平，颈粗，被毛白色而无杂毛，浓密柔软，针毛含量较多；皮板面积大、质地良好，雌兔颈下有皮肤皱褶形成的肉髯；其后躯发育良好，躯体和肩胛部发育一般，身体较长，腹部较大，头尖削；血管清晰，眼睛为红色；两耳长而直立，耳体窄，耳根细，耳端尖，形似柳叶。体成熟早，繁殖力强，年产6～7窝，每窝产仔5～10只。日本大耳兔可分为3种体型，大体型（5～6kg）、中体型（3.5～4.5kg）和小体型（2～2.5kg）。我国饲养的为中体型居多，初生体重45～55g，生长快，成年体重平均4kg左右，其中成年雄兔体重3.7～4.5kg，体长49～54cm，胸围29～33cm；成年雌兔体重3.9～4.7kg，体长50～56cm，胸围29～35cm。

2. 新西兰白兔

新西兰兔是美国加利福尼亚州于20世纪初用弗朗德巨兔、美国白兔和安哥拉兔等杂交选育而成，是世界上著名肉用兔和实验用兔品种。新西兰兔按毛色分为白兔、棕红兔和黑兔3种，因和栖息在新西兰岛上的野生兔毛相似而命名。新西兰白兔是世界范围内用于实验研究最多的品种，已有近交品系育成。新西兰白兔毛色纯白而无杂色毛，皮肤光泽，头宽圆而粗短，成年时的头长为 11～12cm；耳较宽厚而直立，成年时的耳长在14～15cm；体型中等，臀圆，体躯丰满，背腰平宽，后躯发育良好，成年时的体长为45～55cm。其性情温和，体格健壮，雌兔颌下有肉髯，乳头一般为4对，繁殖力强，年繁殖4～6胎，每胎产仔7～12只。新西兰兔的最大特点是早期生长快，初生体重约60g，8～9周龄可达2kg左右，成年兔体重为4～5.5kg，其中，成年雌兔为4.5～5.5kg，成年雄兔为4～5.5kg。

3. 青紫蓝兔

青紫蓝兔又称山羊青兔、金基拉兔，是 1913 年在法国育成的著名兔品种。它含有野生穴兔（嘎伦兔）、蓝色贝伟仑兔和喜马拉雅兔的血统。由于具有与南美洲珍贵毛皮兽——绒鼠（*Chinchilla*，毛丝鼠）相似的皮毛，故而得名。青紫蓝兔的毛色特征是每根毛由 3 种颜色组成，即毛尖黑色、中段灰白色、基部深灰色，毛色细分从基部到毛尖可分为深灰色—乳白色—珠灰色—雪白色—浅黑色 5 段。以口吹气，毛会分出 3 圈或 5 圈不同的颜色。耳尖及尾、面呈灰黑色，眼圈、尾底、腹部呈灰白色。青紫蓝兔外貌匀称，头适中，颜面较长，嘴钝圆，耳中等、直立而稍向两侧倾斜；眼圆大，呈茶褐色或蓝色；体质强壮，四肢粗大，适应性强，生长快；繁殖力和泌乳力都较好，每窝产仔 6～8 只，初生体重约 45g，3 月龄时可达 2.2～2.4kg。青紫蓝兔有标准型、中型和大型 3 个品种，实验研究用为标准型，是最初育成的青紫蓝兔，体型较小，结实紧凑，成年兔体重 2.5～3.5kg；中型青紫蓝兔又称美国青紫蓝兔，是美国用英国引进的标准型兔选育而成，其体长中等，腰臀丰满，雄兔的成年体重为 4.5kg 左右，雌兔 5kg 左右，毛色较标准型稍浅，颌下有较发达的垂皮；巨型青紫蓝兔是 20 世纪 20～30 年代用标准型青紫蓝兔与弗朗德兔杂交育成，此兔生长较快，成年时雄兔体重 6kg 左右，雌兔体重可达 6.5kg；其毛色相对较深，光泽较暗，被毛粗糙。

4. 中国白兔

中国白兔又称中国本兔、菜兔、白家兔，其饲养历史悠久，全国各地均有分布，以四川等地饲养较多，是我国古代经长期培育而成的一种皮肉兼用兔，为世界上最古老的优良品种，也适合科学实验的需要。中国白兔毛色为白色，体型偏小而结构紧凑、匀称，红眼睛、嘴较尖、耳朵短厚、直立，皮板厚实，被毛短密。中国白兔有许多突出的优点，如抗病力强、耐粗饲，对环境适应性好，繁殖力强，一年可生 5～6 胎，每胎平均产仔 6～9 只，最高达 15 只左右。雌兔有 5～6 对乳头。中国白兔的缺点是体型较小，生长缓慢，初生体重 40～50g；30 日龄断奶体重 300～450g，成年雌兔体重 2.2～2.3kg，雄兔 1.8～2.0kg，但因为繁殖力较高、泌乳能力较强，所以是一种优良的育种母本，国外育成的一些优良品种均和中国白兔有血缘关系，如日本大耳白兔。

5. WHBE 兔

白毛黑眼兔（white hair black eyes rabbit，简称 WHBE 兔）是浙江中医药大学实验动物中心于 1998 年 9 月在日本大耳白兔的生产群中发现的一个突变品系。通过回交-近交方式（包括同胞和半同胞之间的交配）将白毛黑眼兔的性状进行固定。WHBE 兔具有遗传稳定性，白毛黑眼的表型遗传性状易于鉴别，遗传基因容易控制等特点，将为我国的生物医药研究提供一个新的兔品系资源。WHBE 兔为白毛黑眼，即全身被毛纯白色且富有光泽，双目瞳孔棕黑色；性情温顺，头体较长、耳大、前肢短、后肢长；繁殖力较高，平均产仔数 6～12 只，生长较快，初生体重 50～55g，成年体重 3～3.5kg；白毛黑眼兔的体温稳定，且重复性好，符合热原检查要求，适用作为热原等有关体温测定的药品检验和药物评价的实验动物。

第二节　引种的管理

一、引种要求

根据《实验动物质量管理办法》（国科财字〔1997〕593 号）和《实验动物许可证管理办法》的相关规定，生产繁殖的实验动物种子必须来源于国家实验动物保种中心或国家认可的种源单位，遗传背景清楚，质量符合现行的国家标准。因此，家兔生产单位在引进家兔种子时，必须与供种单位签订引种/供种协议，明确引种家兔的品系、质量等级、数量、性别比例、供种时间、运输包装和方式，以及引种费用和双方的责任等，同时要求供种单位提供最近一期的质量检测报告和相关的生物学特性基础数据等。从异地引进普通级家兔时，必须事先对供种地的疫情进行充分的调查，并在引进后隔离检疫 1 个月。

二、隔离检疫

1. 一般检查

进入隔离兔舍前，动物包装箱表面用消毒药消毒，常用 0.5%～1%的过氧乙酸、1%～2%的消毒灵、75%乙醇或 2%～3%的碘伏等喷雾消毒。进入兔舍后，按照引种/供种协议和动物包装箱上的标签，核对实验兔的出生日（或月龄）、品系名、性别、数量、供种单位名称、动物的微生物控制等级等与要求是否相符，同时，观察引进家兔的临床状态，确认有无异常。

1）临床检查

皮毛：有无光泽、竖毛、出血、污物、脱毛、肿块或瘤等。

眼：有无眼屎、流泪、白内障、角膜损伤等。

口腔：有无流涎、出血、打喷嚏等。

耳：有无外伤、耳壳曲折、中耳炎等。

四肢：有无外伤、弯曲、脱臼、肿胀、关节炎、脚底疮等。

肛门：有无下痢、血便、脱肛等。

精神和食欲：沉默、倦怠、动作不活泼、食欲不振、拒食等。

营养状况：消瘦、过度肥胖、成长异常。

姿势和步态：姿势异常、行走困难、站立困难、运动失调、跛行及畸形等。

2）触诊检查

外部触诊：脉搏检查，淋巴结、骨骼等体表的变化。

内部触诊：口腔内黏膜、牙齿、牙周组织、舌等口腔检查。

2. 抽样检查

依据引种数量的 5%抽样，按照以下程序（图 14-1）进行质量检测。

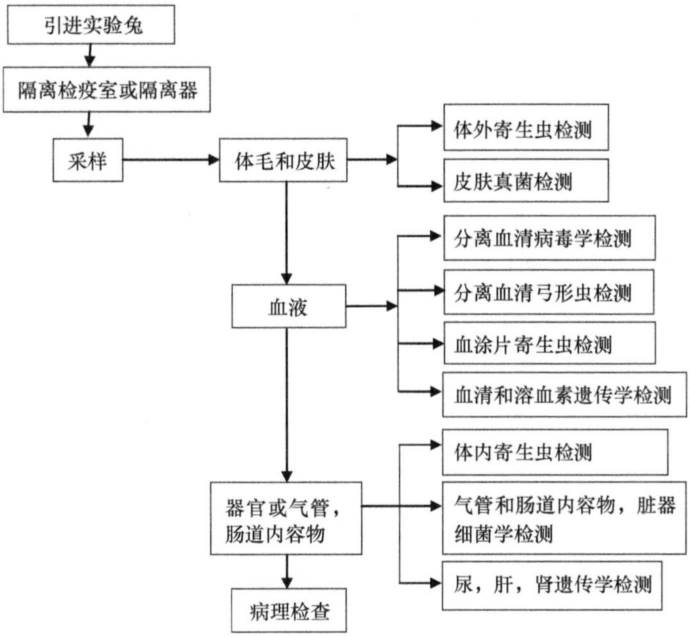

图 14-1 家兔引种、隔离检疫操作程序

第三节 繁育技术

一、选种

1. 性别鉴定

用拇指和食指把生殖器附近的皮肤扒开，雄兔即可见到一圆孔中露出圆锥形稍向下弯曲的阴茎（幼兔看不到明显的阴茎，只见圆孔中有凸起物）。天热时，雄兔睾丸可离开腹腔进到耻骨联合两侧的阴囊内。雌兔此处则为一条朝向尾巴的长缝，呈椭圆形的间隙，间隙越向下越窄，此即为阴道开口处。雌性动物有乳头 8～12 个。

2. 年龄鉴定

一般根据动物的体重生长曲线来鉴定（表 14-1）。注意动物的环境条件和营养状态会对体重产生影响。

表 14-1 日本大耳白兔年龄与体重关系

年龄/天	雄性体重/kg	雌性体重/kg	年龄/天	雄性体重/kg	雌性体重/kg
30	0.51	0.53	210	3.2	3.51
60	1.18	1.17	240	3.4	3.99
90	1.71	1.79	270	3.5	4.24
120	2.38	2.37	300	3.63	4.38
150	2.65	2.88	330	3.66	4.46
180	2.89	3.15	360	3.72	4.55

家兔的年龄也可根据某些生理特征来鉴定。例如，仔兔出生时全身裸露，眼睛紧闭，耳闭塞无孔，趾趾相连，不能自由活动，出生后 3～4 天即开始长毛，4～8 日龄脚趾分开，6～8 天耳朵根内出现小孔与外界相通，10～12 天睁眼，出巢活动并随母兔试吃饲料，21 天左右即能正常吃料，30 天左右被毛形成。家兔年龄还可通过观察指爪和牙齿的颜色及生长情况来判断。白色幼兔指爪呈白色，爪根部呈粉红色，隐在脚毛中，随着年龄增大而逐渐露出脚毛外。1 年龄家兔的指爪红色与白色长度相等，1 年龄以下红多于白，1 年龄以上白多于红。老年家兔的指爪长而弯曲、色黄。家兔的牙齿也可作为年龄判定的一个指标。门齿随年龄而增长，幼龄兔牙齿洁白、短小、整齐，老龄兔门齿厚长而色泽暗黄。

3. 健康要求

健康家兔应双耳竖立，耳静脉明显。眼睛有神，没有分泌物。体格丰满，肥胖适中。肛门干净，无稀便。被毛光泽，紧贴身体，不脱毛。鼻孔干净，无分泌物，呼吸声正常，不打喷嚏。门齿整齐，不流涎。运动活泼，反应灵敏。生殖器无溃疡。体表无伤口。

作为种用动物，外观上要健康，发育正常，有异常或有畸形的动物不能作种子用。

4. 交配时的注意事项

用于交配的种兔，必须全部编上个体号码，进行档案式管理。用于交配的雄兔，要把交配日期和个体号码同时记在交配卡上。雄兔的交配号，由交配顺序从 001 编到 999 号。雌兔与雄兔交配时，雌兔可不再编号，仅记录交配的雄兔编号、胎次数、交配日期、产仔数、断奶数等繁育指标。雌兔的胎次数一般控制在 6 胎以内，超过胎次数或繁育性能不良的种兔及时淘汰，补充新的种兔。

5. 选种

必须以世代优质家兔的生产作为基础，同时还应根据品系的表型特征慎重地进行选种。选种一般从第 2 胎至第 4 胎中选取后备种用兔，原则上从一窝中选取发育较好、体格健壮，并符合品系特征的动物作为备用种兔。备用种兔应记录品系、组、编号、性别、只数和出生年日期，并把记录卡挂在饲育笼上，同时记录在系谱档案中。另外，选种时需考虑到基因多态性的维持或控制近交系数的上升，因此，每次选种时，备用种兔（尤其是雄兔）需来自不同的繁殖组，且数量每组基本相同。

6. 种兔的育成

选作留种的仔兔，离乳 1 月内每笼饲养 5 只以下，2 月龄以后每笼饲养 2 只，作为种用交配后，每笼饲养 1 只。在饲育过程中，发现健康问题、出现畸形或其他异常者，应及时淘汰。

二、保种

1. 保种方法

常用实验用家兔基本为远交群或封闭群。为了保证其群体遗传基因的多态性和个体间遗传性状的一致性，按照实验动物国家标准 GB 14923—2010 的要求，宜采用完全循环交配方法进行保种和扩群饲养。核心群的种兔数至少保持 30 只以上，其中雄兔数量不少于 10 只，雌兔数量不少于 20 只，并以种雄兔为核心将种群分成 5 组（A～E 组），群体较大的种群可分成 8 组（A～H 组）或以上组成环型交配方式（图 14-2），以减少杂合子递减比例，防止出现近亲配种或近交系数的上升。

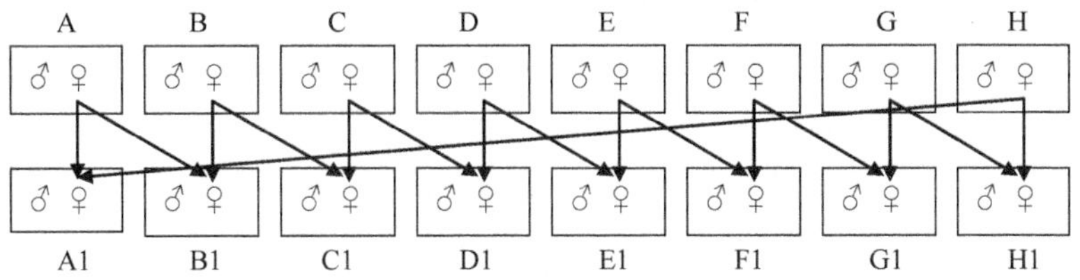

图 14-2　封闭群家兔的完全循环交配模式图

2. 系谱记录方式

0 代（N? +0）记录方法：A01，A02，A03，B01……

1 代（N? +1）记录方法：A11，A12，A13，B11……

2 代（N? +2）记录方法：A21，A22，A23，B21……

注：? 为引进时的原始代数。

三、繁殖方法

1. 性成熟与适配年龄

家兔性成熟以雄兔睾丸中产生具有受精能力的精子，雌兔卵巢中能排出成熟的卵子为依据。性成熟的早晚及初配年龄，取决于品种、性别、营养及各种环境因素的影响。在一般情况下，大型品种的性成熟 5～6 个月，中型品种 4～5 个月，小型品种 3～4 个月，雌兔的性成熟较雄兔早些。家兔的初配月龄，大型品种为 7～8 个月，中型品种为 6～7 个月，小型品种为 5～6 个月。品种间的性成熟与适配年龄也有一定的差异，新西兰白兔性成熟年龄为 4～6 月龄，适配年龄为 5.5～6.5 月龄；日本大耳白兔分别为 4～5 月龄和 6～7 月龄；青紫蓝兔则分别为 4～6 月龄和 7～8 月龄。

2. 性周期与适配时机

雌兔在一个月里可发情 2～3 次。发情周期为 8～15 天，发情持续期为 3～5 天，个别的可能长达 5 天以上，在此期间配种较为顺利。雌兔发情后，举动不安，食欲下降，开始时，外阴黏膜呈潮红色，到发情旺盛时，变成老红色，发情后期则又变成紫红色。当其外阴部呈老红色时进行交配则受孕率最高。

3. 交配方法

（1）自然交配法：即把雌雄兔混养在一起自由交配。这种方法简单及时，并能防止漏配和节省人力，但缺点较多，雄兔整天追逐雌兔交配，体力消耗过大，精液品质低劣，受孕率与产仔率低，且易衰老，所生仔兔体质差，抗病力低，容易传染疫病，影响兔群安全。因此这种配种方式一般较少使用。

（2）人工辅助交配法：雄兔和雌兔分笼饲养管理条件下，在雌兔发情期间，人为地把发情雌兔放入雄兔笼内进行交配。方法是：在雌雄兔配种之前，首先检查其健康状况和发情表现，若雌兔发情良好，正值交配时机，可按配种计划，把雌兔放入雄兔笼内配种。交配后，再经 1～2min 从笼内取出，倒置兔并在臀部处轻拍几下，然后把雌兔送回原笼，并将雌雄兔耳号及交配日期等详细登记在配种卡上。为了提高雌兔的受孕率和产仔率，可在雌兔配种之后隔 10～12h 再复配一次。

（3）人工授精：人工授精是兔繁殖改良最经济、最科学的方法。它可提高优良种雄兔的配种效率，保证精液的质量，提高受孕率和产仔率，杜绝生殖器官疾病的传播，也便于开展生殖工程和胚胎工程方面的科学研究。具体方法是：用假阴道采取品质精良的雄兔的精液，经显微镜检查，若精子活动好，密度大可用 7%的葡萄糖稀释液作 2～3 倍稀释，然后用一截 15cm 长的人用导尿管，经灭菌消毒稀释液冲洗后，吸取稀释好的精液，将导尿管插入发情雌兔的阴道内 4～5cm 处，慢慢将精液注入阴道底部子宫颈口附近即可。为了保证雌兔的受胎效果，在人工授精之前 4～6h 可在耳静脉注射促性腺激素，刺激雌兔排卵。在人工授精的操作过程中，要注意严格消毒，无菌操作。

4. 妊娠

家兔的平均妊娠期约为 30 天（28～35 天）。

判断雌兔妊娠的方法很多，目前最常用，而且准确、简便易行的是摸胎法。方法是在配种或输精后 10 天左右，抱住雌兔，一手伸入雌兔腹下，手心朝上，手指合拢，在雌兔的小腹处探摸胎儿，怀孕 8～10 天的胎儿犹如蚕豆大小的扁圆肉球，具有弹性和光滑感。注意要与结肠内粪球相区别。粪球呈硬而缺乏弹性的圆粒状手感。

5. 分娩

家兔的分娩过程大致可分为两个阶段，即分娩前的准备阶段、胎儿和胎衣排出阶段。第一阶段的主要变化为子宫肌层开始收缩，子宫颈扩大。此时雌兔表现为阵痛、精神紧张等。第二阶段则是正常分娩及分娩后排出胎衣，胎衣排出后，雌兔一般自己咬断脐带，并吃掉胎衣，同时舔干仔兔身上的血迹和黏液。雌兔分娩的时间较短，一般完成整个分娩只需要 20～30min。

6. 哺乳和离乳

从仔兔出生到离乳，这段时间称为哺乳期。家兔的哺乳期一般为 40～45 天，此阶段由于乳汁分泌量大，因此，必须加强雌兔的营养供给。

离乳时的仔兔体重一般在 500～1200g。小体型兔 500～600g，中体型兔 700～900g，大体型兔 1000～1200g。离乳时一般将雌兔取出，仔兔留在笼内，以减少仔兔因断奶引起的应激反应。

四、系谱记录

1. 家兔的个体识别

（1）繁育记录卡：以每一动物笼上的卡片识别记录，卡片分为白、蓝、黄等不同颜色，卡片上有以动物笼或架及按系谱次序为主的不同编号。

（2）动物个体标记：家兔以刺青于耳朵或用耳钳打洞做记号加以识别，单笼饲养的则以随笼标签、标号为准。

除以上标记外，仍需有以兔繁育卡片及动物笼架为主的识别记录。

2. 家兔生产记录卡的填写

每日记录生产相关资料包括初生日、产仔数、离乳日、离乳数及留种或淘汰记录。数据于当日录入实验动物生产管理系统或其他电子记录系统。

用规定格式的记录表统计当日数量，如初生数、离乳数、留种、淘汰及出售总量，将统计好的总量转记于生产记录表上，并输入实验动物生产管理系统内。

五、家兔的生物净化

普通环境下饲养的家兔携带多种病原体，不仅严重影响实验结果的准确性、可靠性和可重复性，而且某些病原体的存在，严重影响家兔的健康和生产供应。1959 年，Wostomann 和 Pleasants 首次报道经剖宫产子宫摘子术，人工哺乳培育成功无菌兔子，而后建立不同等级的实验用兔，并广泛用于科学研究和产品质量检定等。家兔的生物净化目前主要以剖宫产净化后人工授乳或带乳为主。

1. 生物净化的准备

1）手术隔离器和饲育用具

无菌手术隔离器检漏后以 2%过氧乙酸溶液喷雾灭菌，密闭 3h 后，通风 24h 吹干备用。

所有耐酸用品置隔离器内，以 2%过氧乙酸溶液喷雾灭菌与手术隔离器一起灭菌，其他用品以 ^{60}Co 照射（30kGy 以上剂量）或 121℃、30min 灭菌，从传递窗经 2%过氧乙酸溶液喷雾灭菌后传入手术隔离器内备用。

2）剖宫产供体孕兔

经产、健康、怀孕足月（28～35 天）的家兔，为避免剖宫产人工哺乳后代的近亲繁殖，应选至少 5 个不同组别的孕兔。

3）人工乳与饲料

市购婴儿奶粉，以 ^{60}Co 照射灭菌（30kGy 剂量），用含善存片溶液配制成含蛋白质浓度为 6%～8%的溶液，即为人工乳。购自有许可证单位的饲料经 ^{60}Co 照射灭菌（30kGy 剂量）后传入隔离器内。

2. 剖宫产

按常规剖宫产手术摘取子宫，浸入 2%过氧乙酸溶液（37℃）后迅速装入传递袋，经装有1%过氧乙酸或1%新洁尔灭溶液（37℃）的灭菌渡槽传入手术隔离器内。取下包装袋，迅速将子宫放入无菌水中漂洗数下。然后在子宫颈或两仔兔间的狭窄处，用镊子撕开子宫，取出胎仔，擦去羊膜羊水，并用干净纱布轻轻按摩仔兔，促使呼吸，直至全身发红。成活后剪去仔兔脐带，放入饲育盒内待哺。

3. 人工哺乳

用自制乳头，利用虹吸原理，以自动吮吸法于每天早、中、晚定时各授乳一次，每天的哺量为仔兔体重的20%左右。至20日龄时，可辅以经乳液浸软的颗粒饲料，25日龄转入饲养笼内饲养。视其生长发育优劣，可在30～40日龄离乳。

4. 哺乳期卫生管理

1～15日龄的仔兔，每天用无菌纱布清洁阴部一次，促使排尿，每周清洁饲育盒1～2次。

5. 哺乳期温度控制

初生1～10日龄的仔兔，环境温度控制在32～34℃；10～20日龄降低至30～32℃；20日龄以后逐步降低至饲育室温度。

6. 植入正常菌群

植入的菌群必须来自于国家权威的或经过认证的微生物保种单位。仔兔离乳后，按每只口服含菌量为10^8活菌体/ml的肠球菌和10^{12}活菌体/ml的双歧杆菌各1ml；次日口服含菌量为10^8活菌体/ml肠球菌、肠杆菌及拟杆菌各1ml。此后净化离乳的仔兔可通过口服新鲜悉生或SPF级兔粪以建立肠道正常菌群。

7. 微生物检测

剖宫产后，取子宫样品或胎盘组织进行微生物学检测。离乳后仔兔每3个月采集血液和粪便等标本检测病毒、细菌、寄生虫。成年兔每季度送1～2只作常规微生物和寄生虫质量检测。

第四节　饲 养 管 理

一、设施环境

1. 温度

温度是家兔饲养中最敏感的环境条件之一。兔的汗腺不发达，加上全身被毛浓密，体表的散热能力很差，主要通过呼吸和排泄散热。在适宜的温度范围内，兔的生理状态最好并表现出良好的生长和繁育性能。外界环境过高或过低的温度变化，均会对家兔饲养产生不良影响。家兔的最适温度为15～21℃，当外界温度达30℃以上时，家兔即表现体温升高，食欲下降，消化不良，生长发育停滞，雌兔的繁殖力下降，新生仔兔生活力低，体重不足，甚至死亡等。与高温相比较，兔虽能抵抗较低温度的变化，但对实验用兔而言，过低的温度环境同样会不同程度地影响其正常的生长发育及各项生理指标。

2. 湿度

家兔适宜的相对湿度为 40%～70%。高温高湿和低温高湿都会对家兔健康产生不良的影响，使机体抵抗力下降，发病率增加。高温高湿不利于散热，易使家兔中暑；低温高湿则增加散热，使家兔感到更加寒冷。潮湿的环境还容易引起某些细菌、寄生虫的大量繁殖，导致疾病的发生和传播。兔易患疥癣、湿疹、皮肤病和球虫病，同时高湿还可引起饲料霉变，使兔群暴发霉菌病，引起中毒。因此，家兔的饲养环境应保持湿度的恒定，避免湿度的急剧变化。

3. 光照

家兔是夜行性动物，虽然不需要太强和太长的光照，但保持室内适宜的光照强度和光照时间可以促进兔的新陈代谢，增进食欲，提高兔的繁殖能力。普通级兔的光照强度以每平方米面积 4W 为宜，天气良好的地区，也可采用自然光照，采用自然光照的兔舍，其门窗的采光面积最好能占建筑面积的 15%左右，射入角度不小于 25°～30°。光照时间视兔的生理特性而定。雄兔和育成兔一般以 8h 为宜；繁殖雌兔最好为 12～15h。

4. 通风

适当的通风可以散热，排除兔舍内的臭味和有害气体以利于保持舍内空气新鲜，有效降低微生物和寄生虫的生长，减少呼吸道传染病和寄生虫病的发生率。由于兔的呼吸气体和粪尿的分解，兔舍内空气中存在着大量的 CO_2、NH_3、H_2S 等有害气体，含量过高时，可引起家兔呼吸频率减慢、流泪、鼻塞、口涎明显增多，以及影响家兔的生长和繁育。普通级兔舍的通风可采用自然通风和机械通风等进行。自然通风可以通过门、窗等，利用热压差形成下进上排的流向，经屋顶的天窗或气窗排风。进风口的位置越低、面积越大，越有利于通风。一般进风口的面积为建筑面积的 3%～5%，排风口为 2%～3%。出风口应设置在兔舍背风面一侧，位置应伸出屋脊 50～70cm。机械通风则是采用风机或排风扇将空气强制送入或排出兔舍，通过空气对流，使室内空气保持一定新鲜度。屏障环境兔舍的通风换气次数应根据饲养密度进行调整，一般达到 15 次/h 以上。

5. 噪声

家兔胆小怕惊，喜欢安静。突然的噪声会引起家兔惊慌、躁动，呼吸系统和消化系统紊乱，甚至引起家兔的惊厥、痉挛、发病率明显提高和死亡。强烈的噪声还影响家兔的生长发育，引起怀孕雌兔的流产、哺乳雌兔弃仔、咬仔和食仔。由于噪声刺激对兔的生理表现影响较大，会对兔的生长发育和繁殖带来不良后果，因此兔舍内噪声应控制在 60dB 以下。

6. 饲育笼具和饲养密度

1）笼器具

兔笼一般由镀锌铁丝或不锈钢丝做成，笼底最好用竹片或木条，间距 1cm。竹片或木条制作方向应与笼门垂直，以防兔脚形成外向。有条件的单位可购买不锈钢制成的兔笼架或者塑料兔笼，并设有自动冲洗粪尿装置。家兔饲养笼具规格应达到国家标准的要求。

2）产箱

产箱是给雌兔做巢产仔的设备，一般用木料、金属板等材料制成，木制产箱边缘要包上金属，以防啃咬，箱底较粗糙有缝，前方有月牙形缺口，便于仔兔爬出，产箱大小一般能容纳雌兔和一窝仔兔为宜。食槽最好为不锈钢材质，也可用陶制或瓷制食盆。

3）饲养密度

为了保证家兔有一个舒适的生活环境和维持家兔正常的生理、生化特性，必须视体型和用途为家兔提供一个合理的饲养空间或饲养密度。中型品种单个种雄兔、雌兔后备用种兔需要的笼位空间为 0.2～0.3m^3，种雄兔因雌兔的配种需要，其空间可为 0.4m^3，哺乳雌兔为 0.3～0.4m^3，育成兔每平方米可饲养 15～20 只仔兔。

二、饲养管理的一般原则

1. 定时定量饲喂

由于家兔消化系统的特殊性，应每天保持相对稳定的饲喂次数、饲喂量和时间，以使家兔保持稳定的生活习惯和生理状态，有规律地分泌消化液，促进饲料的消化和吸收。一般每天的饲喂次数应至少 2 次，可在上下班时添加饲料。每次的饲喂量视不同年龄而定，如成年兔，早食 50～70g/只，晚食 80～100g/只，哺乳期雌兔应适当增加每次喂食的饲料量，以保证乳汁分泌和仔兔的生长发育。种雄兔、后备种兔和实验待用兔应适当限制能量标准，防止脂肪沉积造成过肥。

2. 严格控制饲料质量

实验用途的家兔饲料应来自于有饲料生产许可证的单位，饲料配方和来源必须稳定，并定期抽样检测其营养成分和微生物含量。一次采购量视不同季节和兔群数量而定，一般以每批一个月的用量采购，南方等地梅雨季节可适当缩短每批次的采购时间。饲料采购后必须储藏在通风、干燥、卫生的场所，并防止野鼠和昆虫等的进入。兔舍内原则上不保存饲料，每天视喂料量从仓库领取。清洁级以上的兔群必须饲喂消毒或灭菌的饲料，由于兔颗粒饲料不能经高压蒸汽灭菌，因此可采用 ^{60}Co（20kGy 以上）辐照灭菌。

3. 保障清洁饮水

家兔应供给足够的清洁饮水，普通级家兔的饮水应达到城市居民用水的卫生标准，清洁级以上家兔需饮用无菌水，可采用高压蒸汽灭菌、过滤除菌或添加稀盐酸（饮水调至 pH 2.4～2.8）的方式除菌。饮水器采用乳头式自动饮水器、陶制瓷碗、倒置玻璃瓶等几种饮水方式，一般常用倒置玻璃瓶方式，既简单易行，又便于清洁。采用不锈钢兔笼架的场所，可安装乳头式自动饮水器。饮水器或饮水嘴应保持干净，每天检查是否通畅，并定期清洁和消毒。

4. 保持环境干燥、整洁

家兔喜好干燥、清洁环境，每天需及时清除粪便、污物，饲养笼、饮食器具等定期清洁、消毒。保持兔舍内清洁卫生、干燥通风，舍内空气和地面应定期消毒。同时，防止野鼠、昆虫等进入舍内。

5. 做好防寒、防暑和防潮工作

家兔耐寒不耐热，尤其是高温和高湿的闷热天气，对家兔的生长发育和繁殖均有较大的影响。长时间处于高温高湿的环境下，易引发家兔的急剧喘息，严重的会造成死亡。同时，湿热天气有利于病毒、细菌和寄生虫的繁殖，易引发各种传染性疾病。

6. 分类饲养，分群管理

严禁相同毛色不同品种的家兔饲养于同一兔舍内，以免造成遗传污染。根据家兔的年龄、大小和强弱分群或分笼饲养，以便于管理。

三、不同家兔的饲养管理

1. 种雄兔的饲养管理

种雄兔饲养管理的好坏，直接影响到其后代的生产性能。配种期间，要注意种雄兔的饲养管理，可适当增加饲料中蛋白质和维生素的含量。饲料中的钙、磷比例一般为（1.5～2.0）∶1，可用肉骨粉、蛋壳粉等进行调整。为防止雄兔的互相斗殴，备用雄兔应在3月龄后分笼饲养，并保持的一定的活动量，多晒太阳，以保证其体格健壮。

2. 妊娠雌兔的饲养管理

妊娠雌兔需要适当的营养，过度肥胖和消瘦对雌兔和胎儿都不利。雌兔的妊娠期为30天左右，在怀孕后期，必须提供足够的营养物质，特别是蛋白质、矿物质、维生素等。缺乏时会造成死胎、分娩后雌兔泌乳量不足、仔兔初生体重偏轻、发育迟缓、生活力不强等。家兔胆小怕惊，因此，要保持繁殖兔室内安静，不要有无故捕捉、惊扰等刺激，以免引起流产。另外，分娩前，应准备好清洁的饮水和饲料，以防雌兔产后因口渴、饥饿等伤食仔兔。

3. 哺乳雌兔的饲养管理

正常仔兔的哺乳期一般为40～45天，雌兔哺乳期间，应提供丰富的蛋白质、维生素、矿物质等营养性饲料，少量勤喂，防治消化不良或因营养缺乏而引起哺乳失败或者因营养缺乏而造成雌兔后肢瘫痪。同时，在哺乳期内，应保持兔舍和兔笼内通风、干燥和清洁卫生，要防治乳房炎的发生，对泌乳量少或无奶的雌兔可通过饲喂浸泡后的黄豆、豆渣、糖水、蒲公英等进行人工催乳。

4. 哺乳期仔兔和幼兔的饲养管理

哺乳期仔兔对外界环境的适应能力较差，因此要保持巢箱的干燥、清洁，同时，因

为仔兔免疫力低，容易发生疾病，所以要及时消毒。对初开食的普通级仔兔，可在饲料中添加少许抗生素和木炭灰，以防腹泻。另外，要尽量防止仔兔舔食雌兔粪便，降低兔球虫的感染机会。

对于离乳后的幼兔，因其生长发育快，对疾病的抵抗能力和对外界环境的适应能力差。因此，在离乳后，应按体重、强弱分笼饲养。既要保持一定的采食量，又要控制过食，以免引起肠道胀气、消化不良、便秘，甚至引起肠胃炎。每次喂食时要检查幼兔的精神状态、食欲和粪便的形状和颜色，发现采食减少、精神萎靡、粪便异常等情况，要及时隔离治疗。

四、饲养操作与日常管理

1. 一般状况的检查

每天饲养管理工作前，必须对兔舍内环境和家兔的状态进行检查。

（1）确认饲育室有无异常：包括室内温度、湿度、水瓶或饮水器有无漏水、有无家兔逃逸现象及室内有无其他异常等。

（2）家兔的观察及记录：观察记录家兔的活动等状况；记录温、湿度；确认每个饲育笼内的家兔数等。

（3）检查饮水、摄食及粪便的性状等状况：若饮水、摄食和粪便性状等正常则继续一天的工作。若饮水、摄食和粪便性状不正常的动物笼，先检查是否饮水瓶阻塞，再观察动物是否有疾病征兆。若有，立即通知兽医及质量监控部门。

（4）家兔健康：工作时留意是否有疾病征兆或死亡动物，并及时通知兽医进行诊断。

2. 喂食次数及数量

家兔的喂料一般采用定时定量法：单只成年兔子按每天 130～150g 饲料喂料，分早晚两次喂食，早食 50～60g/只，晚食 80～90g/只。怀孕雌兔则适当增加喂料量，每天 150～170g/只，早食 60～70g/只，晚食 90～100g/只。生产后有带仔兔的哺乳雌兔则需按仔兔的年龄增加而增加饲料量，一般以次日喂料前饲料槽中吃空或略剩少许为准。

3. 饮水

（1）水瓶饮水：原则上及时更换水瓶（屏障设施内规模饲养），若条件有限时（如大型隔离器内）需加水的，加水时应将整瓶水倒掉，再加满新水（不可直接添加）。加水后检查饮水嘴是否漏水或阻塞，没有异状才能装上动物笼。更换后的水瓶及时清洗、消毒，加水的饮水瓶的饮水管及水瓶每隔周清洗、消毒一次。

（2）自动饮水：每天检查自动饮水嘴是否有漏水或堵塞现象，定期更换饮水嘴进行清洗和消毒后备用。

五、预防接种

对普通级家兔而言，有计划的免疫接种是预防传染病的重要措施之一。特别是家兔常见的兔病毒性出血热、魏氏梭菌病、巴斯德杆菌病等，要进行定期预防接种，防患于未然。

由于家兔的传染病较多，不同地区的病原体及兔病发生和流行的特点也不同，因此，预防接种要根据本地区的疫情、发病史、疾病发生和流行的特点等具体情况，以及疫苗的种类、性能等制定免疫程序和免疫计划，按期实施。

免疫接种的疫苗一般分为两种：灭活疫苗和减毒疫苗。灭活疫苗不能在家兔体内繁殖生长，对机体的刺激时间短，因此，需要多次重复注射。减毒疫苗在注射后可在家兔体内继续生长繁殖，对机体的刺激时间长，因此，一般只需要免疫接种一次即可。常见传染病及其免疫接种的方法如下。

（1）兔病毒性出血热：接种方法为，45 日龄左右的幼兔，每只皮下注射 0.5ml；2 月龄以上兔，每只注射 1ml，7 天后产生免疫力。对于疫区，首次接种时间可提前到 30 日龄左右，二次免疫需在首次免疫后的 90 天进行。成年兔一般在春秋两季进行，每只注射疫苗 1ml，免疫期约 6 个月。

（2）巴斯德杆菌病：用巴斯德杆菌灭活苗，哺乳期仔兔（15～30 日龄）每只注射 0.5ml，间隔 14 天后加强免疫 1 次，每只注射 1ml。7 天后产生免疫力，免疫期约 6 个月。青年兔和成年兔每年接种 2 次，每次皮下注射 1ml。

（3）魏氏梭菌病：用魏氏梭菌灭活苗预防魏氏梭菌性肠炎。30 日龄以上的幼兔，每只皮下或肌内注射 1ml，间隔 2 周再注射 1ml 以加强免疫，免疫期约 6 个月。青年兔和成年兔每年接种 2 次，每次皮下注射 2ml，接种 7 天后产生免疫力。

（4）支气管败血性波氏杆菌病：离乳前一周仔兔，以及青年兔和成年兔，用支气管败血性波氏杆菌灭活苗皮下或肌内注射 1ml，7 天后产生免疫力，每年注射 2 次。对孕兔，在产前 2 周也可接种该疫苗。

（5）伪结核耶氏杆菌病：采用伪结核耶氏杆菌多价灭活苗接种离乳前 1 周仔兔、青年兔和成年兔预防伪结核耶氏杆菌病，每兔皮下或肌内注射 1ml，7 天后产生免疫力，免疫期约 6 个月，每年每只接种 2 次。

（6）沙门氏菌病：用灭活苗预防沙门氏菌性下痢和流产。离乳前 1 周的仔兔、妊娠初期孕兔、青年兔和成年兔，每兔皮下或肌内注射 1ml，7 天后产生免疫力，免疫期约 6 个月，每兔每年接种 2 次。

（7）兔黏液瘤病：用黏液瘤兔肾细胞弱毒疫苗，按瓶签标明的剂量加生理盐水稀释，离乳后幼兔每只皮下或肌内注射 1ml，4 天后产生免疫力，免疫期约 12 个月。

（8）绿脓假单胞菌病：用多价灭活苗每兔皮下或肌内注射 1ml，7 天后产生免疫力，免疫期 6 个月，每年接种 2 次。

（9）兔大肠杆菌病：20～30 日龄哺乳期仔兔，皮下或肌内注射 1ml，7 天后产生免疫力，免疫期约 4 个月。

（10）葡萄球菌病：用兔葡萄球菌灭活苗预防雌兔的乳房炎、仔兔黄尿病、脚皮炎等。雌兔于配种前后接种，每只皮下注射 2ml，间隔 6 个月免疫 1 次。

除了单苗接种预防外，目前还经常采用二联苗、三联苗等。例如，巴瘟二联苗，用于预防巴斯德杆菌病和兔瘟；巴魏二联苗用于预防巴斯德杆菌病和魏氏梭菌性肠炎；魏瘟二联苗用于预防魏氏梭菌性肠炎和兔瘟；巴波二联苗用于预防巴斯德杆菌和波氏杆菌病；瘟巴魏三联苗用于预防兔瘟、巴斯德杆菌病和魏氏梭菌性肠炎。

免疫接种后的家兔可能在短期内会出现一定程度的反应，这与疫苗的质量、接种剂量过大、接种途径不同、接种方法不正确，以及家兔的个体差异等有关。若出现轻微的局部或全身性生理反应，如不影响家兔的生长和健康，则属于正常的免疫反应。否则必须查明原因，必要时可采取急救措施。

六、废物处理

参照小鼠的要求（第十章）执行。

第五节　使 用 管 理

一、家兔的获取

（一）家兔的来源

实验用家兔必须来自于具有《实验动物生产许可证》的供货商。同时，应能提供近期的家兔种群的质量检测报告。从境外引进家兔，按照实验动物进出口的有关规定执行。

（二）运输与接收

1. 运输

1）运输的分类与方式

家兔的运输根据运输距离、运输时间和方式可分为长途航空运输、长途陆地汽车运输及短途汽车运输等。长途运输是指相对于城内运输的运输时间超过 5h 以上的运输过程，通常为城际运输。按运输工具分为陆地汽车运输和航空运输两种。陆地汽车运输是指使用具备可以调节车厢内温度的厢式汽车运输啮齿类和兔类实验动物。航空运输是指使用飞机运输啮齿类和兔类实验动物，动物必须存放于可以调节温度及供氧的舱内；从始发地搬运至机场和从机场搬运至目的地使用具备可以调节车厢内温度的厢式汽车。

2）运输证明

托运人或其所授权的代理人，在托运兔类实验动物前需提交填写清楚的下列证明：①经国家农业部批准统一印制编号、由各省市动物卫生监督所出具的“出县境动物检疫合格证明”，此证一式二联，第一联存根，第二联随动物同行；②提交由各省市实验动物管理办公室统一印制编号的“实验动物质量合格证”，此证一式三联，第一联出售单位收执，第二联购买单位收执，第三联留存。其中第二联随动物同行。

3）运输容器外表标志

在每个运输容器外应贴上一个“活体动物标志”、“实验动物标志”和“向上”的标志（图 14-3），以指明运输容器中的是活体的实验动物及应按图标直立放置。

4）运输容器的要求

家兔的运输容器可由瓦楞纸、钙塑板和无毒塑料等材料制成。其基本要求是要有一定的强度，在搬运中不致损坏及能够保持最高不超过五层的堆叠；不会被动物以牙、爪

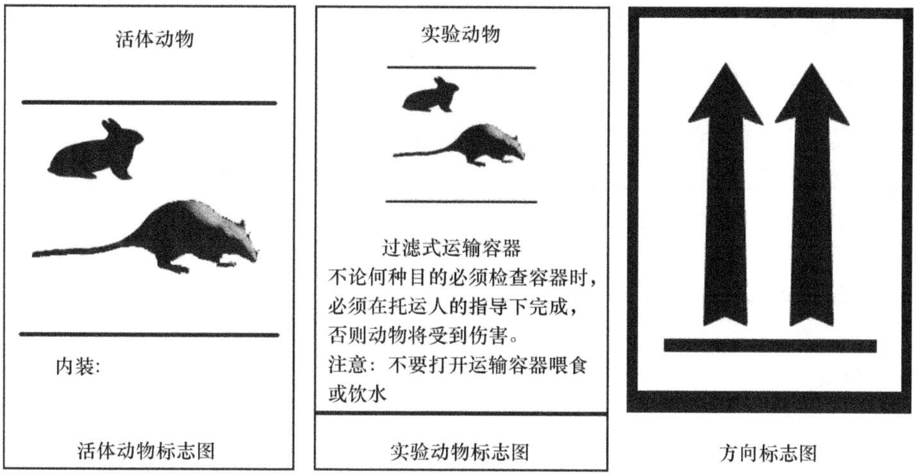

图 14-3　家兔运输容器的外表标志

等破坏；在保证坚固度的情况下，应尽量使运输箱轻便。根据兔类实验动物的质量控制要求，清洁级以上家兔的运输箱应为密封带通风窗，通风窗上应有过滤膜，同时设置透明的观察窗。运输箱内壁应无任何硬质的尖锐物，以保证在运输途中动物不受伤害。运输箱底部应铺有柔软、洁净、干燥的垫料，以保持运输途中运输箱内部环境的清洁。

2. 接收

在得到供货商运输信息后，应做好接收家兔的准备，尤其是对于长途运输的动物应在最短时间内做好接收工作。收到后检查运输箱的完整性，确认运输箱包装完好无损坏。核对包装箱上标签的信息与订货要求是否一致。根据家兔的质量等级将家兔及时移到合适的隔离检疫场所或过渡暂养设施中。对于清洁级以上家兔，在接收过程中如发现动物包装有破损导致动物不能直接放入屏障的，必须将动物按照相关规定处理，禁止拒收动物或随意处死、丢弃。收到家兔后，按照本章第二节的引种要求对家兔进行临床观察。如动物的临床检查为正常，由实验负责人签字后接收，并注明接收日期、家兔的种类、数量、性别等。接收后的家兔应做相应的标志（如耳标、性别、体重、来源及性情描述等），并单独饲养于洁净的笼具内，提供新鲜饮水和食物，至少适应 5～7 天后方可投入实验。如发现家兔具有明显的临床损伤、疾病或畸形时，应告知兽医师和实验负责人，并最终决定是否予以拒收。

（三）隔离检疫

对新购进的家兔必须隔离检疫，包括一般临床检查与微生物、寄生虫检测。

1. 一般临床检查

家兔接收后暂存于隔离设施或观察室中，由兽医师或技术人员对家兔进行大体检查，包括体温测定，耳部是否有耳螨或损伤，体表是否有损伤、疤、皮屑和体外寄生虫，眼睛、鼻子是否有分泌物，分泌物的颜色及黏稠度，触诊腹部，感受腹部是否有肿块、疼痛等。每天观察家兔，对于有异常的应及时会同兽医师进行诊断，对于出现感染体征或明显传染病特征的家兔应及时实施安乐死。

2. 微生物和寄生虫检测

对于未提供近期健康报告或来自于疫区的家兔，应适当延长隔离时间，进行微生物和寄生虫质量检测。检测指标根据实验需要及疫区的情况而定。检测方法按照 GB/T 14926.42—2001 和 GB/T 14926.43—2001 标准执行。

二、基本操作技术

1. 抓取与保定

1）徒手法

右手从兔头前部把两耳轻轻压于手掌下，使兔匍匐不动，将兔颈背部的被毛和皮肤一起抓住，提起兔，把兔子从笼子里拿出来，左手托住腰部，使体重主要落在左手上，调整方向将兔头藏于左肘弯内，左手则腾出抓住兔的后肢，同时右手按住兔颈背部。

注意事项：只提兔的两耳、后腿、腰部或者背部皮毛，容易因动物挣扎而造成这些部位损伤；兔脚爪锐利，抓取时应注意防备四肢活动，以免被兔爪抓伤，必要时戴防护手套。

2）器械法

兔固定架固定：用于未麻醉的兔，通常露出头部和尾部。

解剖台固定：用于麻醉后的兔，拉直四肢并用绳索固定，头部以固定夹固定或用一绳索牵引兔门齿予以固定。

注意事项：根据兔体大小和操作目的选择合适的固定器械。

2. 供试品给予方法

1）经口途径

灌胃法：家兔的经口给药常用的方法是灌胃法。根据家兔的大小可选用儿童胃管或导尿管。给药时辅助人员右手抓住兔的颈部，左手抓住膝部，将躯体塞在右臂下限制其活动。实验操作人员右手食指卷曲兔唇，暴露上下齿之间的间隙，将导管从舌头上方或旁边插入兔嘴里。握住导管的把手，进一步往里插，同时观察与家兔呼吸窘迫有关的体征，一旦这些体征出现或感到导管阻塞时，应立即拔出并重新插入。插至食道 30cm 左右时，经水杯确认没有误入气管，再慢慢推动注射器将药物注入。如果应用拉链固定包和开口器也可以一个人完成操作。

2）自由采食法

如果供试品不影响适口性，也可以采用融入饮水中、加工于饲料内让家兔自由采食。

3）经皮途径

家兔是皮肤刺激试验和皮肤过敏试验的常用动物，常采用背部脱毛、涂布药物的方法，利用专用马夹固定保护涂药部位。

4）注射途径

皮下注射：一般选择家兔肩胛间的背部区域。

皮内注射：一般选择家兔肩胛间的背部区域。

静脉注射：一般选择家兔耳缘静脉。

肌内注射：一般选择家兔后肢的大腿外侧或腰肌部位。

腹腔注射：腹腔注射一般由两人完成。辅助人员将家兔的头置于左臂下做拥抱姿势，用右手拉颈背使头后仰，以暴露腹部表面。然后将兔仰卧于工作车或实验台上，并保持头部低于四肢。选择腹部中线靠近膀胱的位置作为注射点。插入针头，回拉活塞无血液或阻塞后将药物注入腹腔。

脑内注射：家兔麻醉后，剪去额部注射部位被毛，消毒皮肤，将皮肤向一方推挤使其与头骨错位并绷紧，用手术刀在注射部位切开 1～2mm 切口，用穿颅钢针在头骨上钻出小孔，用注射器针头垂直刺入 5mm 左右缓慢注射药物，注射后使皮肤回复原位覆盖小孔并消毒伤口。一次注射参考剂量：0.2～0.3ml。

3. 样品采集

1）血液采集

耳缘静脉采血：将家兔以固定架固定，拔去耳缘静脉局部的被毛，用 75%乙醇消毒后用手指轻弹兔耳，使静脉扩张；用 23G 针头刺耳缘静脉末端，血液即流出。本方法为家兔最常用的采血方法，一次可采血 5ml 左右，多次重复采血从耳尖开始。

耳中央动脉采血：将家兔以固定架固定，在兔耳中央找到一条较粗的，颜色较鲜红的血管即为中央动脉，在其末端，沿着与动脉平行的向心方向刺入动脉，抽吸注射器活塞，血液流进针管。由于兔耳中央动脉容易痉挛，故抽血前必须让兔耳充分充血，采血动作要迅速，采血后应立即压迫止血，此法一次可采血 10～15ml。

心脏穿刺采血：将麻醉后的家兔仰卧位固定，用弯头剪剪去心前区被毛，再用 75%乙醇消毒皮肤，在左胸 3～4 肋间用左手食指摸到心搏最强处，右手持注射器垂直胸壁进针约 3cm，血液随心搏自然流进注射器，采取所需的血量，拔出针头，用药棉压住穿刺点止血。

2）尿液和粪便的采集

家兔尿液和粪便的采集一般使用配有尿液和粪便分离装置的代谢笼。通常让家兔在代谢笼内过夜，第 2 天收集尿液和粪便。除非实验设计中有特别说明，一般整个晚上停止饮水。

另外，家兔尿液的采集还可以采用输尿管插管、尿道插管、穿刺膀胱、压迫膀胱、破腹采尿等方法进行。

3）精液的采集

假阴道法：采用兔假阴道，调节假阴道的温度和压力达到采精要求（温度一般为 39～41℃），并在假阴道开口端涂润滑剂，选择健康雌兔放入雄兔笼内诱其爬跨，采精者一手抓住雌兔双耳和颈部皮毛，一手持假阴道伸入雌兔腹下，使假阴道开口紧贴雌兔阴户，调整至合适的位置和角度，在雄兔接受足够刺激射精前，将假阴道套于雄兔阴茎上，雄兔射精完后发出咕咕的叫声，此时取下假阴道，抬高开口端取出集精器。也可用处理过的兔皮扎在持假阴道的手臂上或者假台兔代替雌兔。一次可采集精液 0.25～2.00ml。

电刺激法：将雄兔呈站立或卧位固定，剪去包皮周围的被毛，并用生理盐水冲洗，拭干，将电极棒插入直肠，靠近输精管壶腹部的直肠底壁，插入深度约5cm，选择频率，开通电源调节电压由低到高，至兔勃起射精，收集精液。电刺激法的参数一般为：频率15～20Hz，电压3V、6V、9V或12V，电流100mA，通电3～5s，间隔5～10s。

4. 麻醉与镇痛

1）全身麻醉

（1）吸入麻醉：将乙醚倒在脱脂棉上投入麻醉盒，将家兔放入麻醉盒，迅速盖好盖子，观察兔活动和状态，1～2min后可见到兔后肢依次出现麻痹而后失去运动能力，4～6min后，兔不能站立，肌肉松弛，四肢紧张性明显减低，角膜反射迟钝，皮肤痛觉消失，即已进入深度麻醉。在实验过程中如需追加麻醉，可采用合适大小的辅助麻醉瓶，套在兔的口鼻上进行。也可采用吸入式麻醉机。

（2）注射麻醉：常用的麻醉剂包括硫喷妥钠、氯胺酮、氨基甲酸乙酯（乌拉坦）、戊巴比妥钠等。

硫喷妥钠：1%～5%水溶液，腹腔注射25～50mg/kg体重，静脉注射7～20mg/kg体重，静脉注射速度以15s注射2ml左右进行。宜现配现用，一次给药的麻醉时效维持15～30min，在历时较长的实验操作中可重复注射维持麻醉。

氯胺酮：肌内注射或皮下注射25～45mg/kg体重，静脉注射10mg/kg体重。一次给药的麻醉时效维持10～20min。

氨基甲酸乙酯（乌拉坦）：20%～25%水溶液，腹腔注射、皮下注射750～1000mg/kg体重；5%～10%生理盐水溶液，静脉注射750～1000mg/kg体重；直肠灌注1500mg/kg体重。一次给药的麻醉时效维持2～4h。

戊巴比妥钠：生理盐水溶液腹腔注射，40～50mg/kg体重，静脉注射30～35mg/kg体重。一次给药的麻醉时效维持2～4h。戊巴比妥钠对于家兔的麻醉剂量与致死剂量比较接近，需谨慎使用。

2）局部麻醉

参照大鼠的有关内容（第十一章）执行。

5. 安死术

（1）过量麻醉法：耳静脉内注射戊巴比妥钠120mg/kg（戊巴比妥钠浓度为240mg/ml），根据家兔的个体差异及其他额外需要，可适当增加剂量。

（2）急性失血法：家兔麻醉后，心脏放血或股动脉放血，直至动物死亡。

（3）CO_2吸入法：将家兔置于封闭容器内，接通气体输送管通入CO_2，直至家兔死亡。目前已有商品化的实验动物CO_2窒息器。

第六节　健康检查

一、异常行为的观察

参照本章第二节中隔离检疫的有关内容执行。

二、主要传染性疾病

1. 兔病毒性出血热

兔病毒性出血热（viral hemorrhagic disease of rabbit）是由兔出血症病毒引起的兔的一种烈性传染病，俗称兔瘟。主要侵害青年兔和成年兔。本病发病急，传染性强，死亡率高，不仅严重危害各类皮、毛、肉用家兔，而且对实验用兔也构成严重威胁。

1）流行病学

本病只发生于家兔，且 60 日龄以上的青年兔和成年兔发病急，死亡率高，断奶后、育成兔死亡率稍低，哺乳期仔兔很少发病死亡。本病的传染源主要是病兔和带毒兔，常常通过直接接触而感染，也可通过排泄物、分泌物等污染的饲料、饮水、实验器械及实验人员等间接传播。在自然条件下，空气传播是主要的传播方式。本病一年四季均可发生，且以冬春季多发。

2）临床症状与病理变化

根据病程的长短，可分为超急性型、急性型和慢性型。超急性型：多见于非疫期或流行初期，无任何前兆或稍有呆滞而突然死亡。急性型：病兔食欲骤减，精神很差，蜷缩不动，皮毛无光，体温高达 41℃以上，喜饮水，迅速消瘦，一般病程为 12～48h，死前突然兴奋挣扎，在笼内狂奔，啃咬笼具，然后两前肢欠地，后肢支起，全身颤抖，侧卧，四肢抽搐，死前惨叫。慢性型：多见于 3 月龄小兔，病兔精神欠佳，食欲减退或废绝，喜饮水，被毛无光，消瘦，体温 41℃。特征性病变主要表现为弥散性肾出血、脾大、急性重型肝炎、肺和气管黏膜出血。

2. 兔轮状病毒感染

兔轮状病毒感染是由轮状病毒引起的仔兔以水样腹泻和脱水为特征的传染病。青壮年兔和成年兔多呈隐性感染。主要感染 1～2 月龄，特别是离乳仔兔。本病的发生主要因为饲养管理不当、卫生条件差、天气剧变等，传播较为迅速，发病率可达 90%～100%。

本病的特点是发病快，病初伴有发热，精神萎靡，食欲下降，出现较严重的水样腹泻，粪便呈淡黄色，含有黏液甚至带血。剖检可见，小肠黏膜脱落、出血并有大小不等的出血斑，盲肠扩张，含大量的液状内容物。发病后 2～3 天因脱水及电解质平衡破坏而死亡。死亡率 60%以上，严重的可达 90%。

3. 巴斯德杆菌病

巴斯德杆菌病又称兔出血性败血症，是引发家兔群体发病死亡的主要疾病，2～6 月龄的育成兔易感。临床上常呈现肺炎、鼻炎、中耳炎、结膜炎、睾丸炎、子宫脓肿、皮下脓肿、败血症等多种症状。巴斯德杆菌存在于健康兔的上呼吸道黏膜中，在实验环境剧变、营养缺乏、管理不当、潮湿拥挤或长途运输等应急条件下，家兔的机体免疫力降低，可引起内源性传染，病菌随病兔咳嗽、喷嚏等飞沫通过空气传播给健康兔；或者随唾液、鼻液、粪便、尿及其污染的饲料、饮水、用具等经消化道传染。也可通过跳蚤、蚊虫等叮咬传播。

本病的临床症状视入侵细菌的数量、毒力、家兔个体的抵抗力等不同而不同。一般分为以下几种类型。鼻炎型：为巴斯德杆菌感染的常见病型。表现为鼻黏膜发炎，先后流出浆液性、黏液性或脓性鼻液，有较响的呼吸音，病兔常打喷嚏、咳嗽。病情严重时，鼻液黏稠，形成痂壳而堵塞鼻孔，造成呼吸困难，并可引起结膜炎、中耳炎、皮下脓肿等。肺炎型：病兔表现为精神萎靡、食欲不振、体温升高、呼吸困难、逐渐消瘦等症状，有时还可见关节肿胀，甚至导致败血症而死亡。败血症型：多数表现为精神萎顿、无食欲、呼吸困难，体温可达41℃，鼻流浆液性或脓性分泌物，有时腹泻。中耳炎：单纯的中耳炎型无明显症状，但细菌感染扩散到中耳或脑部时，可引起头颈歪斜（斜颈病），病兔作旋转运动，严重时兔向着头斜的方向翻滚。结膜炎型：又称烂眼病，多发生于哺乳仔兔和少数老年兔。表现为怕光、流泪、结膜充血发红，眼睑肿胀、粘连。子宫炎和睾丸炎型：脓肿可发生于身体各部位。子宫发炎时，雌兔阴道内有脓性分泌物。感染雄兔时可引起睾丸炎，可见一侧或双侧睾丸肿大，触摸时有发热感。

4. 兔葡萄球菌病

兔葡萄球菌病是由金黄色葡萄球菌引起的，以全身器官或组织化脓性炎症或败血症为特征的传染病。家兔对葡萄球菌易感，感染途径不同，可以引发不同的病症。

主要有下列症状。脓肿：可发生于任何器官和部位。皮肤感染时，脓肿数量不等，大小不一；器官感染时出现脓肿并影响器官的功能。全身性感染时会引起败血症而死亡。乳房炎：哺乳雌兔感染后，体温升高，食欲不振，乳房肿胀发热，呈紫红色或蓝紫色，乳汁呈黄色奶油状。仔兔败血症：初生2～6天的仔兔感染后，在皮肤上出现粟粒大小的白色脓包，常在感染后2～5天死亡。脚皮炎：感染初期脚掌充血、发红、肿胀，继而出现脓肿并形成溃疡。病兔运动减少，食欲下降，消瘦，严重的可引起全身性感染，最后因败血症死亡。仔兔急性肠炎：俗称仔兔黄尿病。仔兔吸食了患乳房炎的母乳后出现急性肠炎。一般为窝发，患病仔兔拉黄尿及黄色黏性粪便，肛门周围和后肢被毛潮湿、腥臭，病兔昏迷，全身发软，2～3天后死亡。鼻炎：病兔鼻腔中流出浆液性或脓性分泌物，鼻孔堵塞，常用前爪抓摸鼻孔，鼻孔周围被毛脱落，病兔打喷嚏。严重时可引起肺脓肿、肺炎和胸膜炎等。

5. 兔球虫病

兔球虫病是普通级家兔常见的寄生虫病之一，家兔感染后，体重比正常家兔可减轻12%～25%，严重时死亡率可达80%左右。可寄生家兔的球虫有17种，其中艾美属球虫有15种。各种家兔均能感染球虫，离乳后至3月龄的幼兔感染严重，死亡率高。饮食是主要的传播途径，携带虫卵的饲养人员、用具、野鼠等也会传播球虫病。流行时间一般多在春秋雨季。

按照球虫的种类和寄生部位不同，可分为肠型、肝型和混合型三类球虫病。临床上多为混合型。家兔在感染球虫后，食欲下降，精神萎靡，活动减少或伏卧不动；口、鼻分泌物增多，唾液分泌增加，口腔周围被毛潮湿；腹泻和腹泻与便秘交替出现；频尿，后肢和肛门周围污秽；由于肠道鼓胀、膀胱和肝大而呈现腹围增大；发病后期，幼兔出现四肢痉挛、麻痹等神经性症状。病程可达10多天至数周。

6. 其他疾病

沙门氏菌感染、泰泽氏菌感染、仙台病毒感染：参见大鼠和小鼠的相关内容（第十章和第十一章）执行。

三、质量检测与疾病诊断

1. 家兔的质量检测

家兔的质量检测主要包括遗传学检测、细菌学检测、病毒学检测和寄生虫学检测。对于家兔的生产，必须定期对生产种群和育成兔进行抽样检查，发现遗传性状或生物学特性数据改变，以及疾病传播或种群污染即需更换种群。家兔实验应根据实际需要（如怀疑有污染或设立哨兵动物）进行相关的质量检测，并根据临床特征进行病理解剖学、病理组织学、血液学、血液生化学、血清抗体、微生物和寄生虫等诊断。质量检测的内容、方法等，遗传学检测参照 GB 14923—2010、寄生虫学检测参照 GB/T 18448.1—2001～GB/T 18448.10—2001、微生物学检测参照 GB/T 14926—2001 进行。

2. 家兔主要疾病的诊断

1）病毒性出血热的诊断

可根据病兔的发病日龄、病程、发病率和死亡率等，以及临床症状和病理变化进行综合诊断。常用的实验室诊断的方法主要包括以下几种。

血凝及血凝抑制试验：取病兔的肝脏或脾脏，按 1∶10 加生理盐水或磷酸缓冲液制成 10%组织匀浆，反复冻融 3 次后 56℃灭活 30min，3000r/min 离心 30min，取上清液按微量血凝方法进行，血凝效价在 1∶20 以上时定为可疑阳性，再用标准阳性血清做血凝抑制试验，若血凝被抑制，则判定为阳性。

玻片凝集试验：用 pH 7.2 的磷酸缓冲液与肝脏按 5∶1 混合并制成匀浆，3000r/min 离心 20min，取上清液和磷酸缓冲液各一滴于玻片两端，再用另一吸管吸取 2%的人 O 型红细胞悬液各一滴与被检材料和磷酸缓冲液混合，轻轻摇动玻片后在室温下静置 3～5min，若磷酸缓冲液中红细胞均匀浑浊，而被检材料中红细胞呈块状或颗粒状凝集的，则判定为阳性。

此外，还可采用对流免疫电泳、琼脂扩散试验、SPA 协同凝集试验、免疫荧光技术等方法来确诊本病。

2）兔轮状病毒感染的诊断

仔兔腹泻的原因复杂，因此仅凭临床症状较难确诊。可采用病毒分离鉴定、电镜检查、免疫荧光试验或中和试验等确诊。

3）巴斯德杆菌病的诊断

根据流行的特点、症状和组织病理变化可进行初步诊断。细菌检查主要取心、脾、肝或其他病变部位的浓汁、渗出物、分泌物等进行涂片镜检或分离培养以鉴定病原。也可进行血清学检测。鉴定时防止与兔瘟混淆。

4）兔沙门氏菌病的诊断

临床病变可见多个器官有充血或者出血斑，胸腹腔内有浆液或血样液体。急性病兔气管内有血色泡沫，黏膜充血、出血；肺水肿，肝大，肝脏表面有针尖样坏死灶；脾充血肿大，呈紫色；肠黏膜充血、出血、水肿，在小肠和盲肠结合部蚓突及圆小囊的浆膜下有针尖样至米粒大小的白色结节；雌兔子宫肿大，呈黑色，部分子宫的黏膜上有溃疡。根据这些症状可作出初步诊断。再结合细菌性检测和血清学检测可确诊。

5）葡萄球菌病的诊断

一般可根据流行病学特点、临床症状和病变等作出初诊。皮下和肌肉的化脓灶是本病的特征性病变。但内脏器官的化脓灶常会与多杀巴斯德杆菌和支气管败血波氏杆菌的病症相混淆。必须通过微生物学检测来确诊。

病原检查：根据不同病型采取相应脓灶中的浓汁、渗出物或乳汁等进行细菌分离培养、细菌鉴定。鉴定方法有镜检、甘露醇试验、生化鉴定、血浆凝固酶试验等。

血清学检测：可采用琼脂免疫扩散试验。

动物接种试验：正常家兔皮下接种 1ml 培养物，致病性葡萄球菌可引起接种部位皮肤溃疡坏死；耳静脉接种 0.1～0.5ml 肉汤培养物，致病性葡萄球菌可使接种家兔在 24～48h 死亡。

6）兔球虫病的诊断

根据流行病学、临床症状、粪检及剖检等作出诊断。粪检有两种方法。

（1）直接涂片法：50%甘油水溶液滴于玻片上，取米粒大小粪便置于液滴中，用牙签涂布后去掉硬固的粪渣，盖上盖玻片，置于显微镜下检查。

（2）饱和盐水漂浮法：取 5～10g 新鲜粪便，放入烧杯内，加入少量饱和盐水，用玻璃棒将粪块捣碎，然后再加入饱和生理盐水。粪液用双层纱布过滤后，滤液静置 30min，用 5mm 直径的小铁丝圈平放接触液面，然后涂擦玻片，盖上盖玻片后作镜检。

四、卫生与防疫

1. 兔场的消毒卫生措施

1）日常卫生工作

坚持每天清扫兔舍、兔场内道路，定期清洗食盒、水槽（水盆），保持日常用品的清洁、干燥。

2）环境消毒

厂区入口设置消毒池，每周 2～3 次更换池内消毒液，兔舍入口的消毒液每天更换；厂区道路和兔舍周围可用 10%漂白粉或 0.5%过氧乙酸等喷洒，每半月 1 次；排污沟、污水池等定期清除干净，并用高压水枪冲洗，一般 1～2 周消毒一次。

3）人员消毒

工作人员进入饲育区前需经踩踏消毒垫（池）、紫外线灯照射、手指清洗和消毒、更换生产区工作服的消毒程序。离开时双脚踩踏消毒垫、洗手并消毒。

4）兔舍消毒

兔舍消毒包括新建兔舍的消毒、清空兔舍的消毒和带兔消毒等。

（1）新建兔舍的消毒：清扫干净、自上而下喷雾消毒。饲喂用具清洗消毒。消毒药可选用碱类、酸类或季铵盐类。

（2）清空兔舍的消毒：先用清水或清洗液喷洒清空后的兔舍，然后对兔舍的地面、墙壁、兔舍内的器具进行彻底清理，清除兔舍内污物、粪便、粉尘和杂物等。然后用高压水枪清洗兔舍的顶棚、墙壁、地面、排污道等。搬出所有的可拆卸的用具及设备，清洗、晾干，于阳光下暴晒数日或干燥后用消毒药喷雾消毒。然后，将设备、用具等搬入兔舍，密闭门窗后用福尔马林熏蒸 24h，打开门窗或排风扇通风数日后待用。

（3）带兔消毒：每周至少两次，用 0.2%～0.5%过氧乙酸在兔舍内进行常规消毒，直对家兔喷雾时应距离兔 50cm 以上，哺乳 15 天内的仔兔和免疫接种前后的 3 天内不要喷雾消毒。

2. 兔场防疫原则

1）合理布局

兔舍尽量做到坐南朝北、干燥、向阳、避风。避免噪声干扰。场内布局应将生产区、管理区、生活区等严格分开。进出通道应与废弃物处理、售兔通道等分开。隔离区或疾病治疗区应设置在下风口，防止疾病的传播。

2）严格疫病控制

严格按照免疫程序做好预防接种工作。青壮年兔每月用 1%敌百虫洗脚一次，防止疥癣病。定期杀虫灭鼠，防止野猫、野鼠和其他畜禽等进出兔舍。定期、定时检查兔群的健康状况，并定期进行检疫和质量检测，发现病兔及时隔离治疗，对死亡的家兔应查出死亡原因，然后进行无害化处理。

3）坚持自繁自养

建立健全并严格执行家兔的引种、换种工作。在保证遗传质量稳定的基础上实行自繁自养。必须引进种兔时，应从国家认定的国家兔类实验动物种子中心或资源基地引进，并按规定进行严格的隔离检疫。对于引进的普通级种兔，应在适应期后及时免疫接种。

4）保持环境整洁、卫生

兔舍、兔笼等保持清洁、干燥，每天清洁兔舍、兔笼、排粪槽、料盒、饮水盆等，不同兔舍的用具避免交叉使用。家兔的粪便和尿液需经生物热发酵或进入沼气池发酵后作为肥料使用。

3. 预防措施

普通级兔场入口和兔舍门口要设置消毒池，随时保持池内消毒液的有效浓度，进出者必须双脚踏入消毒池，并严格按照程序做好防疫措施。

（1）繁殖种兔：每 4 个月必须进行一次兔瘟、巴斯德杆菌、魏氏梭菌的接种工作；每 4 个月必须进行一次体内外寄生虫的预防；每 2 个月做一次球虫防治工作。孕兔产前 7 天做一次预防葡萄球菌的工作。

（2）幼兔：离乳后 7 天仔兔进行兔瘟、巴斯德杆菌、魏氏梭菌的预防接种工作，在接种后 10 天，进行体内外寄生虫的防治工作；在仔兔正常采食后，饲料中应添加一些球虫药。

（3）免疫接种的疫苗需来自正规生产厂家，不能在天气剧变或兔群处于应急状态或病态时接种。免疫前 1 周，兔舍内停止消毒工作。

（4）做好常规消毒工作。每周在兔舍内进行低浓度喷雾消毒，每半个月对舍外粪便沟及操作走道消毒；每月对兔舍周围环境进行清洁和消毒。消毒药轮换使用，以免产生抗药性。

（5）注意饲料的卫生和营养。

（6）兔场内不得饲养其他动物，定期性做好防鼠和灭鼠工作。

（7）工作人员定期体检，工作时穿戴工作服、鞋和帽。

4. 隔离措施

当兔群发生传染病时，应立刻对兔群进行详细检查，将病兔、可疑病兔及假定健康兔进行分群和隔离饲养。所有的饲养人员、饲料和物品等均应分开，严格控制人员、物品等相互流动，防止交叉感染和疫病的进一步传播。

1）病兔的管理和处置

症状明显的病兔，应单独或集中隔离，由专人饲养，严禁无关人员接触。对原饲养的场所、笼具和其他用品进行彻底消毒。对病情严重或者垂死的病兔可立即处死并进行焚烧或深埋处理，严防疾病向外传播。另外，对发病症状稍轻的病兔可采用免疫血清接种，以降低发病数量。

2）可疑病兔的管理和处置

与病兔或其污染物有过接触的家兔，虽没有明显的病症，但有可能处于疾病潜伏期或是病原的携带者，这些兔应定为可疑病兔。对可疑病兔，应将其与病兔和健康兔隔离饲养，限制其活动场所和范围，并密切观察其发病情况。对其原饲养场所和用品等应进行彻底消毒，对尚未发病的家兔进行预防性用药或接种疫苗，若在 2 周后仍无发病的，可取消其限制。

3）假定健康兔的管理与处置

对于同一饲养地不同区域或不同兔舍内饲养的家兔，这些家兔没有与病兔或污染物接触，也未出现任何的病症或疑似病例，应及时对这些兔进行隔离饲养，并对群体进行抽样检查，隔离期内应密切观察动物的健康状况。

4）死亡病兔的处置

（1）发现病死或死因不明的动物时，应当立即报告本单位质量检测实验室或兽医师，并按要求对死亡动物进行包装处理后送检。相关实验室或兽医师对样本初步诊断分析，能确定死亡病因的，应按照国家相应动物疫病防治技术规范的规定进行处理。

（2）对病死但不能确定死亡病因的，应立即采样送省市级或以上实验动物质量检测机构确诊。对确诊有烈性传染病的动物必须进行深埋、化脂或焚烧等无害化处理。

（3）出现大批动物死亡事件或发生重大动物疫情的，由省市级实验动物质量检测机构组织进行死亡原因或流行病学调查，并提出相应的处置办法。

5. 发生疫情后的消毒措施

发生疫情后，为了控制病原体的传播，应对污染的兔舍、兔笼、食盒等用品进行消毒处理，对兔舍内剩余的饲料、垫料、粪便和病兔尸体等进行焚毁或深埋。

1）兔舍

动物处置后，首先应将兔舍的门窗、进排风口等做适当的密封工作，然后对兔舍开展全面的消毒，消毒后再进行清洁工作，以免污染物对外界的影响和控制病原体的进一步传播。可选用不同的消毒剂轮流进行喷雾或擦拭消毒，如选用0.5%～1.0%的过氧乙酸或2%的碘伏对兔舍内进行喷雾消毒，用2%的NaOH或1%的新洁尔灭等对地面消毒或冲洗。然后，对兔舍进行清洁工作，最后再进行一次全面的喷雾消毒。有条件的兔舍（如密封性较好）也可采用福尔马林熏蒸，熏蒸的比例和计量为：30ml福尔马林+30g高锰酸钾+40ml水。熏蒸24h后通风。

2）兔笼和用具

对污染场所内的兔笼、用具可采用煮沸或消毒液浸泡后再清洗和用清水漂洗的方法处理。用消毒液浸泡的，可选用2%的NaOH或者1%的新洁尔灭消毒液，所有物品都必须浸泡在液面以下保持1h以上。

3）饲料和垫料

发生疫情的兔舍内剩余的饲料、垫料等用品，包装后放入高压灭菌器内灭菌后处理，无高压灭菌器的场所，可密封包装后送到焚烧场焚烧或者进行深埋处理。

4）粪便

对于粪便和其他污染物，可将其堆积，采用生物发酵法（70℃以上发酵3个月）消毒。也可密封包装后进行焚烧处理。

5）病兔尸体

因传染病而死亡的家兔尸体带有大量的病原体，必须妥善处理以防止病原向外扩散。尸体处理的方法应根据疫病的性质不同而定，处理的方法有：①用化学消毒液浸泡后，在远离兔场的地方深埋；②放入粪便堆积物的中间进行生物发酵处理；③焚烧处理；④化脂处理等。

第十五章　犬

第一节　主要生物学特性

一、动物学分类

犬（dog，*Canis familiaris*）属于哺乳纲、食肉目、犬科、犬属动物。犬是最早被驯化的家养动物之一，其历史长达12万年之久。从20世纪40年代开始，犬才作为实验动物应用。国际通用实验用犬的主要品种为Beagle犬，此外还有少量的四系杂交犬、墨西哥无毛犬、Boxor犬、Labrador犬和Dalmation犬等品种。

二、一般生理学特性

（1）犬为食肉动物，喜食肉类和脂肪。

（2）喜欢亲近人，易驯养，可服从人的命令，理解人的简单意图。

（3）环境适应能力强，可承受较热或较寒冷的天气。

（4）嗅脑、嗅觉器官和嗅神经极为发达，嗅觉特别灵敏，能够嗅出稀释千万分之一的有机酸，尤其是对动物性脂肪酸更为敏感，其嗅觉能力是人的1200倍，能靠熟悉气味识途。

（5）神经系统较发达，能较快地建立条件反射，健康犬的鼻尖湿润，呈涂油状，触之有凉感。

（6）听觉敏锐，大约为人的16倍，不仅可分辨极细小的声音，而且对声源有判断能力，对简单语言可根据音调、音节变化建立条件反射。

（7）视觉较差，每只眼睛有单独视野，视野不足25°，并且无立体感，对固定目标50m以内可看清，但对运动目标，则可感觉到825m远的距离。犬是红绿色盲。

（8）味觉迟钝，很少咀嚼。吃东西时，不是通过细嚼慢咽来品尝食物的味道，主要靠嗅觉和味觉的双重作用，因此，在准备犬的食物时，要特别注意气味的调理。

（9）8～10个月性成熟。第一次配种在8～10月龄。为单发情期动物，每年春、秋为集中发情期。性周期126～240天（平均180天），每次发情时间可持续14～21天，妊娠期58～63天，哺乳期55～60天，每胎产仔2～10只。寿命为10～20年。

三、解剖学特性

（1）乳齿齿式2（门3/3，犬1/1，前臼3/3，臼0/0）=28个。成年齿式2（门3/3，犬1/1，前臼4/4，臼2/3）=42个。

（2）嗅脑、嗅觉器官、嗅神经、鼻神经发达，鼻黏膜上布满嗅神经，无锁骨，肩胛骨由骨骼肌连接躯体。食管全由横纹肌构成。

（3）具有发达的血液循环和神经系统，内脏与人相似，比例也近似。胸廓大，心脏较大。肠道短，尤其是小肠。肝较大。胰腺小，分两支，胰岛小，数量多。

（4）皮肤汗腺极不发达，仅在趾垫有少许汗腺。

（5）雄犬无精囊和尿道球腺，有一块特有的阴茎骨。雌狗有乳头 4～5 对。

（6）犬的指甲分布有毛细血管。

四、行为学特性

（1）犬习惯不停地活动，因此要求有足够的运动场地，对生产繁殖的种犬，更应注意，若活动量不足或无活动量，则会出现母犬不发情或配种后不孕、空孕。

（2）喜欢咬啃骨头以利磨牙，喜欢清洁，冬天喜晒太阳，夏天爱洗澡，头颈部喜欢人以手拍打、抚摸。

（3）为群居性动物，有合群欺弱的特点，管理不当易恢复野性。

（4）犬受伤时可能会一碰就逃走，或特别注意保护身体的某个部位，甚至表现出不寻常的侵略性，在有人触碰或是靠近时吠叫或作出威胁，常舔舐受伤的部位，受伤后会食欲不振。

第二节　引种的管理

一、引种要求

（1）需引进实验用犬进行繁殖生产的，按《国家实验动物种子中心管理办法》，向国家犬类实验动物种子中心引种。

（2）国际上实验用犬繁育单位主要为美国 Marshall BioResources 和 Laboratory Corporation of America（Covance Inc.），其他国家的实验用犬的种子绝大部分都是从这两家公司引进的，但经长期的封闭繁殖，种群可能已退化。因此，比格犬的引种最好来自这两家繁育单位。

（3）国内引种要对选定引种的动物进行法定疫病检查，只有确定没有疫病的动物才可以引进作种。国外引种要向当地动植物检验检疫部门申报、批复和检疫，并具有完整的检疫档案。

（4）引进的种犬需具有完整的档案，档案内容应包括来源、谱系、编号、出生日期、性别、体重、免疫、驱除寄生虫、病史和用药、外观检查和生物学特性描述等内容。

（5）要求至少 5 代祖先的谱系档案。

（6）按（8～10）∶1 的雌雄比引种，要求同窝的只引进 1 只，年龄为 6～12 月龄。

（7）做好引种前的准备工作，准备好专用饲料；不要在炎热的夏天或严寒的冬天引种，最好引种的季节是春、秋两季；要求航空运输并选用有空调设备的车辆运输。

二、隔离检疫

1. 准备工作

准备好隔离检疫场地、饲养繁殖场地、饲养管理用品等，并彻底消毒。

2. 检疫期

国内引种的实验动物，在到达后的 1 周为隔离检疫期。国外引种的隔离检疫期为 1 个月，并按当地动植物检验检疫部门指定的隔离检疫场进行隔离检疫。

3. 动物到达检查

（1）检查运输笼有无破损，并取出随附的档案资料。

（2）检查核对犬只编号是否相符。

（3）动物外观检疫观察内容如下。①皮毛：有无光泽、竖毛、出血、污物、脱毛等。②眼：有无眼屎、流泪、白内障、角膜损伤等。③口腔：有无流涎、出血等。④耳：有无外伤、耳壳曲折、中耳炎等。⑤四肢：有无外伤、弯曲、脱臼、肿胀、关节炎等。⑥肛门：有无腹泻、血便、脱肛等。⑦精神和食欲：有无沉默、倦怠、动作不活跃、食欲不振、拒食等。⑧营养状况：有无消瘦、过度肥胖、成长异常。⑨姿势和步态：有无姿势异常、行走和站立困难、运动失调、跛行等。⑩触诊：脉搏触诊，淋巴结、骨骼等体表变化；口腔内黏膜、牙齿、牙周组织、舌等口腔检查。

4. 隔离检疫

（1）必要时在到达后第2天对犬只进行护理，用2%甲酚皂或0.05%新洁尔灭或0.2%～0.5%敌百虫的水溶液等不伤害皮肤和被毛的消毒剂溶液为犬只洗浴（温度视天气而定，以犬只舒适为准），并用毛巾擦干或用电吹风吹干被毛。

（2）每天观察种犬粪便、食欲、精神状态等，对粪便不正常、食欲不佳、精神状态异常的作进一步的检查和诊断。

（3）隔离检疫期间发生烈性传染病或人畜共患病时，报告当地实验动物主管部门，同时报告当地动物检疫防疫主管部门，协助动物防疫部门做好善后处理。

（4）隔离检疫期满，有关部门放行后，若有不确定性异常时可适当加长隔离检疫期，无异常时，转到饲养繁殖场地或混群饲养。

第三节　繁 育 技 术

一、选种、留种

1. 选种

根据繁殖计划进行选种，仔犬在3～4 月龄时按各繁殖场的雄雌比例进行初步选种，初选标准为外观符合共性描述标准，外生殖器无异常，在同窝仔犬中选雄不选雌或选雌不选雄，并对初选种犬进行下列检测和评估。

（1）追踪谱系及其父母的配种和生产史，父母有严重病史、难产史或吃仔史等异常行为的给予排除。

（2）谱系清楚，母系生产率正常，体型标准。

（3）进行毛色、眼睛、耳朵、口腔、上下颌咬合、四肢、肛门、外生殖器等外表检查，以及血压、心率、呼吸、体温等生理检测；测量体尺。所有指标必须符合该品种共性描述标准。

（4）排除对人有畏惧或咬人行为、性格沉郁的。

（5）排除血液生理和生化指标异常的。

（6）对照标准生长曲线评估生长发育和营养状况，排除生长发育异常和营养不良的。

（7）留种仔犬6～8月龄时进行第2次检测和评估。

2. 留种

留种犬达到繁殖月龄时，无病史、所有的生理和血液生化指标都在标准值范围内的可作为种用犬。

二、保种、育种

（1）保持足够大的种犬群，使种群保留其原种特性。

（2）繁殖过程中应严密监控近交系数，如发生近交现象，需按一定比例重新引入种公犬和种母犬，可避免过度的近亲繁殖。

（3）可通过胚胎保种及人工授精技术建立胚胎种子库和精子库，采用隔代胚胎植入及人工授精的方法，使种群保留其原种性，尽量降低种群的遗传变异。

（4）可采用微卫星DNA等技术检测种群的遗传背景，计算等位基因频率、基因纯合率、基因分化系数、多态信息含量、杂合度，从而准确掌握种群的品种特性和遗传特征，通过遗传质量监测防止品种退化。

三、繁殖方法

（1）种公犬的初配年龄为10～12月龄，种母犬的初配年龄为8～10月龄。

（2）母犬每隔120天左右有发情周期，允许交配周期持续3～4天。

（3）同居配种法：以种公犬为主 1∶（3～5）的分组固定配种制，并一起在种犬饲养房中饲养，自然交配，发现怀孕的转移至产房中单独饲养。

（4）分居配种法：种公犬和种母犬分开饲养，发现种母犬发情日起一周内，将发情待配的种母犬移入种公犬笼配种2次，每次交配完成后即将种母犬移出。

（5）采用最佳避免近交法：初次选配或种母犬改变配种对象时，必须查阅种犬的系谱，祖先3代内有共同祖先的不予选配。

四、档案及谱系管理

（1）档案及谱系管理的关键是保证每只犬的编号是唯一的，编号可用专用耳号钳和油墨打印在耳朵内侧，可终身辨识，并以编号为识别基础建立犬只终身档案。皮下埋植芯片是一种新的个体识别技术，便于记录更多的信息。

（2）设立饲养管理日记，记录选种、配种、怀孕、出生、断奶、仔犬编号、驱除寄生虫、防疫接种、伤病处理、质量检测等日常操作，由操作者记录后再由主管或兽医审核签名。

（3）建立犬类实验动物生产供应数据库管理系统，每天收集饲养管理日记，由系统操作员或档案管理员录入数据库，录入员签名再由主管或兽医审核确认，保证所有犬只都能追踪到5代以上。

五、净化技术

种群净化主要通过无菌剖宫产技术，此外，应用该技术也能获得无特定病原体的实验用犬。

1. 剖宫取胎

选定配种后58～60天的种母犬，在无菌操作台内进行剖宫产，胎儿取出后用无菌毛巾清洁口腔、肛门和被毛，置于24～28℃的隔离或屏障环境中。

2. 人工哺乳

犬奶与牛奶的成分有很大不同，牛奶的成分为低蛋白质、低脂肪、高乳糖，而犬奶却是高蛋白质、高脂肪、低乳糖，因此人工乳可用市售犬奶粉，或用牛奶加入蛋黄、骨粉等配制。每次哺乳时，用酒精棉球擦拭仔犬肛门周围，刺激其及时排出大小便。白天每隔2h、夜间每隔3～6h人工哺乳1次，每昼夜保持8～10次。使用犬专用奶瓶，每次哺乳10～20min，直到幼犬吃饱或睡着为止。奶水的温度约39℃，喂奶时一定要有耐心让幼犬完全吃饱。奶瓶也要保持干净，瓶中喂剩的奶水不可留到下次再喂食。

第四节　饲养管理

一、设施环境

（1）犬类实验动物繁育生产场地和建筑必须符合GB 14925—2010标准。其中规定了环境条件和饲养面积等基本要求。

（2）犬类实验动物主要为普通级，一般采用开放式饲养，可采用离地笼养和落地饲养方式。①采用离地笼养的，饲养笼宜采用不锈钢材料，笼具宽应为成年犬长度的1.2倍以上，高不少于成年犬只站立的高度，笼底面积不小于$2m^2$。可饲养2～3只幼犬和2只成年犬。②采用落地放养的，应考虑足够的运动空间，最好建设带运动场的饲养场地，每间饲养室分内外室，内室为生活室，外室为运动场，饲养室宽度不小于1.5m，内室面积不小于$2.5m^2$，运动场不小于$4m^2$。可饲养2～4只成年犬或1窝幼犬。③饲养室应有防虫、防野生动物等措施。

（3）犬为群体性动物，除特殊要求外，饲养时应最少有2只以上。

（4）在饲养时，应考虑到动物福利和环境丰富原则，为犬只放置玩具，犬玩具可采用经处理的大型动物的胫骨或市售仿骨头犬玩具，玩具应无毒和便于消毒。

二、饲料、饮水、垫料

1. 饲料

（1）犬饲料营养标准应符合GB 14924.7标准，卫生标准符合GB 14924.2—2001标准，生产、包装、储存、运输等符合GB/T 14924.1—2001标准。

（2）动物性原料应占60%以上。

（3）加工成膨化颗粒饲料，其直径不要大于1cm，在可控制温度和湿度、防虫、防野生动物的专用仓库中储存，储存期不得超过3个月。

（4）饲料生产单位应对每批原料和成品饲料抽样检测，检测应符合GB 14924.7。

2. 饮水

普通级犬的饮用水应符合生活饮用水GB 5749—2006标准，生活饮用水经过滤后可直接供犬只饮用。

3. 垫料

产房和地面养殖时，使用的垫料应无味、无毒、无粉尘和吸水性好，且符合相关规定或所在地区的地方标准。

三、饲养操作与日常管理

（1）各饲养室由专职饲养员负责；所有进入饲养室的人员必须更换专用的工作服和鞋、帽、耳塞和手套等，并定时清洗和消毒；禁止将与饲养管理无关的物品带入饲养室；发现异常应立即报告兽医。

（2）在各饲养室中设置专用的饲喂和清洁用具，禁止未经消毒的用具在各个饲养室间串换使用。

（3）每周用0.1%新洁尔灭或其他消毒药清洗食盆，再用清水冲洗干净后使用。

（4）每天冲洗1次饲养室和饲养笼，每周消毒1次。

（5）饲养室门口的缓冲区、门窗、墙壁和犬舍周围每月清洁和消毒1次。

（6）保证所有犬只有充足的饲料和饮用水。

（7）距预产期10天的怀孕犬应单独饲养并注意保暖，育成犬雌雄分开饲养。

（8）冬春季日温低于20℃时，做好孕犬、哺乳犬、3月龄仔犬及病弱犬的保温工作。

（9）每月驱除体内外寄生虫1次。

（10）定期修剪指甲、洗耳和洗牙等护理，修剪指甲时防止伤及肉质部，只能将角质部剪下，如伤及肉质部，则用乙醇或碘酒消毒，以防感染。

（11）设立种犬和生产记录卡。

四、预防接种

（1）犬只出生后应根据现有疫苗资源和饲养场的具体情况制定免疫程序，通常 28 天后进行第 1 次犬细小病毒和犬温热二联苗的注射，随后按照免疫程序进行犬细小病毒、犬温热、犬肝炎、副流感等多联疫苗的预防接种，并每间隔 21 天进行加强接种。

（2）出生后 90 天进行狂犬疫苗的接种。

（3）犬只腹泻、患病、体温异常时，应暂缓接种。

（4）严格按疫苗使用标准操作规程进行运输、储存和使用。

五、兽医护理

1. 分娩护理

1）预产

怀孕犬到 58 天时为预产期，应注意其食欲和行为等，临产时母犬食欲不振或坐卧不安，分娩多在夜间，每只仔犬出生间隔时间为 30～60min，分娩室应保持 20～28℃。

2）接产

仔犬出生后，如胎膜未破裂，接产人员应及时撕破胎膜，同时清除仔犬口腔及呼吸道的黏液、羊水，防止其窒息，并用毛巾擦干犬体。有些母犬不会咬断脐带，接产人员应把脐带中的血反复向仔犬腹部方向挤压，在距腹部 2～3cm 处剪断，断处用线结扎，并用 5%碘酊消毒。

3）助产

母犬产仔间隔时间越长，仔犬就越不健康，早期死亡的危险性就越大。当母犬分娩时出现烦躁、极度紧张、仔犬出生期间超过 2h 以上等症状时，可初步判断为难产，此时应分析原因，由兽医或经培训授权的技术人员进行处理。属产力不足的，可肌注催产素；属胎位不正的，可及时纠正胎位；属胎儿过大、产道异常的或药物催产无效时进行剖宫产手术。手术操作应由兽医完成，手术操作程序和使用的物品必须符合有关法律法规。

4）假死的仔犬救治

助产人员用双手握住仔犬的头部与身躯，仔犬头朝下，然后甩出口、鼻腔内的积液，手有节律地压迫胸腹部，促使羊水从气管内排出，必要时做人工呼吸，同时用毛巾擦拭仔犬的黏液，促进血液循环。如抢救 3～5min 仔犬仍无呼吸，证明已经死亡。

5）称重和记录

称重每头初生仔犬的体重。记录产仔时间、产仔数、性别、体重、助产情况、先天发育不良及遗传缺陷等。

6）初乳

母犬分娩 7 天内分泌的乳汁称为初乳。如果仔犬出生 6～8h 仍未吃到初乳，就会变得软弱无力，甚至死亡。

7）代哺代乳

生产仔犬过多、母犬奶水不足或经剖宫产的仔犬，可选择代哺代乳。选择泌乳力强、性情温驯、母性好的母犬作为代乳母犬；两只母犬的产仔日期应相近；仔犬代乳前应尽量让其吃上生母的初乳。用代乳母犬的尿液、乳汁喷涂仔犬，或把代乳仔犬和原窝仔犬放置一起，经 1h 后气味一致再哺乳。注意有些母犬嗅觉灵敏，容易闻出寄养仔犬而拒绝哺乳，甚至咬伤、咬死寄养仔犬，一旦发现立即制止，并采取其他补救措施。

8）人工哺乳

由专人负责人工哺乳。操作要求见本章第三节中动物净化技术的有关内容。

9）其他

母犬分娩时禁止围观或陌生人接近，以免惊吓母犬而发生咬仔、吃仔等行为。

2. 外伤的处理

（1）犬只因争斗发生咬伤或被笼具夹伤等外伤，应立即施救，轻微的给予清创、消毒、包扎和对症治疗并单独饲养，比较严重的，隔离治疗。

（2）创伤严重无治疗价值的给予安乐死。

六、废物处理

1. 粪便和废水处理

（1）大规模饲养繁殖场必须建设污水处理系统，冲洗犬舍产生的污水经处理后达到 GB 18918 排放标准后再排放，固体物可作为农作物、果树等的肥料。

（2）小规模饲养设施，应建设大容量三级化粪池并定期清理，或使用污水处理机处理后排入城市污水系统。

2. 动物尸体处理

（1）应有存放动物尸体的−18℃以下的专用冰柜。

（2）动物尸体用塑料袋密封好，贴上标签，放入冰柜并做好记录。带血液、组织的医疗垃圾密封存放在冰箱中。

（3）所有动物尸体和动物脏器必须与其他废弃物分开并集中收集好，不能与其他废弃物混放。

（4）当动物尸体收集到一定数量时，交有资质的卫生处理机构进行无害化处理，并保留交接记录。

3. 医疗垃圾处理

注射器、输液器针头、金属和玻璃制品等硬物用专用收集桶存放；药棉、手套等用双层塑料袋存放；垫料回收到饲料袋中，扎紧袋口；保存在专门的区域，并送当地医疗垃圾处理厂处理。

第五节 使 用 管 理

一、犬的获取

1. 来源

实验用犬应购自有犬类实验动物生产许可证的单位。

2. 运输与接收

（1）实验动物的运输应遵循国家有关活体动物运输的相关规定，国际运输应遵循国际航空运输联合会（IATA）的有关规定。

（2）采用专用航空运输笼，运输笼具需经消毒、灭菌后方可回收使用，雌雄分装。

（3）长途采用航空、短途采用专用汽车运输。

（4）运输过程中，禁止与有毒有害物品和其他动物混运。

（5）在途时间在 12h 内的，可以不饲喂饲料和饮水，在途时间为 12～24h 的，只需要提供饮水；在途时间超过 24h 的，应提供饲喂饲料和饮水。

（6）运输怀孕犬，应遵循国内、国外有关法规法律且有专人负责制定整个运输计划。

（7）发运方应尽快将飞机航班号、到港时间等相关信息及时通知接收方，接收方接收后应尽快运送到最终目的地。

（8）动物到达后检查运输笼有无破损，并取出随附的档案资料。

（9）检查犬只编号是否清晰、有无外伤。

（10）对照该犬只档案检查精神状态、皮毛、眼、口腔、耳、四肢、肛门、外生殖器、粪便等有无异常。

3. 隔离检疫

参照本章第二节引种管理的有关内容。

二、基本操作技术

（一）抓取与保定

1. Beagle 犬及经训练犬只的抓取与保定

（1）抓取犬只时必须戴手套，穿长袖工作服；动作尽量轻柔，禁止突发动作。

（2）以正常步速进入饲养室，以友善的目光观察犬只 1～2s，用一只手跟犬打招呼问好，跟犬建立初步信任，打开门后用手轻拍犬脸侧部或抚摸其头加深犬只对人的信任后，一手迅速抓住犬两前肢上臂部，一手抚摸犬后颈部，然后一手用力将犬往上提，另一手托住腹部将犬只抱至运输车或保定架。

（3）将犬抱到保定架后，停留 1～2s，将后肢放入定位孔，由助手抚摸犬后背部帮助保定，然后两手将犬两前肢分别放入定位孔，抚摸犬后颈部，使犬只安定。

（4）对工作人员信任度不够或兴奋性高的犬只，可以采取抓取两前肢和后颈部皮肤的办法，防止犬嘴部靠近保定前肢的手造成误伤。

（5）禁止以抓揪犬后颈部或后躯部皮肤、提尾巴、抓耳朵的方式抓取；禁止单手抓提犬只。

2. 其他犬只的抓取与保定

1）铁制犬钳法

双手持钳，小心靠近，迅速用长柄捕犬夹夹住颈部，将犬按倒在地，由助手用纱布绑带将嘴绑好并在犬耳后打结或给犬带上金属网口罩，将四肢固定。

2）皮制项圈法

皮制项圈的大小为项圈与犬颈部的空隙可插入 4 指。将链绳与项圈连接，另外一端拴在笼门上；拉动犬只时，一边与犬交流一边轻拉链绳拉出室内。需要时可用纱布绑带将嘴绑好或带上金属网口罩。

3）不锈钢笼保定法

保定笼的一边可移动。慢慢移动挤压装置，将犬压缩至不能转身。如要移出笼外，肌内注射盐酸氯胺酮 5～15mg/kg 体重麻醉。需要时可用纱布绑带将嘴绑好或带上金属网口罩。

（二）供试品给予方法

1. 经口途径

1）徒手给药法

经口腔的供试品应制成小丸状，一人抓住犬只前肢往上提，后肢着地，另一人戴手套，一手拿供试品，一手捏住上颌尽量使其张开口，将供试品送至舌根部，合上嘴轻拍颈部使其吞咽。

2）强饲法

保定状态下，由一人将犬嘴张开，另一人左手用压舌板压住犬舌，右手用药匙把供试品送至舌根部，取出压舌板，喂少量饮水，合上嘴、抬其头使其下咽。

3）混合饲料给药法

把供试品与粉末状饲料充分混合做成颗粒状，让犬自由采食给药。

4）灌胃法

将犬仰卧固定或站立固定，将扩口器（木质，长 10～15cm，直径 1～3cm，中间开 1 个直径 5～10mm 的小孔）置于上下门 3 齿后，用绑带将嘴扎住并在耳后打结，用 12″ 橡胶灌胃管经扩口器上的小孔缓慢插入，沿咽喉后壁进入食道，插入约 20cm，可达胃内，将胃管另一端插入水中，如不出气泡，表示确已进入胃，而没误入气管内，即可灌入。

2. 注射途径

1）皮下注射

器械和试剂：6 号针头，5～10ml 注射器，75%酒精棉球。

注射部位：颈背部或大腿外侧。

方法：用酒精棉球消毒注射部位，左手拇指和食指轻轻提起颈背部皮肤，沿纵轴从头部方向刺入并推进 5～10mm，注射完 5s 后拔出注射针，并用手指轻压一下注射部位以免药液漏出。

2）皮内注射

器械和试剂：6 号针头，5～10ml 注射器，75%酒精棉球。

注射部位：颈背部或大腿外侧。

用酒精棉球消毒注射部位，注射针横断面向上，向皮肤平行方向轻轻刺入，回抽无血后推入药液，注射完后会形成皮丘，为免药液漏出注射完 5s 后再拔针。

3）肌内注射

器械和试剂：7 号针头，2～5ml 注射器，75%酒精棉球。

注射部位：臀部或股部。

方法：剪去注射部位被毛，用酒精棉球消毒注射部位，注射针横断面向上，成 60°角轻轻刺入肌肉，回抽无血后推入药液，退针并用干棉球按压片刻。

4）静脉注射

器械和试剂：6 号针头，5～15ml 注射器，橡皮带，75%酒精棉球和碘伏。

注射部位：前肢内侧皮下静脉、后肢小隐静脉或颈静脉。

在保定状态下，剪去注射部位的被毛，用酒精棉球和碘伏消毒，用橡皮带扎紧（或用手抓紧）静脉近端，使血管充盈，从静脉的远端将注射针头平行刺入血管，待有回血后松开，缓缓注入药液或滴注。

5）腹腔注射

器械和试剂：7 号针头，5～20ml 注射器，75%酒精棉球。

注射部位：脐后腹白线两侧。

腹部向上保定，用酒精棉球消毒注射部位，用注射针平行刺入皮下 5mm，再把针竖起 45°穿过腹肌进入腹腔，回抽没有扎到脏器后，再慢慢注入药液。

6）脑内给药

器械和试剂：6 号针头，1ml 注射器，弯头剪，手术刀，穿颅钢针，75%酒精棉球和碘伏。

注射部位：两耳连线与两眼连线的中间。

方法：动物麻醉后，剪去注射部位的被毛，用酒精棉球和碘伏消毒注射部位，先用手术刀切开 1～2mm 的切口，用穿颅钢针穿透颅骨，再用注射器针头刺入 5mm 左右，然后徐徐注入药物，注射速度一定要慢，避免引起颅内压急骤升高。

7）小延脑髓池注射

器械和试剂：7 号针头，1ml 注射器，75%酒精棉球和碘伏。

注射部位：第一颈椎上方凹陷处。

方法：动物麻醉后，仰卧保定，剪去注射部位的被毛，用酒精棉球和碘伏消毒注射部位，让头尽量向胸部弯曲，注射者用左手触摸第一颈椎上方凹陷处，在凹陷处正中线顺水平方向刺入小延脑髓池，回抽见到清亮的脊髓液后徐徐注入。

（三）样品收集

1. 血液样品采集

1）颈静脉、后肢外侧小隐静脉和前肢外侧皮下静脉采血

器械和试剂：6 号针头，2～10ml 注射器，取血管，弯头手术剪，75%酒精棉球和碘伏。

方法：保定犬只，剪去取血部位被毛并消毒，用橡皮带扎紧（或用手抓紧）静脉近端，使血管充盈，针头平行刺入静脉，回抽见血后松开橡皮带或手，采血后用干棉球压针孔片刻。少量血液的采集可穿刺耳静脉采集。

2）股动脉采血

器械和试剂：6 号针头，2～10ml 注射器，取血管，弯头手术剪，75%酒精棉球和碘伏。

方法：仰卧保定犬只，伸展后肢，暴露腹股沟三角动脉，剪去取血部位被毛并消毒，抽血者左手探摸腹股沟动脉搏动处，固定血管，右手持注射针刺入血管，回抽见血后采集。

3）心脏采血

器械和试剂：7 号针头，2～10ml 注射器，取血管，弯头手术剪，75%酒精棉球。

方法：仰卧保定犬只，前肢向背侧方向固定，暴露胸部，剪去左侧第 3～5 肋间被毛并消毒，抽血者左手探摸心跳最明显处，右手持注射针刺入心脏，准确刺入即可见血，可抽取大量血液，采血后用干棉球按压止血。

4）颈静脉采血

器械和试剂：7 号针头，2～10ml 注射器，取血管，弯头手术剪，75%酒精棉球。

方法：侧卧保定犬只，剪去采血部位被毛并消毒，拉直颈部并使头尽量后仰，抽血者左手拇指压住颈静脉，针头沿血管平行方向向心脏端刺入血管采集，采血后用干棉球按压止血。

2. 尿液样品采集

1）压迫膀胱法

新生犬和雌犬可通过轻拍和轻压腹部膀胱的方法采集。

2）插管法

用大小、长度合适的导尿管，外壁涂抹润滑油，将导尿管从尿道向膀胱慢慢插入，尿液自然流出或用注射器吸出。

3）代谢笼法

使用犬代谢笼或在饲养笼下放置尿液收集器采集，应避免饲料及饮水等落入收集器。

3. 粪便样品采集

（1）由代谢笼或在饲养笼下采集。

（2）保定状态下，用消毒棉签插入肛门 2～5cm 采集。

4. 精液采集

1）人工采集

选择成年公犬，由一人保定，另一人退开包皮后，用大拇指和食指轻轻刺激阴茎根部直到射精。

2）电刺激法

麻醉公犬，站立或卧式保定，剪去包皮周围被毛，用生理盐水冲洗后再用无菌干棉球擦干，将电极棒插入直肠并靠近输精管壶腹部的底壁，选择频率，开通电源，由低到高调节电压直至阴茎勃起射精。

（四）麻醉与镇痛

1. 全身麻醉

1）吸入麻醉

应用麻醉呼吸机，常用盐酸氯胺酮或戊巴比妥钠做诱导麻醉，以吸入麻醉剂维持麻醉。吸入麻醉剂多应用异氟烷或异氟醚。吸入麻醉的特点是能够保持呼吸道通畅，便于清除呼吸道内分泌物，能够给氧吸入和辅助呼吸，麻醉过程具有可逆，无蓄积，在机体内代谢率低，代谢产物无毒，安全性大，麻醉平稳，苏醒快的特点。缺点是麻醉用设备、药品较贵。

2）腹腔和静脉注射麻醉

腹腔和静脉注射麻醉剂量见表 15-1。

表 15-1　注射麻醉剂量表

药物名称	静脉注射/（mg/kg）	腹腔注射/（mg/kg）
巴比妥钠	225	—
5%苯巴比妥钠	90	95～105
5%水合氯醛	100	150
10%盐酸氯胺酮	—	10～40
20%乌拉坦	750～1000	—

2. 局部麻醉

参见大鼠的有关内容（第十一章）执行。

3. 镇痛

（1）轻度镇痛可用卡洛芬、酮洛芬、美沙酮、二氧羟吗啡酮等，可缓解犬手术后的痛苦，口服和注射均可应用。

（2）中重度镇痛可口服萘普生片、口服或注射酮咯酸、口服或注射美沙酮、口服可待因或双氢可待因。

（五）安死术

1. 急性失血法

保定犬只，在犬耳静脉或前肢隐静脉注射 3%戊巴比妥钠或 5%苯巴比妥钠溶液麻醉后，将犬固定在手术台或手推车上，仰卧保定，固定四肢和口腔，切开皮肤，分离并结扎颈动脉，用血管夹向近心端挤压颈动脉内储血后夹住，切开无血端动脉，向近心端插入放血管扎紧，松开血管夹放血，直至无血液流出为止。

2. 过量麻醉法

保定犬只，按 90～100mg/kg 体重快速静脉注射戊巴比妥钠，先停止呼吸再停止心跳死亡。也可以静脉注射其他麻醉药，一般以麻醉剂量的 20～30 倍应用。

第六节　健康检查

一、异常行为的观察

1. 精神状态

健康犬活泼可爱，行动灵活，双目有神，两耳常随声音而转动，即使是睡觉时，也始终保持警觉状态，听到一点细微的动静，就竖耳侧听，双眼盯视有动静的方向，表现出非常机灵的精神状态。

如出现双目无神或半闭，不愿活动，静卧不动，两耳对外来刺激反应迟钝或无反应，神情淡漠，甚至呈昏睡状态，或表现兴奋不安，室内外到处乱跑，惊恐，高声吠叫，无目的地走动，转圈，甚至乱咬各种物品等，呈精神兴奋或狂躁，这些都属不正常的精神表现。

2. 营养状况

健康犬肥瘦适度，肌肉丰满健壮，被毛光顺而富有光泽，使人看后有一种舒适感。若犬身体消瘦，肌肉松弛无力，被毛粗糙无光、焦干，尾毛逆立等，常是患有寄生虫病、皮肤病、慢性消化道疾病或某些传染病的表现。

3. 姿态

（1）犬在站立或行走时，四肢强拘，不敢负重，站立或运步时，四肢软弱无力，表明四肢有异常。犬躺卧时体躯蜷缩，头置于腹下或卧姿不自然，不时翻动，则表明腹痛。

（2）头部左右摇晃、甩耳，表明是中耳炎或耳内有异物；不停打圈则为严重中耳炎引起单侧失聪。

（3）抽搐：多发生在夏季高热天气，一般发生于脑发育不正常的幼犬或患有癫痫的病犬。

（4）不停吠叫：犬腹痛或异物卡住喉咙时会不停吠叫。

4. 体温

健康犬的体温保持在一定范围内，通常清晨最低，午后稍高，一昼夜间的体温差一般不超过 1℃。正常犬的鼻端发凉而湿润，耳根部皮温与其他部位相同。如果发现鼻端干而热，耳根部皮肤温度较其他部位高，精神不振、食欲不良而饮水增加时，则表明该犬体温高。多数传染病，呼吸道、消化道及其他器官的炎症等均会使体温升高。而在中毒、重度衰竭、营养不良和贫血等疾病时，体温常降低。

5. 呼吸系统

1）呼吸行为

健康犬的正常呼吸，是准确而有节律的相互交替运动，即吸气后紧接着呼气，每次呼吸之后，经过短暂的间歇期，再进行下一次的呼吸，如此周而复始，很有规律。

呼吸节律紊乱，就是异常现象。犬呼吸时表现张嘴、头颈伸直、肋骨向前上方移位和肘部向外扩展时，是由呼吸道阻塞引起的呼吸困难。如病犬呼吸浅表且呼吸次数增多，表明肺不能完全扩张，常见于肋骨骨折、肺炎、气胸或胸膜炎。呼吸道被异物压迫或阻塞也可表现出呼吸困难的现象。

2）咳嗽

咳嗽常由支气管炎、肺炎、感冒引起。

3）鼻分泌物

健康犬的鼻几乎不流分泌物，当感冒或患呼吸道疾病时，常可见自鼻孔中流出分泌物。

6. 消化系统

1）食欲

健康犬的饮食欲旺盛，不仅吃得快，而且当其他犬靠近时，就会发出吼叫声，甚至咬架，以警告其切勿靠近（实验动物比格犬除外）。如果发现犬在喂食后，只是闻闻，想吃而又不吃或走开，或吃不多或完全不吃，说明该犬的食欲不振或废食，是患有消化道疾病或感染了某些传染病、寄生虫病的症状。

2）呕吐

犬是容易发生呕吐的动物，在正常情况下，有时也会呕吐，因此，要注意区别和分析呕吐的原因。如一次呕吐多量的胃内容物，而短时间内不再出现呕吐，这往往是由过食所引起的。如频繁多次性的呕吐，表示胃黏膜长期遭受某种刺激，常于采食后立即发生，直至将胃内容物吐完为止。如由饲料变质所引起，则呕吐物中含有刚吃下不久的饲料。若呕吐物呈咖啡色或鲜红色，常是程度不同的胃肠炎或胃溃疡。如呕吐物为带泡沫的无色液体，则常是空腹时吃入某种刺激物所引起。呕吐物常是黏液属于顽固性呕吐，即使空腹时也可发生，多由胃、十二指肠、胰腺的顽固性疾病所引起。如呕吐物中混有蛔虫，大多由蛔虫寄生过多所致。

7. 排粪、排尿行为

1）排粪行为

犬的排粪姿势都是近乎坐下的下蹲姿势。如排粪姿势不正常或粪便自肛门内不由自主地流出，常见于持续性腹泻、某些肠道传染病的后期及腰部脊髓损伤引起肛门括约肌弛缓或麻痹。如犬做频频的排便动作，但无粪便排出或只有少量黏液，这可能是直肠部梗阻的表现。如排粪费力，粪便干、硬、小，表面带有黏稠的黏液或伪膜，见于便秘的初期、轻度胃肠炎等。

2）排尿行为

公犬的排尿姿势是抬举一后肢，然后向身体的侧方排尿；母犬则是后肢稍向前踏、略微下蹲、弓背举尾排尿。尿失禁时，多见于膀胱括约肌麻痹或腰部脊髓损伤。排尿时努责不安、后肢及后腹部托在笼网上，是排尿有疼痛感的表现，多为膀胱炎、尿道结石或包皮炎；尿量及排尿次数减少多见于急性肾炎、剧烈腹痛、休克及心力衰竭。

8. 怕人、对人有无端攻击行为

1）遗传

对人的防备本能，攻击过人的犬的后代攻击性较强。

2）饲养管理不当

在饲养管理过程中存在动作粗暴、突然动作或打恐犬只行为。

3）饲养环境改变

一些犬只不适应新的饲养环境、新的饲养管理人员。

4）伤病

犬头、颈、背、腹、尾、前后大腿等部位受伤，拒绝抚摸。

9. 拒绝哺乳

可由缺乳、仔犬接触过陌生人（实验动物比格犬除外）或腹痛、腹泻或外伤引起。

10. 咬仔、吃仔

（1）分娩时吃仔是由于吃包衣时撕破仔犬腹部引起，一般会吃掉整窝仔犬。

（2）母犬受到突然惊吓或接触过陌生人，会咬死咬伤或吃掉仔犬。

二、主要传染性疾病

（一）病毒性疾病

1. 犬瘟热（canine distemper）

该病由犬瘟热病毒引起，是犬最严重的病毒性传染病，有高度的接触传染性。多发于3～12月龄的幼犬，其他年龄也可感染。

1）流行病学

宿主为犬科动物和鼬科动物，全年均可发病，冬春季多发。不同年龄、性别、品种的犬均可感染，3～12 月龄的幼犬易感，并且感染严重，死亡率高。病犬是最主要的传染源，病原大量存在于鼻液和唾液中，也可存在于眼泪、血液、脑脊髓液、腹水中，并通过尿液长期排毒。主要传播途径是病犬与健康犬直接接触或通过上呼吸道黏膜感染，也可通过垂直传播造成流产和死胎。

2）临床症状

潜伏期3～6天，有的可长达30～90天。病初发烧（39.5～41℃），3～4天后降至常

温，其症状表现为倦怠、厌食、发热和上呼吸道感染。重症表现为结膜炎、干咳转湿咳、呼吸困难、呕吐、腹泻等，最终因严重脱水和衰弱而死亡。耐过者多表现为牙釉缺失和牙齿发育不全。

3）病理变化

幼犬感染表现为胸腺萎缩，成年犬表现为结膜炎、鼻炎、支气管炎和卡他性肠炎。表现神经症状的犬可见鼻端和脚垫皮肤角质化、脑膜充血、脑室扩张、脑积液增加。

4）诊断

此病与犬传染性肝炎相似，有时会并发，还会与犬细小病毒等疾病混合感染或继发感染。因此，根据流行病学、临床症状和病理变化仅可作出初步诊断。通过病毒分离与鉴定和血清学诊断进行确诊。

5）预治

加强饲养管理和环境消毒，外购犬只必须隔离检疫。疑似病例应立即隔离，确诊病例安乐死。出生28天后可进行防疫接种。

2. 犬细小病毒（canine parvovirus）

该病是一种烈性传染病，临床表现为急性出血性肠炎和非脓性心肌炎。

1）流行病学

犬是主要的自然宿主，其他犬科动物如郊狼等也可感染，还可引起水貂严重肠炎；家猫也易感，但临床症状不明显。犬感染细小病毒后发病急，死亡率高，常呈暴发性流行。不同年龄、性别、品种的犬均可感染，以刚断乳至90日龄犬多发而且病情严重。

全年均可发病，以冬春季，特别是天气较冷、气温骤变、饲养密度过高时多发。病犬是主要传染源，感染7～14天后可向外排毒。

2）临床症状

犬细小病毒感染在临床上表现为肠炎和心肌炎两种病症。

肠炎型：潜伏期 7～14 天，初期表现抑郁、厌食、发烧（40～41℃）和呕吐，随后开始腹泻，粪便初呈灰色或灰黄色，然后呈血色或含血块，并出现脱水、体重下降等症状。

心肌炎型：多见于未断乳幼犬，无任何先兆，或仅轻度腹泻，继而突然衰弱、呼吸困难、脉搏快而且弱、心脏出现杂音，心电图检查出现病理性改变，短时间内死亡。

3）病理变化

肠炎型：自然死亡犬极度脱水、消瘦；腹部蜷缩，眼球下陷；黏膜苍白，眼角有灰白色黏稠分泌物；肛门周围附有血样稀便；血液黏稠呈暗紫色；空肠和回肠病变严重，内含酱紫色恶臭分泌物，肠壁增厚，黏膜下水肿，黏膜弥漫性或局部充血、呈斑点状或弥漫性出血；大肠内容物稀稠呈酱紫色、恶臭，黏膜肿胀并有针尖大的出血点。

心肌炎型：肺脏水肿，局部充血和出血并呈斑驳状；心脏扩张，左心房松弛，心肌和心内膜呈非化脓性坏死灶，心肌纤维严重损伤，可见出血性斑纹。

4）诊断

根据流行病学、临床症状和病理变化仅可作出初步诊断。通过病毒分离与鉴定、血清学诊断进行确诊。

5）防治

加强饲养管理和环境消毒，一旦有疑似病例立即隔离，确诊病例安乐死，控制疫情发展，对犬舍及饲养用具进行彻底消毒。可进行早期防疫接种。

本病发病快，病程短，可应用犬细小病毒免疫血清并结合抗生素或用单克隆抗体进行对症治疗。

3. 传染性肝炎（infectious canine hepatitis）

1）流行病学

主要感染犬和狐狸。不同年龄、性别、品种犬均可感染，但 1 岁内幼犬多发，幼犬发病死亡率可达 40%，成年犬很少出现临床症状。

病犬和康复犬为主要传染源，康复犬排毒期可达 180～270 天。主要通过直接接触病犬唾液、呼吸道分泌物、尿液、粪便或污染的用具传播。

2）临床症状

自然潜伏期 6～9 天。急性型病例表现为怕冷、发烧（39～41℃）、抑郁、无食欲、饮水增加，继而呕吐、腹泻、便中带血。亚急性病例表现为咽喉炎，扁桃体肿大，颈淋巴结发炎致头颈部水肿。

特征性症状是角膜水肿，表现眼睑痉挛、羞明和浆液性眼分泌物，角膜浑浊由边缘向中心扩展。

3）病理变化

表现为全身性败血症，实质器官、浆膜、黏膜可见大小、数量不等的出血斑点。浅表淋巴和颈部皮下组织水肿、出血，腹腔内充满清亮至浅红色的液体。肝大，呈斑驳状，表面有纤维素附着。胆囊壁水肿，灰白色，半透明，胆囊浆膜覆盖纤维素渗出物。脾大、充血。肾脏出血、皮质区坏死。肺脏实变。肠系膜淋巴肿大、充血。中脑和脑干后部可见出血并呈两侧对称性。

4）诊断

犬传染性肝炎早期症状与犬瘟热等疾病相似，有时还与这些疾病混合感染。因此，根据流行病学、临床症状和病理变化仅可作出初步诊断。通过病毒分离与鉴定、血清学诊断进行确诊。

5）防治

加强饲养管理和环境消毒。一旦有疑似病例立即隔离，确诊病例安乐死，对犬舍及饲养用具进行彻底消毒。出生 45 天后进行防疫接种。

发病初期可用高免血清进行治疗并抑制病毒扩散，并采用静脉补液等支持疗法，应用抗生素或磺胺类药物防止继发感染。

4. 犬冠状病毒（canine coronavirus）

1）流行病学

感染犬科动物，不同年龄、性别、品种犬均可感染，临床症状消失后 14～21 天仍可复发。

病犬和带毒犬为主要传染源，病犬排毒时间为 14 天，保持直接接触性传染的时间更长。病犬经呼吸道、消化道以口涎、鼻液和粪便等方式排毒，污染饲料、笼具和环境，犬冠状病毒可在粪便中存活6～9天，在水中也可存活数日。

全年均可发病，冬季多发。过高的饲养密度，较差的卫生条件，断乳、分窝、运输等饲养条件突然改变，气温骤变等都会提高感染和发病率，并常与细小病毒、轮状病毒混合感染。

2）临床症状

潜伏期1～3天，传播迅速，数日内可蔓延全群。病犬表现嗜睡、衰弱、厌食，初期可见持续数天的呕吐，随后开始腹泻，粪便呈恶臭的粥样或水样，黄绿色或橘红色并混有黏液，偶尔可见少量血液。此病临床症状很难与细小病毒感染区别，其感染时间更长，具有间歇性并可反复发作。

3）病理变化

表现为不同程度的胃肠炎变化。死亡犬严重脱水，腹部增大，腹壁松弛，胃及肠管扩张；肠壁变薄，肠内充满白色或黄绿色液体，肠黏膜充血、出血、脱落，肠系膜淋巴结肿大，易发生肠套叠；胃黏膜脱落出血，内有黏液；胆囊肿大。

4）诊断

犬冠状病毒感染的流行特点、临床症状、病理剖检缺乏典型特征，因此，确诊必须进行病毒分离、电镜观察和血清免疫学检验。

5）防治

对病犬进行严格的隔离，保持良好的环境卫生，对粪便进行处理和适当的消毒。出生45天后防疫接种。

采取对症治疗，如止吐、止泻、静脉补液等，应用抗生素防止继发感染。

5. 狂犬病（rabies）

1）流行病学

狂犬病是致死率非常高的人畜共患病，几乎所有温血动物都易感，犬和猫高度易感。狂犬病毒存在于患病动物的延脑、大脑皮质、海马回、小脑和脊髓、唾液腺和唾液中。主要通过咬伤的皮肤黏膜感染，也可通过气溶胶经呼吸道感染。

四季均可发病，春夏季发病率稍高。狂犬病流行连锁性是其明显特征，以一个接一个的方式散发性出现。被咬部位越靠近头部，发病率越高。

2）临床症状

潜伏期的长短与被咬伤部位、伤口深浅、病毒的数量和毒力都有关系，一般为14～56天，最短8天，最长数月至数年。

患病前期精神抑郁、喜藏暗处、举动反常、瞳孔放大、反射机能亢奋、喜吃异物、吞咽障碍、唾液增多、后躯软弱；中期狂暴不安、攻击性强、反射紊乱、喉肌麻痹、狂暴与抑郁交替出现；后期表现为消瘦、张口垂舌、后躯麻痹、行走摇晃，最终全身麻痹死亡。

3）病理变化

狂犬病濒死时表现为痛苦状、消瘦、脱水、体表有外伤。死亡犬胃空虚并存有毛发；胃黏膜充血、出血、糜烂；肠道和呼吸道呈急性卡他性炎症；脑软膜血管扩张和充血，轻度水肿，脑灰质和白质小血管充血并伴有点状出血。

4）诊断

依据临床症状、解剖检查和咬伤病史作出初步诊断。通过病原学检查和血清学检验进行确诊。

5）防治

出生90天内进行狂犬疫苗接种。一旦发现病例，立即扑杀并报告有关部门，房舍和周围环境彻底消毒。人被犬咬伤应彻底消毒伤口，挤出淤血，局部用肥皂水清洗，用0.1%升汞水、乙醇、碘酊消毒，并在24h内进行免疫接种，必要时可加抗血清治疗。

（二）细菌性疾病

1. 钩端螺旋体病（leptospirosis）

1）流行病学

钩端螺旋体几乎遍布全世界，尤其是气候温暖、雨量充沛的热带和亚热带地区。宿主为所有的温血动物，鼠类和猪是主要传染源。主要通过直接接触，经皮肤、黏膜和消化道感染，交配、咬伤、食用污染的饲料、饮用带钩端螺旋体的水也可感染。

本病流行有明显的季节性，夏秋季为发病高峰，冬春季较少见。公犬较易发病，幼犬容易感染而且病情较重。

2）临床症状

临床症状与犬的年龄、免疫力及病原毒力密切相关。大部分感染钩端螺旋体的犬表现为亚临床，症状不明显。

急性钩端螺旋体病的初期症状为发烧（39.5～40℃）。中期出现震颤和广泛性肌肉触痛，呕吐、迅速脱水和微循环障碍，呼吸急促，心律快且紊乱，毛细血管充血不足，血管壁受损。后期出现吐血、出鼻血、便血和体内广泛性出血，极度沉郁，直至死亡。

亚急性钩端螺旋体感染表现为发烧、呕吐、脱水和饮欲增加，黏膜淤血并有出血斑点，咳嗽、呼吸困难，出现结膜炎、鼻炎和扁桃体炎等症状，尿液黏稠呈黄色，少尿或无尿。

3）病理变化

病犬和死亡犬表现为黏膜呈黄疸样变化，浆膜、黏膜和某些器官出血；舌和颊部有局部性溃疡；扁桃体肿大；呼吸道水肿；肺充血、淤血和出血，纤维素性坏死；胸膜有出血斑点；肝大、色暗、质脆；肾肿大、表面有灰白色坏死灶；心脏呈暗红色、心肌脆弱、切面横纹消失；胃及肠系黏膜水肿并有出血点；全身淋巴结肿大并呈卡他性和增生性炎症。

4）诊断

依据发烧、黏膜黄疸及出血、尿液黏稠呈黄色等临床症状，结合肝肾肿大等病理变化，可初步诊断。确诊需采用微生物学和血清学检验方法。

5）防治

出生45天后免疫接种；消灭犬舍及仓库的啮齿类动物；消毒和清理被污染的饮水、场地和饲养用具。

青霉素 40 000～80 000IU/kg 体重，每天 1 次或分 2 次肌内注射，或双氢链霉素 10～15mg/kg 体重，每天 2 次肌内注射，每 2 周青霉素与双氢链霉素交替使用。脱水严重的给予补液；腹泻时给予收敛剂；口腔溃疡用 0.1%高锰酸钾冲洗后涂上碘甘油。

2. 布鲁菌病（brucellosis）

1）流行病学

属人畜共患病，犬是布鲁菌的主要宿主，另外，也见于羊、牛和猪等家畜。自然条件下通过患病和带菌动物传播，流产后的阴道分泌物、胎儿、胎盘均带菌，流产后的母犬排菌可达 6 周以上；患病母犬的乳汁是传染源，并发生垂直感染；感染犬的精液、尿液也是传染源。

本病主要通过消化道传播，交配也会感染，口腔黏膜、结膜、阴道黏膜是最为常见的感染门户。

2）临床症状

初期仅表现为淋巴结炎或无症状，后期可能发生关节炎、腱鞘炎并出现跛行。

母犬感染：常在怀孕 40～50 天时发生流产，流产前约 6 周，病犬体温不高，阴唇和阴道黏膜红肿，阴道内流出淡褐色或灰绿色分泌物，流产胎儿常发生组织自溶、皮下水肿和淤血、腹部皮下出血；部分在怀孕时期胎儿被吸收。流产后的母犬常见子宫炎伴随不孕。

公犬感染：可能发生睾丸炎、附睾炎、前列腺炎和包皮炎等症状。

3）病理变化

临床症状较为明显的病犬在剖检时可见关节炎、腱鞘炎、脊髓炎、睾丸炎、前列腺炎、乳腺炎、淋巴结炎等症状。流产胎儿和胎盘常发生部分组织溶解，流产物呈污秽的颜色。

4）诊断

怀孕母犬发生大批流产或屡配不孕，公犬多发睾丸炎、附睾炎、包皮炎或配种能力大幅度下降，可怀疑感染布鲁菌。可进行细菌学检验和血清学诊断进行确诊。

5）防治

布鲁菌血清学检验阳性，犬需安乐死。发生流产的犬舍、运动场及饲养用品彻底消毒。

3. 沙门氏菌病（salmonellosis）

1）流行病学

传染源主要为患病犬、污染的饲料与饮用水及饲养用品，也可通过尘埃传播。主要传播途径是消化道和呼吸道。

2）临床症状

肠胃炎型：潜伏 3～5 天出现症状，老龄犬和幼犬较严重。初期表现为发烧（40～41.1℃）、精神萎靡、食欲不振；然后出现呕吐、腹痛和剧烈腹泻，粪便初时稀薄、继而转为黏液状，严重的带有血迹。

菌血症和内毒素血症：患病犬出现极度沉郁、虚弱、体温下降、毛细血管充盈不足。

患病犬少量死亡，大部分在 3～4 周后恢复，少部分继续出现慢性或间歇性腹泻。

3）病理变化

只有少部分感染犬出现可见的临床症状，表现为黏膜苍白、脱水，并伴有黏膜性或出血性肠炎，肠黏膜有卡他性炎症或较大面积脱落，肠系膜及周围淋巴结肿大并出血，肝、脾、肾表面出现出血点和坏死灶，肺脏常见水肿和硬化。

4）诊断

此病的典型症状与犬细小病毒、冠状病毒感染相似，可通过血液生理学和生化学检验、病菌分离和鉴定、血清学检验进行诊断。

5）防治

保持犬舍卫生和通风，饲养用品经常清洗和消毒，杀灭苍蝇和老鼠，确诊病犬安乐死。

口服氯霉素 0.02g/kg 体重，每天 4 次，连用 4～6 天，肌内注射减半；呋喃唑酮 0.01g/kg 体重，每天分 2 次口服，连用 1 周；也可选用磺胺类药物内服治疗。

（三）真菌性疾病

1. 皮肤真菌疾病（dermatomycosis）

1）流行病学

皮肤真菌性疾病传染途径主要通过直接接触或接触被污染饲养管理用品感染，人、犬、猫可通过接触互相传播。

2）临床症状

患病犬常在脸部、耳朵、四肢、趾爪和躯干等部位发病。被毛脱落，呈圆形、椭圆形、无规则状向四周扩展；感染皮肤伴有鳞屑或红斑状隆起，有的形成痂，有的继发感染而化脓。急性感染期为 2～4 周，如不及时治疗转为慢性并可持续数月甚至数年。

3）诊断

此病与蠕形螨病、疥螨病相似，注意鉴别。可通过流行病学、临床症状、病理变化、实验室检验和真菌培养作出诊断。

4）防治

发现病例，马上隔离，并用洗必泰、次氯酸钠等进行彻底消毒；严格医疗器械、饲养管理用品的清洗和消毒。

外用药治疗：将患部周围被毛剪掉，洗去皮屑和结痂等污物后，用皮康霜、克霉素软膏、硫软膏和癣净等涂抹，每天 2 次，痊愈为止，也可用 0.5%洗必泰每周清洗 2 次。

内服药治疗：每天 40～120mg/kg 体重灰黄霉素伴饲，连用几周直至痊愈。

2. 念珠菌病

1）流行病学

白色念珠菌为动物体内常在的条件致病性真菌。一是通过动物消化道内的白色念珠菌致病，二是通过患病犬、猫接触感染。

2）临床症状

主要表现为口腔及食道黏膜上形成 1 个或多个隆起软斑，软斑面或整个食道覆有黄白色伪膜，去掉伪膜可见溃疡，病犬疼痛不安，有时会发生呕吐和腹泻。也会感染支气管、肺脏、皮肤、肾脏和心脏，并出现咳嗽、胸痛和体温升高等症状。

3）诊断

此病缺乏特异性症状，必须通过病原真菌学检验、临床表现等进行综合性诊断。

4）防治

加强饲养管理，密度适宜，犬舍内外保持干燥卫生；避免长期使用抗生素、皮质类固醇和免疫抑制剂。

每天20～60mg/kg体重克霉唑，分3次口服，连用2～3周；制霉菌素每天40万～100万IU/kg体重，分3次口服，连用1周。

（四）寄生虫病

1. 蛔虫病

蛔虫病是指由犬蛔虫和狮蛔虫引起的疾病。犬蛔虫主要危害1～2个月的幼犬，狮蛔虫则寄生于6月龄以上的犬。这两种蛔虫都是通过病犬的粪便排出虫卵，在温、湿度适当的情况下，经3～5天发育成侵袭性虫卵。犬吞食了被这种虫卵污染的饲料、饮水后，在肠内孵出幼虫。犬蛔虫幼虫进入肠壁随血流入肺，再沿支气管、气管上行至咽喉被咽下，最后在小肠内发育成成虫；狮蛔虫幼虫只是钻至肠壁内发育，再回到小肠内成熟。虫卵对外界抵抗力很强。

1）临床症状

病犬出现消瘦、黏膜苍白、食欲减退、呕吐，发育迟缓。蛔虫大量寄生可引起肠梗阻或阻塞胆道。由于蛔虫毒素的作用还可引起癫痫样神经症状。

2）诊断

根据临床症状，再取粪便作饱和食盐水漂浮法检查虫卵即可确诊。

3）治疗

盐酸左旋咪唑10mg/kg体重，口服1次；伊维菌素0.2～0.3mg/kg体重皮下注射或口服1次。

4）预防

每月定期驱虫1次。保持环境卫生，及时清除粪便。

2. 钩虫病

钩虫病是犬重要的线虫病之一，钩虫寄生于小肠（特别是十二指肠和空肠），虫体长1～2cm。由于虫体前端弯曲，且口缘有3个锐利的钩状齿，吸附在肠黏膜上吸血，造成肠黏膜出血和溃疡；虫体的分泌物能延长凝血时间，引起不断出血，造成严重贫血。钩虫卵在外界温度（28～32℃）、湿度合适的情况下，一周后达到侵袭期，幼虫主要经皮肤（也可经口）侵入宿主体内，随血上行到心、肺，经呼吸道、咽喉再转到消化道寄生。妊娠犬可经胎盘进入胎儿体内。

1）临床症状

病犬粪便带血或呈黑色，贫血、消瘦、食欲不振，黏膜苍白，被毛无光泽甚至脱落，出现生长发育障碍。胎内或初乳感染的幼犬，在出生 3 周后可引起严重贫血而致晕迷和死亡。

2）诊断

依据临床症状、粪便虫卵检查、剖检发现虫体进行诊断。

3）防治

同蛔虫病。

3. 犬恶丝虫病

犬恶丝虫也称心丝虫，寄生于右心室及肺动脉，胎生幼虫称微丝蚴，微丝蚴随血流至皮下，当蚊虫或蚤叮咬吸血时进入昆虫体内发育，最后到达唾液腺和口器中。当蚊、蚤再叮咬其他犬时，微丝蚴逸出，钻入皮下、肌间、脂肪组织内并发育长大，再经静脉移行进入右心室的肺动脉。

1）临床症状

成虫在右心室内随血流滚动，机械地引起心功能紊乱或发生心内膜炎；微丝蚴可阻塞肾、脑、肺等血管。严重症状表现为慢性咳嗽、易疲劳、呼吸困难、干咳；右心衰竭，肝脾大，腹水，水肿；血尿；皮肤（特别是耳郭部）有小结节（内含微丝蚴）或溃疡。

2）诊断

采集 1ml 血液，加 7%乙酸溶液或加 1%盐酸溶液 5ml，离心 2～3min，取沉淀物镜检，找到微丝蚴即可确诊。

3）防治

定期驱除寄生虫；消灭蚤；犬舍安装防虫设施。

盐酸左旋咪唑 11mg/kg 体重，口服，每天 1 次，连续 1～2 周；伊维菌素 0.05～0.1mg/kg 体重，皮下注射 1 次。

4. 球虫病

球虫病是侵害幼犬的寄生虫病。当环境卫生条件不好和饲养密度较大时可使疾病严重流行。球虫生于小肠黏膜上皮细胞内，经几代无性繁殖（即裂体生殖）后，变成有性生殖，形成大小孢子。二者结合后形成卵囊，随粪排出体外。卵囊在合适的温度条件下，发育成感染卵囊。幼犬吞吃了被感染卵囊污染的食物和饮水即可感染。无性繁殖产生的大量繁殖体、裂殖子破坏肠道上皮出现症状，甚至死亡。

1）症状

腹泻，混有黏液、带血；进行性消瘦，发育停滞，最后衰竭死亡。

2）诊断

检查粪便发现球虫卵囊，即可诊断。

3）治疗

呋喃类或磺胺类药均有效。

5. 犬利什曼原虫病

利什曼原虫寄生于巨噬细胞和内皮细胞的胞质内，在组织抹片中也可见于细胞外。

自然感染是由吸血昆虫——白蛉叮咬吸血时，原虫进入犬体内，犬可互相传染。

1）临床症状

主要表现为贫血、消瘦和衰弱。有的病犬脾大，腹水，淋巴结肿大，后肢虚弱，呼吸困难。皮肤感染时，鼻镜、口角和眼睑可出现溃疡；慢性病例往往出现皮肤湿疹和大面积的被毛脱落。

2）诊断

制作血液涂片或从皮肤溃疡缘刮取组织作涂片检查虫体。

3）防治

发现病犬安乐死，并结合环境消毒消灭白蛉。用新睇芬、葡萄糖酸锑钠治疗，但会复发。

6. 疥螨病

疥螨病是由疥螨引起的犬常见的皮肤病。疥螨是一种节肢动物，它钻进宿主表皮挖掘隧道，虫体在其中生长繁殖。隧道有小孔，借以通氧和幼虫出入；幼虫也钻入皮肤、开掘小穴。其发育过程包括卵、幼虫、若虫和成虫4个阶段，整个过程为8～22天。

1）临床症状

疥螨病主要发生于头部（鼻梁、眼眶、耳郭基底部）和脚爪部，有时也见于胸、腹下、四肢内侧、尾根等处。皮肤发红起皱褶，散在疹样小结，表面有黄痂。病犬搔抓、啃咬和摩擦患部致秃毛。耳螨侵害外耳道，引起剧痒、抓耳、摇头等症。

2）诊断

根据临床症状，用手术刀深刮病变皮肤，将刮取物放在玻片上，滴加10%氢氧化钠，显微检查，找到虫体。另要注意与湿疹、蠕形螨引起的皮肤病相区别。

3）防治

病犬隔离或安乐死。保持环境清洁卫生，做好防疫是预防的关键。

用温肥皂水洗涮患部，去除污垢和痂皮后，用伊维菌素0.2mg/kg体重，皮下注射1次，10天后再注射1次；或用10%硫磺软膏涂患部，每天1次或多次。

7. 蠕形螨病

蠕形螨病也是犬常见的一种皮肤病，多发于3～6月龄的幼犬。蠕形螨虫体细长，寄生于皮肤的毛囊和皮脂腺内，从产卵到发育成幼虫乃至成虫均在其中。该病是由健康犬与病狗接触而传染。健康幼犬身上常有这种螨存在，当机体抵抗力降低或皮肤有发炎或经常洗澡皮肤被浸软时，即可侵入并大量繁殖引起疾病。

1）临床症状

主要发生于头部的眼眶周围、颈、唇、鼻部及肘、脚爪等处。先是毛稀疏，继之脱落形成圆形秃斑；皮肤渐红，有麸皮状皮屑，皮肤粗厚、龟裂；继而皮肤变蓝灰至紫铜色，不痒。有继发感染时，则在红肿没毛的皮肤上出现绿豆至豌豆大的结节或脓疱，挤压时，有微红色脓液或黏稠的皮脂溢出。病变处覆有灰或灰棕色痂皮及麸皮样鳞屑，有时形成溃疡，有黄红色分泌物。

2）诊断

从临床症状上看，很易与毛癣、湿疹、疥螨病混淆。取皮肤结节或脓疮内容物作涂片显微检查，发现病原体即可确诊。

3）治疗

病犬隔离，病症严重者安乐死。保持环境清洁卫生。治疗用5%碘酊，每天涂擦6～8次。

三、质量检测

（一）一般临床检查

1. 外观检查

检测项目包括皮毛、眼睛、口腔、耳朵、四肢、肛门、外生殖器、精神状态、食欲饮欲、营养状况、姿势和步态等。

2. 触诊

脉搏触诊，淋巴结、骨骼等体表变化。

（二）生理学检查

1. 一般生理指标

一般生理指标包括体重、呼吸、体温、心率、收缩压、舒张压等。

2. 血常规指标

在前肢或后肢外侧皮下静脉采集0.5ml血样，EDTA抗凝，用全自动细胞分析仪检测：红细胞计数（RBC）、红细胞压积（HCT）、红细胞平均体积（MCV）、血红蛋白（HGB）、红细胞分布宽度（RDW）、红细胞血红蛋白含量（MCH）、红细胞血红蛋白浓度（MCV）、白细胞计数（WBC）、中性粒细胞（NE）、嗜酸性粒细胞（EO）、嗜碱性粒细胞（BA）、淋巴细胞（LY）、单核细胞（MO）、血小板计数（PLT）、血小板平均体积（MPV）、血小板分布宽度（PDW）等。

（三）血生化检测

在前肢或后肢外侧皮下静脉采集1.5～2.0ml血样，肝素抗凝，离心后采集血浆，用全自动生化分析仪检测：血液pH、天门冬氨酸氨基转移酶（AST）、丙氨酸氨基转移酶（ALT）、碱性磷酸酶（ALP）、总蛋白（TP）、白蛋白（ALB）、尿素氮（BUN）、肌苷（CREA）、血糖（GLU）、总胆固醇（T-CHO）、总胆红素（T-BIL）、肌酸激酶（CK）、乳酸脱氢酶（LDH）、γ-谷酰氨基转换酶（GGT）、α-羟丁酸脱氢酶（HBDH）、三酰甘油（TG）、高密度脂蛋白胆固醇（HDL-C）、低密度脂蛋白胆固醇（LDL-C）、尿酸（UA）、钠（Na）、钾（K）、钙（Ca）、铁（Fe）、镁（Mg）、铜（Cu）、锌（Zu）、氯（Cl）、磷（P）等。

（四）尿生化检测

用代谢笼或尿液收集器采集尿样，检测：pH、尿比重、尿蛋白（UP）、尿酸（UA）、钠（Na）、钾（K）、钙（Ca）、镁（Mg）、氯（Cl）等。

（五）心电图检测

在安静状态下，用犬专用心电图测定仪检测犬心电图，分析 P、P-Q、QRS、Q-T、T 波值。

（六）微生物学检测

1. 病毒学检测

1）目的

定期抽样检测，了解种群病毒感染情况，是否符合实验动物等级，检测项目包括：犬瘟热病毒、犬细小病毒、犬传染性肝炎病毒、狂犬病病毒等。

2）检测方法

可用血清学诊断方法，用已知病毒抗原检测群体血清中相应的特定抗体水平及阳性率，常用方法有 ELISA、IFA、IEA 和 HI 等；或应用犬专用的病毒检测盒进行检测。必要时进行病毒分离鉴定。

具体检测方法参照 GB/T 14926.56—2008～GB/T 14926.59—2001 中的规定。

2. 细菌学检测

1）目的

定期抽样检测，了解种群的致病菌携带和感染情况，是否符合实验动物等级，检测项目包括：钩端螺旋体病、布鲁菌、沙门氏菌、皮肤真菌性疾病菌等。

2）检测方法

采集样品后用琼脂培养基或液体培养基接种检测；如有病变组织及分泌物可用灭菌接种环刮取病变组织及分泌物接种于琼脂平皿，或剪下病变组织置于液体培养基中培养，也可用 PBS 或培养液冲洗病变组织制成洗脱液接种后检测。

皮肤真菌性疾病菌应用沙氏培养基在 25℃培养，结合菌落特征和染色体检查进行鉴定。

具体检测方法参照 GB/T 14926.1—2001，GB/T 14926.4—2001，GB/T 14926.44—2001，GB/T 14926.45—2001 中的规定。

3. 寄生虫学检测

1）目的

定期抽样检测，了解种群体内外寄生虫携带和感染情况，是否符合实验动物等级，检测项目包括：犬蛔虫和狮蛔虫、钩虫、球虫、犬利什曼原虫及疥螨和蠕形螨等。

2）检测方法

（1）体外寄生虫检测：肉眼观察外表，重点检查皮毛和眼结膜，发现虫体后，收集、固定虫体进行鉴定。

具体检测方法参照 GB/T 18448.1—2001 中的规定。

（2）肠道寄生虫检测：采集新鲜粪便后用肉眼观察，检查虫体；或将粪便直接涂片镜检虫卵、原虫卵囊或包囊；或用漂浮法、沉淀法浓集虫体进行鉴定。

具体检测方法参照 GB/T 18448.6—2001，GB/T 18448.8—2001 中的规定。

四、卫生与防疫

1. 卫生措施

（1）禁止无关人员进入犬舍；确实需进入的，必须穿上一次性专用衣、鞋套、帽、口罩和手套，由专人陪同，禁止接触犬只。

（2）工作人员进入饲养室必须更换专用的工作服和鞋，工作服和鞋要定时清洗和消毒。

（3）禁止将饲养管理无关的物品带入饲养室。

（4）在各饲养室中设置专用的饲喂和清洁用具，禁止未经消毒的用具在各个饲养室间串换使用。

（5）每天清除粪便，并对地面进行冲洗，清除下水道积粪。

（6）设施周围经常清除杂草、灭鼠、除虫，保持清洁卫生。

（7）管理区等公共区域每天清扫，定期除虫。

（8）犬只死亡，将尸体放入塑料袋中并封口后放入专门容器中搬出室外；必要时采集样品并进行死体剖检。

（9）新购或回收的运输笼应彻底清洗消毒。

2. 防疫原则

总的原则是以预防为主，卫生与防疫工作的重点应放在防止传染病的发生上。

（1）建立合理的消毒制度。

（2）外购动物严格执行隔离检疫制度。

（3）选用质量可靠、稳定的疫苗，严格执行疫苗使用标准操作规程。幼犬出生 45 天后用犬瘟热、犬细小病毒、传染性肝炎、副流感等多联疫苗免疫接种。每年定期用多联和狂犬病疫苗全场免疫 1 次。

（4）每月定期驱除体内外寄生虫 1 次。

（5）禁喂变质饲料。

（6）严格管理水源，不要流入污水和有害有毒物质。饮水器具要经常冲洗、消毒，防止霉菌孳生。

（7）建设污水、污物无害化处理等设施。动物尸体及其组织、医疗垃圾进行无害化处理。

（8）有疑似或确诊传染病时，对所有同舍犬只进行紧急免疫接种。

3. 消毒措施

（1）环境消毒选择广谱类消毒剂，卤化类消毒剂（次氯乙酸、碘伏等）、过氧化物消毒剂、季胺类消毒剂、逆性皂液等轮换使用。

（2）饲育室选用对犬刺激性小、病毒杀灭效果好的卤化类消毒剂，如次氯酸钠、碘伏等，并轮换使用。

（3）周围环境应定期消毒。

（4）饲育室应每天进行清洁并定期消毒。

（5）更衣室安装紫外线灯，工作服等劳保用品应高压或紫外线消毒。

（6）消毒池和消毒槽每周清洗和更换消毒液 2 次。

（7）食盒、饮水盆每周浸泡消毒 1 次。

（8）体重计、运输笼、手推车等管理用品每次使用后清洗消毒。

4. 隔离措施

（1）建立由专职饲养员管理、拥有专用饲养管理设备独立运作的隔离区。

（2）可疑传染性疾病的犬立即单独隔离，避免与其他犬接触。

（3）严重外伤的犬隔离治疗。

（4）隔离区内的饲养管理用具、饲料、粪便、尸体等，未经彻底消毒处理，不得运出。

（5）隔离区内有可疑或确诊为传染性病例时，隔离区内外每天进行 1 次彻底消毒。

5. 扑灭措施

（1）及时发现、诊断可疑传染性疾病。

（2）散发性可疑传染性疾病，迅速隔离，紧急消毒。可疑或确诊传染性疾病、人畜共患病或没有治疗价值的犬安乐死。

（3）传染性疾病、人畜共患病暴发性流行，采取封锁该犬舍并作隔离区管理等综合性措施。病情严重时，扑杀该犬舍内的所有犬只。

（4）全群暴发传染性疾病、人畜共患病时，所有犬舍作隔离区管理，病情严重时，扑杀所有犬只。查清传染源，清除传染源并彻底消毒后，重新引种。

（5）死亡和安乐死病犬彻底消毒后无害化处理。

第十六章　非人灵长类实验动物

第一节　生物学特性

一、动物学分类

非人灵长类动物属于哺乳纲、灵长目。灵长目下分原猴亚目和猿猴亚目，生物医学研究经常使用的灵长类动物主要隶属于猿猴亚目。猿猴亚目下分阔鼻组下目和狭鼻组下目。阔鼻组下目栖息在中美、南美大陆，称为新大陆猴；狭鼻组下目栖息在亚洲，非洲大陆及南太平洋诸岛，称为旧大陆猴。生物医学研究中广泛使用的灵长类实验动物主要有恒河猴（*Macaca mulatta*）和食蟹猴（*Macaca fascicularis*）。其他常用灵长类实验动物还包括狨猴、非洲绿猴、黑猩猩等。

二、猕猴属动物的解剖学和生理学特性

（一）猕猴

（1）猕猴属杂食性动物，以素食为主。齿序：猕猴在一生中有两套牙齿，即乳齿和恒齿。乳齿齿式 2（门 2/2，犬 1/1，前臼 2/2）=20，恒齿齿式 2（门 2/2，犬 1/1，前臼 2/2，臼 3/3）=32。

（2）大脑发达，具有大量的脑回和脑沟。它的视觉较人敏感，有立体视觉能力，能分辨出物体间的位置和形状；能分辨物体的各种颜色；它还具有双目视力。

（3）嗅脑不十分发达，嗅觉强度退化，但嗅觉在日常生活中还起着重要的作用，当它们初次接触到任何物品时，都需先嗅一嗅。

（4）四肢没有人类发达。四肢粗短，具有五指，前肢比后肢发达，后肢的大拇趾较小而活动性大，可以内收、外展。前肢的大拇指与其他四指相对，能握物攀登。猕猴的指甲为扁平状，这也是高等动物的一个特征。

（5）有颊囊，用来储存和搬运食物。单室胃，呈梨形。小肠的横部较发达，上部和降部形成弯曲，呈马蹄形。盲肠发达，为锥形的囊。胆囊位于肝脏的右中叶，肝分 6 叶。肺为不成对肺叶，肺叶 3～4 叶（最多为 4 叶）。

（6）雄猴性成熟为 3 岁，雌猴为 2.5 岁。雌猴为单子宫，月经周期为 28 天（变化范围为 21～35 天）。怀孕期为 156～180 天（平均 165 天）。哺乳期为 7～14 个月。每年可怀 1 胎，每胎产 1 仔。发情期为每年 9 月至次年 3 月，因地域环境不同略有差别。

（二）食蟹猴

（1）食蟹猴属杂食性动物，以素食为主。齿序：食蟹猴在一生中有两套牙齿，即乳

齿和恒齿。乳齿齿式 2（门 2/2，犬 1/1，前臼 2/2）=20，恒齿齿式 2（门 2/2，犬 1/1，前臼 2/2，臼 3/3）=32。

（2）大脑发达，具有大量的脑回和脑沟。它的视觉较人敏感，有立体视觉能力，能分辨出物体间的位置和形状；能分辨物体的各种颜色；它还具有双目视力。

（3）嗅脑不十分发达，嗅觉强度退化，但嗅觉在日常生活中还起着重要的作用，当它们初次接触到任何物品时，都需先嗅一嗅。

（4）四肢没有人类发达。四肢粗短，具有五指，前肢比后肢发达，后肢的大拇趾较小而活动性大，可以内收、外展。前肢的大拇指与其他四指相对，能握物攀登。食蟹猴的指甲为扁平状，这也是高等动物的一个特征。

（5）有颊囊，用来储存和搬运食物。单室胃，呈梨形。小肠的横部较发达，上部和降部形成弯曲，呈马蹄形。盲肠发达，为锥形的囊。胆囊位于肝脏的右中叶，肝分 6 叶。肺为不成对肺叶，肺叶 3～4 叶（最多为 4 叶）。

（6）雄猴性成熟约为 3 岁，雌猴约为 2 岁。雌猴为单子宫，月经周期为 29 天（变化范围为 21～35 天）。怀孕期为 156～180 天（平均 165 天）。哺乳期为 7～18 个月。每年可怀 1 胎，每胎产 1 仔，极少每胎 2 仔。繁殖无季节性，常年发情。

三、猕猴属动物的行为学特性

1. 社会性动物

猕猴属动物平均群体在 20～30 只，种群是一个紧密社会，成员对陌生猴反应激烈，具有以母系为主的群体结构特点。动物有较长幼年期，约半数幼仔一岁前需要看护，且有 15%的时间跟母亲在一起。一年后，雌性幼仔继续保持与母亲的亲密关系，而雄性在性成熟之前要离开出生种群，40%～50%青春期雄性在移居中丧生。

2. 觅食行为

野外环境中，猕猴属动物会花将近一半的时间到食物点觅食，食谱极其多样，包括 100 多种植物的幼芽、果实和种子，偶尔会吃鸡蛋和昆虫。多样化的食谱使它们具有能在不同的环境下繁衍生息的能力。

3. 具有理毛社交行为和情感反应性差别的特点

理毛行为是融洽社会关系的重要活动，猕猴属动物会花大量时间相互理毛，同时可以发现成年雌性比其他任何年龄/性别猴都要花更多的时间理毛，理毛是创建和维持社会关系的重要机制。猕猴在情感上反应有差别，自然条件下性格活泼的猴子对母子关系破裂的情感反应更多些，性格与迁移时间相联系，性格活泼的青春期雄性比不活泼的个体离开出生群体时的年龄大很多。

4. 运动和探索行为

运动和探索是它们在自然界中成功生存和繁衍的重要行为，因此接触新事物刺激对在笼中驯养猴非常重要。

第二节　种子资源管理

一、野生猴的捕获

猕猴属动物是我国的Ⅰ、Ⅱ类保护野生动物，也是《濒危野生动植物种国际贸易公约》附录Ⅰ、Ⅱ所收录的物种。在野外捕捉，国内、国际贸易的过程中，必须遵守《中华人民共和国野生动物保护法》、《中华人民共和国陆生野生动物保护实施条例》、《濒危野生动植物种国际贸易公约》及涉外贸易原产地的相关法律规范等的要求。野外捕捉一般采用食物引诱捕捉方法，捕捉工具可以选择对动物伤害较小的捕猴网，禁止使用对动物身体有严重伤害的弹簧夹等工具。为了保护人员安全，减少捕捉对动物的应激，也可考虑使用麻醉枪。

二、隔离检疫、健康检查和驯化

繁育机构在引进种源时应关注：①野生猴可能自然感染各种给人类带来危害的病原体，应严格进行隔离检疫和健康检查，确保无重大传染性疾病；②从野生自然栖息地运到完全不同的人工饲养环境，需进行充分驯化；③繁殖用原种必须遗传背景明确，来源清楚，有较完整的资料（包括种群名称、来源及主要生物学特性等）。

1. 隔离检疫

为了确保动物和工作人员的安全，对新引进的猕猴应集中隔离饲养和检疫，检疫期一般为30～45天。主要检疫内容如下。

（1）建立个体档案（身份标志、来源、品种、性别、体重、外观、齿式/估算年龄等）。

（2）外观检查：包括体重测定及兽医学外观检查（五官、四肢、皮肤、生殖器等）。

（3）细菌学检查。①结核菌素试验：在上眼睑内注射结核菌素液，24h、48h、72h后观察有无发红、肿胀。隔离检疫期内检查2～3次，一般每次检疫间隔时间不少于14天。②志贺氏菌、沙门氏菌、结肠炎耶尔森菌检测：检疫期内检查次数不低于2次，对阳性个体应进行隔离治疗。

（4）体内外寄生虫检查：采用挤压或刀片刮取皮层物取样或拔毛或梳毛检查体外寄生虫，取血检查弓形虫，粪便中检查寄生虫卵如全部蠕虫、鞭毛虫、溶组织内阿米巴、疟原虫，阳性个体进行驱虫及全部进行药浴。

（5）病毒血清抗体检测：根据国家实验动物质量标准，普通级猴需排除B病毒，SPF猴需排除BV、STLV、SRV、SIV、SVV等。检疫期内检查次数不低于2次，阳性动物及时隔离分区饲养。

（6）有条件的饲养场还应开展血液学和血生化检查。

（7）检疫期间动物需单笼饲养，应由兽医每天巡视健康状况，巡视内容包括：精神状况、行为、采食情况、粪便是否正常、有无外伤、有无皮肤病等。发现疫情应及时隔离、治疗或采取其他恰当的处理措施，结核菌素皮试反应阳性的动物应及时安乐死并将尸体无害化处理，使用过的笼具也应立即彻底清洗消毒。检疫记录必须准确详细，包括进出动物数量、检疫期间每批动物的发病情况、治疗程序、临床症状、诊断测试、检验报告等。

2. 驯化

野生猴社会化驯养非常重要，必须创造适宜的环境使其保持身体和心理健康，动物与工作人员之间建立信任关系，防止产生恐惧和焦虑心理。成功的训练能减少或限制压力，有效排解动物厌烦情绪，增加管理人员安全。驯化技巧包括：①工作人员要了解动物行为学特征；②与动物保持近距离交流或接触时，必须奖励一些动物喜欢吃的食物（如苹果、花生、香蕉等），要想动物达到所需要的目的，必须让动物产生条件反射；③工作人员要有信心、耐心，驯化过程中要细心和坚定；④把训练计划分成几个有特定目的的小阶段，在特定的训练阶段没有完成之前不要中止；⑤无论受训者是否达到了要求，不要惩罚受训者；达到某一目的，如让你握它肢体，都要给一些零食，没有达到要求就收回奖励。

第三节　繁 育 技 术

一、生殖生物学特点

猕猴的繁殖有季节规律，一般为每年9月到次年3月，但因地方不同，也会有1～2个月的误差，雌猴在繁殖季节，生殖器周边区域会发生肿胀，外阴、尾巴根部、后肢后侧面、前额和脸部等处的皮肤会发生肿胀，称为“性皮肤”，月经期为28天左右。猕猴精液射出1min内形成凝块。雌性恒河猴怀孕期约为165天。食蟹猴全年产仔，无季节规律。雌猴在繁殖季节，生殖器周边区域会发生肿胀，外阴、尾巴根部、后肢后侧面、前额和脸部等处的皮肤会发生肿胀，称为“性皮肤”。月经期为29天左右，食蟹猴孕期平均为165天。哺乳期均为7～18个月。从出生3～6个月开始，仔猴对母猴的营养依赖逐渐降低。

二、选种

挑选健康、完全成年的动物交配，若雌性尚未成熟，怀孕会限制其正常的生长发育，且非常年轻的母亲往往不能养育第一个子女，应根据年龄、体质、体型、健康状况及繁殖能力等方面综合选择。年龄方面，雄猴的年龄范围在4.5～15岁，雌猴在3.5～17岁，选择体质健壮、体型适中、发育良好、无疾病的动物。生殖能力上，雄猴可选睾丸大小对称、发育好、性欲及交配能力强、精液品质高、对异性和顺、不伤母猴的动物；雌性可选外生殖器发育正常、繁殖季节月经规律、接近雄猴的主动性好、交配顺利、乳量充足、性格温顺、母性强的个体。选种可通过实验性繁殖进行。

三、选配

选配可参照以下几种方法。①同质选配：选择体质、体型、繁殖能力相似的雌雄猴配对。体型搭配上应以大配大、中配小为宜，不可小配大或大配小。②年龄：选择同龄动物交配，也可用中年雄猴配青年雌猴，否则雄猴易受攻击。③亲缘选配：尽量选用亲缘关系较远的猴子配对，以防止出现近交衰退现象。

四、繁殖方式

（1）终身同居繁殖法：常采用 1 雄配 8～12 雌组成一个繁殖组（群），终身同居，任其自由交配。

（2）定时交配法：通过对雌猴月经周期的观察，预测其排卵期，在排卵期附近进行定时交配。一般多在月经到来的 12～13 天开始放对交配，合笼 1 周左右。这种方法比较科学，怀孕率高，但相当费时。

五、妊娠、分娩和哺乳

（1）妊娠：可采用子宫触诊和生化方法鉴定，已经确认妊娠的做好标记，日常管理中应特别注意外阴部是否有出血，恶露或流产胎仔有没有落下，腹围变化、食欲及四肢是否肿胀等。认定有异常变化时向兽医报告。

（2）分娩：分娩多半在夜间，产程 2～75min，大部分母猴分娩后会咬断脐带且吞食胎盘。每胎 1 仔，双胞胎概率很低。仔猴初生体重一般为 150～400g。出生后即睁眼。一般无乳齿，个别有 2 颗门牙。新生猴有较强的握力，可牢牢抓住母猴的腰腹部皮毛，能从母猴处吸食母乳。脐带一般在出生后 3 天内脱落。

（3）哺乳：提高仔猴成活率的关键在于加强哺乳母猴和仔猴管理，母猴一般抚养仔猴的能力较强，一旦发现母猴缺乏母性行为不会哺育或因病无力哺育等情况，要及时对仔猴进行人工抚育。母猴分娩后怀抱仔猴哺乳，1 个月内一刻也不让仔猴离怀。仔猴 1 个月后逐渐离开母怀，开始活动和舔食食物。2～3 月龄可逐渐吃些饲料，食量也逐渐增加。5～6 月龄可以完全采食饲料，应考虑离乳。初生仔猴靠乳汁为生，对哺乳母猴和仔猴要特别注意饲料质量和加强饲养，要让母猴吃足日常饲料，并定期定量补喂花生、胡萝卜、水果和钙片等。

第四节　饲 养 管 理

一、设施环境

1. 环境条件

屏障环境要求对饲养房舍的各项指标进行控制，在温湿度、昼夜温差、气流速度、换气次数、压强梯度、空气洁净度、光照、噪声等方面达到国家标准的要求。对于大部分的猕猴饲养设施，则是全开放式或半开放式的房舍，由于各类指标受到季节、昼夜交替及天气状况的影响，无法严格控制，要求能够应对极端天气。例如，冬天提供取暖装置、夏天配备纳凉设备，从而确保饲养区环境条件达到国家标准对普通级动物的要求。

2. 饲养笼具

实验猴饲养笼舍有群养型房舍和单笼饲养型房舍之分。群养型房舍，通常为半室内半室外的封闭式铁栏网结构，地板要有一定坡度，坡面垂直高度为底面的 2%～5%，便于清洗后排水，一般房舍高 200～250cm，适用于繁殖生产。单笼饲养型房舍，适用于检疫、隔离观察和动物实验研究，每笼设有饲料盒和自动饮水器/瓶，笼具距地面的高度以动物不能触及地面为佳，一般距地面 30～50cm。单笼饲养的笼具最好能让个体之间可互相观察和学习。无论是单笼饲养还是群养，都应提供攀附、运动、玩耍或栖息的装置和设备；动物玩具可为镜子、木棍、视觉和听觉刺激、可改变形状和质地的玩具、栖木等。

二、饲料、饮水

猕猴属动物是杂食性动物，食谱广，饲料要注意适口性。主食应采用全价商品饲料，辅以清洁的蔬菜、瓜果等富含维生素的食物。饲料和水果存放在冷藏室的食物准备区域，每日早晨分发到各个动物房间的食盘中。需要注意主食饲料的相对稳定性。种猴饲料的蛋白质含量建议不低于 23%，生长/维持群不低于 16%，食物中要有足够的维生素 C（需要量为 1～4mg/kg 体重）、粗纤维和叶绿素。按配方添加有维生素 C 的饲料必须在生产后 90 天内使用完毕。动物每天需要饮水 40～80ml/kg 体重，饮水要求清洁未受污染，可直接引用符合要求的城市管道自来水；饮用水可用自动供水系统提供，供水设施应定期清洗消毒，定期测定水质是否符合国标要求。

三、饲养操作与日常管理

动物饲养设施与人员活动区域完全隔离，并设有独立的繁殖区、商品区、保育区和检疫区及隔离区。

（1）饲育器具的灭菌和消毒：①工作人员进入动物房时，要求更换工作服，有条件的繁育机构可穿尼龙围裙、橡胶靴、护臂套、橡胶手套和防护面具。使用过的非一次性个人防护服需经高温高压灭菌后重新发放使用。②饲养过程中要注意清洁卫生，每日必须清扫；笼具、笼舍、料盒和水盒/管应坚固耐用和便于消毒，料盒、饮水器每周消毒 1 次，每月更换一次消毒液。

（2）饲养人员应每天饲喂动物，实行定时、定量制度。

（3）饲养人员每天应仔细巡查动物日常活动是否正常，体表有无伤痕或流血，粪便状态是否正常，有无皮疹和流涕，食物摄取量，是否有经血出现及其他临床征兆，记录需保存。一旦发现异常立即向兽医报告，以便及时采取措施。

（4）动物健康体检每年春秋两次，包括：检查毛发和皮肤、口腔、浅表淋巴结；心脏和肺胸部听诊；深触诊腹部来确定脾和肝的大小，检查是否有腹部肿块；检查头部、五官、躯干、四肢及生殖器。

（5）建立个体健康档案。有条件的繁育机构可采用活体芯片技术对实验用猴进行个体标记，建立完善个体档案。繁育后代需进行谱系管理，填写谱系卡，记录个体号、性别、父本号和母本号等，避免近亲繁育和种群退化，为种群管理提供依据。

（6）灵长类实验动物的饲养中，不推荐尚不成熟的方法免疫接种疫苗来预防疾病。应执行严格的消毒和隔离管理程序、定期进行健康监测及按计划执行定期驱虫（春、秋季）。

四、兽医护理

1. 分娩的护理

（1）子宫出血：新生儿出生前一般看不见阴道出血，如果出现突发性大量阴道出血，必须立即采取措施，可采用肌内注射催产素缩短产程，如发现胎儿和母亲均有危险，应进行剖宫产。

（2）个别雌猴分娩后不会咬断脐带或留下很长的脐带，可用碘伏消毒剪刀与脐带并剪除脐带（约留下 1cm），为了防止出血，之前必须结扎，否则仔猴会因出血过多或感染疾病而死亡。个别难产母猴，要给予人工助产，尽力保住母猴生命。

2. 急救和病危护理

（1）水和电解质补充：可用于非人灵长类动物紧急治疗上，如持续呕吐或腹泻，出血，创伤和感染性休克，低血糖，以及其他严重疾病。给药途径可为经口、腹腔或静脉给药。常使用葡萄糖和乳酸林格液。

（2）输血：灵长类实验动物偶有发生急性出血，如严重咬伤、手术事故或难产，血比容突然下降到约 22%以下时需要紧急输血。猕猴的血型有 A 型、B 型、O 型和 Lewis 型、MN 型、Rh 型、Hr 型等，且与人的 A 型、B 型、O 型、Rh 型相同。为了避免发生输血反应，用于输血的血液必须血型正确。有条件的繁育机构可建立实验猴血库应急备用。

（3）体温过高：中暑或环境控制系统失败导致体温过高，需立即降低体温，可以采用物理降温，如用冷水不间断地淋动物身体，冰袋敷贴（特别是头部）和强心药物疗法（如丹参等），直肠体温频繁监控（如每 10min 一次）。当体温低于正常体温时方可停止淋水。

五、人员的安全防护

（1）从事灵长类实验动物工作的人员上岗前必须接受安全指导和培训。

（2）工作人员上岗前，必须先进行体检（包括结核菌素皮试及胸腔 X 射线透视等），不合格者不得上岗。

（3）工作人员每半年需进行一次结核菌素皮试检查。每年进行一次健康检查。根据需要可接种甲型和乙型肝炎疫苗（尤其是黑猩猩属和大猿猴属的动物）、麻疹疫苗、腮腺炎疫苗和风疹疫苗。

（4）工作人员上岗前应采血备份，储存在–20℃冰箱。一旦发生意外伤害（如被猴咬伤、抓伤等）时可作为对照血样。

（5）进入灵长类动物饲养区的人员必须穿戴个人防护用品（如帽子、口罩、护目镜、手套、橡胶鞋靴、防护服等）。如果被动物咬伤、抓伤或被笼具划伤时，应立刻以肥皂水冲洗 15min 以上然后立即用大量碘伏消毒，如有必要到就近医院进一步处置。养殖机构人员应对受伤人员进行随访跟踪。

（6）严禁在动物房及实验室内吸烟、饮食。

六、废物处理

参照犬的有关要求（第十五章）执行。

第五节 使用管理

一、实验猴的获取

1. 来源

用于实验研究的猴应来源于具有《国家重点保护野生动物驯养繁殖许可证》和《实验动物生产许可证》养殖机构所生产的子二代猴。目前全国约有 30 个灵长类实验动物繁育场，据中国实验灵长类养殖开发协会 2012 年统计，中国恒河猴存栏 5 万余只，食蟹猴存栏 24 万余只，每年可向国内外研发机构提供 3 万余只子二代实验猴。

2. 运输

通常由产地到使用地，环境变化较大，动物的抵抗力降低，易患细菌性痢疾或运输应激综合征从而死亡。因此，运输途中做好保障工作尤其重要：①准备发运的动物必须经一段时间的隔离检疫，确保动物健康方能运输；②动物运输笼应符合国际 IATA 动物运输笼具的要求，具有足够可供动物自由活动的空间，保证有足够的洁净饮用水和食物供给；③运输动物车辆应为带有温度和通风控制的封闭货车；④运输途中，如发现有动物死亡，死亡的动物应留放在运输笼具内，到达所在地的检疫场所后，由兽医查明死因，并进行无害化处理。

3. 接收与隔离检疫

接收注意事项：①动物抵达使用单位的隔离检疫房（室）后应减少刺激使其安定；②动物使用单位的接收人员应先通过运输笼具的观察窗口确认动物的种类、存活状况和数量，核对档案材料，确认与购买合同的要求相符后可正式接收动物；③接收时需要核对动物编号，测定体重、兽医学外观检查或简单外伤治疗；④进行以上操作时，必须使用个人防护用品。

隔离检疫：新购入的猴需要经过 30 天以上的隔离检疫期，确认合格后才能用于试验。检疫内容：兽医学外观检查和行为学观察；体内、外寄生虫的检测/驱虫；粪便细菌培养；结核菌素试验；病毒血清抗体检测，以及根据实验需要额外进行的特定病原或抗体检查、血液学、血生化、眼科和心电图检查等。

二、基本操作技术

1. 抓取与保定

群养猴在抓取前先用捕猴网将猴罩住，饲养在笼具里的猴在抓取前先通过推拉杆操作可移动笼壁将猴限制在一个相对狭小的区域内。对于体型较小的猴，抓取时应握紧肘部以上的前臂，并把臂部反扭到背后，同时使它的腿伸直，但应该防止臂、腿部骨折。对于体型较大的猴，抓取前应先将其麻醉。当进行输液、眼科、心电检查等操作时，需要将猴固定在猴椅上或使用药物麻醉。为了操作人员的安全，还可能需要使用捕猴钩、钳、链及加厚防护手套等工具和设备。

2. 供试品给予方法

1）经口途径

混合饲料法：参照犬的技术操作（第十五章）执行。

灌胃给药：参照犬的技术操作（第十五章）执行。

2）注射途径

皮下注射、皮内注射、肌内注射、静脉注射：参照犬的技术操作（第十五章）执行。

3. 样品收集

（1）血液采集：可在指尖、足跟、前后肢静脉、颈静脉、腹股沟隐静脉等处采血。通常将动物保定后，暴露取血部位，取血者或助手指压血管近心端，用酒精棉消毒取血部位，然后手持注射器将注射器针头刺入血管，见回血后缓慢抽动针栓取血，取血完毕后用灭菌干棉花按住取血部位，将针头拔出，并继续按压取血部位至不再出血后，放回饲养区。注意实际采血量应控制在动物的安全采血量范围之内，动物的平均血容量为体重的 7%～8%，14 天内在不造成动物健康影响的前提下最多可以抽取 10%的血容量。

（2）尿的收集：检查用尿通常用 2h 之内收集的尿（新鲜尿）或 24h 收集的尿。采尿常用代谢笼收集，并保持尿液收集过程中动物不能进食。尿量异常的多，应该怀疑是由给水装置漏水所致。尿中要避免有呕吐物、下痢便、血便等异物混入，或者有其他怀疑的情况。

（3）粪便采集：通常采集自然排出的新鲜粪便或用消毒棉签插入肛门采取少量粪便。

（4）精液采集：可用人工刺激阴茎的方法或电刺激法收集精液。具体操作参见犬的有关内容（第十五章）。

4. 麻醉与镇痛

1）镇痛

氯胺酮（5～10mg/kg，IM）为首选镇静药物。低剂量镇静，高剂量产生麻醉作用。达到峰效应需 5～10min，药效持续 30～60min。

阿托品（0.05mg/kg，IM），胆碱能神经受体拮抗剂，主要作用为抑制腺体分泌，常用于减少使用氯胺酮后的唾液分泌。

痛立止（卡洛芬注射液，4mg/kg，IM），丙酸类非甾体抗炎镇痛药，具有较强的镇痛、抗炎、解热作用，用于手术或外伤引起的急性疼痛，关节炎、痛风、风湿及类风湿关节炎，以及急、慢性炎症；发热时退热。

2）麻醉

全身麻醉之前需要禁食 8h 以上，麻醉前 30min 禁止饮水。实验猴麻醉常用药物如下。

硫喷妥钠：剂量 15～20mg/kg，IV，达到手术麻醉需要 5～10min。镇痛作用比较差，硫喷妥钠用于瘦弱动物时苏醒时间延长。

戊巴比妥类：剂量 20～30mg/kg，IV，麻醉维持时间 30～60min，实际使用时需要先推注 2/3 剂量后，观察麻醉效果确定是否需要给予剩余剂量。

氯胺酮（剂量 5～10mg/kg，IM）联用甲苯噻嗪（剂量 0.5mg/kg，IM）：具有良好的肌肉松弛效果，麻醉维持时间 30～40min。氯胺酮（剂量 5～10mg/kg，IM）联用地西泮（剂量 1mg/kg，IM）也有类似的效果。

5. 安死术

当实验结束或实验过程中出现严重疾病、伤害、行为异常时，需要将猴处死。猴的处死必须遵循实验动物的伦理福利相关法律法规及通行准则的要求，按照人道原则进行安乐死。动物处死时，应必须远离动物场所，对于需要用于实验取材的动物，安乐死的方法不能干扰试验结果，实践中通常采用巴比妥类药物深度麻醉（每千克大于 100mg）后放全血的方法。对于不需要用于实验取材的动物，可在快速注射 3 倍以上正常麻醉剂量或者正常麻醉动物后经静脉注射过量饱和 KCl 溶液（剂量为 0.5ml/kg 体重）达到安乐死的目的，其中前者需要通关观察瞳孔反射和心脏听诊以确认安乐死的效果。

第六节　健 康 检 查

一、异常行为的观察

与健康猴相比，异常猴外观特征见表 16-1。观察者站在笼前面向猴，就算非常衰弱的猴都会有攻击行动，紧张身体往笼内部且凝视，其会敏捷躲避，因此疾病初期诊断有一定的困难。

二、主要传染性疾病

1. 病毒疾病

（1）B 病毒感染：B 病毒（cercopithecine herpesvirus 1）属于疱疹病毒 A 群所属的 DNA 病毒，其自然宿主为猴。感染后表现为口腔黏膜和舌头上有水疱，可以发现溃疡等病变。对于猴并不是很严重的疾病，但人类感染发病后会引起脑炎并导致死亡。感染的途径有通过唾沫或被唾沫污染的饮用水或饲料，经口或直接接触（多为抓伤、咬伤）感染，为危险性很高的人畜共患传染病。

表 16-1　外观检查正常猴与异常猴的区别

项目	正常	异常
被毛	光滑、比较浓密	不光滑、干燥、粗糙、有体外寄生虫
皮肤	有张力、弹性	松弛、肿胀、干燥、腐烂、有伤口、皮疹
粪便	适当的固体形状、颜色为黄褐色至黑褐色、量为 50～100g/天	软、水状、黏液多、有血、脓、不成形，白色、褐色或者赤褐色，量不定、有寄生虫
肛门、外阴	干净、紧闭	周围有粪便、血液、黏液、不紧闭
腹部	适当的张力	极端的凹凸不平
鼻孔	稍微闭合	明显的干燥有鼻涕、有血
口唇	闭合、稍带淡褐色	干燥、褪色、大量的口水和血液、不闭合、水疱、有溃疡
眼睛	大小对称、有光泽、眼神安定能凝视事物、稍微闭合	大小不对称、无光泽、不安定的转动，有白浊、干燥的感觉，有大量的眼泪、有色斑，白内障、青光眼、眼睑不完整等
耳	耳翼竖立	耳翼不竖立、耳孔里有血或者脓流出
脸面	有适当的张力	有伤、发疹、整体肿胀感、褪色
手脚、躯干、头部	光滑、动作灵活	不规则动作、颤动、痉挛、卧笼不起、垂头

（2）猴反转录 D 型病毒感染：猴反转录 D 型病毒（simian retrovirus type D，SRV/D）感染的猕猴出现腹泻、体重减轻、脾大、淋巴结病、贫血、中性粒细胞减少、淋巴细胞减少及偶见的肿瘤疾病，主要传播方式是经过接触唾液中流出的病毒，或相互舔耍，或相互攻击。雌性在怀孕期间可通过胎盘传播。

（3）猴 T 细胞趋向性病毒 I 型感染：猴 T 细胞趋向性病毒 I 型（simian T-cell lymphotropic virus，STLV-1）是一种在体内主要对 $CD4^+$ T 淋巴细胞具有取向性的病毒，绝大多数 STLV-1 感染无临床表现。长期感染后，有部分受感染动物会发展成 T 细胞淋巴瘤或者淋巴组织增生性疾病。

（4）猴免疫缺陷病毒感染：猴免疫缺陷病毒（simian immunodeficiency virus，SIV）感染的病程进展缓慢，病猴淋巴结肿大，身体消瘦，反复腹泻，终因体弱复合感染而死亡。本病主要表现为发热，不适，厌食，腹泻，体征为全身淋巴结肿大，脾大，体重减轻，易发肿瘤。

（5）猴痘病毒感染：猴痘病毒（simian pox virus，SPV）能引起一种皮肤丘疹的痘疱性传染病。临床表现与天花相似，以皮肤发疹为主要特征。猴痘的感染可能致命，表现为尾部、手部、脚部、肛门生殖器区域及下腹部皮肤出现红斑状丘疹，同时伴严重的体重下降，甚至危及性命。可通过直接接触体表损伤或口腔黏液传播。

（6）麻疹：是一种典型的接触性传染病，主要是断奶猴发病高，具有高达 95%的发病率和死亡率。其次是青、中年猴，老年猴极少发病。麻疹病毒感染初期症状为眼球肿大，发烧，流鼻涕，面部水肿，皮疹及间质性肺炎。随即并发症包括败血症、流产、子宫炎、多发性痢疾及弥散性血管内凝血症。人麻疹疫苗和丙种球蛋白均可作为预防用药，断奶时及断奶后 4 个月接种两次麻疹疫苗（剂量：1 人份/猴）能有效预防麻疹感染。

2. 细菌性疾病

（1）沙门氏菌感染：沙门氏菌（*Salmonella*）感染是一种常见的人畜共患传染病，急性发病动物以急性败血症死亡而不表现临床症状，亚急性感染可引起肠胃炎伴水样腹泻，食欲缺乏，发烧及严重脱水。传播途径主要通过呼吸道、口腔传播，病原携带可以是啮齿类动物也可以是昆虫。沙门氏菌对常用消毒剂和温度很敏感。详见大鼠的有关内容（第十一章）。

（2）志贺氏菌感染：志贺氏菌（*Shigella*）或称痢疾杆菌可引起人和猴肠道感染发病。临床上可表现为急性型和慢性型。急性发病猴能引起出血性腹泻，伴贫血症状和中性粒细胞增多，动物表现为食欲减退，活动减少，嗜睡，并发生明显脱水现象，有生命危险。慢性发病动物排出糊状便或水样便，症状有时会自然缓解。传播途径是病原菌经口腔进入胃肠道，苍蝇和蟑螂是重要的传染媒介。可口服痢疾菌苗或使用喹诺酮类药物进行群体预防。

（3）空肠弯曲杆菌感染：空肠弯曲杆菌（*Campylobacter jejuni*）能从腹泻动物甚至无明显临床症状的非人灵长类动物体内分离出，可致小猴出现腹泻，结肠炎，引起大便稀黄，黏液状且带有隐血。呼吸道和口腔是首要传播方式。从野外捕捉的动物群体中的患病率高。

（4）结核分枝杆菌感染：结核分枝杆菌（*Mycobacterium tuberculosis*）能够引起动物多种组织器官中形成以结节性肉芽肿和干酪样坏死为特征的一种人畜共患传染病。临床表现为咳嗽，呼吸困难，肝脾大用手可触及，局部淋巴结肿大。慢性病例明显消瘦，背毛蓬乱或脱落。患肠结核猴出现持续性或间歇性腹泻、脱水或背毛蓬乱。结核患者和患病动物是本病传染源，主要通过空气传播，亦可通过患病动物排出的粪尿等排泄物污染饲料和引水而感染其他动物。

3. 寄生虫病感染

野外猴体内外寄生虫感染率非常高，可导致贫血、发育迟缓、消化道出血、痢疾等。通过对 504 只野外川西猕猴粪样肠道蠕虫卵进行了检查，发现粪样中共查出结肠小袋纤毛虫和 7 种蠕虫的虫卵，以线虫感染率最高，成年猴线虫感染率为 72.1%（44/61），亚成年猴线虫感染率为 64.5%（20/31），幼猴线虫感染率为 83.3%（10/12）；为人畜共患病的阿米巴原虫感染严重，感染率为 90.5%（124/137），可引发阿米巴痢疾或肝脓肿。

实验猴驱虫建议采用甲苯咪唑，40mg/kg，口服，连续 3～5 天；或通灭（多拉菌素注射液），皮下注射 0.06ml/kg；或伊维菌素长效缓释注射液，皮下注射 0.15ml/kg。

三、质量检测与疾病诊断

1. 质量检测

根据国家标准（GB 14922.1h 和 GB 14922.2—2011）的要求，实验用的普通级猕猴必须不携带所规定的人畜共患病病原和动物烈性传染病病原，SPF 级的实验猕猴还需在此基础上排除特定的病原。每个季度至少进行一次检测。各病原体或其抗体的检测方法可以参见 GB/T 18448 和 GB/T 14926。

2. 疾病诊断

（1）寄生虫病诊断：通常通过肉眼观察或借助染色和显微镜直接或间接观察到某个生长阶段虫体、虫卵来诊断。

（2）肠道细菌通常根据临床症状、结合鉴别培养后的特定生长、形态和生理生化特征来诊断。

（3）结核菌素能使感染结核分枝杆菌的动物产生迟发型超敏反应，因此可从猴上眼睑皮内注射结核菌素后注射部位的炎症反应情况判断动物是否感染结核分枝杆菌。

（4）病毒类的病原通常通过检测血清中的抗体来诊断，通过这类方法检测可能会出现假阳性或假阴性的结果。除了这些在国家标准里列出的方法之外，推荐采用已经成熟的新技术、新方法用于各类猴病原的检测。

（5）环境的突然变化、运输应激、饲喂方式、饲料配方改变、饲料变质、营养缺乏及实验性因素均可能引起临床发病，因此需参考血液学、血液生化检查结果，并结合临床症状，分析各种饲养因素之后综合判断。

供应商应提供动物定期的质量控制和健康档案，包括出生后所发生疾病、治疗、免疫、驱虫及检测结果，随动物从供应商传递到动物使用机构。

四、卫生与防疫

1. 卫生措施

规范的卫生管理可以有效降低实验猴群的病原感染和疾病发生率，通常来说，实验猴的饲养和活动场所的清洁和消毒可按以下方法进行操作：①饲养期间每日清洁 1～2 次；②饲养期间每周消毒 1～2 次；③饲养准备期及饲养清空期连续消毒 3 天备用；④在特殊情况下（如新建动物房初次投入使用、发现动物疫情、发现可能威胁动物管理人员和实验人员身体健康的人畜共患病原及长年使用的设施等），按兽医所要求的消毒方法和频率进行消毒（如可采用福尔马林对腾空的动物房进行熏蒸消毒）。

特别提醒：一般情况下，以一周作为一个消毒周期，以至少 2 种或以上的低毒消毒剂轮换对动物饲养和活动环境消毒，每月轮换 1 次。

2. 防疫原则

灵长类实验动物可能携带有某些对人危害性比较大的人畜共患病，人的某些疾病也有可能通过接触而传染给实验动物。因此，进入饲养区域的人员必须穿戴合适的个人防护用品（personal protective equipment，PPE，如帽子、口罩、护目镜、手套、鞋套、防护服等），工作人员需要定期进行体检，外来人员必须提供近期体检报告，经过适当的隔离观察期确认健康才能进入动物设施。工作人员如果有感冒、咳嗽、发烧等症状时，或携带结核病原时，要避免进入灵长类实验动物的饲养区域。工作人员在饲养区域内必须遵守管理规定，只在限定区域内活动，不得随意串走。

任何需要进入饲养区域的物品均需预先进行必要的清洁和消毒处理；不同饲养功能区域/房间的物品不得串用；任何使用之后的物品必须经过合适的清洁和消毒处理之后才能传出灵长类实验动物的饲养区域。

3. 隔离措施

灵长类实验动物养殖场新购入的动物，首先必须在远离养殖场（2km 以外）的隔离区进行隔离检疫，确认检疫合格后方可进入常规的饲养群体或房间饲养。

一旦发现疑似感染传染性疾病的动物，需立即隔离；疑似或确认的重大传染性疾病和人畜共患病，需要向当地兽医主管部门和实验动物主管部门报告，执行规定的隔离和扑灭措施，被污染的区域和设备必须进行彻底清洁、消毒；因疾病死亡的动物尸体、排泄物必须用消毒液浸泡并密封包装后才可传出饲养区域执行进一步的无害化处理（通常采取高温或焚烧的方式处理）。

第七节　狨　　猴

一、生物学特征

普通绒猴是一种新世界猴，属于灵长目狨猴科下的一个种属，列入国家二级保护动物，2008 年列入《世界自然保护联盟》（IUCN）濒危物种红色名录 ver3.1，低危（LC）。普通狨猴是一种常用灵长类实验动物。

普通狨猴又称“棉耳狨”（*Callithrix jacchus*），是生活在南美洲巴西东南部和中部的热带雨林里的一种世界上最小的猴类，主要的生物学特性有：体长 19～25cm，尾长 27～35cm，体型比松鼠略大，头、脸的模样似哈巴狗或狮子头，头圆，耳大，耳边有一簇白色长发，所以也称“绒耳狨”，前额有一大块白色印记，脸部没有毛，身体是斑驳的灰棕色，由灰白色、橘黄色和黑色组成层次明显的细条纹；雌性正常体重为 220～350g、雄性 260～450g。拥有爪状坚硬的指甲（被称为翅基片），代替了其他哺乳动物的扁平指甲，使其能更好地运动和捕食，而且趾可以握合，胸部有 1 对乳，后肢比前肢长。牙齿 32 枚，齿式为异齿型：门齿、犬齿、前臼齿和臼齿，颊齿通常为丘型齿和低冠齿，臼齿呈四方形并有 4 个较低的锥状突起，适于咀嚼。听觉发达，嗅觉、视觉次之。具双角子宫或单子宫、有发达的盲肠；脸部的皮肤在阳光下会改变颜色、体温也不稳定。

二、生活习性

绒猴以相对稳定的家族式进行群居生活，一般每个群体 8～10 只，多者达 15 只。在野生环境当中，一个稳定的群体，通常是一夫一妻制，但也存在一夫多妻或者一妻多夫的现象，觅食、嬉戏等都是同进同出，但是在特殊的情况下会存在因食物、配偶相互打斗、驱逐的情况。它们的生活很有节奏，上午觅食，下午休息娱乐，据相关的研究发现，其交配通常在早晨进行，往往是雄性追逐雌性，刚开始雌性拒绝，但雌性马上会妥协从而进行交配，时间长达 10min 左右，每天活动时间共达 11～12h。其主要以昆虫、蜘蛛、小脊椎动物、鸟蛋、水果、蜥蜴、小鸟或树木的渗出液等为食。大多数情况下在狨猴家族内成年雌性和雄性繁殖的猴支配整个家族，但有一只繁殖雌性猴最具有主导权，地位低的雌性猴从属于它，它们在猴群中只充当“保姆”的职责，没有繁殖的的权利，这只占主导地位的雌性成年繁殖猴如果死亡，这个群体将会面临解散危机。在哺育期间，所有的家族成员会帮助分娩、照顾及支持幼猴，如清洗幼猴身体、诱导进食和采食等，雄猴也变成了“贤妻良母”。当幼猴体成熟后会离开它本出生的群体（有一种说法，成年雌性留在家族群中，而雄性成年后则要移出群），具体离群的行为原因解释尚待研究。

狨猴休息一般在笼底或栖木上，四肢爬行或后肢站立，没有发现站立行走现象，它们在移动位置时，一般是跳跃、"飞行"式的灵巧的快速行为，在爬行或移位时靠尾巴保持平衡。当发现有陌生人时，其耳旁的白毛竖立，脸不断地摇晃，甚至发出呲牙咧嘴地高频率尖叫以表示恐惧、警示的应激状态。在研究中，人们根据判断得出人类在没有明显表现出攻击或捕捉它的情况下很少会看到其发出主动攻击的行为，反之则会发起攻击。抓取食物时，它们会用单"手"接住、抓住食物塞进嘴里，如果是流质食物，它们会用舌头直接舔舐。普通狨猴会使用瞪眼、眯眼、张口、发声和嗅觉等进行沟通、表达情感和传递外部环境信息等。它们以尿液或身体特殊的气味辨别对方和领土范围。我们发现狨猴经常性地啃咬木头，其实这是一种正常的行为现象，但是在人工驯养的情况下持久地啃咬木头则表示一种烦躁的情绪。它们在处理群体间相互关系时，表现出相互清理对方被毛或皮肤，两者"熊抱"或舔舐对方而紧紧地依靠对方来建立彼此的社会关系。

三、饲养管理

1. 饲养条件

动物饲养室面积为每对猴 1～1.3m^2，为了便于清洗，地面一般采用水泥或者磨石子。室内温度保持在 23～28℃，相对湿度 40%～70%，每天的光照开放时间是 7:30～19:30，其间 8:30～16:30 为太阳光全波谱光线（120W），其余时间为一般照明用的日光灯（40W）。通风条件与实验小鼠饲养室的条件相仿，可以参考实验小鼠的标准，空气的交换次数最好在 10～12 次/h。

动物饲养笼子可以采用 60cm（长）×40cm（宽）×75cm（高）。为了使动物得到最充足的光线，同时又避免动物间相互干扰，笼子背面及笼子一侧用不锈钢或铝金薄板制成，其他的部分均可以用不锈钢网丝制成，笼内至少安装两根不同方向和高度的栖木。饮水容器使用实验小鼠用的水瓶，饲料瓶采用饭盒或者其他适合的器具，最好安装在笼具的中上部。

2. 管理措施

动物饲养人员由专人负责，非工作人员一律禁止进入狨猴饲养室。工作人员进入饲养准备间必须穿白大褂、口罩、头套、橡胶鞋，经消毒后进入饲养室。

每日上午、下午各进入一次，观察并记录动物的活动状态，食欲及粪便情况。在进行饲料试验和动物相关试验时应做好详细记录，一般上午喂主食，下午喂水果和辅料。

必须每天清洗、消毒水瓶和饲料盆，冲洗动物笼和饲养室内的食物残渣及动物粪便。由于狨猴是通过本身的特殊气味相互联系的，因此不宜用刺激性强的消毒液消毒笼子，每月进行一次全面的清洗消毒。

狨猴适应环境能力比较差，温度、湿度、饲养员的更换、饲料种类的更换、饲料质量的前后不一等因素都会产生应激反应。两只相同性别的狨猴不能放在同一单笼内饲养，除非它们有亲缘关系或者一个年龄比另一个年龄大。

进入猴舍的人员必须做好防护措施，防止被抓伤或咬伤等意外情况发生。在人工驯养条件下，最好不要单只饲养，如果需要把一只单独饲养，尽量保证每天它能听到、闻到、看到它的群体、声音或味道。

四、种群繁育管理

1. 种用猍猴的选择

挑选毛色有光泽、活泼好动、尾根没有脱毛或断尾、生殖力强、母性好的健康猴组合在一起。不能只看某一方面特性的突出而忽略综合性能的评价，因此，留种时可以参考下面的数据及内容。

1）年龄及体重

年龄大不适合作种用。参考相关研究资料，猍猴最优的繁殖年限为2～7岁，最大繁殖年限约为10年。留种用时雄性体重在300～400g，雌性在260～350g为最佳。

2）健康状况

选择四肢健全、没有畸形、体形丰满有光泽、尾部无掉毛、行动迅速和反应快的猍猴，微生物检测达到相应的要求。一般来说，自身或家族患有遗传缺陷的不宜留作种用。

3）繁殖能力

从外形上看，雌猴乳头大小均匀，骨盆腔不狭窄；雄猴睾丸明显，阴茎大小适中。如果条件达到，也可以查阅繁殖记录，选择母性好、不拒乳、不咬幼崽、繁殖率高的个体留作种用。曾经难产、反复流产、死胎的雌猴不宜留作种用。

4）性格特征

选择性格温顺但不胆小、不好斗的猍猴作为种用。

2. 配种要求

猍猴3～4月龄达到性成熟，5月龄达到体成熟。性成熟与体成熟与猍猴的性别、饲养管理水平等因素密切相关。在没有达到体成熟而配种容易引起早产、流产和难产，对猍猴的身体也会造成某些不可逆的损坏，影响今后的繁殖利用。一般达到5月龄，雌性260g以上、雄性300g以上，曾经有难产、产后后遗症的不宜再次配种，否则再次产仔风险率高。

3. 配对时间

人工驯养的条件下，猍猴全年都可以配种，但也表现出一定的季节性，一般在春夏是繁殖高峰，秋冬是繁殖低谷期。在平时的日常管理中，把握好猍猴的发情规律和营养的全面，可以提高繁殖率。雌猴的发情周期为28天左右，在发情周期内随时可以配种，最好在排卵期，雌猴发情时没有很明显的症状，通常在清晨或上午。

4. 配对方式

猍猴属于单雄交配系动物，可以采取一雄一雌或一雄多雌的繁殖方式，最好不要两只或者两只以上的雄性放在同一单笼内进行配对，雄性比例过高，咬架会大大增加，不但不利于猍猴的繁殖，还可能造成猍猴的外伤和死亡。一雄一雌的单笼配对方式也便于观察和狨猴体况维持，可相应地提高繁殖率。

绒猴配对后的注意事项：配对期间，要特别留意观察，尤其配对后几天。在雄狨猴求爱追逐的初期，雌猴常躲避，有的甚至发生打斗，过几天后，雌性才会表现出接受的迹象。所以我们需要密切观察，合笼后出现激烈的角斗或处于弱势躲在箱内不敢外出进食、体形消瘦则需要马上分笼饲养，并做好重新调配和相应的记录。

5. 妊娠检查

妊娠检查时间：合笼配种后对狨猴每 30 天检查一次。

检查方法：通常采用的妊娠诊断的方法是“触诊”，一般将食指和中指并拢，把狨猴腹部向上平托，轻轻地在其腹部移动，如果摸到子宫内有豆状大小的滑块状物，可诊断为怀孕。条件允许的情况下，可以采用 B 超诊断更为准确。

6. 妊娠、哺乳期狨猴的饲养管理

狨猴的妊娠期在 142 天左右，每胎的间隔期是 158 天，仔狨猴一般出生后的 3 周内都在母亲的背部，吸吮乳汁为食；到第 4 周时才被迫地开始在地面活动，这时可以给予少量的流质食物；第 8 周断奶，开始采食固体食物。根据相关的研究资料得知，初产狨猴的幼崽死亡率在 78%左右，二胎幼崽死亡率在 50%左右，一般幼崽死亡大多数发生在出生后三四天内，为了获得比较高的繁殖存活率，需要注意以下事项。

（1）妊娠后，为其提供高蛋白、高能量的全价营养且适口性好且稳定的的饲料，饲料中注意添加维生素 E 和维生素 C，再者保证环境的安静舒适，尽量减少人为和环境的应激作用。

（2）为了提高仔猴的育成率，应给新成年猴提供带领弟弟妹妹的条件，为此笼子可以大一些，至少可同时容纳 5～6 头猴子。关于未成年狨猴带领弟弟妹妹，雄性与雌性一样重要。除哺乳时间外，雄猴带领幼崽的时间比雌猴长得多。

（3）人工哺育是提高幼崽存活率的重要手段。这一技术特别适用于 1 胎 3 仔，母猴产后体弱难以继续哺乳及母性差，拒哺幼崽的情况。

（4）饲料是保证繁殖的重要物质基础，除了给予固定的日粮外，还应制定多样化食品轮换的制度，这主要是适应灵长目动物野外生活的特点，并通过多样化食品来刺激狨猴的食欲和增加生活的情趣。对繁殖的雌猴来说，特别需要加强怀孕后期和哺乳期的营养。

（5）由于狨猴原栖息于中南美洲的热带雨林，对我国的温带气候不能完全适应，尤其不适应 18℃以下的冬天，因此，饲养室内必须安装取暖设备。猴房内尚需安装太阳灯管，以免发生维生素 D 缺乏症。此外，猴房内需要保持安静。

（6）狨猴体积小，夏天易患腹泻，冬天易患肺炎，患病后很容易死亡，因此必须重视猴房的卫生工作和严格的消毒隔离制度，才能预防疾病，提高繁殖率。

（7）加强日常观察，每天认真观察狨猴的体况、食量、粪便及活动情况，掌握狨猴的详细情况，发现异常及时处理。临近分娩的狨猴，除日常观察外，凌晨还应该进行有无分娩情况的观察。

7. 分娩前后的护理

正常分娩的时间一般为诊断后的 142 天左右，若死胎，往往分娩时间会推后几天甚至十几天。所以准确判断狨猴的分娩时间，是提高新生幼崽成活率的关键，时间把握得好，分娩后得到及时护理，幼崽的成活率也就相对较高。

狨猴的分娩一般都集中在晚上，在箱内产仔，幼崽紧紧地趴在雌性背部，每胎1～3头，重25～35g，达到母体27%的体重；大多数情况时有2只，当产下3只时，我们要实行人工哺乳；有的雌猴母性不好，可能会拒乳甚至咬仔，这时也需要采用人工辅助哺乳或全人工乳喂养的方法让新生仔吃饱，再放回笼舍。当遇到非正常生产时，需进行助产，在保证母体及最小化损伤雌猴繁殖力为原则来采取相应的措施。

8. 仔狨猴的培育

笼内空间狭小、饲喂制度不科学、噪声、人为的频繁出入等都可能对狨猴“母子”和谐建立产生负面影响，导致幼崽死亡率的上升。日常饲养管理中尽可能减少不利因素影响，对出后5天内的幼崽给予专人的悉心照顾。

母猴分娩后饲养员应当及时检查哺乳、体温、精神、性别等基本情况，详细记录新生狨猴的数量、性别、出生日期等信息。

幼崽的哺乳方式，在人工饲养的情况下，幼崽哺乳的方式可分为自主哺乳、人工辅助哺乳和全人工哺乳3种方式。

狨猴的幼崽一般出生后的2周内在“父亲”的帮助下，大部分时间趴在母亲背上，靠吮吸母乳保持生长。在第2周后，如果条件允许，父母亲开始轮流“背”着幼崽。从第3周开始，在父母亲背上的时间慢慢减少，开始在单笼内玩耍。在第3个月断奶，第5个月进入青春期，第14个月左右达到性成熟，第15个月体成熟进入繁殖年龄段。

在此期间，除了注意合理过渡外，还应根据幼崽需要，增加营养水平，促进幼崽的生长发育，但要特别注意营养的均衡。日粮要逐渐增加，不可一次突然过量，防止暴饮暴食。还应加强观察，发现异常及时处理。

五、常见疾病及其防治

人工驯养条件下笼养的绒猴以消瘦综合征、肺炎、痢疾、仙台病、机械性咬伤较为常见。其中，消瘦综合征和痢疾对绒猴生产和繁育影响最大，疱疹病毒、呼肠孤病毒、流行性腮腺炎、风疹、单状疱疹、慢性结肠炎、维生素缺乏症、贫血症和低蛋白血症、产后大出血等疾病也需要注意预防。

1. 消瘦综合征（WMS）

病因：病原尚不明确，可能是由于疾病、食物不可口或家族内食物争抢而导致食欲不振；肠道营养吸收不良或失去了吸收功能而导致；频繁的繁殖导致营养消耗过多而导致。

症状：主要有体重减轻、肌肉萎缩、恶液质、脱毛（尾部脱毛）、发出微弱的痛苦呻吟声，并伴有慢性腹泻、慢性结肠炎、贫血症和低蛋白血症，颈部水肿、皮毛潮湿或油腻等。尸检可发现尸体消瘦、被毛蓬乱、黏膜苍白、肌肉和诸多脏器萎缩、胃肠变薄，特别是胃肠黏膜、小肠黏膜显著变短变钝，有的可见甲状腺增生，体重明显低于正常值，几乎没有脂肪，坠积性肺炎、肺淤血、水肿等，终因心肺功能衰竭而死亡，病程长达 15～90 天，以高发病率、高死亡率著称。

防治措施：加强日常管理，保持高营养、高蛋白的饲料；尽量减少人为和环境的应激；发病初期补充高蛋白和维生素 C，调整饲养方式，提高饲料适口性和饲喂营养价值高的饲料，并结合防止腹泻和肠道抗感染的药物治疗。

2. 肺炎

病原：大叶性肺炎可能是肺炎克雷伯杆菌感染；小叶性肺炎由细菌或病毒感染，多发生于冬春季节及气候骤变时，笼内拥挤、通风不良、空气污浊、致病性微生物较多，容易发生肺炎。

症状：厌食、倦怠、体重减轻、咳嗽、鼻腔有分泌物、呼吸时有痰鸣声、喷嚏；尸检时可见肺黏膜充血和出血，肺泡巨细胞的灶性聚集，肺叶有大量病灶。

防治措施如下。①一般性护理：护理环境要安静、整洁。要保证休息，避免过多治疗措施。室内要经常通风换气，使空气比较清新，并需保持一定温度、湿度。饮食应维持足够的摄入量，给以流食如人工乳、牛乳、米汤、菜水、果汁等，并可补充维生素 C、维生素 A、维生素 D、复合维生素 B 等。病程较长时，要注意加强营养，防止发生营养不良。②抗生素疗法：细菌性肺炎应尽量查清病原菌，至少要在取过体液标本作相应细菌培养后，开始选择敏感抗生素治疗。③抗病毒疗法：病毒性肺炎，可试用三氮唑核苷雾化吸入治疗。

3. 痢疾

病因：主要由志贺氏菌引起。

症状：黑便或血性腹泻、腹胀、活动性差、脱水和嗜睡；尸检发现胃和小肠由气体和（或）液体充满，大肠和结肠有淤点和糜烂，或出现出血性病灶，常伴大叶性肺炎等症状。

诊断：分离培养与鉴定，接种肠道杆菌选择性培养基，37℃孵育 18～24h，挑取无色半透明的可疑菌落，做生化反应和血清学凝集试验，确定菌群和菌型。如遇非典型菌株，需作系统生化反应以确定菌属；必要时，用适量菌液接种于豚鼠结膜上，观察 24h，如有炎症，则为有毒菌株。

防治措施：预防主要采用口服减毒活菌苗，试用者有 Sd 株、神氏 2a 变异株等。这些活菌苗虽有一定的预防作用，但免疫力弱，维持时间短，又服用量大、型间无保护性交叉免疫。一般动物肌内注射庆大霉素（4000 单位/天）加氟哌酸（20～40mg/天），一般经 3 天治疗后，病情大为好转，10 天可痊愈。也可用磺胺类药、氨苄青霉素、氯霉素、黄连素等。中药黄连、黄柏、白头翁、马齿苋等均有疗效。

第八节 黑 猩 猩

黑猩猩（chimpanzee，*Pan troglodytes*）隶属于灵长目、猩猩科、猩猩属。由于黑猩猩和人类的基因相似度达 98.5%，因此亦有学者主张将黑猩猩属的动物并入人属。原产地在非洲西部及中部，英文名 chimpanzee 在非洲土语中意指“小精灵”，平日成群地生活，每个群体就像一个部落。

一、生物学特性

黑猩猩是猩猩科中最小的种类，体长 70～92.5cm，站立时高 1～1.7m，体重雄性为 56～80kg，雌性为 45～68kg；身体被毛较短，黑色，通常臀部有 1 白斑，面部灰褐色，手和脚灰色并覆以稀疏黑毛；幼猩猩的鼻、耳、手和脚均为肉色；耳朵特大，向两旁突出，眼窝深凹，眉脊很高、头顶毛发向后；手长 24cm；犬齿发达，齿式与人类同；无尾。有黑猩猩和小黑猩猩（倭黑猩猩）2 个种。

黑猩猩体多毛，四肢修长且皆可握物，它们能以半直立的方式行走。黑猩猩的 ABO 血型以 A 型为主，有少量 O 型，但没有 B 型。M 血型和 N 血型也有发现。黑猩猩有 48 条染色体（24 对）。黑猩猩细胞色素 C 上的氨基酸顺序与人类的相同。黑猩猩的智商相当于人类 5～7 岁。黑猩猩在生理上、高级神经活动上、亲缘关系上与人类最为接近，因此是医学和心理学研究，以及人类宇宙飞行最理想的试验动物。黑猩猩是与人类最相似的高等动物，研究表明，一些黑猩猩经过训练不但可掌握某些技术、手语，而且能动用电脑键盘学习词汇，其能力甚至超过 2 岁儿童。

雌性约在 10 岁达到性成熟，到 30 岁停止生育。每 3～6 年产一崽，怀孕期为 230～270 天。幼崽需要哺乳 3 年，7～10 岁的时候才完全独立。黑猩猩野外的寿命约为 35 岁，人工条件下约为 60 岁。

二、生活习性

分布在非洲中部，向西分布到几内亚。小黑猩猩分布在刚果河以南，有人认为是黑猩猩的亚种。栖息于热带雨林，集群生活，每群 2～20 只，最多可达 80 只。由 1 只成年雄性率领。食量很大，每天要用 5～6h 觅食，吃以香蕉为主的水果、树叶、根茎、花、种子和树皮，有些个体经常吃昆虫、鸟蛋或捕捉小羚羊、小狒狒和猴子，雄性获得的猎物允许群内成员共享。在树上营造很简单的巢，只用一夜即可转移他处。较大猩猩更近于树栖，也能用略弯曲的下肢在地面行走。有一定的活动范围，面积为26～78km^2，觅食区域往往是它们集中的地点。群与群间有往来。长久保持母子关系，分群后还常回群探母。有午休习性。能辨别不同颜色和发出 32 种不同意义的叫声。能使用简单工具，是已知仅次于人类的最聪慧的动物。其行为和社会行为都更近似于人类，在人类学研究上具有重大意义。

第十七章 长 爪 沙 鼠

长爪沙鼠（Mongolian gerbil，*Meriones unguiculatus*）属于哺乳纲（Mammalia）、啮齿目（Rodentia）、鼠科（Muridae）、沙鼠亚科（Gerbillinae）、沙鼠属（*Meriones*）动物，亦称蒙古沙鼠或沙土鼠、黄耗子、砂耗子等。由于长爪沙鼠与仓鼠科（Cricetidae）动物有相似的牙齿排列特点，曾被认为是仓鼠科动物。最新长爪沙鼠线粒体基因组结果显示长爪沙鼠是鼠科动物。野生的长爪沙鼠在我国分布于内蒙古、河北北部、山西、甘肃、宁夏、青海等地的草原地带，前苏联布里亚特地区与蒙古人民共和国境内也有长爪沙鼠的分布。1935 年日本北里研究所接受大连卫生所 Kasuga 博士赠送 20 对野生长爪沙鼠并开始驯化，1954 年 Victor Schwentker 博士将长爪沙鼠引入美国，于 20 世纪 60 年代开始应用于医学研究。日本国家实验动物中心（NIBIO）现已经培育出 3 个长爪沙鼠近交系。

我国于 20 世纪 70 年代开始饲养长爪沙鼠，分别保存于浙江省实验动物中心和首都医科大学等单位。其中，浙江省实验动物中心的 Z：ZCLA 长爪沙鼠群体是国内保种时间最长、特性稳定、应用单位较多、用量大、基本生物学特征研究较为系统的群体。

第一节 主要生物学特性

一、解剖学及生理学特性

长爪沙鼠是一种小型啮齿类动物，体重、体长均介于大、小鼠之间，同年龄段体重、体长雄性大于雌性。耳明显，成年长爪沙鼠耳长（1.45±0.25）cm，耳壳前缘有灰白色长毛，内侧顶端毛短而少，其余部分裸露。背毛棕黄色，体侧与颊部毛色较淡，至腹部呈灰白色。前肢短小，后肢发达，善于弹跳。成年沙鼠前肢长度为（4.31±0.29）cm，后肢为（6.97±0.50）cm。后肢与掌部被以细毛，趾端有锥形长而有力的爪。尾较粗而长，有被毛，长（10.5±0.6）cm，可作垂直与水平运动。

长爪沙鼠染色体数 $2n=44$。其中 21 对常染色体，一对性染色体。常染色体各号按染色体相对长度递减顺序编以 1～21。1～3 号和 X 染色体明显大于其他染色体。除 4 号染色体为亚端着丝粒染色体，17～21 号为端着丝粒染色体外，其余染色体皆为中着丝粒染色体或近中着丝粒染色体。X 染色体最大，21 号染色体最小。

（一）解剖学特性

长爪沙鼠牙齿尖利，I.C.P.M 齿式为 1003/1003×2＝16，骨骼总数 298～299 块，其中颈椎 7，胸椎 12，腰椎 7，荐椎 4，尾椎 26～27，头骨 31，肋骨 24，胸骨 5，前肢骨 92，后肢骨 90。

长爪沙鼠中腹部有一卵圆形棕褐色并被有蜡样物质的腹标记腺，或称腹标记垫。其在物体上摩擦时会引起腺体分泌，分泌物具有标记长爪沙鼠活动疆界的功能。雄性长爪沙鼠的腹标记腺较雌鼠大且出现早，成年时会形成无毛区，其标记行为和腺体的完整完全受雄激素控制，在群养时，以其中分泌旺盛的动物为统治者，而雌性沙鼠腹标记腺较小，通常不剪毛的话不易发现，其标记活动在妊娠和哺乳早期增强。雄性成年鼠阴囊突起明显，在阴囊与肛门区有黑色素沉着。长爪沙鼠眼球之后、眼角内侧有副泪腺，可分泌吸引素，从鼻孔排出，与唾液混合，在动物清洁腹部时气味扩散开来，具有促进发情期雌鼠交配的作用。长爪沙鼠肾上腺较大，其脏器指数为大鼠 4 倍，其产生的皮质甾酮多。

长爪沙鼠的一个非常重要的解剖学特征是其脑底动脉 Willis 环存在不同程度的缺失，绝大多数动物缺少联系颈内动脉和椎基底动脉系统的后交通支，因此用简单易行的结扎方法即可获得比大鼠、小鼠更加典型的全脑或半脑缺血动物模型，是一种很好的人类脑缺血模型动物。国内外均有人用双侧或单侧结扎或夹闭的方法制备长爪沙鼠脑缺模型进行脑缺血损伤机制的研究或药物评价。

（二）生理学特性

长爪沙鼠性成熟期 10～12 周，性周期 4～6 天，为全年多发情动物。适配年龄从 3～4 月龄起，雌鼠可利用 15 个月。自然环境下繁殖以春秋季为主，每年的 1 月和 12 月基本不繁殖，人工饲养后全年均可繁殖。妊娠期 24～26 天，交配多发生在傍晚和夜间。成年雌鼠一年可产 7～8 胎，一胎平均产仔 5～9 只，最多可达 14 只。胎间隔大多在 20～60 天，最短 20 天，最长 127 天；哺乳期 24～26 天，有产后即时交配受孕的特性。长爪沙鼠平均寿命为 2～4 年。

长爪沙鼠出生后的生长发育表征：如初生乳鼠全身裸露无毛，呈肉红色。仅在口围有多量 0.5～1mm 长的细须，皮肤较薄，没有色素沉着。生后第 2 天，乳鼠皮肤转为紫红色，第 3 天头颈及躯干部背面、四肢胝部转为灰色。第 4 天四肢、背部皮肤色素进一步沉着，转为灰色，于阳光下可见头背部有稀少的 0.5～1mm 被毛，但腹部仍然裸露。第 7 天，头背部毛密集，腹部可见白色被毛。第 10 天，被毛基本长齐。长毛顺序为：先头后尾，先背后腹，先身后肢。初生乳鼠耳壳紧贴颅部，生后 4～6 天，耳壳与颅部分开，直立，形成外耳。生后第 5 天，下切齿齿冠突破龈膜开始露出。完全萌出的时间为 10～14 天。初生乳鼠的眼球被眼膜包被，透过眼膜可见黑色眼球。出生后第 2 天，眼膜中间顺体轴方向可见一浅黑色的浅沟，逐日加深凹陷，形成上下眼睑。眼孔渐开，睁眼期为 14～22 天。长爪沙鼠眼睛睁开后即具有很好的弹跳能力。仔鼠的自由采食期为开眼后 4～6 天，最早为 19 日龄。雄性长爪沙鼠睾丸下降至阴囊的时间，最早为生后 23 天，最迟 35 天，平均为（29.24±2.63）天。雌鼠阴道口外有一层膜封闭，逐渐变薄，最后形成阴道口。阴道开口时间为 36～99 天，平均为（57.55±10.92）天。

长爪沙鼠体温 38.1～38.4℃，呼吸 90 次/min。一日消耗饲料 5～8g/100g 体重，摄水量 7～9ml/（天·100g 体重）。窦性心律，在麻醉状态下，心率为 207～464 次/min，平均为（305.1±63.6）次/min。长爪沙鼠心电图无典型的 S-T 段，但其他成分较大、小鼠的明显、清晰、稳定。P-R 间期总平均值为（0.052±0.009）s，范围为 0.040～0.080s；QRS

波总平均值为（0.019±0.003）s，范围为 0.015～0.030s；Q-T 间期总平均值为（0.078±0.017）s，范围为 0.050～0.120s；P 波时间总平均值为（0.018±0.004）s，范围为 0.010～0.030s。性别间无显著性差异。

长爪沙鼠血液量 7.76ml/100g 体重，4 月龄成年沙鼠红细胞 9.28×10^{12} 个/L，血红蛋白 12.86g/L，血细胞比容 50.78%，白细胞 5.89×10^{9} 个/L，血小板 713.06×10^{9} 个/L。雄性与雌鼠比较，在血红蛋白浓度、血细胞分布宽度、红细胞压积、平均红细胞体积、血小板数量、平均血小板体积等有显著性差异；其他各项的血液生理指标没有显著性差异。

长爪沙鼠血清蛋白水平与啮齿类动物正常值相接近。胆固醇水平高于大鼠和东方田鼠，这与长爪沙鼠血清胆固醇含量易受饲料胆固醇含量的影响有关。

2～3 月龄雌雄长爪沙鼠主要脏器系数无明显差异，动物与个体各主要器官整体发育协调性较好。除消化道以外实质脏器以肝、脑的脏器系数为最大，甲状腺、肾上腺最小，体重与脏器线性分析表明，与胸腺、甲状腺、脑、睾丸无线性关系，与心、肝、脾、肺、肾、肾上腺、卵巢等具有明显线性关系。长爪沙鼠主要脏器系数与大小鼠进行比较研究时发现，长爪沙鼠脑系数比大小鼠大近 3 倍，而脾脏系数比大小鼠小 2～3 倍。这些明显差异，是否与长爪沙鼠的进化和具有独特的免疫学特性、代谢功能有关，有待进一步探讨。

二、行为学特性

1. 饮食行为

自然环境下，长爪沙鼠是一种食草动物，其种群食性较为广泛，主要采食植物幼芽、茎叶和种子，偶见群间个体相互蚕食现象。人工饲养环境下食用大、小鼠全价营养颗粒饲料，可以满足生长发育、繁殖的需要。野生长爪沙鼠是穴内群居动物，有囤积食物的行为，在实验室条件下囤积行为淡化，但亦有少数鼠把饲料拖入笼内堆集于巢边一角。采食时常取半直立姿势，以较小的前肢抱住食物。饮水时长爪沙鼠后肢直立，前肢缩进叠空，身体前倾，嘴伸向饮水瓶嘴舐水。逃出的长爪沙鼠亦用舌舔地上的水。长爪沙鼠饮水很少，每天仅 4ml 左右，2～3 天不饮水，可正常生活。长爪沙鼠摄食高峰在夜间，白天摄食很少。长爪沙鼠有食粪行为，常在夜间吃刚排出的粪便。

2. 排泄行为

长爪沙鼠一般在笼盒的一角排尿，常站立排便，尿量很少，仅几滴。长爪沙鼠粪粒较小，粪便干燥，未见固定排粪场所。抓起长爪沙鼠可出现应激性排尿排粪反应。由于尿粪较少，长爪沙鼠的垫料及笼具相对清洁干燥。

3. 活动与休息

长爪沙鼠是一种非常温顺、不主动攻击人的喜静动物。好奇心支配了其许多行为。它们具有昼夜活动与休息周期，活动高峰在黑夜，明暗周期颠倒可引起活动周期的颠倒。

正常运动四肢着地。除摄食饮水活动和交配活动外，常在笼内走动或站立，亦见自发旋转和滚翻行为。用前肢将笼底垫料或啃咬干草纸条做巢，常发出打洞做巢的沙沙声。作为警告或对刺激的应答，它们用后肢快速重踏笼底发出“咚咚”声音。常用前肢抓牢笼罩钢丝，用力不断啃咬磨牙，发出啃咬声。长爪沙鼠可用后肢跳跃，能跳到笼盖上倒挂爬动，亦能从敞开的笼子中跳到地上，敏捷地奔跑。刚离乳的长爪沙鼠比配对繁殖鼠活动敏捷、活泼好动，喜后肢直立、跳跃，在分笼或换垫料时，如动作粗鲁或受惊扰，会造成笼内长爪沙鼠惊跳、乱窜、逃跑，称为“炸群”。因此，操作者应轻而快，防止炸群。长爪沙鼠常用嘴舌舔身上被毛，或用一后肢抓搔身体梳理被毛，用前肢擦洗脸部和嘴。

长爪沙鼠多在白天休息。仔鼠俯卧重叠，挤在笼盒内休息或睡眠。群养长爪沙鼠侧卧或俯卧，挤在一起休息。配对长爪沙鼠，有时头朝向腹部身体缩起来各自休息，但常见的是雄鼠用前肢搭在雌鼠身上或拖住雌鼠叠在一起休息或睡眠。有的雌鼠俯卧巢内闭眼，触须不时抽动。仔鼠在其身下爬动，而雄鼠在笼盒处活动，不干扰母鼠。

4. 探索行为

长爪沙鼠具有较强的好奇心。实验人员来到笼前，长爪沙鼠常以后肢直立，抬头观望，而不会试图躲藏。打开笼子，伸进一只手或一把镊子在其头上方划动，它也不回避，而是站立探视手或镊子，因而容易捕捉。即使跳到地上的长爪沙鼠，也不马上躲藏，而是慢慢跑动。对地上的物品感兴趣，容易再次接近和捕获它。追赶过程中，常会藏起来，但很快会跑出，甚至跑至工作人员脚下。突然的响声可使整个饲养室的沙鼠大吃一惊，暂停一切活动，站立抬头探视，响声消失后，它们又恢复正常活动。

5. 社会行为

野生长爪沙鼠洞穴群居，社会行为明显。随着人工驯养代数的增加，饲养条件标准化，社会行为淡化，但在人工条件下仍喜欢群居生活。幼鼠离乳后，雌雄分笼或同笼，几十只群养不会发生争斗，即使群居到成年，同笼内沙鼠亦和睦相处，很少发生打架现象。但是一旦引入另一笼内的成年鼠，原群体关系被打破，相互间发生激烈争斗，一些沙鼠被咬伤致死。经过争斗后又逐渐适应，共同生活。不同笼沙鼠合并群养，常发生激烈争斗。未死的雌雄鼠可正常繁殖产仔。群居沙鼠一旦死亡，同伴将其埋在垫料中。如果群养沙鼠密度过大，互相间在尾根附近咬斗，导致毛被剥光，被毛蓬松无光泽。

6. 自发性癫痫

这是长爪沙鼠特有的生物学特性。自发性癫痫样发作概率在5%左右。当长爪沙鼠受到强光、强声或粗鲁捕捉刺激或者从笼盒中掉落地上时，可出现惊厥性发作，其过程如下：先猛跑，突然阵挛，四肢伸展，头颈向前伸，全身发抖，眨眼，触须抽动。严重时，全身强直性阵挛样癫痫发作，4～5min 后逐渐恢复。

7. 生殖行为

1）一夫一妻交配行为

在人工驯化过程中，观察到一夫一妻制交配行为较为明显，不同于大鼠、小鼠、仓鼠等啮齿类动物的繁殖行为。在性成熟前配对长期同居，能和睦生活，交配，产仔，哺乳，可生产 10 多胎。但性成熟后配对，常发生雌雄鼠咬架争斗，雌鼠可以拒绝与雄鼠交配，甚至咬死雄鼠。正常繁殖产仔的配对长爪沙鼠如因疾病等原因死亡1只（雌或雄），则另一只就难以再与其他异性配对繁殖。如强行配对，两鼠立即发生激烈争斗。雄鼠常被多处咬伤，2～3天死亡。强行配对后死亡的鼠中雄性占80%左右。曾把失去原配雄鼠的雌鼠连续试配3～5只新雄鼠，结果雄鼠均被咬死。亦曾把雌鼠尿或垫料涂擦雄鼠，以消除相互间气味影响，或把失去配偶的鼠配对，让其咬架30min再分开养。第2天再配对，重复3～4天，亦未能配对繁殖成功。长爪沙鼠繁殖中一夫一妻制交配行为是一个奇特行为，发生这种行为的原因有待研究。

2）性行为

长爪沙鼠是多次发情动物，在人工饲养条件下全年均可交配繁殖。雌鼠阴道开口日龄为36～99天，平均57.6天，雄鼠睾丸下降至阴囊的日龄为35天左右。长爪沙鼠63～84日龄性成熟。配对成年鼠动情期可见阴道开口明显，外阴湿润。雄鼠追逐雌鼠，嗅其阴部，雌鼠亲近雄鼠，也嗅其阴部。雄鼠追逐雌鼠时，常伴有后脚重击笼底板发出“咚咚”声。交配时，雌鼠后肢下蹲，脊柱前凸，雄鼠前肢抓抱雌鼠背部，后肢弯曲，下身往前送，阴茎插入，身体颤动，射精。交配动作完成，雄鼠从雌鼠身上爬下，两鼠仍很亲密。常见重复交配，有时重复交配次数多达24～69次。交配后在阴道内形成一个小的交配栓。长爪沙鼠的交配行为一般发生在傍晚或夜间。长爪沙鼠与大、小鼠一样，有产后交配习性，产后1天内交配发生率约60%，大部分可妊娠产仔。

3）分娩行为

长爪沙鼠的妊娠期为24～26天，分娩通常发生在夜间。分娩前可见孕鼠骚动不安，清理产床，外阴湿润，阴道口扩大，然后孕鼠俯卧巢内，见流血和羊水后，胎仔逐个娩出，母鼠吞食胎盘和断脐，舐舔幼仔，分娩5～8只仔鼠的过程约需1h。分娩后，一般能把仔鼠衔到巢内哺乳。

4）母性行为

野生长爪沙鼠有高超的筑巢技巧。在温湿度较恒定的饲养室内，仍有明显的筑巢行为。木刨花作垫料，或笼内放入纸条、干草，长爪沙鼠会把这些材料筑成很好的巢穴，躲在巢内，外面看不到长爪沙鼠。母鼠会把散逸巢外的仔鼠衔回巢内，并用垫料掩盖。母鼠在巢内取站姿哺乳，提起母鼠，可见仔鼠吊在乳头上。母鼠在巢内休息或睡眠时均把仔鼠收在腹部下哺乳或保护。食仔现象极少见。母鼠能好好照管仔鼠，雄鼠亦常帮助照管仔鼠，衔回爬出巢外的幼鼠。90%以上幼鼠能活到离乳，发育成长。同大、小鼠一样，出生日期相同的仔鼠寄养易获成功。

5）行为的发育

初生仔鼠的运动主要是四肢和颈的屈伸运动，爬行能力很弱，常有翻身运动。哺乳时，爬行抬头寻找乳头，紧紧咬牢乳头吸乳，吃饱后俯卧叠挤在巢内休息、睡眠。在饥饿或受到外部干扰时，乳鼠常发出短促的吱吱吱叫声。幼鼠大部分时间喜欢叠挤在巢内或挤在母鼠身体下休息或睡眠。生后第4～5天，乳鼠的翻身和爬行运动能力显著提高，能迅速爬出巢外。第10天后，乳鼠用后肢搔头部和耳壳。第15天后，仔鼠睁眼，爬行活动增多，并初具攀登能力，在受惊动时，有潜遁、隐藏、啃咬等防御能力。第19天后，仔鼠自行取食，喜食软料，用前肢抓拖食物吃。第20～26天，幼鼠已能独立生活，在笼内活动，跳跃至笼盖上倒挂爬动或后肢站立探索，饮水，啃咬，互相用前肢搭拖玩耍。

在离乳前，未见有争斗等攻击行为。第 24～26 天离乳后，雌雄幼鼠分笼，每笼 10～20 只群养至性成熟，这时在雄鼠笼内偶有争斗发生。

第二节　种子资源管理

一、种源要求

1. 遗传学要求

引种的目的主要有建立新的种群或者在封闭群长期繁殖后近交情况明显时引入小数量的新的个体，以保证远交群体的遗传背景和基因多态性。引入的个体来源和遗传背景必须清楚，繁殖资料完整。有新的个体引入后必须封闭繁殖至少 5 年后才能重新满足封闭群的要求。国家标准规定啮齿类动物新的封闭群动物引种数量不少于 25 对。

2. 微生物和寄生虫水平要求

新引入的个体需要保持原有的微生物水平，因此需要隔离检测，以确定其微生物和寄生虫携带情况和是否符合原有微生物等级。我国目前尚无长爪沙鼠质量的国家标准，但各长爪沙鼠生产单位均有微生物质量控制目标和方法可作参考。

二、引种的程序

引进动物的隔离检疫

（1）引进长爪沙鼠时，原则上要求提供合法的或者正规的动物健康检查报告或特定的病原微生物的检测报告。按照动物运输笼盒上的标签，核对动物的出生日期、品系、性别、数量、供应单位等信息。

（2）动物引进后，运输笼盒表面需要消毒处理，放入规定的隔离检疫室或隔离器中。

（3）引种动物按照图 17-1 进行质量检测。

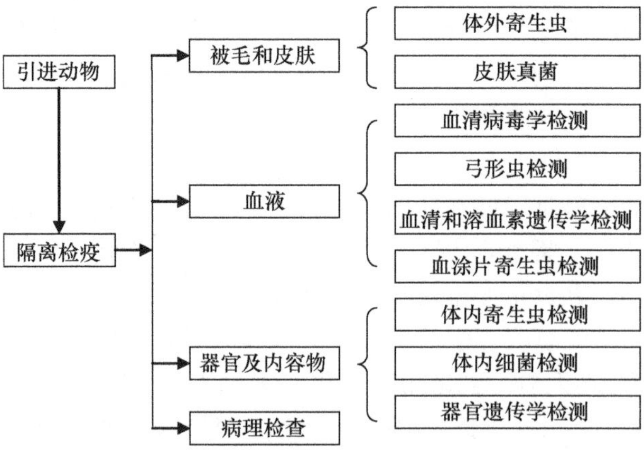

图 17-1　实验动物引种隔离程序

三、隔离观察与健康评价

观察内容与健康评价的内容包括如下。①皮毛：是否光泽、竖毛、出血、污物、脱毛等。②眼睛：有无眼屎、流泪、白内障、角膜损伤等。③口腔：是否流涎、出血等。④耳朵：有无外伤、耳壳曲折、中耳炎等。⑤四肢：有无外伤、弯曲、脱臼、肿胀等。⑥肛门：有无腹泻、脱肛、血便等。⑦精神和食欲：倦怠、动作迟缓、食欲不振、拒食等。⑧营养状况：消瘦、过度肥胖、成长异常。⑨姿势和步态：姿势异常、行走站立困难、运动失调等。

第三节 繁育技术

一、封闭群的繁殖方法

目前国内长爪沙鼠群体均为远交群体（封闭群）。根据长爪沙鼠行为学特性，应采用 1∶1 长期同居交配法。根据群体规模可以考虑完全循环交配法或组间循环交配法。为了保证保种、育种过程中维持远交群体基因的杂合性和多态性，避免近交系数上升过快，应保证核心群体规模不少于 25 对，扩繁群体不少于 50 对。

1. 繁殖方法

为了保证封闭群的遗传特性，根据长爪沙鼠群体的特点，可采用全随机、循环或者随机和循环相结合（组间循环、组内随机的繁殖方法）的方法（图 17-2）。

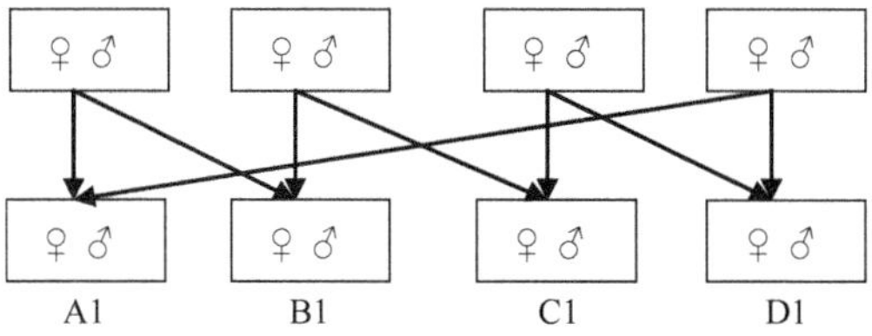

图 17-2 封闭群繁殖方法

2. 繁殖记录

每一组种鼠都必须有完整的谱系记录管理系统，以便日后筛选新种之用，且采用标签和计算机管理系统双重记录。

远交群动物的记录方式如下。

0 代：记录方法为 0 A 1，0 A 2，0 A 3，0 B 1……

1 代：记录方法为 1 A 1，1 A 2，1 A 3，1 B 1……

2 代：记录方法为 2 A 1，2 A 2，2 A 3，2 B 1……

其中 A、B 等为组号。

二、选种的要求

种鼠的选择是维持封闭群实验动物性状稳定性的重要因素。特别是孕鼠的选择决定着未来长爪沙鼠封闭群的遗传背景。因此按照非亲代、非同胞的原则初选种鼠。同时孕鼠不能有遗传缺陷或性状漂变，防止不良性状遗传。留种原则如下。

（1）长爪沙鼠 10～12 周龄可用来交配繁殖。

（2）种鼠应选择第 2～3 胎仔鼠留种。同胎留仔 8 只以内，使仔鼠吃到足够的乳汁，保证其生长发育迅速，体格健壮。

（3）留种的数量要比用量多 1/3 以上，以便进一步筛选。

（4）亲代应选择体质健壮，无疾病，母鼠受孕率高，产仔多（10 只以上），母性好，带仔成活率高，同窝仔鼠生长均匀，离乳时幼鼠体格健壮，生活力强；雄鼠配种能力强的。

三、淘汰原则

（1）废弃处理：长爪沙鼠的繁殖使用 6～8 胎，繁育性能较好的动物，可延续到 9 胎。

（2）不孕处理：同居连续 3 月、母鼠不孕者，应把该鼠作为不育处理。

（3）食幼仔的处理：哺乳母鼠食幼仔半数以上者，作为食幼仔处理。

（4）不能哺乳：产后有 2/3 仔鼠下落不明者，作为不能哺育处理。

四、配种

（1）用于交配的动物，必须全部编上个体号码进行管理。

（2）用于交配的种鼠，要把交配日期、个体号码和组号同时记在交配卡上，同时记录胎次数、产仔数、断奶数等繁育指标。

（3）胎次数一般控制在 8 胎以内，超过 8 胎次或繁育性能不良的种鼠及时淘汰，补充新的种鼠。

五、离乳

（1）长爪沙鼠仔鼠 24～26 日龄离乳。

（2）离乳后，去除畸形、发育极差、尾卷曲或断尾的、没有鼻毛的及腹泻等异常的。离乳后，合计记录其只数，必要时淘汰。

（3）离乳后记载饲育盒内动物的品系、性别、出生日，并转入育成室。

六、育成

（1）选作种子的仔鼠，每标准笼盒饲养 8 只以下，保证仔鼠有充足的空间和饲料供给。

（2）在饲育过程中，逃出笼盒或出现异常者，应淘汰。

七、保种

封闭群（closed colony）是指引种于某亲本或同源亲本的动物，其不以近交形式，也不与群外动物杂交而繁衍的动物群，目的是要求整个群体尽量防止近亲交配而保持着遗传变异，也就是说既保持群体的一般特性，又保持动物的杂合性。因此，本规程的目的是防止种群退化及生产出标准化的长爪沙鼠。

封闭群保种要求：繁殖方法的选择应尽量保持封闭群动物基因异质性及多态性，避免近交系数随着繁殖代数过快上升。群体有效大小（Ne）是在进行动物的繁殖生产时，为表示其群体规模大小，常以雌雄种的数目来表示。长爪沙鼠是以“一夫一妻”的繁殖方式进行，按照群体有效大小的规定即长爪沙鼠群体大小是繁殖单元的雌雄个体总数。因此，长爪沙鼠有效群体大小不应小于 50 只（25 对）。在此有效大小时，清洁级长爪沙鼠封闭群近交系数上升速度为 0.01。

$$\Delta F1=1/2Ne$$

式中，$\Delta F1$ 为近交系数的上升率，Ne 为群体的有效大小。

八、生物净化

生物净化是控制实验动物微生物水平的重要方法。长爪沙鼠生物净化是通过无菌剖宫产术和人工代乳等技术手段，以达到净化动物微生物的目的。

1. 孕鼠选择和临产期判断

孕鼠的选择应保证新组建的群体具有最广泛的遗传背景，个体间具有最大的遗传距离。一般可以选择非同胞、非亲代的个体，在 3 月龄时开始交配繁殖。由于沙鼠与大、小鼠不同，交配后不容易见到明显的阴道栓，很难通过查找阴道栓的方法推算长爪沙鼠的预产期，故只能通过计算长爪沙鼠雌雄同居时间，通过观察法、触诊法、黄体酮法等多种方法的综合运用来判断确定孕鼠分娩时间点，把握最佳剖宫产时机。通过触诊方法确定临产期的方法为：母鼠下腹部膨大，阴道处于鲜红即将开口状态，从外部触诊胎仔的腰部大小与头部差不多，母鼠外表无异常。

2. 术前准备

无菌剖宫产手术应在无菌环境下进行，可以选择在生物安全柜、超净工作台或者其他无菌环境下进行。手术台应保证温度为 36～38℃。

（1）一般用品：灭菌渡槽、乳胶手套、保温热源（如热风送风器、电吹风、红外线灯等）、消毒液、温度计、灭菌蒸馏水、量筒、喷枪、橡皮筋、硫酸纸（记录用）、铅笔等。

（2）外部手术用器材（无菌）：镊子（15cm）2 把，眼科剪刀 2 把，手术刀 1 把，手术剪 2 把，脱脂棉花，纱布，手术工作车，止血钳 4～5 把。

（3）隔离器内用物品（无菌）：眼科用镊子 2 把，眼科剪刀 2 把，脱脂棉花，纱布，灭菌蒸馏水，棉签，培养皿，50ml 烧杯，饲养用具（笼子、饲料、垫料、试管、饮水等）。

（4）隔离器的准备：隔离器安装好并经过严格的检漏处理后，使用 2%过氧乙酸消毒。顺序为：先将两个袖套及手套进行消毒，然后喷雾隔离包与灭菌罐连接处的死角，隔离包的四角和进出风口，再均匀喷雾包的各面，最后消毒预先放入的饲育盒等物品，消毒后封好外盖帽；用喷枪从隔离器侧面气孔对包内进行喷雾和充气，直至隔离包的手套与地面平行，塞好气孔。48h 后如无漏气现象，方可使用。

3. 无菌剖宫产步骤

（1）用约 35℃的蒸馏水配制过氧乙酸消毒液（现配现用，24h 后需重配），装入灭菌渡槽中，注意控制渡槽内液面高度，并与传递仓连接。

（2）过氧乙酸消毒液喷雾消毒临时传递窗，密封 15min 后，可实行子宫摘除术。

（3）采用颈椎脱臼法处死孕鼠后，迅速将其浸入消毒液 5s，置于手术台，固定四肢。

（4）碘酒消毒大鼠腹部，用灭菌剪、镊打开腹腔，暴露子宫。用止血钳夹住两侧输卵管和子宫（图 17-3），从远端切断子宫，此过程操作应迅速，需 45～60s。

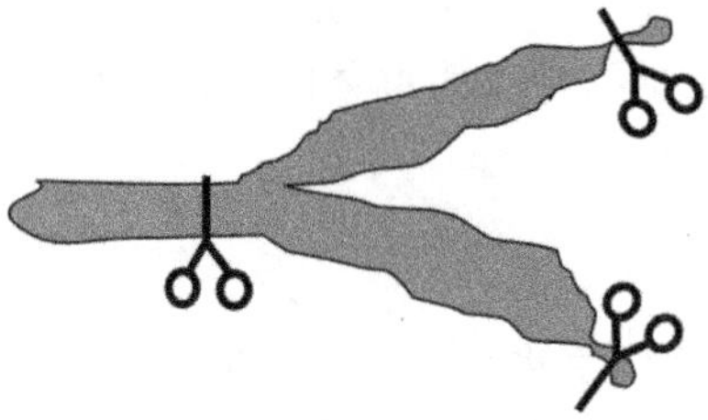

图 17-3　子宫切除

（5）用橡皮筋固定三把止血钳，将子宫连同止血钳，迅速放入装有 35℃消毒液的灭菌渡槽中，浸泡约 10s。

（6）隔离器内操作者随即将灭菌渡槽的封口撕去，从灭菌渡槽中取出子宫，立即以 5% NaOH 碱液中和消毒液，用纱布吸附剩余液体（注：很少量的消毒液对仔鼠可能产生极大的毒性）。

（7）用镊子迅速撕开子宫，破羊膜取出胎仔。

（8）用纱布或棉签去除羊水，擦净胎盘和胎仔，特别是胎仔的口鼻处。

（9）以湿棉签轻轻按摩胎仔胸部，刺激其获得自主呼吸，全过程需密切注意保温。至胎仔全身呈鲜红色，扭曲脐带，并用无菌纱布扯断脐带并压迫止血。自主呼吸的仔鼠体色由紫红色逐渐转成鲜红色，2～3h 后可开始授乳或接受代乳。

（10）留取部分胎盘和子宫放入试管，取出隔离器后进行微生物分离鉴定。

（11）剖宫产仔鼠护理：在进行剖宫产手术和切断仔鼠脐带前，仔鼠环境温度应尽量保持在 36～38℃，此后每天可降低 1～2℃，直到降至仔鼠的适宜温度，温度突然变化易引发仔鼠应激反应。

4. 代乳技术

1）代乳母鼠的选择

SD 大鼠、ICR 小鼠和长爪沙鼠等其他母性好的、微生物等级高于净化目标的均可以作为代乳鼠。代乳鼠要求在剖宫产前 1～2 天生产，生产后不要更换垫料，并且提前 2～3 天转移到净化室，以适应环境。

2）代替哺乳

仔鼠自主呼吸建立后，皮肤转成鲜红色，2～3h 后接受代乳。将代乳母鼠的亲仔留下 3 只，同时将刚剖宫产出来的仔长爪沙鼠放置在乳母鼠笼内，并将其笼内垫料充分搅拌，以使长爪沙鼠仔鼠的身上染上代乳鼠的排泄物并使代乳鼠认为是自己的仔鼠。若长爪沙鼠仔鼠的腹部有乳白色的乳，则说明代乳鼠已经给长爪沙鼠仔鼠哺乳，此时应及时把留下来的乳母鼠的亲仔拿掉。长爪沙鼠仔鼠在 17～20 日龄时开始给其增加软料（兔乳+饲料粉末），白天每间隔 4h，给其剩余的饲料粉末添加兔乳，每次添加兔乳不可太多。长爪沙鼠一般在25日龄可以离乳，但是可以根据具体情况适当调整离乳日期。

应注意的是避免代乳鼠怀孕。由于其产后交配的生物学特性，有时会出现代乳母鼠怀孕的情况下，在代乳鼠再次生产时，应及时将刚生的仔鼠拿掉，否则易出现误食仔鼠的情况。

第四节 饲养管理

一、设施环境

目前，长爪沙鼠繁育和使用的设施环境有普通和屏障环境两种。未净化的长爪沙鼠繁殖群与生产群均饲养在普通环境设施中，门窗设计防野鼠和昆虫的铁网。已净化群体应饲养在屏障环境内。长爪沙鼠饲养环境宜安静，动物照度宜在 15～30lx、噪声宜控制在 50dB 以下。垫料采用软木屑，每周更换 1 次，分娩前笼内备少许软垫料，供鼠做窝。

二、饲料

野生长爪沙鼠食性随季节变化而变，在人工饲养条件下，一般以全价颗粒饲料喂养，任其自由取食。但饲料中脂肪过多易引起长爪沙鼠肥胖，妊娠率降低，甚至不育。

我国目前没有长爪沙鼠饲料标准，各繁育单位研制的长爪沙鼠饲料基本可满足生长发育需求。

三、饲养操作与日常管理

长爪沙鼠日常管理与大小鼠基本相同，但是需要根据长爪沙鼠的生物学特性部分调整。长爪沙鼠性情温顺，稍有些神经质，妊娠期特别易受惊。其动作敏捷，能以后肢站立、跳跃。因此，分笼、配种、更换垫料或捕捉时，应用长镊子夹住尾巴根部，切勿动作粗暴，以免动物受惊，如夹住尾中部或末端，长爪沙鼠挣扎时，易发生尾部断落。

配种时严格按照“一夫一妻，长期同居”原则进行，雌鼠怀孕后不需要妊娠分离。

长爪沙鼠饮水少，排泄少，所以笼盒较为干燥，垫料更换时间可以适当延长，一般在一周以内；饮水瓶应注意及时更换，防止饮水发生污染。

四、废物处理

动物饲养管理中产生的废物一般有动物垫料、粪便、毛发、尸体及废弃的饲料等。消毒剂和实验动物实验产生的废物应严格按照动物实验规程操作。

第五节 使 用 管 理

一、长爪沙鼠的获取

1. 来源

长爪沙鼠需要遗传背景清楚，来源清楚，繁殖资料完整。

2. 运输与接收

按照动物运输笼盒上的标签，核对动物的出生日期、品系、性别、数量、供应单位、微生物等级等信息。运输笼盒表面需要消毒处理，如 0.5%～1%的过氧乙酸、1%～2%的消毒灵、75%乙醇或 2%～3%碘伏等喷雾消毒。将动物放入传递窗中，用消毒液喷雾、关上传递窗门并打开紫外线灯，5～8min 后打开传递窗，去除运输笼盒。放入规定的隔离检疫室或隔离器中。

3. 隔离检疫

（1）引进长爪沙鼠时，原则上要求提供合法的或者正规的动物健康检查报告或特定的病原微生物的检测报告。

（2）动物引进后，放入规定的隔离检疫室或隔离器中。

（3）引进的长爪沙鼠如果发现异常，应进行质量检测。

二、基本操作技术

1. 抓取与保定

保定应采用保护的原则，大胆并尽早保定，避免在保定时对动物造成疼痛、不适和不安等其他应急反应。如果在危险的情况下，应保护人员安全优先。

1）手抓取保定的程序

长爪沙鼠行动迅速，应防止出现“炸群”现象，可以先用较长的镊子慢慢深入笼盒，先夹住长爪沙鼠尾巴根部将其提到笼盒表面，再用手抓住尾巴进行保定。

左手食指按住动物的颈背部，拇指及其余三指放在动物的肋部，食指和中指夹住左前肢，分开前两肢抓起动物，再按住后肢保定。

对受试动物进行给药时，用左手的拇指和食指抓住颈背部皮肤，其余 3 指抓住背部皮肤，小指和无名指夹住尾部牢牢保定。

2）固定器保定

在没有麻醉的情况下，应按照手抓取的方式进行，再放入固定器或固定台上。使用麻醉时可以通过软木板和线绳的方式分别将长爪沙鼠的四肢和头部固定在软木板上。

2. 供试品给予方法

长爪沙鼠体型介于大、小鼠之间，一般大、小鼠给药方法均可以采用，主要方法如下。

1）食物给药

长爪沙鼠食量较小，所以在给药前应通过预实验测定饲料或者饮水量，之后计算药物在食物或者饮水中的浓度。

2）灌胃给药

长爪沙鼠食管较短，用小鼠的灌胃器即可，一只手保定动物，腹面朝上，头高尾低，另一只手持注射器（有灌胃器）从口插入，沿上腭缓缓推向咽部，待前端通过食管进入食管后顺势推至胸骨处为止，如遇阻力较大或者动物挣扎较剧烈则重新尝试。将药物注入其胃里，之后轻轻退出注射器。灌胃的剂量一般不超过 1.5～2ml。

3）腹腔给药

用一只手保定动物，腹面向上，头高尾低，取腹中线一侧，注射器针孔朝上，小于20°角刺入皮肤，皮下向头部方向推进针头，再以 45°角进入腹腔，回抽确认没有刺入血管或者肠道后缓缓推入药液。之后用棉球压住注射部位片刻。

4）肌内注射

一般采用大腿外侧肌肉丰厚处，可以一人保定或者单手保定，将大腿拉直，针尖沿大腿平行方向斜刺入外侧肌肉，回抽无血后推入药品。之后用棉球压住注射部位片刻。

3. 样品收集

1）血液样品的采集

长爪沙鼠的血液采集与大、小鼠基本相同，主要通过尾静脉采血、眼眶后静脉丛采血、眼球摘除、大血管等采血方法。需要根据不同采血量、采血次数及采血后动物的处理方式等进行合理设计。

2）粪便和尿液的收集

长爪沙鼠具有饮水少、排尿少等生物学特性，尿液收集一般采用代谢笼、剖腹采尿、膀胱插管导尿或压迫膀胱法。注意事项：各种方法采集的尿液都很少，应注意防止蒸发，用代谢笼采集尿液时，采用漏斗面积较小的代谢笼，漏斗表面应尽量平滑，漏斗下面使用小塑料袋或者小瓶子收集尿液。

3）精液的收集

采用医源性穿刺储精囊法采集精液，采集时的室温控制在 37℃左右。用巴比妥钠、腹腔注射或加甲氧氯烷吸入式麻醉动物。用注射器针头在尾根至剑突中线下 10cm 处的3～4mm 处呈 30°角刺入腹腔，之后沿水平直刺至储精囊抽取精液。

4. 麻醉与镇痛

可以制作透明玻璃材质的麻醉箱，可以观察动物麻醉效果。麻醉蒸汽由麻醉机供给，麻醉箱应设有气体清除装置或与之相通的通气系统通道，以去除麻醉气体。

5. 安死术

长爪沙鼠的处死方法与大、小鼠基本一致，主要方法如下。

1）颈椎脱臼法

将长爪沙鼠置于粗糙表面，一只手提起尾部，一只手或者用镊子按住其颈部，将尾部用力拉并向上抬起，听到轻微的断裂声后动物挣扎力突然消失，表明其颈椎脱臼。需注意长爪沙鼠的尾巴皮肤更易于脱落，应抓住长爪沙鼠的尾根部，且用力不要太猛。

2）气体吸入法

将 CO_2 或挥发性麻醉剂如乙醚等，使长爪沙鼠被动吸入体内而致其死亡。

第六节　健 康 检 查

一、主要传染性疾病

（1）长爪沙鼠对多种细菌、病毒和寄生虫等病原体的感染非常敏感，如流行性出血热病毒、西方型马脑炎病毒、狂犬病毒、脊髓灰质炎病毒等；肺炎双球菌、布鲁菌、结核分枝杆菌、炭疽杆菌、支气管败血鲍特氏杆菌、鼠麻风杆菌、单核细胞增多性李氏杆菌、鼠伤寒沙门氏菌等。虽然长爪沙鼠对很多实验性病毒感染敏感，但至今没有自然感染的文献报道。

（2）长爪沙鼠对泰泽病原体尤为敏感，临床症状包括动物的厌食、不活泼，以及反复腹泻。3～7 周龄沙鼠中死亡率最高（可能会高达 85%）。出现的病变与其他动物相似，但更为严重。肠病变主要发生在回肠末端和盲肠，同时在十二指肠、空肠和结肠也有病变发生。有长期存在的多病灶的坏死性化脓性肝炎。一些动物最终发展为心肌衰竭。与其他常用的实验动物相比，长爪沙鼠对泰泽病原体表现得极其敏感。

（3）长爪沙鼠对布鲁丝虫也极其敏感，并作为布鲁丝虫感染模型进行了广泛的研究，国内已建立了周期型马来丝虫感染的长爪沙鼠模型。长爪沙鼠在感染包虫后，全身发生淀粉样蛋白质变性；在吸虫感染的研究中发现，接种 2 个月后，肝糖原降低，脾的重量增加；该动物在被兰氏贾第鞭毛虫感染半个月后，肠内即可发现大量滋养体。长爪沙鼠对幽门螺旋杆菌易感，可以利用其诱发胃癌，该模型与人类胃癌有相似的发病阶段和特点，长爪沙鼠已公认为是幽门螺旋杆菌感染首选动物模型。

二、质量检测与疾病诊断

目前，我国尚无有关长爪沙鼠细菌、病毒和寄生虫感染检测方法的国家标准，现主要依据清洁级小鼠质量控制标准对未生物净化及生物净化的长爪沙鼠进行微生物、寄生虫检测。主要需排除的病原体包括：沙门氏菌、鼠棒状杆菌、支原体、泰泽病原体、淋巴脉络丛脑膜炎病毒、汉坦病毒、鼠痘病毒、小鼠肝炎病毒、仙台病毒、弓形虫和体外寄生虫等。

从长爪沙鼠携带细菌的情况来看，宁夏银川周边地区捕获的野生长爪沙鼠气管、喉部和肠道共分离到了 18 株细菌，鉴定结果表明共包括 12 个种属。大肠杆菌的检出率最高。野生长爪沙鼠携带的多数为非致病菌，如加氏乳球菌、放射土壤杆菌和粪肠球菌等，但也有致病菌的存在，如支气管炎博德氏菌和鸡葡萄球菌等。从呼和浩特地区的野生长爪沙鼠气管、喉及肠道共分离了 9 株细菌，鉴定结果表明分别隶属于 7 个种属。其中，大肠杆菌的检出率最高，除了猪链球菌和金黄色葡萄球菌外，其他也均为非致病菌或条件致病菌。在驯养的长爪沙鼠体内分离到的 7 株细菌中，其中嗜肺巴斯德杆菌为致病菌。

第十八章 小 型 猪

第一节 主要生物学特性

一、动物学分类

猪（*Sus scrofa*），属哺乳动物纲、偶蹄目、猪科、猪属动物。猪属动物在欧、亚、非大陆上有相当广泛的分布，包括野猪和家猪。野猪在全世界有27个亚种。亚种间和亚种内核型都有一些差异，染色体数（2*n*）在36～38，但彼此间没有繁殖障碍。家猪是由野猪驯化而来，欧洲家猪和亚洲家猪是经长时间彼此独立驯化形成的。

猪在解剖学和生理学上与人类有很多相似性，尤其在皮肤、消化道、心血管系统和饮食结构与人类十分近似。由欧盟资助的 RETHINK 计划的研究表明，对于常规毒性试验小型猪是最理想的实验动物。20 世纪 50 年代，人们开始培育小型猪用于医学研究。国际上广泛使用的小型猪品种包括，尤卡坦（Yucatan）小型猪及微型品系、汉福德（Hanford）小型猪、哥廷根（Göttingen）小型猪、NIH 小型猪、辛克莱（Sinclair）小型猪和欧萨芭（Ossabaw）小型猪等。我国实验用小型猪的培育起始于20世纪80年代中期，目前在全国范围内已建立多个广泛应用的品系，包括五指山小型猪、版纳微型猪、巴马小型猪、贵州小型猪、中国农大小型猪、藏猪和合作猪等。

二、解剖学及生理学特性

（1）小型猪在生物学特性方面总体上与普通家猪相同，主要差异是体型小，普通家猪在12月龄体重常常超过100kg，北京市地方标准《实验用小型猪》的定义限定小型猪12月龄体重低于35kg。

（2）乳齿齿式2（门3/3，犬1/1，前臼4/4）=32，恒齿齿式2（门3/3，犬1/1，前臼4/4，臼3/3）=44，有发达的门齿和犬齿，齿冠尖锐突出，也有发达的臼齿，齿冠有台面，上有横纹。颈椎7，胸椎13～16，腰椎5～6，荐椎4，尾椎21～24，单胃。肺分5叶，胆囊浓缩胆汁能力低。初生仔猪体内没有母源抗体，只能从初乳中获得。

（3）猪性格温驯，易于调教，喜群居，嗅觉灵敏，有用吻突到处拱的习性。喜清洁，对外界温、湿度变化敏感，适宜温度为18～25℃，相对湿度为40%～60%。毛色白、黑、黑白及褐色等，汗腺不发达，幼猪和成年猪都不耐热，平均寿命20年，最长达27年。

（4）性成熟，雌性4～8月龄。雄性6～10月龄，为全年多发情动物，性周期21（16～30）天。发情期2.4（1～4）天，排卵在发情开始后25～35h，最适交配期在发情后10～25h，妊娠期114（109～120）天，产仔数2～10头。哺乳期1个月。

（5）体温39（38～40）℃，心率55～60次/min，呼吸数12～18次/min，收缩压169

（144～185）mmHg，舒张压 108（98～120）mmHg。血液生理指标和生化指标与人基本相似。

三、行为学特性

（1）猪为杂食性动物，具有拱土觅食特性，喜爱甜食，爱吃颗粒料和湿料。采食具有竞争性，群饲猪吃得多，吃得快，增重高。饮水与采食同时进行，饮水量大。猪是家畜中最爱清洁的动物，能保持窝床干洁，能在远离窝床的阴暗潮湿或污浊角落进行排粪尿。

（2）猪群具有明显的等级，一个稳定的猪群，是按优势序列原则，组成有等级制的社群结构，个体之间保持熟悉，和睦相处。当重新组群时，爆发激烈的争斗，重新建立优势序列。同窝仔猪合群性好，当它们散开时，彼此距离不远，若受到意外惊吓，会立即聚集一堆，或成群逃走，当仔猪同其母猪或同窝仔猪离散后不到几分钟，就出现极度活动，如大声嘶叫，频频排粪尿等。

（3）母猪在发情期，可以见到特异的求偶表现，发出特有的音调柔和而有节律的哼哼声，爬跨其他母猪，或等待其他母猪爬跨，频频排尿，尤其是公猪在场时排尿更为频繁。发情中期，管理人员按压性欲高度强烈时期的母猪背部时，立即出现静立反射。群养公猪，常出现稳固的同性性行为习性，群内地位低的公猪多被其他公猪爬跨。

（4）母猪临近分娩时，通常以衔草、铺垫猪床絮窝的形式表现出来，如果栏内是水泥地而无垫草，只好以蹄子抓地来表示。分娩时多采用侧卧，选择最安静时间分娩，一般多在下午 4 时以后，特别是在夜间产仔多见。母猪整个分娩过程中，自始至终都处在放奶状态，并不停地发出哼哼的声音，母乳乳头饱满，奶水流出使仔猪容易吸吮。母仔之间是通过嗅觉、听觉和视觉来相互识别和相互联系的，猪的叫声是一种联络信息。母猪注意保护自己的仔猪，在行走、躺卧时十分谨慎，不踩伤、压伤仔猪。带仔母猪对外来的侵犯，先发出警报的吼声，仔猪闻声逃窜或伏地不动，母猪会张合上下颌对侵犯者发出威吓，甚至进行攻击。

（5）探究行为包括探查活动和体验行为。猪大部分活动来源于探究行为，通过看、听、闻、尝、啃、拱等感官进行探究，表现出很发达的探究躯力。猪对新近探究中所熟悉的许多事物，仔猪对小环境中的一切事物都很“好奇”，对同窝仔猪表示亲近。猪在栏内能明显地区划睡床、采食、排泄不同地带，也是用鼻的嗅觉区分不同气味探究而形成的。

第二节　种子资源管理

一、种源要求

根据遗传特点的不同，实验用小型猪分为近交系和封闭群。近交系和封闭群的定义参见国家标准《实验动物 哺乳类实验动物遗传质量控制》（GB 14923—2001）。

1. 近交系

作为繁殖用原种的近交系小型猪必须遗传背景明确，来源清楚，应有较完整的资料，包括品系名称、近交代数、遗传基因特点及主要生物学特征等。引种动物应来自近交系的基础群，一般引种不少于 3 对。

2. 封闭群

作为繁殖用原种的封闭群小型猪必须遗传背景明确，来源清楚，应有较完整的资料，包括种群名称、来源、遗传基因特点及主要生物学特性等。为保持封闭群动物的遗传异质性及基因多态性，引种猪数量要足够多。在保持世代近交系数增量小于 1%的前提下，根据封闭群繁殖体系确定引种数量，如采用随机交配法，则引种公母畜数量不少于 25 对；如采用循环交配方式，则引种公母畜数量不少于 13 对。

3. 质量控制

引进种用小型猪时应从具有《种畜生产经营许可证》和《实验动物生产许可证》的种猪场引进，按照 GB 16567 进行检疫。作为繁殖用原种的实验用小型猪还应有包括动物的繁殖性能、生长曲线、主要脏器系数、血液生理生化指标及其他特性等资料。小型猪近期质量检测报告，包括半年内的微生物及寄生虫质量检测和一年以内的近交系动物遗传质量检测结果。

实验用小型猪根据对微生物和寄生虫控制程度的不同分为普通级、清洁级和无特定病原体级。引种时，要求提供引种小型猪微生物学等级的检测报告，确保引种小型猪微生物学质量合格。

二、隔离检疫

为确保新引种小型猪不带进病原，引种时必须隔离检疫，隔离期要求 30～60 天。

1. 隔离措施

引种前隔离舍清洗消毒，至少应有 2 周的空置期；隔离舍距核心猪舍直线距离 100m 以上；隔离舍内有专用生产工具、专职饲养管理人员；隔离舍的动物排泄物单独处理。

2. 饲养管理

种猪到达后，立即对卸猪台、车辆、猪体及周围地面消毒；将种猪按大小、公母分群饲养；先喂清洁饮水或含电解多维的饮水，休息 6～12h 后供给少量饲料，第 2 天开始逐渐增加饲喂量，5 天后恢复正常饲喂量；种猪到场后的前 2 周，应注意尽量减少应激，在饲料中添加多种维生素、电解质、抗菌药物或免疫增强剂等。

3. 检疫

引种时了解种猪疫苗注射时间、疫苗生产厂家、抗体水平及猪场记录病原谱。种猪到场后 5 天左右，对所有种猪进行检疫，检测项要尽量涵盖面广，包括蓝耳、猪瘟、伪狂犬、口蹄疫、圆环病毒、细小病毒、乙型脑炎、传染性胸膜肺炎等重要传染性疾病，以及猪群所属微生物质量等级相关的指标。

第三节 繁 育 技 术

一、选种

1. 体形外貌特征

种用小型猪以毛色、体形、头形和耳形等外貌符合品种（系）特征为主要选种依据，同时兼顾体躯各部平衡协调，皮、肉和骨骼的发育适度。此外，通常公猪要求头颈轻细，胸宽深，背宽平，体躯长，腹平直，肩臀部发达，肌肉丰满，骨骼粗壮，四肢有力，体质强健。母猪要求骨骼坚强而不粗，四肢匀称，背腰平直，腹不下垂，皮紧而有弹性，厚薄适中，皮下脂肪不过多，臀部丰满，外形健壮结实，发情温顺。

2. 繁殖性能

种用小型猪要求性征特点明显。公猪的睾丸大而明显突出，两侧对称，无单睾、隐睾现象，同窝仔猪无脐疝等，阴囊紧附于体壁，不过于下垂；阴茎较长，包皮无积液；精液品质优良，性欲良好，配种能力强。母猪的阴户大小适中，向上翘，乳头数在 7 对以上，左右排列整齐，且无异常，同窝仔猪中无瞎乳头；母猪要求 5～7 月龄发情明显，易受孕，选留产仔数高、泌乳力强、母性好、仔猪育成多的种母猪。

3. 生物学特性

要求生长发育、生理特征、血液生理生化指标符合本品种特征；遗传质量和微生物质量符合品系育种方向。

4. 选种要点

仔猪 30～40 日龄时，符合品种特征，发育良好，乳头多（7 对以上）且排列整齐的仔猪，均可留种；4 月龄育成母猪中，除有缺陷、发育不良或患病外，健康的均可留种；6～8 月龄时，体形长、腹部较大而不下垂，后躯较大，乳头发育好的母猪留作种用；初产母猪中乳房丰满、间隔明显、排乳时间长，温驯者留种；母猪产后掉膘显著，怀孕时复膘迅速，增重快，哺乳期间，食欲旺盛、消化吸收好的留种。

二、繁殖育种

由于近交系与封闭群具有不同的遗传特点，因此应分别选择相应的繁殖育种方法。

1. 近交系

实验用小型猪近交系繁育的原则是保持近交系动物的同基因性及其基因纯合性。近交系实验用小型猪的繁殖可分为基础群、血缘扩大群和生产群。当近交系小型猪生产供应数量不是很大时，一般不设血缘扩大群，仅设基础群和生产群。

基础群、血源扩大群和生产群的繁殖方法参见国家标准《实验动物 哺乳类实验动物遗传质量控制》（GB 14923—2001）。

2. 封闭群

实验用小型猪封闭群育种繁殖的目标是保持封闭群实验用小型猪的遗传基因的稳定。封闭群应足够大，并尽量避免近亲交配，繁殖方法参见国家标准《实验动物 哺乳类实验动物遗传质量控制》（GB 14923—2001）。

3. 遗传学控制

小型猪育种过程中除按照近交系和封闭群育种方案进行繁殖外，还应该进行定期的遗传质量监测。小型猪的遗传质量监测每年至少一次。北京市地方标准《实验用小型猪》推荐应用微卫星的方法进行遗传质量检测。此外，皮肤移植、SLA 或功能基因的 SNP 等也是探讨应用的方法。

4. 微生物学控制

小型猪微生物学质量关系到动物群体的健康及研究结果的稳定性，其微生物学质量控制除了严格按照相应的微生物等级进行饲养管理外，还应进行定期的微生物质量监测。普通级实验用小型猪每年至少检测一次，清洁级和 SPF 级实验用小型猪每半年至少检测一次。此外，清洁级和 SPF 级小型猪每季度至少检查一次新鲜粪便样本。对于不合格动物及时淘汰或采取净化处理。

三、保种

实验用小型猪保种包括活体保种、精液、胚胎和体细胞冷冻保存。

四、谱系记录

1. 编号

小型猪的编号是准确识别个体、完成生产记录和育种工作的基础。猪的编号通常有 3 种方法，即耳刺法、耳缺法和耳牌法。目前普遍采用耳牌法集合耳刺和耳缺一起用，双重保险，丢失一个可以再用另外一个追溯，保证耳号的准确无误。

2. 系谱的编制

系谱是一头种猪的父母及其各祖先的编号，系谱一般有以下几种形式。

竖式系谱格式：种猪的名字在上端，下面是父母代，再向下是父母的父母。每一祖先的公猪记在右侧，母猪记在左侧。系谱正中划一垂线，右半为父方，左半为母方。系谱中如有共同祖先应标记特别记号。

横式系谱格式：种猪的名字记在系谱的左边，按后代祖先顺序向右记载，公猪记在上方，母猪记在下方。系谱正中可划一横虚线，上半为父方，下半为母方。

结构式系谱格式：结构式系谱比较简单，无需注明各项内容，只需能表明系谱中的亲缘关系即可。其编制原则如下：公猪用方块“□”表示，母猪用“○”表示；绘图前，先将出现次数多的共同祖先找出，放在一个适中的位置上，以免线条过多交叉；为使制图清晰，可将同一代的祖先放在一个水平上，有的共同祖先在几个世代中重复出现，则可将它放在最早出现的那一代位置上；同一头家猪，不论在系谱中出现多少次，只能占据一个位置，出现多少次即用多少根线条来连接。

猪群系谱：是为整个猪群而统一编制的。它是根据整个猪群的血统关系，按交叉排列的方法编制起来的。利用它，可迅速查明猪群的血统关系，近交的有无和程度，各品系的延续和发展情况，因而有助于我们掌握猪群和组织育种工作。

五、净化技术

采取外科手术的方法直接从母体中取出胎儿，进行小型猪的微生物净化，手术方案有两种，一是子宫切开术，二是子宫摘除术。

1. 母猪筛选

妊娠末期的母猪需要检测可经胎盘垂直传播的病原如猪瘟病毒（CSFV）、猪繁殖与呼吸综合征病毒（蓝耳病、PRRSV）、伪狂犬病毒（PRV）和猪细小病毒（PPV）等，排除此类病原携带猪。选定的母猪在孕期 100 天左右注射黄体酮保胎，用消毒过的车辆运至待产母猪舍。剖宫产前 18h 内禁食禁水，避免手术过程中腹压较大。

2. 隔离器准备

手术准备的每一个环节都要用 2%的过氧乙酸进行严格的消毒，包括手术隔离器的安装、器械的转入等。隔离器使用前 3 天，认真清洗所有拆解后的部件。干燥后在各个接口处涂抹 2%过氧乙酸并正确组装，保证密闭和高效过滤风机运转良好。然后用喷枪对隔离器内部消毒。密闭 1h 后再正压通风 48h 以上，经采样检测无污染后方可转入仔猪备用。使用前 1 天，将经高压蒸汽灭菌后的手术器械放入隔离器内。

3. 手术过程

将待产母猪诱导麻醉后牵引至手术台保定，维持麻醉。术部刮毛、冲洗、消毒、粘贴隔离器封帽，切开腹壁，用钝剪挑开腹膜。取出仔猪后结扎脐带并切断，转入仔猪转接处理隔离器，进行复苏。处理后的仔猪即可转至预先消毒的寄养隔离器内。

4. 隔离器内饲喂管理

转入隔离器内的仔猪用经过严格消毒代乳品饲喂，每天饲喂 4～6 次。为帮助消化，从进入隔离器当天开始连续接种乳酸杆菌一周。在饲喂期间，代乳品、垫巾等尽可能集中转入，转的次数越少越好。每个隔离器可喂养 5～7 头仔猪。隔离器初始温度为 34～35℃，以后每周降低 2℃。人工哺育仔猪 21 天经检测合格后转入环境适应间中饲养。

5. 适应间内饲养管理

仔猪从隔离器转入环境适应间饲养，是从悉生环境向 SPF 环境过渡的过程。期间还要实现仔猪从吃代乳品到颗粒饲料的过渡。环境适应间在转入仔猪前，需经高锰酸钾和福尔马林熏蒸消毒处理，密闭 24h 以上。饲料、饮水均严格的消毒处理。前 5 天继续饲喂超高温代乳品，然后在代乳品中逐步加喂全价乳猪料，并添加微量元素和微量维生素，5 天后改为全部颗粒饲料。温度由第 1 周的 30℃每周降低 2℃，控制在 22～30℃。饲养过程中严格执行消毒防疫程序，切断外部病原的传播途径，保证小型猪的净化状态。

6. 检验检测

剖宫产前对妊娠母猪进行血清学检验，排除可能经胎盘传播传染病原的妊娠母猪。开始寄养前，检测隔离器内的细菌数量，确定消毒效果，保证无菌状态。人工寄养期临近结束时，通过消毒传送方式采集仔猪粪便及隔离器内污物进行系统纯度的检测，检验是否存在细菌和致病微生物。确定没有污染有害菌后，就可以转入仔猪过渡适应期的饲养。同样，适应期临近结束亦采血检验其洁净程度，以确定是否转入 SPF 猪舍饲养。

第四节 饲 养 管 理

一、设施环境

参照北京市地方标准《实验用小型猪 第 6 部分：环境及设施》（DB11/T 828.6—2011）。

1. 环境参数控制

按照空气净化的控制程度，实验用小型猪环境分为普通环境、屏障环境和隔离环境（表 18-1）。

表 18-1 实验用小型猪环境的分类

环境分类		使用功能	适用动物等级
普通环境		生产、实验、检疫	普通级
屏障环境	正压	生产、实验、检疫	清洁级、SPF 级
	负压	生物危害动物实验、检疫	普通级、清洁级、SPF 级
隔离环境	正压	生产、实验、检疫	SPF 级、悉生动物、无菌动物
	负压	生物危害动物实验、检疫	普通级、清洁级、SPF 级、悉生动物、无菌动物

实验用小型猪一般饲养间环境因子指标应符合表 18-2 的规定。

表 18-2 实验用小型猪饲养间环境因子指标

项目	普通环境	屏障环境	隔离环境
温度/℃	16～28	20～26	20～26
日温差/℃，≤	4*		4
相对湿度/%		40～70	
相通区域压强梯度/Pa，≥	—	10	50
气流速度/（m/s，≤）	—		0.20
换气次数/（次/h，≥）	10	15	20

续表

项目		普通环境	屏障环境	隔离环境
空气洁净度/级		—	7	5 或 7
沉降菌平均浓度/（个/皿，≤）		30	3	0
氨气浓度/（mg/m^3，≤）			14	
噪声/dB（A），≤			60	
照度/lx	工作照度，≥		200	
	动物照度		100～200	
光照周期/h			12～14/12～10	

注 1：表中“—”表示不作要求

注 2：实验动物生产设施的待发室、检疫观察室和隔离室主要技术指标应符合相关规定

注 3：动物实验设施的检疫观察室和隔离检疫室主要技术指标应符合相关规定

注 4：动物生物安全实验室应同时符合 GB 50346—2004 的规定

注 5：正压屏障环境的单走廊设施应保证动物生产区、动物实验区压力最高。正压屏障环境的双走廊或多走廊设施应保证洁净走廊的压力高于动物生产区、动物实验区；动物生产区、动物实验区的压力高于污物走廊

注 6：所有正压洁净房间对非洁净房间的静压差均应大于 10Pa

注 7：负压屏障环境应保证动物实验区压力最低。生物安全实验室相邻房间的压差符合 GB 19489—2008 和 GB 50346—2004 的要求

注 8：离乳前仔猪饲养间或饲养区域温度控制在 30℃以上

注 9：普通环境换气次数指标为参考指标

注 10：除屏障环境外，辅助区的技术指标执行相关规定，作为参考指标

*表示在生产设施中此项指标仅作为参考

屏障环境设施主要辅助用房的技术指标应符合表 18-3 的规定。

表 18-3　屏障环境设施主要辅助用房的技术指标

	洁物储存室	洁净走廊	污物走廊	入口缓冲间	出口缓冲间	二更	清洗消毒室	淋浴室	一更
洁净度/级	7	7	7 或 8	7	7 或 8	7	—	—	—
换气次数(次/h，≥)	15	15	15 或 10	15 或 10	15 或 10	15	—	—	—
相通区域的压差/Pa，≥	10	10	10	10	10	—	—	—	—
温度/℃	20～26	20～26	20～26	20～26	20～26	20～26	18～28	18～28	18～28
相对湿度/%	30～70	30～70	—	—	—	—	—	—	—
噪声/dB（A），≤	60	60	60	—	—	—	—	—	—
照度/lx	150	150	150	150	150	150	150	100	100

2. 环境丰富

根据小型猪的行为学特性，利用舍栏、垫料、玩具、光照、声音等措施提升猪舍内环境的丰富度，给小型猪提供丰富而新奇的饲养环境，刺激和鼓励动物种属内的适当行为，以提高小型猪的福利水平，从而确保科学研究的准确性。丰富小型猪生活环境的玩具包括打结尼龙绳、橡皮软管、链子、橡皮狗和悬挂的金属棒等玩具可明显降低混群 3 周内的争斗行为发生频率，可破坏的材料对猪的吸引力最大，有磨损端的绳子、带树皮的木头可引起猪更多的咀嚼行为。猪对光照不敏感，饲养在较亮的环境与较暗的环境下没有差别，但养在温暖和较暗的环境下，合群时猪只间打斗、咬尾现象大大减少。持续大声、风扇噪声（85dB）降低了母猪对仔猪吮乳的反应，并且产奶量减少。

3. 饲养空间

饲养栏大小应满足小型猪躺卧、采食和排便，或者使用适当的分隔建立不同功能的区域。总地板面积为种猪不小于 $4m^2$/只，仔猪或育成猪不小于 $0.5m^2$/只。围栏应坚固，分娩栏产仔区高度不小于 0.50m 及分娩区高度不小于 0.70m，保育栏高度不小于 1.1m，育成栏高度不小于 1.3m。

饲养笼选用无毒、耐冲洗、耐高温、易消毒灭菌的材料制作，底板网眼或缝隙宽度宜小于 1.2cm。群养饲养笼最小尺寸应符合表 18-4 的要求。单养饲养笼最小尺寸应符合表 18-5 的要求。

表 18-4 群养饲养笼最小尺寸

体重/kg	饲养笼底板面积/m^2	动物躺卧底板面积/（m^2/头）	高度/m
≤20	1.50	0.20	1.0
＞20	1.50	0.24	1.1

表 18-5 单养饲养笼最小尺寸

体重/kg	地板面积/m^2	最小躺卧地板面积/m^2	高度/m
≤20	0.96	0.30	1.0
＞20	1.20	0.50	1.1
成年公猪	2.00	1.30	1.3

食槽选用无毒、耐冲洗、耐高温、易消毒灭菌的材料制作食槽。食槽的大小应满足所有动物同时进食。

二、饲料、饮水

普通级动物的饮水应符合 GB 5749—2006 的要求。清洁级及其以上级别动物的饮水在符合 GB/T 5749—2006 要求的基础上，达到无菌要求。群养时应该至少每个围栏提供一个饮水点，饮水嘴应由不锈金属材料制作。单养时每个笼子都应设有不锈金属材料制作的饮水嘴。

床铺和垫料应无毒、无害、易消毒灭菌，如有可能，提供结构上的多样性来激励动物的探寻行为。

三、饲养操作与日常管理

小型猪繁殖阶段分为种公猪及种母猪后备、空怀、妊娠与哺乳等期别。生长阶段则分为仔猪（8～16 周）与生长猪（16 周以后至配种）。不同繁殖与生长阶段各期饲养管理要点如下。

1. 公猪

每头公猪可与数头母猪配种，平均以 3～4 日配种或采精 1 次为宜，定期作精液性状检查。夏季时，应设法以喷水或风扇等降低猪只体温与避免热应激，保证精液品质，选择较凉爽时段配种。留种公猪于 30kg 后限食，以免过肥。发育良好的公猪可于 6 月龄起配种，饲料粗蛋白质含量需达到 15%。

2. 母猪

后备母猪：是指 2 月龄至初配前留作种用的母猪。此阶段饲养既要保持其正常的生长发育，又要保持适当膘情，过肥、过瘦都会导致发情期异常，受精率、繁殖力下降。采食量为每日 0.5～0.8kg，饮水量一般是采食量的 3～5 倍。后备母猪满 5 月龄、体重达 20kg 左右时可配种。

（1）空怀母猪：母猪断奶到再次配种这段时间为空怀期，一般经 7～10 天，母猪就会发情。断奶前，根据母猪膘情，进行适当限饲，经 2～3 天干乳后母猪下分娩栏。断奶后 3～4 天进行短期优饲，增加蛋白质饲料供给，使母猪恢复膘情，及早发情，促进多排卵，并适时配种。断奶超过 10 天仍不发情的母猪，采取每天 2 次 30min 与公猪相处诱导，与发情母猪合群并圈，加强乏情母猪运动等。超过 20 天仍不发情时，应考虑淘汰母猪。

（2）妊娠母猪：饲养管理核心是保证体内胚胎正常发育，防止流产和死胎发生，保持母猪有中等体况。母猪配种后，经 21 天未表现发情，可初步判断为妊娠，若再经 21 天仍未发情，可以确定为妊娠。配种至妊娠 30 天，是胎儿发育的关键时期，必须注意妊娠母猪饲养，否则会引起胚胎早期死亡。30～80 天是胎儿发育较慢时期，80～110 天是胎儿加速发育时期，改用哺乳母猪饲料，使蛋白质达 16%～17%。保持猪舍和猪体清洁卫生，注意防暑降温，通风良好。妊娠母猪饲养期间，严禁惊吓、驱赶、鞭打，注意免疫方式，防止因拥挤、滑倒引起流产，如有流产预兆及时注射黄体酮。

（3）哺乳母猪：饲养管理不但与其泌乳量、子猪存活率和断奶体重有着密切关系，而且会影响断奶后母猪的正常发情、配种。母猪哺育子猪，活动量大，消耗较大精力，增加了母猪每天的维持需要量。但由于产后器官正处于恢复时期，消化机能弱，不宜给料太多，经过 3～5 天逐渐增加至正常喂料，并适当增加饮水，提高母猪哺乳期泌乳量。断奶前 7 天，应逐渐减少母猪精料和多汁饲料喂量，断奶当天不喂料，促进干乳。母猪乳房、乳腺的发育与子猪吸吮有很大关系，特别是头胎母猪，一定要使所有乳头都能均匀利用。每天坚持用 0.1%高锰酸钾清洗乳房、乳头 1～2 次，防止乳房炎，影响母猪泌乳。

3. 仔猪

离乳、转栏、并栏或换料对断奶仔猪均会产生相当大的应激，故应特别照料。以少量多餐方式喂饲含 20%粗蛋白质易消化饲料，同时给予清洁饮水。换料时应以渐进方式逐渐调整，避免发生营养性下痢。尽量采用同胎并栏，以减少打斗发生。

4. 生长猪

此阶段应提供适宜饲料使猪只充分生长，同时避免疾病发生和过度密饲现象。喂饲含 18%粗蛋白质的饲料，尽量提供凉爽环境，避免发生夏季热紧迫。

四、废物处理

1. 污水处理

实行干、湿粪便分离。应有相对独立的污水初级处理设备或化粪池，来自于动物的粪尿、笼器具洗刷用水、废弃的消毒液、实验中废弃的试液等污水应经处理并达到 GB 8978 二类一级标准要求后排放。

2. 一般废弃物处理

一次性工作服、口罩、帽子、手套及实验废弃物等应按医院污物处理规定进行无害化处理。注射针头、刀片等锐利物品应收集到利器盒中统一处理。

3. 感染性废弃物处理

感染动物实验所产生的废弃物需先行高压灭菌后再作处理。放射性动物实验所产生放射性沾染废弃物应按 GB 18871 的要求处理。

4. 动物性废弃物处理

动物尸体及组织应装入专用尸体袋中存放于尸体冷藏柜或冰柜内，集中作无害化处理。如采用掩埋，地点应远离学校、公共场所、饮用源水地等地区；掩埋前应对猪进行焚烧处理，掩埋底坑铺 3cm 生石灰；掩埋后将土盖紧，洒适量烧碱，动物产品距上层地表 2m；对掩埋后的地表环境进行消毒。

第五节　使用管理

一、小型猪的获取

1. 来源

使用小型猪时应从具有《实验动物生产许可证》的单位购买，并附近期质量检测报告，包括半年内的微生物及寄生虫质量检测和一年以内的近交系动物遗传质量检测结果。并按照 GB 16567 进行检疫。

2. 运输与接收

小型猪运送前 12h，不要喂饲料。运输时间若超过 6h，应补充饮水。运送途中应避免运送箱温热和潮湿，但亦不可太冷和干燥。饮水可加些维生素 C 以增加猪的抗应激能力，长途运输的还要考虑晚上到达，夜间装运和到达也可减少应激。

了解小型猪以前喂料的种类、饲料营养成分组成、饲喂次数及时间有利于使用过程中的饲养管理。带原场饲料供运输途中和运回后的几天使用，并逐渐过渡到新饲料是减少动物应激和利于环境适应的有效措施。

3. 隔离检疫

（1）隔离措施：小型猪购进前，需要将隔离舍清洗消毒，至少应有 1 周的空置期；隔离猪舍与其他猪舍应有实体墙隔离；要求隔离舍内有专用生产工具、专职饲养人员，避免隔离期间物资、人员的交叉。

（2）隔离管理：小型猪到达目的地后，立即对卸猪台、车辆、猪体及周围地面进行消毒，有损伤、脱肛等情况的小型猪应立即隔开单栏饲养，并及时治疗处理。对于经历长途运输的小型猪应先提供清洁饮水或含有电解多维的饮水，休息 6～12h 后方可供给少量饲料，第 2 天开始可逐渐增加饲喂量，5 天后才能恢复正常饲喂量。根据猪群所属微生物质量等级相关的指标进行检疫。检疫合格，符合微生物学质量等级的小型猪可以开展相关工作。

二、基本操作技术

（一）抓取与保定

1. 捉拿技术

（1）从普通笼具中捉拿小型猪。操作程序：①在小型猪安静状态时打开笼门；②手持挡板将猪赶至笼舍的一侧或一角；③小猪（体重≤15kg）通常采用抱住胸部的方法捉拿，大猪（体重＞15kg）需要捉住后肢，另一人捉住耳朵，必要时侧翻在地。

注意事项：①拴猪嘴、拴猪身、后腿悬吊等农牧业常用的家猪捉拿保定方法不适于实验用小型猪，因为这些方法具有应激性刺激，而且会使饲养的动物逐渐变得胆怯、对操作者产生潜在的攻击性；②某些品种的小型猪会因害怕而在笼中冲撞，此时除尽量减少对猪的惊扰外，实验人员要注意自我保护，可以根据需要用挡板在侧面或正面遮挡住猪的视线，然后再进行捉拿。

（2）从伸缩笼中捉拿小型猪。操作程序：①缓慢拉动伸缩笼的拉杆，当小型猪靠近笼门时，则应加快拉动速度；②将猪逐步拉出并横向挤靠在笼门与伸缩背板之间；③锁止拉杆。

注意事项：伸缩杆的拉出速度要根据小型猪在笼中的位置灵活掌握，以减少对小型猪的惊吓。

2. 保定技术

小型猪清醒状态下的保定操作通常采用保定吊床。吊床保定操作程序：①选择与将要固定的猪体重、体长对应的吊床；②体重轻（＜15kg）的小猪可以单人抱起，体重稍大（15～30kg）的可以两人配合抬起放在吊床上，体重过大（＞30kg）的可以使用带绞盘的保定吊床；③四肢从相应的孔洞穿出；④绑紧猪背部两道固定绷带，需要进行四肢部位操作时，用宽尼龙带索绑扎固定四肢；⑤锁止钢架脚轮。

注意事项：①体重或身长大小不同的猪应该选用不同规格的吊床，吊床上前后腿孔距应与猪前后腿距相同；②保定时间超过 15min 或不能靠近护理时，应绑紧猪背部两道固定绷带，必要时也可用绳索松松地绑住四肢；③需要进行四肢部位操作时，固定四肢的绳索应选用宽条样式，普通绳索会在动物挣扎时勒得太紧而产生勒痕和四蹄淤血；④尽量缩短猪在吊床上的悬吊时间，一般不超过 2h；⑤猪对食物的诱惑反应良好，狗粮饼干、胡萝卜、糖果、面包圈和饼干等食物可使长期固定于吊床中的猪保持安静。

3. 运输笼的应用

将小型猪从饲养间运送到手术室这样的短途运输通常采用运输笼。运输笼操作程序：①打开猪笼舍门，将运输笼一头的活门抽出，并与猪笼舍对接；②用挡板遮挡猪笼舍门与运输笼外的空隙；③拉出猪笼舍的伸缩拉杆，将猪赶进运输笼；④插回运输笼活门；⑤带挤压斜板的运输笼可以把猪挤压固定在运输笼的侧面。

注意事项：①尽量使运输笼与猪笼舍的底网处于同一平面，并且在制作笼具时，应该使用同样的底网；②因为运输笼通常比猪笼舍小，所以猪不愿自动走进运输笼，向运输笼内赶猪时，可以利用手持挡板，配合伸缩杆的使用。

（二）供试品给予方法

1. 经口给药

猪的口服给药方法较多，最简单实用的方法是将药物混于食物中。

（1）混合饲料法：无特殊异味的液态、粉末或细小颗粒状药物并且容量比较大时，可以直接混合在饲料中饲喂。操作程序：①依据每次投喂饲料量计算药物与饲料混合比例；②充分搅拌混匀，最好用搅拌机；③将混合饲料加入料斗饲喂动物。

注意事项：①确认药物混入饲料后的稳定性；②确认混合饲料的口味能被猪接受；③混合饲料的添加量适中（推荐按体重的 1%投喂饲料，量太少时贴壁量相对多，量太多时会被拱出料斗）；④混合饲料吃光后再添加普通饲料。

（2）改善口味法：对于口味不佳或数量较少的药物，可以采用此方法。操作程序：①将药物装入胶囊；②混于巧克力糖浆、猫粮或狗粮罐头中；③投入料斗内；④待猪吃完后再添加普通饲料。

注意事项：①在猪比较饥饿的状态时（喂食前）投喂药物；②选用猪喜欢食用的巧克力糖浆、猫粮或狗粮罐头等，猪会迅速地吃完这些食物而无实质性的咀嚼，因此，胶囊能被顺利吞下并很少破坏；③药片同样可以用这种方法给服。

（3）“药物浸透”法：药物容量小，液态或可以配制成液态的，可以使用本方法。操作程序：①把药物浸到小馒头或小面包里；②投入料斗内；③动物吃完后再添加普通饲料。

注意事项：用注射器把药物注射到小馒头或小面包内是较好的办法。

2. 皮下注射给药

操作程序如下。①确定进针部位：皮下注射可在耳后部、颈部、腰部进行。②消毒：用消毒乙醇由内向外消毒给药部位。③给药：与体表皮肤成 45°角进针约 5mm，再改平行进针 5～10mm，轻轻回抽确认无血液后注射药物。④止血：拔出针头后用灭菌棉球或纱布等压迫进针部位 1min。

注意事项：①因为猪像人一样是固定皮肤动物，所以皮下给药并不容易；②进行皮下注射时动物应保定于吊床中；③小剂量的药物可在颈部侧面耳根部的后面或在腰部；④对于肥猪，皮下注射通常注入皮下脂肪，注射部位宜选用耳根部。

3. 静脉给药

操作程序如下。①剪毛：用动物剪毛推子或剪刀清除耳朵表面被毛（不同品种耳朵表面被毛疏密、长短不同）。②扩张血管：可用纱布反复擦拭耳朵表面皮肤，或采用热敷、灯烤等方法使血管充盈，以便进针给药。③消毒：用消毒乙醇由内向外消毒给药部位，使用碘酒、碘伏等消毒液时应使用乙醇脱碘，以便能够清晰暴露血管。④给药：待消毒液干燥后再进行静脉穿刺，轻轻回抽确认在静脉内再推药。⑤止血：拔出针头后用灭菌棉球或纱布等压迫进针部位 2～5min，并确定止血效果。

注意事项：①先从静脉远心端进针，若失败可以继续在近心端方向选择穿刺点；②使用有软管连接的头皮针（蝶形针）进行给药比直接应用注射器操作更便利。

4. 肌内注射给药

操作程序如下。①确定进针部位：肌内注射可在耳后部、颈部、后腿进行。②消毒：用消毒乙醇由内向外消毒给药部位。③给药：垂直表皮快速进针，轻轻回抽确认无血后注射药物。④止血：拔出针头后用灭菌棉球或纱布等压迫进针部位 1min。

注意事项：①肌内注射给药优选颈部肌肉群，在耳朵覆盖的区域，紧靠从有毛到无毛过渡的部位，这一区域脂肪层最薄，肌肉与皮肤最近；②在后腿，可选择臀肌、半膜肌和半腱肌，应小心避开坐骨神经（后腿神经静脉沟），但与应用颈部区域相比会引起猪更多的不适及愤怒；③肌内注射时，针头最低长度 3～4cm，从而确保注射进入肌肉；④针头可连接一个延伸软管，或使用头皮针，这样在注射时动物可自由地活动而针头不会脱落。

（三）样品收集

1. 血液采集

（1）耳静脉采血。操作程序如下。①剪毛：用动物剪毛推子或剪刀清除耳朵表面被毛（不同品种耳朵表面被毛疏密、长短不同）。②扩张血管：可用纱布反复擦拭耳朵表面皮肤，或采用热敷、灯烤等方法使血管充盈，以便采血。③消毒：用 75%乙醇由内向外消毒采血部位，使用碘酒、碘伏等消毒液时应使用乙醇脱碘，以便能够清晰暴露血管。④采血：待消毒液（采血部位）完全干燥后再进行采血，以免乙醇等消毒液对相关检测造成干扰（如乙醇对血糖值的显著影响）。⑤止血：采血后用棉球或纱布等压迫采血部位 2～5min，并确定止血效果。

注意事项：①需要微量血液时（如 1 滴至数滴），用无菌注射器针头直接刺破末梢血管，选择不同粗细针头可有不同出血量；②需要血量较大时，先对耳朵进行加热处理以扩张血管是必要的，选较粗血管，逆血流方向进针效果较好。

（2）四肢静脉采血。操作程序如下。①剪毛：用动物剪毛推或剪刀清除四肢采血部位被毛（前肢掌背侧静脉，后肢外侧隐静脉前支或后肢外侧隐静脉后支）。②消毒：用 75%乙醇由内向外消毒采血部位，使用碘酒、碘伏等消毒液时应使用乙醇脱碘，以便能够清晰暴露采血部位。③扎止血带：在采血部位上端（近心端）扎紧止血带，使采血部位血管充盈。④采血：前肢在膝关节正中部位下或上 1～2cm 处进针，用拇指按压有时可以感觉到血管搏动；后肢外侧隐静脉前支或后肢外侧隐静脉后支血管充盈后用拇指按压可触及；对于小猪通过触摸，隐约可见血管搏动。⑤止血：采血后用棉球或纱布等压迫采血部位 2～5min，并确定止血效果。

注意事项：①小型猪四肢静脉血管位置较深，即使扎止血带也很难在体表看见；②如果动物在清醒状态采血，应尽量固定四肢不动；③固定四肢的绳索应选用宽条样式，普通绳索会在动物挣扎时勒得太紧而产生勒痕和四蹄淤血；④使用头皮针（蝶形针）并与软管连接可防止动物挣扎时针头脱落。

（3）前腔静脉采血。操作程序如下。①麻醉保定：将猪常规麻醉后或人力保定仰卧在地面或实验台上，由助手将前肢分开并固定。②确定采血位置：胸骨前端左或右侧，与第一肋骨、气管围成的三角区（前腔窝）为穿刺位置。③消毒：用 75%乙醇或碘酒、碘伏等消毒液，由内向外消毒采血部位。④采血：在前腔窝处垂直进针 4～5cm（进针深度随动物大小而不同），进入前腔静脉血液会自动涌出。⑤止血：以纱布用力抵住采血部位。

注意事项：①若人力保定，需确保猪固定不动，否则可能因动物挣扎而穿透血管难以止血；②保定动物采取仰卧位，两前肢弯向尾侧，便于确定采血位置；③前腔静脉位置较深，采血针头应足够长；④为避开膈神经，采血部位通常选择右侧；⑤因为向心方向进针有时会扎到心房，所以采取垂直进针的方法较为安全，如果一次穿刺无血液流出，应拔出针头重新进针；⑥前腔静脉采血可以应用于解剖取材前的大量采血，一般不用于实验期间的采血，因为操作不当时可能造成动物死亡。

（4）颈内静脉留置导管采血。因在气管的两侧均有颈内静脉，下面以左侧为例。操作程序如下。①麻醉保定：将猪常规麻醉后右侧位朝下固定在手术台上。②剪毛：在颈部左侧胸骨上窝至甲状软骨间 15cm×15cm 范围剪毛。③消毒：使用碘酒、碘伏等消毒液对手术区域进行消毒。④在左侧的颈侧面胸骨上窝至甲状软骨间正中向气管方向纵向切开皮 5cm，逐层分离，颈总动脉和颈内静脉伴行，利用钝性剥离技术将颈内静脉分离 3cm。⑤结扎颈内静脉远心端并在颈内静脉近心端预留好结扎线，用眼科剪在颈内静脉上剪一小口，向心方向插入静脉留置管，插入深度约 10cm，用预留的结扎线结扎好颈内静脉连同静脉留置管，为防止静脉留置管脱落，应结扎 2～3 道。⑥打隧道：猪右侧卧位，从颈内静脉留置管处向颈背部打洞，穿入静脉留置管，或消毒头颈部、背部的皮肤及导管，在动物的颈部及背部依次切开数个皮肤切口，用血管钳在皮下戳开一个皮下隧道，将导管埋于皮下，而导管的末端接口引至背部。然后缝合切口及固定导管接口。⑦固定颈背部的外露采血接口，将预先准备的保护口袋缝在猪颈背部，将导管接口用肝素帽封好，放入保护口袋，锁上拉链。⑧术后伤口消毒。⑨采血。

注意事项：①导管脱落、导管感染、导管堵塞等问题较为常见；②对于导管脱落问题，除了采取多线固定导管口以外，还在猪背部缝保护口袋，用来保护导管口；③为防止感染，每天清洗消毒皮肤缝合处，导管末端的注射帽在应用之前应该以异丙醇进行清洁，以减少细菌进入导管的风险；④为防止导管堵塞，采血后先用盐水冲洗导管再用肝素盐水（2U/ml）冲洗导管并封闭，不采血时应每天冲洗并重新封闭。

2. 粪便采集

（1）代谢笼的应用。操作程序：①清理猪笼舍，将残留粪便、尿液彻底清除干净；②插入洁净的接粪盘；③添加饲料和饮水；④24h 后或据实验时间安排抽出托盘，采集粪样本。

注意事项：①使用前清理猪笼舍和托盘；②代谢笼应用期间，料斗内饲料或饮水不可加满，以免被猪拱出散落进托盘内；③使用自动饮水嘴的笼具，饮水嘴下必须设排水托盘，并调好饮水压力不得喷溅。

（2）直肠拭子法。操作程序：①保定猪；②肥皂水将肛门周围洗净；③用棉花拭子在生理盐水中浸湿，插入肛门 2～3cm 处，与直肠黏膜表面接触，轻轻旋转拭子；④插入盛有生理盐水的试管内或运送培养基内。

3. 尿液采集

（1）代谢笼的应用。操作程序：①清理猪笼舍，将残留粪便、尿液彻底清除干净；②插入洁净的接尿盘；③添加饲料和饮水；④24h 后或据实验时间安排抽出托盘，采集尿样本。

注意事项：①使用前清理猪笼舍和托盘；②代谢笼应用期间，料斗内饲料或饮水不可加满，以免被猪拱出散落进托盘内；③使用自动饮水嘴的笼具，饮水嘴下必须设排水托盘，并调好饮水压力不得喷溅；④及时清理笼具格栅地板上的粪便，发现散落在尿液中的粪便，要立即分离。

（2）雌性小型猪导尿技术。雄性小型猪尿道有三道锐角弯曲，无法采用常规导管导尿，应采取膀胱穿刺或切开术；雌性小型猪可在麻醉状态下进行导管导尿。操作程序：①常规麻醉；②用 1%新洁尔灭或洗必泰棉球消毒阴唇、前庭和尿道口；③戴手套，铺无菌孔巾；④导尿时需两人配合，一人先用艾力斯钳牵开外阴边缘，另一人左手持喉镜，通过会阴照射前庭，充分显露外尿道口。注意上方为尿道外口，下方为阴道口；⑤右手用血管钳夹持导尿管前端 2cm 处，沾无菌石蜡油后轻轻插入尿道，插入深度 5～8cm，见尿液流出，再插入 1cm；⑥为确认导尿管在膀胱内，可用 20ml 注射器抽取适量生理盐水注入膀胱并回抽尿液，见尿液流出并抽推通畅后，将导尿管缝合固定在前庭，完成留置导尿术。

注意事项：雌性小型猪的尿道口深，寻找尿道口是导尿的难点，因为雌性小型猪的阴瓣为一环形褶，尿生殖前庭腹侧壁的黏膜形成两对纵褶，消毒时需用艾力斯钳分别牵开前庭两侧壁，充分暴露尿道口。

（3）膀胱穿刺。操作程序：①常规麻醉；②将猪仰卧于解剖台（架）上；③在耻骨联合上方 10～20cm 备皮并消毒；④正中线垂直进针并轻轻回抽；⑤有尿液抽出即膀胱穿刺成功。

注意事项：①不同体重、不同年龄的猪皮下脂肪厚度有差异，应据此选择针头长度和进针深度；②当膀胱高度充盈时，从外部挤压就会有尿液从尿道流出。

4. 精液采集

（1）徒手采精法。操作程序：①采精员、种公猪、采精台及一切与精液直接接触的器材都应严格进行常规消毒处理；②采精员戴上消毒手套，蹲在假母猪左侧，等公猪爬上后，用 0.1%高锰酸钾溶液或消毒液将公猪包皮附近洗净消毒；③公猪阴茎伸出时，导入空拳掌心内，让其转动片刻，用手指由轻至紧，握紧阴茎龟头不让其转动，待阴茎充分勃起时，顺势向前牵引，手指有弹性、有节奏调节压力，种公猪即可射精；④另一只手拿着带有过滤纱布的集精瓶收集精液，公猪第 1 次射精完成，按原姿势稍等不动，随后进行第 2 或第 3、第 4 次射精，直至完全射完。

（2）假阴道法。假阴道由外筒、内胎、胶管漏斗、气嘴、双连球和集精杯等组成。假阴道内胎要求弹性强，有网状结构，能摩擦阴茎，产生快感，刺激射精。内胎要求经久耐用。在采精前，装好假阴道，注入 40℃以上的热水，测量并调节内胎温度在 38～39℃，接上双连打气球充气，再给内胎涂上一层专用的生物润滑剂。为了避免公猪开始射出的精液中细菌多，精子少，开始不要接上集精瓶，等射出乳白色浓稠精液时由助手接上集精瓶，收集精液。假阴道采精适应于寒冷季节和高纬度地区。

（3）电刺激法。适用于损伤后肢的优秀公猪。电刺激采精器由脉冲电流发生器和探头两部分组成。使用时先将公猪注射镇静药镇静（可用静松灵、氯胺酮等镇定或麻醉），再将探头涂上润滑剂塞入公猪直肠，接通电流，由低到高调节频率，增加刺激强度，直到顺利射精。

注意事项：①采精时，在假畜旁边放一头发情母猪，或采精时用录放机播放种猪自然交配时的叫声最佳；②假母猪后面垫一块 1.5m 长、1.2m 宽的弹性橡胶垫，可防滑，保护公猪四肢，又易用水冲洗消毒；③采精时应固定人员，以免更换人员时，由于不良刺激导致采精失败；④应在集精瓶内部垫上一个塑料薄膜袋，集精瓶应有 600ml 容积；⑤由于精子对温度（低温）十分敏感，因此，集精瓶应有双层套杯，中间充 40～42℃温水即可保温；⑥采精后精液温度不得低于 35℃。

（四）麻醉与镇痛

1. 麻醉剂

1）诱导麻醉剂

诱导类麻醉剂可以减轻猪焦虑，消除迷走神经反射，减少全身性麻醉剂的使用量，增强麻醉效果，包括抗胆碱药物、镇静剂、安眠药、神经镇定类药物。

抗胆碱药物：阿托品（atropine）肌内注射 0.05mg/kg 体重，皮下或静脉注射 0.02mg/kg；甘罗溴铵（glycopyrrolate）肌内注射或皮下注射 0.004～0.01mg/kg，用于手术前减少细支气管分泌物和气管插管时迷走神经反射或吸痰。

镇定剂和镇静剂：吩噻嗪（phenothiazine）、苯二氮（benzodiazepine）和苯丙甲酮（butyrophenone）镇静剂是最常用的诱导类麻醉剂。吩噻嗪可以采用肌内、静脉或皮下注射，最常用量为 1.1～2.2mg/kg，其效果持续 8～12h。猪最常用的两种吩噻嗪类诱导型麻醉剂是脂溶性地西泮（diazepam），皮下注射 0.5～10mg/kg，静脉注射 0.44～2mg/kg；水溶性咪达唑仑（midazolam），可肌内、皮下或静脉注射 0.1～0.5mg/kg。苯丙甲酮通常可以与除阿扎哌隆（azaperone）以外的其他药物组合使用，它有最小的心血管效应。

2）注射类麻醉剂

猪的注射类麻醉剂包括游离麻醉药、巴比妥类、类罂粟碱类药物和其他多种催眠剂。这些药物大多是与镇静剂组合使用，可以通过颈部或侧腹部皮下注射，与肌内注射具有相同的效果。当进行长时间手术时，采用连续静脉灌注较多次静脉及肌内注射更有利于减少创伤。

氯胺酮（ketamine）和噻环乙胺（tiletamine）/唑氟氮草（zolazepam）组合是两种猪中最常见的注射用麻醉剂，通常与其他的因子联合用作外科手术的麻醉剂（表 18-6）。

表 18-6　氯胺酮组合

序号	药品名称	剂量	给药方式
1	氯胺酮	11～33mg/kg	肌内或皮下注射
		3～33mg/（kg·h）	静脉灌注
2	氯胺酮	33mg/kg	肌内或皮下注射[a]
	乙酰丙嗪（acetylpromazine）	1.1mg/kg	
3	氯胺酮	20mg/kg	肌内或皮下注射
	甲苯噻嗪（xylazine）	2mg/kg	
4	氯胺酮	11mg/kg	肌内或皮下注射
	芬太尼（fentanyl）-氟哌利多（droperidol）	1ml/14kg	
5	氯胺酮	2mg/kg	静脉注射
	甲苯噻嗪	2mg/kg	
	羟吗啡酮（oxymorphone）	0.075mg/kg	肌内或皮下注射采用两倍剂量
6	氯胺酮	15mg/kg	肌内或皮下注射
	阿扎哌隆	2mg/kg	
7	氯胺酮	20mg/kg	肌内或皮下注射[a]
	地西泮	2mg/kg	
8	氯胺酮	33mg/kg	肌内或皮下注射
	咪达唑仑	500μg/kg	
9	氯胺酮	33mg/（kg·h）	连续静脉灌注[a]
	咪达唑仑	1.5mg/（kg·h）	
10	氯胺酮	20mg/kg	肌内或皮下注射
	氯马唑仑（Climazolam）	0.5～1mg/kg	
11	氯胺酮	1mg/ml	按 1ml/（kg·h）快速注射[a]
	甲苯噻嗪	1mg/ml	
	5%甘油基愈创木酚（glyceryl guaiacolate）在5%葡萄糖溶液	1ml/kg	
12	氯胺酮	1mg/kg	肌内或皮下注射[a]
	美托咪定（medetomidine）	0.1mg/kg	
		5mg/（kg·h）	连续静脉灌注[a]
		10μg/（kg·h）	
13	氯胺酮	9～19mg/（kg·h）	连续静脉灌注[a]
	戊巴比妥（pentobarbital）	6.5～18mg/（kg·h）	

a 为最佳推荐组合

巴比妥酸盐只能通过静脉注射输入，通常是在游离麻醉剂将猪麻醉后，通过静脉导管进行连续输入麻醉。巴比妥酸盐类麻醉剂的使用量见表 18-7。

表 18-7 巴比妥酸盐

序号	药品名称	剂量	给药方式
1	戊巴比妥	20～40mg/kg	连续静脉灌注
		5～40mg/（kg·h）	
2	硫喷妥钠（thiopental）	6.6～25mg/kg	连续静脉灌注[a]
		3～30mg/（kg·h）	
3	硫戊巴比妥	6.6～25mg/kg	连续静脉灌注
		3～30mg/（kg·h）	

a 为最佳推荐组合

类罂粟碱类药物可通过静脉注射作为心外科手术程序中初期镇痛用，它们必须与其他麻醉剂联合使用，如吸入式麻醉剂。各种药品静脉注射的推荐剂量如下。

芬太尼（fentany）：0.050mg/kg（50μg），灌注 0.030～0.100mg/（kg·h）

舒芬太尼（sufentanil）：0.007mg/kg（7μg），灌注 0.015～0.030mg/（kg·h）

瑞芬太尼（remifentanil）：灌注 0.5～1μg/（kg·min）[0.030～0.060mg/（kg·h）]

阿芬太尼（alfentanil）：灌注 0.1μg/（kg·min）[0.006mg/（kg·h）]

其他麻醉剂与组合见表 18-8。

表 18-8 其他麻醉剂与组合

序号	药品名称	剂量	给药方式
1	阿法沙龙（alphaxolone）/阿法多龙（alphadolone）	6～8mg/kg	肌内注射
		2～3mg/kg	静脉灌注
2	α-氯醛糖（α-chloralose）	55～100mg/kg	静脉注射
3	阿替美唑（atipamezole）	0.24～1mg/kg	静脉、肌内或皮下注射
4	阿托品（atropine）	0.02～0.05mg/kg	静脉、肌内或皮下注射
5	阿扎哌隆	2～8mg/kg	肌内或皮下注射
6	brontizolam	1～10mg/kg	口服
7	埃托啡（etorphine）/乙酰丙嗪（acetylpromazine）（Imobilon®）	0.245mg/10kg	静脉注射
8	氯马唑仑（climazolam）	0.5～1mg/kg	肌内注射
9	地西泮	0.5～10mg/kg	肌内、皮下注射或口服
		0.44～2mg/kg	静脉注射
10	二丙诺啡（diprenorphine）	0.3mg/kg	静脉注射
11	依托咪酯（etomidate）	4～8mg/kg	静脉注射
12	依托咪酯	4～8mg/kg	静脉、肌内或皮下注射
	阿扎哌隆	2mg/kg	
13	依托咪酯（etomidate）/氯胺酮	6mg/kg	静脉注射
		10mg/（kg·h）	静脉灌注
14	氟西泮（flurazepam）	2mg/kg	静脉注射或口服
15	甘罗溴铵	0.004～0.01mg/kg	静脉、肌内或皮下注射
16	劳拉西泮（lorazepam）	0.1mg/kg	静脉注射
17	咪达唑仑	100～500μg/kg	静脉或肌内注射
		0.6～1.5mg/（kg·h）	静脉灌注[a]

续表

序号	药品名称	剂量	给药方式
18	苄咪甲酯（metomidate）	4mg/kg	静脉注射
19	纳布啡（nalbuphine）	1～2mg/kg	静脉注射
20	盐酸纳洛酮（naloxone）	0.5～2mg/kg	静脉注射
21	潘可龙（pancuronium）	0.02～0.15mg/kg	静脉注射
22	异丙酚（propofol）	0.83～1.66mg/kg	静脉注射
		14～20mg/（kg·h）	静脉灌注
23	异丙酚	2.0～4.4mg/（kg·h）	起始剂量后静脉灌注
	咪达唑仑	0.4～0.7mg/（kg·h）	
	芬太尼	0.003～0.005mg/（kg·h）	
24	Telazol®（Tiltamine：zolazepan）	2～8.8mg/kg	肌内或皮下注射
25	Telazol	4.4mg/kg	肌内或皮下注射
	甲苯噻嗪	4.4mg/kg	
26	Telazol	4.4mg/kg	肌内或皮下注射
	甲苯噻嗪	2.2mg/kg	
	布托啡诺	0.22mg/kg	
27	Telazol	4.4mg/kg	肌内或皮下注射
	甲苯噻嗪	2.2mg/kg	
	阿扎哌隆	0.88mg/kg	
28	维库溴铵（vecuronium）	1.0mg/kg	静脉注射
29	甲苯噻嗪	0.2mg/kg	肌内或皮下注射

a 为最佳推荐组合

3）吸入类麻醉剂

吸入类麻醉药用于猪全身麻醉，它们能更好地控制猪的麻醉和镇痛，与注射类麻醉剂相比，它们的恢复时间更少，各类药物具体用量详见表 18-9。

表 18-9　吸入类麻醉药

序号	药物名称	平均小泡浓度/%
1	异氟醚（isoflurane）[a]	1.2～2.04
2	地氟醚（desflurane）	8.28～10.0
3	氟烷（halothane）	0.91～1.25
4	七氟醚（sevoflurane）[a]	2.53
5	安氟醚（enflurane）	1.66
6	氧化亚氮（nitrous oxide）（1∶1 或 2∶1）	195

a 为最佳推荐药物

2. 镇痛剂

镇痛药的使用应列在猪常规手术的方案中（表 18-10）。术前和术中使用可以阻止刺激引起的痛药反应，并缩短术后恢复时间。将沿切口线使用的局部浸润麻醉剂安泰乐吗啡类药物或非类固醇消炎药（NSAID）镇痛剂和全身性麻醉剂联合使用可以达到最全面的预防作用。

表 18-10 手术后镇痛药

序号	药品名称	剂量	给药方式
1	阿司匹林（aspirin）	10～20mg/kg	口服/一日四次
2	布托啡诺（butorphanol）	0.1～0.3mg/kg	肌内或皮下注射/一日两次或三次
3	丁丙诺啡（buprenorphine）[a]	0.01～0.05mg/kg	肌内或皮下注射/一日两次或三次
		0.5～10μg/（kg·h）	静脉灌注
4	卡布洛芬（carprofen）[a]	2mg/kg	皮下注射/一日两次
		2～3mg/kg	口服/一日两次
5	芬太尼	30～50μg/（kg·h）	静脉灌注
6	芬太尼透皮贴剂（fentanyl transdermal patches）	5μg/（kg·h）	局部使用
7	氟尼克辛（flunixine）[a]	1～4mg/kg	肌内或皮下注射/一日一次或两次
8	酮洛芬（ketoprofen）[a]	1～3mg/kg	肌内、皮下注射或口服/一日两次
9	酮咯酸（ketorolac）[a]	1mg/kg	口服、肌内或皮下注射/一日两次
10	美托咪定	2μg/（kg·h）	静脉灌注
11	美洛昔康（meloxicam）[a]	0.4mg/kg	皮下注射/一日一次
12	哌替啶（meperidine）	10mg/kg	皮下注射/一日三次
13	吗啡控释片（morphine epidural）	0.1mg/kg	硬膜外
14	吗啡酮盐酸盐（oxymorphone）	0.15mg/kg	肌内或皮下注射/一日两次或三次
15	保泰松（phenylbutazone）	5～20mg/kg	口服/一日两次
16	氰苯双哌酰胺（piritramide）	75μg/（kg·h）	静脉灌注
17	舒芬太尼	10～15μg/（kg·h）	静脉灌注
18	曲马多（tramadol）	1～4mg/kg	口服/一日三次

a 为最佳推荐药物

3. 麻醉程序

1）非存活教学程序

诱导：肌内注射氯胺酮 33mg/kg，皮下注射乙酰丙嗪 1.1mg/kg，皮下注射阿托品 0.05mg/kg。

维持：静脉灌注硫喷妥钠 3～30mg/（kg·h）或静脉灌注苯巴比妥 5～40mg/（kg·h）。

注：如没有麻醉气体，此程序也可用于动物个体存活的麻醉手术。手术中可以使用丁丙诺啡、美洛昔康或卡布洛芬作为镇痛剂，但是，巴比妥的使用量需要减少约 50%。

2）普通外科（无生理测量）

诱导：肌内注射氯胺酮 33mg/kg，皮下注射乙酰丙嗪 1.1mg/kg，皮下注射阿托品 0.05mg/kg。

维护：含 1.5%～2%异氟醚的氧气或含 0.5%～1.5%异氟醚的氧化亚氮：氧气按 2：1

输入。

注：本程序在诱导时未通过面罩给异氟醚，不允许气管插。手术中使用丁丙诺啡、美洛昔康或卡布洛芬可以减少所需异氟醚的比例。

3）普通外科（有生理测量）

诱导：含3%～5%异氟醚的氧气通过面罩输入。

维持：含0.5%～1.5%异氟醚的氧化亚氮：氧气按2：1输入。

注：这是最大限度减少血流动力学影响的最简单的程序，但在手术中给予了足够的镇痛和松弛作用。它在手术操作和缝合后可以尽量减少吸入量。手术中测量各项指标后可以使用丁丙诺啡、美洛昔康或卡布洛芬。

（五）安死术

操作程序：①常规麻醉；②将猪侧卧于解剖台（架）上；③左手拉起一侧后肢，右手持手术刀在股三角部位做大切口，同时切断股动脉和静脉；④用水不断冲洗出血部位，防止凝血。

注意事项：①应确保麻醉深度，以减少猪的痛苦和挣扎；②切开股动脉时会有血液喷出，可以用大方巾遮挡或下压放血侧猪腿；③若放血不够充分，可以用同样方法剖开另一侧股动脉。

第六节　健 康 检 查

一、异常行为的观察

猪的异常行为主要表现为咬尾、咬耳、咬肋、吸吮肚脐、食粪、食肉等。任何引起猪不适的环境因素都有可能引发猪的异常行为，有时被称为“反不适综合征”。以咬尾最为常见，多见于各种应激状态下的生长幼猪，生长育肥猪也偶尔可见。

防治对策：①保证合理的密度和充足的食槽、饮水器；②减少个体差异；③控制好环境，防贼风，注意通风，保持干爽，调节好温度，做好清扫、消毒；④避免寄生虫病的发生；⑤隔离措施，将个别凶恶的猪挑出，及时隔离被咬猪并予以治疗；⑥满足猪自然行为，提供玩具，如可在猪舍内悬挂铁链、旧轮胎等，或投放秸秆青料来分散猪只的注意力，减少打斗或咬尾现象发生；⑦提供全价营养；⑧断尾；⑨必要时可采用药物控制。

二、主要传染性疾病

猪的主要传染性疾病包括影响呼吸、消化和繁殖等功能的病原微生物导致的疾病。猪呼吸道传染病主要包括：猪气喘病、猪传染性胸膜肺炎、猪传染性萎缩性鼻炎、猪肺疫和猪流感等。猪消化道传染病是一类与卫生状况及饲养管理密切相关的传染病，此类传染病病原主要包括：由产肠毒素性大肠杆菌引起的仔猪黄白痢、猪传染性胃肠炎病毒和流行性腹泻病毒引起的病毒性腹泻症、密螺旋体和沙门氏菌分别引起的猪痢疾和仔猪副伤寒等。猪繁殖障碍性传染病的病原包括：猪细小病毒、猪流行性乙型脑炎病毒、猪伪狂犬病病毒、猪繁殖与呼吸综合征病毒、猪圆环病毒及猪弓形体和猪衣原体等引起的疾病，如公猪睾丸肿胀、萎缩，失去种用能力，母猪表现为不发情、返情、屡配不孕，怀孕母猪出现流产、死胎、木乃伊等。猪急性、热性传染病主要包括猪瘟、口蹄疫、猪链球菌病、猪丹毒、猪附红细胞体病等。

三、质量检测与疾病诊断

实验用小型猪微生物学等级分为普通级、清洁级和无特定病原体级。普通级小型猪要求不携带所规定的重要人畜共患病病原和猪烈性传染病病原。清洁级小型猪要求除普通级应排除的病原外，不携带所规定的对猪危害大和对科学研究干扰大的病原。无特定病原体级小型猪要求除清洁级应排除的病原外，不携带所规定的潜在感染或条件致病和对科学实验干扰大的病原。北京市地方标准《实验用小型猪》规定了不同微生物控制等级小型猪应排除的病原种类和检测方法。

四、卫生与防疫

1. 卫生措施

（1）猪场生产区及猪舍门均设消毒池，池内加2%火碱水或其他消毒液，一周更换一次，冬季可加入适量食盐，以防消毒液结冰。

（2）工作人员和饲养员进入生产区前，必须经过消毒池进入消毒更衣室洗澡，更换作业衣、鞋后，再经一道消毒池方可入猪舍；外来人员及非生产人员不得进入生产区；场外车辆、用具等不准进场，出售种猪时在场外接运；饲料由本场专车专线运进；猪粪、尿由密闭地下管道或专用车辆运出。

（3）猪舍内应保持通风良好，空气新鲜，猪舍内外必须每天清扫一次；所有饲养用具每天必须用消毒液消毒一次，消毒后用清水冲洗、晒干后使用，饲槽每天冲洗消毒一次。

（4）每批猪出圈后要进行全面彻底清扫与三次大消毒（一次2%火碱水，二次3%来苏水，三次0.5%高锰酸钾水，每次间隔3天），消毒5天后才能进下批猪。

（5）饲养管理人员在工作期间必须穿戴工作服、工作帽与水靴，工作结束后，必须将工作服与水靴脱留在更衣室，不得穿着进入生活区或出场。工作服与水靴必须经常洗刷，并用1%来苏水或紫外线消毒，以保持清洁卫生。

（6）应经常驱（消）除鼠、蚊、蝇、犬、猫等动物。

2. 防疫原则

为了搞好猪场的卫生防疫工作，确保猪饲养和研究工作的顺利进行，必须贯彻“预防为主，防治结合，防重于治”的原则，杜绝疫病的发生。在通过对生产记录中主要监测、治疗、剖检等兽医记录的分类、汇总、分析的基础上，运用流行病学、临床病理学、病原学和血清学等手段，分析、总结出本场猪群的整体健康状况和存在的疫病情况及其对实际生产的危害程度，结合周边地区的疫病流行情况确定本场猪群免疫接种的疫苗种类。

3. 预防措施

（1）对外引种应隔离饲养与检疫，并实施必要的免疫工作。

（2）根据当地动物疫病流行病学情况对生产的危害，并严格按程序实施免疫预防，建立免疫档案。

（3）按免疫程序给猪打疫苗，并应注意检验购买的疫苗是否检验合格，有效期限，以及疫苗的冷藏保存适当与否。同时，应对各项防疫措施做好记录，包括打疫苗的记录等。

（4）根据当地寄生虫病、细菌性疾病的发生和危害情况，选择最佳驱虫药物，定期对生猪群进行驱虫。定期驱除体内外寄生虫，种猪每年驱虫两次，仔猪在保育阶段驱虫一次。

（5）免疫程序，完整的免疫接种记录包括疫苗名称、免疫日期、舍别、栏别、猪只日龄、免疫头数、免疫剂量、疫苗性质、生产厂家、有效期、批号、接种人姓名等。每次做完免疫后，及时认真填写免疫接种记录（表 18-11～表 18-14）。

表 18-11 种公猪免疫程序

序号	疫苗名称	免疫时间、用法、用量	备注
1	猪瘟疫苗	每半年一次 2 头份	
	猪瘟丹毒肺疫三联苗	9 月初肌内注射 2 头份	
2	伪狂犬疫苗	每年 3 月和 9 月中旬肌内注射 1 头份	
3	细小-乙脑二联苗	每年 3 月和 9 月中旬肌内注射 1 头份	
4	PRRS 灭活苗	每年 3 月和 9 月下旬肌内注射 1 头份	
5	萎缩性鼻炎	每年 4 月和 10 月上旬肌内注射 1 头份	
6	口蹄疫苗	每年 2 月和 9 月肌内注射 1 头份	

表 18-12 种母猪免疫程序

序号	疫苗名称	免疫时间、用法、用量	备注
1	猪瘟疫苗	春产第 2 周肌内注射 4 头份	配种前注射
	猪瘟丹毒肺疫三联苗	秋产第 2 周肌内注射 4 头份	配种前注射
2	伪狂犬疫苗	产后第 3 周肌内注射 1 头份	配种前注射
3	PRRS 灭活苗	产后第 4 周肌内注射 1 头份	配种前注射
4	细小-乙脑二联苗	配种前肌内注射 1 头份	
5	萎缩性鼻炎苗	产前 30 天肌内注射 1 头份	
6	口蹄疫苗	每年 4 月和 10 月肌内注射 1 头份	
7	猪大肠杆菌苗	产前 45 天 1 头份	
		产前 15 天 1 头份	

表 18-13　后备猪免疫程序

序号	疫苗名称	免疫时间	剂量	途径	备注
1	猪瘟疫苗	120 日龄	4 头份	肌内注射	
2	链球菌苗	130 日龄	1 头份	肌内注射	
3	PRRS 灭活苗	140 日龄	1 头份	肌内注射	用灭活苗
		170 日龄	1 头份	肌内注射	
4	伪狂犬苗灭活	150 日龄	1 头份	肌内注射	
		180 日龄	1 头份	肌内注射	
5	细小-乙脑苗	165 日龄	1 头份	肌内注射	
		195 日龄	1 头份	肌内注射	

表 18-14　仔猪免疫程序

序号	疫苗名称	免疫时间	用法用量	备注
1	PRRS 活苗（蓝耳病）	12 日龄	1 头份	
		30 日龄	1 头份	
2	喘气病灭活苗	18 日龄	2ml 肌内注射	
3	猪瘟疫苗	24 日龄	2 头份	
4	仔猪副伤寒	40 日龄	2 头份	早春和冬天
5	猪瘟丹毒肺疫三联苗	60 日龄	2 头份	
6	伪狂犬灭活苗	70 日龄	1 头份	

（6）寄生虫控制程序：每年春秋各注射 1 次或饲喂 7～14 天伊维净药物+吩苯哒唑，喂药后 7 天场地和猪体表用螨净喷雾（猪群疥螨比较严重时怀孕母猪产前 1～2 周饲喂 7 天伊维净）。仔猪断奶转群时普注药物 1 次或用伊维净拌料饲喂 7 天。对新引进种猪注射或饲喂药物两个月后方能入群。

4. 扑灭措施

（1）发生疑似传染病时必须及时隔离，尽快确诊，并逐级上报。病因不明或剖检不能确诊时，应将病料送上级有关部门诊断。

（2）确诊为一般动物疫病时，应在当地动物防疫监督机构指导下，采取隔离、治疗、免疫预防、消毒、无害化处理等综合防治措施，及时控制和扑灭疫情。

（3）确诊为传染病时，应迅速采取紧急措施，根据传染病的种类，划定疫区进行封锁，设明显标志，固定专人管理，全场进行紧急消毒，对健康猪进行必要的紧急接种或采取血清和药物等防治措施。

（4）确诊为重大动物疫病的，应配合当地政府按国家有关规定，采取强制措施，将病猪及疑似病猪作无害处理后或焚烧深埋，迅速控制，扑灭疫情。

（5）屠宰病猪应在指定地点进行。屠宰后，场地、用具及污染物必须进行严格消毒和彻底清除。

（6）要焚烧或掩埋的病畜尸体及其污染物需用不透水的车厢或塑料袋运到指定地点，进行焚烧或深埋（2m 以下）。运尸体的车辆、用具和接触人员及工作服必须严格消毒。被传染病传染的病猪和用具、工作服及其他污染物等必须进行彻底消毒，粪便及垫草应予烧毁。

（7）解除封锁日期和方法，应根据国家有关规定进行。

第十九章　树　　鼩

树鼩（*Tupaia belangeri*，tree shrew）在云南俗称食鼠。树鼩在分类上属哺乳纲，有胎盘类，攀鼩目，树鼩科。全世界共 12 种约 50 个亚种，主要分布于尼泊尔、不丹、印度北部和东北部、孟加拉北部、缅甸、泰国、老挝、柬埔寨、越南、马来西亚、新加坡、印度尼西亚、菲律宾等东南亚热带和亚热带国家和地区。我国主要分布在云南、四川西南部、西藏东南部、贵州、广西和海南等地区，现生仅有 1 科 1 属 1 种，根据地域差异，又可把我国的树鼩细分为以下 6 个亚种。滇西亚种（*T. b. chinensis*），也是目前全世界应用和研究最为广泛的种类，分布于云南西部、中部和南部及四川西南部，其他还有高黎贡山亚种（*T. b. gaoligongensis*）、海南亚种（*T. b. modesta*）、越北亚种（广西西南部）（*T. b. toninia*）、滇南亚种（*T. b. yunalis*）、瑶山亚种（广西西部）（*T. b. yaoshanensis*），（彭燕章等，1991）。云南是我国树鼩资源最丰富的地区，也是树鼩应用研究比较集中的地区。

第一节　主要生物学特性

一、解剖学及生理学特性

1. 一般特性

外形似松鼠，体小，吻尖细，前后肢各有 5 趾，四趾与大趾对握使其能够准确抓握东西。体毛柔软，毛色为灰、棕色，肩部有淡白色的条纹，尾毛蓬松，腹面不长毛。成年树鼩体重 120～190g，体长 120～210mm，颅长 45～51mm，躯干长 900～110mm，尾长 140～200mm，前肢长 85～97mm，后肢长 10.8～11.5mm，乳头数 3 对。人工饲养树鼩正常寿命可达 8～12 年。

2. 解剖特性

树鼩的脑呈卵圆形，前部较狭窄，枕颞部较宽，枕部皮层向后接小脑前叶。与食虫类动物相比具有较为发达的大脑和小脑，大脑皮层为少沟回皮层，大脑前额叶已经发育，大脑与体重比高（1∶62），接近非人灵长类动物；有发达的视交叉结构和上丘，已具备立体视觉及色觉，视网膜以锥形细胞为主（占 96%），视杆细胞占 4%，仅有黄和蓝两种感光细胞，比啮齿类更接近于人类；而嗅觉系统相对退化，嗅叶占大脑的比例相对较小，但嗅觉可识别嗅腺分泌的物质。门齿细小，前臼齿宽大，成年齿式 3132/3133（门 3/3，犬 1/1，前臼 3/3，臼 2/3）＝38 枚。

盲肠发达；尾部有 4 根静脉，腹面尾静脉较粗，可用于采血；具有褐色脂肪组织，是研究热带、亚热带小型哺乳动物对低温的生理生态适应的理想动物。

3. 生理学特性

野生树鼩具有明显的繁殖季节性，每年2～8月是树鼩的繁殖生产高峰期，5月达最高，经人工饲养驯化的树鼩繁殖季节性逐步减弱。7月龄达到性成熟，8月龄体成熟。没有明显的发情周期，多为刺激性排卵。妊娠期为41～46天，每胎产仔1～6只，通常产3～4只，哺乳期为35～42天，平均初生仔体重雌性（11.90±1.03）g，雄性（12.45±1.16）g。多为夜间和凌晨分娩。树鼩性活动可维持4～5年。

新生树鼩赤裸无毛，皮肤粉红色，不开眼，11～12天开始萌发乳齿，10～15天开始睁眼，30日龄树鼩开始自行采食和饮水，幼树鼩生长迅速，6月龄时体重已基本达到成年大小。

树鼩是一种活动性异常活跃的动物，对应激高度敏感。用专用鼠尾检测仪测量，自繁成年树鼩心率（351.61±72.76）BPM，平均动脉压（114.50±18.48）mmHg[①]和（100.67±17.15）mmHg，体温39～40℃。

二、行为学特性

树鼩是一类攀缘型的小型哺乳动物，行急速弹跳式运动，行动敏捷。具有强烈的应激反应，因此在人工饲养过程中必须配备能够避身的暗巢箱。易受惊，若长时间受惊、处于紧张状态下，则导致体重下降，睾丸缩小，母鼩在产后吃掉仔鼩。

（1）活动与休息行为：树鼩具典型的昼行性活动模式，一般单独活动，以黎明和黄昏时最为活跃，中午活动较少，实验室饲养的树鼩喜在笼内做翻滚窜跳活动，能量消耗较大。停息姿势为腹卧，或臀部落地呈坐式，很像老鼠。树鼩晚上蜷缩在笼箱的一角，以尾裹颈而睡，群养的树鼩夜晚睡觉时有相互堆积在一起的行为。在奔跑时，尾巴贴近身体背面或呈半卷曲状。受惊时，尾巴会向上翘起，且不停地抖动。其行为学特性主要有以下几种。

（2）摄食行为：树鼩食性广，从配制的混合饲料到水果、昆虫、鸟蛋、谷类等，尤其喜好甜软多汁食物，常在吃食后饮水。笼养的树鼩常把食物搬到它们喜欢的地方去吃，也将食物藏于巢箱内。一般会用灵活的双趾抱住食物，再用嘴啃，其行为类似松鼠。喜好用前趾清洁嘴唇和面部。

（3）社会等级行为：树鼩的社会等级行为较为明显，十分好斗。若在1个笼内放入2只雄树鼩和4只雌树鼩，关进笼后通过争斗，其中1只雄树鼩不久变成了弱者，而另1只获得统治权的雄树鼩，已享有吃食、占有窝室的优先权，似暴君似的统治所有的雌性树鼩。在自然条件下，单个或成对生活，它们具有自身的领域，并猛烈攻击同种入侵者。笼养条件下，几只放在一起时，雄性之间常发生争斗，或联合攻击和消灭最弱者，故常引起虚弱动物的死亡。

（4）领地标记行为：据Sorenson（1966）观察，树鼩以身体前部（颈和颊）腺体区域分泌的有强烈气味的油质黏性物质和尿作为领域标记物，并常用下巴和喉部，特别是胸部在标记物的正反面上擦。刚放入笼中或换笼之后，可看到雄性绕笼周边、侧网、顶网正反面来回走动。在活动区域内，常沿着一定的路径来回活动。

---

① $1mmHg=1.333\,22\times10^2Pa$

（5）生殖行为：室内饲养的树鼩无明显的生殖季节。但绝大多数交配发生在2～8月，60%的交配发生在2～6月；而在一天中，8：30～10：30和15：00～16：00发生的性行为较多。发情的树鼩比较活跃，常相互追逐和发出叫声。树鼩在求爱期间和交配后，雄性动物总是交替添自己的阴茎和雌性的外生殖器；雌性树鼩有产前筑巢现象。在动情期间的交配方式为大多数哺乳动物所具有的爬跨式。雄树鼩在每次爬跨之后都要舔自己阴茎上的分泌物，有时雌树鼩也舔自己的阴部。多为夜间0：00～1：00分娩。

（6）修饰行为：树鼩在吃食、休息或争斗后立刻进行修饰。它们用牙齿和舌头交替梳毛和舔毛，也用前后趾理毛，吃食后都要彻底舔双趾（即我们所说的"洗脸"和"洗手"现象），清洁面部。修饰行为就个体而言是为了保持清洁，消除体表寄生虫，就种群而言可密切动物间的关系，维持特定的种群结构，对大笼群养是有益的。

第二节　种子资源管理

一、野生树鼩的捕获

1. 野生树鼩的捕获

从野外直接捕捉树鼩一般用笼捕法，其优点是安全可靠。但捕获前必须持有当地林业部门开具的"野生动物特许猎捕证"。

捕捉方法：在野生树鼩常栖息和活动的灌木林和村舍附近的小树林中，观察好树鼩的活动路线，放置捕鼠笼，将树鼩喜食的香甜水果悬挂在捕鼠笼的挂钩上，等树鼩进入笼内取食时，挂钩滑开，弹簧收缩，笼子关闭，即可活体捕获。

2. 野生树鼩的运输

刚刚捕获的树鼩受到惊吓后，神经系统高度紧张，即处于高度应激状态，而且来自不同居住环境的个体集中到一起将发生激烈的咬斗，容易受伤，甚至死亡。同时，环境和食物的改变，导致动物过度疲劳和抵抗力下降，引发疾病和死亡。因此，在运输途中必须有防雨和防寒的运输工具，若运输笼尺寸为30cm×40cm×50cm，一般适宜放20只左右的树鼩，笼内放置消毒灭菌过的织物，以方便树鼩躲藏，减少应激反应；同时放置充足的水果，运输笼外周可用黑布遮盖，使笼内保持暗环境，一方面起防寒作用，另一方面可防止个体间的相互咬斗。运输笼最好用无锐角、网眼小的不锈钢笼，以减少树鼩碰撞笼具造成的损伤。

二、隔离检疫和健康检查

1. 树鼩隔离检疫

野外引进的树鼩需放入规定的隔离检疫设施内观察2周，第1周适应，第2周检疫。检疫设施必须控制温度、湿度、噪声和照度。每天观察动物的精神状况、粪便和饮食情况。记录动物的来源、产地、种类、体重、性别、数量和接收日期等信息。采集样本进行微生物和寄生虫检测，检疫合格者转入繁殖室饲养。

使用机构向生产机构引进树鼩后，也必须先放入隔离设施观察 2 周，并要求供应方提供合法或正规的动物健康检查报告，动物的遗传背景资料及动物的年龄等相关资料。

2. 树鼩健康检查

1）一般外观检查

①皮毛：有无光泽、外伤，是否干燥、脱毛。②眼：有无眼屎、流泪、白内障等。③口腔：有无流涎、出血等。④耳：有无外伤、耳壳曲折、中耳炎等。⑤四肢：有无弯曲、脱臼、外伤，爪有无红肿。⑥肛门：有无腹泻、血便、脱肛等。⑦生殖器：有无缺损。⑧营养状况：消瘦、过度肥胖、成长有无异常。⑨精神和食欲：倦怠、动作不活泼、食欲不振、拒食等。⑩姿势和步态：蜷缩、姿势异常、行走和站立困难、运动失调、跛行等。

2）病毒学检测

根据树鼩易感病毒种类，重点检查项目包括：单纯疱疹病毒（Ⅰ型和Ⅱ型）、柯萨奇病毒、呼肠孤病毒和轮状病毒。常用的检测方法是采用国标（GB / T 14926. 50—2001）所规定的酶链免疫吸附试验法（ELISA）或分子生物学方法检测病毒核酸。

3）细菌学检测

树鼩细菌学检测主要包括 3 个方面的内容，即疾病病原学诊断、动物检疫和对动物群致病菌携带状况的动态观察。一般采用的方法就是从树鼩体内分离及培养病原菌，即病原学诊断方法。各种致病菌均有一定的特性，因而采样部位、分离和鉴定方法也不同。但由于各方法特异性没有分离培养法高，目前在对树鼩的细菌学检验过程中，仍使用比较成熟的分离培养法。

4）寄生虫学检测

（1）体外寄生虫检测：肉眼观察外表，重点检查皮毛上有无虱、蚤，以干净透明胶布直接粘腋下、耳根、腹股沟、肛门附近等处的毛发制片，置于体视镜下镜检。

（2）体内寄生虫检测：抓取并保定树鼩，每只采取豌豆粒大小新鲜粪便标本，置于载玻片上，加生理盐水搅匀涂片，厚度以能透过涂片看清书上字迹为宜。直接在显微镜下检查寄生虫虫卵或虫体。

（3）组织内寄生虫检查：与病理检查紧密结合，在解剖树鼩时，首先肉眼观察组织器官有无异常，对可疑寄生虫感染的部位要重点观察，取肉眼可见的虫体，用生理盐水清洗后做进一步固定。疑为原虫感染者应做组织压片，同时收集该部位组织用 10%甲醛固定后切片检查。检查结果的判断主要靠光学显微镜下查虫卵或虫体。

（4）对野外引入的树鼩必须进行广谱驱虫：线虫感染动物口服阿苯达唑片，并注射伊诺佳注射液一个疗程，阿苯达唑片每天一次，20mg/kg，3 天为一个疗程；伊诺佳注射液每天一次，0.2ml/kg，15 天后再次给药。绦虫感染动物口服吡喹酮片一个疗程，每次间隔 12h，20mg/kg，两次为一个疗程。

第三节 繁育技术

一、种源来源

原代种源来源于野生树鼩。因树鼩是一种胆小易受惊的小型哺乳动物，人工饲养不像饲养其他小型哺乳动物那样方便，从野外捕获来的树鼩，移到人工条件下饲养时，不宜立即改变原来的条件，即便检疫期满后也需要一个适应过程，约 1 个月。依据经验，野外捕获的树鼩喂给适量的苹果，不可过多的给予饲料，饮水充足，饲养设施相对要暗些，尽量减轻人为干扰。

二、繁殖方法

1. 交配方式

繁殖在室内树鼩饲养繁殖专用笼中进行，采用封闭群的随机交配法，按 1♂∶1♀配对。

2. 妊娠诊断

根据配种日期，30 天后进行妊娠检查，通过腹部触诊的方法触摸子宫内胚胎，如摸到子宫内有一节节的圆或长形的硬滑块，则断定母树鼩已经怀孕。确诊怀孕的母树鼩转移到生产间单独饲养待产，转入妊娠期管理。

3. 妊娠期及哺乳期护理

转入生产间待产的母树鼩，应在其生活的巢箱内放入木制窝箱，便于树鼩做窝，同时加强营养供应，生产间环境温度稍高，控制在 22～28℃。每日清晨观察窝箱，一旦发现产仔树鼩，记录生产状况，包括产仔数、仔树鼩活性、吃奶情况等，在整个哺乳期内每天至少观察 1 次，要特别注意保持环境安静，以免母树鼩受到惊吓而食仔。当树鼩在生产间超过 20 天还未生产，需要核实是否为假孕或已经食仔。

4. 离乳

根据每窝幼仔的生长情况，选择出生后 35～42 天的离乳。离乳后的幼树鼩可 2 只关养于 1 笼或 20 只群养，每天给予 5ml/只牛奶，悉心照料。

三、繁育记录

树鼩繁育过程中，母树鼩的编号、产仔数等繁育指标要跟随转移，同时做好记录工作，包括配种时间、怀孕情况、产仔时间、产仔数、哺乳情况、离乳时间。

四、选种和保种

1. 选种

在繁殖过程中把母性好、产仔数多的母树鼩作为基础，进行选种；一般从第二胎至第四胎中选取发育较好、体格健壮的个体留作下一代种源。就外观而言，种树鼩选择标准为体况好，无伤病，被毛光亮，雌树鼩乳头大且均匀，雄树鼩睾丸明显。有下列情况不作为繁殖用：体重小于 110g，体况消瘦的雌树鼩；习惯性流产、食幼仔、不能哺育的雌树鼩；被毛粗乱、无光泽或脱毛的树鼩；阴茎断裂或隐睾的雄树鼩。

2. 保种

目前树鼩仅采用活体保种方式。

五、净化技术

在树鼩实验动物标准化的进程中，已实现普通级种群的建立，在此基础上，树鼩的净化技术以剖腹净化或药浴净化为主。剖腹净化解决仔树鼩剖腹时间、人工乳的研制与喂养方法和屏障环境下的饲养管理等关键技术。与此同时，需尽快制定普通级和清洁级树鼩的微生物学、寄生虫学质量控制国家标准，以监测树鼩净化效果。

第四节 饲 养 管 理

一、设施环境

人工饲养树鼩笼舍设施必须能够防逃逸，足够空间的、通透的活动笼具备供歇息的暗巢箱栖木、水盒、料盒和玩具等。环境温度控制在16～28℃，相对湿度30%～60%，噪声≤40dB，室内光照 10h∶14h 明暗交替，动物照度为 10～15lx，普通级设施自然通风换气。

树鼩饲育笼具实用规格如下。

（1）巢箱和笼子的大小分别为 350mm×168mm×211mm 和 400mm×380mm×355mm，巢箱由深色的 PCV 材料制成，笼子由不锈钢丝焊接而成，间隙 10mm，易于清洁消毒。

（2）巢箱和笼子之间的通道可以用进出门隔开，巢箱可以单独取下，当树鼩进入窝箱时关闭进出门，易于抓取动物且防止动物逃跑，保证各种动物实验顺利进行。

二、营养需要

1. 正常生长发育营养需求

基础饲料营养配比为：水分 30%～40%、粗蛋白质 22%～25%、粗脂肪 4%～5%、无氮浸出物 22%～25%、粗纤维 2%～4%、粗灰分 6%～7%、钙 1.2%～1.5%、磷 0.6%～0.9%。可以选用混合饲料自制蒸糕，也可购买商业幼犬颗粒料或特制树鼩颗粒料，并补给适量的水果、黄粉虫等以丰富食物。

2. 繁殖营养需求

在基础饲料的基础上，适量补充动物性蛋白、牛奶和水果。

三、饲养管理操作规程

1. 饲育操作程序

1）一般状况的检查程序

每天检查动物笼具及设施有无破损，防止树鼩遭受意外伤害和逃逸。观察并记录树鼩的进食、饮水、大小便、精神状况。

2）饲料种类

目前没有树鼩的专用饲料，可饲喂商业幼犬颗粒料或自制蒸料（全价混合饲料 10kg+鸡蛋 10 个+奶粉 1000g+白糖 500g，加水少许，搅拌，混匀，放入蒸箱，蒸熟冷却后即可喂食）、水果（带皮水果先用 1%高锰酸钾水浸泡 10min，清水洗净，切成小块喂食）、黄粉虫、牛奶等。

2. 喂食量

每天 8：30、17：00 分 2 次饲喂基础饲料，50g/只，13：30 饲喂水果。生产及哺乳期的树鼩每天补充动物性蛋白 10g/（天·只）或纯牛奶 5ml/（天·只），20g 水果/（天·只）。

3. 饮水

可将城市饮用水加入饮水瓶或水盒。保证每天有充足的水供动物饮用。

4. 清洁与卫生

（1）动物房每天打扫一次，清除剩余食物、果皮残渣及排泄物。

（2）窝箱和活动笼每月清洁一次。先用消毒药水浸泡，然后刷洗干净、晾干。食盒和水盒每天清洗消毒一次。

5. 标记

树鼩个体标记最好采用在巢箱上贴标记卡的方式，卡片上详细记录树鼩的编号、性别、年龄、来源、用途等信息。也可采用芯片植入法，将有条形码的芯片植入树鼩颈背部皮下。

对于繁殖生产的树鼩，必须填写繁殖卡，包括生产日、产仔数、离乳日、离乳数及留种淘汰记录。

对于不同代次的树鼩，选用不同颜色的标记卡进行区分，卡片内容一致。

6. 记录

每天填写饲养环境的温湿度记录，动物健康状况记录，饲喂记录，配种繁殖记录，外伤和疾病等饲养管理相关记录。

四、兽医护理

树鼩因胆小，怕噪声和强光刺激，常常表现应激反应。在人工饲养管理过程中，动物的健康及质量与兽医的责任心和水平密切相关。

1. 疾病观察及治疗

兽医每天上午逐个观察动物的精神、饮食、粪便是否正常，有无外伤，如果出现异常，对该动物进行隔离检查。若动物出现疾病症状，及时诊断，并实施治疗，同时做好病历记录。如不明原因死亡的树鼩超过 5 只以上，应该进行大体解剖，必要时采集相关组织样品，做病理切片，和采集相关样品，如血液、粪便、体液，培养和分离病原菌，查明死亡原因，并提出疾病控制方案。如遇特殊病例，应该采集相关组织样品或留样，做病理切片，并采集相关样品进行检测，查明病因，记录病历。

2. 检疫

（1）引种检疫：树鼩进场 1 周后，组织相关技术人员对每只动物进行身体状况检查（包括四肢、五官、毛色、分泌物和精神状况等），采集血液、粪便、毛发等样品，进行微生物学和寄生虫学检测。

（2）常规检疫：每年应该组织相关技术人员对树鼩饲养群体进行 1 次微生物学和寄生虫学指标的普查，或者每 3 个月抽样（按 5%比例）检查。

（3）定期驱虫：人工饲养的树鼩群体，每年驱虫 1 次。驱虫方案依照上述第二节中内容进行。

五、人员的安全防护

（1）树鼩饲养管理和开展动物实验的人员，每年必须进行 1 次身体健康检查，患传染病者应避免从事动物饲养和动物实验的工作。进出设施，必须穿戴个人防护用品，如工作服、手套、口罩、帽子、胶靴等，防止人畜共患病的交叉感染。

（2）动物房内绝对禁止饮食、吸烟、打电话或其他妨害卫生的行为。

（3）从事树鼩动物实验及树鼩饲养管理的人员，均要接受疾病防治措施，认识工作中的危险性，包括被树鼩咬伤或对树鼩产生过敏，并学习防范和治疗技术。还需防范因保定而对动物造成的伤害，如挫伤、溃疡、局部水肿或动物窒息等，一旦发生上述现象，兽医应加以治疗，必要时将动物从保定器上移开。

（4）从事传染性疾病动物实验的工作人员，应严格遵照各项操作规程的要求规范操作，防止人为的意外伤害。当遭受动物咬伤和生病时，应及时报告其主管，同时及时进行有效的伤口处理和相应的治疗措施，采集血清–80℃保存，以备进一步诊断之需。

（5）对使用危险品的动物实验工作人员，应严格遵循相关的生物安全管理制度。危险品的使用及处理，必须遵守国内有关法令规定，并参考国外相关的规则或指导手册。动物室内进行危险品实验时，应在明显处标示警告标志，告知其他工作人员注意。

六、废物处理

1. 动物尸体及组织

包括动物尸体，解剖后的血液、体液、组织器官、皮毛等，需要套袋焚烧。

2. 动物房废弃物

包括动物粪便、尿液等排泄物，食物残渣，果皮，灰尘颗粒，动物毛发，垫料，污水等，用冲洗干净，排入下水道，流入化粪池，经过污水处理站处理，只有达到城市污水排放标准方可排入城市污水下水道。

3. 动物实验废弃物

包括实验器材，如注射器、针头、导管、塑料袋等，以及工作人员用品，如一次性手套、帽子、口罩、工作服、器械等，应先分类装入不同的袋中或容器中，接触过病原菌或感染性疾病的物品，如动物的血液、体液等，应该先进行高压灭菌处理，再交由专业的城市环保部门，按照医疗废弃物规定处理。

第五节　使 用 管 理

一、树鼩的获取

1. 来源

引进树鼩应该从合法、正规的渠道进行采购，同时保证树鼩的质量。动物使用机构应向相应部门索取所用动物的质量合格证，动物的遗传背景资料，动物的微生物检查资料及动物年龄和健康方面的资料，必要时要求对方提供方便运输的有关证明材料。

2. 运输与接收

树鼩的运输是一项值得十分重视的工作，因为树鼩本性胆小易受惊，受到惊吓后神经系统处于高度应激状态下，且不同个体放到一个运输箱中，个体之间会发生咬斗，造成损伤。运输中要保证动物不被污染，并保持正常状态；笼具的大小应保证树鼩有正常活动的空间，根据树鼩喜暗怕光的特点，需要在笼具内放置一些棉布，便于树鼩在笼具内躲藏，避免造成过度惊吓；减少由温度变化引起的动物不适或死亡，不易在极端天气进行树鼩的运输。

树鼩接收时应按照动物运输箱上的标签，仔细核对动物的年龄、性别、数量、供应单位名称、动物的微生物控制等是否与要求相符。

3. 隔离观察与健康评价

引进的树鼩必须隔离观察 2 周时间。树鼩运输箱表面用消毒药，如 0.5%～1%的过氧乙酸、1%～2%的消毒灵、75%乙醇等喷雾消毒。人工抓取，逐一将树鼩放入相应的隔离观察笼具内，放入饲料与洁净饮水。每只树鼩挂上个体标识卡，记录必要的背景资料，建立个体档案。对引进的树鼩，要观察动物的一般状态，确认有无异常，并填写健康评价表。

二、基本操作技术

（一）抓取与保定

1. 器具抓取保定法

使用自制捕捉保定袋抓取保定树鼩。捕捉保定袋由铁丝、深色厚布料制成。将铁丝弯成圆环形，带一直线形手柄，圆环直径不小于 8cm（稍大于饲养巢箱直径），将深色厚布料缝制成高约 20cm，一端大（直径约 10cm）一端小的圆锥形布袋，大开口端套缝在圆环形铁丝上，并穿上小布条以方便收口。捕捉时将捕捉袋口与饲养巢箱的孔紧密相对，在巢箱孔相对方向轻轻拍打巢箱，树鼩受惊后便钻进捕捉袋，随后收紧袋口。此方法可对非麻醉状态的树鼩进行转运、采血等实验。

2. 徒手抓取保定法

对树鼩进行实验操作时需要直接抓取，操作人员佩戴两层手套，内层为医用乳胶手套，外层为帆布手套。抓取树鼩有两种手势，一种是手呈握式，即大指与其他四指对握，手掌朝动物背部压下，握住动物的背腰部；另一种是将动物头部固定在食指和中指之间，左前肢固定在大拇指和食指间，右前肢固定在中指和无名指间，小指握住动物腹部，另一只手抓住动物下肢及尾部。可进行采血、注射、灌胃给药等实验。

（二）供试品给予方法

1. 经口途径

经口途径即插入法给药，又称灌胃给药。此法能准确掌握给药量和给药时间，并能发现和记录症状出现的时间和经过。但由于对动物食道会造成一定程度的机械损伤或心理影响，要求熟练掌握灌胃技术。

操作前先大致测量从口腔到胃（最后一根肋骨后缘）的长度以确定灌胃针插入的深度。由于树鼩体型过小，可采用人用的无菌导尿管代替胃管进行灌胃。操作时抓取保定动物，保持垂直体位。开口器置于树鼩上、下腭牙齿之间，并向下压住舌头，左手固定好开口器，右手持导尿管由开口器圆孔伸入口腔，沿上腭壁缓慢插入食管进入胃内。为保证插入顺畅，导尿管可事先用水浸湿。为防止误入气管，可将导尿管外端浸入水中观察是否有气泡冒出，若有，表明误入气管，需拔出重新再插。确认进入胃内后方可注入药液，注入完毕以少量清水冲洗残留在管内的药物，最后拔出导尿管，取出开口器，释放动物休息，并观察动物是否有呕吐情况发生。若所给药物为少量的液体或混悬液，也可用注射器滴入动物咽部深处，使其自行咽下。

2. 注射途径

1）皮内注射

皮内注射是将药液注入表皮与真皮之间，多用于免疫、接种和过敏实验等。操作时，将注射部位剃毛，暴露皮肤，以酒精棉球消毒后用左手拇指和食指把皮肤捏成皱襞，右手持注射器使针头与皮肤呈 30°角，针头斜面朝上沿皮肤表层刺入皮肤内。注意进针要浅，避免进入皮下，但也要注意使针头斜口充分进入皮内。当药液注入皮内时可见到皮肤表面会鼓起一个小包，形成皮丘，毛孔因皮肤鼓起而更明显。若小泡没有很快消失，则证明药液确实注入了皮内。注射完毕，由于皮丘内压力过大不要马上拔出针头，应稍停留几秒钟以避免药液逸出或用脱脂棉球轻压针口。

2）皮下注射

皮下注射是将药液注入真皮之下。所选注射部位一般为肩部、背部和大腿内侧。操作时先消毒注射部位皮肤，将皮肤轻轻提起，注射针头与皮肤呈钝角刺入皮下，通常会感觉到落空感或阻力突然变小。继续稍微推进针头轻轻向左右两边摆动，容易摆动说明已刺入皮下。回抽针栓无液体或血液回流时即可缓慢注射药物。拔针时用脱脂棉球按压针孔片刻以防药液逸出。

3）肌内注射

肌内注射一般选择肌肉发达、无大血管的部位。树鼩通常选择大腿部位内外侧进行肌内注射。操作时，先固定动物，剃去注射部位被毛，消毒皮肤，右手持注射器与肌肉呈 60° 角左右快速刺入肌肉内，回抽针栓无血后即可推注药液。注射完毕快速拔出注射器，并用手指轻轻按摩注射部位以利药液吸收。

4）静脉注射

树鼩静脉注射通常选择尾部静脉，位置以尾长 1/2 处为宜。若需注射多种药物，应尽可能从尾末端开始，逐渐向根部移动更换注射部位。操作时麻醉动物或保定动物，露出尾巴，剃去尾巴腹面待注射部位被毛，用左手食指和中指夹住尾巴，无名指从尾下托起尾巴，拇指和小指夹住尾梢，碘伏、乙醇消毒皮肤，右手持注射器平行血管或以小于 15°角进针刺入血管，回抽针栓有回血后即可慢慢注入药液。注射完毕立即拔出注射器，用脱脂棉球压住注射部位止血。

5）腹腔注射

树鼩腹腔注射时，先用左手固定住动物，使其腹面朝上，头略低于尾部，消毒待注射部位，右手持注射器，在下腹部腹白线左侧（若需注射右侧也可）从下腹部朝头的方向将针头平行刺入皮下，沿皮下向前推进 3～5mm 再把注射器尾部抬起，使针头与皮肤呈 45°角穿过腹肌刺入腹腔。针尖穿过腹膜时通常有落空感。回抽针栓无血液或其他异常液体回流时即可缓慢注入药液。注入完毕快速拔出针头，若表皮有少量出血可用脱脂棉球稍压迫止血。

（三）样品采集

1. 尾静脉采血

适用于少量血液（1ml 以下）的采集。适宜选用 1ml 或 2ml 注射器，4½号注射针头。

树鼩麻醉或仰卧位保定后剪去尾部腹面被毛，碘酒、乙醇消毒采血部位，便可见到与尾巴走向一致的尾静脉。用左手中指和无名指夹住尾巴远端，食指可伸入尾巴近端下方，利用动物自身体重略撑高拉直尾巴，右手持注射器以一定倾斜角度轻轻刺破皮肤，再顺血管走向刺破血管后稍用力抽吸即可。必要时可一抽一放以防针口吸住血管壁而堵塞。采够所需血量后拔出注射器，用无菌脱脂棉球压迫止血至不再出血时即可将动物放回笼内。

非麻醉状态时，需两人配合，一人固定动物，一人采血。采血时一人可用大小适宜的布袋（最好用帆布袋）装入树鼩，露出整个尾巴后夹住袋口以防被其咬伤，充分固定好动物后再行采血，操作同上。

2. 股静脉采血

适用于中量至大量血液的采集。注射器可采用 1～5ml 注射器，4½号注射针头。另外，也可采用负压管加采血针采血，但因采血针相对树鼩血管较粗，进针和止血要求均更高。

树鼩麻醉仰卧位固定后剃去大腿鼠蹊部被毛，以食指指尖腹部触摸或用眼观察血管搏动部位，碘酒和乙醇消毒。用左手中指和无名指夹住小腿，食指顶住大腿下方，右手持注射器以接近水平角度轻轻刺破皮肤，稍抽吸针管保持负压，再以一定倾斜角度向下向前刺入血管搏动位置，吸到血液后保持住直到采够血量。用无菌脱脂棉球轻轻压住采血部位后拔出注射器，同时立即稍加用力压迫采血部位直至止血方可释放动物。

非麻醉状态时，最好两人配合，一人固定动物，一人采血。采血时需用大小适宜布袋装入树鼩，露出一侧后肢后收缩袋口夹住口袋以防被其咬伤，固定好动物后，其余操作同上。

值得注意的是，需要连续采血时为了保证动物尽快恢复，建议在后肢两侧动脉血管轮流交替采血。

3. 心脏采血

适用于中量至大量血液的采集。注射器可采用 1～5ml 注射器，但针头建议采用 6½号注射针头。

将树鼩仰卧位固定后剪去胸部被毛，以食指指尖腹部触摸左侧肋骨，选择心跳搏动最强处用碘酒、乙醇消毒皮肤，用注射器针头从心跳搏动最强处肋间刺入心脏，一般血液可借助血压自动进入注射器，也可适当加负压抽吸。注意刺入心脏时用力应稳重，不要太猛，以防刺穿造成动物死亡。采完血后应立即将动物放回笼内休息。

非麻醉状态采血时，最好两人配合，一人固定动物，一人采血，以免动物因疼痛刺激难于固定而造成采血失败，甚至造成动物心脏刺穿或过度损伤而死亡。

4. 消化液采集

采集时间应安排在正餐进食前。采集前需用食物气味和颜色刺激胃液分泌，再插入导管采集。胆汁和胰液的采集则需麻醉动物后手术采集。

5. 尿液采集

树鼩由于活动性强，尿量少，一般不宜采用代谢笼进行尿液采集。树鼩膀胱位于耻骨下方，通常可用膀胱穿刺法、膀胱压迫法等采集尿液。

膀胱穿刺法：将动物麻醉后仰卧位固定，剪去局部被毛，消毒，在耻骨前腹部正中线用连接针头的注射器直接缓慢刺入膀胱采集尿液。刺破皮肤进入腹腔后适当加负压抽吸，若采集到即可，若未采集到再适当进针后抽吸。

膀胱压迫法：将动物固定后，用拇指和食指按压骶骨两侧的腰背部或轻轻压迫膀胱的体表部位刺激其排尿。另外，有少量树鼩在抓取过程中会出现反射性排尿，但尿量较少，若所用树鼩都的排尿可满足实验要求，也可以采用此法收集尿液。

（四）麻醉与镇痛

对树鼩实施全身麻醉的目的是有效地消除树鼩的疼痛、不适、恐惧和骚动，保证动物实验顺利完成，以及树鼩和人员的安全。全身麻醉的方法是利用麻醉药物对中枢神经系统产生暂时的抑制作用，从而使动物无疼痛感，但保持延髓和平滑肌组成的功能。目前建立的树鼩全身麻醉方法主要有吸入麻醉和非吸入麻醉。吸入麻醉有异氟烷麻醉，非吸入麻醉有盐酸氯胺酮、戊巴比妥钠或速眠新。

1. 吸入麻醉

异氟烷麻醉：将麻醉药品异氟烷液体倒入气体麻醉机挥发罐中。麻醉机在工作时把高压气体——氧气减压后变为低而稳定的低压气体，异氟烷经挥发罐转换为麻醉蒸汽后以 0.75%浓度与氧气和氮气形成混合气体，由管道输入装有树鼩的密封笼盒内，1～2min 后可观察到动物无抓咬能力，肌肉松弛，即进入麻醉期。

2. 非吸入麻醉

（1）盐酸氯胺酮：动物称重后腹腔注射，给药剂量为 40mg/kg。麻醉期维持时间（10.12±2.13）min。

（2）戊巴比妥钠：动物称重后腹腔注射，采用生理盐水配制的 2.5%戊巴比妥钠，除菌过滤后使用，给药剂量为 50mg/kg。麻醉期维持时间（51.95±12.94）min。

（3）速眠新：动物称重后肌内注射，给药剂量为 1ml/kg。

3. 安死术

树鼩的处死必须遵循实验动物的伦理要求和动物福利法，按照人道主义原则处死动物。在动物实验中因为中断实验而淘汰动物，或为了采取动物的血液或者脏器组织做进一步实验分析，或因为保护健康动物而处理患病动物时，需要对动物实施安乐死。安乐死是常用来处死实验动物的一种手段，采用人道的方法处死动物，尽量减少动物的惊恐或焦虑，尽快让动物安静地、无痛苦地死亡，尽可能使动物在最短的时间内意识消失而死亡。树鼩安死术主要有以下几种（过量麻醉法）。

（1）首先给予安定剂，如盐酸氯胺酮（80mg/kg，肌注）。一旦达到安定后，就静脉内或心脏内注射过量的戊巴比妥钠。此法可使动物的紧张和挣扎减到最小限度，并且技术简单。

（2）腹腔、静脉、胸腹或心内注射巴比妥类药物，巴比妥钠（100mg/kg）通常易于做腹腔或静脉注射。预先肌内或皮下注射盐酸氯胺酮有助于这一操作。或巴比妥钠可与其他麻醉剂或物理方法（如放血）联合使用。

（3）气体吸入法。使用麻醉箱通入二氧化碳、氟烷或甲氯氟烷，这些气体可单独使用，也可在麻醉后使用。

第六节　疾 病 控 制

一、异常行为的观察

（1）据我们观察大笼群养的树鼩，正常活动行为表现为：奔跑迅速，敏捷，喜爱爬高跳跃。休息和活动时多在架高栖木、竹筒、巢箱顶面或四周网壁上，在地面活动较少。当树鼩身体状况出现异样时，常常表现为在笼底地面缓慢活动，或蜷缩于巢箱内，跳跃力差甚至没有，工作人员进入笼内也不会迅速逃跑，摄食行为和修饰行为减少，此时兽医应将其抓捕进行健康检查，及时加以隔离诊断和治疗。

（2）在小笼饲养的树鼩，其正常行为表现为："后空翻"运动是最具特点的。其空翻的全过程是：在笼网底稍停，仰头，翘尾，躬身，然后起前脚，后脚用力向后猛蹬，整个身体向后翻，腾空快接近网顶时，前脚轻触网，完成空翻 360°，轻落于距起跳点之后 5～10cm 处。性情温顺的树鼩，当工作人员靠近饲养笼时，有的迅速跑到笼网前面，有的身体在巢箱内，而头伸到巢箱外，有的跳到栖木上，似乎在寻求工作人员的食物奖赏。当树鼩身体状况出现异样时，常常蜷缩在巢箱内，或趴伏于笼网底，此时兽医应对其进行健康检查，及时加以诊断和治疗。

二、外伤

群养或配对繁殖的树鼩，因社会等级行为或交配行为，均会因为频繁残忍的争斗而导致外伤，树鼩外伤部位多发生于头颈部、肩背部。当发现外伤时需及时隔离受伤动物，并用药用的过氧化氢液涂抹伤口进行消毒，作用 3min 后擦干过氧化氢，再在伤口处涂以呋喃西林粉。如果伤口面积大或有感染，需要每天坚持消毒伤口，并肌内注射青霉素。

三、主要传染性疾病

1. 胃肠炎

该疾病在树鼩中发病急剧，流行迅猛，发病率和死亡率极高，可达到 50%以上，是人工饲养树鼩最应重视的一大疾患。

树鼩胃肠炎发病初期，厌食，排出大量稀便，有时还伴有未消化的食物残渣，或黑红色稀便；身体卷曲，身毛耸起，头下垂；消瘦，眼球下陷，可在 1～2 天内死亡。肠道细菌培养发现，引起胃肠炎疾病的病原菌主要是沙门氏菌，依次为致病性大肠杆菌、变形杆菌，志贺氏菌似乎对树鼩不敏感。尸检时见树鼩脱水，消瘦，肛门处有稀便或黑红色黏稠便；肠胃壁充血，腔内含黑红色内容物。镜下见胃肠黏膜坏死、出血，黏膜下充血、水肿和炎症细胞浸润。病变好发部位依次为小肠、胃、食道，大肠病变少见。

2. 肺炎

该疾病仅次于胃肠炎。由于树鼩从野外进入实验室或某些原因使其机体抵抗力下降，可自体感染引起肺炎。在饲养条件不良的情况下，可以互相传播使肺炎暴发。

树鼩肺炎临床症状的表现有发热厌食，常换体位，呼吸急促，身毛耸起。引起肺炎的病原菌主要是葡萄球菌，假单胞菌和链球菌次之。咽拭子和粪便采样进行细菌培养，可以检出病原菌。在进行因肺炎死亡的树鼩尸检时，可见整个肺叶呈鲜红色或暗红色，以中叶和下叶多见。胸腔内有少量淡黄色积液，此症状可诊断为大叶性肺炎。若两肺各叶特别是右肺奇叶上有大小不一，呈红色、暗红色或黄色的绿豆或针头大小的病灶；有时实变区在肺叶边缘成索状分布，其切面上可见以细支气为中心的充血、出血等实变区，此症状可诊断为小叶性肺炎。

3. 病毒性疾病

病毒分离发现，野生树鼩携带Ⅰ型和Ⅲ型呼肠孤病毒。流行病学调查显示，树鼩在应激状态下，免疫力下降时，呼肠孤病毒的感染率可以高达 50%，并可造成中枢神经系统疾病等一系列疾病，包括脑积水、脑膜炎；其也可侵入上皮细胞致树鼩呼吸道及肺部感染。该疾病死亡率较高，严重危害了树鼩健康，需要引起重视。

野生树鼩病毒抗体检测发现，轮状病毒、疱疹病毒（Ⅰ型和Ⅱ型）、腺病毒和柯萨奇病毒均可感染树鼩，这些病毒主要感染树鼩的肠道细胞，临床表现为腹泻而引起的胃肠炎疾病。近年来大量研究表明，用 HBV 和 HCV 阳性血清，或 HCV 的 JHF-1 病毒株的细胞培养病毒液（HCVcc）感染树鼩后，可引起树鼩短暂的病毒血症，损伤肝细胞导致肝细胞病变，或肝细胞纤维化的病理变化，提示树鼩将成为病毒性肝炎疾病研究最具潜力的动物模型。

由于树鼩在感染轮状病毒、疱疹病毒（Ⅰ型和Ⅱ型）、腺病毒或柯萨奇病毒肠道病毒后，一般情况下很难表现出临床症状，但通过相应的 ELISA 检测试剂盒或中和抗体检测均能检测到血清抗体，也可应用实时荧光定量 PCR 方法检测血清中病毒载量来诊断病毒对动物的感染情况。

4. 寄生虫病

树鼩常见的体外寄生虫有虱、螨，会对树鼩产生瘙痒、皮炎、脱毛、贫血或过敏反应等危害。

常见的体内寄生蠕虫有奇口线虫、类圆线虫、旋毛虫和膜壳绦虫。轻度感染者无明显异常，但可诱导保护性或（和）病理性的免疫应答，均可导致相应的病理变化。重度感染者白细胞升高、血红蛋白下降，甚至导致肠套叠而死亡。

树鼩的体外寄生虫检查主要采用拔毛法，在解剖镜下直接镜检即可。体内寄生虫检查主要应用粪便漂浮法，制片后在显微镜下观察。例如，肝毛细线虫是寄生在宿主肝的线虫，成虫产出的虫卵主要沉积在肝，仅有少数随粪便排出，肝内由于虫卵沉积和成虫寄生形成肉芽肿，死亡虫卵和虫体周围出现胶原纤维，导致肝功能变化和肝硬化。膜壳绦虫主要寄生在宿主肠道，而旋毛虫寄生于小肠和肌肉组织。

四、卫生与防疫

为了预防微生物或寄生虫病原对树鼩的感染或疾病的交叉感染，减少疾病的发生、暴发和降低死亡率，在树鼩的人工饲养过程中，应从下面几方面加以控制。

1. 加强饲料和饮水的卫生

饲喂新鲜洁净饲料，水果应先用1%的高锰酸钾溶液浸泡，用水洗净后才能饲喂，料盒和水盒每天清洗干净，饮水保持洁净。

2. 加强动物房和笼具的卫生

室内经常通风，每天必须对树鼩动物房和笼具进行一次冲洗，清理粪便、尿液和剩余食物，每周更换笼器具（不锈钢笼、料盒、水盒和巢箱），清洁消毒，即清洗后用消毒药水浸泡、清洗，或用紫外线消毒。动物房每周用紫外线灯消毒2～3次，每次20min。

3. 加强环境条件的控制

人工控制饲养环境的温度为16～28℃，相对湿度为30%～60%，动物照度为10～15lx，噪声低于40dB。

4. 加强动物设施的管理

树鼩饲养或实验设施必须包含检疫室、隔离室、饲养室或实验室、配种室和繁殖室。动物按照不同用途，分区饲养和管理。

5. 加强动物的检疫

树鼩在引进和常规饲养过程中，应严格按照检疫规程进行微生物学和寄生虫学的检测或监测，每3个月应抽样检测一次。

6. 加强寄生虫的预防

每年至少一次将广谱寄生虫驱虫药（如依维菌素）拌入饲料或稀释到饮水中，对饲养的树鼩进行驱虫。体外寄生虫较严重的树鼩，还应将树鼩麻醉后药浴驱虫。

7. 加强工作人员的卫生管理

工作人员每年进行一次健康检查，工作中的所有行为必须严格执行各项操作规程，避免疾病的交叉感染。

8. 加强废弃物的管理

在饲养和实验中产生的所有废弃物，如动物粪便、尿液、血液、组织、骨骼甚至尸体，以及工作和实验用品，严格按照有关规定进行消毒、灭菌甚至焚烧，杜绝疾病的传播。

9. 加强患病动物的管理

兽医应及时将患病的树鼩转入隔离间，诊断、治疗和观察，同时指导人员进行动物房和笼舍的消毒，防止疾病的传播和流行。治疗过程中严禁滥用抗生素行为，对患病动物采用有效的抗生素治疗。如发现因肠道细菌引发感染的树鼩，必须根据药敏实验的结果有针对性地选用适合的抗生素。

第二十章　猫

猫（*Felis silvestris catus*）为小型猫科动物，是野猫中的亚种，于 3000 年前被古埃及人完全驯化、饲养，用于捕鼠及其他啮齿类动物，以防它们吃掉谷物。在中国，饲养猫也有 2000 年的历史。

猫自 19 世纪末开始用于实验。目前，猫作为常用实验动物，在神经学、生理学和药理学、毒理学方面的部分实验效果较啮齿类更接近于人，适宜做观察各种反应的实验。猫有 19 对染色体，平均寿命为 12 年。

第一节　主要生物学特性

一、解剖学及生理学特性

（1）齿式：2×（3131/3121）=30，位于上颌的后假臼齿和位于下颌的第一真臼齿通常较其他牙齿粗大，因而命名为食肉齿。

（2）消化系统：猫舌的形态特征是猫科动物所特有的。猫舌上的丝状乳突被有较厚的角质层，成倒钩状，表面披有很厚的倒钩形角质层，方便猫刮干净骨头上的肉。单室胃，盲肠细小，肠壁较兔厚，其肠管结构具有明显的食肉动物的特征，大网膜非常发达。

猫属于真正的肉食类动物。例如，猫不能将饲料中的胡萝卜素转化成维生素 A；也不能由半胱氨酸合成猫视网膜含有的牛磺酸；不能由亚油酸合成花生四烯酸；也不能由色氨酸合成烟酸，均需由食物补给。

猫要求饲料中有较高的粗蛋白质，要求的动物性饲料比例也最高。

（3）视觉：猫的眼睛与其他动物不同，能按照光线的强度灵敏地调节瞳孔。光线强烈时，瞳孔可收缩成线状。晚上视力依然很强，所以晚上可猎食鼠类。

猫视网膜含有大量牛磺酸，若摄入不足，视网膜会出现退行性病变。

（4）神经：大脑、小脑较发达，平衡感觉、反射功能发达，瞬膜反应敏锐。对去脑实验和其他外科手术耐受力强。

从中枢神经系统的解剖特征看，猫大脑皮层丰富，发育完善，具有高智生物的典型大脑半球。

（5）循环系统：循环系统发达，血压稳定，心搏力强，血管壁坚韧，对强心苷和组胺较敏感；猫可迅速代谢组胺等生物活性物质。做药物筛选实验和降压物质检验时，同一实验可连续多次，隔一定间隔注射供试品，得到更多的数据。

（6）生殖和寿命：猫是季节性多次发情动物。自然条件下，最佳交配期在春季和秋季。但在温度、光照适宜的环境中，全年均可交配。有 4 对乳头，双角子宫。猫是典型的刺激性排卵动物。交配后约 24h 排卵。交配后 5～7 天着床。6 个月性成熟。性周期约 14 天，但不规律。发情持续期 3～7 天。离乳后 4～6 周发情，此时交配成功率高。怀孕期 60～68 天，每胎产仔 1～6 只，最多 8 只。寿命 8～14 年。

（7）其他：春夏、秋冬交替季节各换毛 1 次。

现在分布在世界各地的猫，就体长和体重比较，差别都较小。成年猫体长一般 40～45cm，（不计尾长），体重雄 3～4kg，雌 2～3kg。

生理指标：体温 38.0～38.5～39.5℃；心率 120～140 次/min；呼吸频率 20～26～30 次/min；血压 75～100mmHg/120～150mmHg（10～13.3kPa/16～20kPa）；红细胞数（0.7～1）$\times 10^6/mm^3$；血红蛋白 8～13.8g/100ml；白细胞数 9000～16 000～24 000/mm^3。

二、行为学特性

猫是猫属中体型较小的物种，但由于猫是很有地域性的动物，每只猫都拥有各自的领域，会在自己的地盘留下气味，利用猫下巴、耳朵及尾部具备的皮脂腺磨蹭物体。猫为非群居动物，因此不易大量人工繁育。

猫为补充精力，睡眠时间较其他动物长久。每日睡眠时间在 12～16h，猫对呕吐反应灵敏。猫在正常情况下很少咳嗽，但呼吸道黏膜对气体很敏感，受到机械或化学刺激易发生咳嗽。猫的平衡感觉、反射功能发达，善捕捉、攀登，猫有在固定地点大小便的习惯，便后立即掩埋。

第二节　种子资源管理

根据实验用猫被毛的长度，可分为短毛猫和长毛猫。一般推荐用短毛猫做实验。长毛猫体质衰弱，实验耐受性差。

日本、欧美均有封闭群实验动物猫，但至今尚未有国际公认的实验动物猫品种。

国外的短毛猫品种：日本猫、美国短毛猫、泰国猫、阿比西尼亚猫和埃及猫等。

我国的短毛猫品种：①虎皮猫，毛色呈黄色，虎斑状条纹，分黑虎皮和黄虎皮两大类。华药虎皮猫：华北制药实验动物中心自 20 世纪 70 年代末经 40 多年选育出的品种，毛色基因型为 $aaBBCCDDHHLLmmooRRsst^bt^bww$，毛色为黄虎皮，条纹色深，其他遗传特征稳定。系统命名为 Tiger Skin/North China Pharmaceutical Corporation Cat.，简称 TS/N，性情温顺，体重中等，人工饲养条件下繁殖稳定，已在国内药品检验和医学科研中使用多年。②狸花猫，我国各地均有分布。除颈、腹下的毛色为浅色外，其他各部为深浅相间的窄条纹（毛色基因在 T 位点系野生型 t^+t^+）。

一、种源要求

应选用专门用于繁育研究目的的无人畜共患病（如无泛白细胞减少症、沙门氏菌、弓形体等）的猫作种猫，至少这些猫应知道年龄、质量和系谱等。

应选择外观健康的猫。老年猫，有恶习的猫，怀孕、哺乳、未断乳的猫，明显有病的猫和残疾猫应剔除。

初步检查应包括详细检查动物的全身表现和动物的营养状态，特别注意皮肤、被毛、眼睛、口腔、肛门周围等。

触诊：检查皮肤弹力，腹部是否有腹水等。

二、隔离检疫

检疫期间，应一猫一笼；接收待检疫猫前，检疫房间应彻底清洗消毒；检疫期最少10天，最好28天；所有动物应检查内外寄生虫，必须详细筛查猫的皮肤真菌（钱癣）——它可引起人畜共患病；由于猫的呼吸道疾病可在动物间传播，检疫期间不要换位置。

第三节　繁育技术

一、选种、育种

选择双亲和同胞健康、无遗传疾病、双亲繁殖特性好（胎产仔＞4只，离乳＞3只）的外观符合条件、生殖器官发育完善的个体作为育种猫；性情粗暴、神经质的个体不可留种。同一双亲只选1只作为种用。

二、保种

封闭群最少应保持种公猫15只，种母猫75只，避免近亲繁殖。

三、繁殖方法

适配年龄：10～12月龄。体重：雌2～2.5kg；雄3～3.5kg。种猫外观无异常，其双亲繁殖成绩良好，可利用6年左右。

交配方法：一雄多雌，自然交配。

尽管阴道涂片可确认雌猫是否发情，但国内尚未普遍采用。国内尚未普遍采用人工授精技术。

第四节　饲养管理

一、设施环境

猫最适宜的温度为18～21℃。国家规定普通级猫的繁育设施16～28℃。猫的抗寒能力很强，离乳后的猫能在−5℃的环境正常生活，而温度超过36℃猫的体质严重下降。

繁育区走廊应有2道门，用以防止猫逃脱。

1. 房间饲养要求

除需做短期实验的猫（如在代谢笼的猫）外，其余猫应在房间饲养。一个房间可饲养多只动物，每只猫占地面积为1m^2，房间养猫要求猫房至少0.76m高。每间房要求有木架，木架除有动物可进行抓挠运动的作用外，还有防止动物间咬斗，供动物休息的作用。

2. 笼养要求

单只猫占地面积为 $0.4m^2$。笼的规格：实验笼（500～700）mm×500mm×（450～600）mm；繁育笼 800mm×500mm×（450～600）mm。采用笼养时，可用水冲笼架。

3. 产箱

600mm×400mm×200mm，木制，产箱中垫消毒后的稻草或卫生纸。

二、饲料、饮水

我国尚无实验动物猫的饲料标准。一般要求猫饲料中应含粗蛋白质28%，粗脂肪 9%。表 20-1 中“猫的营养要求”（每千克饲料中含量）仅供参考。

表 20-1　猫的营养要求

营养成分	含量	营养成分	含量	营养成分	含量
固形物代谢能	4kcal	Fe	100mg	维生素 B1	5mg
粗蛋白质	28%	Cu	5mg	维生素 B2	5mg
脂肪	9%	Mn	10mg	泛酸	10mg
亚油酸	1%	Zn	30mg	烟酸	45mg
Ca	1%	I	1mg	维生素 B6	4mg
P	0.8%	Se	0.1mg	叶酸	1mg
K	0.3%	维生素 A	10 000IU	生物素	0.05mg
NaCl	0.5%	维生素 D	1000IU	维生素 B12	0.02mg
Mg	0.05%	维生素 E	80IU	胆碱	2000mg

注：以上为美国 National Academy of Science 的猫营养委员会（1978 年）的推荐数值实验猫的日粮可采用市售的膨化猫料。

一般用水盆盛饮用水，供猫舔水喝，饮用水盆需每天更换，消毒后使用。

三、饲养操作与日常管理

1. 日常管理

每日喂水喂料 1～2 次。

每日喂料量：占成年猫体重 4%；占<8 月龄猫体重 6%～8%。对 1.5～3kg 猫，约 120g/日。

每日饮水量：使用膨化饲料时，成年猫约 200ml/天；幼猫约 70ml/天。

每日检查食盆、水盆，若有污染随时更换。

每周换锯末垫料 2 次，同时清扫猫舍（垫料采用锯末、玉米芯，要求水分≤10%，吸湿性≥260%）。

发现有动物间抓咬，应及时隔离。如有的猫瘦弱，应重新分组。

2. 配种

适配年龄：10～12月龄。体重：雌2～2.5kg；雄3～3.5kg。自然交配。

交配后约30天经腹部触诊，结合体重增加可判断是否怀孕。怀孕8周取出雌猫待产。

3. 围产期护理

围产期应避免声音嘈杂和陌生人参观。每间房只供一只猫分娩、哺乳。预产期前5天放产箱（产箱中放卫生纸保温）。母猫摄食量下降、有造窝行为时，应注意观察是否临产。预产期前5天至产后10天给猫加喂鱼、肉。出生后每天检查产箱，发现死仔及时取出；发现仔猫喝奶不足，可人工用含5%蛋白质的牛乳补充哺乳。仔猫出生时体重70～120g，<70g说明母猫营养不良。10日龄双眼睁开，14日龄长牙，20日龄左右可爬出产箱。双眼睁开前被母猫带出产箱的仔猫应放回产箱。仔猫需要50～60g/kg体重的蛋白质。仔猫20～25天应补饲鱼、肉或小鼠。

4. 幼猫护理

使用膨化饲料作饲料时，应该为10周龄体重850g，20周龄体重1900g。仔猫约2月龄、体重500g时可离乳。离乳的幼猫雌雄分开。

5. 房间消毒

检疫房屋喷雾消毒。食盆、水盆和其他用具煮沸消毒。

四、预防接种

每年应接种泛白细胞减少症疫苗。目前国外有猫泛白细胞减少症、杯状病毒、传染性鼻气管炎三联疫苗。必要时接种狂犬病疫苗。

五、兽医护理

分娩护理：分娩时，如有遗弃在产箱的仔猫，应戴手套将其放回到产箱；发现难产时应助产甚至剖宫产。

外伤处理：受伤处涂10%碘酒。

六、废物处理

使用过的垫料：焚烧处理。病死及实验结束安乐死的猫：冷冻储存，作为医疗废物处理。

第五节 使用管理

一、猫的获取

1. 来源

为减少实验动物对科研结果的不利影响，应使用无人畜共患病（无泛白细胞减少症病毒、沙门氏菌、弓形体、外寄生虫等）的动物。

对于大多数研究目的，应选择注射过泛白细胞减少症疫苗、外观健康的猫。老年猫，有恶习的猫，怀孕、哺乳、未断乳的猫，明显有病的猫和残疾猫应剔除。

2. 运输与接收

运输时应当每个笼 1 只猫。短途运输不需要给食和饮水。

接收时的初步检查应包括详细检查动物的全身表现和动物的营养状态，特别注意皮肤、被毛、眼睛、口腔、肛门附近清洁等。雌雄鉴别可检查尿道和肛门距离，距离大的为雄性。

3. 隔离检疫和驯化

隔离检疫期间，应一猫一笼。如有需要，实验前可在饲养猫时对猫调教，这样有利于实验时对猫做常规检查，也有利于获得接近无应激状态的数据。

二、基本操作技术

1. 抓取与保定

抓取和保定过程中，应戴头盔、帆布手套和防护眼镜。

用于手术需捕取猫时，一般使用捕获网。对成年猫注射时，可使用捕捉钳，用捕捉钳卡住猫颈部，然后用麻袋裹住猫的身体，而后注射。

2. 供试品给予方法

经口途径：保定好头部后可用注射器在口角逐渐灌入 0.5～1ml 药液；较多药液可插胃管。对于小剂量片剂或胶囊，可将猫固定后，启开猫嘴，用镊子将药夹住，放在舌根处，迅速合起上下颌，即可咽下。

皮下途径：可在颈背部注射，也可在大腿外侧注射。推荐注射剂量 0.5～2ml/次。

注射途径：静脉，后肢小隐静脉或前肢桡侧皮静脉用于静脉注射时，推荐注射剂量 5～10ml/次；肌肉，在大腿部位进行肌内注射时，推荐注射剂量 0.5～2ml/次。

腹腔途径：第一助手按住猫的颈部和腰部后，第二助手从帆布口袋拽出两后肢，术者避开胃和脾、肝沿腹部正中线向下腹部穿刺。推荐注射剂量 5～10ml/次。

3. 样品收集

血液：采少量血液可在耳缘静脉；也可保定后在前肢头静脉、后肢小隐静脉采血。采血≥5ml 时注射器中加抗凝剂。

尿液：可用导尿管。

4. 麻醉与镇痛

手术前应隔夜禁食，以免手术期间呕吐造成异物性肺炎。

常用麻醉方法有如下几种。诱导麻醉：盐酸氯胺酮肌注 5～10mg/kg 体重（大腿肌内注射）。小手术麻醉：盐酸氯胺酮肌注 10～30mg/kg 体重，诱导时间 3～5min。长期给药观察的手术麻醉：戊巴比妥钠腹腔注射 30～35mg/kg 体重（若注射 20min 以上仍未麻醉，可认为麻醉药注射到肠道内，应更换动物，重新麻醉）。长期给药观察的手术，最好先肌注盐酸氯胺酮诱导麻醉，将动物固定到手术台后，静脉注射麻醉药。吸入麻醉，需要做气管插管。

麻醉期间的护理麻醉期应保持 25～30℃室温，并注意动物的保温；实验时间很长，应考虑静脉输液。必要时，使用人工呼吸器使麻醉期间动物的生命体征和生理数据更加平稳。术后恢复：结束实验后未清醒的动物，应放在温暖的处所。如动物皮肤黏膜发绀，应考虑供氧。手术中动物做气管插管的，在吞咽反射恢复前不要拔掉插管。

5. 安死术

可腹腔注射 2～3 倍剂量麻醉药致死。

第六节　健 康 检 查

一、异常行为的观察

1. 动物外观检查

应当毛色有光泽清洁，头脸不肿，背不穹起，不喘，肛门清洁。猫睡眠时鼻镜是干燥的，醒后不久变为湿而冷；患急性传染病时，鼻镜干燥。平时饲育中，最容易观察到的是猫的鼻涕和眼分泌物增加，结膜充血，贫血，精神呆滞，食欲不振。

2. 运动姿势和反射检查

平时猫的运动灵敏，发现有人接近时很快跳到远处，而有病的猫运动迟缓。

二、主要传染性疾病

1. 猫泛白细胞减少症

此病又称猫瘟热、猫传染性肠炎，是猫的一种急性高度接触性传染病。临床表现多以突然发高热，顽固性呕吐，腹泻，脱水，循环障碍及白细胞减少为特征。感染初期以白细胞显著减少（白细胞 7000/mm^3 以下，甚至为 1000/mm^3）为特征。

症状：潜伏期 2～10 天，常合并细菌感染，除精神、食欲丧失外，还出现发热、下痢、呕吐、脱水、腹部膨满，有时粪便中有血，多数 1～5 天死亡。

诊断：免疫学检测抗体。剖检：腹膜炎，腹水，肝、脾、肾点状坏死。

2. 猫病毒性鼻气管炎

病原菌属于疱疹Ⅰ型病毒。该病是猫的主要上呼吸道疾患，各年龄均可感染，未满 6 个月的猫容易出现急性症状。

病毒对环境抵抗力弱，主要通过患猫接触传染。

症状：主要是咳嗽、流鼻涕、流泪，呈轻上呼吸道症状，也有原发性肺炎呼吸困难病例。

诊断：本病与其他呼吸道疾患难以区分，葡萄球菌、链球菌和嗜血杆菌等均引起呼吸道炎症。确切的诊断需病毒分离，可用猫红细胞凝集抑制试验来诊断。

治疗：注射抗生素控制细菌继发感染和支持疗法。

预防：可注射疫苗。

3. 猫杯状病毒感染

症状：主要是咳嗽、流鼻涕、流泪，呈鼻炎、气管炎和结膜炎症状。严重时可致死。

诊断：本病与其他呼吸道疾患难以区分，确切的诊断需病毒分离。

治疗：注射抗生素控制细菌继发感染和对症治疗。

预防：可注射疫苗。

4. 真菌病

该病为人畜共患病，绝大多数由犬微孢子菌引起，患处可见圆形脱毛和痂皮。

诊断：取患部痂皮于显微镜下检查。

5. 沙门氏菌感染

该病为人畜共患病，沙门氏菌是仔猫离乳后腹泻的主要病原。发病急，死亡率高。

症状：腹痛、呕吐、下痢甚至循环性休克。

剖检发现：各脏器及淋巴结充血，浆膜、黏膜点状出血和肝、脾点状坏死。

诊断：应排除病毒所致的腹泻。

治疗：口服氨基糖苷类抗生素。

6. 弓形体病

该病是重要的人畜共患病，多呈隐形感染，属于原虫病。猫是弓形体的最终宿主。小鼠、许多哺乳动物均可作为中间宿主。幼猫患病时，发烧，偶有腹泻，可出现呕吐、贫血、黄疸、中枢神经障碍。末期伴随肺炎，呼吸衰竭而死。孕猫可出现流产、早产、死产和产出有眼、脑缺陷的胎儿。

诊断：可用 ELISA 检测抗体；剖检可见肺、肝、脾坏死，肠系膜淋巴结肿胀；粪检有弓形体孢子。

预防：注意切断传播链，饲养区域不得有野生哺乳动物。注意粪便的处理，戴手套操作。怀孕、哺乳期间人员，不应在猫饲养岗位工作。

7. 外寄生虫病（螨、蚤、虱）

其中猫小穿孔疥螨容易感染人。

诊断：患处镜检发现成虫或虫卵。

治疗：注射伊维菌素，体外用杀虫药。

三、质量检测与疾病诊断

目前，国家尚无实验用猫微生物和寄生虫相关检测标准，实验用猫也主要为普通级猫。主要应排除狂犬病毒、猫白细胞减少症病毒等，细菌主要排除沙门氏菌，寄生虫应排除弓形体。

四、卫生与防疫

（一）卫生措施

（1）平时注意搞好饲养环境卫生。

（2）定期（每年）对饲养房间全面消毒。可采用 100ppm 次氯酸钠喷雾消毒。

（3）如需要药物除外寄生虫，应使用氨基甲酸酯和菊酯杀虫药。猫对经常用于狗杀虫的有机磷和有机氯杀虫药特别敏感，不得使用。

（二）防疫原则

（1）饲养区附近不得有流浪猫、狗。饲养区不得饲养其他动物。饲养区发现野生动物及时杀灭。

（2）进、出饲养房间要更衣。

（3）无关人员不得进入饲养区。饲养人员不得串岗。

（4）不得喂生鱼、生肉和污染变质饲料。用具、垫料消毒后使用。用过的垫料无害化处理。

（5）设置有病动物治疗观察室。引进动物应在专门房间隔离检疫。

（6）对疑似传染病动物及时做实验室检查。发现传染病疫情及时上报。

（三）预防措施

（1）饲养密度不要过大。及时离乳。

（2）为疑似患猫提供隔离房间（防止直接接触）。

（3）戴手套等劳保用品操作。防止实验室病原的扩散。

（四）消毒措施

（1）用具、笼具煮沸消毒。锯末高压蒸汽消毒。

（2）房间可用次氯酸钠消毒。有病死猫的房间用过氧乙酸喷雾消毒（避免使用酚类消毒剂）。

第二十一章　马、牛、羊

第一节　主要生物学特性

一、解剖学及生理学特性

马：马体格大小因品种不同相差悬殊，头面平直而偏长，耳短。四肢长，骨骼坚实，肌腱和韧带发育良好，蹄质坚硬。胸廓深广，心肺发达，适于奔跑和强烈劳动。单胃，大肠特别是盲肠异常发达，利于消化吸收粗饲料。无胆囊。牙齿咀嚼力强。听觉和嗅觉敏锐。两眼距离大，视野重叠部分仅有 30%，因而对距离的判断力差；同时眼的焦距调节力弱，对 500m 以外的物体只能模糊成像，而对近距离物体能很好地辨别其形状和颜色。眼底视网膜外层有一层照膜，感光力强，在夜间也能看到周围的物体。

牛：属反刍动物。胃分瘤胃、网胃、瓣胃和皱胃 4 室，以瘤胃最大。蹄分两半。鼻镜光滑湿润。单胎，双胎率一般仅占 1%～2.3%。除高寒地区的牦牛因终年放牧，受气候影响，属季节性发情外，舍饲的牛一般均为常年多次发情，四季均可。发情周期基本相似，平均 21 天左右。

羊：属反刍动物。山羊被毛短而稀，腿短，四肢强健，生长快，繁殖力强，产羔多，有良好的生长率和高产肉能力。绵羊与山羊有亲缘关系，不同之处在于体形较胖，身体丰满，体毛绵密，头短；雄兽有螺旋状的大角，雌兽没有角或仅有细小的角。

二、行为学特性

（一）马的行为学特点

1. 对环境的适应性

马具有适于草原生活及以草为主的舍饲特性。对严寒的适应性强，有的马还可以适应炎热的气候，但不适宜饲养在潮湿的环境。

2. 合群性

马的群居性很强，群牧饲养的马及群牧培养的品种比舍饲的马及舍饲培养的品种合群性更强。

3. 对饲料的利用性能

马采食时动作灵活，能咀嚼粗硬的饲料。但咀嚼细致，需时较长，因此每次喂饲时需给以充足的时间。马有按吃食时间定时分泌唾液及其他消化液的生理机能，因此应定时饲喂。马对纤维素及由纤维包围的养分的消化主要在大肠，其在发酵分解过程中，要产生大量气体。

4. 对水的需要

马的唾液及其他消化液每日分泌量很高，在供水不足时，唾液及其他消化液的分泌量就会减少，口渴时马往往会拒绝采食干饲料，因此马的饮水问题在饲养上具有重要意义。

5. 马的认识力和记忆力很强

马对事物或对人的识别，在很大程度上依靠嗅觉和听觉。由于马对气味和声音有很强的记忆力，因此可以记忆离别数年曾生活过的地方。

（二）羊的行为学特性

1. 合群性

羊的合群性大于其他家畜，这是在长期的进化过程中为适应生存和繁衍而形成的一种生物学特性，为放牧和管理提供了方便。

2. 放牧习性

山羊习惯于分散觅食，比较机警、灵敏、活泼好动，并且喜欢登攀。山羊可在大于60°的坡地上直上直下或在陡峭的悬崖边觅食，而绵羊只宜在较缓的坡地上放牧。

3. 觅食习性

羊嘴尖齿利，唇薄而灵活，加上上下颚强劲，吃草的能力很强。羊最喜食柔嫩、多汁、略带咸味或苦味的植物。正常情况下，羊一天的饮水量为2～6kg。外界气温变化影响其饮水量，天热时，饮水量增加。缺水的羊会改变觅食行为。

4. 适应性

羊的适应性，如耐粗饲、耐热、耐寒和抗灾疫荒等方面的特性较强。

5. 母性

羊的母性较强。分娩后，母羊会舔干羔羊体表的羊水，并能嗅闻羔羊的气味。母仔关系一经建立就比较牢固。

（三）牛的行为学特性

（1）牛的排泄特性：牛的排粪和排尿在时间上基本没有规律。但总体来看，牛由静止状态转变为运动状态时排泄的概率较大，牛排粪地点是随机的，可边行走边排粪。

（2）牛的好奇心较强，且越年幼的牛表现越明显。将牛置于一个新的环境中时，牛首先会四处观察，探究新环境中的物体。

（3）群居、仿效行为：牛的群居行为较弱，但喜欢三五成群。牛对个体之间的距离大小不太敏感，但如果有足够的空间，牛与牛之间会保持一定的距离。牛有一定的模仿行为，即牛群中如有一头牛做某事，其他牛会跟随。

（4）牛群的优势序列：在牛群中，每一头牛都有自己的相应等级位置，这就是牛群的优势序列。一个牛群的优势序列是通过一段时间的相互接触和争斗形成的，一旦形成一般不会轻易改变。因此，在牛的规模化饲养管理中应将年龄、体况等方面比较接近的牛放在一个群内。

（5）牛群之间的交流方式：牛听觉比较灵敏，听觉范围大，可以听到人所听不到的低音和高音。因此，牛的很多信息是通过鸣叫表达。牛的嗅觉十分灵敏，可闻到 10km 远的气味。牛的视野非常开阔，除了臀部后面外，其他位置均可看到。牛识别不出颜色。

（6）牛记忆力很好，具有一定的学习能力，可利用该特性对牛进行训练。牛建立条件反射的能力也很强。有时奶牛良好的记忆能力也会给饲养管理带来不便。有时某一地点或某一装置对其造成了伤害，牛会始终记住，甚至会报复。因此，在操作中需避免粗暴行为。

第二节　种子资源管理

一、种子要求

（1）作为原种动物，必须来源清楚，有较完整的资料。

（2）新引进和购买的动物必须经过隔离检疫后才能饲养使用。

（3）种公畜：用于生产冷冻精液的种公畜需三代系谱完整、来源清楚，其系谱指数、体重、体型外貌必须达到特、一级标准，性欲旺盛，精液品质良好。

（4）种母畜要求品种特征明显，总评在一级以上，乳房发育正常，泌乳性能好，母性强。

二、隔离检疫

1. 检疫期限

隔离检疫期一般为 30 天。视动物数量及检疫完成情况可适当延长。

2. 消毒处理

在动物进入临时隔离检疫场前两周，对整个场区实施 3 次消毒，每次消毒间隔两天。所有装载动物的器具、铺垫材料、废弃物均需经消毒或无害化处理后方可进出隔离检疫场。进入隔离场的饲草、饲料应来自非疫区，使用前需做熏蒸处理。

3. 检验检疫

临床检查不合格的动物不准进场。动物进场后，应立即着手给每头动物打上耳号（要求耳号标识明确，牢固耐用），并分圈饲养。由检疫人员逐头核查动物的圈号、耳号、品种、年龄、性别等，并记入原始记录；临时隔离检疫场需有专职工作人员，在隔离检疫期间应遵守动物隔离场的各项规定。动物的粪便、垫料及污物、污水需经无害化处理后方可排出隔离场。发现可疑患病或死亡的动物，应迅速报告当地动物检疫、卫生防疫单位，及时查明原因，妥善处理。

第三节　繁殖技术

一、选种、育种

1. 种公畜的选育

根据种公畜的品种标准进行选育。第一次选育于2～4周龄时进行，除选取者外其余全部进行去势育肥；在2～3月龄进行第二次选种，同样将未被选取的公畜去势；尔后3个月对所有淘汰者屠宰上市。对选取的后备公畜继续进行观察考评。

2. 种母畜的选育

在首次出售时进行第一次选种，尔后根据其繁殖能力和后代的各种指标进一步选育。选择大型母畜的表形时，泌乳期与干乳期母畜不放在一个组进行评定，以免产生不同的印象。

二、繁殖方法

繁殖可采用自然交配和人工授精。其中人工授精可充分利用优良公畜的潜在繁殖能力控制某些疾病的发生，并且有利于母畜的受胎率，因此人工授精是迄今为止应用最为广泛并最有成效的繁殖技术，这里重点介绍。

1. 采精

在保证公畜健康状况和正常生殖机能的前提下做到最大限度地采集精液，必须合理安排采精频率。一般公牛每隔2～3天采精1天，每天2次；公马可隔日采精，但连续时间不能过长；公羊在繁殖季节可连续数周内每天多次采精。采精应在良好、安静、清洁的环境中进行，场内设有采精台，供雄性动物采精时爬跨。采精前对公畜的阴茎和包皮认真清洗，减少污染。采精方法有多种，包括假阴道法、按摩法、电刺激法、手握法等，其中假阴道法是较理想的采精方法。采精后对精液质量进行鉴定，可对活力较高的精液进行保存。

2. 精液的保存

精液的液态保存具有较大的实用价值，温度范围：常温保存为15～25℃，低温保存为0～5℃。保存精液时采取的主要措施是通过降低温度来适当增加酸度和减少精子活动及降低精子代谢能力，另外需要适当补充能量物质、抗冻剂和抗菌物质。

3. 输精

1）输精时间的确定

不同的家畜可通过试情、观察母畜行为、检查阴道和分泌物，以及直肠检查来进行发情鉴定。若对母畜采取同期发情，可用孕激素持续处理3～4天或9～12天，然后停止处理（阴道栓塞法或埋植法）。

最佳输精时间：牛为发情开始后9h，马为发情开始后15～30h，绵羊为发情开始后10～20h，山羊为发情开始后12～36h。在此期间一般输精1～2次，两次输精间隔时间为牛、羊8～10h，马隔日输精。

2）输精前的准备

场地的准备：大型动物饲养场应该有专门的输精场地。输精前应进行场地消毒，并保持环境的安静。

母畜的准备：进行麻醉或保定，并在输精前进行外阴的清洗消毒。

器械的准备：各种输精用具在使用之前必须彻底洗净，严格消毒，临用前用灭菌稀释液冲洗。

精液的准备：常温保存的精液需轻轻振荡后升温至35℃，镜检活力不低于0.6；低温保存的精液升温后活力在0.5以上；冷冻精液解冻后活力不低于0.3。

3）不同动物的输精方法

牛的输精方法：采用阴道开膣器输精法和直肠把握输精法，其中直肠把握输精法最常用。

绵羊、山羊的输精方法：采用阴道开膣器法输精。输精时对羊做适当保定，然后用开膣器扩张阴道，借助光源找到子宫颈外口，将输精器插入，输入精液。

马的输精方法：常用胶管导入输精法。操作者手持胶管进入母马（驴）阴道，将导管插入子宫颈外口，完成输精过程。

除人工授精外，胚胎工程技术也得到了较快发展，其核心是对家畜的胚胎进行改造、操作，主要技术包括超数排卵、胚胎移植、体外胚胎生产、性别控制、核移植和克隆、基因导入等。胚胎工程的深入研究有可能可人为地控制动物繁殖，实现良种家畜胚胎的工业化生产，并人为创造出有特殊经济价值和用途的新个体或品系。

三、系谱档案

通过选种选配确定遗传基因比较稳定，后代性状比较明显的公、母畜作为核心群，登记好母畜初配年龄、配准日期，要制定预产表格。

系谱档案是为了记录配种，测量、记录初生动物体重、断奶质量和各阶段体尺、体重情况等各项生理指标的，为评定选择优秀个体种畜打下基础。系谱档案记录不能间断，要有专人管理，这样才能为生产、选种服务。

第四节　饲养管理

一、设施环境

（1）饲养场建筑地点要符合要求，要建在办公区、宿舍的下风头，而兽医室、贮粪场要在舍室的下风头。

（2）建筑面积要足，使动物可以自由活动。场内布局分区合理，运送饲料的道路与装运排泄物、废弃物等的道路应分设。场区地形要开阔整齐，以便于生产作业和卫生防疫。场区内的道路应坚硬、平坦、无积水。

（3）关于建筑材料可以就地取材、经济耐用为原则，石砖、土坯、木材等均可。

（4）舍室高度：要根据动物类型和容纳数量而定。动物数量多要相应提高舍室高度，使舍内空气新鲜，但不应过高，一般由地面至棚顶以 2.5m 左右为宜，潮湿地区可适当高些。

（5）门窗：应适当宽一些，一般以宽 3m、高 2m 为宜。如饲养动物少，且动物体积也相应小，舍门建成 1.5～2m 比较合适，寒冷地区舍门外可加建套门。

（6）地面：舍内地面应高出舍外地面 20～30cm，铺成缓坡形，以利排水，坡度为 1%～1.5%。地面应平整防滑，耐磨，无渗漏，不干裂，便于清洗消毒。

（7）舍内应有足够的光线，以保持舍内卫生，要求窗面积占地面面积的 1/15，窗要向阳，距地面高 1.5m 以上，防止贼风直接袭击动物体。

（8）温度与通风：正常情况下，舍内垂直温差一般在 2.5～3.0℃，或每升高 1m，温差不超过 0.5～1.0℃。寒冷季节，舍内的水平温差不应超过 3℃。

舍室必须有良好的通风设备，既保持有足够的新鲜空气，又能避免贼风侵袭，可在屋顶开通气孔，孔设活门，必要时可关闭。一般气流速度通常不超过 0.3m/s。

（9）舍内湿度：室内相对湿度上限为 60%～90%，但原则上达到 90%的时间应小于 1 个月，相对湿度的下限定为 40%。

（10）有害气体浓度：一般情况下，氨浓度小于 20mg/m 对动物影响不大；管理良好的畜舍硫化氢浓度一般在 15mg/m^3 以下。

（11）一个标准的饲养场，除了有舍室、饲料间、休息室、运动场、兽医室、人工授精室、饲槽、草架、药浴地、尿粪沟和污水池等之外，还应有母仔栏、仔畜短饲栏、分群栏、水槽、磅秤等。

二、饲料、饲草、饮水

（1）普通动物可饲喂质量合格的全价饲料。霉烂、变质、虫蛀、污染的饲料，不得用于饲喂动物。直接用作饲料的蔬菜、水果等，要经过清洗消毒，并保持新鲜。

（2）种公畜的饲养，要求饲料营养价值高，有足量优质的蛋白质、维生素 A、维生素 D 及无机盐等，且易消化，适口性好。

（3）母畜在妊娠的后 2 个月，由于胎儿发育很快，因此这 2 个月应有充足、全价的营养，代谢水平应提高 15%～20%，钙、磷含量应增加 40%～50%，并要有足量的维生素 A 和维生素 D。哺乳动物要注意控制精料的用量，产后 1～3 天内，母畜不能喂过多的精料，不能喂冷、冰水。仔畜断奶前，应逐渐减少多汁饲料和精料喂量，防止发生乳房疾病。

（4）幼龄动物在初乳期阶段（母畜产后 5 天），初乳是仔畜生后唯一的全价天然食品。

常乳期（6～60 天）阶段，母奶是主要食物，辅以少量草料。2 月龄以后的动物逐渐以来食为主，哺乳为辅。日粮中可消化蛋白质以 16%～30%为佳。

（5）普通动物的饮用水应当符合城市生活饮水的卫生标准。夏季炎热需水多，要增加饮水量，冬季水温不低于 5℃。

三、饲养操作与日常管理

（1）动物要合理分群：从断奶开始根据公母和大小进行分群管理，不能不分年龄、性别同群混养。一般将同年龄同性别的动物分为一群饲养，每群的大小视养殖场的大小来定。

（2）饲喂要定时、定量、定质、定人：按时饲喂，使动物形成条件反射，利于消化吸收。要根据不同动物，确定喂草量、料量；要既能吃饱，又不浪费；要保证饲料质量和花色品种；饲养人员也要相对固定。

（3）舍内保持干燥通风，清洁，做到冬暖夏凉，粪便要经常打扫。

（4）要搞好春、秋两次防疫和经常性的驱虫。

（5）增加动物运动量，经常刷拭动物体，以保持卫生。

（6）护蹄、去角：除日常对动物变形蹄进行修蹄护蹄外，在春、秋两季各进行 1 次全面的检蹄、修蹄和挂掌等。由于山羊带角不便管理，而且在互相抵角打架时容易造成损伤，导致母羊流产，因此应在初生后 7～10 天为羔羊去角。

（7）打耳号、去势：动物初生后 1 周，用耳号钳在耳基下部无血管处打耳号（有一种塑料耳号现写现用），固定在耳上，这对纯繁育种登记谱系卡片有用。将不留作种的公畜于生后 2～4 周去势，去势可用去势钳、刀切法、橡皮筋结扎法进行。

四、预防接种

（1）马场应根据本地区疫病发生种类、特点及动物卫生监督机构制定的防疫规划，结合本场实际情况，确定免疫接种内容、方法和程序。实施强制免疫的疫病，免疫密度达 100%。

（2）每年秋季进行炭疽芽胞苗的免疫注射，免疫对象为初生 1 周以上的牛，次年春季补注 1 次。健康牛群每年春、秋两季各进行 1 次结核病、布鲁菌检疫。根据上级防疫部门的规定和要求，定期接种其他预防牛传染病的疫苗。

（3）对于羊群来说，应根据所在地区的疫病流行情况和规律，确定接种的时机。必须注射以下 5 种疫苗：山羊痘弱毒冻干苗、羊四联灭活疫苗、山羊传染性胸膜肺炎氢氧化铝菌苗、牛 O 型五号病灭活疫苗、炭疽芽胞苗。

五、兽医护理

1. 分娩护理

母畜产前两周进入产房，对出入产房的母畜应进行健康检查。产房必须干燥、温暖、舒适、安静，同时要加强围产期的护理。分娩前，应对其后躯、外阴用 2%～3%的来苏尔进行清洗。对于正常分娩的母畜，不得进行人工助产，如遇难产，兽医应及时解决。

当胎儿浮现时，可撕破羊膜接取羊水，但不应过早破水。胎儿在破水后 30min 通常能正常娩出。当胎儿头部浮现出外阴后，用消毒过的毛巾擦除其口、鼻的黏液。脐带没有断开的，可移动胎儿使其天然断开，断开后用手挤出内容物，用碘酒对脐带鞘进行消毒，及时清除被污染的垫草。

分娩后，应及早驱使新生动物站起，以减少出血，同时也有利于生殖器官的复位。喂以足够的温盐水或温麸皮盐水及优质青干草，同时用温水或消毒液清洗母牛的乳房、后躯和尾部，此后消除粪便，改换干净柔软的褥草。分娩后 30min 内进行第一次挤奶并尽快喂给新生动物，控制挤奶量，防止产后瘫痪的发生。挤奶前应热敷并按摩乳房，恰当增长挤奶次数，同时查看母牛食欲、粪便及胎衣的排出情况并及时进行产道内检查，发现异常应及时诊治。分娩两周后，应进行酮尿病等检查，如无疾病，食欲正常，可转入大群管理。

2. 外伤护理

1）抗休克

一般是先抗休克，待休克好转后再行清创术，但对大出血、胸壁穿透创及肠脱出，则应在积极抗休克的同时进行手术治疗。

2）防治感染

创伤一般不可避免地会细菌等所污染，伤后应立即开始使用抗生素，预防化脓性感染，同时进行积极的局部治疗，使污染的伤口变为清洁伤口并进行缝合。但对战时火器创的处理，原则上只做清创不做缝合。

3）纠正水与电解质失衡

产后母畜由于迅速而剧烈的生理变化，机体抵抗力下降。分娩后应及时供给充足的新鲜清洁用水，防止脱水；产后最初几天应供给适量的优质易消化饲料，避免低蛋白性水肿；分娩 3 日后，应密切关注母畜精神状态及行为，及时发现产后瘫痪畜，并根据血钙情况，采取补钙、补糖等必要措施减小死亡率。

4）消除影响创伤愈合的因素

影响创伤愈合的因素很多，在创伤治疗过程中，注意消除影响创伤愈合的因素，可使肉芽组织生长正常，促进创伤早期治愈。

5）加强饲养管理

增强机体抵抗力，促进伤口愈合，对严重的创伤，应给予高蛋白及富含维生素的饲料。

六、废物处理

（1）严禁乱弃各种废物、废液。

（2）一般废弃物先收集装于塑料袋中，倒入室外专用垃圾桶，由专业公司卫生管理人员清理。

（3）废弃饲料、垫料、污物等装入专用垃圾袋中，封口后送入污物间，按照规定做无害化处理销毁。

（4）畜粪虽为高浓度污染源，但粪便中含有大量的有机质、氮、磷等物质，都是植物所需的养分，因此堆积发酵处理后使用。

第五节 使 用 管 理

一、动物的获取

1. 来源

必须是国家认可的实验动物保种来源单位，其来源清楚，微生物控制等方面材料及近期质量检测报告完整。不得从人畜共患传染病疫区引进动物；进口实验动物按国家有关规定执行操作。

2. 运输与接收

动物的运输过程必须安全可靠和符合微生物控制等级要求，并尽量采取有效方法缩短运输时间。

一般的装载工具有汽车、火车、轮船、飞机。装载与运输动物用的集装箱结构要求在打开时应防止排泄物、垫料等泄漏。车辆的设计结构及组装应能承受所运活动物的质量，并确保动物在运输期间安全，车辆应彻底清洗消毒后才能使用，并应通风良好和可调控，能适应可能的天气变化，运输动物时应适时提供饲料和饮水。此外，马属动物天性好动，踢笼很厉害，因此装运工具应尽可能采用比较结实的木笼或铁笼，改造后的集装箱也很实用。但对于海运方式，应考虑到途中给动物添水喂料的因素，应在笼内一侧增设食槽和水槽。

到达目的地后，需由专门负责人接收并填写记录卡，对装运动物的运输工具、集装箱、垫料、饲草等进行消毒和无害化处理。

3. 隔离检疫

新引进和购买的实验动物必须经过隔离检疫合格后才能饲养使用，参考第二章。

二、基本操作技术

（一）抓取与保定

1. 马属动物保定法

马不愿意与生人接近，在生人靠近马之前，要用温和的声音呼唤马，使其对接近的生人不致产生不安、逃跑或攻击行为；接近马时禁止从马的后躯方向靠近，以防被马踢伤，要从前面或侧面接近，但应防止马后躯的“急转弯”踢人动作，个别马有用前蹄扒人的坏习惯，在接近马之前要询问畜主有关马的习性，以防突然被马前蹄扒伤。抚摸马颈侧，右手从颈侧逐渐向胸侧抚摸，待马安静下来后，再进行胸部、腹部或其他部位的检查。

1）鼻捻子（图 21-1）

操作者先将左手 4 个手指放入鼻捻棒的套内，只留食指在套外，以防绳套下滑至腕部，然后将左手放在马前额，边抚摸边向下滑动，当手移至鼻端时，迅速抓住马上唇，右手迅速捻动棒杆，使绳紧紧勒住马唇（图 21-1）。

2）耳夹子

保定人员用左手轻轻抚摸马的颈侧，逐渐贴近马耳部，然后突然用左手抓住马耳，右手将耳夹子夹住马耳根部，左手协助把马耳夹紧（图 21-2）。

3）柱栏保定

在兽医临床诊疗活动中，用六柱栏、四柱栏或二柱栏来限制家畜活动，柱栏内保定是家畜诊疗工作中不可缺少的保定方法。

图 21-1　鼻捻子

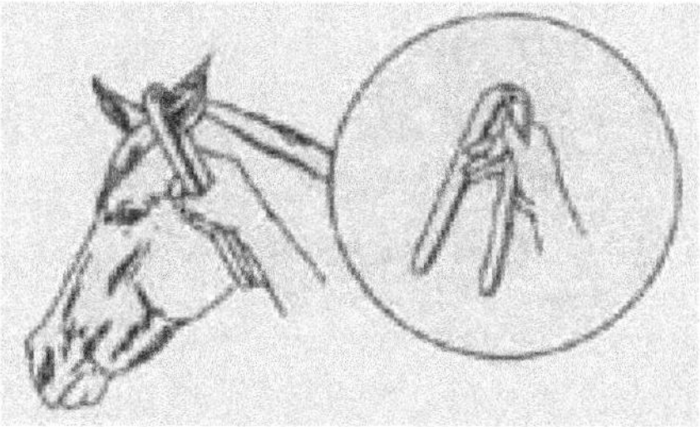

图 21-2　耳夹子

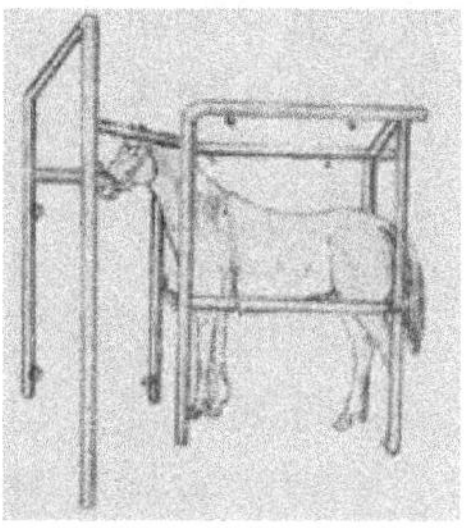

图 21-3　六柱栏保定

（1）六柱栏保定：六柱栏基本结构为 6 个柱子，用直径 8～10cm 的无缝钢管焊接制成图 21-3 形状，固定在地面上，有的为可移动的六柱栏。

保定时先将前带装好，然后将马经两后柱间牵入柱栏内，立刻装上后带，以防马后退，然后装好鬐甲带，以防马向前跳到柱栏外。为防止马卧下，应装好腹带。诊疗工作完毕，先解除鬐甲带，再解除腹带和前带，即可将马牵出六柱栏。

（2）二柱栏保定：用于装蹄和治疗。二柱栏有一个横梁，与两个立柱连接成二柱栏（图 21-4）。

保定时先用单柱保定法将马颈部固定在单柱上，然后用长 9m 的绳围绕，将马围在两立柱间，再用胸吊带与腹吊带分别将马的胸部和腹部吊于横梁上，吊带将马吊起的高度以四肢能支持体重而不能卧下又不能跳跃为度。

（3）单柱保定：仅一个单柱，在农村可用树来代替单柱，保定时用一长 2.5m、手指粗的麻（线）绳将马的颈部捆于单柱或树上，能限制马的活动，简单实用。颈部的保定绳必须打结，以便在马异常骚动时能迅速将绳解开（图 21-5）。

4）倒马法

在临床诊疗工作中，常常需要将马放倒，进行侧卧、半仰卧和仰卧保定。现介绍常用的双抽筋倒马法（图 21-6）。

取长 15m 柔软的麻（线）绳，将绳对折，在中间做一双套结，形成一长一短的两个绳套，每个套上各穿上一直径为 10cm 的铁环，将绳套用木棒固定在马倒卧的对侧的颈基部。

将马牵至软地，将两个绳套用木棒固定在倒卧的对侧的马颈基部，由两名助手各持一根绳的游离端向后牵引，通过两前肢间和两后肢间，分别从两后肢跗关节上方由内向外反折向前，与前绳做一交叉，两游离端分别穿入颈基部绳套上的铁环内，再反折向后拉紧，并将跗关节的绳套移到系部后，两助手向后牵引绳的游离端，与此同时牵马的助手向前牵马，分别向前向后拉紧绳，马失去平衡而倒卧在地上（图 21-7）。

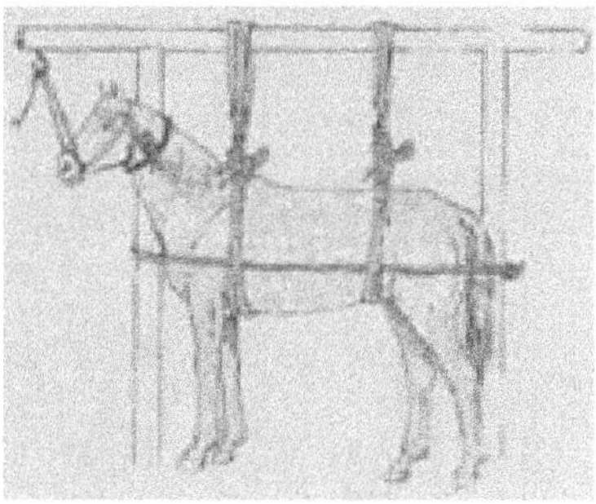

图 21-4　二柱栏保定

图 21-5　单柱保定

图 21-6　双抽筋倒马法

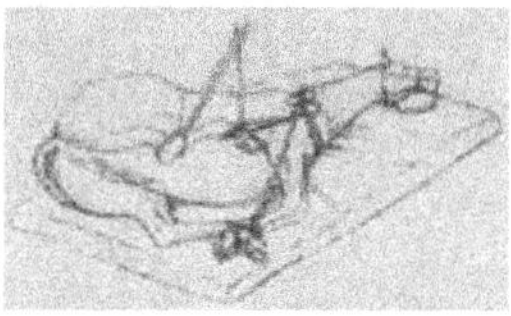

图 21-7　马倒卧

马倒卧后助手立即用膝部压住其颈部，双手握住笼头，使其枕部着地，口端斜向上方。此后进行肢的保定与转位。在松解保定时，应先松开对四肢的捆绑，然后再抽去颈部的木棒，即可打马使马站起。

2. 牛的保定方法

1）头部保定

站立保定不但适用于一般检查方法和治疗措施（如体温、呼吸、心跳的测定，直肠及各个系统的检查，静脉、肌内注射等），而且适用于某些手术（如豁鼻修补术、子宫脱出整复术等）。具体的保定方法是：一手抓住牛鼻绳或鼻中隔，另一手抓住牛角即可（图 21-8）。

2）肢蹄的保定

（1）两后肢保定：检查乳房或治疗乳房病时，为了防止牛的骚动和不安，将两后肢固定，方法是选择柔软的线绳在跗关节上方做“8”形缠绕（图 21-9）或用绳套固定（图 21-10），此法广泛应用于挤奶和临床。

（2）前肢的提举和固定：将牛牵到柱栏内，用绳在牛系部固定，绳的另一端自前柱由外向内绕过保定架的横梁，向前下兜住牛的掌部，收紧绳索，把前肢拉到前柱的外侧，再将绳的游离端绕过牛的掌部，与立柱一起缠两圈，这样被提起的前肢就牢固地固定于前柱上（图 21-11）。

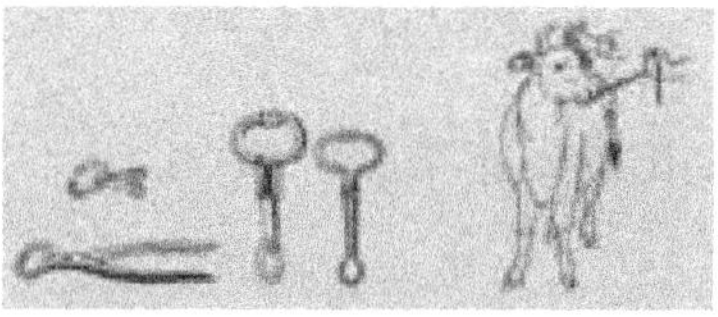

图 21-8　头部保定

（3）后肢的提举和固定：将牛牵入柱栏内，绳的一端绑在牛的后肢系部，绳的游离端从后肢的外侧面由外向内绕过横梁，再从后柱外侧兜住后肢蹄部，用力收紧绳索，使蹄背侧面靠近后柱，在蹄部与后柱多缠几圈，把后肢固定在后柱上（图 21-12）。

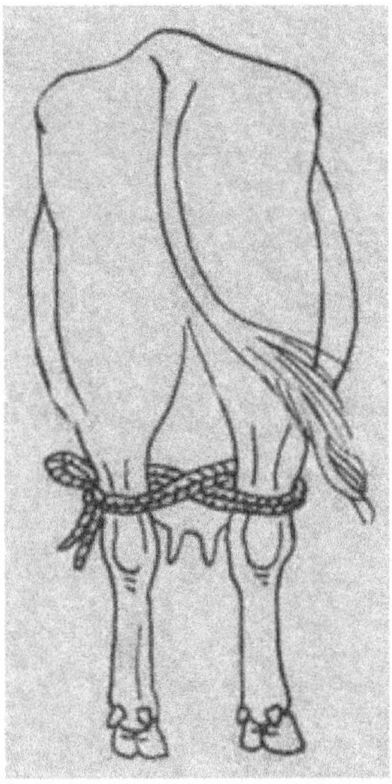

图 21-9　“8”形缠绕保定

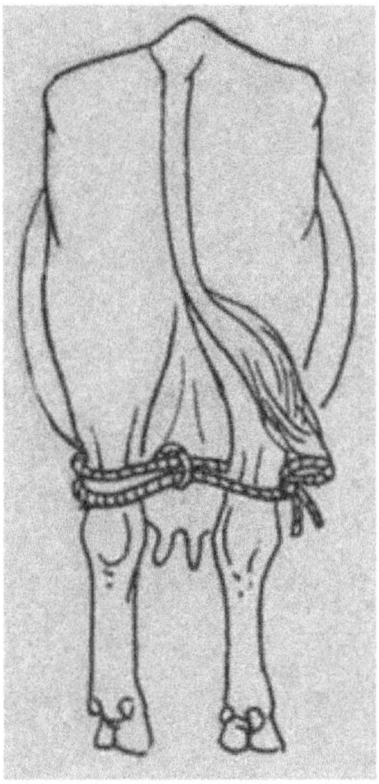

图 21-10　绳套保定

3）倒牛法

选一长绳，将绳一端拴在牛的角根部，绳的另一端向后牵引，在肩胛骨的后角以半结做一个胸环，绕胸部一周后，再在髋结节前经腹部围绕一周，绳游离端向后牵引，前方与后方同时向相反的两个方向用力拉绳，牛平稳自然卧倒在地下。牛卧倒后，前方牵绳的人立即用一只手抓住牛鼻钳（或用手抓住牛的两鼻孔），另一只手抓住牛角使牛的枕部着地，牢固地控制牛头，防止牛抬头，即可有效控制牛，使其不能站起。然后可根据手术需要，做各种姿势的保定（图 21-13）。

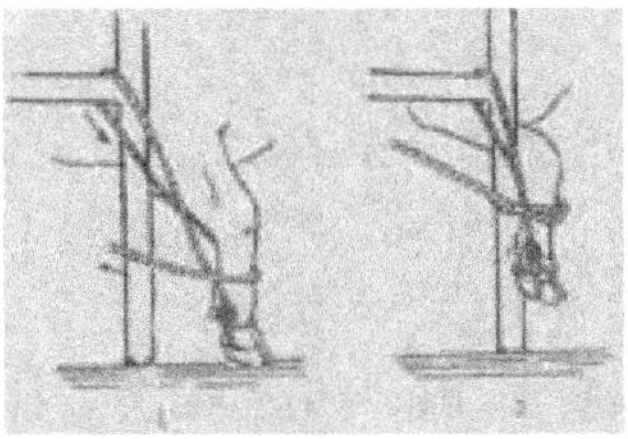

图 21-11　前肢的提举与固定

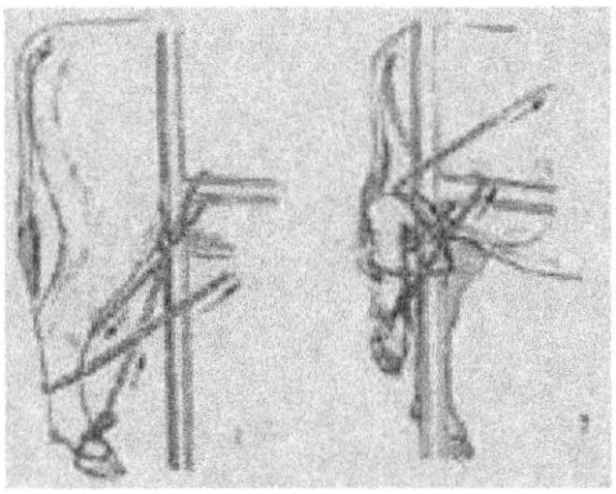

图 21-12　后肢的提举与固定

图 21-13　倒牛法

3. 羊的保定方法

一般是用两腿把羊颈夹住，抵住羊的肩部，使其不能前进，也不能后退，以便对羊只进行各种处理。另外，保定人也可站在羊的一侧，一手扶羊的颈或下颌，一手扶住羊的后臀即可。

（二）供试剂给予方法

1. 口腔给药法

经口投药是最常用的一种治疗技术。其操作方法也有多种，常用的有灌药法、片（丸）剂投药法、胃管给药等。

1）灌药法

主要用于少量的水剂药物或粉剂、研碎的片剂、加适量水制成的溶液、混悬液、糊剂、中药及其煎剂、片剂、丸剂、舔剂等，经口灌给病畜。给药时，助手用手或鼻钳子保定动物头部，使口角和舌根平行，投药者用灌角、投药橡皮瓶、注射器等自一侧口角插入口中，送向舌背或舌根，将药灌入，用手托起下颌部，使头稍高，待其咽下继续灌服，直至灌完。

2）片剂、丸剂、舔剂投药法

片、丸剂或粉末状的药物及中药饮片或粉末，尤其是苦味健胃剂，常用面粉、糠麸等赋形药制成糊剂或舔剂，经口投服以加强健胃的效果。投药时，动物一般站立保定。对牛、马，术者一手用木棒从一侧口角伸入打开口腔，另一手持药片、药丸或用竹片刮取舔剂自另一侧口角送入其舌背部。取出木棒，口腔自然闭合，药物即可咽下。必要时投药后灌饮少量的水。

3）胃管给药

当水剂药量较多，药品带有特殊气味，经口不易灌服时，一般都需用胃管经鼻道或口腔给服。给药时先将牛进行保定，并给牛戴上木质开口器，固定好头部。将胃管涂润滑油后，自开口器的孔送入，尖端到达咽部时，牛将自然咽下。确定胃管插入食管无误后，接上漏斗即可灌药。灌完后慢抽出胃管，并解下开口器。

2. 皮下注射法

注射部位多选择在皮肤较薄而皮下疏松的部位，大动物多在颈侧。注射时，术者左手捏起局部皮肤，使其成一皱褶，右手持连接针头的注射器，由皱褶的基部刺入，一般针头可刺入 1～2cm（如针头刺入皮下则可较自由地拔动），注入需要量的药液后，拔出针头，局部按常规消毒处理。在注射时需要注意的是：刺激性强的药品不能做皮下注射；药量多时，可分点注射，注射后最好对注射部位轻度按摩或温敷。

3. 肌内注射法

大动物多在颈侧、臂部，但应避开大血管及神经。注射时，术者左手固定注射局部，右手持连接针头的注射器，与皮肤呈垂直的角度迅速刺入肌肉，一般刺入深度可至 2～4cm；改用左手持注射器，以右手推动活塞手柄，注入药液；拔出针头后局部进行消毒处理。肌内注射时，为防止针头折断，刺入时应与皮肤呈垂直的角度并且用力的方向应与针头方向一致；注意不可将针头的全长完全刺入肌肉中，一般只刺入全长的 2/3 即可，以防折断时难以拔出；对强刺激性药物不宜采用肌内注射，注射针头如接触神经时，动物骚动不安，应变换方向，再注药液。

4. 静脉注射法

大动物的静脉注射多在颈静脉实施，个别情况也可利用耳静脉注射；羊多用颈静脉。其方法是：局部剪毛、消毒，左手拇指压迫颈静脉的下方，使颈静脉怒张；明确刺入部位，右手持针头瞄准该部位后，以腕力使针头近似垂直迅速刺入皮肤及血管，见有血液流出后，将针头顺入血管1～2cm，接连注射器或输液胶管，即可注入药液。

5. 腹腔注射法

方法：一般牛在右侧肷窝部，马在左侧肷窝部。将动物两后肢提起，做倒立保定，术部剪毛、消毒。术者一手把握腹侧壁，另一手持连接针头的注射器（或仅取注射针头）于距耻骨前缘3～5cm处中线旁垂直刺入（2～3cm）。注入药液后，拔出针头，局部消毒处理。一般腹腔注射宜用无刺激性的药液，如药液量大时，则宜用等渗溶液，并将药液加温至近似体温的程度。

（三）样品收集

采样时，应严格遵循无菌操作要求，并对样品的来源、样品的采集方法等做详细记录。

1. 口腔、鼻腔、咽喉、泄殖腔拭子的采集

用灭菌棉拭子深入接触采样部位，顺、逆时针各转3圈后，立即将棉拭子浸入装有保存液的容器中（50%甘油缓冲盐水或抗生素PBS液，必须没过拭子），剪掉外露棒，加贴标签，填写采样表，密封低温保存，尽快送到实验室。

2. 血液的采集

1）采血部位

马属动物、牛、羊在颈静脉或尾静脉采集。

2）采血要求

用1次性采血器无菌操作采血，根据所检测项目多少决定采血量，一般大家畜采血量为5～10ml。采血时，先用1%～2%碘酒消毒，再用75%乙醇脱碘消毒，保证采血部位无菌。

3. 乳汁样品的采集

严格清洗、消毒乳头、乳房周围及挤乳手，将最初挤出的头2～3把乳汁弃掉，然后采集10ml左右乳汁于灭菌试管中，低温送实验室检验。

4. 体表和粪便样品的采集

（1）体表样品直接采集未破裂水泡液、水肿液，置于无菌离心管中，水泡皮、病变皮肤组织置于保存液中，低温保存送检。

（2）粪便样品的采集：粪便样品可从直肠中采集或体外采集，直肠内取样为用清洁的玻璃棒或灭菌棉拭子挑取，体外采集时应力求粪样的新鲜，采集粪便的中间部分，一

般需采 5～10g 样品。

（四）麻醉与镇痛

1. 局部麻醉

本法多用于外科临床上各种短时间内的手术。适用范围为腹部、胸部、四肢手术，豁鼻修补术及各种疝的手术，也用于四肢、肌肉等炎症的初期。常用的麻醉药物为普鲁卡因，常用浓度为 0.25%～1%，具体的麻醉方法应视手术部位、种类或炎症的范围而定。在局部麻醉下，因家畜仍保持神志清醒状态，手术时应特别注意保定，或配合应用镇静剂、肌松剂。

2. 全身麻醉

（1）马的全身麻醉：到目前还没有一种令人满意的可以进行单独麻醉的全身麻醉药。常采用麻醉前给药，往往可以减少麻醉药的用量，安静度过诱导期并缩短恢复期。麻醉前用药的种类很多，常用的如氯丙嗪 0.5～1ml，静脉或肌内注射等。水合氯醛是马属动物最常用的麻醉药，常用剂量为（6～16）g/100kg 体重，但因其安全范围不大[中毒剂量为（20～30）g/100kg 体重]，一般不做深麻醉，仅在浅麻醉或中麻醉下配合其他麻醉方法（如麻前给药、混合麻醉或局部麻醉等）进行手术。静脉内注射时要严防药液漏出血管外。另外，硫喷妥钠麻醉、戊巴比妥钠、隆朋等可用。

（2）牛的全身麻醉：牛需要全身深麻醉的情况并不多。对牛施行全麻绝不可麻醉过深，最好采用配合麻醉，麻前停食停水、给予阿托品、进行气管内插管是非常必需的。牛是对隆朋（二甲苯胺噻臻）最敏感的动物，在较小剂量下引起较深度的镇静与镇痛。牛肌内注射剂量为 0.2～0.5mg/kg 时，一般可于 20min 内明显表现药物的主要作用，并迅速达到高峰。一般可维持 lh 以上。在整个过程中动物意识一直没有完全消失，手术时仍应加以适当保定。另外，静松灵、846 复合麻醉剂、水合氯醛麻醉、硫喷妥钠、酒精（白酒也可代替）可用。

（3）羊的全身麻醉：羊的解剖、生理与牛相似。各种麻醉药物的使用和剂量如下：隆朋肌内注射一次量 1～2mg/kg，隆朋与氯胺酮复合应用有较好的效果；戊巴比妥钠静脉注射一次量 20～25mg/kg，可麻醉持续 30～40min；硫喷妥钠静脉注射一次量 15～20mg/kg，麻醉持续时间 10～20min；另外，846 复合麻醉剂等也可用。

（五）安死术

反刍动物、马：barbiturate（巴比妥）注射液，静脉注射（100mg/kg）；先麻醉，之后静脉注射 KCl（1～2meq/kg）。

第六节　健 康 检 查

一、异常行为的检查

（1）腹痛：常见于马属动物，观察是否出现表情痛苦、前肢刨地、回头观腹、频频起卧甚至打滚等不适症状。

（2）中暑：动物是否出现精神抑郁、四肢无力、呼吸急促、皮温升高、全身出汗甚至昏迷等不适症状。

（3）跛行：检查动物步态是否正常。选择一处坚硬平地，由骑手松缰牵马快步直线行走50m，再折返，检查步态。乳房炎及附蹄病会造成跛行。

（4）异嗜癖：见于某种营养物质缺乏。

二、主要传染性疾病

1. 马传染性贫血

马传染性贫血简称马传贫，是由马传贫病毒引起的马属动物的一种传染病。其临诊特征是发热、贫血、出血、黄疸、心脏衰弱、水肿和消瘦等，并反复发作，发热期（有热期）临诊症状明显，间歇期（无热期）则临诊症状逐渐减轻或暂时消失；病毒可引起持续性感染和免疫病理反应。

（1）病原：马传贫病毒属反录病毒科慢病毒属。

（2）流行病学：只有马属动物易感，且无品种、年龄、性别差异，其中马的易感性最强，骡、驴次之。病马和带毒马是本病的传染源。主要是通过吸血昆虫（虻、蚊、蠓等）的叮咬而机械性传染，也可经消化道、交配、污染的器械等传染。此外，也可通过胎盘传染。本病有明显季节性，在吸血昆虫孳生活跃的季节（7～9月）发生较多，常呈地方流行性。

（3）防治：搞好环境卫生，消灭蚊和虻；新购入的马骡，必须隔离观察1个月，经过检疫，健康者方可合群；定期检疫；免疫接种，健康马接种马传贫驴白细胞活疫苗。

2. 牛流行热

牛流行热又称三日热，是由牛流行热病毒引起的牛的一种急性热性传染病，其临诊特征为突发高热、流泪、有泡沫样流涎、鼻漏、呼吸迫促、后躯僵硬、跛行，一般呈良性经过，发病率高，病死率低。

（1）流行病学：本病主要侵害奶牛和黄牛，水牛较少感染。以3～5岁牛多发，病牛是本病的主要传染源。吸血昆虫是重要的传播媒介。

（2）防治：除用一般药物对症治疗外，无特效药物和专用疫苗。以呼吸系统为主要症状的多用安乃近、普鲁卡因青霉素，或增加链霉素、卡那霉素。有神经症状者除控制感染外，可用盐酸硫胺、呋喃硫胺、葡萄糖酸钙、氯化钾等。

3. 牛病毒性腹泻或牛黏膜病

本病是由病毒引起的传染病。其特征为黏膜发炎、糜烂、坏死和腹泻，整个消化道淋巴结发生水肿。

（1）病原：又名黏膜病病毒，属黄病毒科瘟病毒属。

（2）流行病学：各种年龄的牛都易感染，以幼龄牛易感性最高。传染来源主要是病畜。病牛的分泌物、排泄物、血液和脾等都含有病毒，以直接接触或间接接触方式传播。

（3）防治：本病目前尚无有效治疗和免疫方法，只能加强护理和实施对症疗法，增强机体抵抗力，促使病牛康复。

4. 牛传染性鼻气管炎

牛传染性鼻气管炎又称坏死性鼻炎、红鼻病，是由病毒引起的牛的一种接触性传染病。表现出上呼吸道及气管黏膜发炎、呼吸困难、流鼻汁等症状，还可引起生殖道感染、结膜炎、脑膜脑炎、流产、乳房炎等多种病型。

（1）病原：牛传染性鼻气管炎病毒又称牛疱疹病毒Ⅰ型，属疱疹病毒科单纯疱疹病毒属。

（2）流行病学：本病主要感染牛，尤以肉用牛多见，其次是奶牛。肉用牛群的发病率高达75%，病死率也较高。

（3）防治：本病目前无特效治疗药物，但为了阻止继发感染，减少死亡率，可应用广谱抗生素或磺胺类药物，并进行综合性对症处置。

5. 牛结核病

该病由结核分枝杆菌引起的一种人畜共患慢性传染病，使各组织器官呈现结节与干酪样病变。最常见的是肺结核，表现为干性咳嗽，呼吸困难，肺部有干性或湿性啰音，咽部淋巴肿胀引起吞咽困难，伴有间歇热和弛张热。

药物治疗多用异烟肼和链霉素、卡那霉素，由于用量大、成本高，多不进行药物治疗。主要是通过检疫途径，每年5月、10月两月进行两次，将阳性反应牛进行淘汰处理，组建假定健康或健康牛场。

6. 梭菌性疾病

梭菌性疾病是由梭状芽胞杆菌属中腐败梭菌、魏氏梭菌、诺维氏梭菌引起的多种传染病的总称，包括羊快疫及羊猝狙、羊肠毒血症、羊黑疫、羔羊痢疾等病。

羊快疫及羊猝狙：羊快疫由腐败梭菌引起，以真胃出血性炎症为特征，羊猝狙由C型魏氏梭菌的毒素所引起，以溃疡性肠炎和腹膜炎为特征。

流行病学：羊快疫最易感染绵羊，一般经消化道感染（腐败梭菌如经伤口感染，则引起各种家畜的恶性水肿），多发于秋、冬和初春气候骤变、阴雨连绵之际。

C型魏氏梭菌随污染的饲料和饮水进入羊只消化道后，在小肠（特别是十二指肠和空肠）里繁殖，产生毒素，毒素通过肠道黏膜进入血流，立即引起毒血症的症状。

羊肠毒血症：羊肠毒血症是由D型魏氏梭菌在羊肠道中大量繁殖，产生毒素所引起的绵羊的一种急性毒血症，病羊死后肾组织易于软化，因此又常称此病为“软肾病”。本病在症状上类似羊快疫，故又称“类快疫”。

防治：采用羊快疫、猝狙、肠毒血症三联苗，或厌气菌七联干粉苗。

羊黑疫：是由B型诺维氏梭菌引起的绵羊和山羊的一种急性高度致死性毒血症。病的特征是肝实质的坏死病灶，故又名传染性坏死性肝炎。

每年注射一次羊黑快疫灭活苗有预防效果。

羔羊痢疾：是由B型魏氏梭菌引起的初生羔羊的一种急性毒血症，以剧烈腹泻和小肠发生溃疡为其特征。

流行病学：本病主要危害 7 日龄以内的羔羊，其中又以 2～3 日龄的发病最多，7 日龄以上的很少患病。

防治：①肌内注射诺氟沙星（氟哌酸）4～6ml；②灌服磺胺脒 1g、鞣酸蛋白 0.3g、碳酸氢钠 0.2g；③复方黄连素注射液。

7. 羊支原体性肺炎

羊支原体性肺炎又称羊传染性胸膜肺炎，是由多种支原体所引起的一种高度接触性传染病。其临诊特征为高热，咳嗽，胸和胸膜发生浆液性和纤维素性炎症，取急性或慢性经过，病死率很高。

防治：用新胂凡纳明（914）静脉注射，证明能有效地治疗和预防本病。病初使用足够剂量的土霉素或四环素或氯霉素等有治疗效果。

三、质量检测与疾病诊断

首先做好病畜登记。通过询问了解患病牲畜的个体特征，同时给诊断工作提供参考。记录病畜号码、品种、性别、年龄、毛色、妊娠、胎次、产期、乳汁变化情况和预防注射及驱虫等情况。掌握草料和饮水的种类、质量、饲喂数量及持续时间等情况。掌握圈舍及其周围环境的情况。掌握运动、放牧、圈饲规律和天气变化。了解畜群附近地区以往曾发生的疫病及防治经过。

观察病畜的体格、发育、营养状况、精神状态、体态、姿势与运动、行为等。注意采食、咀嚼、咽下、反刍、呼吸等有无异常现象。各天然孔道，如眼、鼻、口、耳、肛门、阴门有无异常分泌物或排泄物。检查眼结膜的颜色及皮肤弹性。然后做下列各项检查。

1. 测定体温

体温变化是机体对病原刺激的应答反应，在许多疾患特别是传染病和某些炎症过程中，体温的升高较其他症状出现更早。在大出血时，或生产瘫痪、心循环衰竭及某些中毒时，体温降低。测温通常是用体温计在家畜的直肠内进行。测温前应将体温计的水银柱甩至 35℃以下。测温时应在体温计上涂以润滑剂，插入直肠后，停留 3～5min，然后取出用酒精棉球消毒，查看水银柱的高度，于每日上、下午各测温 1 次。健康马的体温 37.5～38.5℃；牛 37.5～39.5℃；羊 38～40℃。

2. 测定呼吸次数

站在病畜腹部后侧方观察，胸部和腹部同时一起一伏为 1 次呼吸，计数每分钟的呼吸次数。健康马每分钟 8～20 次；牛每分钟 10～30 次；羊每分钟 12～30 次。呼吸频速常见于发热性疾病、疼痛性疾病、缺氧等；呼吸缓慢见于生产瘫痪、某些脑病或毒物中毒等。

3. 测定脉搏

马通常在颌外动脉，牛在尾动脉，羊在股内动脉。用 2～3 个手指轻按其上，施以适当的压力，感知脉搏的搏动。健康马每分钟 26～42 次；牛每分钟 60～80 次；羊每分钟 70～80 次。一般发热性疾病、心脏衰弱及马腹痛病脉搏频率增加。

4. 触诊

触诊是利用触觉及实体觉的检查法。例如，反刍动物（牛、羊）患病时，大多数有消化紊乱，常出现瘤胃积食或前胃弛缓症状，所以瘤胃触诊是必须检查的项目。检查者面对牛左侧腹部，一手握拳放在左侧腰窝下方，可以感到瘤胃有节律地蠕动，健康的牛每分钟蠕动 1～3 次，羊每分钟 2～4 次，蠕动波强而有力，可以把检查者的手顶起来，持续时间在 15s 以上。然后用手掌按压上、中、下部，正常牛上部有弹性，中部稀软，下部黏实。瘤胃积食或前胃弛缓时，腹壁紧张，内容物较硬。如其中混有气体和液体，则呈半液状，触之有波动感。如内容物较干固，则触压后呈现压痕。

特殊检查：根据需要可进行必要的辅助检查，如某些功能实验、实验室检查、X 射线检查及探测仪器的检查等。

通过上述检查，建立初步诊断，并拟定治疗方案，通过治疗进一步验证诊断。

四、卫生与防疫

1. 卫生措施

注意环境卫生，经常打扫，保持干燥；粪污远离畜舍，堆积发酵；饲料槽、饮水槽及其他用具勤刷勤洗。

2. 消毒措施

坚持消毒制度，可采用高温、化学、阳光和干燥消毒。

3. 防疫原则

实行隔离饲养，防止疾病传播；消灭传染源；消除传染媒介。

4. 预防措施

加强饲养管理，搞好卫生消毒工作，增强家畜机体的抗病能力；贯彻自繁自养原则，减少疫病传播；拟订和执行定期预防接种和补种计划；定期杀虫、灭鼠，进行粪便无害化处理；认真贯彻执行国境检疫、交通检疫、市场检疫和屠宰检验等各项工作，以及时发现并消灭传染源。

5. 发生疫病时的隔离和扑灭措施

及时发现、诊断和上报疫情并通知邻近单位做好预防工作；迅速隔离病畜，污染的地方进行紧急消毒。若发生危害性大的疫病，如口蹄疫、炭疽等，应采取封锁等综合性措施，以疫苗实行紧急接种，对病畜进行及时和合理的治疗，死畜和淘汰病畜进行合理处理。

第二十二章　雪　　貂

第一节　主要生物学特性

雪貂（ferret）是 Linnaeus 在 1758 年命名的一种家养鼬科肉食哺乳动物，生物学分类为脊索动物门，脊椎动物亚门，哺乳纲，食肉目，鼬科，貂属。其祖先可能是来源于欧洲的野生貂。雪貂的驯化历史已经超过 2000 年，十分悠久。雪貂在早期由于凶猛的捕食动物天性，在很长的一段时间内往往被人类作为工作貂饲养，用于狩猎和捕鼠工作。大约在 500 年前文艺复兴时期，欧洲已经有驯化雪貂作为宠物的记载，达芬奇的油画《抱白貂的女人》中米兰莫罗公爵的情人就怀抱着一只漂亮的白貂作为宠物。目前，经过长时间的繁育和挑选驯化，雪貂凶猛的肉食动物天性逐渐消失，性情稳定，已经慢慢适应并融入了人类生活。人们饲养雪貂的目的也由单纯的狩猎、捕鼠逐渐转变为宠物和实验用途。雪貂有一系列稳定的皮毛花色，如蒙眼、熊猫、火焰、巧克力、纯白等，纯白色雪貂由于其皮脂腺分泌旺盛到最后往往变成黄色。作为宠物饲养的雪貂，由于其性情温顺安静，外观可爱，深受人们喜爱，已经被越来越多的普通家庭所接受。

目前，世界上存在的野生雪貂主要是黑足雪貂，它也是唯一原产于北美的雪貂，分布在加拿大南部，沿落基山脉向东到美国的俄克拉荷马、堪萨斯和内布拉斯加广大地区。成年时平均体长 0.5m，平均尾长 0.15m，平均体重 1kg。毛色通常呈浅黄色，腹部的颜色更淡一些，头顶、眼圈、腿和尾尖呈深褐色或黑色。习性昼伏夜出，非交配季节单独生存。利用草原犬鼠遗弃的洞穴筑巢。在冬季活动量减少但不冬眠，可长时间不外出活动觅食。黑足雪貂领土意识强烈，同性之间常常为了领土而发生争斗。雌性黑足雪貂约在一岁以后性成熟，每年的 3～4 月是它们的交配期，孕期为 35～45 天。初生幼仔并不弱小，刚出生时身材就能达到成年黑足雪貂的一半甚至 3/4。

一、解剖学及生理学特性

雪貂的寿命最长可达 13 年，正常寿命介于 6～10 年。没有冬眠习性。雪貂的繁殖期为 5～6 年，雪貂在出生后 9 个月进入性成熟阶段。发情期在自然条件下受气候调节，南半球从 8 月开始到第二年的 1 月结束，北半球从 3 月开始到 8 月结束，每年可繁殖 2～3 胎。雌性雪貂是诱导排卵，它的卵巢活动依赖于交配刺激，通过雌激素刺激阴门增大。如果发情雌貂不进行交配，其发情期可保持 4 个月或更长时间。在实验室饲养条件下，如果缺乏雄貂或不进行交配，雌性雪貂血液中将长期保持高浓度雌激素，可造成雌性雪貂患上致命的再障贫血。雪貂妊娠期 41～43 天，假孕也可维持相同时间。发情期的雌貂性格温顺，配合雄貂交配。雌貂在受精后 7 天其发情特征消失。如雌貂怀孕则乳腺发育、乳头明显涨大，怀孕期的雌貂喜欢黑暗安静的环境，活动量减少，体重快速增加，产前雌貂表现躁动不安，饮食量突然下降，并不断舔舐阴门部位。雪貂妊娠期平均42天，正常情况下每胎产仔6～10只（5岁之后产仔数下降）。

初生的雪貂体重介于8～12g。雪貂幼仔发育较快，在2～3周时长出乳牙，在4～5周时听觉发育并可以睁眼，6～8周时断奶，在4～5个月后就可发育至成年体重。成年雄性雪貂体重1000～2000g，体长平均38cm；雌性雪貂体重600～1200g，体长平均约35cm。雪貂的躯干骨分为颈、胸、腰、体、尾（C 7，T 15，L 5或6，CD 18）。自然状况下，成年后的雪貂体重波动相当大，这主要是由季节变化引起的，体重变化范围可达总体重的30%～40%，秋天雪貂皮下储存大量脂肪，体重增加，到春季时脂肪消耗后体重就会降低。自然条件下，雪貂每年秋天和春天进行季节性换毛，在此期间作为宠物和实验用的雪貂，要及时清理所脱落的毛发，防止动物因吞入落毛而引发消化不良，甚至毛团症。

雪貂有比较短的消化道，不明显的空肠，无回盲瓣，所以成年雪貂进食间隔为3～4h，成长期雪貂进食间隔期为1h，新生儿吃到的母乳基本上很快被吸收。因此，雪貂饲养必须得到充足的饮食保证。雪貂的食量与其运动量及饲料种类有着直接的关系。如喂食商品化貂粮，成年貂食量每只一般30～50g/天，如单纯喂食肉类，每只可进食100～200g/天。在自然条件下，雪貂是纯粹的肉食动物，可以从生肉中摄取其需要的全部营养物质；在人工饲养条件下，需要喂食高品质专用貂粮。雪貂肠道无法消化过量的植物纤维，如要在食物中填加蔬菜和水果，不应超过其总摄食量的5%。雪貂每日的饮水量为75～100ml，尿量26～28ml。

二、行为学特性

雪貂一天中绝大多时间处于睡眠状态，睡眠时间有时可达18h以上。雪貂自身喜欢安静的环境，高度警惕外界的异常变化，不需要大量的运动。雪貂爱玩耍，喜欢群居，在年幼时可以成群饲养，成年后可单独饲养或者雌雄分开饲养。雪貂对外界环境有极强的好奇心，并且体态修长，这也是它成为优秀猎手的有利条件。雪貂在早期主要是捕捉在洞穴中的鼠类。目前，虽然作为捕猎用的雪貂大大减少，但它仍然保存这一天性，所以可以用各种形状弯曲的管道作为雪貂的玩具和活动场所。雪貂对外界事物充满好奇，常以啃咬的方式了解新鲜事物，幼年雪貂这种行为在成长阶段尤为严重，这一阶段甚至被称为“啃咬期”。另外，雪貂具有藏匿食物的天性。

第二节　种子资源管理

一、种子要求

雪貂作为实验动物种子资源，首先要求遗传背景清晰，繁殖记录完整。在此基础上，雌雄种子的选择应遵循：种公貂选择要求为两周岁以上，体格健壮，四肢有力，体重1.5kg左右，健康，在发情期内睾丸体积大，对雌性动物兴奋敏感，放对时交配积极，且受孕率高；种母貂的选择要求为体格强健，产后积极带仔，母性强，乳腺发达，有充足的奶水哺育幼仔。种母貂的选择除需符合身体健康的条件以外，还应注意遗传因素，如母亲母性不强或者奶水不足，这类雌貂一般不作为种貂使用。另外，种貂的选择还应根据相关的配种生育记录进行挑选，一般连续两年配种未成功的雄貂，未成功带仔离乳的雌貂都应淘汰；头胎新貂原则上也不作为种貂使用。

二、隔离检疫

新引进的种貂在到达貂场后应该进行为期 4 周的隔离检疫方可进行使用，发现异常立即根据具体情况进行处理。

第三节　繁 育 技 术

雪貂在非繁殖季节应雌雄分开饲养。雄貂在繁殖季节内，睾丸开始发育，体积增大，下垂，当接触到甚至是看到或者嗅到发情雌貂的味道时，表现为高度兴奋，隔笼趋向异性，阴茎勃起等反射性兴奋。兴奋的雄貂在多数情况下发出咕咕的叫声。雌貂在发情季节最主要的表现是外阴肿胀，食欲、体重下降，有时可观察到排绿色尿液，在发情期内的雌貂易于接受交配、排卵并受孕。

在发现雌貂发情之后，先将雌貂隔笼置于雄貂面前，观察雄貂反应，挑选表现出强烈交配欲望的雄貂进行放对。放对后要对动物交配情况进行观察，如母貂过分抗拒公貂交配，则应考虑更换其他公貂。正常雪貂交配时，首先公貂衔母貂颈背部皮毛，爬跨于母貂背上，臀部频繁抖动，交配时动物也会发出兴奋的咕咕叫声。交配后应将雌性和雄性分开，一直到怀孕期、哺乳期和下次交配前，即除交配期间外，用于繁殖的雌、雄雪貂在其他时间都应该被分开饲养。

雪貂属于诱导排卵，一般在首次交配后两天排卵，因此在首次交配一周内要对雌貂进行 2～3 次复配。交配成功的雌貂，会在受精后一周内表现出阴道水肿消失，乳头开始膨胀。但有时也会有假孕现象的发生，雪貂的正常孕期是 42 天，假孕也可以维持同样长的时间。早期怀孕（怀孕 10 天以内）的判断需要依靠 B 超等设备进行诊断，怀孕中后期可凭触诊进行判断。雪貂的哺乳期是 6～8 周，离乳后 2 周母性雪貂将进入下一个发情周期。

雪貂的繁殖过程要进行详细的文字记录，记录内容要包括首次合笼日期，种公、种母动物编号，幼貂出生日期、出生只数，离乳动物数，幼貂死亡原因、死亡时间。这些记录将为以后的繁殖育种、种群优化工作提供重要依据。

第四节　饲 养 管 理

一、设施环境

1. 设施

由于雪貂对流感病毒易感等，作为实验用雪貂，应该饲养在符合国家标准的实验动物屏障环境设施内。

2. 笼具

雪貂笼具材质的选择应遵循无毒、无味、无害、保证人类和动物福利的原则，并具备易清洗、易消毒、耐酸、耐碱、耐冲击不变形的特性。目前，实验雪貂的笼具多选用不锈钢材质，体积为 60cm×60cm×45cm 的网格样笼，网格间距为 1cm，防止动物逃脱或者四肢被卡。繁殖笼具没有统一尺寸要求，由木制繁殖箱和网格样笼组成。笼门应以卡笋锁定，笼门上应设置动物无法接触的实验牌卡槽。笼具如多层摆放时底部应设置粪盘。笼内采用水瓶或者自动饮水装置供水，并内设可固定的食盒。

3. 垫料和环境丰富器具

雪貂饲养一般不使用垫料，如果使用，可以选择刨花、报纸或棉布。繁殖期间，在幼仔出生时，一般在繁殖箱内加一块棉布，但不能使用刨花，以免刺伤幼仔。木制繁殖箱和网格样笼内一般无垫料，网格样笼下放置托盘，托盘要每日清洗。网格样笼内可放置细长管道作为环境丰富器具。

雪貂设施环境的要求可参照豚鼠、兔的设施要求。温湿度范围要求为温度 18～25℃，日温差≤5℃，相对湿度 40%～65%。如果温度过高，大于 30℃就可能使动物发生中暑。雪貂喜欢安静，应避免在噪声过大的动物房内饲养，饲养人员在进行动物观察及饲养操作时也应最大限度地保持安静。因为雪貂的呼吸道对外界刺激比较敏感，所以要求动物房内有良好的换气通风装置和有效的空气过滤装置。照度和明暗周期均可参考家兔和豚鼠等实验动物，繁殖种群或哺乳期雪貂的光照时间是 16h 每昼夜，实验用貂光照时间是 12h 每昼夜。

二、饲料和饮水

雪貂在自然界中是纯肉食动物，对饲料的要求是高蛋白、高脂肪。由于雪貂对过量的碳水化合物过敏，因此要求作为饲料黏合剂而被广泛使用的淀粉含量不能过高。雪貂饲料的一般要求：粗蛋白质不低于 38.0%，粗脂肪不低于 18.0%，粗纤维不高于 3.5%，水分不高于 10.0%，灰分不高于 6.5%。雪貂需要的热量为 200～300kcal/kg，成长和生育阶段的雪貂为 5000kcal/kg。

1. 脂肪

脂肪是所有肉食动物每日所必需的物质。成年雪貂每日脂肪的摄取量占总摄食量的 18%～30%，6 个月以上成长雪貂最少需要 25%，怀孕或者哺乳的雪貂应在保证胎儿营养状况下主要保持自身的营养所需。

2. 蛋白质

蛋白质包括动物蛋白和植物蛋白，食肉动物如果摄入的植物蛋白过多，可能会引起膀胱结石。雪貂为食肉动物，其饲料蛋白应以动物蛋白为主，至少提供 10 种以上的必需氨基酸，这些氨基酸主要来源于动物蛋白。成年雪貂饲料所需要的蛋白质含量为 30%，哺乳或者怀孕雪貂应不少于 40%。

3. 碳水化合物

雪貂对碳水化合物无特殊要求，其主要为机体代谢提供能量，即节约或代替来源于蛋白质或脂肪代谢所释放的能量。

4. 淀粉

淀粉对于雪貂饲料的制作是必需的，是饲料制作中的黏合剂。但是这些淀粉一定要经过约 95℃的高温处理，以利于雪貂消化吸收，并增加口感。

5. 维生素和矿物质

饲养雪貂所需要的维生素和矿物质主要来源于雪貂饲料所加入的复合维生素和矿物质。

雪貂由于自身肠道较为脆弱，因此每天必须提供给雪貂足量的、新鲜卫生的饮水。另外，由于雪貂具有戏水的特性，为了保持饮水的清洁，最好使用水瓶供水或自动饮水装置。使用此类装置时要注意定期更换瓶内存水，防止变质；还要观察动物是否会使用这类装置，防止意外发生。新进动物前 3 天必须加饮水盒，以保证动物足量的饮水。

三、饲养操作与日常管理

雪貂目前已被驯化作为宠物饲养，对人类的攻击性已大大降低，但雪貂啃咬的天性仍然保持，尤其是在动物的幼年阶段。因此，在进行实验操作时，为了减少不必要的伤害，饲养员还是应该佩戴厚手套进行实验操作。

所有人员、物品的进出，都按照实验动物屏障环境设施管理要求操作。饲养人员进入动物房前必须穿隔离服，戴口罩、帽子、手套。饲养人员每日 7：30～8：30 和 14：00～15：00 各供给雪貂全价饲料一次，每次约 20g/kg 体重。每天加水、换水一次。每日观察动物的摄食情况及其他异常表现，有异常情况发生时要及时上报。每日详细做好饲养记录或（和）实验记录。实验用貂最好单笼饲养，笼具上应挂标识牌。按标识牌上的内容填写实验编号、动物编号、性别、实验日期、专题负责人姓名和联系电话等信息。

四、废物处理

未进行传染性实验的雪貂，日常饲养所产生的粪便、尿液可按照常规兔、豚鼠等动物的粪便处理方式进行处理。进行过传染性实验的动物的废物，包括动物的尸体、粪便、尿液、取材后剩余的组织器官、血液等均应进行高压彻底消毒处理后，交由专门的医疗废物处理公司进行处理。

第五节　使 用 管 理

一、动物的获取

1. 来源

雪貂在国外作为宠物和实验动物饲养已经有一段相当长的历史了，国外较为知名的雪貂品牌有美国的马雪儿、欧洲的安格鲁。目前，国内安格鲁品牌也开始涉足实验雪貂领域。在进行实验前，应根据实验的具体要求对供应商提供的实验动物进行删选。

2. 运输与接收

由于雪貂对环境中流感等病毒比较易感，因此实验用雪貂的运输一般采用通风、加隔离膜的特殊塑料运输盒，盒内加供动物短期生活所必需的饮水、饲料和垫料。运输方式可采取航空运输或陆路运输。陆路运输雪貂时，应使用带空调系统且通风良好的专用运输车。在运输过程中，应多供水少供食，保证通风，以防止雪貂发生热应激等造成损失。运送时盒内密度不应过大。如运输工具在此之前运输过犬等与雪貂有交叉共患疾病的动物时，应对车辆进行彻底消毒后再使用。动物接收时应仔细核对动物的数量，并对动物进行外观检查，发现有外伤、死亡的动物，以及精神状态差的动物，要及时隔离处理并与供货商联系。动物到达 2～3h 后给予饲料，新进动物前 3 天加饮水盒，以保证动物足量的饮水。

3. 隔离检疫

雪貂在到达实验室后应该进行为期 4 周的隔离检疫方可进行实验。雪貂对犬瘟热病毒高度易感，当它和其他物种的易感患病动物接触后，疾病潜伏期就会比雪貂之间相互传染要长，通常可以达到 21～25 天。在检疫期内要每天对动物的外观、饮食、粪便、精神状态等指标进行观察，一旦发现异常要及时处理。另外，如果运输过程时间过长、密度过大，刚接收的动物有时可能会出现眼睑因受到氨气刺激而肿胀的情况，这与流感的症状很容易混淆。但一般由运输造成的眼睑肿胀动物，不会出现咳嗽、打喷嚏、精神状态变差、发烧等症状，在用眼药膏进行适当处理后，两三天内肿胀会自然消失。

二、基本操作技术

1. 抓取与保定

在进行实验操作和检查需要抓取雪貂时，一般一只手抓住动物肩部，用食指和中指轻轻夹住两前肢，并以大拇指顶住其颊下，另一只手轻托雪貂的臀部将动物保定。雪貂对陌生环境非常警觉，会对不熟悉的人发起攻击。抓取动物时要轻柔，雪貂有时会被人手上的化妆品或者乳胶手套的味道刺激而产生攻击行为，因此在抓取保定雪貂时可佩戴帆布手套。如不慎被雪貂咬伤，应该挤出伤口血液，彻底用肥皂水和清水冲洗伤口后接种狂犬病疫苗。

2. 供试品给予方法

（1）经口给药：雪貂口腔较小，食道较窄，因此通过插胃管给药较为困难。一般利经口腔给药，将动物保定后，一手揪住动物耳后皮肤，向背侧牵拉，打开动物口腔；另一只手以注射器抽取供试品，滴入动物口腔，依靠其自然吞咽给药。在给药时应小心，不要呛到动物。

（2）静脉注射：雪貂静脉注射时，应对动物进行适当的麻醉，防止动物挣扎，避免对动物造成伤害，降低实验风险。进行静脉注射的部位一般选取雪貂的颈静脉和前肢静脉。采血前使用剃刀或者脱毛膏将采血部位的毛发脱净，露出皮肤，找到血管后以 75%的乙醇进行处理，在血管的近心端进行按压，使血管充盈后将注射器针头导入静脉，当观察到针头部分出现回血时进行注射。

（3）肌内注射、腹腔注射给药时，动物不需要进行麻醉，可按照家兔或大鼠的操作方法在腹腔或后腿肌肉丰满处进行操作。皮下注射给药时，一般选取颈背部皮肤松弛处进行操作。

（4）鼻腔给药：给药前先将动物麻醉，麻醉后一人一只手固定动物头部，另一只手托住动物臀部，将动物水平仰卧放置于操作台上；另一人使用移液枪或者注射器将供试品分别滴入动物的两个鼻孔。滴入时应该缓慢操作，如动物呼气将疫苗喷出或出现打喷嚏、咳嗽等情况应立刻停止操作，待动物恢复平静后继续进行。操作结束后将动物放入笼中观察至动物苏醒。

3. 样品及数据收集

1）血液样品的收集

心脏采血：进行心脏采血时应将动物先进行麻醉，麻醉后将动物四肢张开俯卧放置在操作台上。此时用手触摸心区，并以 75%乙醇清理进针部位，在心跳搏动最强烈处进针。采血时注意抽取血液时的速度，过快可使动物急速失血导致死亡，过慢可导致注射器内血液凝固。心脏采血时一定注意操作时动物不能出现挣扎，进针要做到直进直出，避免针头晃动，否则一旦划伤动物心脏容易造成动物死亡。心脏采血的优点是耗时短，采血量大，但操作有一定难度和风险，需要长时间练习后方可进行操作。

静脉采血：雪貂静脉采血时，应对动物进行适当的麻醉，防止动物挣扎。进行静脉采血的部位一般和静脉注射的部位相同，选取雪貂的颈静脉和前肢静脉。采血前使用剃刀或者脱毛膏将采血部位的毛发脱净，露出皮肤，找到血管后以 75%的乙醇进行处理，在血管的近心端进行按压，使血管充盈后将注射器针头导入静脉，当观察到针头部分出现回血时进行采血。静脉采血的优点是操作安全，缺点是因为受到静脉出血量的限制耗时较长，尤其是在前肢静脉采血时更易发生凝血，而且采出的血量一般小于心脏采血法。

2）咽拭子的采取

雪貂在大多数情况下被用来进行呼吸道疾病的研究，因此上呼吸道分泌物的各项指标的检测就变得尤为重要。采取上呼吸道分泌物时一般采用咽拭子法。采咽拭子时，先将动物麻醉，麻醉后将动物口腔打开，将灭菌棉签头 1/2 伸入灭菌 PBS 液，少量蘸取 PBS 后，将棉签插入动物口腔内侧 3cm 处的咽部和扁桃体部涂抹数次，至动物出现呕吐反射后取出。将咽拭子放入无菌试管中，使用 PBS 定容至所需体积，然后将动物放入笼中观察至动物苏醒。

3）体温的测量

测量时先将动物麻醉，在动物刚刚丧失行动能力时测量。一只手固定动物头部，另一只手托住动物臀部，将动物水平放置于操作台上，使用电子温度计测量动物肛温。

4. 麻醉与镇痛

1）速眠新

肌注速眠新注射剂（846 合剂）对动物进行麻醉，注射剂量为 0.04ml/kg 体重。该麻醉剂起效快，麻醉时间可维持 20min 左右。结束操作后可给予动物 0.2ml 的苏 3 号催醒。适用于采血、测体温、给药等实验操作。其优点为有相应解药，操作结束后可对动物进行催醒。

2）氯胺酮

注射方式可采用肌内注射，注射剂量为 0.03ml/kg 体重。麻醉剂起效快，麻醉时间可维持 20min 左右。但结束后无相应解药催醒，动物需要自然苏醒。苏醒过程中要注意保温防止意外。适用于采血、测体温、给药等实验操作。优点是盐酸氯胺酮为国际上广为采用和认可的化学保定药物，使用安全，不良反应小，可多次使用；缺点是会产生耐药性。

3）戊巴比妥钠

使用前多配制为 3%的溶液，使用时按每千克体重 1ml 进行腹腔注射或者静脉注射。多用于对动物进行安乐处死，该麻醉药无相应解药催醒。

4）异氟烷

为常用呼吸麻醉药，必须配合特定的呼吸麻醉机使用。使用时先对动物进行诱导麻醉，再采用直视法进行气管插管连接呼吸麻醉机。优点是使用安全可靠，可进行长时间手术操作；手术结束后不需要解药催醒，吸氧一段时间后，动物可以很快自然苏醒。

5. 安死术

麻醉后放血法：使用 3%戊巴比妥钠溶液按每千克体重 1ml 进行腹腔注射或者静脉注射，待动物深麻后打开腹腔，剪断腹主动脉后将动物放血致死。

二氧化碳麻醉法：可参照家兔的安乐死方法，使用二氧化碳麻醉箱对动物进行安乐处死。

第六节 健 康 检 查

一、异常行为的观察

（1）呼吸功能：观察是否出现呼吸困难、呼吸暂停、可视黏膜发绀等异常情况，以及鼻孔流涕，有无咳嗽、打喷嚏现象。

（2）行为：观察是否有自主活动减少、嗜睡、昏厥、共济失调、异常运动、震颤、躺卧等异常情况的出现，是否出现抽搐，或因肌张力改变而导致的僵直或者瘫软。

（3）眼：观察是否出现流泪、眼睑肿胀、瞳孔缩小或散大等异常情况。

（4）毛发皮肤：被毛是否柔顺有光泽，是否出现皮肤黏膜发红、体表温度升高、皮肤黏膜发白、体表温度降低的情况，耳内、尾尖及足是否出现蚧螨或真菌。

（5）消化功能：食欲、食量是否正常，粪便是否干燥或是否出现腹泻情况，有无呕吐或干呕情况。

（6）尿道：是否出现血尿和尿失禁情况，如动物尿失禁，可见后腿被毛明显被尿液打湿。正常情况下则不会出现这种情况。

（7）神经系统：是否出现左右上肢不对称运动、兴奋、抑制及角弓反张情况。

（8）给药局部：是否出现硬结、肿胀、溃烂等。

如发生以上情况，应详细记录，并根据实验需要采取相应处理措施。

二、主要传染性疾病

1. 流感

雪貂的呼吸道上皮受体与人类的类似，对人流感病毒高度易感，而且雪貂受流感病毒影响的方式与人类相同，发病过程和机体反应与人体相似。因此，雪貂是敏感的人流感模型动物。在自然条件下，雪貂一般是通过呼吸道吸入病毒的方式感染流感病毒；在饲养条件下，雪貂感染流感病毒的途径是与人类密切接触，尤其是在空气流通性差的环境内雪貂更容易被感染。自 1935 年，雪貂就被作为研究流感的重要动物模型来使用了。雪貂模型曾被用来评价由澳大利亚研究的一种抗流感新药 GS4104（Relenza），这种药物在雪貂模型中取得了良好的效果，可以使雪貂抵抗多种流感强毒株，这一结果使人们对这一药物在人类的应用效果充满了希望。

雪貂在感染流感病毒后，一般经过 48h 的潜伏期后开始发病，发病后最初的症状是发烧，此时体温可以达到 40℃以上。鼻腔有浆液性分泌物，伴有严重的咳嗽和打喷嚏症状。如果动物出现了脓性鼻腔分泌物，则提示可能已经发生了严重的肺炎。食欲不振是雪貂在感染流感病毒后的另一个主要症状，如果动物病情较轻，则仅仅表现为食欲下降和摄食量降低；如果动物病情严重，则食欲完全废绝，动物体重会在短期内明显下降，甚至死亡。温度和通风条件是影响动物感染病毒后发病严重程度的重要因素，温暖且通风良好的环境会对病情的严重程度起到缓解作用，而湿冷的环境会严重加剧病程的发展。雪貂在感染流感病毒后，病变部位主要集中在肺，病毒会引起肺发生各种炎症反应。目前，雪貂作为理想的流感动物模型被广泛应用于流感发病机制的研究，以及相关抗流感疫苗、药物的研发，为人类流感研究作出了重要贡献。

雪貂除对人流感病毒高度易感外，对禽流感病毒也十分敏感。禽流感 H5N1 病毒属于 A 型流感病毒，由家禽分离得来，可以引起人、动物、禽类发生严重的呼吸道疾病。自 1997 年以来，该病毒多次在中国香港、越南、泰国、印尼暴发，并造成多起死亡病例。雪貂对多株人类来源及禽类来源的禽流感毒株均易感，感染病毒后可出现典型的禽流感症状，可以作为理想的禽流感哺乳模型动物，对研究禽流感病毒在哺乳动物体内的复制情况，发病机制及相关药物、疫苗的评价有着重要的意义。另外有研究报道，雪貂对其他一些流感病毒，如猪流感也高度易感，且感染后出现典型症状。

2. 犬瘟热

雪貂的犬瘟热可因雪貂与雪貂之间的接触或者雪貂与犬等其他易感患病动物之间的接触而感染。当雪貂之间互相传染时，疾病的潜伏期为一周左右，而雪貂被犬等其他易感动物感染后，由于病毒在貂体内要重新适应一段时间，潜伏期可能会长达 21～25 天。犬瘟热发病时，动物一般出现高烧，体温多达 40℃以上；眼中充满脓性的分泌物（这点要和病毒性感冒区别，感冒是浆液性渗出），甚至因角膜穿孔而失明，下颚红肿，布满了痰样黏液，脚掌角质化；肛门、阴门红肿外翻，腹股沟出现红疹及神经症状。如到濒死期，任何外界刺激都会使雪貂出现角弓反张现象。

3. 其他

除此之外，雪貂还对狂犬病病毒、细小病毒、冠状病毒、轮状病毒、牛气管炎病毒、阿留申病毒及弓形体等传染性疾病病原易感。以上这些传染疾病对雪貂的饲养和繁殖会造成不良的影响。但这些易感病原体也使雪貂成为人类研究此类疾病的重要模型动物，为保障人类健康水平作出重要贡献。

三、质量检测与疾病诊断

目前国内还没有制定实验用雪貂的质量检测标准，雪貂作为实验动物使用时规范化程度较低。一般要求：相应的免疫接种，雪貂阿留申病毒检测阴性，在检疫期内动物外观检查无异常，未出现传染病或疑似传染病的情况。作为流感模型使用的雪貂，一般要求流感中和抗体阴性。

雪貂的疾病诊断，除根据患病动物的临床特征进行诊断之外，还要进行相应的实验室检查。例如，在被犬瘟热和细小病毒感染时，患病动物的血液常规及生化指标都会发生特定的改变，对动物进行血生化和常规检测有利于此类疾病的辅助诊断。另外，目前已有市售的犬瘟热病毒、细小病毒、冠状病毒、轮状病毒抗原检测试剂盒和试纸条，此类产品的使用特异性好，敏感性较高，多为犬、貂通用。

四、卫生与防疫

按照实验动物屏障设施管理措施加强对动物设施、环境的控制，定期对设施和笼具进行消毒，严格人员和物品的进出。

在进行传染病防治时要坚持预防为主的原则，对引进动物进行严格的隔离和检疫，防止病原体的传入。由于雪貂对许多人类呼吸道疾病毒高度敏感，还应加强实验人员的业务素质和宣传教育工作，严格操作程序，防止人为因素的污染。

一旦动物群中有传染性疾病发生，应对患病动物采取隔离检查和诊断措施。对污染的实验场所进行紧急消毒处理，并根据实验要求对患病动物周围的其余动物采取措施（紧急预防接种、对症治疗或者扑杀）。患病动物和淘汰动物的尸体应该按法定程序进行合理处理。

第二十三章 灰 仓 鼠

灰仓鼠（grey hamster；*Cricetulus migratorius*）属哺乳纲（Mammalia），啮齿目（Rodentia），仓鼠科（Cricetidae），仓鼠亚科（Cricetinae），仓鼠属（*Cricetulus*）小型动物。灰仓鼠主要分布于北纬20°～50°，东经60°～100°中亚诸国的干旱区，我国主要分布在新疆、青海、内蒙古、西藏和甘肃等省区，从海拔–153m 的干旱酷热吐鲁番盆地到海拔 3000m 以上的寒冷高原都有分布，环境适应性很强。该鼠为伴人动物，喜储藏食物，喜干燥环境。在自然界，灰仓鼠参与土拉伦、森林脑炎、鼠疫等多种自然疫源性疾病的传播。20 世纪 70 年代研究人员发现，灰仓鼠容易感染人畜共患病包虫病，比小白鼠的感染周期缩短 2/3，认为其在包虫病研究领域有发展潜力，试图实验室驯养，由于灰仓鼠属独居啮齿类动物，非常好斗，灰仓鼠的实验室繁殖一直没有解决。1989 年新疆实验动物研究中心廖力夫等开始灰仓鼠驯养，经过实验室反复实验，于 1993 年 6 月获得一只实验室内交配成功的怀孕灰仓鼠母鼠，并用这只怀孕母鼠繁殖的后代进行科学配对，扩大种群，1994 年建立原始种群，2012 年建立灰仓鼠清洁级封闭群，目前实验室繁殖的灰仓鼠属于封闭群。

第一节 主要生物学特性

一、动物学分类与来源

灰仓鼠体躯背侧毛色由灰色-沙黄色至棕灰色，腹面毛色纯白色，或仅腹部具灰色毛基，背腹毛色在体侧呈波状镶嵌，尾上下皆白色，毛色因性别或年龄段不同亦有所差异；灰仓鼠耳朵呈圆形，眼大黑色，属杂食性，乳头 3 对，有一对位于口腔两侧、由一层薄而透明的肌膜组成的可存放食物的颊囊；成体体长 85～120mm，成体体重 37～70g，尾长大于后足长，为体长的 1/4～1/3，染色体数 $2n=22$，齿式为 003/1003×2=16。

灰仓鼠来源：实验室繁殖的灰仓鼠均来自新疆喀什市的一只雄性与乌鲁木齐市的一只雌鼠配对繁殖的后代。

二、一般生物学特性

1. 生长发育

灰仓鼠的生长发育分 4 个阶段。乳鼠期：初生至 15 天，初生乳鼠 2.05g，全身裸露，门齿 0.5mm 长，体长 60mm 以下，体重小于 18.5g。其特征是体重、体长、尾长、后足长的日生长率保持在 3%以上，各器官的日生长率保持在 7%以上。15 天时已全部睁眼，肝、肺和肾的质量与体重之比进入高比值区。15 天离乳可成活，但体温调节机制尚未成熟，后期生长发育缓慢。幼鼠期：15～25 天，体长 60～75mm，体重 18～33g。除后足长外，体重、体长、尾长的日生长率仍保持在 1%以上，各器官较快生长，体温调节机制已成熟，肝、肺和肾与体重的比值仍处在高比值期，上下臼齿已长全，可独立生活。亚成体期：25～50 天，体长 75～88mm，体重 33～44g。最明显的特征是性腺迅速增长，除体重外，体长、尾长和后足长的日生长率均在 1%以下，未发现参加繁殖的个体。成熟期：50 天以上，体长 88mm 以上，体重 35～70g。除体重和性腺外，其他器官和生物测量值长度趋于稳定，性腺与体重比值超过 2%，个体开始繁殖。

2. 生理学特性

灰仓鼠雄体性成熟最早为 48 天，雌体为 50 天，性周期 4～4.5 天，属全年发情动物，发情持续时间 4～12h。妊娠期平均 19（17～21）天，雌性生殖寿命为 12 个月，雄性生殖寿命相对较长。哺乳期 20 天，平均窝产仔数 4.6（3～10）只。实验室寿命平均 2.5 年。

当环境温度低于 10℃并无光照时，灰仓鼠有浅冬眠现象。一般冬眠期 40～80 天，个体间冬眠期有较大差异，相对湿度低于 30%时，可导致冬眠个体死亡或醒眠。

灰仓鼠具有很强的耐饥耐渴能力，用含水量 8%的全价小鼠饲料喂养，不给水时存活时间超过 20 天；17 日龄时才有体温调节能力，能量代谢的最适温度区在 27～30℃；13～35 天的幼体阶段，灰仓鼠脂肪含量高达 15%以上，雄性大于雌性。

3. 生化值特征

灰仓鼠血清中各种无机离子浓度高于人类测定值上限的 10%～40%，碱性磷酸酶（274U/L）、谷丙转氨酶（117U/L）、乳酸脱氢酶（950mmol/L）、谷草转氨酶（620U/L）、三酰甘油（2.5mmol/L）和尿素氮（12.4mmol/L）均高于人类，肌肝值（8～15μmol/L）只有人的 1/3 以下，白蛋白/球蛋白值（0.84）较其他鼠类低，血糖值（3.2mmol/L）是人、大小鼠测定值的 60%以下。

4. 血常规

4 周龄和 8 周龄红细胞分别为 7.5×10^{12}个/L 和 6.48×10^{12}个/L，白细胞分别为 5.55×10^{9}个/L 和 6.77×10^{9}个/L，血小板分别为 770×10^{9}个/L 和 950×10^{9}个/L。

三、行为学特性

（1）灰仓鼠为昼伏夜行动物，一般天黑后 0.5h 进入活动高峰，有两个活动高峰，分别在 23：00 和 6：00。行动敏捷，警觉敏感。夜间活动主要是寻找食物，有储备大量食物的习性。在发情期，活动主要是寻找配偶和交配，交配结束没有同居行为。

（2）有嗜睡习惯，白天主要以睡眠为主。温度低于 10℃时部分个体会出现冬眠，此时体温、心跳、呼吸频率、基础代谢率均明显降低。16℃以下停止繁殖，低温有食仔现象。

（3）灰仓鼠独居、好斗，成体间容易打架和撕咬，难于群养和繁殖。

第二节　种子资源的管理

一、种子要求

与其他实验动物不同，野生灰仓鼠实验室繁殖异常困难。目前保存在实验室的有普通级和清洁级灰仓鼠封闭群。具体可参照小鼠的有关规定执行。

二、隔离检疫

参照小鼠的有关规定（第十章）执行。

第三节　饲养繁育与管理

一、设施环境

环境温度 18～28℃，相对湿度 20%～70%，噪声低于 65dB，氨浓度 20ppm 以下，通风换气 10～15 次/h，照度 250lx，光循环 14h/8h（光照/黑暗）。灰仓鼠喜阴暗、安静的环境，对环境温、湿度的适应性较强；对光和噪声比较敏感，哺乳期尽量减少人为干扰、强光照和噪声刺激，否则易导致母鼠吃仔。实验室饲养可用小鼠盒，杨树刨花或玉米芯垫料，室温过低可补充棉花或麦草。待发鼠群的雌雄体处于亚成体期时可使用大盒饲养，成体雄性单盒饲养。

二、种鼠选择

雌性种鼠选择要求：亲代应选择体质健壮，无疾病，母体每胎产仔平均 4 只以上，母性好，带仔成活率高，仔代生长发育好，外表无缺陷的后代。母体具有良好的泌乳能力和对周围环境有较高的适应能力。

雄性种鼠选择要求：亲代应选择雄性配种能力强，交配受孕率高，每胎母体产仔平均 4 只以上，仔代生长发育好，外表无缺陷，同窝仔鼠生长均匀，离乳时幼鼠体格健壮，生活力强的后代雄性个体。

一般应从第 2～3 胎仔鼠中选取，25 天离乳体重在 30g 左右的选作种鼠。被选中的种鼠应体质强壮，运动活泼，对外界刺激反应敏锐，眼睛黑亮有神，被毛光泽、浓密贴身，尾粗而较长，头部宽广，颈部长度适中，背宽而平直，躯干前后匀称，腹部系紧，胸圆满，四肢短而有力，生殖器官正常等。根据随机交配的要求，留选的幼鼠要填好卡片档案，并录入计算机。

三、交配方法

种群繁殖采用完全循环交配法，如图 23-1 所示。循环交配法能克服近交系数上升快的缺点，最好分支组数在 8 组以上。

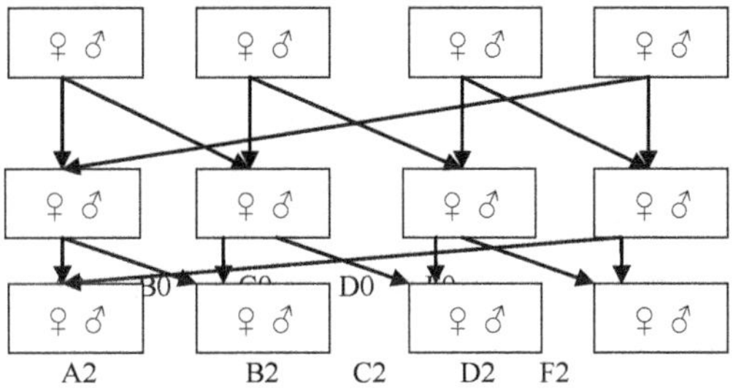

图 23-1　交配方法

为避免近亲交配，可以将封闭群内 3 代以上没有血缘关系的动物分成若干个组，分别按 A、B、C、D……H 编号分组，再按表进行配对。每次选留的种鼠雌雄分开，编好组别，同组的幼鼠采用相同的字母组号，配对时不得以同组编号进行交配。在生长发育过程中，应对发育不正常者及时淘汰。

四、交配繁殖管理

亚成体配对，♂：♀为 1：1 或 1：2。1：1 终生同居繁殖，配对♀60 日龄和♂70 日龄进入繁殖状态，定期检查怀孕状况，怀孕 10 天左右，倒提时腹部隆起明显可见。1：2 配对发现有怀孕可移出孕鼠到另一盒。孕鼠分娩前 5 天或产后 10 天尽量少换窝。换窝时发现受孕力低、有食仔习性或离乳成活率低的种鼠及时淘汰，更换新配对。超过 12 月龄种鼠，或超过 6 胎母鼠要淘汰。

登记卡记录内容：雌鼠/雄鼠的编号，合笼日期，产仔日，产仔数，离乳日，离乳存活数，性比。

五、哺育

灰仓鼠每窝幼鼠 1～8 只，最多 11 只。哺乳幼鼠每窝控制在 6 只，多出的可淘汰异常或畸形幼仔，或体轻个体，也可将多余幼鼠补充到生产日接近的同组生产幼体少的母鼠窝内。记录产仔数、生产日期、淘汰数和补充数。

六、离乳

离乳日龄：灰仓鼠 20～25 天离乳。如下一窝在前一窝 20 天内连续生产，可提前分离出前一窝仔鼠。种鼠离乳日龄一般为 25 天。离乳后剔除畸形、发育差等仔鼠，记录离乳数和性比，单性别饲养。

七、饲养管理

饲料用标准小鼠饲料，补充灭菌葵花籽。

成年鼠摄食量一般为体重1/10，3～7g/（天·只），哺乳母鼠采食量较大，可达8～9g，幼鼠9天后可采食，产后10天要加大供食量。种鼠和生产鼠群交配繁殖频繁，尤其是生产种母鼠的负担重，能量消耗大，因此除供给足够的块料外，还要定时饲喂少量葵花籽。葵花籽供应量为0.5～1g/（天·只成年鼠）。群养每周固定2次添加饲料，饲料不宜多给，以免污染。

灰仓鼠有一对能伸缩的颊囊，喜欢把食物藏颊囊内，然后吐到安全的地方储存起来，造成浪费。对有储存饲料但繁殖率高的雌性个体可以保留，但应控制给饲量，对繁殖率低又喜欢储存饲料的个体可淘汰。

八、给水

屏障系统内的灰仓鼠饮用水为pH 2.5～2.8的酸化水，饮水瓶给水，每周换水2～3次，成体饮水量一般为5～8ml/（天·只），生产鼠对水的需求大，一定要保证供应。日常饲养应先换水瓶，拧紧瓶塞，完成当日工作离开饲养室前应再次检查水瓶有无漏水，防止漏水溺死动物，最后添加饲料。饮水时食物颗粒或唾液可倒流入水瓶，污染水瓶，水瓶灭菌后仅限使用一次。

九、换窝

2只/盒每周换窝1次，3只以上每周换窝2次。每换完一盒动物，镊子应浸在消毒液中消毒后再使用。换窝时如遇母鼠产仔前3天或正在产仔或生产10天内，应推迟换窝，以免惊扰母鼠造成吃仔。

换窝过程中应根据繁殖情况及时补充记录新生仔的日期及只数，并根据灰仓鼠的外形及精神状态，如肿瘤、脱毛、烂尾、腹泻、毛色较差和明显精神状态不佳等淘汰整盒灰仓鼠。

十、处死

对于超重及淘汰动物要及时处死，处死可用CO_2窒息法，或颈椎脱臼法，确认死亡后高压消毒送出屏障。

十一、种群管理

1. 核心种群的管理

核心种群是为生产鼠群提供种鼠的种群。对于核心鼠群，其饲养管理比生产鼠群更细致。要根据育种计划进行留种亚成体配对，选2～5胎的仔鼠留种，新生仔鼠雄、雌按1∶2的比例留种，哺乳期可延长至25天，保证充足的饲料和饮水，如有可疑病鼠立即淘汰全盒。

2. 育种鼠群的管理

核心种群来源的育种幼鼠要雌雄分开饲养，同窝雄鼠可置于同一笼中，不同窝离乳成体雄鼠不应同笼饲养，避免打斗。营养要控制，过肥会影响配种成功率。其他饲养方面的管理同核心种群。

3. 待发鼠群的管理

繁殖鼠群中离乳的幼鼠可按体重差别转入体重相近的待发鼠群饲养，雌雄严格分开，放入大盒群养，并根据体重及时将过分拥挤的动物再次分开。此时不同鼠笼的待发鼠不可混养，以防咬伤，同窝成体雄鼠可一直在一个鼠盒饲养。及时做好转入、供应记录。其他方面的管理与生产种鼠相同。

第四节　灰仓鼠的净化

一、灰仓鼠净化

灰仓鼠净化操作程序如图 23-2 所示。

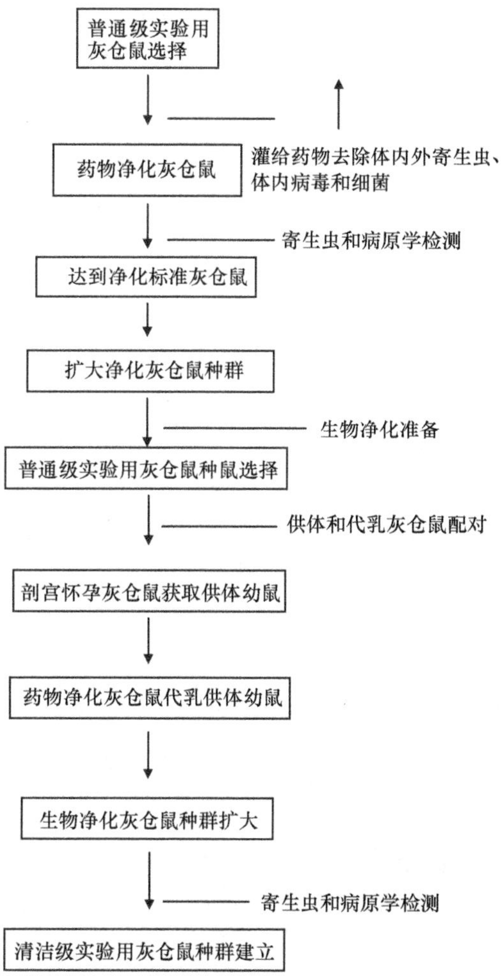

图 23-2　净化操作程序

二、普通级灰仓鼠的药物净化

1. 动物选择

选有生育经验、断乳幼鼠成活率高的封闭群普通级灰仓鼠 40 只，从每组选 2 对，雌性体重 40g 以上，雄性 45g 以上。

2. 药物、剂量和给药方式

（1）替硝唑：替硝唑纯药研磨成粉状，用磁力搅拌器溶解于无菌水，使其浓度为 200mg/100ml。注射替硝唑浓度为 400mg/100ml 的 0.9%生理盐水。饮用水给药剂量约 50mg/（kg·天）；注射给药剂量 50mg/kg。给药方式：替硝唑水溶液连续饮用 7 天，从饮水第四天开始腹腔注射 1ml 替硝唑生理盐水至第七天，每天一次。

（2）利巴韦林：利巴韦林液体用生理盐水稀释到 5mg/ml，给药剂量 20mg/kg。给药方式：从饮用替硝唑水第四天开始肌内注射，每次每只动物肌注 0.1ml，一天两次，连续 4 天。

（3）红霉素：红霉素片剂（125mg/片）研磨成粉状，生理盐水稀释到 7.5mg/ml，给药剂量 50mg/kg。给药方式：从饮用替硝唑水第四天开始肌内注射，每次每只动物肌注 0.1ml，一天 3 次，连续 4 天。

3. 净化准备和步骤

鼠盒笼具、饮水、饲料和垫料消毒，灭菌垫料用 800mg/100ml 浓度的替硝唑水剂喷洒拌匀，剂量为每千克喷 20ml。给饮用替硝唑水的第一天，鼠盒笼具、饮水、饲料和垫料全部换上灭菌用品。

4. 给药和体外药浴

消毒液用牧歌牌消毒剂，中鼠盒按 400ml 牧歌原液加 4L 水配成 10%的消毒液。将饮水并肌注最后一天的灰仓鼠浸泡在 32～25℃的消毒液里使其游 30～50s。取出后用灭菌布吸取流水，再用吹风机吹干移入 IVC 盒饲养繁殖，加足够的净化水和灭菌饲料。药浴过程和之后的换窝在超净台内进行，IVC 盒移入超净台前，盒外表用 2%的过氧乙酸溶液喷雾消毒，再用消毒抹布擦拭干净后放入超净台。

三、药物净化种群的检测和扩群

按我国金黄地鼠清洁级标准，抽样检查药物净化后的灰仓鼠，达到标准后，按随机交配方法配对药物净化灰仓鼠，通过繁殖扩大种群数量至第三代，再次抽样检查扩繁后的灰仓鼠病原和寄生虫，达标后作为代乳母鼠。

四、普通级灰仓鼠的生物净化

1. 准备工作

按剖宫取幼体的无菌技术要求准备相应的器械、手术隔离区、IVC 盒、超净台或生物安全柜，消毒液等。

2. 普通级灰仓鼠的种鼠准备

（1）根据设计要求，供体为背景清楚的普通级灰仓鼠封闭群，代乳鼠为饲养在饲育用隔离器或IVC盒内的药物净化后繁殖的灰仓鼠种群雌体。

（2）取7～8周龄雌、雄灰仓鼠数对同居，每天早晚观察有无阴道栓，以确定是否交配，以出现阴道栓的日子为妊娠1天，在妊娠19天时经行手术。

（3）代乳鼠的交配一般提前普通级灰仓鼠剖宫产母鼠2～3天，即在手术前的2～3天生产。

3. 临产期确定方法

母鼠活动比正常状态下减少，取食量下降，有做巢行为，母鼠下腹部膨大，阴道口处于鲜红即将开口状态，用手轻摸从外部判断胎仔的腰部大小与头部差不多。

4. 生物净化的操作

（1）供体孕鼠CO_2麻醉断颈椎处死，浸入2%过氧乙酸溶液5～10s。

（2）迅速取出母鼠，置于手术隔离器内或生物安全柜内的解剖台上，腹部向上，固定四肢，用碘酊消毒。

（3）用剪刀沿腹中线开腹，分离出子宫。

（4）用3把无菌止血钳分别在子宫颈和两侧输卵管处夹紧。

（5）用剪刀沿止血钳固定处远端切断子宫颈输卵管和子宫阔韧带。

（6）提起固定子宫的3把止血钳，迅速放入1000ml烧杯内的2%过氧乙酸消毒液中，再将烧杯放入灭菌渡槽中。

（7）另一头的操作人员迅速把灭菌渡槽的封口撕去，从灭菌渡槽中取出止血钳，放入30～35℃的300ml灭菌水中冲洗消毒液两次，用纱布拭去子宫外的水分，移入底部铺有无菌纱布的培养皿中。

（8）用眼科剪刀剪开子宫壁，将胎仔连同带有胎盘的整个羊膜取出。

（9）仔细切开羊膜，用无菌纱布或者棉签擦净胎盘和胎仔，特别是胎仔的口鼻处。

（10）用湿的棉签轻轻按摩胎仔胸部使其呼吸，同时保温至胎仔全身成鲜红色，并用止血钳夹住脐带止血10～30s，在另一端剪断。

（11）将开始本能呼吸的胎仔放入另一个培养皿。

（12）取出部分胎盘和子宫放入试管，取样进行微生物培养。

（13）仔鼠保温，手术期间温度保持在35℃左右，以后每天降低1～2℃，至降到母鼠的适宜温度。

5. 乳母哺育

（1）选择生产2次以上、哺乳成活率高的灰仓鼠作代乳母鼠。

（2）代乳母鼠在生产前3～5天停止换垫料。

（3）移入仔鼠前，移出代乳母体，剖宫仔鼠用带代乳母鼠粪尿的垫料涂抹后放入代乳鼠的盒子里，几分钟后放回代乳母鼠，留亲子2～3个一起哺育，一旦代乳仔鼠适应及时丢弃亲子，对哺乳性能较好的乳母，可全部丢弃亲子。

（4）代乳的仔鼠可适当延长哺乳时间，一般哺乳20～25天后离乳，离乳仔鼠饲养在IVC鼠盒内，也可通过屏障系统的传递窗转入屏障系统的SPF饲养室内饲养。

五、清洁级灰仓鼠种群的检测

按国家标准（清洁级地鼠）抽样检查生物净化后的灰仓鼠。

第五节　使 用 管 理

一、动物的获取

抓取灰仓鼠时需要事先戴好防护手套，通常用戴手套的左手迅速扣住鼠背部，左手拇指和食指捏住鼠颈背部皮肤将其轻轻提起，并固定在左手掌心中。50g以上的成年灰仓鼠可采用单手抓取，双手固定，一只手捏住鼠颈背部皮肤，另一只手托住鼠臀部。

二、基本操作技术

常用给药方法包括口服给药、皮下注射、肌内注射、腹腔注射和静脉注射。皮下注射一般在颈背部皮下进行；肌内注射一般从后肢大腿外侧肌肉注入；静脉注射通常选择股静脉注射。

1. 血液收集

灰仓鼠血液采集可根据采血量选择眶静脉丛采血法和心脏穿刺法。眶静脉丛采血法可参照小鼠的操作进行，适于微量采血。心脏穿刺法：灰仓鼠麻醉后仰卧固定，用75%乙醇消毒胸部皮肤，用左手触摸胸部左侧第3～4肋间，右手将采血注射器在心跳最明显处迅速刺入，缓慢抽取血液。一般可采集0.20～0.5ml血液。如果不需要活体，可以采用腹主动脉采血法，具体操作参见小鼠的方法。

2. 粪便与尿液收集

参照小鼠的技术要求（第十章）执行。

3. 麻醉

灰仓鼠麻醉一般采用全身麻醉，麻醉方式多选用肌内注射麻醉。氯胺酮（ketarnine）、水合氯醛（chloral hydrate）和氨基甲酸乙酯（ethyl carbamate）使用的剂量和维持期分别是：100mg/kg剂量29min，500mg/kg剂量89min，1600mg/kg剂量487min。

4. 安死术

参照小鼠的要求执行。灰仓鼠的处死方法与大小鼠基本一致，主要方法有颈椎脱臼法、CO_2气体吸入法。

第六节 健康检查

一、异常行为的观察

参照小鼠的要求（第十章）执行。

二、主要传染性疾病

疥癣为灰仓鼠常见的体外寄生虫疾病，主要表现为皮肤瘙痒或结痂，背毛大量脱落，肌体消瘦，一般认为由螨虫感染所致。动物感染螨后出现的症状和病变与螨寄生于宿主的部位有关：寄生于皮肤表面的螨，可引起皮肤角化、棘皮症和皮肤结痂；寄生于动物皮内的螨，可引起严重的皮肤反应，出现角化、皮炎和浆液性渗出物，严重时可引起化脓性皮炎或皮肤溃疡；寄生于外耳道的螨，可引起动物剧痒不安而自伤，感染严重时可出现流血和脓性渗出物。螨引起的动物病变是螨的采食习性和宿主应答的结果。

实验动物体外寄生虫检测方法主要有肉眼观察、透明胶带粘取法（适用于小动物）、解剖镜下通体检查法（适用于小动物）、拔毛取样（适用于较大动物）、刀片刮取皮层物取样（适用于皮层内寄生螨类的检测）等。

三、质量检测与疾病诊断

参照小鼠的要求（第十章）执行。

四、卫生与防疫

参照小鼠的要求（第十章）执行。

第二十四章　禽类实验动物

禽类实验动物在分类学上属脊索动物门，脊椎动物亚门，鸟纲（Aves）。家养禽类由于经过人类漫长的驯化，其飞行能力基本退化或消失。常用禽类实验动物有鸡、鸭、鹅、鸽和鹌鹑等。

第一节　鸡

鸡属鸡形目（Galliformes），雉科（Phasianaidae），鸡属（*Gallus*）。家鸡起源于一种原鸡，一般认为红色原鸡（*Gallus bankiva*）系现代家鸡的祖先。

一、解剖学和生理学特性

（一）解剖学特性

（1）鸡身体呈纺锤形，全身被覆羽毛，具有流线型的外廓。有色公鸡的羽毛具有金属光泽。皮肤薄、松且缺乏腺体，唯一的皮肤腺为尾脂腺，能分泌油脂以保护羽毛不致变形，并可防水。

（2）骨骼系统特化显著。骨骼高度愈合，有气囊或气腔深入其内，充气，骨壁薄，整体骨骼轻便而坚固。

（3）肌肉系统由骨骼肌（横纹肌）、内脏肌（平滑肌）和心肌组成。背部肌肉退化，颈部肌肉发达，使翼扇动的胸肌十分发达并附着在胸骨上，后肢具有适于树栖握枝的肌肉。

（4）消化道由喙、口腔、食道、嗉囊、胃、小肠、大肠、泄殖腔组成。口腔内有较硬的舌，舌黏膜的味觉乳头不发达，分布于舌根附近，有唾液腺，主要分泌黏液。鸡的消化道短，仅为体长的 6 倍左右，消化力强，消化过程十分迅速，使得鸡食量大，进食频繁。

泄殖腔为禽类特有，直肠末端和尿生殖道共同开口于泄殖腔，泄殖腔被两个环行褶分为粪道、泄殖道、肛道；粪道直接同直肠相连，输尿管和生殖道开口于泄殖道，肛道是最后一道，以肛门开口于体外。

（5）呼吸系统十分特化，由复杂的气囊系统和具特殊结构的肺共同构成，非常发达的气囊系统与肺气管相通连，气囊广布于内脏、骨腔与某些运动肌肉之间；肺相对体积较小，海绵状，缺乏弹性，肺的壁面紧贴在胸壁和脊柱上，肺组织嵌入肋间隙内。

（6）循环系统反映了较高的代谢水平。动、静脉血液完全分开，完全的双循环；心脏容量大，心跳频率快，动脉压高，血液循环迅速。

鸡没有真正的淋巴结，而是以壁淋巴小结存在于所有淋巴管的壁内，或以单独的淋巴小结存在于所有实质器官（胰、肝、肺、肾等）和它们的导管内，或以集合淋巴小结存在于消化道壁内。

脾是一个圆形的小体，位于腺胃的右侧，在组织学上与哺乳动物相似，但在功能上则与哺乳动物不同，家禽的脾不是一个重要的血液储存库。

胸腺由3～8个淡红色、扁平、形状不规则的叶状物组成，紧靠颈静脉，排列成一串。在性成熟时，其体积达到最大，之后逐渐退化萎缩。

（7）泌尿系统由肾和输尿管组成。肾的体积相对较大，可占体重的2%以上。肾分为界限不十分明显的前、中、后三叶，深陷在体腔背侧的凹窝中。尿由尿酸构成，而不是哺乳类的尿素。无膀胱，尿液生成后直接排入泄殖腔，其中水分被泄殖腔重新吸收，留下灰白糨糊状尿酸和部分尿与粪便一起排出体外。

（8）雄性生殖腺具有成对的睾丸与输精管，输精管开口于泄殖腔。不具备交配器官，借雌雄泄殖腔口结合而受精。

（二）生理学特性

（1）新陈代谢旺盛。体温高，约为41.5℃；心率高，平均为300次/min以上；呼吸频率高，约为26次/min。

（2）体温调节机能不完善，若环境温度高于30℃时，反应明显。当鸡的体温升高到45℃时，就会昏厥死亡。

（3）血量为体重的8%左右，凝血机制好，红细胞呈椭圆形，有大的细胞核。

（4）对颜色的区别能力较差，只对红、黄、绿等颜色敏感，听觉发达，嗅觉差，味觉不发达。

（5）繁殖潜力大，21～24周性成熟，高产品种年产蛋达到300枚以上。蛋重40～70g，相对密度≥1.080。

（6）孵化期21天，人工孵化方法成熟。

（7）鸡有39对染色体，其中29对是微型染色体。

（8）血型。目前已知的鸡的血型位点有13个，在每个位点上又各有一组等位基因，血型位点位于常染色体上，是相互独立的位点，具有共显性特点，常作为鸡遗传检测的主要指标。

（9）组织相容性复合体（MHC）。MHC在鸡称为B复合体，位于一条小染色体上，是独立的基因群，表达于红细胞表面。由于B复合体遗传具有共显性特征，因此在向子代传递遗传信息时每个单倍体型都得以表现。鸡对马立克氏病、白血病的抵抗力与B单倍型有关。

二、行为学特性

（1）好动性。仍保持鸟类的某些生物学特性，虽飞翔力退化，但仍喜欢不停运动，四处觅食。

（2）敏感性。听觉灵敏，胆小，易受刺激而惊群。

（3）生活规律性。比较容易接受训练和调教，可以经训练形成一定的生活规律。

（4）杂食性。食性广泛，借助吃进的砂砾磨碎食物。

（5）耐寒性。体表被覆羽毛，与其他动物相比，怕热不怕冷。

（6）争斗性。彼此间好嬉戏打闹，固定群体通过争斗确定优胜等级后才会较安稳地相处。

（7）就巢性。也称抱窝，是禽类自然繁殖后代的一种本能行为，具体表现为产蛋一段时间后，体温升高，被毛蓬松，抱蛋而窝，直到孵出幼雏，期间停止产蛋。母鸡每抱窝一次，停止产蛋约 15 天。

第二节　鸭

鸭属鸟纲（Aves），雁形目（Anseriformes），鸭科（Anatidae），河鸭属（*Anas*）。家鸭由其野生祖先驯化而来，从生物学特性、形态特征和染色体核型的研究结果分析得出，家鸭的祖先为绿头鸭（*Anas platyrhynchos* Linnaeus）和斑嘴鸭（*Anas poecilorhyncha* Forster）。

一、解剖学和生理学特性

（一）解剖学特性

（1）头大而圆，无冠、肉垂及耳叶。喙长而扁平，上、下腭边缘呈锯齿状角质化突起。头部除喙以外，覆有细毛，耳孔也被覆盖，防止入水时水灌入耳中，有利于潜入水中觅食。

（2）颈较长，活动自如。有色公鸭的羽毛具有金属光泽。

（3）体躯宽长，呈船形，前驱昂起。羽毛丰满，翅较小而覆翼羽较长。公鸭有钩状羽。

（4）尾短，尾脂腺发达。腿短，第 2、第 3、第 4 趾间有蹼，趾部与蹼部裸露，利于游泳。

（5）鸭、鹅有肾外排泄器官，位于框上区鼻孔之间，称为鼻腺或盐腺，能分泌大量氯化钠，其作用是补充肾的排盐功能，以维持体内水、盐和渗透压的平衡。

（6）雄性阴茎发达，为伸出性、螺旋状。精子在泄殖腔和输卵管内存活的寿命比哺乳类长。将雌鸭与雄鸭隔离后，第 1 周产 64%的受精蛋，第 3 周为 3%，最后 1 枚受精卵在第 17 天产出。

（二）生理学特性

（1）新陈代谢旺盛。体温 42.1℃，心率高，平均心率为 300 次/min 以上。

（2）繁殖力强。蛋用品种一年可产蛋 280～300 枚，肉用品种一年可产蛋 140～200 枚，兼用品种一年可产蛋 160～180 枚。蛋重 70～100g，相对密度≥1.090。随年龄增大，产蛋量降低，人工饲养利用年限以一个产蛋年为佳。

（3）人工孵化条件一般设定为：温度 37.5～38.2℃；湿度 70%～75%（1～15 天），60%（16～22 天），65%～70%（23 天以后）；保证足够的新鲜空气；2h 翻蛋 1 次；第 15

天起，每天淋水晾蛋。孵化期 28 天。

二、行为学特性

（1）敏感性。比鸡更神经质，性急胆小，易受外界突然刺激而惊群，异声怪响容易引起其惊扰不安，影响产蛋，尤其对人、畜及偶然出现的色彩、声音、强光等刺激均害怕而反应强烈。

（2）生活规律性。反应灵敏，具良好的条件反射性，比较容易接受训练和调教，可以经训练形成一定的生活规律，一经形成就不易改变。

（3）喜水合群性。鸭喜欢在水中寻食、嬉戏、求偶交配，潜水能力强（1.5m），且合群性强。

（4）杂食性。鸭的嗅觉、味觉不发达，对饲料的味道要求不高，可以利用的饲料种类繁多，喜吃谷物饲料如玉米等，特别喜吃水生动植物。采食量大，消化能力强。

（5）生活能力强。对不利的环境条件和应激因素有较强的适应能力。在较好的饲养条件下，即使冬春季节气温较低时，也不影响产蛋和增重；但耐热性较差，夏季开始不久就逐步换羽停产。对环境的适应性和抗疾病能力比鸡强。

（6）无就巢性。鸭经过人类的长期驯化、选育，已丧失了就巢的本能，因此无孵化能力，需要实行人工孵化和育雏。

第三节　鹅

鹅属鸟纲（Aves），雁形目（Anseriformes），鸭科（Anatidae），雁属（*Anser*）。家鹅是由野生的鸿雁（*Anser cygnoides*）和灰雁（*Anser anser*）驯化而来的。其中欧洲鹅和中国的伊犁鹅来自灰雁，其余的中国家鹅来自鸿雁。

一、解剖学和生理学特性

（一）解剖学特性

（1）头大，扁阔喙，被覆角质板，上、下喙的边缘形成锯齿状横褶。鹅在水中采食时通过横褶将水滤出，食物留于口腔中。中国品种鹅前额有肉瘤，颌下有咽袋。

（2）颈长，身体宽壮，龙骨长，羽毛白色或灰色。没有嗉囊，食管是一条简单的长管，与气管一同略偏于颈部的右侧，经胸口入胸腔与腺胃连接，食管不形成嗉囊。

（3）胸部丰满，腿高尾短，脚大，前 3 趾间有蹼，利于游泳。

（4）与其他禽类相比，肌胃更强健，盲肠发达，适应粗饲。

（5）雄性阴茎发达，为伸出性、螺旋状。

（二）生理学特性

（1）新陈代谢旺盛。正常体温为 41～42℃，以每千克体重计算单位时间内消耗的氧气和排出的二氧化碳量为大家畜的两倍，活动性强，氧消耗量大，消化力强。

（2）繁殖力低，产蛋少。通常年产蛋量 30 枚左右，高产品种可达 80 枚。蛋重通常在 130g 以上。产蛋量随年龄增长而提高，一般到第 3 产蛋年达到高峰，利用年限可达 4～5 年。

（3）生长快，成熟早，仔鹅增重快。在良好饲养条件下，狮头鹅 60 日龄体重可达 4～5kg。

（4）人工孵化条件为：温度 37.5～38.2℃；湿度 60%～65%（1～9 天），50%（10～26 天），65%～70%（27 天以后）；保证足够的新鲜空气；2h 翻蛋 1 次；第 15 天起，每天淋水晾蛋。孵化期 30～33 天。

二、行为学特性

（1）敏感性。听觉敏锐，反应迅速，性急胆小，易受惊而高声鸣叫产生骚乱，尤其对人、畜及偶然出现的色彩、声音、强光等刺激均害怕而反应强烈。

（2）生活规律性。具良好的条件反射性，活动节奏表现出极强的规律性，规律一旦形成便不易改变。

（3）合群性。家鹅由野雁驯化而来，雁喜群居和成群结队飞行，所以家鹅天性喜群居生活，相互间不喜斗殴。

（4）喜水性。为水禽，喜好在水中觅食、嬉戏、清洁羽毛、求偶交配。1 周龄内的雏鹅稍加训练就可成为戏水高手。

（5）草食性。素食，以水生植物、谷物、蔬菜青草为食，耐粗饲，喜食青草是鹅的天性。鹅的盲肠、肌胃发达，内压高，容积大，消化能力强，具有消化粗纤维的能力，饲料报酬高。

（6）择偶性。鹅有选择固定配偶交配的特性，虽经驯化，仍表现出交配偏爱。

（7）耐寒性。鹅的羽绒厚密贴身，绒羽浓密，隔热保温性能好，较其他家禽有更强的抗寒能力。

（8）抗逆性。鹅的适应性很强，世界各地几乎都有家鹅分布，其生活区域非常广泛。鹅对饲养管理条件要求不高。鹅疾病少，对养禽业威胁较大的传染性疾病种类，按自然感染发病率鹅比鸡少 1/3。

（9）季节性繁殖。通常春冬季繁殖，夏秋季节休产，有明显的季节性。同时由于人为选择，现有的多数品种具有很强的就巢性。

第四节　鸽

鸽属鸟纲（Aves），鸽形目（Columbiformes），鸠鸽科（Columbidae），鸽属（*Columba*）。家鸽起源于原鸽（*Columba livia*）。在欧洲、东南亚、非洲和南北美洲等温带、热带地区，至今仍有原鸽存在，并有不少特征与退化的家鸽相似。

一、解剖学和生理学特性

鸽属于中等体型鸟类，一般雄鸽比雌鸽大。家鸽具有纺锤形的躯体，除喙及跗跖部具角质覆盖物以外，全身被覆羽毛。羽毛紧凑，羽色有灰色、白色、红色、黄色、黑色和斑点等。

眼具活动的眼睑及半透明的瞬膜。

角质喙。口腔后部为咽部。食管沿颈的腹面左侧下行，在颈的基部膨大成嗉囊。

性成熟年龄为 6 个月。雌鸽配种后才产蛋，每窝一般产 2 枚蛋，每年可产 6～8 窝，平均相隔 40～50 天产一窝。孵化期 18 天，寿命一般 10 年左右。

心跳频率 140～200 次/min，总血量占体重的 7.7%～10.0%，颈动脉血压 145mmHg，呼吸频率 25～30 次/min，潮气量 4.5～5.2ml，红细胞 3.2×10^6 个/mm^3，血红蛋白 12.8g/100ml，白细胞（1.4～3.4）$\times10^3$ 个/mm^3。

二、行为学特性

（1）性温顺，姿态挺拔。鸽站立时姿势挺拔，行走的姿态似高视阔步，并带有特征性的点头动作。

（2）单配，情感专一，共同抚育后代。鸽对配偶有选择性，单配，情感专一，母鸽无配偶不产蛋。

（3）终年群居，恋巢性。鸽的合群性好，喜群居、群飞、成群活动、成群觅食等。鸽喜欢卫生、干燥的环境，栖息于具有一定高度的巢窝内，喜欢水浴、砂浴和日光浴。

（4）素食为主，嗜盐性强。鸽无胆囊，以植物性饲料为主，喜食粒料，嗜盐，特别是在哺育幼鸽时，鸽子千方百计找盐吃，甚至可以把含有盐分的木屑和泥土砂都吃下去。

（5）善飞行，记忆力强，警觉性高。翅长，飞行肌肉强大，飞行迅速，有力持久。有较强的记忆、识别能力，具有高度的辨别方向能力、归巢能力、高空飞翔持久力，归巢性强。鸽的警觉性也很高，对外来刺激反应敏感，易发生惊群。

（6）适应性强。长期自然选择使鸽具有了很强的适应能力，鸽在酷暑严寒、风霜雨雪等逆境中均能生存。

（7）领域行为。鸽的领域行为很强烈，特别是护巢领域行为表现突出，尤以雄鸽表现更为明显强烈，在自己的巢房周围是不允许其他鸽靠近的，一旦别的鸽靠近自己巢房四周的势力范围，配对雌雄鸽就会拼死把对方赶走。

（8）感情表达。鸽在高兴时会在地上快速拍动双翼，腾空起舞；在发怒时，常会拱背竖羽，用喙啄或用翼拍打对方；在悲伤时常栖于一旁，厌食不动，站立不安。

第五节　鹌　　鹑

鹌鹑属鸟纲（Aves），鸡形目（Galliformes），雉科（Phasianidae），鹌鹑属（*Coturnix*）。野生鹌鹑被驯养成为家养鹌鹑不过百余年历史。

一、解剖学和生理学特性

体型大小如雏鸡；头小，喙短小而细，颈粗，体硕，尾短；全身羽毛呈茶褐色，头部为黑褐色，中央有淡色直纹 3 条，背部为赤褐色，均匀分布黄色直纹和暗色横纹，腹部色泽较淡，腹部及两肋均灰白色，杂以黄色宽阔纵纹。成年鹌鹑体重 120～150g，体温 41～42℃，初生雏 4℃左右，10 日龄后才达到成年体温。

蛋用鹌鹑开产日龄一般为 35～60 天，年产蛋 240～280 个，蛋重 10g 左右。孵化期 16～18 天，孵化温度 37.8℃。

二、行为学特性

（1）性情活泼，富有神经质。爱跳跃、快走、短飞或短距离滑翔，具有很强的争斗性。对周围任何刺激的反应均极为敏感，易骚动、惊群和发生啄癖，受惊吓时会出现飞窜而受伤。

（2）喜温暖，怕强光。喜温怕寒，喜干怕湿，喜沙浴，怕强光。成年鹌鹑的适宜环境温度为 20～22℃。

（3）食性杂，嗜颗粒料。早晨和傍晚采食频繁。对饲料蛋白质水平要求高，有明显的味觉喜好。鹌鹑食量小，代谢旺，每只鹌鹑从孵出到产蛋仅耗 750g 饲料，但鹌鹑对饲料质量的要求较鸡高。

（4）配偶有选择性。基本为单配，当雌性过多时发生有限的多配偶制。因选择配偶严格，故受精率较低。

（5）性早熟，无抱性，早熟雏。性成熟、体成熟均较早，孵化期短，人工选育的结果使现有品种基本无就巢性。早熟雏，雏鸟出壳后即具有独立的采食、饮水能力，独立生活生长。

（6）适应性和抗病力强。尤耐密集型笼养，便于规模化生产。

（7）生长发育快，繁殖力大。40 日龄时的体重为初生体重的 20～25 倍，但衰老很快，产蛋 1 年后自然死亡率上升。鹌鹑的年产蛋量可以达到 300 枚以上，料蛋比低。

第六节　引种的管理

一、引种要求

SPF 禽种蛋引种需依据有关规定向具有供种资质的国家种子中心申请办理引种。国内自行培育的品种、品系和从国外引进的或从其他渠道获得的品种、品系，需经省（区、市）科技行政部门报国家实验动物种子中心备案。随种蛋需附有引种证明、质量合格证书、遗传背景资料、微生物检测报告及基本饲育程序等资料。封闭群种母禽的数量一般不得少于 500 羽，据此推算种蛋引种数量一般不少于 1200 枚。

二、检测与消毒

种蛋准备孵化前按种母禽数的 30%抽样进行疫病监测，监测合格方可入孵。引进种蛋一般按 5%抽样，对种蛋进行主要垂直传播疫病病原检测。孵化前对孵化器进行彻底灭菌，对种蛋进行表面消毒。孵化出雏后，雏禽应全群采血进行疫病监测，监测合格方可进行饲育。SPF 禽孵化要求在正压 5 级环境条件下进行。

三、种蛋要求

种蛋要求（以 SPF 鸡种蛋为例）如下。

（1）种蛋的收集：产出的种蛋要及时收集，要求约每 2h 收集一次种蛋。

（2）种蛋的消毒：在母鸡产蛋后马上进行，每天应多次集蛋，多次消毒。

（3）种蛋的保存：种蛋保存的适宜温度为 12～15℃，相对湿度合理，保存时间不超过 7 天。

（4）种蛋的包装和运输。①包装：待运种蛋应采用规格化的种蛋箱包装。定期对蛋箱、蛋盘进行消毒。②运输：鸡蛋可用纸质蛋盘盛放，使用纸箱包装，每箱 6 盘或 12 盘。盛放鸡蛋的用具使用前应经过消毒；运送鸡蛋的车辆应使用封闭货车或集装箱，车辆事先要用消毒液彻底消毒；运输时要求快速平稳，运输过程中夏天要防晒、防雨淋，冬季要注意防冻。

（5）蛋壳状况：蛋壳表面清洁、完整、坚实，蛋壳表面未受到污秽物（如鸡粪等）污染；蛋壳完好无破损、无硌窝、无裂纹等；蛋壳色泽纯白且一致，壳外膜色白呈霜状，无表面颜色不正常、油光发亮等现象。

（6）蛋的形状：为椭圆形，大小均匀，蛋形指数（蛋的短径与长径之比）在 0.72～0.76，无外形不正常（如双黄蛋等）。

（7）蛋壳厚度：0.22～0.35mm，蛋壳相对密度在 1.080 左右。

（8）种蛋的质量：48～65g。

（9）气室小，高度在 4～5mm，无活动（位置不固定）气室。

（10）蛋白浓厚、透明、无杂质异味。

（11）系带粗而明显。

（12）蛋黄完整，呈半球形，位居蛋的中心，蛋黄无上浮及沉散。蛋黄指数（蛋黄高度/蛋黄直径）在 0.401～0.442。

（13）胚胎边缘整齐，不发育。

（14）受精率，即受精蛋数（包括死精蛋和活胚蛋）占入孵蛋 90%以上。

（15）早期死胚率，即头照（5 胚龄）时死胚蛋占受精蛋 2.5%以下。

（16）10 日龄胚尿囊液澄清，略显淡黄色，液量大于 5ml（无尿酸盐沉淀、浑浊现象）。

（17）病原微生物检测项目需符合国家标准（GB/T 17999）。

第七节　繁育技术

一、种蛋的选择与消毒

选择储存时间不超过 7 天的种蛋入孵。种蛋保存时间越短，对胚胎生活力的影响越小，种蛋的孵化率也越高，一般产后一周内的种蛋比较好，以 3～5 天的最好，超过 15 天的种蛋孵化率会很低。

种蛋在产出收集后进行第一次消毒，可用 1‰苯扎溴铵擦拭。入孵前进行第二次消毒，可用臭氧熏蒸法、甲醛熏蒸法、过氧乙酸熏蒸法、高锰酸钾溶液浸泡法等。

二、孵化

不同禽类的孵化期不同，相同禽类不同品种的孵化期也有差异，体形越大、蛋越大的禽类孵化期越长。不同禽类的孵化期及孵化温度见表 24-1。

表 24-1 不同禽类的孵化期及孵化温度表

禽种类	孵化期/天	孵化前期温度/℃	孵化后期温度/℃
鸡	21	1～19 天/37.8	19～21 天/37.5
鸭	28	1～16 天/38.2 17～23 天/37.8	24～28 天/37.5
鹅	30～33	1～12 天/37.8 13～18 天/37.5	19 天以后/37.2
鸽	18	1～16 天/37.8	17～18 天/37.5
鹌鹑	16～18	1～14 天/37.8	15～18 天/37.7

相对湿度：40%～70%，鸭等水禽出雏湿度要求较高，一般在孵化中期和出雏期间需向孵化器内喷水以增加湿度。

通风换气：为保证正常的胚胎发育，必须保持合适的通风，以供给足够的氧气，在氧气含量保持在 21%时孵化率最高，每减少 1%，孵化率下降 5%。

翻蛋：刚产下的禽蛋蛋黄由于密度较大而停留在稀蛋白中，入孵后蛋黄因密度下降而从稀蛋白中上升，漂浮在上面，如果不转动蛋，蛋黄就会同外层浓蛋白相接触，发生粘连，造成胚胎死亡。翻蛋次数为 1～18 天设定为每 2h 一次。

晾蛋：鸭胚、鹅胚等禽蛋体形较大，在孵化中后期由于脂肪代谢能力增强产生大量生理热，造成蛋表温度过高，需要晾蛋降温以保持孵化的合适温度。一般从孵化中期开始，将蛋从孵化室取出，每天晾蛋 2 次，每次 20～30min。

三、雌雄鉴别

雏禽的雌雄鉴别方法主要有伴性遗传鉴别法和翻肛雌雄鉴别法。目前应用广泛的伴性性状为慢羽对快羽，即杂交后代翅膀上主翼羽和覆主翼羽的生长速度与性别相关，可以通过观察快慢羽鉴别雌雄。

翻肛雌雄鉴别法是依据初生雏有无生殖隆起来分辨雌雄的一种鉴别方法。在出雏后 2～12h，将肛门翻开，根据初生雏生殖突起有无及其组织形态上的差异，以肉眼在明亮灯光下即可鉴别雌雄。该方法准确率可达 98%～100%。

四、繁育方法

禽类通常选择封闭群繁殖方法，其原则是尽量保持封闭群动物的基因异质性及多态性，避免近交系数随繁殖代数增加而上升过快。禽类封闭群的种群必须足够大，避免近交。下面以 SPF 鸡为例介绍繁育方法。

（一）种蛋管理

1. 留用种蛋时间

（1）平养自然交配的鸡群，一般在 25 周龄或蛋重达到 50g 时开始留种蛋。

（2）笼养种鸡在鸡群产蛋率 70%以上，蛋重 50g 以上时开始人工授精。

（3）笼养人工授精的鸡群，对同一鸡群进行连续两天的人工授精后，第三天开始收集种蛋。

2. 种蛋的管理

同本章第六节。

（二）建立家系

从原始的 SPF 鸡群中选出不同的小群体，然后加以封闭，在小群内进行繁殖选育。这些不同的小群体越多越好，以避免过高的近交系数，所有小群体都按其系谱孵化并鉴定为特定的家系。

起源于同一父、母本的杂交后代称为一个家系。从家系中进行选择，经过鉴定比较，可育成新的品种，即从群体中选出的 2 个个体杂交产生的后代，或由一个个体产生的后代（根据母本而不是根据父本来判别）等。将不同程度同系交配产生的家系分别进行繁育，然后在家系间进行选择。

（三）配种方法

一般采用循环交配法，用公鸡进行循环交配，每个家系的母鸡来延续后代，如有 10 个家系，其配种方法为：第一家系的公鸡同第二家系的母鸡配偶，其后代仍为第二家系；第二家系的公鸡同第三家系的母鸡配偶，其后代也仍为第三家系……第十家系的公鸡同第一家系的母鸡配偶，其后代仍定为第一家系，以此类推，以保持 SPF 种鸡群及繁育后代，如图 24-1 所示。

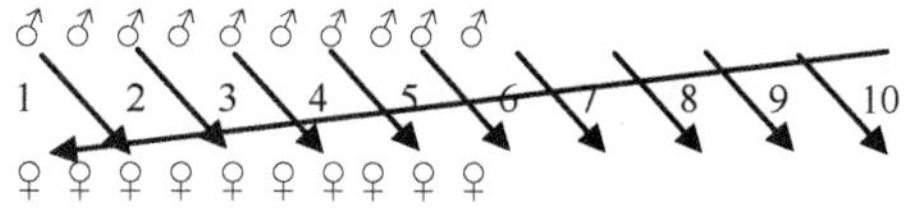

（♂代表公鸡；1、2…代表第几家系；♀代表母鸡）

图 24-1 循环交配法

（四）种鸡的选择

（1）根据外貌与生理特征选择（常用方法）：选留羽毛生长迅速，体重不过大的种鸡，淘汰所有生长缓慢、外貌和生理有缺陷的雏鸡。一般在 4 周龄带翅膀号及进行性别鉴定时大致挑选，8 周龄时再次挑选，20～22 周龄时精选，一般按♂∶♀=1∶（8～10）的比例留种。依据不同品种禽类的特点，制定不同的饲养标准执行。

（2）根据记录成绩（产蛋率、孵化率、体重、32 周龄蛋重、52 周龄蛋重等）、血型，以及参考多性状选择法选择留种。

（3）种鸡要求体型外貌符合品种要求，如羽毛、皮肤、耳叶、胫的颜色及冠形符合品种特征，结构匀称，发育正常，健康无病，活泼好动。种用母鸡要求腹大柔软有弹性，泄殖腔口大而呈椭圆形，内侧湿润；种用公鸡要求胸宽、深并向前突出，背不过长而较宽，姿势雄壮，羽毛丰满，勤于交配。

（五）SPF 鸡的体重要求

要获得良好的生产成绩，SPF 鸡体重管理和其他种鸡体重管理一样是相当重要的，而育雏、育成期体重控制尤为重要，因为好的育雏体重不但有利于产蛋期的体重控制，而且预示着好的生产性能。体重控制应注意体重的平均重、一致性及每两次称重间的增重。

1. 体重平均重的要求

体重平均重的基本要求是达标，既不能过轻又不能过重。育雏期不会超重，所以可以敞开饲喂。育雏期达到要求后，为保证开产时鸡体有一个良好的体质，整个育成期应将体重控制在合适的范围内。

2. 体重一致性的要求

体重的一致性用均匀度表示（即体重的平均数上下 10%以内的鸡数占称重总鸡数的百分比）。体重一致性要求在 80%以上，同体重的平均重一样，早期应注意体重的一致性，因为一方面早期的一致性对后期的一致性有较大的影响，早期不注意一致性，随着鸡龄的增长，一致性会越来越差；另一方面如果早期不注意一致性，到后期纠正时，会使大部分鸡的生长规律受到影响。体重一致性差与饲养拥挤、疾病、断喙不当或营养摄入不良有关。

3. 称重方法的要求

（1）称重时间：育雏、育成期称重的时间最好在清晨，产蛋期可安排在下午或晚上。

（2）称重的频次：对于饲养情况良好的鸡群来说，育雏、育成期每周称重一次，产蛋期每 4 周称重一次，称重应固定在每周龄的最后一天。

（3）称重数量：称重数量可根据鸡群的大小决定，一般应称取总鸡数的 5%，群较小时，称重数不少于 30 只。

（4）称重方法：第一次从每个鸡笼里随机抽取一定数量的鸡，以后每次应从第一次抽取的每个鸡笼里抽取一定数量的鸡，计算出每个鸡笼称重鸡的平均值后与上次该笼称重鸡平均值进行比较。

（六）人工授精

目前国内 SPF 种鸡饲养单位多采用人工授精的方法繁殖 SPF 种鸡。

1. 种公鸡的应用

在育成鸡选择的基础上，选取体质健康、冠及肉垂发达鲜红、性欲旺盛、易于采精、精液量多的种公鸡用于人工授精。种公鸡一般在16～18周龄性成熟，虽然此时可以采精，但精液量少不能使用，正式使用种公鸡的时间在24～26周龄。多数种公鸡经3～5次采精训练后，可以正式投入使用。

2. 采精方法

选择训练：按要求选择发育良好、健壮的个体。公鸡在使用前3～4周内转入单笼饲养。

保定：助手右手将公鸡双腿抓住，左手由背向尾轻快地抚摸鸡的背部，使其产生性反射，顺势将尾部翻起。

采精：采精者左手拿集精杯，右手拇指和食指捏压泄殖腔两侧，翻肛，此时公鸡射精，左手拿采精杯承接精液。

3. 输精

两人操作，助手用左手握母禽的双翅，提起，令母鸡头朝上，肛门朝下，右手掌置于母鸡耻骨下，在腹部柔软处施以一定压力，泄殖腔内的输卵管开口便翻出。输精者便可将输精器向输精管口正中轻轻插入输精。

输精时间一般安排在每天下午3：00～5：00进行，此时多数鸡已产完当天的蛋。发现输精后还有鸡蛋产出，此笼位的鸡均需重复输精一次，输精间隔时间5天循环一次，常年授精率平均达到90%以上。发现受精率降低应及时查找原因。

第八节　饲养管理

在常用禽类实验动物的饲育过程中需关注的要点有微生物控制、群体的均匀度、高产量、生产过程的无公害等。禽类的饲育管理主要包括：笼具选择、温度管理、湿度管理、通风换气管理、光照管理、密度管理、喂饲饮水管理、消毒管理等。

一、设施环境

1. 笼具

目前常用的笼具有层叠式笼架、阶梯式笼架、平养式格笼、隔离器等，每种笼具又分为人工授精和本交两种。

2. 环境控制

饲育间由空调系统控制环境参数，SPF禽类要求在屏障环境或隔离环境内饲育。禽类饲养因绒毛脱落更换、饲料残渣扬起等致粉尘较大，在饲养间需有降尘除尘措施。

禽类较敏感，易惊群，饲养间的噪声应控制在60dB以下，饲养人员尽量固定，服装颜色固定，选择淡色。饲养人员操作时避免大的动作。

二、饲料和饮水

家禽体温高、生长快、产蛋多、物质代谢旺盛，因而在营养需要上按同样体重比家畜需要更多的能量、蛋白质、矿物质和维生素。

（1）能量。因家禽物质代谢旺盛，需要能量较多，必须饲喂足够的能量饲料。饲料中能量的主要来源为碳水化合物（淀粉、糖类和纤维）和脂肪，主要把含淀粉多的饲料作为能量饲料（因成本低），家禽对纤维的消化能力低，饲料中纤维不可过多，但纤维过少时肠蠕动不充分并易发生食羽、啄肛等不良现象。一般饲料中纤维含量应在 2.5%～5.0%。

（2）蛋白质。饲料中蛋白质和氨基酸不足时，雏禽生长缓慢，食欲减退，羽毛生长不良，性成熟晚，产蛋量少，蛋重小。严重缺乏时采食停止，体重下降，卵巢萎缩。所以，饲料必须提供足够的蛋白质和必需氨基酸。必需氨基酸不能在禽体内合成，必须从饲料中摄取，所以配合饲料时一定要注意必需氨基酸的含量。

（3）矿物质。矿物质有调节渗透压、保持酸碱平衡的作用，也是骨骼、蛋壳、血红蛋白、甲状腺素的重要成分，因而成为家禽正常生活、生产所不可缺少的重要物质。

（4）维生素。家禽对维生素的需要量甚微，但它们对机体内物质代谢起着重要作用，缺乏维生素时物质代谢紊乱，影响家禽的生长、产蛋和健康。种禽和幼雏对维生素的要求更严，有时禽群产蛋量并不低而受精率、孵化率不高，往往是由某些维生素缺乏所致。尤其是 SPF 鸡饲料用 ^{60}Co-γ照射或高压灭菌时破坏了其中的一些维生素，因此搭配饲料时应加正常倍量的维生素添加剂。

（5）水。雏禽身体含水分约 70%，成禽 50%，蛋含水 70%。水在养分的消化吸收、代谢废物的排泄、血液循环和体温调节上均有重要作用。饮水不足则对饲料的消化吸收不良，血液浓稠，体温上升，生长和产蛋都受影响。

SPF 禽饲料和饮用水必须灭菌和消毒，绝不允许在饲料和水中加任何抗生素类药物，否则会影响科学实验结果。SPF 禽饲料一般用 ^{60}Co-γ照射和高压蒸汽进行灭菌。灭菌后的饲料需进行细菌学检查，阴性者可供给 SPF 禽饲喂，另外需要定期监测分析灭菌饲料的营养成分，不足的部分一定要补充。

一般 0～8 周龄鸡饲喂直径为 1mm 的颗粒料，8～20 周龄饲喂直径 2mm 左右的颗粒料，20 周龄以上鸡以饲喂直径 3mm 左右的颗粒料为宜。

三、饲养操作与日常管理

对 SPF 禽的基本管理要求是创造一个有利于家禽生长、繁殖、产蛋的健康环境条件。

1. 温度

温度与家禽的生长、性成熟、受精、产蛋率、蛋重、蛋壳厚度及饲料利用率都有密切关系。产蛋鸡的适宜温度范围为 13～20℃。家禽无汗腺，耐热性差，环境温度高过 37.8℃时，将发生热昏厥，超过 40℃时有死亡危险。

2. 湿度

最佳湿度范围为 60%～70%。相对湿度如低于 40%，幼禽羽毛生长不良，成禽羽毛零乱，皮肤干燥，空气中尘埃飞扬，容易诱发呼吸道疾病，甚至导致机体脱水。湿度高于 72%时，家禽羽毛粘连、污秽，易于诱发关节炎。

3. 通风

要求 SPF 禽舍的换气次数满足：充分清除臭味；保持压差；保持均匀的气流分布；保持温湿度恒定；提供新鲜的空气。SPF 鸡舍换气次数在 20～25 次 / h。要求禽舍内的空气流速以不高于 0.20m/s 的低速达于机体，气流分布力求均匀一致，既无死角，又无贼风。

4. 氨浓度

禽舍内氨浓度达到一定程度将危害健康，造成呼吸道黏膜上皮及纤毛损伤或麻痹，降低家禽机体对疾病的抵抗力。国家标准（国标）要求 SPF 禽舍内氨浓度不大于 14mg/m^3。

5. 光照

光照不仅影响禽类视物，更重要的是光可作用于禽位于丘脑的第二光感受器，刺激禽类性成熟、排卵和产蛋。

光照的时间、强度，光线的颜色、波长，光照刺激的起始时间，黑暗期的间断时间等都将决定家禽的生长、繁殖和生产。

控制光照的原则：在雏禽刚孵出的前几天，需保持较长时间光照，以便雏禽熟悉环境，及时饮水和采食；生长期不宜过长，产蛋期不宜过短，生长期光照时间一般为 8h，不宜超过 11h，产蛋期控制在 16h。光照强度除鸡孵出后一段短时间外，生长期为 5～10lx，产蛋期为 0.1～20lx。

6. 密度

饲育密度应兼顾保证禽类正常生长、生产与充分利用饲育空间。

7. 噪声

噪声刺激会引起啄斗、飞腾和惊恐等，噪声的频率和强度应控制在一定范围内。例如，噪声的频率和强度每天在 72～166 次，110～120dB，经 2 个月，来航鸡的产蛋率和蛋重分别下降 4.9%和 1.4g，同时无壳蛋和蛋内血斑率也相应增加。

8. 消毒

消毒的目的是切断疫病传播途径，防患于未然。消毒的顺序是先清洁，后消毒。消毒的方式有浸泡、喷洒、熏蒸等，具体方式应根据具体情况选择，总的原则是选择经济有效、安全性强的消毒方式。

四、废物处理

规模化的禽类实验动物饲育会产生大量易于产生公害的各种废弃物，如何使这些废弃物既不对饲育场形成污染威胁，又不对外界环境造成污染，同时能够适当地加以利用，是必须同步解决的问题。

储粪场所位置合理，并具备防雨、防渗漏、溢流设施。有与相应实验动物生产或使用规模配套的粪便无害化处理设施，并且工艺合理。

粪便是重要的污染源，必须集中、及时、有效处理，并资源化利用，处理后符合《畜禽养殖业污染物排放标准》（GB 18596）的要求。

饲育场排出的空气要经过净化处理再释放到大气中。

饲育场产生的污水可经生物过滤达到净化目的。

实验使用后的禽类尸体、残体、死胚等需经无害化处理，符合《畜禽病害肉尸及产品无害化处理规程》（GB 16548）的要求。

第九节　使 用 管 理

一、动物的获取

1. 来源

动物供应部门必须具有实验动物生产许可证，获取实验动物时应带有质量合格证书、动物遗传背景资料、动物微生物检测资料及动物年龄和健康等方面的资料。

2. 运输与接收

清洁级以上实验动物，应采用带有空气过滤器的无菌运输箱，并严格检查其密封状况。SPF 禽蛋的运输可用纸质蛋盘盛放，使用纸箱包装，盛放禽蛋的用具使用前应经过消毒；运送禽蛋的车辆应使用封闭货车或集装箱，车辆事先要用消毒液彻底消毒；运输时要求快速平稳，运输过程中夏天要防晒、防雨淋，冬季要注意防冻。

3. 隔离观察

SPF 禽类动物引入后，需先隔离观察一段时间，外观无问题并经检测合格后方可正式进入饲育、使用场所。

二、基本操作技术

1. 抓取与保定

抓取时，一只手从禽的前方，另一手绕到禽的背后悄悄接近，两只手迅速将禽抓住，手法要轻，防止应激反应。

采血、采羽髓的保定法：保定者用左手抓两腿，使禽右侧卧式，用右手小指和无名指固定禽头部，拇指和食指抓举左翅膀，中指托左翅膀的背部操作，把禽保定在地板网或台面上。

静脉、皮下或肌内注射的保定法：保定者用左手抓两腿，右手握住禽背翅，使禽站立位。

2. 样品采集

采血：选择采血部位（通常为翼下静脉），适当去除羽毛，局部消毒后，采血者持注射器轻轻地顺血管伸直方向刺进针头进行采血，采完后由保定者用棉球压迫针眼部位，以防流血，几秒钟后查看针眼，确信无出血时轻轻地把禽放回。

血清：翅静脉采血 1～5ml，于注射器或促凝管内静置 6～12h（最好 4℃保温），血样于 3000r/min 离心 3min，分离血清，置于–20℃冰柜储存。

红细胞：用注射器采集抗凝禽血，将抗凝血缓慢注入离心管内，于 1500r/min 离心 5min，离出抗凝剂及血浆等。将上层液体及白细胞层吸出，加入适量 PBS 缓冲液，1500r/min 下离心 5min，清洗红细胞，重复两次。取 1ml 洗净的红细胞缓慢加入 99ml PBS 缓冲液中，置于 4℃冰箱保存。

咽拭子：无菌棉签探入咽部轻转，于 2ml 灭菌离心管内暂存（最好 4℃保温），–20℃冰柜储存。

泄殖腔拭子：无菌棉签探入泄殖腔部轻转，于 2ml 灭菌离心管内暂存（最好 4℃保温），–20℃冰柜储存。

羽髓：采集新生的羽髓丰富的羽毛，剪下根部，–70℃冰柜储存。

3. 供试品给予方法

颈背部皮下注射时，用左手拇指和食指将头颈后的皮肤捏起，适当去除羽毛，局部消毒后，针头近于水平刺入。

肌内注射的部位有胸肌、腿部肌肉和肩关节附近或尾部两侧。值得注意的是，胸肌注射时，应沿胸肌呈 45° 角斜向刺入，避免在胸部垂直刺入而误伤内脏。

静脉注射通常选择翼下静脉，适当去除羽毛，局部消毒后，持注射器从静脉远心端刺入血管，确定推注无阻力、无皮肤隆起发白，即可缓慢注入供试品。拔出注射器时由保定者用棉球压迫针眼部位，以防流血。

4. 麻醉与镇痛

吸入性麻醉法可用的药物有乙醚、安氟醚、三氟乙烷等，器具有麻醉瓶和自动气体麻醉机。

注射麻醉法可用的药物有巴比妥类、氯胺酮（属于镇痛麻醉剂）、水合氯醛等。现有商品化的速麻安 2 号，对禽类的麻醉剂量是 0.1～0.15ml/kg，麻醉时间可达 40～50min。

5. 鸡胚的制备及接种

鸡胚组织分化程度低，病毒易于增殖，通过选择不同日龄和不同接种途径，可繁殖获得特定病毒。

1）孵化

鸡胚的孵化参照第六节的方法。

2）胚胎发育

以鸡胚为例，孵化期间根据胚胎的发育变化可分成 4 个时期。1～4 天为内部器官发生阶段：出现血管，羊膜覆盖头部，出现四肢原基。5～14 天为外部器官形成阶段：口腔、面部、喙、颈、翅、脚、羽毛分化并发育，尿囊在第 10 天合拢。15～20 天为胚胎生长阶段：羊水、尿囊液渐减少，器官发育渐完整，蛋白全部用完，蛋黄向腹内吸入，第 19 天喙进入气室，开始肺呼吸。21 天为出雏期：发育良好的雏鸡在 20～21 天集中出雏，雏鸡羽毛干燥蓬松，脐部愈合完整。

3）照蛋观察

在孵化期间可利用光照鉴别法查看鸡胚孵化效果，黑暗环境中，在聚拢灯光透视下，可观察到鸡胚内部的变化。6 日龄鸡胚可见血管，头部和躯干部呈现两个明显的小圆点，称为“双珠”。9 日龄胚胎周围阴影加深，整个胚蛋除气室均布满血管，称为“合拢”。19 日龄胚蛋黑红，可见胚胎在动，称为“闪毛”。

4）胎膜的形成

胚胎发育早期形成 4 种胚外膜，即卵黄囊、羊膜、绒毛膜、尿囊，这几种胚膜是发育的暂时组织，不形成成体的组织或器官，但它们对胚胎发育过程中的营养物质利用和各种代谢等生理活动的进行是必不可少的。

卵黄囊：在第 2 天开始形成，到第 9 天几乎覆盖整个蛋黄的表面。卵黄囊分泌的酶可以将蛋黄变为可溶状态，其作用为将卵黄中的营养物质输送给胚胎。

羊膜：孵化的第 30 小时开始形成羊膜褶，到第 5 天包围胚胎，形成羊膜腔，胚胎浮于羊膜腔内的羊水中，起到保护胚胎免受振动的作用。

绒毛膜：羊膜褶的外层形成绒毛膜，与尿囊膜融合在一起，形成绒毛尿囊膜，帮助尿囊膜完成代谢功能。

尿囊：孵化的第 2 天末开始形成，到第 10 天包围整个胚的内容物。其功能为排出胚胎的二氧化碳，供给氧气；储存胚胎的排泄物；帮助胚胎消化蛋白，吸收蛋壳的钙。

5）病毒的接种

根据目的，可选择尿囊腔接种、绒毛尿囊膜接种、卵黄囊接种、羊膜腔接种、眼球接种、脑内接种、静脉接种等不同方式。

6. 利用鸡胚细胞培养病毒

病毒能在易感的单层细胞内增殖，利用鸡胚较易获得细胞，鸡胚细胞培养技术比组织培养容易成功。鸡胚细胞培养法可用于进行多种病毒的分离、培养，毒力的滴定，中和实验及抗原和疫苗的制备等。以下为鸡胚成纤维细胞获取的简要操作步骤，全程需要无菌操作。取 10 日龄鸡胚，用碘酊和乙醇消毒鸡胚气室；取出鸡胚，缓冲液冲洗，去掉头、四肢、内脏，将其余部分剪成小块；冲洗，加胰酶消化；待组织体积增大，边缘出现毛边停止消化，弃去胰酶，冲洗；加细胞生长液，过滤；计数，过滤，调整细胞浓度为 1ml 滤液中含活细胞 100 万～150 万个，37℃温箱培养；待成纤维细胞长成单层后，即可接种病毒。

7. 人工授精

人工授精参照第六节的方法。

公鸭、公鹅的采精与公鸡的方法基本相同，只是公鸭、公鹅阴茎发达，按摩时会伸出，采精时需捏住泄殖腔两侧防止阴茎缩回，同时采集精液。

8. 安死术

实施安死术除应注意避免造成动物疼痛和痛苦外，还应该快速而不使动物在整个过程中感到恐惧，同时应避免其同类在场。

禽类的安死术有注射过量麻醉剂法、吸入麻醉剂法等。吸入麻醉剂可选择氮气、一氧化碳、二氧化碳。

第十节　健 康 检 查

禽类实验动物的微生物标准化控制尤为重要，我国在2008年公布了新的SPF鸡微生物监测国家标准（GB/T 17999），规定了详细的监测项目、监测方法、监测时间等。但尚未公布SPF鸭、鹅、鸽、鹌鹑的微生物监测国家标准。

一、异常行为的观察

饲育人员应每天对禽群进行观察，注意禽群的精神、活动、食欲、排便、采食量、饮水量等状况，及时发现异常情况并及早作出相应的处理，保证禽群整体的健康。

二、主要传染性疾病

实验应用的禽类动物除SPF鸡外，还有鸭、鹅、鸽、鹌鹑等。以下是SPF禽必须排除的传染性疾病。

（一）鸡白痢和禽伤寒

鸡白痢和禽伤寒（pullorum disease and fowl typhoid，PD and FT）在历史、临床症状、流行病学、病理变化、控制及消灭措施等方面有许多相似之处，但两种疾病又有一定的差异，是由两种不同细菌（分别是鸡白痢沙门氏菌和鸡伤寒沙门氏菌）引起的。鸡白痢和禽伤寒主要引起鸡的败血病，其他禽类，如鹌鹑、雉、鸭、孔雀、珍珠鸡也易感。这两种病都可通过蛋垂直传播。

（二）禽霍乱

禽霍乱（fowl cholera，FC）又称禽巴斯德杆菌病或禽出血性败血症，是由多杀巴斯德杆菌（*Pasteurella multocida*）引起的鸭、鹅、鸡等家禽具有高度发病率和死亡率的一种急性败血性传染病。由于感染禽常发生剧烈下泄，因此通称禽霍乱。

（三）滑液囊支原体感染

滑液囊支原体感染（mycoplasma synoviae infection，MS）是由滑液支原体引起的可感染鸡、鸭、鹅、鹌鹑和鸽子的传染病。病原具有一般支原体特征，发酵葡萄糖，不水解精氨酸，不利用尿素。在体外培养时，培养基内必须加入烟酰胺腺嘌呤二核苷酸，经过在培养基中的传代后，可以由烟酰胺代替这种物质。滑液囊支原体致病力因株而有所差异，引起的症状也因病原的趋向性而不同。滑液囊支原体的传播，可以经过鸡与鸡间呼吸飞沫小滴式传播，也可以经蛋向子代的传播。

（四）鸡毒支原体病

鸡毒支原体病（mycoplasma gallisepticum infection，MG）俗称慢性呼吸道病，是由鸡败血支原体（霉形体）引起的以慢性呼吸道感染为主要表现特征的传染病。MG 仅感染禽类，包括鸡、鸭、鹅和鹌鹑。幼鸡多表现为支气管炎和气囊炎，幼雏多发结膜炎。该病导致雏鸡生长发育受阻，蛋鸡产蛋量下降。病鸡和隐性感染的带菌鸡是该病的主要传染源。

（五）禽流感

禽流感（avian influenza）是由 A 流感病毒（avian influenza virus）引起的一种禽类烈性传染病，野生和家养禽类均可感染。鸡、鸭等家禽及野生禽类均对该病毒易感，其中水禽是这些病毒最大的储存库。早期，水禽（鸭、鹅和野鸭）感染后通常不出现或出现轻微临床症状，常为隐性经过。近年来，某些病毒的变异株已经引起水禽和野鸟发病并死亡。

（六）新城疫

新城疫（newcastle disease）是由禽Ⅰ型副黏病毒（avian paramyxovirus typeⅠ，APMV-Ⅰ）引起的以腹泻，瘫痪，神经症状和消化道、呼吸道黏膜充血、出血或溃疡等为主要特征的一种急性、高度接触性传染病。鸭、鹅比其他禽类，如鸡、火鸡、孔雀、鹌鹑和鸽的敏感性差。不同日龄的禽均易感，且日龄越小，易感性越高，发病率和死亡率也越高。

（七）减蛋综合征

减蛋综合征（egg drop syndrome，EDS）是由减蛋综合征病毒（egg drop syndrome virus，EDSV）引起的一种以产蛋禽类产薄壳或无壳蛋，产蛋率严重下降为主要特征的传染病。减蛋综合征除鸡易感外，自然宿主为鸭、鹅和野鸭。

（八）网状内皮组织增生病

网状内皮组织增生病（reticuloendotheliosis）是由网状内皮组织增生病毒（retieuloendotheliosis virus，REV）引起的火鸡、鸡、鸭、鹅和其他鸟类的一种肿瘤性疾病。病禽的临床表现特征是贫血和生长迟缓。主要病理变化是肝或脾坏死，细胞浸润或增生。该病可通过同群饲养接触而传染。本群病毒可以引起内脏增生型、神经增生型和坏死性病变型 3 种类型。

（九）禽痘

禽痘（fowl pox）是一种禽痘病毒（fowl pox virus）引起的急性传染病。病的特征是在皮肤、口腔或眼睛出现痘斑。禽痘病毒可感染多种禽类，鸭和鹅也易感，各种日龄的禽都可感染，雏禽多发。禽痘病毒呈全球性分布。病毒通过直接接触或机械运输发生传播，该病毒在痂皮中可存活较长时间，也可通过昆虫叮咬传播。

（十）马立克病毒病

马立克病毒病（Marek's disease，MD）是鸡最常见的淋巴组织增生性疾病，以外周神经及性腺、虹膜、各种内脏器官、肌肉和皮肤的单核细胞浸润和肿瘤形成为特征。鸡是最主要的自然宿主，但鹌鹑、火鸡和雉也很容易感染病毒和发病。病鸡和带毒鸡是最主要的传染源。鸡之间的直接或间接接触造成病毒的散布。

（十一）白血病

鸡白血病（leukosis，ALV）是由一种常见的反转录病毒，即禽白血病肉瘤病毒群中病毒引起的，以成年鸡产生淋巴样肿瘤和产蛋量下降为特征。临诊上有多种表现形式，主要是淋巴白血病，其次是成红细胞白血病、成髓细胞白血病、骨髓细胞病、肾母细胞瘤、骨石病、血管瘤、肉瘤和皮瘤等。鸡是禽白血病病毒群的自然宿主。鸭是理想的实验动物，用来研究 ALV 的持续带毒情况，当 ALV 接种鸭胚后，可在鸭体内存活 3 年，但并不出现病毒血症和中和抗体。但是当鸭胚接种 C 亚群的 ALV 孵出后，会立即引起消耗性疾病。经蛋垂直传播是禽白血病病毒的主要传播方式，白血病也可通过接触水平传播。

（十二）喉气管炎

鸡传染性喉气管炎（laryngotracheitis，LT）是由传染性喉气管炎病毒引起的一种急性、接触性上呼吸道传染病。其特征是呼吸困难、咳嗽和咳出含有血样的渗出物。剖检时可见喉部、气管黏膜肿胀、出血和糜烂。在病的早期，患部细胞可形成核内包涵体。鸡传染性喉气管炎的病原属疱疹病毒 I 型，病毒主要存在于病鸡的气管组织及其渗出物中。

（十三）传染性支气管炎

鸡传染性支气管炎（infectious bronchitis，IB）是由病毒引起的一种鸡的急性、高度接触性呼吸道疾病。鸡胚是繁殖鸡传染性支气管炎病毒最常用的实验室宿主系统。一般将病料接种于 9～11 日龄鸡胚的尿囊腔做初次分离，第一次接种往往不引起鸡胚死亡，但随着传代次数的增加，病毒对鸡胚的致病力也将增强，这表现为鸡胚死亡率增加，死亡时间提早，胚体发育受阻而出现蜷缩或侏儒胚。

鸡传染性支气管炎病毒不凝集鸡红细胞，是一种较容易发生变异的病毒。

（十四）I 亚群腺病毒感染（group I adenovirus infectious）

与禽腺病毒Ⅱ群、Ⅲ群不同，禽腺病毒 I 群作为病原体的作用尚未完全明确，但是 FAdV-1 和 FAdV-4 株明显属于例外，其中 FAdV-1 株能引发鹌鹑支气管炎，FAdV-4 株是心包积水综合征的主要病因。此外，当鸡的健康受到损害时，如并发感染鸡传染性贫血病毒和传染性法氏囊病病毒等其他病原，其他的腺病毒毒株可使条件性致病原发生快速感染。

（十五）禽脑脊髓炎

禽脑脊髓炎（avian encephalomyelitis）是一种能引起青年鸡、雉鸡、鹌鹑和火鸡发生感染的病毒性传染病。其主要特征为雏鸡共济失调、瘫痪和头颈部震颤。禽脑脊髓炎病毒属于小 RNA 病毒科肠道病毒属。各毒株的致病性对组织的亲嗜性不同，大部分为嗜肠性，且易经口传染给鸡，并从粪便排毒，通过垂直传播或出壳早期水平传播使易感雏鸡发病，鸡胚适应株具高度嗜神经性，这种毒株一般不能水平传播。

（十六）呼肠孤病毒感染

鸡病毒性关节炎是一种由禽呼肠孤病毒感染（reovirus infection，REO）引起的鸡的重要传染病。病毒主要侵害关节滑膜、腱鞘和心肌，引起足部关节肿胀，腱鞘发炎，继而使腓肠腱断裂。鸡呼肠孤病毒在鸡中的传播方式有水平传播和垂直传播，但水平传播是该病的主要传染途径。

（十七）鸡传染性贫血（chicken infectious anemia，CIA）

鸡传染性贫血（chicken infectious anemia，CIA）是由鸡传染性贫血病毒引起的病毒性传染病。该病具有以下特点：再生障碍性贫血，全身淋巴组织萎缩的同时发生免疫抑制，常常继发病毒、细菌、真菌感染。CIAV 感染是 2～4 周龄鸡群发生传染性贫血综合征的病因。发病鸡群生长迟缓，死亡率介于 10%～20%，偶尔可达到 60%。CIAV 感染目前仅发生于鸡和火鸡，也可能发生于日本鹌鹑和一些欧洲乌鸦。

（十八）副鸡嗜血杆菌

传染性鼻炎是由副鸡嗜血杆菌（avibacterium paragallinarum）感染所引起的鸡的急性呼吸道疾病。主要症状为鼻腔与窦发炎，颜面肿胀，流鼻涕和打喷嚏。本病可感染各种年龄的鸡，随着鸡只日龄的增加易感性增强。病鸡和带菌鸡是本病的主要传染来源。传播方式以飞沫、尘埃经呼吸道传染为主，其次可通过污染的饮水、饲料经消化道传播。

（十九）鸭瘟

鸭瘟（duck plague，DP）又名鸭病毒性肠炎（duck viral enteritis，DVE），是由鸭肠炎病毒（duck enteritis virus，DEV）引起的常见于鸭、鹅和其他雁形目禽类的一种急性、热性、败血性、高度接触性传染病。主要特征是损伤血管，引起消化道黏膜出血坏死，淋巴器官和实质性脏器出现退行性病变。鸭瘟病毒在自然条件下可引起鸭大批发病和死亡。病鸭、潜伏期感染鸭及病愈不久的带毒鸭（至少带毒 3 个月）均是本病的传染源。

（二十）鸭病毒性肝炎

鸭病毒性肝炎（duck viral hepatitis）是由鸭肝炎病毒（duck hepatitis virus，DHV）引起的雏鸭的一种急性接触性传染病。临床表现为角弓反张，主要病变为肝大及有出血斑点。该病具有发病急、传播迅速、病程短、高致死率的特点。主要侵害 3 周龄以内的雏鸭，成年鸭也会感染，但不表现出特征性的临床症状。该病主要通过呼吸道和消化道感染，几乎不垂直感染。

（二十一）小鹅瘟

小鹅瘟（gosling plaque）是由鹅细小病毒（goose parvovirus，GPV）感染 1 月龄以内雏鹅和雏番鸭，以引起拉稀和小肠形成栓塞为特征的一种传播快、死亡率高的高度接触性传染病。GPV 主要感染 3 周龄以内的雏番鸭和雏鹅。本病潜伏期为 3～5 天。临床症状可分为最急性、急性和亚急性 3 型。

（二十二）番鸭细小病毒病

雏番鸭细小病毒病（muscovy duck parvovirus disease）多发生于 1～3 周内的雏番鸭，又称番鸭“三周病”，是由番鸭细小病毒（muscovy duck parvovirus，MDPV）引起的以喘气、腹泻、脚发软和进行性消瘦为主要症状的一种新的番鸭疫病。该病具有高度传染性，发病率和病死率分别为 26%～62%和 22%～43%，病愈鸭大部分成为僵鸭。

（二十三）鸭的传染性浆膜炎

鸭的传染性浆膜炎（infections serositis）是由鸭疫里默氏杆菌（riemerella anatipestifer，RA）引起的幼鸭（包括火鸡和多种家禽）的一种接触性传染病。本病以纤维素性心包炎、气囊炎、肝周炎和脑膜炎等为主要特征，呈急性或慢性败血症。该病菌可侵害雏鸭、雏鹅、雏火鸡、野鸡、鹌鹑等多种动物，但主要侵害 2～8 周龄鸭。

三、质量检测与疾病诊断

SPF 鸡、鸭、鹅、鸽子和鹌鹑的微生物学和寄生虫学质量监测中只有 SPF 鸡有国家标准（GB/T 17999.1），规定了 SPF 鸡的微生物学检测项目及检测方法。SPF 鸡的微生物学检测依据国家标准进行。检测程序一般包括抽样、编号、临床观察、采样、特异性抗体检测和病原体检测，最终判定结果。

（一）临床检查

对被检禽编号，临床观察检测是否感染禽痘、副鸡嗜血杆菌和多杀巴斯德杆菌。

（二）样品采集

采集的样品包括血清、蛋、抗凝血、咽拭子、泄殖腔拭子和羽髓。

（三）监测频率

首次监测从 8～10 周龄开始。常规监测时，每隔 4～8 周监测所有项目。有特定病原体感染危险时，随时进行相关项目的检测。

（四）实验室检查

1. 细菌

多采用病原学方法，即分离培养病原菌的方法。取待检样品（肠内容物、有关脏器匀浆、活禽泄殖腔拭子）做细菌培养检查。

2. 支原体

取待检禽血清样品，进行酶联免疫吸附试验，检测鸡毒支原体和滑液囊支原体。

3. 病毒

主要采用血清学诊断和病原学检查方法。血清学方法适用于定期的常规检测，常用方法有 ELISA、IFA、EIA 和 HI 等。而在疾病暴发流行需对病原作出诊断时，以病原学检查为主。

4. 寄生虫

主要以病原学检查为主，也有辅助诊断的血清学方法。

四、卫生与防疫

（一）加强饲养管理，搞好环境卫生

良好的饲养管理是预防禽病的基本要素，禽群需要科学的饲养、管理，包括饲养密度、通风、温度、湿度和光照等。禽舍的布局和结构要合理，禽舍间要保持一定的距离，以减少疫病传播的机会。禽舍要通风良好，温度、湿度适宜，饲养密度不能太大。同时注意饮用水、饲料需无菌。

搞好禽舍及周围的环境卫生是预防禽病发生的重要环节。环境清洁卫生，疾病发生的机会就少。定时清理粪便。清除的粪便和污物进行无害化处理。死亡禽的尸体采取焚烧和掩埋等合理手段加以处理，以防疾病扩散。此外，养殖场还应做好经常性杀虫和灭鼠的工作。

（二）建立严格的消毒制度

禽场应具备必要的消毒设施和建立严格且切实可行的消毒制度，定期对禽舍的地面、粪便、污物及用具等进行消毒，阻止疾病蔓延。

清洁消毒是饲育场每天必做的工作之一，消毒的顺序是先清洁，后消毒。消毒的方式有浸泡、喷洒、熏蒸等，具体方式应根据具体情况选择，总的原则是选择经济有效、安全性强的消毒方式。消毒后应对消毒效果进行检测评价。

（三）隔离措施

对疑似患疫病的禽只需转入隔离器中进行检测，若确为疫病阳性，则做淘汰处理。若出现传染性疫情，需对整个饲养单元乃至整个饲养场进行清群处理，饲养场所彻底清洁消毒，并空置一段时间后才可考虑重新使用，且使用前需对饲养场进行检测评估。

隔离患病动物和可疑感染动物是防制传染病的重要措施之一。隔离时应选择在不易散播病原体、消毒处理方便的地方或房舍进行。对于发生烈性人畜共患病（如流行性出血热等）的动物群，应及时采取有效措施，全群扑杀，严格消毒，防止疫情进一步扩散。

（四）发生疫病时的扑灭措施

及时发现疫情并进行确诊，禽群出现可疑症状时应迅速将病禽隔离观察，并将死亡禽送兽医部门检验，以便及早作出诊断，采取防治措施。根据疫病种类和疫情情况，及时报上级管理部门和防疫部门。隔离病禽，污染的场地和禽舍进行紧急消毒。若发生禽流感等危害性大的疫病，应采取封锁等综合性措施。疫情扑灭经消毒处理后 1 个月方可解除封锁。停止病群的引进和出售，确诊后再根据具体情况处理。病死和淘汰动物、粪便及垫草等应采取焚烧等措施合理处理。根据需要进行紧急疫苗接种，对病禽进行合理的治疗。

第二十五章　斑　马　鱼

第一节　主要生物学特性

一、生理学特性

斑马鱼（zebra fish）是一种热带淡水鱼类，原产于印度东部和孟加拉国的淡水水域中，属于辐鳍鱼纲，鲤形目，鲤科。

斑马鱼体色为银色或金色，从头部至尾鳍覆盖着规律的深蓝色横纹，臀鳍和背鳍上同样也有这种条纹，由此得名斑马鱼。斑马鱼成鱼体长3～5cm。雄鱼比雌鱼体形修长，身材略小，腹部和背部显淡金色。

作为低等脊椎动物——鱼类的代表，斑马鱼是开展脊椎动物发育、生理、组织功能、与环境的关系等方面研究的重要模式动物。作为研究对象，斑马鱼具有如下优势：体型小、易养殖、成本低、四季产卵、产卵量大、体外受精、体外发育、发育迅速、性成熟快、胚胎透明、与人类基因组同源性高和强大的组织修复能力等。这些特点使得斑马鱼在最近20年中逐渐成为科学研究中广泛应用的模式动物。

斑马鱼在皮肤、肌肉、神经系统、眼睛、心脏、血液循环、内分泌、肝肾胰肠道等内脏器官和生殖系统都具备脊椎动物的基本模式，与人类高度相似，其组织器官的发育过程和功能机制都与人类有高度的可比性。作为低等脊椎动物，斑马鱼生理结构相对简单，易于操作，因而成为探索脊椎动物生命过程及研究人类疾病机制和开展药物筛选的有效工具。在斑马鱼中已建立的人类疾病模型，涉及遗传发育类疾病、心血管相关疾病、血液发生相关疾病、代谢类疾病、肝肾胰发育及功能性疾病、感染及免疫类疾病、神经系统发育及功能疾病、癌症及白血病、组织修复和组织再生相关疾病等。

鱼类皮肤较薄，胚胎发育直接暴露于水体中，易于受到环境中的各种生理、生化因素影响，因而成为研究环境科学和毒理学的有效工具。近年来，随着斑马鱼中各种人类疾病模型的构建，以斑马鱼为工具进行化合物筛选，探索发掘影响脊椎动物发育过程的因素和开发治疗人类疾病的新兴药物，已成为相关领域的发展热点。由于在斑马鱼中进行药物筛选可以简单地把化合物直接溶于斑马鱼生活的水体中，因此操作相对简便易行。同时，斑马鱼产卵量大、胚胎和幼鱼体型小（1～5mm）、身体透明，因而可以搭建全自动的药物筛选平台，相对容易地实现高通量及高内涵的化合物筛选过程。相对于传统靶标驱动的药物筛选流程，利用斑马鱼高通量筛选系统可以大大缩短新药开发的周期。

二、行为学特性

游泳行为是鱼类最基本、最重要的生命活动，与索饵、生殖、集群、防御、洄游等一切生命活动有关。斑马鱼的幼鱼从第5天开始具备游泳能力，开始进行觅食活动，并可以躲避危险信号。以此为基础可以开发基本行为学研究系统，并用于研究神经肌肉组织的发育和功能。

集群行为对于鱼类有独特的生物学意义，可以用于鱼类及脊椎动物的社会性行为研究。斑马鱼具有典型的集群活动特征，倾向于识别同类和群体生活。同时斑马鱼也表现出一定的学习和记忆能力，可通过实验训练获得某种偏好性的选择行为。基于以上这些特点，在斑马鱼中可以开发多种行为学研究系统，对社会性行为的成因、神经系统功能，以及两者之间的关系机制等进行探索。

和多数鱼类一样，斑马鱼的嗅觉特别敏感，对其行为的影响最为显著，如其分泌的信息素有助于幼鱼识别和群游。雌激素、卵细胞对雄鱼有吸引作用并激发其性反应。

虽然许多鱼类在产卵以后有保护幼体的习性，但是斑马鱼不具备这种行为特性。斑马鱼的成鱼倾向于吃掉自己产的卵，所以在实验条件下进行配种时，需设计内外缸，及时分离成鱼和产下的卵，避免鱼卵被成鱼吃掉。斑马鱼产卵量大，每次产卵会消耗雌鱼大量的能量，因此对要产卵的种鱼加强喂养，多添加活体饲料和高蛋白饲料非常重要。

第二节 种 源 管 理

一、种鱼要求

斑马鱼作为重要的实验动物，已经被广泛地应用到生命科学、健康科学、环境毒理学等研究领域。随着应用的日益广泛，在全球范围内，已经有数以万计的斑马鱼转基因和突变品系被创建。在斑马鱼品系交流和共享应用的过程中，为了保证斑马鱼的质量，特别是遗传质量，必须建立严格规范的斑马鱼引种管理方法，这将对种质的保护和相关应用影响深远。作为可以用于繁殖的种鱼，其相关要求如下。

（1）具有明确的背景资料，包括斑马鱼品系名称、来源、基因座标准名（allele）、品系创制方法、表型特征、母系和父系遗传背景。

（2）个体间有较好的相似度，体色一致，背鳍鳍式、臀鳍鳍式、侧线鳞鳞式、鳃耙数等可数性状一致。

（3）作为繁殖用种鱼要求形态健康无畸形，体长需大于 3cm，体色明亮，体表鳞片完整，鱼龄为 6～8 个月。

（4）种鱼雌雄比例合适，通常要求 1∶1，且具备良好的繁殖能力（每对斑马鱼产卵数不少于 200 枚/批次，受精率不低于 95%）。每批次引种数量需不低于 10 对。种鱼品系应是可育的，且在一定时间内能获得足够的群体数量。

（5）有稳定的遗传性能，繁殖时能将重要的品系特性稳定地遗传给后代。

二、隔离检疫

成熟的斑马鱼养殖基地或实验室需要建立完备的斑马鱼外来鱼隔离养殖区，并严格执行隔离检疫和健康检查规范。隔离检疫的目的是，使引种斑马鱼携带的某些传染病有可能通过潜伏期而暴露出来，杜绝外来斑马鱼携带的病原污染养殖系统原有品系的风险。

斑马鱼引种过程的隔离检疫和健康检查可一并进行。

引进斑马鱼之前，可对种鱼进行健康检查，包括：种鱼来源养殖群体有无较大规模死亡现象；群体活动是否正常；斑马鱼的体表是否正常。采样进行实验室检验、剖检、镜检，以及寄生虫、细菌、病毒相关检验。

运输斑马鱼一般用充氧的密闭塑料袋，要求具有良好保温性能、不易破损和污染的外包装。对斑马鱼运输方式和路线需提前规划，从种源地到引种地的运输时间不能超过72h。对于以成年鱼方式引进的斑马鱼种鱼，到达引种场所后，需进行终身隔离养殖。在隔离期间，应尽快将种鱼进行繁殖，获得子代斑马鱼受精卵，将受精卵消毒后转入内部斑马鱼养殖系统。对于以受精卵方式引进的斑马鱼种鱼，当包裹受精卵的卵壳完整时，可以使用一定浓度的次氯酸钠溶液将其彻底消毒后转入内部斑马鱼养殖系统。若卵膜已破损，则必须在隔离检疫场所养殖，直至获得下一代受精卵，并消毒后转入内部斑马鱼养殖系统。

第三节 繁育技术

斑马鱼的繁育为卵生方式，即亲本直接把成熟的卵和精子产在水中，在体外受精，受精卵水中发育直至孵出幼鱼。健康的野生型品系鱼，体外受精成功率高达95%～100%。

繁育斑马鱼，应选择遗传背景清楚、健康的成鱼亲本，雌雄分开饲喂2～3天，于繁殖缸中配对，亲鱼便会繁殖。为防止亲鱼吞噬鱼卵，可用网孔2～3mm的网将亲鱼限制在产卵池的上半部活动。受精结束后可将亲鱼捞出，收集受精卵进行孵化。

斑马鱼受精卵在受精后马上开始发育。自然条件下大约2天开始脱开卵膜。如果受精卵做过消毒处理，则需要人工操作协助脱膜：可使用低浓度蛋白酶短时间处理进行脱膜，或用精细镊子手工脱膜。刚出膜的幼鱼静卧于水底，正常培养温度下，斑马鱼幼苗孵化后第5天鳔的发育完全，可自由游动，并开始寻找食物。

小鱼早期的喂养与管理对成活率有重大影响，体外孵化的鱼苗个体相对较小，需以草履虫、轮虫、蛋黄、粉状饲料等作为开口饵料。虽然鱼苗也可摄食人工饲料，但由于视觉系统和消化系统发育的关系，草履虫、轮虫等活饵料可大幅提高幼苗的成活率。正常条件下，鱼苗长到2周左右可以开始提供丰年虫的孵化幼虫作为活体饲料。

选种的一般原则是：亲本必须体格健壮，发育正常，行动活泼，品系特征明显，身体比例合适，鳞片鳍条完整，体表无创伤、无畸形。斑马鱼配种一般选择雌雄比1∶1或2∶1进行交配。实验室需建立完善的育种档案，包括种实验动物的培育过程、谱系、繁殖记录（包括交配和产卵记录）、孵化培苗记录、生产记录（记录鱼的孵化或生产、淘汰、留种、意外死亡、供应等情况）、工作日志等。

斑马鱼现有的野生型品系大都以封闭群的方式进行保种和利用。斑马鱼的基因组遗传多样性在已测序的脊椎动物中最高。有研究显示，保持遗传多样性对斑马鱼种系的繁衍具有重要的作用。至今，仅有极少数斑马鱼稳定纯合近交系建立和长期维持的报道。一般认为，斑马鱼近亲交配延续数代后，将导致品系质量退化和产卵量大幅度减少。封闭群鱼类实验动物可选用循环交配法进行繁殖，为保持封闭群动物遗传基因的稳定，封闭群应具有一定的种群规模，并尽量避免反复近亲交配。

第四节 饲 养 管 理

一、水源和水质控制

水是鱼类赖以生存的环境，水质的优劣直接影响其生长和发育。与鱼体生活关系较为密切的水质因素主要有水温、溶解氧、非离子氨、亚硝酸态氮、pH、硬度等，水质指标的合理控制为饲养管理提供基础。

斑马鱼的最适宜生长和繁殖温度在24～30℃，低于或高于这个温度，斑马鱼的繁殖和胚胎发育都将无法正常进行。斑马鱼的最适养殖水温为28.5℃，低于11℃时会出现死亡，在我国大部分地区无法自然越冬。因此，合适的水温是斑马鱼健康养殖的必要条件。

斑马鱼养殖用水的水源必须水量充足，能长期稳定供应，且适合其生长、繁殖。自来水来源稳定且有保障，使用方便，但需要经过合适的活性炭过滤装置和杀菌系统，消除自来水中可能存在的有机污染物、氯气和细菌。各个品牌的活性炭过滤能力不同，它的吸收能力取决于水中化合物的浓度和每单元活性炭需要过滤的水量。根据这些参数和每天进入系统中水的体积，就能计算出活性炭过滤器滤芯的使用时间。在养殖量较少的情况下，如果进行静水养殖，可以使用曝气1天以上的自来水，防止自来水中超标的氯离子对斑马鱼造成伤害；在日常管理中，需每天至少换水1/3左右，并及时清理鱼缸中剩余的饵料和粪便。

不同地区自来水中溶解盐类的成分千差万别，其中对鱼体影响较大的有碳酸盐、氮化合物、磷酸盐、钙离子、镁离子、氯离子等。钙离子、镁离子构成水体的硬度，也是鱼类和其他生物不可缺少的营养元素，具有一定碱度和硬度的水对调节水体pH有很大作用。过软的水缓冲能力弱，难以使水中pH保持稳定，对水质平衡有不利影响，对斑马鱼的生长发育构成威胁。过硬的水对水生生物有毒害作用，易造成鱼体黏液增多，鳃出血乃至死亡等，且硬度过高使许多鱼类无法繁殖。如果自来水中含过多的碳酸钙，需要与去离子水混合稀释后使用。考虑到产卵需要较低的电导率，而养殖水需要在合适的pH范围内维持较高的碳酸盐缓冲能力，需要添加足够量的盐，将养殖水的电导率降到300μS左右，pH 7.0～8.0较为合适。

水体中的溶解氧是斑马鱼赖以生存的必要条件，其含量是判断水质好坏的重要指标。由于斑马鱼具有较高的代谢速度，在生长过程中需要消耗大量的氧气，在实验室养殖过程中，溶解氧的多少不仅直接影响其呼吸，而且可以通过影响斑马鱼的摄食和消化活动而影响其生长发育。饲养过程可以使用增氧设施，使空气中的氧气溶解于水中，以增加溶氧量。溶氧条件的改善，也加速了水中有机物质的分解，有利于水质改善。

斑马鱼养殖水体中，氨主要来源于斑马鱼排泄物、食物残渣等含氮有机物的分解。非离子氨氮具有很高的毒性，对斑马鱼的毒性主要是对鳃部表皮细胞造成损害，并可使斑马鱼丧失免疫力，病原体乘虚而入引起感染发病。蛋白质循环的另一产物——亚硝酸盐是硝化作用与反硝化作用的一种中间产物，在养殖水体特别是小水体中容易积累，对斑马鱼有较强的毒性，能将血红蛋白中的二价铁氧化成三价铁，使血红蛋白（Hb）转变成不能携氧的高铁血红蛋白（MHb），导致斑马鱼缺氧窒息。这两种因子均与含氮有机物的代谢密切相关，及时的排污可减少残饵和粪便等排泄物分解对水质的影响，养殖过滤系统的物理和生物净化功能可大大降低氮代谢造成的污染，设施与日常管理是水质控制的关键。

二、设施环境

斑马鱼水体净化循环养殖系统是实验室中规模化养殖斑马鱼必需的设施，由养殖单元组和水体循环单元组成。养殖单元组由多个养殖单元排列，每个养殖单元分层安装不同体积的养殖缸，有供水和排水设计。水体循环单元由水体循环泵、微滤、碳滤、紫外线消毒器、电导率调整、pH 调整、控制箱组成，用于养殖缸中养殖水的循环净化。水体循环单元从养殖单元组中的水槽抽水，经微滤、碳滤、紫外线消毒后供给养殖单元，从养殖缸前部进水，后部出水，经过滤棉粗过滤，进入养殖单元中的水槽，达到循环净化。同时利用电导率和 pH 调整装置调整养殖水的电导率和 pH。在养殖单元中，斑马鱼的最大养殖密度取决于过滤器的效率、鱼的年龄、投饵量等，一般每升水中成年斑马鱼养殖密度为 5 尾。

此外，鱼房要求控温在 28.5℃左右，安装独立空调，换气次数 6～12 次/h，设新风排风，无尘；配备照明设备，按照一定的照明强度要求确定安装的数量，鱼房独立控制，14h 关、10h 开自动控制时间；配备专用的排污、排水装置。

三、饲料

鱼类和陆生动物一样需要蛋白质、脂肪、碳水化合物、无机盐和维生素等营养物质维持其生命活动。这些营养物质可以满足鱼类生命活动所需要的热能，提供鱼体组织细胞生长发育与修复所需的材料，并维持机体的正常生理功能。如果缺乏其中一种或多种必需的营养物质，将导致生长不良，病害发生，严重时造成死亡。根据斑马鱼的生长时期，可以将其分为不同阶段：胚胎期（0～3 天）、幼苗期（4～11 天）、鱼苗期（12～21 天）、幼年鱼期（22～90 天）、成年鱼期（≥90 天）。不同年龄段鱼苗的食物搭配要求如下。

（1）4～9 天的鱼苗喂食浓缩草履虫。

（2）10～12 天的鱼苗喂食浓缩草履虫和鱼苗粉末饲料。

（3）13～21 天的鱼苗喂食丰年虫和鱼苗粉末饲料。

（4）22～90 天的鱼苗喂食丰年虫。

（5）≥90 天的鱼喂食丰年虫、高蛋白颗粒饲料或成年鱼薄片饲料。

四、饲养操作与日常管理

针对斑马鱼不同生命阶段对营养的需求，需要采用不同的饲养方式。下面详细说明如何饲养斑马鱼鱼苗，何时清洁水槽，如何确定不同年龄段鱼苗的食物搭配，以及如何将它们从一个养殖容器转移到另一个容器中。

1. 胚胎期

0～3 天，蓝色标签，置于实验台上，无需喂食（图 25-1）。

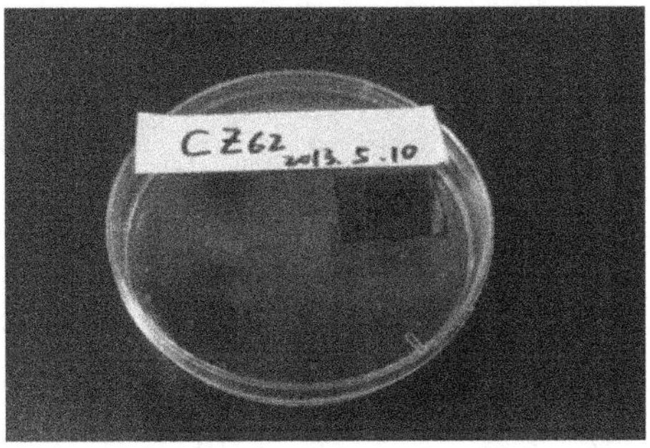

图 25-1　培育于培养皿中的 0～3 天胚胎

（1）胚胎盛养于装有亚甲蓝养殖水的培养皿中（避免水霉生长）。亚甲蓝养殖水：在 1L 养殖水中加入 3～4 滴的亚甲蓝稀释液。

（2）对于直径为 8cm 的培养皿，每皿不超过 50 枚胚胎。在大约受精后 3 天，斑马鱼幼鱼即可孵出。刚孵出的幼苗除偶尔会游动一段距离外，几乎都沉在水底。

（3）置于设有光周期的 28.5℃恒温培养箱或养鱼房中培养，每天挑除死卵，换水一次。注：换水的水温相差不宜过大，要保持相对恒定，剧烈的温度变化会引起胚胎死亡。

2. 幼苗期

4～11 天，蓝色标签，置于实验台上，喂食草履虫（图 25-2）。

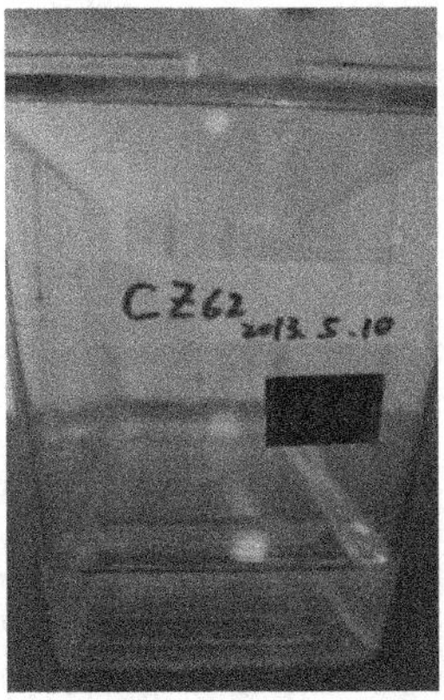

图 25-2　培养于 3L 养殖容器中的 4～11 天幼苗

（1）第 4 天，将出膜的胚胎转移到 3L 养殖容器中（不超过 150 枚胚胎），加入少量的养鱼水。每个养殖缸中加入 2.5cm 高度的水。

（2）记录转移到 3L 养殖容器中胚胎的数目，在养殖缸外贴蓝色标签，在上标记缸中胚胎的实际数目。

（3）喂食浓缩的草履虫（每毫升溶液中含 100 个草履虫），每天 2 次。

（4）第 5～9 天，将鱼苗维持在 3L 养殖缸中。

（5）测量养殖水体中的氨含量，如果氨含量超标，更换新鲜水直至水中不含氨；否则不必定期清洗。

（6）喂食浓缩草履虫，每天 2 次。

（7）第 10 天，在饮食方案中加入新成分。除了给鱼苗喂食浓缩草履虫外，还定期喂食鱼苗粉末饲料。

（8）一旦开始喂食粉末饲料，就需要使用虹吸管定期清洗养殖缸。吸出大约 75%的水，请确保将多余的食物和碎渣从缸底吸出。然后向养殖缸中添加新鲜的养殖水。

（9）定期检测水中的含氨量，使用虹吸管换水，每天 2 次。

（10）因为添加了新的食物成分，含氨量的测试显得尤为重要。多余的食物会弄脏水，增加水的含氨量，损害鱼苗的健康。因此，如果检测到水中含氨，更换新鲜水后需要重新做含氨检测。如果依然可以检测到水中含氨，需要将所有的养殖缸重新换水直至水中不含氨。一旦水中不含氨，就可以开始喂食。

（11）第 11 天，喂食浓缩草履虫和鱼苗粉末饲料，每天 2 次。

（12）定期检测养殖缸中的含氨量，使用虹吸管吸取残渣换水，每天 2 次。

3. 鱼苗期

12～21 天，红色标签，养殖于鱼苗架上，喂食小丰年虫+鱼苗粉末饲料（图 25-3）。

图 25-3　培养于养殖架上的 12～21 天鱼苗

（1）第 12 天，将鱼苗转移到干净的 3L 鱼缸中，插入鱼苗网格（40 目以上）插板，置于鱼苗养殖架上，不需要盖缸盖，采取滴水法换水（以每分钟 100 滴左右进水为宜）。

（2）记录转移到 3L 鱼缸中鱼苗的数目，在养殖缸外贴红色标签，在上注明缸中鱼苗数目。

（3）不再喂食草履虫，开始喂食丰年虫，每天 2 次。每次喂食的丰年虫不宜太多，以 5min 内可以吃完的量为准，太多的丰年虫容易败坏水质。

（4）继续喂食鱼苗粉末饲料，及时清除缸底残渣。

（5）第 12～20 天，喂食小丰年虫和鱼苗粉末饲料，清洁养殖缸，每天 2 次。

（6）第 21 天，如鱼苗已长到足够大小，可将形体较大的鱼苗移入插有幼鱼网格插板的成长水槽。

（7）如果鱼苗体形不够大，继续按原方法在养殖缸中养至足够大小，再移入成长水槽。

4. 幼年鱼期

22 天至 3 个月，绿色标签，成长水槽（图 25-4）。

图 25-4　培养于成长水槽的 22 天至 3 个月幼年鱼苗

（1）将生长到足够大小的鱼苗移至插有幼鱼网格插板（20 目）的成长水槽。

（2）记录移入成长水槽中的鱼苗数目，以每升 10 条的密度养殖为宜，在养殖缸外贴绿色标签，并且注明缸中实际鱼苗数目。

（3）如果鱼苗体形不够大，继续按原方法在养殖缸中养至足够大小，再移入成长水槽。

（4）每日按幼年鱼喂食标准给予丰年虫 3 次。

（5）及时清洁未吃完的食物残渣。

5. 成年鱼期

≥90 天，黄色标签，成鱼缸（图 25-5）。

图 25-5　培养于成鱼缸的成年斑马鱼

（1）当上述幼年鱼达到3月龄时，将每缸鱼转移至成年鱼养殖区。

（2）记录移入成鱼缸中的斑马鱼数目，以每升5条的密度养殖为宜，在养殖缸外贴黄色标签，在上注明缸中鱼的实际数目。

（3）每日按成年鱼喂食标准给予丰年虫1次、颗粒饲料1次、成年鱼饲料1次。

（4）及时清洁未吃完的食物残渣。

6. 鱼房日常管理

鱼房日常管理的最主要目的是减少病害发生，保证培育工作的顺利进行，杜绝种质污染，相关要点如下。

（1）斑马鱼培育专用房，不宜在室内进行其他实验，特别是与病原或毒物相关的实验。室内工具专用不得随意作为他用或随便使用其他工具，以防止交叉污染。

（2）有防止实验鱼丢失或混杂的措施，并认真执行。

（3）详细记录，包括水温变化、发病及处理措施、繁殖等各种情况。

（4）投喂管理相关规定包括时间、饲料种类与规格、投饵量等，并有不同种类饲料保存的细节规定。

（5）定期换水和排污的详细规定。

（6）水质的抽查与普查，以及出现异常情况的处理方法。

（7）增氧、保温系统的日常管理。

（8）病害控制注意事项，以及相应的处理方法、隔离措施。

（9）工具的管理、处理、消毒等相关细则。

五、废水处理

废水主要是指斑马鱼实验动物养殖后废水，含少量残饵和粪便。在养殖系统稳定的情况下，可经净化池处理后排进市政排污管道。为了防止饲养系统内某些微生物对环境的影响，废水也可经管道收集，在处理罐中消毒灭菌后，再经专用管道进入净化池，通过生物修复改善水质，到达标准后排放。

第五节　使 用 管 理

一、斑马鱼的获取

1. 斑马鱼的来源

斑马鱼（*Danio rerio*）最初来源于印度东部、孟加拉国、尼泊尔等地，属于热带淡水硬骨鱼。在20世纪70年代，美国俄勒冈大学著名遗传学家George Streisinger和他的研究团队利用单倍体细胞早期加压法首次获得斑马鱼纯合品系。

斑马鱼品系是指一群具有突出优点，并能将这些突出优点相对稳定地遗传下去的种鱼群体，具有遗传背景明确，来源清楚，有完整的资料，包括品系名称、来源、遗传基因特点及主要生物学特征等优点。经过40多年的研究应用和系统发展，目前有大约29

个野生型品系，用途较广泛的有 AB、TU、WIK、TL 等品系。

（1）AB 品系：AB 品系鱼的系祖为 A 和 B 两个品系，由 Streisinger 在俄勒冈 Albany 的一个宠物店先后购得。系祖 A 和 B 可能起源于佛罗里达州的同一个孵化场。首先筛选健康、表型正常的未受精的 AB 系雌鱼，再将这些雌鱼和未经筛选的雄鱼交配，并将它们的后代养起来。俄勒冈大学的斑马鱼实验室从 20 世纪 70～90 年代一直通过这种方式繁育维持 AB 品系。这样的繁育方式有效地减少了品系的致死突变，可以用于孤雌生殖。到 1991 年，AB 系已经是 George Streisinger 和 Charline Walker 用于建系的系祖的第 70 代子代。

（2）TU（Tuebingen）品系：野生型的短鳍品系，来源于德国 Tuebingen 的宠物店。在斑马鱼全基因组计划中，被英国 Sanger 中心作为全基因组测序的初始样本。这个品系在用于突变分析和测序前已经将胚胎致死突变移除。

（3）WIK 品系：由 Haffter 建立的一种新品系，由从印度发现的一种新的野生型斑马鱼培育而来，较 TU 品系具有更多的形态多样性。筛选中发现编号为 WIK11 的亚品系，胚胎期和幼鱼期的致死基因含量小于 10%，十分适用于进行遗传图谱的分析实验。

（4）TL 品系：具有纯合的 leot1 和 lofdt2 基因型。通过混养繁殖能力较好的雌鱼后代得来，leot1 是一种隐性突变，导致成鱼体表形成斑点状图形，即豹纹鱼；lofdt2 是显性突变，纯合子可存活，表现出长鳍的性状。

实验用斑马鱼主要应用到环境检测和基因工程，科学研究要求动物实验结果精确可靠，重复性好并具有可比性，这就要求选用标准化的实验动物，在标准的条件下进行实验。斑马鱼的来源十分重要，可靠的来源是斑马鱼实验质量控制的首要环节。斑马鱼应来源于专业规范的斑马鱼资源保藏机构。在国际范围内，类似的机构有位于美国的国际斑马鱼资源中心，位于德国的欧洲斑马鱼资源中心和我国的国家斑马鱼资源中心等。斑马鱼的品种品系、遗传背景、出生日期、性别、净化级别、饲养环境、管理水平及主要的背景信息应清楚。

2. 斑马鱼的运输

斑马鱼的运输应选择最快捷的运输方式，尽量缩短运输途时间，避开周末和节假日。

斑马鱼的运输设备应能保证运输期间避免容器内水温过高或过低，保证容器的安全。斑马鱼的运输容器要求使用无毒无污染的材质，水密性强，无渗漏，并具有良好的保温和减振功能。

运输过程中会用到不同水质的溶液，这些溶液根据平衡要求和斑马鱼不同发育时期的不同要求来调整。通常，成年鱼使用普通的养殖水，胚胎的要求较为严格，应使用胚胎养殖液进行运输。

1）斑马鱼成鱼的运输

使用牢固结实的氧气袋，打包时每升养殖水 5 尾鱼的密度。在氧气袋表面贴上标签，注明品系相关信息，包括品系名称、雌雄鱼的尾数、出生日期等。

向袋中注入约 1/3 的养殖水，放入待寄的鱼，排出袋中的空气，握紧袋口并向袋中注入 1/3 的氧气，通过打结的方式收紧袋口并用橡皮筋固定，确保液体无渗漏。将袋子平放，尽量抚平袋子底部的褶皱，以防鱼被卡住受伤。在盛放鱼的氧气袋外再套一个同规格的袋子，注意两个袋子应同向，隔层排空空气，打结并固定好。置于合适大小泡沫箱中，空隙位置以碎泡沫填充，盖上盖子并以胶带封口。对泡沫箱的厚度有一定的要求，应具有良好的保温效果，以减少运输过程中温度变化对鱼的影响。

对于跨省或国际长途运输，运输时间一般会超过 48h，最好将斑马鱼提前一天停食并排空粪便，以减少运输途中对水质的破坏。

2）斑马鱼胚胎的运输

胚胎可以使用 50ml 无菌离心管，离心管注入 30～35ml 养殖水，加入适量的亚甲蓝（1%亚甲蓝储液，过滤除菌，50～100μl/L 养殖水）。密度为每管 30～40 枚胚胎，拧紧瓶盖，并用封口膜封口。在离心管表面贴上标签，注明品系相关信息，包括品系名称、胚胎数目、出生日期等。置入合适大小泡沫箱中，空隙位置以碎泡沫填充，盖上盖子并以胶带封口。适宜的温度对斑马鱼早期的正常发育很重要，因此对运输设备的整体保温性能要求较高。

尽量选择寄送受精后 1 天的胚胎，寄前换新鲜培养基，挑除死卵。斑马鱼在受精后 4～5 天时开口觅食，应避免这个时间寄鱼，早期的营养缺失会影响存活率和后期的发育。

3. 斑马鱼的接收

首先设置隔离室，从外部引进的鱼类（例如，不是在本养鱼系统中繁殖的鱼类）必须先在隔离室中饲养，以减少污染其他鱼类的可能性。下面的程序用来阻止隔离室中疾病的传播。

（1）只有经授权的人员才可以出入检疫室。

（2）新引进的斑马鱼在更换水环境时应尽可能保持原来理化环境的平稳过渡。可先将引进的斑马鱼连同养鱼水置于隔离室中，经热平衡后，再实行水环境的更换。

（3）所有引进的鱼类应先进行检查，如有必要，可进行各类疾病的诊断。

（4）所有新品系应每天进行检查，排除感染的可能，持续 2 周。移除任何有潜在感染的病鱼。

（5）死鱼应转移到塑料袋中，用过的水槽应用大量的清水清洗。

（6）隔离室中的成鱼不可以移出或直接转入主养殖系统，除非整体搬迁。

（7）在隔离室（2 周后）获取的胚胎移出时必须先进行消毒。准备两个装有消毒液的烧杯，即在 170ml 的系统水中加入 0.1ml 的 5%的次氯酸钠。将胚胎在第一个烧杯中静置 5min，再用系统水清洗，静置 5min。接着将胚胎在第二个烧杯中消毒 5min，之后用系统水清洗。将胚胎放到一次性培养皿中。经过正确消毒的胚胎可以安全地移出隔离室，进入主养殖鱼房。

（8）任何设备在未经消毒或灭菌处理的情况下不得轻易移出隔离室。隔离室的设备应与主鱼房中的设备分开保存在不同的置物柜中，并做好醒目的标签。不得随意向隔离室存放或取出任何设备。

（9）在隔离室中完成工作后，应在指定的水槽中使用灭菌肥皂清洗双手（及胳膊）。

（10）在隔离室中工作时，应先假定所有物品（包括本人）已污染。

（11）隔离饲养期间，应尽快对引进的斑马鱼进行鉴定和传代，其子代经消毒后可转入主养殖系统进行正常饲养。

4. 斑马鱼的健康监测

斑马鱼健康监测主要包括以下 4 个方面的内容，即设置隔离室、定期抽检、水质监测、异常斑马鱼的及时送检等。

（1）设置隔离室：引进斑马鱼为潜在的感染源，应先饲养于隔离室，其后代经消毒后再饲养于主养殖区。

（2）定期抽检：定期对养殖设施内斑马鱼群体的健康进行检测，检测方式包括病理学、微生物学、寄生虫学等。常规检测项目为国家斑马鱼资源中心建议的斑马鱼需排除的病原体，同时不断根据国际同行的研究成果增加新的检测项目。

（3）水质监测：斑马鱼种群的饲养密度、实验频率、系统物料的进出方式都有可能导致病原菌的感染和扩散。通过设置哨兵斑马鱼养殖缸，可以有效地监测水质，尽早监测出可能存在的感染源，降低传播风险。

（4）异常斑马鱼的及时送检：由于水生动物的病原体传播十分迅速，发现斑马鱼的异常状况需要及时将异变的个体隔离并做检测，做好防止传染性病原菌孳生和感染的准备。

二、基本操作技术

实验过程中，防止在捞取和保定操作过程中对斑马鱼造成伤害。应使用稍大的捞网和质地柔和的网兜，动作要轻和快，减少捞取的时间和斑马鱼的应激反应。应注意保护好斑马鱼的鳞片。各类操作应尽量减少斑马鱼离开水的时间。

1. 传代技术

自然杂交通过成对配鱼方式获取斑马鱼胚胎，不仅适用于常规用鱼的繁殖传代，还可用于基因突变和转基因研究中的个体筛选工作。相对于人工授精，自然杂交不会对鱼造成太大的压力和伤害。

1）分辨雌、雄鱼

斑马鱼雌、雄鱼除了内部解剖结构存在差异外，在体色和外形上也有较大的差异。

斑马鱼因其体侧具有像斑马一样纵向的暗蓝与银色相间的条纹而得名，但仔细观察，雄鱼的体色整体泛黄色，而雌鱼偏向于泛蓝白色。

不同性别的斑马鱼在体型上也存在差异，雄鱼体形较修长，呈流线型，而雌鱼腹部显得圆润丰满，尤其是待产期的雌鱼。

此外，可以通过行为学的观察来判断，在配鱼的早上，雄鱼一般会追雌鱼，以期产下后代。

2）配种传代

传代过程中使用的配种缸一般有两层，外缸盛放养鱼水，1～2 对成鱼要求 1～2L 的繁殖空间。斑马鱼成鱼喜好食用胚胎和适口的幼鱼，故内缸的底部一般为平滑的网眼结构，容许受精卵方便滑入外缸底部，中段应设插板槽，可方便地插入隔板分隔雌鱼和雄鱼。

为了获得较好的产卵效率，可提前一天配鱼。传代前一天的下午或晚上，于配种缸中添上适量的养鱼水，将雌雄鱼分别置于配种缸的两侧，中间用塑料隔板隔开。这样的设置有利于雌雄鱼分泌的信息素在水中相互传递，增加第二天成功交配的概率，此外将雌雄鱼分隔可以有效地防止双方的争斗。

斑马鱼的交配行为受光刺激，第 2 天光照开启后，更换新鲜的养鱼水，水位较之前略低，一般比内缸底部略高 3～5cm 即可。抽开隔板，雄鱼会追逐雌鱼，促使雌鱼将鱼卵由泄殖孔排出，而雄鱼同时排出精液在水中进行体外受孕。正常的产卵良好的斑马鱼一般在 0.5h 之内即可交配产卵，胚胎滑入外缸底部。为了保证胚胎发育阶段的一致性，最好每隔 0.5h 收集胚胎一次，贴上标签，注明胚胎的品系名称、出生日期和责任人等相关信息，放入 28.5℃培养箱培养。每天更换新鲜的养鱼水（胚胎养殖应加入适量的亚甲蓝以防真菌生长），挑除死亡的胚胎。到了第 4 天，斑马鱼幼鱼开口觅食，应开始给予适口的鱼食。一尾雌鱼一般每次可产卵 100～500 枚，每周可产卵一次。

2. 麻醉与安乐死技术

基于行为学的方法可以有效地推进斑马鱼麻醉和安乐死技术的发展。由于斑马鱼身上的伤害感受和痛苦难以分辨，在实际操作中应尽量减少可能的不适、痛苦和疼痛。对于会引起瞬间或轻微疼痛的操作，应考虑对实验用斑马鱼进行合适的药物镇静、止痛或麻醉。

适宜的麻醉和安乐死方法，不仅要符合临床和人道主义的要求，还要满足科研方案的需要。如何选择正确的方法，需要综合考虑多方面的因素，如实验用鱼的种类、年龄和品系，疼痛的分级，药物对特定器官系统的可能作用，会导致疼痛操作的性质，以及药物安全性。

1）麻醉技术

正常情况下，斑马鱼用鳃进行呼吸，对其进行麻醉常用的方法是往水中加入麻醉剂等药物使其进入休眠状态，使用比较多的药物是 MS-222（tricaine methanesulfonate，三卡因甲磺酸脂）。

根据麻醉中的行为学观察，麻醉或休眠状态分为 6 个阶段，其中最重要的一个指标是鳃盖的活动：阶段 1 是指在视觉和触觉刺激下，反应轻微迟缓；阶段 2 是指鳃盖活动频率的轻微降低，并对除压力外的其他刺激无反应；进入阶段 3 时，肌肉紧张度下降，游动不规律，鳃盖活动增加，常伴随着身体平衡的失调，进入这个状态的鱼类仍可以对较强的触觉和振动刺激反应；进入阶段 4 的鱼类，平衡感和肌肉紧张度完全丧失，鳃盖活动再次下降，仅对较强的压力刺激有反应；阶段 5 中的鱼类，鳃盖活动变得微弱无力，心率下降，外界刺激无反应，条件反射性行为丧失；阶段 6 是指鱼类完全停止鳃盖活动，心跳变得微弱无力或无，这个时候如果不解除麻醉进行复苏，鱼类会由于心跳停止和缺氧而死亡。

除了药物麻醉法外，冷却降温也是用得比较多的一种麻醉方法。水温的逐渐下降会导致鱼类活动迟缓和代谢减慢，氧耗也相应减慢，鱼体的神经传导会相应减少但并非完全阻滞，减少程度依据鱼种类不同会有所差异。这种方法的麻醉效果并不佳，相反，快速降温会导致鱼体致死休克，可能缘于渗透调节功能的崩溃。应注意的是，进行冷却降温方法时，斑马鱼不能与降温用的冰直接接触。

2）安乐死技术

安乐死是向动物实施人道化死亡的行为，整个过程应尽量减少动物的痛苦、焦虑和不适感觉。安乐死一般基于以下三种原理：一是直接或间接缺氧，二是生命机能维持所需神经元的直接抑制，三是大脑活动的生理崩溃和生命机能维持所需神经元的破坏。较为常用的药物是MS-222，它的作用原理即等同于麻醉的第六阶段，长时间的药物浸泡导致缺氧，最终死亡，成年鱼在鳃盖活动停止后仍留于麻醉溶液中至少 10min。如果鱼体组织需要保存留作他用，通常也可以在鱼类进入麻醉状态后迅速将其浸入液氮，这同样是一种较为适用的安乐死方法。在评估安乐死方法时，以下标准应纳入考虑范围：导致意识丧失或死亡的过程无或仅引起短暂的疼痛、痛苦或焦虑；可靠性；不可逆转性；导致无意识状态需要的时间；对动物种类和年龄的适宜性；与研究目标的一致性；操作人员的安全性和情感耐受性等。

研究人员发现，低温休克和快速降温在快速致死上优于药物作用，前者相对压力小些，根据生命指征，如鳃盖活动、正确的身体平衡和心跳等来评判，前者致死时间相对较短，而且相对更容易操作，更安全。组织病理学检测也没有发现明显的冰晶形成，与在其他水生动物上的研究结果基本一致。尽管 CO 也可以作为安乐死的选项之一，但应用很少，这种方法相对比较缓慢而且压力较大，不适宜推广。

3. 人工授精技术

斑马鱼是体外受精的动物，且繁殖力强，但随着年龄的增加，其繁殖能力会下降甚至丧失。相较于野生型斑马鱼，某些突变系或转基因品系经常会较常或较早地出现繁殖能力减弱或丧失的现象，自然交配成功的概率渺茫，面临品系失传危机，此时需要借助于人工授精技术来获取后代。

1）生殖能力检查

生殖能力检查包括雄鱼精液的质量和数量，雌鱼腹腔内部未受精卵的质量和数量等。一般而言，年纪较长的雄鱼精囊内仍然会有少量正常的精液，而同龄的雌鱼即使腹腔膨大，多是由脂肪组织构成，成熟质优的未受精卵较少见，可以采用将目标斑马鱼雄鱼和野生型雌鱼测交的方式来获取后代，或根据实验需要采取合适的配对方式进行人工授精实验。

2）人工授精

进行人工授精实验的前一天下午或晚上，将目标斑马鱼雌鱼和雄鱼分隔放置在配种缸的两侧。第 2 天上午光照开启后，先用麻醉剂将雄鱼麻醉，用纸巾擦干鱼体，尤其注意泄殖孔附近，将其置于湿润的海绵托体中，腹部朝上，分开臀鳍露出泄殖孔，用棉球棒擦干水分，用圆头镊子轻压其生殖腺附近的腹部，以毛细玻璃管收集精液，质优的精液呈乳白色不透明，水状透明的精子为质量不好的。将雄鱼放回复苏缸中苏醒，并将新收集的精液加入到大约 50μl 新鲜配制的预冷的 Hank's 溶液中，混匀备用。

收集到精子后，接下来开始收集未受精卵。将雌鱼麻醉，用纸巾擦干鱼体，尤其注意泄殖孔附近，置于 35mm 培养皿中，以湿润的手指由前至后轻压其腹部挤出未受精卵，质优的受精卵呈金黄色半透明，边缘整齐无碎块，要求每个样品有 300～500 枚，不足的话可以将两尾雌鱼的鱼卵混在一起备用。将培养皿倒置防止未受精卵风干，并将雌鱼放回复苏缸苏醒。

将混好的精液加入到未受精卵中，轻混，加入大约 750μl 养殖水激活受精反应，盖上盖子，静置 1～2min 让卵子与精子充分反应，加足胚胎培养液，转移到 28.5℃培养箱中培养。2～3h 后可以统计受精率，挑除未受精的胚胎和换新鲜培养基。

应注意的是，生殖能力检查过程中会对鱼体造成一定程度的伤害，受试鱼需要大约一个月的时间休整，人工授精实验最好在生殖能力检查之后一个月后再进行较妥当。人工授精实验对未受精卵质量的要求较高，因此最好在光照开启后 2～3h 内完成实验，之后的未受精卵质量会逐渐下降甚至坏死。斑马鱼精子一般保存在预冷的 Hank's 溶液中备用，90min 内使用的话，对精子活力没有太大的影响，它在水中的活力仅能维持 60s，受精的过程基本在卵子和精子排出的 20～60s 内发生。

人工授精技术可以有效地解决斑马鱼繁殖力低或丧失的问题，让一些珍贵的品系得以延续下去，有助于科学研究的顺利进行。

4. 供试品给予方法

参照剑尾鱼的要求（第二十六章）执行。

第六节　疾 病 控 制

一、异常行为的观察

（1）每日至少仔细观察两次，早晚各一次，应有观察记录，发现异常及时处理，分离异常表现斑马鱼，隔离观察，改善水环境指标，详细记录异常情况及其变化情况。

（2）常见异常表现分急性和慢性表现症状。

急性表现症状为：拒食、沉底或浮头、急躁不安、游姿改变、鱼体失去平衡、鱼鳃充血、鱼体色改变、死亡或大批突然死亡等异常现象。

慢性表现症状为：食欲下降、消瘦、体色改变、体表损伤、溃烂、离群、活动减少、排卵减少或停止、出现少量死亡。

二、主要传染性疾病

鱼病种类很多，按照发生原因的不同大体分为两类：一类是非感染性疾病，一类是感染性疾病。两类疾病对斑马鱼的健康均可造成严重的危害，其中以感染性疾病造成的危害较为严重，常常可形成大面积的暴发或感染，严重影响斑马鱼的质量和实验结果的准确性。

斑马鱼鱼病的控制应以预防为主，防重于治，除非是稀有品系或重要的疾病模型，否则一般不应治疗。治疗后的实验用鱼不应直接实验。如果发生病原的感染，斑马鱼则不应再用于正常的实验。感染病原的斑马鱼需要生物净化后方可使用。

斑马鱼属于鲤科鱼类。感染鲤科鱼类动物的病原均有可能感染斑马鱼。常见的感染性疾病见表 25-1～表 25-4。

表 25-1 病毒性疾病

病名	病原	主要症状	疾病类型
痘疮病	疱疹病毒	病鱼体表有白色斑点，以后变厚、增大，形成增生物，由白色变成奶油色、桃红色、褐色、黑色	病毒性疾病
鲤春病毒血症	鲤春病毒血症病毒（SVCV）	有腹水，突眼，肛门红肿，体表、眼、内脏出血，肌肉出血，肝、脾、肾肿大	病毒性疾病

表 25-2 细菌性疾病

病名	病原	主要症状	疾病类型
细菌性败血症	A 嗜水气单胞菌 B 温和气单胞菌 C 河弧菌生物变种III	体表及内脏充血、出血，突眼，腹部膨大，有淡黄色或红色腹水，肝、脾、肾肿大，花肝，脾紫黑色，严重贫血等	细菌性疾病
细菌性烂鳃病	柱状嗜纤维菌	鳃上黏液增多，鳃丝肿胀、腐烂，鳃丝软骨外露	细菌性疾病
细菌性肠炎病	肠型点状气单胞菌	肠壁充血发炎，弹性差，有很多淡黄色黏液，肛门红肿	细菌性疾病
赤皮病	荧光假单胞菌	体表的皮肤出血发炎，鳞片脱落	细菌性疾病
溃烂病	A 嗜水气单胞菌 B 温和气单胞菌 C 豚鼠气单胞菌	体表病灶部位充血、发炎、溃烂，严重时可烂及骨骼、内脏	细菌性疾病
竖鳞病	A 豚鼠气单胞菌 B 水型点状假单胞菌	体表粗糙，鳞囊内积水，鳞片竖起	细菌性疾病
疖疮病	疖疮型点状气单胞菌	背部有 1 个或几个隆起，鳞片、皮肤完好，肌肉失去弹性、软化，严重时可烂破	细菌性疾病

表 25-3 真菌性疾病

病名	病原	主要症状	疾病类型
水霉病	水霉	严重时呈灰白色棉毛状，卵呈“太阳籽”	真菌性疾病

表 25-4 原虫性疾病

病名	病原	主要症状	疾病类型
鱼波豆虫病	飘游鱼波豆虫	一般没有特殊症状；寄生在鳞下，可引起竖鳞	原虫性疾病
黏孢子虫病	黏孢子虫	寄生处形成大小不同胞囊	原虫性疾病
微孢子虫病	A 匹里虫 B 格留虫 C 赫氏格留虫	体表黄白色斑，凹凸不平，心脏肿大，突眼，肾、肠、性腺、脂肪、鳃、皮肤上形成白色胞囊	原虫性疾病
小瓜虫病	多子小瓜虫	寄生处形成小白点	原虫性疾病

三、质量检测与疾病诊断

斑马鱼的质量检测和疾病诊断分为现场调查和病鱼的病理学检查两个步骤。

1. 现场调查

（1）流行病学调查：斑马鱼的来源、有无引进新鱼、发病情况、病鱼症状、发病率、死亡率。

（2）饲养管理情况调查：饲料质量情况、卫生防疫水平、饲养管理水平、饲养密度等情况。

（3）饲养水环境的检查：水质污染情况、pH、溶解氧、温度、水循环处理情况。

2. 病鱼的病理学检查

病鱼的病理学检查包括病鱼体表症状的检查、鱼体剖检所见病理改变、病原体鉴定。

1）病理学检查程序（图 25-6）

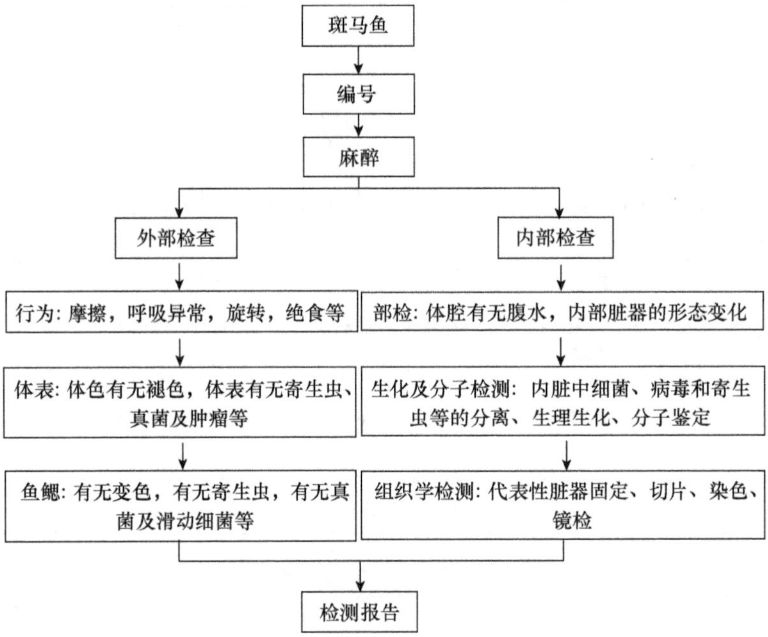

图 25-6　病理学检查程序

2）病鱼的检查方法

病理学检查应按照病毒、细菌、真菌和寄生虫的取样要求联合取样。活体斑马鱼的麻醉，应方便于检查、采样和满足动物福利伦理的要求。

外观检查：检查体表、鳃部和天然孔有无感染性或任何异常。

内部检查：检查胸腔、腹腔内各器官有无感染性或其他异常。

显微镜检查：通过外部、内部检查取样，利用组织印迹或组织涂片，采用适当方法染色后观察是否有真菌、细菌和寄生虫感染的存在。

组织取样顺序：先做细菌、真菌接种，然后取样用于 PCR 检测，最后进行固定，用于组织学检查。

四、卫生与防疫

1. 标准化实验用斑马鱼设施及其外环境要求

1）设施外环境

实验用斑马鱼设施应避开其他鱼类饲养场所。宜远离严重空气污染和有剧烈振动、过高噪声干扰或有污水、废物、垃圾存放的场所。设施应有可靠的避免污染和交叉感染的防疫隔离措施。

2）建筑设施要求

普通级和无特定病原体级实验用鱼设施的建筑和结构、空调、通风和空气净化、给水排水、电器和自动控制的要求，采用 GB 14925 和 GB 50447 有关要求。设施应满足斑马鱼的生产、饲养和实验要求。合理组织气流，避免死角、断流和短路，以满足设施内的空气净化洁净度要求。设施应符合标准化斑马鱼的卫生防疫、环境保护和动物福利要求。屏障环境设施应设环境监控系统。各类环境控制设备应定期维修保养。设施的供电应满足设施的运行要求，符合二级负荷供电的要求。

2. 标准化实验用鱼设施内环境要求

1）设施内环境分类

按照空气净化的控制程度，实验用斑马鱼环境分为普通环境和屏障环境。其中，屏障环境按照其室内与外环境气压的高低，分为正压环境和负压环境。

2）设施内环境要求

实验用斑马鱼设施的内环境指标应符合表 25-5 所列要求。

表 25-5　设施内环境指标

项目	指标	
	普通环境	屏障环境
温度/℃	20～30	20～30
24h 日温差/℃≤	6	4
换气次数/（次/h）≥	8	10
压强梯度/Pa	0～50	10～50
空气洁净度/级≤	8	7
落下菌数/（cfu/皿）≤	30	3
噪声/dB，≤	60	60

3. 水源水质要求

（1）水源水质的要求：水源水质应符合国家标准 GB/T 5749 要求。

（2）供水管线储水设备的材质：应是无毒、无污染、内表面光洁、便于清洁的材料。

4. 养殖系统水环境指标要求

1）养殖系统水环境的要求

实验用斑马鱼生产繁育、实验饲养、养殖系统水环境的水源水质指标除了应符合 GB/T 5749 的要求外，经过处理，还应达到表 25-6 所列要求。

2）饲养密度

斑马鱼成鱼：≤10 尾/L。斑马鱼幼鱼：≤40 尾/L。

表 25-6　斑马鱼养殖系统水环境指标

项目	指标	
	普通环境	屏障环境
水温/℃（成鱼）	24～30	26～30
水温/℃（幼鱼）	26～30	26～30
24h 温差/℃≤	4	2
瞬时温差/℃≤	1	1
水循环次数/（次/h）≥	3	5
水流速度/（m/s）	0.1～0.5	0.1～0.5
总硬度（$CaCO_3$）/（mg/L）≤	500	450
水酸碱度，pH	6.5～8.0	6.5～7.5
水溶解氧含量/（mg/L）	7～14	7～14
色、嗅、味	无异色、异嗅、异味	无异色、异嗅、异味
噪声/dB ≤	60	60
照度/lx	150～300	150～300
昼夜明暗交替时间/h	12～14/12～10	14/10

3）养殖系统要求

养殖缸应选用无毒、耐腐蚀、耐高温、无渗漏、易清洗、易消毒灭菌的耐用材料制成。壁应光滑，内外边角均应圆滑、无锐口。应有自动恒温装置和温度显示装置。供水管口应喷洒到养殖缸内的水面上，应确保氧气的足够带入。应有水质循环自净功能，应能够及时清除粪便、残留食物等污物。不同养殖系统应采用单独的水循环过滤系统，水泵、管网、滤材应定期清洗和消毒，滤材应及时更换，以保证养殖系统内水环境指标。应有防止交叉污染和循环污染的措施：用于不同等级、不同品系、不同实验目的的养殖系统应分设水循环过滤系统；幼鱼与成鱼分开饲养；新进的斑马鱼应有单独的隔离饲养和检疫养殖系统。带有传染性、致癌、剧毒物质的实验，均应在负压隔离设施或有严格防护的设备内操作，应有体现人、动物、环境 3 项同时保护原则的可靠措施。

4）报警装置

当养殖系统内重要的理化指标严重偏离标准指标时，应有报警指示。其中，至少养殖系统内的温度、水溶解氧含量应有明显的指示，当指标明显偏离标准时，应能及时有效报警。

第二十六章 剑 尾 鱼

第一节 主要生物学特性

一、生理学特性

剑尾鱼是低等脊椎动物，呼吸系统由鳃和伪鳃组成，包括 4 对全鳃，每对有两片鳃片。鳃片由若干平行排列的鳃丝构成，鳃丝一端固定于鳃弓上，另一端游离，呈梳状排列。鳃丝由数条长薄片鳃小片组成，为与外界环境进行气体交换的场所。鳃小片主要结构由上下两层单层上皮细胞及一些支持细胞组成，之间的腔隙称为窦状隙，由入鳃动脉来的血管在这里分支成微血管网状。鳃小片上有许多黏液细胞，如泌氯细胞。泌氯细胞一般比其他细胞大，呈椭圆形，细胞核位于中央，胞质中含有微细的颗粒。鳃小片上皮是鳃进行气体交换的场所，又称呼吸上皮。每一鳃丝具有一软骨质的鳃条支撑鳃丝，它的长度约为鳃丝的 2/3 或更长。鳃丝内有一对特殊的肌肉，使它保持正确的位置，鳃丝的基部有两条横纹肌，即鳃丝展肌和收肌，它们的收缩可使鳃丝分开和靠拢以利于呼吸；另外，它们收缩时牵动入鳃动脉的管壁，使血液流畅。由于鳃小片的出现，鳃的表面积大大扩大，这样可以增加摄取水中溶解氧的机会。剑尾鱼伪鳃短小而外形似鳃，位于鳃盖内侧；其中间为一条透明软骨做支架，两侧相互嵌合排列；它的鳃小片上皮细胞较大，细胞核较清亮，两侧上皮细胞之间为毛细血管网与柱细胞。

剑尾鱼循环系统由动脉球、心室、心房及各级血管组成。血液循环方式属于单循环（single circulation），即从心脏压出的血液，经鳃区交换气体后，由出鳃动脉汇合成的背大动脉将携带大量氧气的血运送至鱼体各器官组织中去。离开器官组织的携带少量氧气的血，又带着代谢废物或营养物质循着从小到大的静脉管道回流，最终汇流至心脏内，然后再开始新的一轮血液循环。

剑尾鱼的消化管是一条细长的膜质管道，由于机能和构造不同，依次分为口腔、咽、食道、小肠和大肠等。一般由里向外可分为黏膜层、黏膜下层、肌层和浆膜层，各层的机能与构造相适应。由结缔组织组成的被膜伸入肝组织，把肝分成许多由中央静脉、肝板、窦状隙组成的肝小叶，中央静脉的分布较不整齐，肝细胞板往往不规整地排列在中央静脉周围，未形成明显的分区。剑尾鱼的胰腺于肠系膜和肝上呈散在分布，但肝和胰仍然是各自独立的器官，分泌物由各自的导管输送。剑尾鱼的主要免疫器官包括脾、胸腺、头肾等。剑尾鱼各系统已具脊椎动物的基本模式，虽然结构相对简单，但生物学性状在一定程度上可与人类的对应性状相类比。

二、行为学特性

剑尾鱼在水的各层游动，适应力强，通常在 20～30℃水温生长良好，水温下降至 18℃以下时，食欲减弱。在良好饲养环境下，寿命可达1500日龄以上。剑尾鱼属卵胎生鱼类，仔鱼自母体产出后即可正常生活，大大提高了仔鱼的成活率和育成率。70日龄左右出现雄性性征（尾鳍出现剑尾），120日龄左右两性出现追逐、嬉戏等性行为。雄鱼具生殖足（由臀鳍演变而来），由其完成授精行为。雄性为争夺交配权时会有打斗行为，在同一群体中有一两尾鱼处于强势位置。繁殖期水温宜在22～29℃。剑尾鱼妊娠期（自受精之日至产出仔鱼）为30天左右，临产前1～2天母鱼喜欢独居一处。一般在150日龄左右即可产出仔鱼，条件适宜时，每隔30～40天即可再产一胎。每窝产仔数量为20～200尾。

剑尾鱼存在由雌到雄的性逆转行为，产过小鱼的有些雌鱼身体逐渐变细，圆形的臀鳍逐渐变成棒状，形成交配器，尾鳍下端开始长出“剑状”突起物。此外，采用5mg/0.1m³甲睾酮分别浸泡40日龄仔鱼和300日龄雌鱼20天，全部鱼均可长出剑尾。

第二节　种源管理

一、种鱼要求

参照斑马鱼的要求（第二十五章）执行。

二、隔离检疫

参照斑马鱼的要求（第二十五章）执行。

第三节　繁育技术

亲本一般选择原则：体格健壮，发育正常，行动活泼，品系特征明显，身体比例合适，鳞片、鳍条完整，体表无创伤、无畸形。

剑尾鱼雌、雄个体特征明显：雄鱼腹部侧扁，臀鳍部分鳍条演化成尖形的输精器，用于体内授精，尾鳍有突出的“剑”；雌鱼腹部圆，臀鳍为扇形，且体型较大，有时体重可达雄性的3倍以上。若是近交培育，一般每个水族箱只保留1尾雄鱼。受精后，怀孕母鱼腹部膨大明显，24℃时一般30天左右便可产下幼鱼。剑尾鱼有吞食小鱼恶习，小鱼将身体团成圆形从泄殖孔产出，此时尚不能游动，被同一水体的鱼轻易摄食，故母鱼产仔时要将其与其他个体分开，且缸底最好有可供幼鱼躲避的遮盖物，或底部有可漏下小鱼的产仔隔离盒，将刚出生的小鱼与亲鱼分开，以免造成不必要的损失。当幼鱼可自主游动时便可躲避亲鱼的摄食。

小鱼早期的喂养与管理对成活率有重大影响。剑尾鱼出生时个体较大，发育也较完全，利用配合饲料也能获得较高培苗率。采用刚孵化的卤虫幼体作饲料，更便于幼鱼摄食，为其生长提供良好基础。

第四节　饲养管理

一、水源和水质控制

鱼类是变温动物，其体温随外界环境温度的变化而变化。鱼类对环境温度的适应反应是非常复杂的过程，涉及脑乙酰胆碱酯酶系统、抗冻蛋白基因系统、同工酶开关合成系统等。水温过高时，鱼体内的酶活性下降甚至失活，新陈代谢难以正常进行；温度过低时，可能因为酶活力下降或丧失及神经系统受到破坏，鱼类出现冷休克甚至死亡。剑尾鱼为热带鱼类，对高温有一定的适应性，虽然夏季高温季节最高气温有时可达36～38℃，但在室内饲养时，池水温度一般很少超过32℃。因此，作为实验动物饲养，剑尾鱼安全过夏没有什么问题。剑尾鱼对低水温短期内（24h）忍受极限值约为7℃，但在12℃左右的冷水中处理一周后，几乎所有的剑尾鱼都会因冻伤而患水霉病死亡。18℃以下和32℃以上时剑尾鱼摄食明显减少，15℃以下基本停食。适宜剑尾鱼生长繁殖的温度在20～30℃。

酸碱主要导致鳃黏液的产生和鳃上皮细胞的破坏，影响鱼类鳃部气体交换，产生窒息现象；此外，破坏鱼类与环境的渗透压平衡及血液酸碱中毒也是重要原因。对鱼类有害或无害的pH范围并不十分明确。一般认为，对鱼类不构成直接致命危害的pH范围为5～9，低于4或高于10则可能对一些鱼类是致命的。虽然剑尾鱼水体pH的适应范围较宽，但根据剑尾鱼喜欢生活在弱碱性水体中的特性，饲养时pH在7.0～8.0较为适宜。溶氧＞5.0mg/L，亚硝酸氮＜0.05mg/L，非离子氨＜0.025mg/L。

剑尾鱼养殖用水可采用自来水，但自来水中一般含有氯气，它是一种有刺激性气味的气体，很易溶于水中，可对剑尾鱼产生毒害作用，需放置3～5天，待氯气挥发后再用于饲养剑尾鱼。

残饵和剑尾鱼的粪便在水中分解，很容易造成水中的溶解氧大量消耗，引起剑尾鱼缺氧，同时可导致腐败菌的大量繁殖，影响剑尾鱼的健康。因此，在日常管理中应做到定时定量投喂，尽可能减少残饵的产生，并及时将粪便和残饵等污物排出。

每日抽查水质一次，每月普查一次。当池水呈浅黄色，或检测的水质指标超过标准，或剑尾鱼出现不适时，应及时换水，并加注新水保持水位。一般情况下，每次换水只换出池中1/3～1/2的水，以避免水温、水质相差太大而对鱼体造成不利影响。换水时要小心操作，以免排水时过大的吸力对剑尾鱼造成的损伤。若需要彻底换水，务必注意水的温差不可过大，以确保剑尾鱼的安全。经常检查过滤装置是否畅通，并定期清洗过滤系统。

二、设施环境

培育场所要求光线充足，通风良好，地面整洁，无低洼积水。地面、顶棚、墙壁需易于清洁和消毒。门窗、排水、通风等管道需有杜绝外界动物、蚊蝇等进入的装置。配备专用的排污、排水设施，防止病原扩散。有专用的照明系统，光照照度在200lx作用，当自然光不足时可开灯增补。配备温度控制系统，使得系统温度可控，水温可通过水体或环境温度的调节来达到要求，即控制水或空气的温度。具备完善的充氧系统，通过气泵等向各养殖单元充入空气，促使氧气溶于水中，改善水体溶氧状况。

可依据养殖用途和实际情况决定每个水族箱的大小，其形状、大小可以根据用途、室内面积、室内的陈设及鱼体的大小等不同情况而定，体积不宜太大。为了更好地利用空间，水族箱可放置于多层不锈钢架上，并按应用情况灵活调配。应把水族箱等容器置于光线较为充足和通风的地方，若光照不足，则可在室内或水族箱内加装灯光，以利于鱼体的生长发育。

使用过滤器以达到清污目的，保持水质清新。过滤器主要有缸内式和缸外式两种类型及气动和泵动两种方式。

三、饲料

剑尾鱼相对增重率随饲料中粗蛋白质含量增加而增加，当粗蛋白质含量达到一定程度后，相对增重率反而有下降的趋势。当粗蛋白质含量在43.14%以下时，剑尾鱼相对增重率随饲料中粗蛋白质含量的增加而几乎呈直线上升。剑尾鱼在水温为23～29℃时，对饵料中蛋白质的最适需要量为 35.5%～41.3%。剑尾鱼幼鱼的最适需求量应高于这一范围，而成鱼在繁殖阶段，所需蛋白质含量也应不低于这一范围。

虽然剑尾鱼对维生素的需要量不大，但由于其自身基本不能合成，主要从饲料中摄取。各种维生素的缺乏可对剑尾鱼的生长、繁殖及抗疾病能力等造成不良影响。当饲料中维生素缺乏或维生素 E、维生素 A 添加量不足时，可导致剑尾鱼生长缓慢。各种维生素的缺乏对剑尾鱼卵巢的发育有不同程度的影响，其中尤以维生素 E 的影响最为明显，表明其与剑尾鱼的繁殖密切相关。白内障和体畸形是剑尾鱼纯系培育过程中的常见病。未添加维生素 B 和维生素 K，其白内障发生率明显提高，一定程度上说明这两种维生素与白内障发生有关。体畸形与维生素 C、维生素 K 和维生素 D 的缺乏关系密切。同时实验还表明，上述维生素的缺乏会影响剑尾鱼对嗜水气单胞菌等感染性疾病的抵抗力。

剑尾鱼的饲养以水蚯蚓、水蚤等活饵作为饵料。虽然活饵营养丰富全面，剑尾鱼也喜欢摄食，但活饵中往往携有大量的病原性原生动物及微生物，容易导致病害的发生，且水蚯蚓生长的淤泥中常含有多种有害物质，会造成慢性中毒。按照实验动物饲养管理规范的要求，很有必要采用其他饲料代替。

采用人工配合饲料主要有以下优点：营养成分全面，可根据鱼类各个生长发育阶段对营养的需要调整配方；必要时可在饲料中加入各种防病药物，便于防治鱼病；成本低，制作方便，便于运输和保存。实验采用的人工配合饲料配方为：鸡蛋 20%（以干重计）、牛肝 26%（以干重计）、鱼粉 20%、虾粉 3%、豆粕 13%、面粉 8%、麸皮 6%、淡菜（干贻贝）3%、无机盐及维生素等 1%。

四、饲养操作与日常管理

饲养与日常管理的最主要目的是减少病害发生，保证培育工作的顺利进行，杜绝种质污染，相关要点如下。

（1）水生实验动物培育专用房，不宜在室内进行其他实验，特别是与病原或毒物相关的实验。室内工具专用不得随意作为他用或随便使用其他工具，以防交叉污染。

（2）有防止实验鱼丢失或混杂的措施，并认真执行。

（3）详细记录，包括水温变化，发病及处理措施，繁殖等各种情况。

（4）投喂管理相关规定包括时间、饲料种类与规格、投饵量等，并有不同种类饲料保存的细节规定。

（5）定期换水和排污的详细规定。

（6）水质的抽查与普查，以及出现异常情况的处理方法。

（7）增氧、保温系统的日常管理。

（8）病害控制注意事项，以及相应的处理方法、隔离措施。

（9）工具的管理、处理、消毒等相关细则。

五、废水处理

废水主要是指鱼类实验动物养殖后废水，含少量残饵和粪便。在养殖系统稳定的情况下，可经净化池处理后排进市政排污管道。为了防止饲养系统内某些微生物对环境的影响，废水可经管道收集，在处理罐中消毒灭菌后，再经专用管道进入净化池，通过生物修复改善水质，到达标准后排放。

第五节 使 用 管 理

一、剑尾鱼的获取

1. 来源

实验用鱼应来源于专业的或规范的实验用鱼繁殖机构。实验用鱼的品种品系、遗传背景、年龄、月龄或日龄、性别、净化级别、饲养环境、管理水平及主要背景信息应清楚。

2. 运输

（1）运输设备：应保证运输期间避免容器内水温过高或过低，保证容器的安全。应选择最快捷的运输方式。

（2）运输容器：清洁卫生；保温；水密性强，无渗漏；适于运输装卸，便于搬运；材质要求无毒、无污染；容器应避光、减振，可减少鱼的应激反应。

（3）运输水环境：水质合格；容器内应加充足的氧气，保证运输期间鱼的正常呼吸；尽可能与原来的水环境相近。

（4）长途运输要求：超过 8h 的运输，应停食并排空粪便，以减少运输途中对水质的破坏。

3. 隔离观察与健康评价

新引进的实验用鱼及从不同水环境引进的实验用鱼，应隔离饲养。隔离天数以该类鱼最主要感染性疫病的潜伏期为准。隔离期间实验用鱼如发生异常、疾病或死亡，应予以淘汰。隔离期限满后仍无异常的实验用鱼可以用于实验。

在运输、接收、隔离观察和饲养期间的总要求如下。

（1）实验用鱼更换水环境时应尽可能保持原来理化环境的平稳过渡。其中，直接接触鱼的水环境的瞬间温差不应超过 1℃。

（2）应尽可能切断鱼病的感染源。

（3）应避免一切交叉污染源。

（4）饲养和实验的水环境条件应符合有关标准。

二、基本操作技术

1. 抓取与保定

实验过程中，抓取与保定应注意对鱼的细致保护，防止对鱼造成人为伤害。应用稍大的捕捉网，动作要轻和快，减少捕捉的时间和鱼的应激反应。应注意保护好鱼的鳞片。保定过程中，可以用湿巾保持鱼体表的湿润和温度。

各类操作应尽量减少实验用鱼离开水的时间。

2. 供试品给予方法

供试品给予方法应根据具体实验目的和要求进行选择。其方法是否得当关系到实验结果的准确和实验能否成功。常见的方法有灌胃、口服、遍洒、药浴、挂袋、注射、涂抹、间接投药等。不同的供试品有特定的给予途径，应予以遵循。常见给予方法各有不同的特点和利弊。

（1）灌胃。可以准确地定量给予。缺点是需要捕捉和保定鱼，造成人为损伤和应激反应，有些供试品也不适宜于从消化系统给予。

（2）口服。通常是将供试品拌入饲料中，制成药饵进行投饲。优点是不需捕捉和保定实验用鱼。缺点是有些供试品在制成药饵成品时容易变性，或当实验鱼食欲下降或药饵适口性差时，达不到预计的剂量和药效。

（3）遍洒。指选择适宜的施药浓度，用水稀释，均匀泼洒到整个水体环境中。优点是所有个体均能均匀地接触到供试品，如消毒水体比较全面、彻底。缺点是用药量大，成本较高，供试品容易受到水环境的影响或污染水环境。

（4）药浴（浸洗法）。指在小容器内的水体中用特定的药浓度浸泡实验用鱼。优点是供试品用量小，容易控制。缺点是需捕捉实验用鱼。

（5）挂袋。是指将供试品装入网袋中不断向水环境中释放。优点是可以控制药物的释放时间，不需要捕捉实验鱼。缺点是药物控释量的准确速度较为困难，供试品可能污染水体。

（6）注射。是指对鱼体注射给予供试品。注射常用部位有背部肌肉、腹腔和胸腔。优点是剂量准确、吸收快。缺点是适用的供试品要求高，种类有限，需要捕捉和保定鱼。

（7）涂抹。是指将供试品涂抹于鱼体表。常用的有局部涂抹和全身涂抹供试品。常见于外用药物的涂抹。优点是用药部位、剂量可以控制。缺点是适用的供试品种类有限，需要捕捉和保定鱼。

（8）间接给药。是指先将供试品投给生物性饵料，然后将这些接受供试品的饵料投给实验用鱼。优点是不必捕捉鱼，可以改善供试品的适口性。缺点是给药方法麻烦，需要选择合适的生物饵料。

3. 样品收集

1）采样对象

根据实验检测的目的和要求确定采样对象。例如，鱼群的常规性监测选择成鱼；其他检查选择被检鱼群中有代表性月龄的活体或死后无腐败、无二次污染的样本鱼。

2）采样方式

应在不同水族箱或同一水环境内随机抽取样本鱼。

3）采样数量

对同一水环境的实验用鱼群体按至少5%采样。

4）样本送检及运输

样本送检运输容器应清洁卫生，防止样本腐败或污染。样本应有特定编号和标识并附送检单，写明样本的来源、品种品系、级别、数量、检测项目和采样时间。

现有标本的现场采集及其保存的主要方法对鱼病诊断的利弊见表26-1。

表26-1 保存鱼体组织的方法及其对鱼病诊断检查的影响

	活体	冰镇	冰冻	固定*
寄生虫学	+++	++	+	+
细菌学	+++	+	+	0
病毒学	+++	++	+	0
毒理学	+++	++	+++	0 到+++
组织学	+++	+	+	+++
电镜	+++	+	0	+++
PCR	+++	++	+++	+++

注：“+++”最佳；“++”在大多数情况下满意；“+”未达到最佳标准，在没有其他方案的情况下可以使用；“0”无作用；

*在甲醛为主要成分的固定液中保存（如 Dietrich’s 固定液）以备组织学检查，在戊二醇为主要成分的固定液中保存以备电镜检查，在95%乙醇中保存以备进行 PCR

5）病理解剖检查采样

体表、鳍、鳞片、皮肤、侧线、皮下、天然孔、眼球、鳃、心脏、鳔、肝、脾、肾、肠道、胆囊等。

6）组织病理学检查采样

大体病理解剖发现的异常器官、组织，取材进行常规组织病理学检查，需要时进行组织涂片、组织压片检查。

7）采样记录

详细记录采样的基本信息和采样过程、所见异常改变或各类病原体。记录还应包括被检鱼群的饲养、水质和流行病史等背景情况。

8）采样检查程序

采样检查程序如图26-1所示。

4. 麻醉与镇痛

应根据实验的目的选择合理的麻醉方法，能够使活鱼安静，降低采卵、采精、采血等实验操作时的应激反应，使实验操作得以顺利进行，同时体现动物福利的理念。此外，在运输过程中，麻醉剂能够使实验用鱼呈类似休眠状态，不能游泳和跳跃，呼吸频率减慢，代谢降低，耗氧减少，降低运输应激反应，这样就可以大密度长途运输活鱼，降低鱼体新陈代谢，减少对鱼体的伤害，从而提高运输存活率。麻醉剂在鱼类实验动物科研实验中的应用将越来越广泛。

样本
↓
编号
↓
外观检查
↓
大体病理解剖
↓
组织病理学检查
↓
实验报告

图 26-1　采样检查程序

选用麻醉药物的原则是对鱼药效高、安全，对人员和环境危害小，药物残留少，缓解苏醒容易控制，反复使用危害小，价廉易购，使用方便，易溶于水，低温下有效。目前麻醉的方法有很多，常用的麻醉剂及其用法如下：①巴比妥钠，把鱼放入 13.3×10^{-6} 单位的巴比妥钠溶液内运输，不久鱼就呈昏迷状态，腹部向上，呼吸减慢，不游动，在水温 10℃时能麻醉 10h 多，放入清水后 5～10min 就能缓解苏醒。②苯巴比妥钠，按每千克体重 1.11ml 肌内注射。鱼经麻醉后，仰浮于水面，呼吸缓慢。如途中发现鱼有跳跃冲撞时，表示药量不足，应再予以注射适当药剂，以达到麻醉为止。用此法运输，药效时间可达 8～20h。③乙醚（或 95%乙醇），用药棉蘸乙醚（0.2～0.4ml/kg 体重）塞入鱼口内，2～3min 后鱼麻醉，再将鱼放入清水桶里或包在水草中或湿布内运输，一次可麻醉 2～3h，效果亦好。为了获得安全可靠的麻醉效果，麻醉剂的使用应注意以下几方面。

（1）规格：由于不同规格的鱼的代谢和消除状况不同，不同规格的鱼对不同的麻醉剂，甚至对同一麻醉剂不同剂量的反应没有明显的规律性。因此，正式实验前应进行必要的麻醉预实验，以便确定安全有效剂量。

（2）体重：不同体重的鱼的新陈代谢率不同，体重在测定麻醉剂的安全浓度和有效浓度中起着很大的作用。一般情况下，体重越大，所需麻醉剂含量越高。

（3）年龄：仔鱼期皮肤呼吸占很大的比例，造成其对麻醉剂的敏感性较强；随着鱼体的生长，皮肤呼吸的相对重要性逐渐下降，鳃呼吸却越来越重要。

（4）水温：高水温时鱼体代谢旺盛，心跳和呼吸频率加快，麻醉药液经鳃丝渗透的速率也加快。故随着温度的升高，在相同的麻醉剂剂量下，鱼体达到各麻醉阶段的时间均缩短。

（5）酸碱度：因药而异，一般对淡水鱼影响小，对海水鱼影响大。在较高盐度下，鱼体为调节自身渗透压的平衡，要消耗较多的能量，其呼吸频率加快，耗氧量增加，鱼体摄入的麻醉剂较多，导致进入麻醉的时间缩短，死亡率增大。

（6）溶氧：溶氧的高低直接影响鱼类的呼吸，溶氧越高，鱼类的呼吸频率越低，单位时间内摄入的麻醉剂越少。

5. 安死术

安死术是将实验鱼在无疼痛或快速使其避免感到惊恐的情况下处死动物。

安死术的方法应充分考虑动物福利伦理的规定和满足动物实验目的要求，符合国际常规做法或惯例。

常见的安死术方法。

（1）击昏法：用硬物快速重力击打动物头部，使其迅速死亡。
（2）麻醉法：过量使用药物进行麻醉致死。
（3）断头法：用锋利的刀片迅速切断头部致死。

第六节 疾 病 控 制

参照斑马鱼的要求（第二十五章）执行。

第二十七章　稀有鮈鲫

第一节　主要生物学特性

一、动物学分类

稀有鮈鲫（*Gobiocypris rarus*，rare minnow）属于鲤科，鮈鲫属。1983 年叶妙荣和傅天佑根据采自四川省汉源县流沙河的标准首次描述了该新属新种（叶妙荣等，1983），是我国长江上游的一种特有小型鱼类。

与稀有鮈鲫外部形态近似的物种为中华细鲫（*Aphyocypris chinensis*），在稀有鮈鲫发现之初，它们同被归入鲤科（鱼丹）亚科，该亚科中还包括著名的实验鱼斑马鱼（*Danio rerio*）。随着系统发育学研究的深入，人们发现稀有鮈鲫与雅罗鱼亚科鮈亚科的种类有很高的相似性（何舜平等，1997）。最新的分子系统发育研究表明，稀有鮈鲫应隶属于鮈亚科，该亚科鱼类主要生活在河川、溪流等流水环境中，其形态、生态习性演化与东亚季风气候的形成密切相关（Yang et al.，2006；Liu et al.，2010）。

稀有鮈鲫主要栖息于河漫滩上的稻田、沟渠、水洼等小水体中，特别是底质为半石砾、半泥，水微流，多杂草的沟渠。稀有鮈鲫生境中无脊椎动物丰富，昆虫幼虫尤其多，但其生境易受农田作业和暴雨影响，因而极不稳定。由于人类活动对其栖息地的破坏，稀有鮈鲫野生种群面临威胁，被《中国濒危动物红皮书：鱼类》列为濒危物种（乐佩琦等，1998）。

中国科学院水生生物研究所从 1990 年开始对稀有鮈鲫进行实验动物化研究和品系培育。同大部分鱼类一样，稀有鮈鲫体外受精、体外发育，加上它具有体型小、易饲养、繁殖快、温度适应范围广及对化学物质敏感等特点，这种新的实验鱼逐步被应用到生态毒理学、遗传学、鱼病学等研究中（王剑伟等，1997）。2004 年出版的《化学品测试方法》，以及 2008 年颁布的有关化学品生态毒理学测试的国家标准均推荐稀有鮈鲫作为测试生物。2010 年《新化学物质环境管理办法》颁布后，稀有鮈鲫作为化学品测试用生物得到广泛应用。2014 年《化学品　稀有鮈鲫急性毒性试验》开始实施，标志着稀有鮈鲫成为我国化学品管理中最主要的受试鱼类。

二、形态学特性

稀有鮈鲫体型较小，成鱼全长 35～85mm，略侧扁，雌鱼腹部较钝圆，雄鱼腹部较消瘦，无腹棱；口端位，口裂较大，吻稍钝；眼侧上位，眼间隔宽平；唇薄而光滑，无须；下咽齿 2 行，（2，4）～（4，2）；鳃耙短而稀疏；侧线不完全；背鳍无硬刺，Diii-7～8，起点稍后与腹鳍起点、腹鳍基部相对；臀鳍 Aiii-6～7；胸鳍条 Pi-11～15；腹鳍 Vii-2～

7；尾鳍分叉，分支鳍条 17；纵裂鳞 31～34，横列鳞 8～9，背鳍前鳞 12～14，围尾柄鳞 12。稀有鮈鲫体侧有金黄色纵带，在繁殖季节尤为鲜艳，其体色是选择繁殖用亲鱼的重要特征之一。

三、行为学特性

虽然稀有鮈鲫生活在沟渠等水不深的水域，但其倾向于底层生活，且具有集群性。室养条件下常见鱼群聚集在养殖缸底部和角落，喜安静。

成熟亲鱼不具护幼行为，其产卵后有吞食卵粒的现象。观察表明，长期配对且投喂饱和的情况下，亲鱼食卵现象不严重，但在需要统计繁殖量或急需大量受精卵时，仍建议在产卵活动完成后将亲鱼捞出，避免其食卵。

稀有鮈鲫仔鱼对蓝色、绿色具有较强的正选择性，而对红色、黑色、黄色有明显的负选择性，表现为躲避行为。因此，用于饲养稀有鮈鲫的养殖缸在背景色选择上宜采用蓝色或绿色，而不适宜采用红色或黑色背景。

第二节 种源管理

一、种鱼要求

参照斑马鱼的要求（第二十五章）执行。

二、隔离检疫

参照斑马鱼的要求（第二十五章）执行。

第三节 繁殖技术

一、繁殖特性

自然条件下，稀有鮈鲫的繁殖季节为 3～11 月，室内养殖条件下可周年繁殖。稀有鮈鲫性腺为大小相等的两叶。在发育过程中，精巢和卵巢的形态、大小和色泽发生一系列的变化。稀有鮈鲫的卵母细胞发育不同步，在繁殖期内成熟卵巢中会同时存在不同时期的卵母细胞，其卵子补充是连续的，因而可连续每间隔数日产卵一次，此产卵类型被称为连续产卵类型（王剑伟，1992）。

稀有鮈鲫的卵为球形，产出后吸水膨胀，透明，具有黏性，卵膜直径 1.25～1.70mm，密度大于水。稀有鮈鲫可饲养在几乎任何类型的水族箱中，并不必需流水、水草或其他设施。产卵温度范围在 14～30℃，适宜的条件下，每隔 3～4 天即可产卵一次。批产卵量因亲本大小而不同，通常 1 龄以内的个体可产卵 100～200 粒，1 龄以上个体一般可产 200～500 粒。产卵活动在傍晚至午夜发生，持续时间 2～4h，阴雨天气偶尔发生在下午。产卵前数小时，雌雄鱼聚集活动、追逐，雌鱼在前，雄鱼在后，并用吻部不断碰触雌鱼。

雌鱼尾鳍剧烈摆动的瞬间产卵，产出的鱼卵或附着于缸壁，或沉于缸底。由于繁殖活动中追逐较为剧烈，繁殖用养殖缸应大于 10L（推荐 20L），水深 20cm 以上。

二、亲鱼筛选

性成熟雌、雄个体存在一定的形态差异。雄鱼体型修长，而雌鱼腹部饱满。雌鱼胸、腹鳍短，胸鳍末端距腹鳍起点的距离较大，一般为 3～5 枚鳞片距离；腹鳍末端距泄殖孔远，一般为 1～3 枚鳞片距离。雄鱼胸、腹鳍长，胸鳍末端距腹鳍起点仅 1～2 枚鳞片，腹鳍末端可达泄殖孔。由于鳍长这一特征在养殖缸中不易观察，通常直接捞取备选亲鱼进行形态学观察。同时，性腺发育良好的雄鱼轻压腹部能够挤出精液，可准确地判断为雄鱼。

选择亲鱼的一般标准是形态正常、个体相对较大、健康无病、外观体色鲜艳。多年观察表明，虽然 2 龄以上的个体批产卵量较大，但其繁殖周期可能不甚规律。因此从野生群体中选择亲鱼时（年龄未知时），一般不选择个体最大的个体，只要鱼形态正常、体色鲜艳、摄食积极即可。实验室培育 4 月龄以上、全长 40mm 左右的个体可作为亲鱼。急于传代时，可从 90 日龄即挑选数对配对饲养，通常在 120 日龄内可观察到初次产卵。

稀有鮈鲫的繁殖采取配对繁殖，即 1 雌 1 雄饲养于单独的水族箱中，投喂营养高的饲料或生物饵料，通常采用饱食投喂。

三、鱼卵收集

产出的卵多数黏于养殖缸底，少数附于缸壁甚至高出水面。亲鱼有时有食卵现象，建议在产出数百粒或亲鱼追逐活动停止后将鱼捞出，并做好记录，待鱼卵取出后再将亲鱼放回原养殖缸。捞取亲鱼后可顺便检查游离卵是否已产完，如还有卵粒可进行人工授精。

稀有鮈鲫刚产出的卵，其卵膜黏性强且容易破裂，但随着胚胎发育，卵膜逐渐变硬，黏性减弱。一般次日清晨可发育至原肠期，此时可将卵从水族箱中取出。取卵时用带胶头的虹吸管吸取，由于卵有黏性，因此吸卵前应尽量先吸出缸中的粪便与残饵。吸卵时让胶头在水族箱壁上轻轻滑动，使卵粒从水族箱壁上脱离并随水流出。在虹吸管另一端用 40～80 目筛制成的深约 20mm 的网捞收集鱼卵。当鱼卵刮吸完后，将网捞倒扣到已装有相同温度水的结晶皿（直径 125mm）上，用手指轻弹，使卵掉入结晶皿中。用滴管将结晶皿中的卵冲散，并剔除未受精的卵，放入孵化箱中孵化。

使用后的网捞和虹吸管需彻底冲洗干净，防止残留的卵混入其他卵中；对传代、育种等重要的繁殖缸，应用专用的虹吸管和网捞，且使用后需浸泡在消毒液中。

四、鱼卵孵化

受精卵孵化最基本的条件是保证一定的温度、较高的溶氧和清洁的水质。稀有鮈鲫胚胎在水温 13～30℃内均能完成正常的胚胎发育，但水温对胚胎发育速度有很大影响（常剑波等，1995）。一般采用（25±1）℃孵化，孵化时间约需 75h。

在室温控制不严的普通环境中，最好将孵化容器放入控温的水浴中，以防止水温剧烈波动。孵化过程中应每天更换同温水 2～3 次，并及时剔除死亡的胚胎（白色，不透明）。必要时可适当使用亚甲蓝等控制细菌和水霉。

五、仔幼鱼培育

在 25℃的条件下，稀有鮈鲫胚后发育约需 30 天时间（王剑伟等，1998）。初孵仔鱼静卧水底，并不能摄食。在 25～30℃的温度下，孵化后 12～24h 达鳔一室期，鱼开始能自由游泳并逐渐开始巡游，孵化后 1.5～2 天，仔鱼消化道贯通，巡游模式已建立，应及时投饵。稀有鮈鲫的开口饲料可以是煮熟的蛋黄、轮虫等浮游生物、粉末状人工饵料等，推荐使用≤500μm 的丰年虫无节幼体。

0～7 天的仔鱼，游泳和摄食能力较弱，需在 500ml 结晶皿等小容器中饲养，以确保较高的饵料密度。这一阶段的仔鱼饲养密度不宜超过 200 尾/L，每日需投喂 2～3 次，每次投喂后 30～60min 换水。

8～30 日龄的仔鱼和稚鱼应转移到养殖缸中饲养，饲养密度控制在 10 尾/L 以下。每日应投喂 2 次丰年虫无节幼体或其他适宜饲料。

30 日龄以上的幼鱼饲养密度需控制在 5 尾/L 以下，可投喂人工饵料或经过消毒处理的水蚯蚓、摇蚊幼虫等生物饵料。

第四节 饲养管理

一、养殖设备

稀有鮈鲫可以采用静水、流水或循环水饲养方式，清洁级、SPF 动物的饲养推荐使用具有良好水处理系统的循环水养殖设施。水池（缸）、曝气池（缸）、供水管道和阀门等供水和排水设施需用无毒、无放射性、耐腐蚀的材料制成，容器及管道连接必须无渗漏。养殖缸应选用无毒、耐腐蚀、耐高温、无渗漏、易清洗、易消毒灭菌的化学惰性材料制成，如玻璃、不锈钢、聚碳酸酯（PC）等。由于稀有鮈鲫对有机化学物质敏感，不宜使用安全性未经证实的塑料容器作为养殖缸。

流水或循环水饲养的养殖缸应设有防止鱼类逃逸的装置。虹吸管需用医用级橡皮管（如硅胶管）制成。抄网与各种滤网的边框应平整光滑，耐腐蚀，网片无脱落，网目大小均匀；宜选用食品级材料制成。

二、环境条件控制

1. 动物房环境

普通级稀有鮈鲫可饲养在普通环境中，清洁级、SPF 稀有鮈鲫应饲养在对空气洁净度有一定控制的洁净环境中，目前暂按空气洁净度 8 级的要求对其室内环境进行控制（表 27-1）。

表 27-1　稀有鮈鲫动物房室内环境要求

项目	指标	
	普通环境	洁净环境
室温/℃	14～30	20～30
24h 日温差/℃≤	8	4
换气次数/（次/h）≥	—	10
压强梯度/Pa	—	2.0～50.0
空气洁净度/级	—	8
落下菌数/（cfu/皿）≤	—	3
噪声/dB ≤	60	60
照度/lx	150～300	150～300
昼夜明暗交替时间（明/暗）/h	12/12～14/10	12/12～14/10

2. 水环境条件控制

1）水源及水质要求

养殖用水源应是经脱氯处理的生活饮用水或经过处理的适合稀有鮈鲫饲养的再造水，用于养殖的水源应符合 GB/T 5749 中水质常规指标的要求。

2）养殖缸内水环境要求

稀有鮈鲫养殖水体的水质指标要求如表 27-2 所示。

表 27-2　稀有鮈鲫养殖水体的水质指标要求

项目	指标		检测方法
	普通环境	洁净环境	
水温/℃（亲鱼、仔鱼和稚鱼）	20～30	22～28	
水温/℃（幼鱼、成鱼）	14～30	20～30	参照 GB 13195
24h 温差/℃≤	6	4	
瞬时温差/℃≤	1	1	—
总硬度（$CaCO_3$）/（mg/L）≤	450	450	参照 GB 7477
Ca/Mg	（1∶20）～（8∶1）	（1∶4）～（4∶1）	参照 GB 7477
电导率	150～1000	150～650	参照 GB 6908
水酸碱度（pH）	7.0～8.5	7.0～8.5	参照 GB 6920
水溶解氧含量/（mg/L）≥	5	6	参照 GB 7489
氨氮/（mg/L）≤	0.2	0.2	参照 GB 7479
非离子氨浓度/（mg/L）≤	0.01	0.01	参照 GB 7481
亚硝酸盐浓度/（mg/L）≤	0.1	0.1	参照 GB 7493
硝酸盐浓度/（mg/L）≤	30	30	参照 GB 7480
氯浓度/（mg/L）≤	0.2	0.2	参照 GB/T 14424

三、营养控制

1. 生物饵料

常用的生物活饵包括丰年虫（*Artemia* spp.）无节幼体、水蚯蚓（*Limnodrilus* spp.）等，冰冻保存的生物饵料包括摇蚊幼虫（*Chironomidae larvae*）、丰年虫等。

丰年虫无节幼体是30日龄以内仔稚鱼的主要饲料，宜在控制污染和病原的条件下孵化。丰年虫卵来源应清楚，质量应稳定，含水率≤7%，杂质≤3‰，T90为24h左右，初孵无节幼体大小≤500μm。

水蚯蚓是幼鱼和成鱼，特别是繁殖亲鱼适宜的生物饲料，但其本身携带的病原不易控制。投喂前用20‰～30‰盐水浸泡15～20min，可投喂普通级稀有鮈鲫。市售冰冻摇蚊幼虫、丰年虫使用较为方便，但仍存在携带病原的风险。冰冻的生物饲料使用前应充分解冻，然后用20‰～30‰盐水浸泡15～20min，滤去盐水后用淡水漂洗，可投喂普通级稀有鮈鲫。

2. 人工配合饲料

稀有鮈鲫的不同生长和生理阶段对人工配合饲料主要营养成分的需求有所差异（表27-3）。养殖中应根据生长阶段选择合适的人工配合饲料。颗粒饲料要保证被鱼体成功摄食，随着鱼体的生长，饲料粒径要相应增加，合适的粒径可以满足稀有鮈鲫的适口性，而且可以保持水质（表27-4）。

表27-3 不同生长阶段主要营养成分需求

	水分/%≤	粗蛋白质/%≥	粗脂肪/%≥	粗纤维/%≤	粗灰分/%≤	钙/%	磷/%
仔鱼和稚鱼	10	40	8	0.5	12	3.0～4.0	0.9～1.2
幼鱼	10	35	4	2.0	12	0.9～1.6	0.8～1.4
成鱼（繁殖）	10	35	6	2.0	12	0.9～1.6	0.8～1.4
成鱼（维持）	10	25	3	5.0	12	0.9～1.6	0.8～1.4

表27-4 不同生长阶段稀有鮈鲫的对配合饲料的粒径需求

	仔鱼开口饲料	仔稚鱼生长饲料	幼鱼生长饲料	成鱼维持和繁殖饲料
日龄/天	2～10	11～30	31～120	＞120
体长/mm	＜8	8～12	12～30	＞30
饲料粒径/目	120	100～120	40～75	30～40

对饲料原料及成品均应进行检测，包括常规的质量、营养成分、理化性质、安全卫生检测等。配合饲料成品需要进行包装，包装袋要求无菌无毒，防水，密封性好。饲料成品需要标明饲料种类、适用对象及用量、生产日期、保质期及保存方法等。饲料成品及原料在使用前均0～4℃冷藏保存，但是保存时间不易过长，包装完整的颗粒饲料不宜超过3个月，拆封后不宜超过2周。

四、日常饲养

1. 投喂

30日龄以下的仔稚鱼每天投喂2～3次；其他生活史阶段的鱼在工作日应投喂2次，节假日投喂1次。投喂时间一般为10：00和16：00，夜间观察后可根据情况适当补充投喂。投喂饵料的种类、规格应根据鱼体大小进行选择。每次投喂量以鱼在15～30min内摄食完为度，繁殖亲鱼可以适量饱食投喂。

2. 水质管理

静水培育 2～7 日龄的仔鱼需在每次投喂后 1h 内换水，并更换清洁的孵化容器。其他生活史阶段鱼的养殖缸每天需清理一次残饵、粪便，每 7～10 天清洁（或更换）一次养殖缸。每日上午、下午各测量一次水温。定期检测水体中各项水质指标（氨氮、电导率、pH、溶解氧等），发现异常需及时调整。

3. 疾病预防

避免不同水体单元间水、鱼、附属设施接触，防止疾病传染；保持养殖设施的清洁，养殖容器和养殖工具等定期清洗并消毒；每日检查有无死鱼、病鱼并及时处理，定期检查鱼的健康状况。

4. 养殖记录

1）培育记录

每日测量/记录水温、气温 2 次。记录在线监测的溶氧、电导率、pH 等水质指标。详细记录疾病、死亡及处理情况。

2）繁殖记录

记录亲鱼配对时的体长、体重，对配对亲鱼进行编号管理。记录产卵日期、时间，抽测产卵量、受精率、孵化率等常规指标。

第五节　使 用 管 理

一、稀有鮈鲫的获取

稀有鮈鲫分布于四川盆地西部，已发现的地点包括汉源县、石棉县、雅安、夹江、邛崃、新津、都江堰、彭州等地。自 1990 年开始实验动物化研究以来，已有多个实验室长期饲养和使用该鱼进行研究和检测，如中国科学院生态环境研究中心、西南大学、上海市检测中心、中国科学院水生生物研究所等。根据工作需要，使用者可从野外采集野生个体，也可向国内其他实验室索取。其中，中国科学院水生生物研究所培育和保持近交系和封闭群各 1 个，其他实验室暂无明确的品种资源方面的报道。

HAN 系是稀有鮈鲫第一个品系，其原始亲本于 1990 年采自四川省汉源县，采用全兄妹同胞交配，2014 年已传至第 30 代。遗传质量监测表明，其具有较高的纯合度（邵燕等，2009）。但由于长期近交，该品种繁殖力较低，目前仅用于少数研究，未批量生产。

Ihb 系是中国科学院水生生物研究所培育的一个封闭群，其建群个体为 25 对 2006 年采自四川省汉源县的野生个体，按照最佳避免近交法繁殖培育和保种传代，2015 年已传至第 10 代。遗传质量监测表明，繁殖过程中各代杂合度较高，基因频率无显著变化（顾党恩等，2012）。该品系繁殖力高，保持了野生原种对化学品的敏感性（吴本丽等，2014），在我国化学品生态毒理学测试及相关研究中广泛使用。

二、稀有鮈鲫的运输

一般采用塑料袋充氧密封，外加泡沫箱保护、防振、保温的方式。内包装所用的塑料袋（俗称鱼苗袋）应结实坚固、水密性好，材质要求无毒、无污染。运输水质要求符合实验用稀有鮈鲫养殖水体的水质指标要求。运输容器内应充足氧气，保证运输期间鱼的正常呼吸。长途运输包括航空、汽车等方式，运输时间往往超过 8h 时。运输前，稀有鮈鲫应提前 1 天禁食，以避免运输途中水质恶化。

三、基本操作技术

1. 麻醉和安乐死

对稀有鮈鲫而言，麻醉不但可使实验操作中可能引起的鱼体紧张降至最低，而且使操作更加顺利。在对稀有鮈鲫进行测量、称重、注射、标记、人工授精、外科手术、处死等操作之前，应对其进行麻醉，其中处死鱼必须用过量的麻醉剂使鱼安乐死。稀有鮈鲫麻醉及恢复过程中的行为反应见表 27-5。

表 27-5　稀有鮈鲫麻醉及恢复过程中的行为反应

阶段		行为反应
Ⅰ-1	轻度镇静	回避游动消失，静立
Ⅰ-2	深度镇静	皮下感觉和视功能丧失，对振动无反应
Ⅱ-1	局部平衡丧失	肌肉紧张消失，冲游时才能保持平衡，对针刺及强振有反应
Ⅱ-2	平衡全部丧失	鱼体翻转，不游动，轻触时各鳍均不再划动
Ⅲ	反射行为丧失	反射机能丧失，鳃盖运动微弱
Ⅳ	髓质失去反射	鳃盖停动（10s 内未观测到一次鳃盖运动）
Ⅴ	恢复	放入清水

操作时，一般用 60mg/L 的苯佐卡因或 100mg/L 的 MS-222 对稀有鮈鲫进行快速深度麻醉（乔晔等，2011）。对于前者，反应时间（达完全失衡的时间）为 2min 左右，维持时间 5～10min，恢复时间 3min；对于后者，反应时间 2.5min，恢复时间略长于 3min，而平均维持时间可长达 30min。此外，两种麻醉剂都必须现配现用，其中苯佐卡因需先溶于少量的丙酮后再溶于水。

2. 脏器解剖取材

实验稀有鮈鲫解剖前应禁食 12h 以上，安乐死后，及时解剖取材。

稀有鮈鲫鳍、鳞片、眼球易于取得，可直接用剪刀或镊子获取。取鳃时，先用镊子将鳃盖掀开，然后用眼科剪从上下两端剪断鳃弓连接处，用镊子将鳃取出。

稀有鮈鲫头骨较薄，幼鱼时期接近透明，肉眼可见大脑。用尖头镊子挑开头盖骨即可取得完整的大脑组织和嗅脑。

取内脏器官时，首先用眼科剪从泄殖孔轻轻插入，然后剪刀向腹部挑起剪开腹部，直到鳃盖联合处，用镊子展开切口可见内脏器官。如果必须观察脏器的完整外观，也可从泄殖孔向体侧到背部剪，并沿着脊椎方向向前剪至鳃盖后缘，再向腹面剪，从而将体侧体壁完全取掉。

稀有鮈鲫无胃，其消化道仅一个回折后即直通泄殖孔，回折处略膨大（相当于其他动物胃的位置），用镊子可轻易地将消化道末端与泄殖孔分离或者用剪刀剪断，然后向头方向牵拉消化道，在咽喉处剪断即可取出消化道。性腺一对，位于消化道背侧，性腺成熟的雌鱼在打开腹腔后即可见消化道两侧的卵巢，由系膜表面连接，用镊子可轻易取出；雄性精巢相对较小。肝胰呈暗红色，附着于消化道侧，用镊子剥下，尽量剔除脂肪。

3. 催产和人工授精

稀有鮈鲫 3～5 天可产卵一次，一般可满足实验需要，故不进行催产操作。如果实验必需，可采用肌肉或胸鳍基部注射的方法催产，雌鱼催产剂量为（100μg HCG+ 1μg LRH-A2）/尾，雄鱼减半，催产后一般 6～8h 即可见产卵活动。

由于稀有鮈鲫自然产卵时间较长，同批卵的发育不尽一致，因此需用胚胎作为研究材料，或做孵化时间要求很严的实验时，需采用人工授精的方法，以获得发育较为同步的胚胎。

在良好的饲养条件下，亲鱼产卵很有规律，通常可以通过历史产卵情况估计下次产卵日期。由于产卵间隔众数为 4 天，因此配对 5～10 对鱼基本可每天观察到产卵。傍晚后观察亲鱼活动，如发现有追逐行为，即在不干扰鱼活动的前提下加大观测频次，发现养殖缸中有少量卵粒时即是人工授精的最佳时机。此时可捞取亲鱼并进行麻醉处理。人工授精一般采用干法，用湿润纱布吸干雄鱼体表水分，特别是泄殖孔附近的水，必要时可用棉签吸水，轻压腹部可见精液流出，用尖头吸管吸取精液并滴入精液保存液中，将雄鱼放回养殖缸中使其苏醒。取麻醉后的雌鱼，将其体表吸干，然后将游离的成熟卵慢慢挤入干燥的培养皿中，将雌鱼放回养殖缸。吸取精液喷洒于卵子上，接着吸取几滴清水喷洒于精卵混合物上，以激活精子。摇动培养皿，使其混合均匀。稍后加入大量水，并换水数次，置于孵化箱中孵化。

第六节 疾 病 控 制

一、主要疾病

稀有鮈鲫的病因主要有两类：一是由饵料、水质、器具等携带病原体导致的感染性疾病，另一类是由于营养缺乏、水质恶化等导致的畸形、缺氧浮头等非感染性疾病。由于感染性疾病常具有传染性，因此是日常养殖中防控的重点。

在过去的养殖中，先后发现稀有鮈鲫感染嗜水气单胞菌、维隆氏气单胞菌、柱状黄杆菌、水霉、鳃霉、寄生虫、车轮虫、小瓜虫、斜管虫、指环虫和三代虫等病原体并导致疾病案例。此外，稀有鮈鲫对草鱼出血病病毒十分敏感，而且一旦感染即导致极高的死亡率（王铁辉等，1994）。除上述 11 种病原外，实际养殖中还应注意一些鲤科鱼类易感的传染性疾病。

对稀有鮈鲫饲养有潜在风险的病原体见表 27-6 和表 27-7。

二、检测与诊断

1. 诊断程序

稀有鮈鲫感染性疾病诊断按图 27-1 所示的程序进行。

表 27-6　对稀有鮈鲫造成感染风险的病原微生物

病原微生物	症状
草鱼出血病病毒 Reovirus of grass carp	肌肉、内脏等出血，引起大量死亡
柱状黄杆菌 *Flavobacterium colummare*	病鱼体色发黑，离群，反应迟钝，呼吸困难，食欲减退；严重时鳃丝被侵蚀成柱状，鳃骨外露发白，鳃盖骨内外层同时被腐蚀时远看呈空洞状
嗜水气单胞菌 *Aeromonas hydrophila*，维隆氏气单胞菌 *Aeromonas veronii*，温和气单胞菌 *Aeromonas sobri*，简氏气单胞菌 *Aeromonas jandaei*	细菌性败血症，体表及内脏充血、出血，有的还可能有竖鳞、腹水、体表溃疡、鳍条腐烂等症状
海分枝杆菌 *Mycobacterium marinum*，龟分枝杆菌 *Mycobacterium chelonae*，脓肿分枝杆菌 *Mycobacterium abscessus*，偶发分枝杆菌 *Mycobacterium fortuitum*，嗜血分枝杆菌 *Mycobacterium haemophilum*	体表、内脏肉芽性肿，常导致大量死亡
霍乱弧菌 *Vibrio cholerae*	病鱼表现为食欲下降，游动缓慢，反应迟钝，背部发黑，腹部膨大，眼球突出，鳃盖、鳍条出血，鳃丝呈灰白色，有部分缺损，并附着大量灰白色黏液；解剖可见严重的腹水，脾呈紫黑色，肝灰色，肠系膜出血，肠道出血，肛门红肿
海豚链球菌 *Streptococcus iniae*， 无乳链球菌 *Streptococcus agalactiae*	鱼的主要症状为体色发黑，吻端发红，体表黏液增多，静止于水底，或独自漫游于水面，有时旋转游泳后再沉于水底；眼球突出，鳃贫血；体表有隆起，以尾部为多，隆起部位出血或溃疡；肛门红肿，肝大，因出血和脂肪变性而褪色甚至组织破损；脾大、坏死；幽门垂有出血点，胃肠积水，肠壁发炎
荧光假单胞菌 *Pseudomonas* spp.	体表出血发炎，鳞片脱落，尤其是鱼体两侧及腹部最为明显；鳍条的基部或整个鳍条充血，鳍的末梢端腐烂，鳍条间的软组织也常被破坏，使鳍条呈扫帚状，在体表病灶处常继发水霉感染，也可与细菌性烂鳃病复合感染
水霉 *Saprolegnia* spp.，鳃霉 *Branchiomyces* spp.	鱼体寄生水霉以后，由于菌丝吸取鱼皮肤和皮肤组织内的营养，菌丝与伤口的组织细胞缠绕黏附，使组织坏死，鱼体很快瘦弱；霉菌最初从伤口侵入时，吸取坏死细胞的养料，向内、外生长，后来菌丝向肌肉伸展，并与伤口组织缠绕黏附，使其坏死；该病可危害稀有鮈鲫的各种阶段，包括鱼卵阶段，是一种常见病，一年四季均可能发生，特别是在捕捉、运输后

表 27-7　对稀有鮈鲫存在感染威胁的寄生虫

寄生虫	临床症状
鱼波豆虫 *Ichthyobodo*	寄生于鱼的皮肤和鳃；严重感染的病鱼，鳃器官丧失了正常功能，呼吸困难；大量寄生时，肉眼可见；又称口丝虫症（costiosis）
隐鞭虫病 *Cryptobia*	一般寄生于鱼的鳃上；大量寄生时，造成鳃表皮细胞的破坏，产生的凝白酶引起血管发炎，血液循环出现障碍，鳃组织受到刺激而分泌大量黏液，使病鱼呼吸困难、窒息而死亡；病鱼体发黑、消瘦，鳃瓣鲜红多黏液，严重时大批死亡
多子小瓜虫 *Ichthyophthirius multifiliis*	寄生于皮肤和鳃；严重感染的病鱼乏力，黏液增多，呼吸困难，体表呈现许多小白点，又名白点病
斜管虫 *Chilodonella*	寄生在鱼的鳃、体表，刺激寄主分泌大量黏液，使寄主皮肤表面形成苍白色或淡蓝色的黏液层，组织被破坏，影响鱼的呼吸功能；病鱼食欲差，鱼体消瘦、发黑，靠近塘边浮在水面做侧卧状，不久即死亡
车轮虫 *Trichodina*	车轮虫少量寄生时没有明显症状，严重感染时，病鱼受虫体寄生的刺激，引起组织发炎，分泌大量黏液；鱼体消瘦、发黑，游动缓慢，呼吸困难而死

续表

寄生虫	临床症状
杯体虫 *Apiosoma*	杯体虫对鱼类并不是真正的寄生，只是附着在鱼的鳃或皮肤上，摄取周围的食物粒作营养，对寄主的组织没有严重的破坏作用；但如果被附着的数量很多，鱼的呼吸就受到妨碍，影响鱼的行为和生长，使鱼体逐渐瘦弱，严重时可引起死亡
肠袋虫 *Balantidium*	寄生在鱼的后肠；当鱼发生了其他病原体引起的肠炎时，又有大量的肠袋虫寄生，可促使肠炎病的恶化
指环虫 *Dactylogyrus*	大量寄生指环虫时，病鱼鳃丝黏液增多，鳃丝全部或部分成苍白色，妨碍鱼的呼吸，有时可见大量虫体挤出鳃外；鳃部显著水肿，鳃盖张开，病鱼游动缓慢，直至死亡
三代虫 *Gyrodactylus*	大量寄生三代虫的鱼体，皮肤上有一层灰白色的黏液，鱼体失去光泽，游动极不正常；食欲减退，鱼体瘦弱，呼吸困难；将病鱼放在盛有清水的培养皿中，仔细观察，可见到蛭状小虫在活动
绒毛伪毛细线虫 *Pseudocapillaria tomentosa*	寄生于内脏，严重感染的病鱼体色发黑、瘦弱，游动无力
驼形线虫 *Camallanus* sp.	当鱼静止时，于肛门部位可观察到蠕动的红色虫体伸出肛门外，大量感染时肛门常肿大，内充满虫体；鱼只瘦弱，食欲不佳，常排黏液便，粪便黏于肛门呈拖粪状；鱼只肠壁受伤，易发生二次性感染，引起肠炎、腹水等其他病害
脂鲤匹里虫 *Pleistophora hyphessobryconis*	匹里虫营养体主要寄生在肌纤维间，孢囊内孢子形成后，孢囊破裂，孢子散布于肌肉组织内外，同时使周围组织溶解，体表内陷，两侧肌肉变形，呈现凹凸不平状，所以又称为凹凸病；严重感染者，其腹腔内充满病原体的大量孢囊，生殖腺萎瘪变形，鱼体瘦弱，腹部膨大，腹壁肌肉明显变薄
淡水天鹅绒 *Piscinoodinium pillulare*	又称丝绒病（velvet disease），罹病鱼体表会覆盖一层粉末状的薄膜，寄生于皮肤和鳃丝上，主要侵袭鳃丝，缩鳍，神经紧张，在缸底摩擦身体，分泌大量的黏液致呼吸困难，病情严重后无食欲，并逐渐消瘦最后死亡；显微镜观察皮肤或鱼鳃湿片可见滋养体
单极虫 *Thelohanellus*	寄生于鱼的组织中；病原体通过血液循环到鳞片下的鳞囊中生长、发育、繁殖，形成一个个椭圆形鳞片状扁平胞囊，使鳞片竖起

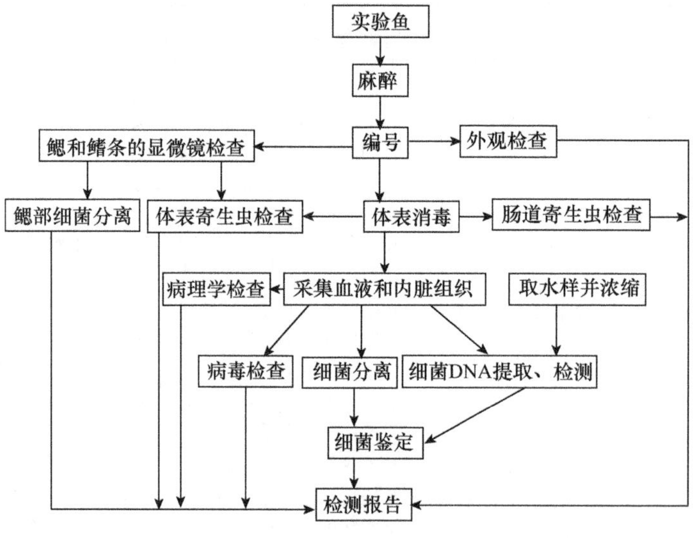

图 27-1 诊断程序

2. 检查方法

1）体征检查

参照 DB11/T 196—2003《常见鱼病防治技术操作规程》4.1-4.3 部分所规定的方法，以及 SC/T 7201.1—2006 的要求，检查和描述待检鱼的体内外症状等疾病表现。

2）病原体检查

参照鱼类疾病及病原体检查相关技术文件进行，包括 SC/T 7014 水生动物检疫实验技术规范、SC/T 7201.1 鱼类细菌病检疫技术规程 第 1 部分：通用技术、SC/T 7201.2—2006 鱼类细菌病检疫技术规程 第 2 部分：柱状嗜纤维菌烂鳃病诊断方法、DB 43/365—2007 鱼类细菌性烂鳃检疫技术规范、SN/T 1022—2010 进出口食品中霍乱弧菌检验方法、GB/T 18652—2002 致病性嗜水气单胞菌检验方法、SC/T 7201.4—2006 鱼类细菌病检疫技术规程 第 4 部分：荧光假单胞菌赤皮病、DB11/T 196—2003 常见鱼病防治技术操作规程、SN/T 2503—2010 淡水鱼中寄生虫检疫技术规范、DB13/T 1415—2011 鱼类寄生虫性疫病诊断技术规程、DB 13T 891—2007 淡水鱼类车轮虫病防治技术规范等。

三、防疫措施

稀有鮈鲫的疾病控制应注意以下几个方面。

避免不同动物房、不同养殖水体间水、鱼、附属设施的接触，特别是对于清洁级、SPF 动物，应严格执行洁净环境操作技术规范。

保持养殖设施的清洁，水族箱、鱼网、虹吸管等都要进行定期的消毒。

为避免生物饵料引起的细菌性肠炎等疾病，需先进行消毒杀菌处理再投喂。

实行隔离间制度，一旦发现发生传染性疾病，应立即采取隔离措施，并对原养殖设施进行消毒。

第二十八章　诸氏鲻虾虎鱼

第一节　主要生物学特性

一、动物学分类

诸氏鲻虾虎鱼（*Mugilogobius chulae*）属于硬骨鱼纲，鲈形目，虾虎鱼科，鲻虾虎鱼属。为暖水性底层小型海水鱼类，分布于中国香港、日本、菲律宾、泰国及西太平洋海域，栖息于河口、咸淡水水域中。

二、形态学特性

体延长，前部亚圆筒形，后部侧扁；颊部球形突出；吻圆钝；眼中大，上侧位；口中大，前位，斜裂，两颌约等长；体被中大弱栉鳞，背前区域被圆鳞，鳃盖和腹部被小圆鳞，颊部裸露无鳞，无侧线；背鳍 2 个，分离，第 1 背鳍起点在胸鳍基部后上方，第 2、第 3 鳍棘最长，呈丝状延长，大于头长，第 2 背鳍略短，平放时几乎伸达尾鳍基；臀鳍与第 2 背鳍相对；胸鳍宽圆，下侧位，其长稍大于眼后头长；腹鳍短，左右腹鳍愈合成一长形吸盘；尾鳍圆形，短于头长（图 28-1）。

图 28-1　诸氏鲻虾虎鱼（雄）

第 2 背鳍 1 根鳍棘和 6～8 根软条（典型 7 根）；臀鳍 1 根鳍棘和 6～7 根软条（典型 7 根）；胸鳍 13～15 根软条（典型 14 根）；第 1 背鳍第 2～4 根鳍棘通常延长呈丝状，第 2～3 根鳍棘最长。

纵列鳞 28～30（典型 29），背鳍前鳞 11～14（典型 12～13）。

外部形态主要比例性状见表 28-1。

表 28-1　诸氏鲻虾虎鱼外部形态（*M*±SD）

项目	体长/体高	体长/头长	体长/尾柄长	体长/尾柄高	头长/吻长	头长/眼径	头长/眼间距	尾柄长/尾柄高
比例	4.97±0.49	3.89±0.46	4.22±0.47	8.03±0.58	4.76±0.68	4.11±0.77	3.27±0.53	1.93±0.25

身体浅乳黄至暗褐色；体背及体侧具有 10 余条“＜”形、“X”型、网状或不规则黑

色条纹；第 1 背鳍中部有 1 个大黑斑，中间基部下方斜向胸鳍有 1 宽黑带；第 2 背鳍具 2 行由 7 个黑色斑点组成的条纹；尾鳍近基部处有 1 个"＜"形黑色条斑及 1 条"S"形黑纹。

三、解剖学特性

鼻孔每侧两个，分离；前鼻孔具一短管，悬垂于上唇；后鼻孔圆形，位于眼前方。

脊椎骨为 26 枚，鳃盖条 5 根，具假鳃，鳃耙短小。

上、下颌齿细尖，多行，排列成带状，外行齿稍大；唇发达；舌游离，前端内凹。

消化系统由消化管和消化腺组成，其中消化管包括口咽、食道、胃、小肠和大肠等，消化腺包括肝和胰腺。食道较短，食道长度/消化道长度的值约为 0.11；胃比较发达，呈"U"形，可明显分为贲门部、胃体部和幽门部；肠道系数（IC）约为 0.30（图 28-2）。

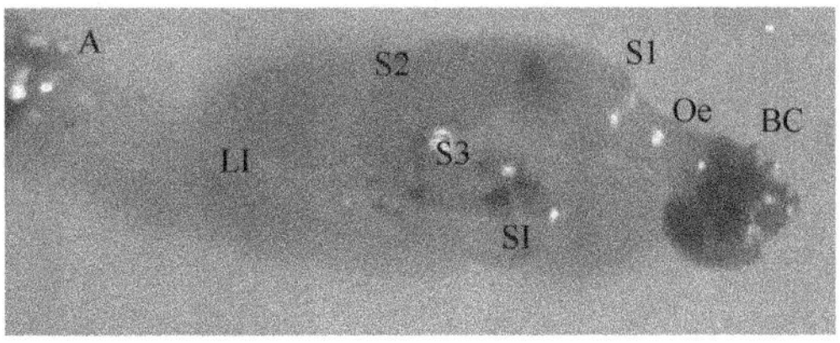

图 28-2　诸氏鲻虾虎鱼消化道结构

BC. 口咽腔；Oe. 食道；S1. 贲门胃；S2. 胃体；S3. 幽门胃；SI. 小肠；LI. 大肠；A. 肛门

雄鱼精巢成对，位于腹腔中轴的两侧，肾腹侧的下方，外形呈带状，乳白色，两个精巢彼此分开，各自有排泄管，精子通过泄殖孔排出体外；卵巢成对，位于体腔腹正中线的两侧，肾腹侧的下方，横断面呈椭圆形或圆形，中央未见卵巢腔，附近未见输卵管。卵巢的组织结构外表面被覆腹膜和白膜，腹膜很薄，表面衬有间皮，白膜为结缔组织，其厚度可随生殖季节和生殖周期而改变（图 28-3，图 28-4）。

图 28-3　诸氏鲻虾虎鱼精巢

图 28-4　诸氏鲻虾虎鱼卵巢

四、生理学特性

1. 生长

诸氏鲻虾虎鱼的胚后发育可分为仔鱼期（0～25 日龄）、稚鱼期（25～35 日龄）、幼鱼期（35～80 日龄）、过渡期（80～120 日龄）、成鱼期和衰老期。随着个体生长，诸氏鲻虾虎鱼全长、体长和体重的日增长率（相对生长）呈下降趋势，全长、体长的日均增长量（绝对增长）在仔、稚鱼期逐渐增加，其后增速减慢；体重的日均增长量从幼鱼期至成鱼期逐渐增加，250 日龄后则呈下降趋势（表 28-2）。

表 28-2　不同日龄组诸氏鲻虾虎鱼的生长参数

日龄	测定尾数	全长/mm（平均值±标准差）	体长/mm（平均值±标准差）	体重/mg（平均值±标准差）
0	24	1.73±0.13	1.54±0.11	
1	30	1.80±0.13	1.60±0.11	
3	30	1.90±0.11	1.75±0.08	
5	30	2.10±0.14	1.93±0.14	
7	30	2.32±0.12	2.13±0.14	
9	30	2.61±0.24	2.35±0.24	
15	30	3.57±0.40	3.29±0.37	
20	30	4.51±0.42	4.23±0.40	
25	30	5.33±0.52	4.83±0.45	
30	30	6.78±0.70	5.78±0.55	
35	30	8.48±1.61	6.91±1.29	5.1±4.0
40	30	9.63±1.44	7.87±1.21	8.6±5.1
45	30	10.36±1.29	8.32±1.09	12.3±5.1
50	33	11.74±1.44	9.97±1.08	17.1±6.4
55	30	12.41±1.83	10.18±1.54	22.5±10.0
60	34	14.55±2.04	12.17±1.71	40.7±24.3
65	20	15.90±2.32	13.7245±2.03	53.5±18.3
70	20	15.91±1.70	14.11±1.45	50.1±16.2
75	20	16.55±1.98	14.34±1.63	58.7±18.2
80	20	16.57±4.00	14.35±3.73	61.9±52.8
85	20	17.45±3.38	14.68±3.04	58.0±40.7
90	20	19.12±3.79	16.13±3.12	91.5±53.2
95	20	20.17±2.71	17.35±2.43	109.0±48.8
100	20	20.73±3.45	18.03±2.96	121.8±54.4
105	20	21.55±2.43	18.82±2.23	128.7±46.1
110	20	21.66±3.05	19.15±2.59	127.5±54.0
115	20	22.25±1.73	19.31±1.52	131.4±29.4
120	20	21.35±2.53	18.73±2.13	121.7±40.0
250	20	30.86±4.71	25.90±4.05	339.4±189.1
800	20	40.26±2.12	33.13±1.93	764.1±162.3

2. 生理活动

包括鳃盖的活动频率、咳嗽频率、呼吸频率、呼吸代谢、胚胎发育、生长率、摄食量与能量转换、抗病能力、代谢率、神经内分泌活动等。呼吸频率和咳嗽频率的变化，可用于监测重金属、农药、造纸废水等对水体的污染。

3. 食性

杂食性偏肉食性，主要摄食有机碎屑、藻类、微型动物及遗骸，可摄食配合饲料。人工饲养开口饵料为褶皱臂尾轮虫，15 日龄后可补充卤虫无节幼体，幼鱼期及以后阶段可摄食配合饲料。

水体中溶解氧不足，水质老化，氨氮、亚硝酸氮、硫化氢超标严重，藻类毒素被激活且达到一定浓度，敌百虫、硫酸铜、盐酸氯苯胍、菊酯类等药物均会引起诸氏鲻虾虎鱼摄食量下降，且大部分污染物质的毒性与诸氏鲻虾虎鱼摄食存在明显的剂量效应关系。

五、繁殖学特性

诸氏鲻虾虎鱼属于多次产卵类型，实验室控温条件下（23～27℃）全年均可繁殖。

室内养殖条件适宜时，雌雄亲鱼可自然发育成熟。仔鱼孵出后约 3 个月可繁殖下一代，正常情况成熟雌鱼每隔 15～30 天可产卵一次，每次产卵数量约 3000 粒，孵化率达 90%以上，孵出 15 天后成活率达 70%以上。

产黏性卵，椭圆形；长径 0.74～0.87mm，平均 0.80mm，短径 0.38～0.42mm，平均 0.40mm；有 1～9 个油球，多数为 1～5 个；卵一端具黏丝，白色，后逐渐变黑，受精卵可由黏丝相互连接而整齐附着在鱼巢上。胚胎经 3～5 天发育出膜，孵出后约 12h 开始摄食。

寿命可达 5 龄，老龄虾虎鱼繁殖能力无明显衰退现象。

六、行为学特性

性格温顺，无种内打斗残食现象，雄鱼具有护卵行为，胚胎发育时间较长等，便于饲养管理，有利于提高实验鱼的成活率。

游泳能力不强，活动范围较窄，且虾虎鱼生命力极强，能将环境中的有毒物质吸收进体内并聚集起来，有利于监测一定地域的水质、底质环境。

当环境因子发生变化或水质受到污染后，鱼类行为等方面会发生比较明显的变化，如回避反应、游泳能力、群集性、条件反射能力、择温性等，其活动形式的变化可应用于监测重金属污染、毒性实验中。诸氏鲻虾虎鱼胚胎发育时间较长，可为出膜前相关器官的完善提供充足的发育时间和能量供给，孵出已形成胸鳍、具备游泳能力。仔鱼有趋光行为，幼体具有集群行为；该种鱼左右腹鳍愈合成吸盘，当水质条件恶劣时，凭借该吸盘可吸附于水面以上的养殖容器侧壁上，以逃避不利的水质环境。

第二节　种 源 管 理

一、种鱼要求

参照斑马鱼的要求（第二十五章）执行。

二、隔离检疫

参照斑马鱼的要求（第二十五章）执行。

第三节　繁育技术

一、亲鱼选择

1. 雌雄鉴别

雌雄性征及婚姻色显著。雄鱼头大，较粗壮，体色暗艳；雌鱼头小，浅色，腹部胀白。平放时，雌鱼第 2、第 3 鳍棘伸达至第 2 背鳍第 1 鳍条基部，雄鱼可伸达至第 2 背鳍第 5 鳍条基部。雌鱼外生殖突膨大，基部较宽，呈扇形，泄殖孔较大，位于生殖突的次末端，两侧稍隆起；雄鱼外生殖突比雌鱼小，呈三角形，泄殖孔开口于最末端。

虾虎鱼第 1 背鳍有 1 个从第 3 背棘延伸至鳍膜后边缘的大黑斑，成熟雄鱼黑斑外边膜通常是黄色，而雌鱼是灰白色；成熟雄鱼臀鳍通常是红橙色，而雌鱼是灰白色；雄鱼尾鳍膜浅灰黑色，雌鱼浅灰白色。

2. 亲鱼选择

3 月龄以上；体质强壮健康，体表无损伤，无充血、腹胀、烂鳍、突眼等病症；体型无畸形或病变；至于成熟度，一般根据经验用肉眼观察亲鱼腹部的膨胀程度，雌鱼尤为明显。

选取性腺发育较好的亲鱼，将其置于产卵箱中。

3. 交配方法

亲鱼按预定的配种方案置于繁殖箱中，建立繁殖卡。配种方案因亲鱼的品种品系不同而不同。广义的繁殖如大群生产，有两种方法。

（1）长期同居法：将 1 尾雄鱼与 1 尾雌鱼同居，调节水质因子，诱导产卵。

（2）定期同居法：将 1 尾雄鱼与若干尾雌鱼编为一个繁殖单元。每周向雄鱼箱放入 1 尾雌鱼，即依周次使雄鱼与 1 尾雌鱼同居，待产卵后，将雌鱼取出，受精卵单独孵化，以此类推。每尾雌鱼生产周期为 42 天，比长期同居法要长。

二、近交系的繁殖

近交系的繁殖可分为基础群、血缘扩大群和生产群。当近交系生产供应数量不是很大时，一般不设血缘扩大群，仅设基础群和生产群。

基础群：设基础群的目的是保持近交系自身的传代繁衍和为扩大繁殖提供种用亲鱼。要求以全同胞兄妹交配方式进行繁殖，并设个体记录卡（包括品系名称、近交代数、编号、出生日期、双亲编号、生育记录等）和繁殖系谱。

血缘扩大群：设血源扩大群的目的是为大规模繁殖生产提供种用亲鱼。要求种鱼来自基础群，以全同胞兄妹交配方式进行繁殖，设繁殖记录卡（包括品系名称、编号、孵出日期、双亲编号、生育记录等）。

生产群：设生产群的目的是生产供应实验用近交系鱼类。要求种鱼来自基础群或血缘扩大群，一般以随选交配方式进行繁殖，设繁殖记录卡（包括品系名称、孵出日期、生育记录等），随机交配繁殖代数不超过 4 代。

三、封闭群的繁殖

封闭群的繁殖原则是尽量保持封闭群的基因异质性及多态性，避免近交系数随繁殖代数增加而过快上升。

1. 繁殖方法的选择

当封闭群中每代交配的雄鱼为 10～25 尾时，一般采用最佳避免近交法，也可采用循环交配法。

当封闭群中每代交配的雄鱼为 26～100 尾时，一般采用循环交配法，也可采用最佳避免近交法。

当封闭群中每代交配的雄鱼超过 100 尾时，一般采用随选交配法，也可采用循环交配法。

2. 繁殖方法

1）最佳避免近交法

留种时，每尾雄鱼和每尾雌鱼交配，分别从子代各留一尾雄性和雌性，作为繁殖下一代的种鱼。亲鱼交配时，尽量使亲缘关系较近的亲鱼不配对繁殖，编排方法尽量简单易行。

2）循环交配法

循环交配法广泛适用于中等规模以上的亲鱼封闭群。其优点一是可以避免近亲交配，二是可以保证种用亲鱼对整个封闭群有比较广泛的代表性。具体实施办法是将封闭群划分成若干个组，每组包含有多个繁殖单位（一雄一雌单位，一雄二雌单位，一雄多雌单位等），安排各组之间以系统方法进行交配。

3）随选交配法

当封闭群的亲鱼数量非常多、不易用循环交配法进行繁殖时，可用随选交配法，即从整个种群中随机选取种用亲鱼交配繁殖。

第四节　饲养管理

一、水源和水质控制

海水可采用天然海水，也可用海盐配制，水质符合 NY 5052 规定；淡水水质应符合 GB/T 5749 要求，氯浓度≤0.2mg/L。

二、设施环境

（1）设施建造符合 GB 14925 和 GB 50447 的规定，设施运行相关参数设定及检测指标参照此标准。

（2）实验鱼设施内的环境指标应符合表 28-3 要求。

表 28-3　设施内环境指标

温度/℃	18～32
24h 温差/℃≤	8
噪声/dB	≤60
照度/lx	150～300
昼夜明暗交替/h	12/12～10/14

（3）水族箱的水环境指标应符合表 28-4 要求。

表 28-4　水族箱水环境指标

项目	指标
水温/℃	20～30
24h 温差/℃ ≤	6
瞬时温差/℃ ≤	2
水循环次数/（次/h）≥	3
水流速度/（m/s）	0.1～0.5
水酸碱度（pH）	7.0～8.5
水溶解氧含量/（mg/L）≥	4
盐度/‰（仔鱼、亲鱼培育）	10～35
盐度/‰（其他鱼培育）	5～40
菌落总数/（cfu/ml）≤	100
氨氮浓度/（mg/L）≤	0.1
亚硝酸盐浓度/（mg/L）≤	0.3
硝酸盐浓度/（mg/L）≤	400

三、饲养密度

饲养密度应符合表 28-5 要求。

表 28-5　诸氏鲻虾虎鱼的饲养密度

规格	密度/（尾/L）
仔稚鱼	≤50
幼鱼	≤10
成鱼	≤5

四、饲料

1. 仔稚鱼饲料

（1）可采用褶皱臂尾轮虫、卤虫无节幼体等生物饵料。

（2）镜检：个体肥大、肠胃饱满、游动活泼、体表洁净、多数虫体带有夏卵、无其他生物污染的轮虫群体可用于饲喂鱼苗；淘汰死壳多，体表附着污物、沉底，不活泼，不带卵或带冬卵的轮虫群体。

（3）卤虫卵应满足 SN/T 0476—2010 的要求，在低温、干燥环境下储存。

孵化前用 2%～3%的甲醛浸泡 10～15min；水温 25～30℃，尽量保持恒温；盐度 15～30；pH 7.5～8.5；充气，气量以使卵均匀分布但不宜过大为宜；密度不超过 5g 干重/L；光照约 2000lx。

去除空壳和未孵化的卤虫卵。幼体孵出后 24h 内投喂。

（4）生物饵料中的有毒有害物质含量应符合 NY 5073 的规定。

（5）2 日龄起投喂褶皱臂尾轮虫，密度为每毫升育苗水体 10～15 个；15 日龄后补充投喂卤虫无节幼体，密度为每毫升育苗水体 1～2 个。

2. 幼成鱼饲料

（1）宜采用配合饲料。

（2）配合饲料质量符合 GB 14924.1。

（3）每天上、下午各投喂一次配合饲料，投喂量以 0.5h 内摄食完为宜。

（4）饲料粒径：0.3～1.5mm。

五、饲养操作与日常管理

（1）专人负责实验鱼繁育、水质监测、记录、设备管理、室内保洁等工作。

（2）除卤虫、轮虫等饵料生物外，其他水生生物进入实验室前需经隔离观察及相关检测，确定无病害。

（3）不同饲养间和养殖系统的工具专用，不得混用；定期进行养殖工具（如虹吸管、鱼网等）和设备的消毒处理。

（4）患病个体及时转至隔离室饲养，接触过病鱼、死鱼的工具需及时消毒处理，尽量固定保存死亡个体，无需保存的死亡个体转入专用的垃圾箱进行处理。

第五节　使 用 管 理

1. 诸氏鲻虾虎鱼的获取

参照剑尾鱼的要求（第二十五章）执行。

2. 运输管理

1）动物挑选

根据订单选择合适日龄的实验鱼群体，装箱前进行外观检查、数量检查。

2）标签

（1）包装外贴标签，注明接收单位（含接收人）、品系名称、规格（日龄、性别、基因型等）、数量、发货人等信息。

（2）箱具外侧面要标上“活体实验动物”字样，并用箭头标明笼具正确立放位置，运输箱具上应标明运输注意事项。

（3）运输方式：宜采用塑料薄膜袋加水充氧封闭式运输。

第六节　疾病控制

一、健康检查

（1）体表检查：检查鳍条、鳞片、黏液、鳃丝、眼及口腔外观性状是否正常。

（2）体内检查：检查体内肝、脾、胆囊、肠道、性腺、肌肉等组织器官是否正常。

检查指标见表28-6。

表28-6　诸氏鲻虾虎鱼的健康检查

部位		指标	方法
体表	体形	体形正常，无身体、尾部弯曲等畸形症状	肉眼观察
	鳍条	鳍条完整，颜色正常，无缺损、开叉、断鳍及发红、出血等症状	解剖镜观察
	鳞片、皮肤	鳞片完整，无脱鳞、松鳞等症状，体表无溃烂、出血、增生等症状	肉眼观察
	黏液	体表有光泽，无明显黏液增厚或黏液减少等症状	触摸观察
	鳃	鳃丝完整、鲜红、有光泽，无颜色发白、黑点或出血等症状，鳃丝无缺损、坏死、腐烂等现象，无污物	镜检，必要时组织病理检查
	眼	无突眼、浑浊、发红等症状	肉眼观察
	口腔	口裂正常，无畸形，口腔无肿胀、组织增生等症状	肉眼观察
体内	肝	颜色微红、有弹性，无明显肿大、发白、充血发红等症状	肉眼观察，必要时组织病理检查
	脾	颜色暗红，无明显肿大、颜色变浅或发黑等症状	肉眼观察，必要时组织病理检查
	胆囊	颜色浅绿，无颜色发黑、肿大等症状	肉眼观察
	肠道	颜色微黄，肠壁厚实、有弹性，无充血发红，无结节、套肠等症状，腹腔、肠系膜等部位无肿瘤状增生等症状	肉眼观察、镜检，必要时组织病理检查
	性腺	性成熟的成鱼性腺饱满，包膜完整，性腺部位无增生物	肉眼观察、镜检，必要时组织病理检查

二、常见病原

常见病原见表28-7。

三、检查要求

1. 检测频率

每3个月至少检测1次。

表 28-7　诸氏鲻虾虎鱼常见病原

类别	名称
细菌	迟缓爱德华氏菌 *Edwardsiella tarda*
	嗜水气单胞菌 *Aeromonas hydrophila*
	副溶血弧菌 *Vibrio parahaemolyticus*
	创伤弧菌 *Vibrio vulnificus*
	溶藻弧菌 *Vibrio alginolyficus*
	哈氏弧菌 *Vibrio harveyi*
	分枝杆菌 *Mycobacteriosis* spp.
	链球菌 *Streptococcus* spp.
寄生虫	刺激隐核虫 *Cryptocaryon irritans*
	微孢子虫 *Microsporidia* spp.
	黏孢子虫 *Myxozoan* spp.
	车轮虫 *Trichodina* spp.
	眼点淀粉卵鞭虫 *Amyjoodiniurn ocellaturn*
	指环虫 *Dactylogyrus* spp.
	三代虫 *Gyrodactylidae* spp.
	线虫 *Nematoda* spp.

2. 取样要求

（1）应选择 3 月龄以上的成鱼用于检测；有特定要求时，取适龄鱼检测。

（2）同一水体或同一水循环系统内为一个水环境，每一个水环境内随机取样，不同水环境则分别取样。

（3）取样数量见表 28-8。

表 28-8　实验用鱼每个水环境取样数量

同一环境实验用鱼数量	取样数量
＜100 尾	6%，最小取样量为 2 尾
≥100 尾	6%，最大取样量为 30 尾

四、疾病防治

（1）及时销毁病、死鱼及不健康鱼。

（2）对出现病、死鱼的群体进行隔离、处理，做好相关环境、工具的消毒隔离工作。

（3）出现疾病期间，对所有实验鱼采取疾病预防措施。

第二十九章 实 验 红 鲫

实验红鲫由红鲫（*Carassius auratus*，red variety）驯化而来。红鲫属于硬骨鱼纲（Osteichthyes），鲤形目（Cypriniformes），鲤科（Cyprinidae），鲫属（*Carassius*），为鲫[*Carassius auratus auratus*（Linnaeus）]的变种。红鲫在我国分布甚广，是长江流域常见的小型淡水鱼类。

实验红鲫具有许多作为实验动物的优点，如性成熟早，繁殖力强；体型适当，便于实验操作；生活力强，便于水族箱人工养殖；杂食性，饲养成本低；体色全红，便于实验观察和个体选择；体外受精，体外发育，便于人工繁殖和胚胎操作。

实验红鲫已被广泛地应用于胚胎学、遗传学、发育生物学、生理学、肿瘤学、内分泌学、毒理学、药理学、行为科学、比较病理学、环境科学等实验研究领域，特别是应用于水产动物疾病模型、渔药筛选、水生态毒理学、水环境重金属污染和农药杀虫剂污染监测，以及化学品环境管理等。

目前，我国封闭群实验红鲫有 HN：CARV1 品种（暂命名），近交系实验红鲫有 C1HD 品系（暂命名）。

第一节 主要生物学特性

一、形态学特性

1. 体形与体色

实验红鲫，3 月龄以上体色全红，3 月龄以下为青灰色，纺锤形体形，身体侧扁，全鳞，口端位，无须，单尾，形似鲤（图 29-1）。

图 29-1 实验红鲫

在外形上，封闭群（HN：CARV1）实验红鲫与近交系（C1HD）实验红鲫无明显区别。池塘环境生长的 2 年龄封闭群实验红鲫，平均体长约 152.5mm，平均体重约 309.5g。庭院小型水泥池生长的近交系实验红鲫，1 年龄鱼平均体长约 65.35mm，平均体重约 11.6g；2 年龄鱼平均体长约 112.48mm，平均体重约 233.73g。

2. 形态学可数性状

1）封闭群实验红鲫

鳞式主要为 $29\frac{6\sim8}{6\sim8}30$。鳍式主要为：D.Ⅲ，16～17；A.Ⅱ～Ⅲ，5；P.Ⅰ，14～16；V.Ⅰ，7～8。脊椎骨 29～30，肋骨 24～26，鳃耙数 40～48，咽齿 4/4，鳔 2 室。

2）近交系实验红鲫

实验红鲫 C1HD 系，鳞式主要为 $26\frac{5\sim6}{5\sim7}28$。鳍式主要为：D.Ⅰ～Ⅱ-16～19；A.Ⅰ-5～7；V.Ⅰ-7～8；P.Ⅰ-14～17；C. 24～25。脊椎骨 28，肋骨 26，鳃耙数 42～48，咽齿 2 行，齿式为 4.4 / 4.4。

3. 形态学可量性状

封闭群实验红鲫和近交系实验红鲫的主要可量性状参考值见表 29-1。

表 29-1　实验红鲫可量性状参考值

性状	封闭群实验红鲫（HN：CARV1）			近交系实验红鲫（C1HD）		
	平均数	标准差	置信区间	平均数	标准差	置信区间
全长/体长				1.33	0.11	1.31～1.36
体长/体高	2.41	0.12	2.38～2.45	2.93	0.37	2.84～3.01
体长/头长	3.59	0.18	3.35～3.65	3.36	0.42	3.26～3.45
体长/尾柄长				8.79	1.86	8.36～9.22
体长/尾柄高				7.26	1.18	6.99～7.53
体长/背鳍基长				2.61	0.20	2.56～2.66
体长/臀鳍基长				8.73	1.89	8.29～9.16
头长/吻长	3.86	0.41	3.54～4.18	3.95	0.42	3.85～4.04
头长/眼径				3.43	0.99	3.20～3.65
头长/眼间距				2.51	0.33	2.43～2.58
头长/尾柄长				2.62	0.57	2.49～2.75
头长/尾柄高				2.17	0.24	2.11～2.22
体高/头高				1.22	0.15	1.18～1.25
尾柄长/尾柄高	0.63	0.10	0.60～0.65	0.86	0.19	0.82～0.91

二、解剖学与生理学特性

1. 外形和皮肤

实验红鲫身体分为头部、躯干部和尾部，没有颈部。头部正前端有口，背面有鼻孔 1 对，两侧有眼 1 双，无眼睑，两侧鳃盖骨下是鳃；躯干部体表被鳞，躯体两侧分别有 1 条侧线鳞，背部有背鳍 1 个，胸、腹部分别有胸鳍 1 对和腹鳍 1 对；尾部末端具有尾鳍。

实验红鲫的皮肤由表皮和真皮组成。表皮能分泌黏液，以减少游泳阻力，并有抑菌作用。

2. 支持和运动系统

实验红鲫的骨骼系统由中轴骨骼和附肢骨骼组成。中轴骨骼包括头骨、脊柱和肋骨，没有胸骨，具双凹型脊椎骨。附肢骨骼包括肩带、腰带及其鳍骨，肩带通过上匙骨与头骨关联，腰带不与脊柱关联。躯干肌发达，由分节的肌肉组成。

3. 呼吸系统

实验红鲫的呼吸器官是鳃，位于口咽腔两侧，呈对称排列，皮肤也有呼吸功能。

4. 消化系统

由消化管和消化腺组成。消化管包括口腔、咽、食管、胃、肠和肛门等。消化管由浆膜、肌肉层、黏膜下层、黏膜层组成。口腔和咽并无明显的界限，统称为口咽腔。无舌和唾液腺，具有咽齿。消化腺包括肝、胰，肝、胰混杂而合称为肝胰。有胆囊；具鳔，鳔 2 室。

5. 循环系统

心脏由静脉窦、1 个心房和 1 个心室构成。血液循环方式属于单循环。血液包括血浆和血细胞。血细胞有红细胞、白细胞和血栓细胞。红细胞具有细胞核。淋巴系统不发达。脾是造血场所。

实验红鲫的心率为每分钟 18～20 次。红细胞数为（1.46±0.30）$\times10^{12}$ 个/L，白细胞数为（5.23±0.37）$\times10^{15}$ 个/L。白细胞分类计数为：淋巴细胞 64.20%，中性粒细胞 16.50%，单核细胞 12.35%，嗜酸性粒细胞 4.45%，血栓细胞 3.41%。

各项血液生化指标见表 29-2。

表 29-2　实验红鲫血液生化指标参考值

检查项目	单位	封闭群实验红鲫（HN：CARV1）（$\bar{x}\pm s$）	近交系实验红鲫（C1HD）（$\bar{x}\pm s$）
血清总蛋白（TP）	g/L	28.38±2.08	29.74±1.73
血清白蛋白（ALB）	g/L	9.88±1.44	10.02±1.89
球蛋白（GLB）	g/ L	18.5±1.16	19.72±1.62
谷草转氨酶（AST）	U/L	6712±2874	7158±1335
谷丙转氨酶（ALT）	U/L	681±270	1124±476
碱性磷酸酶（ALP）	U/L	153.8±32.7	148.4±57.5
乳酸脱氢酶（LDH）	U/L	162.0±109.9	148.4±139.7
葡萄糖（GLU）	mmol/L	5.00±0.96	4.43±1.22
三酰甘油（TG）	mmol/L	2.02±0.74	2.02±0.71
总胆固醇（TC）	mmol/L	4.30±0.84	4.87±0.38
钾（K^+）	mmol/L	1.97±0.72	1.30±0.53
钠（Na^+）	mmol/L	135.3±2.8	132.2±2.6
氯（Cl^-）	mmol/L	119.7±2.7	114.6±3.4
钙（Ca^{2+}）	mmol/L	3.03±0.33	2.62±0.29
磷（P）	mmol/L	3.65±0.45	2.66±0.63
镁（Mg^{2+}）	mmol/L	2.18±0.32	1.69±0.20
尿素氮（BUN）	mmol/L	1.90±0.27	1.77±0.20

6. 神经系统

由中枢神经系统、外周神经系统和植物性神经系统 3 部分组成。脑由端脑、间脑、中脑、小脑、延脑 5 部分组成。感觉器官主要包括皮肤感受器、侧线感觉器、听觉器官、视觉器官、嗅觉器官和味觉器官等。

7. 排泄与生殖系统

肾由许多肾单位构成。肾单位包括肾小体和肾小管。肾小体由肾小球和肾球囊组成。尿液含水量高，达 95%以上。

生殖系统由性腺（精巢和卵巢）及输送生殖细胞的生殖导管组成。雄性具精巢 1 对，雌性具卵巢 1 对。输精管或输卵管均汇合于泄殖孔。

三、遗传学特性

1. 染色体组型

实验红鲫的染色体数目为 $2n$=100，染色体组型公式均为 22m+30sm+24st+24t，即由 22 条中着丝粒染色体、30 条近中着丝粒染色体、24 条亚端着丝粒染色体和 24 条端着丝粒染色体组成。染色体臂数（NF）为 152。

2. 同工酶

封闭群实验红鲫苹果酸脱氢酶（MDH）同工酶的电泳酶谱为 3～5 条带，近交系实验红鲫仅有 3 条带。

封闭群实验红鲫与近交系实验红鲫乳酸脱氢酶（LDH）同工酶的电泳酶谱都有 9 条带。

封闭群实验红鲫红细胞酯酶（EST）同工酶的电泳酶谱为 4 条带，近交系实验红鲫为 5 条带。其中 EST-1 和 EST-3 酶带为近交系实验红鲫所特有。

实验红鲫红细胞超氧化物歧化酶（SOD）同工酶的电泳酶谱可大致分为两个区段。下一区段中，封闭群实验红鲫均有 5 条明亮的带，近交系实验红鲫均有 7 条显色明亮的带，SOD-3 和 SOD-8 为近交系实验红鲫特有。

3. 血清蛋白

实验红鲫血清蛋白电泳图谱分为 A、B、C 3 个区段，共有 25 条以上蛋白质带。其中，A 区段 SP-A2、SP-A3 谱带为封闭群实验红鲫特有，而近交系实验红鲫特有 SP-A1 谱带。

4. DNA 分子标记

序列为“GACTAAGCCC”引物的 PCR 扩增产物中，大小为 2100bp 的 DNA 电泳条带为实验红鲫 C1HD 系 RAPD 标记；序列为“3′-ATTGTGAAGCATCGGTAATGC 和 5′-TACTTGATTTGCTATTGGAC”引物的 PCR 扩增产物中，大小为 67bp 的 DNA 电泳条带为实验红鲫 C1HD 系 SSR 标记。

四、行为学特性

实验红鲫生活在水里，自由游泳，用鳃呼吸。白天常成群或分散游动，遇水流时常逆水而游；水温 20℃左右时游动活泼，食欲旺盛，水温 0℃左右时几乎不游动。夜晚常处于静止，栖息在水体底层。杂食性，食性的适应能力较强。昼夜摄食，主要白天摄食，摄食方式为漫游。实验红鲫因已驯化而不惧避人，投喂颗粒饲料时立即游向索饵，遇响动或惊吓会立即游开逃避。成年红鲫与刚孵出的稚鱼混养时，有食鱼仔现象。惧强光，光照过强会自然躲避。产卵时节，雌雄种鱼表现“追尾”现象，雄鱼或贴身与雌鱼伴游，或头部撞击雌鱼身体，当雌鱼在水草丛中或产卵纱布上侧身产卵时，雄鱼则紧挨着雌鱼泄殖孔排出精液。

五、生长发育与生殖生理特性

在实验室饲养条件下，1 年龄近交系实验红鲫一般体重在 11g 以上，体长在 60mm 以上；2 年龄近交系实验红鲫一般体重在 30g 以上，体长在 100mm 以上。在野外饵料充足的池塘饲养条件下，1 年龄雄性红鲫体重可达 100g，2～3 年龄雌性红鲫体重可达 150.0～400.0g。

实验红鲫性成熟早，繁殖力强。1 年龄实验红鲫可达性成熟，但繁殖用的亲鱼一般选择 2 年龄红鲫。卵巢卵母细胞发育不同步，属于多次产卵类型。卵巢的周年发育分为Ⅱ、Ⅲ、Ⅳ、Ⅴ和Ⅵ 5 个时期。在繁殖季节，卵巢系数为 20.0%左右，怀卵量在 1.5 万～8.0 万粒。繁殖季节过后，卵巢的组织学结构都处于第Ⅳ期。实验红鲫繁殖方式为卵生，发育类型为体外受精，体外发育。每年 3～5 月是实验红鲫的繁殖期。当水温上升到 15℃以上时，雌性红鲫便开始发情产卵，产卵最适水温为 17～22℃，每 10 天左右产卵 1 次。实验红鲫的受精卵具有黏性，可黏附在水草或人工鱼巢上孵化。水温在 18～22℃时，受精卵约 3 天时间孵出仔鱼。刚孵出的仔鱼保留卵黄囊，身体弯曲，侧卧于水族箱底面，3 天后则能游动和摄食。

第二节　种 源 管 理

一、种鱼要求

1. 种鱼质量

作为种用的实验红鲫的质量应满足如下要求：一是要具有明确的实验动物遗传学质量和微生物学质量背景资料，包括种名、品种（系）名称、来源、主要生物学特性、主要遗传标记及其检测方法、应排除的主要病原体及其控制要求、培育与保种方法等。二是要个体均一性良好，包括体型、体色、体重、健康状况等。三是要具备较强的繁殖能力和生活力。

2. 性别鉴别

在繁殖季节，实验红鲫雌、雄鉴别很容易。雄性实验红鲫胸鳍第 1～2 条硬鳍条上缘有锯状，触摸有刺手感，尾柄较长，轻压腹部有乳白色精液流出；雌性实验红鲫胸鳍光滑，尾柄较短，腹部膨大，肛门红肿，轻压腹部有淡黄色卵粒流出。

3. 亲鱼选择

选择作为亲鱼的实验红鲫，应是体质健壮、无伤病、繁殖力较强的 2 年龄实验红鲫。

雌雄比例可为 1∶1。

二、隔离检疫

参照斑马鱼的要求（第二十五章）执行。

第三节 繁育技术

一、繁殖技术

1. 繁殖前的准备

繁殖前一般应做好以下准备：①清洗水族箱，注入晾晒 3 天以上的洁净水。②水温保持在 18～22℃，照度保持在 150～200lx。③各种用具准备和消毒灭菌。④防治水霉病等疾病的发生，用 10ppm 的高锰酸钾溶液或 3%～5%的食盐水对鱼体进行 5～10min 的消毒灭菌。

2. 人工催产

未注射催产剂的实验红鲫也能自然产卵。但为了提高产卵率和产卵质量，也可使用鲤鱼脑垂体（PG）、鱼用促性腺激素（LRH-A2）、绒毛膜促性腺激素（HCG）等外源激素对实验红鲫进行人工催产。可参考表 29-3 列举的剂量效应选择催产激素，于前天 16：00～17：00 时段腹腔注射进行催产。

表 29-3 实验红鲫人工催产激素及其剂量效应

水温/℃	催产激素及剂量（每 kg 体重）	效应时间/h
18～24	LRH-A_2 2μg+ HCG 500IU	9～10
18～24	LRH-A_2 2μg+ PG 2mg	10～12

3. 产卵与受精

1）自然产卵与受精

将催产后的雌、雄亲鱼按 1∶1 放入经过消毒的产卵池中，架好鱼巢，鱼巢可事先消毒以预防水霉病。实验红鲫的卵为黏性卵，淡橘黄色，吸水后卵径约 1.5mm。产卵结束后，将盛有受精卵的鱼巢放入孵化池中孵化。

2）人工授精

一般采用干法授精，即先取一个干净搪瓷盘或大型培养皿，用干净纱布将鱼体上的水擦干，再用手指轻压雌鱼腹部将卵子挤入瓷盘或培养皿中，紧接着将雄鱼的精液挤出，直接滴在鱼卵上，并立即用经消毒的鸡羽毛轻轻搅拌均匀，30s～1min 后加入适量洁净水并用鸡羽毛轻轻搅拌，随即将受精卵均匀铺于经消毒的洁净纱布上，沉入水中进行孵化。

4. 孵化

一般采用静水孵化，即将受精卵徐徐倒入水中，并轻轻搅动水体，受精卵分散均匀，黏在鱼巢（纱布）上，置于水下 20～30cm 处让其自然孵化。孵化过程中，宜用增氧泵向水体充气。

从卵子受精到鱼苗出膜，在水温 18～22℃的条件下，约需 3 天。刚孵出的仔鱼全长为 3～5mm，2～3 天后开始摄食，这时可投喂碾碎的熟蛋黄粉末。

二、人工雌核发育

以体色全红的 2 年龄实验红鲫作为卵源，以鲤鱼或鳊鱼的精子作为激活源。可以紫外线处理精子，用冷休克进行卵子染色体数目加倍。可按如下方法操作。

将获得的鲤鱼或鳊鱼精液用 2 倍体积的 Hank's 液稀释，置于干净的培养皿中，其厚度保持在 0.1～0.2mm，在 4℃低温下，以 30W 左右、在垂直距离约 12cm 的高度开启紫外线灯照射 30min。经照射的精液置于 4℃冰箱中备用，并涂片镜检精子活动能力。将获得的实验红鲫卵子置于干净的培养皿中，立即用上述经紫外线灯照射的鲤鱼精子或鳊鱼精子进行人工授精，以激活卵子进行发育。在精卵相遇后 1min 立即进行 0～4℃的冷休克处理，可将盛满受精卵的培养皿移入 0～4℃冰箱中，处理 30min 后从冰箱中取出，使其回升到环境温度。然后将被激活卵或受精卵置于干净搪瓷盘或大型培养皿中，静水孵化，每日换水 2～4 次，约 3 天后可孵出仔鱼。

仔鱼饲养 3 个月后，体色均变为红色。非红色个体均予以淘汰，保留红色个体，即雌核发育红鲫二倍体。

三、保种技术

对于实验红鲫近交系的保种繁殖，可将种群设置为基础群和扩大群。其中，基础群用于保种，扩大群用于繁殖生产。

基础群保持每代 100 尾左右，采用人工雌核发育技术进行繁殖，方法如上述。基础群每繁殖一代，均抽样进行遗传质量检测，只有符合近交系特征的方可留作下一代基础群。扩大群以实验所需保持一定的数量，保持 2 代，可采用人工授精技术，按上述方法进行繁殖。

遗传质量检测方法包括体色观察法、同工酶电泳分析法、DNA 分子标记检测法等。红色体色为实验红鲫具有的隐性遗传标记，基因型为 *aa*，只有当隐性基因 *a* 纯合时体色才表现红色。经雌核发育而来的 3 月龄以上实验红鲫如果体色为红色，则可被判定为近交系。

第四节　饲 养 管 理

一、设施环境

（一）水生态环境

水质好坏决定其生活环境优劣，最终影响实验红鲫的新陈代谢、生长发育。

1. 水温

实验红鲫在温度为 0～39℃的水体中均能生存，但最适宜水温为 18～26℃。在此温度范围内，新陈代谢越旺盛，生长发育越良好，不易得病。如果水温突然上升或下降，幅度超过 7～8℃则红鲫易得病，若突变的幅度更大，就会出现红鲫死亡。

一般来说，在冬季，水温降至接近 0℃时，实验红鲫就处于休眠状态；春季水温上升至 8～10℃时，已有明显的摄食现象；盛夏，烈日照射，水温太高，实验红鲫感到不适，如果水温超过 30℃，必须及时采取降温措施。繁殖对水温的要求更为严格，产卵活动受温度严格控制，尽管性腺已经充分发育，只有水温在 18～22℃时才能正常产卵，受精卵也才会正常发育。

2. 光照

光照的长短与性腺分泌激素有关，应适量增加光照。光照可以刺激鱼体表色素细胞，有利于加快变色和出现鲜艳光泽。光照也是水族箱中水生植物进行光合作用所必需的。实验红鲫应在光亮、黑暗交替环境下生存，尽量以遵守自然昼夜交替时间为宜，正常光照宜在 100～200lx。

3. 溶解氧

溶解在水中的氧气称为溶解氧。水体中的溶解氧是实验红鲫赖以生存的必要条件。水中溶解氧饱和度大于 70%时实验红鲫才会正常采食。氧气溶解量随水温的升高而减少。

实验室饲养实验红鲫用的水族箱或池子面积较小，又多为静水，溶解的氧气含量很少。实验红鲫池水的含氧量以达到 3mg/L 以上为宜。低于 2mg/L 时实验红鲫常因水体缺氧而到水面呼吸，称为“浮头”。虽然实验红鲫对缺氧可耐受的最低值为 0.1mg/L 甚至更小，但平时饲养应保持在 7mg/L 左右。

4. 二氧化碳

水族箱或池中的二氧化碳主要来源于鱼体和浮游生物的排泄物和呼吸作用。水体中二氧化碳含量偏高，会降低鱼体内血红蛋白与氧的结合能力，发生呼吸困难。水体中二氧化碳的含量达 60mg/L 以上，会产生中毒的现象。在正常情况下，只要及时把水体中鱼的粪便、残饵等污物吸出，并适时适当补充新水，水族箱或池中游离二氧化碳含量会保持在适宜生长的阈值内。

5. 酸碱度

水质酸碱度在 pH 6.5～8.5 则符合淡水养鱼的水质标准。鱼类能够安全生活的水质酸碱度范围在 pH 6～9。pH 低于 5.5 时，鱼类对传染性疾病特别敏感；当 pH 大于 9.5～10 或小于 4～5 时，会直接造成鱼的死亡。

实验红鲫在 pH 5.5～9.5 都能生存，以 pH 7.5～8.5 为最适范围。孵化期的鱼卵、仔鱼及早期幼鱼则以 pH 6.2～7.2 为最好。

6. 硬度

水的硬度是指水体沉淀消耗肥皂的能力。硬度的大小主要由钙离子（Ca^{2+}）、镁离子

（Mg^{2+}）的含量决定。硬度单位为每升毫克碳酸钙（$CaCO_3$）/L。适宜范围的硬度，有调节和稳定水质的作用。

对于实验红鲫，饲养水的硬度以水体碳酸钙（$CaCO_3$）的浓度为 100mg/L 左右为宜，使用曝氯后的饮用自来水即可。

7. 氯气

城市生活饮用自来水往往用氯气作为消毒剂，使得自来水中残留有一定浓度的氯。若用饮用自来水作为实验红鲫养殖水源，则要注意氯对鱼体的毒害作用。

由于氯气对鱼类有毒害作用，因此必须先将自来水中的残余氯排除才能将其作为饲养水使用。排除水中余氯的方法有很多种，通常将自来水放入露天水池或其他容器中，放置 3～4 天（最好有阳光照射加热），氯气便自行挥发除去，也可以直接在水中加入硫代硫酸钠（又称海波）少许（约 0.5g/10L 水），几分钟内便可将自来水中的氯气消除。

8. 氨

氨的水溶液对生物体的毒害是由氨（NH_3）造成的。鱼类养殖水体中，氨主要来源于鱼类排泄物、食物残渣等含氮有机物的分解。氨在水体中对不同鱼类的致死浓度在 0.2～2.0mg/L。一般认为，水中氨（NH_3）的浓度对淡水鱼类来说安全值为 0.02mg/L。及时清除水中鱼的粪便、残饵等污物，即不会造成实验红鲫氨中毒现象。

（二）养殖设施

主要包括小型鱼池和水族箱及饲养管理用具等。

1. 小型鱼池

可采用小型水泥鱼池饲养实验红鲫。水泥鱼池的形状可为圆形、方形或长方形等。

选址时，首先要考虑到有水、有电，特别是要有充足的水源，同时要考虑地势较高的地方，能避开有毒废水、有害气体排入，以保证鱼池阳光充足、空气流通、水源清洁和排水方便，并兼顾交通运输方便。

水池大小视需要而定，可采用池面为（200～400）cm×（200～400）cm，深度为（60～120）cm 的规格。有条件的应大小鱼池兼有，以便于饲养亲鱼和培育幼鱼或做产卵池、孵化池等用。

鱼池应有独立的进水系统和排水系统，以便于鱼池换水或干池。鱼池可用砖砌，抹上水泥面即成，但地基必须夯实，以防地面下陷，造成鱼池裂缝漏水。如鱼池底面为实地，可不抹水泥。

2. 水族箱

水族箱是实验室养鱼的理想容器之一。目前市售水族箱的形状、大小各式各样，可以根据室内面积的大小、室内的陈设及鱼体的大小等不同情况而定。通常选择长方形的，大小以便于换水、搬运、结实而不易破损为宜，并有利于实验红鲫自由游泳和在水族箱内种植水草、放置底石等点缀。水族箱最好是双倍式的，即长度为深度或者是宽度的两倍。

水族箱可因制作材料和工艺不同，分为黏合水族箱、铸型水族箱和自控水族箱 3 类。各种水族箱市面均有售，此处不再赘述。

值得一提的是，市面上销售的斑马鱼养殖系统，经改装后完全适合于实验红鲫养殖与实验。

3. 用具

常用的饲养器具包括抽水机、空气泵（增氧泵）、过滤器、水温计、加热器、鱼盆、水桶、鱼篓、捞网、捞兜、捞勺、皮水管、氧气袋等。

二、饲料

1. 营养需求

鱼类的食物常常被称为饵料，也可称为饲料。实验红鲫的营养需要是指对蛋白质、脂肪、碳水化合物、矿物质和维生素等营养素的需要量，包括维持营养需要和生产（生长、繁殖）营养需要。

实验红鲫对蛋白质的需要实际上是对氨基酸的需要。异亮氨酸、亮氨酸、赖氨酸、蛋氨酸、苯丙氨酸、苏氨酸、色氨酸、缬氨酸、精氨酸、组氨酸 10 种氨基酸是必需氨基酸。实验红鲫对饲料蛋白质的需要量为 25%～35%，幼小阶段对蛋白质的需求高于中成阶段。对脂肪的需要量受饲料中蛋白质和碳水化合物含量、生长阶段、环境等因素的影响，一般含脂肪量在 5%～7%。饲料中碳水化合物含量一般在 40%左右，粗灰分在 10%左右。

实验红鲫必需的矿物元素有 10 多种，对维生素的需要量很少，却必须由饲料供给。

能量是由碳水化合物、蛋白质和脂肪在体内氧化释放的。在设计实验红鲫饲料配方时，既要考虑蛋白质的需要，又要考虑能量的需要，使之保持平衡。一般实验红鲫每千克配合饲料总能应不低于 12 530kJ，饲料能量与蛋白质比为 33～50kJ/g。

2. 饲料配方

根据实验红鲫不同生长阶段对营养的需要，将多种饲料按比例科学地配制成均匀的混合物，一般制成颗粒饲料。可以鱼粉、豆粕、麸皮等为原料，按粗蛋白、粗脂肪、粗纤维、粗灰分分别为 32、6、6、10 左右的百分比进行全价颗粒饲料配制。

制成的饲料颗粒应具有不低于 15min 的水中稳定性，膨化饲料更佳。

3. 饲料加工与储存

饲料加工生产工艺流程主要有原料清理、粉碎、配料、混合、制粒及包装。一般实验室无饲料加工能力，可在外购买。

配合饲料至少应有两层包装，内层为牛皮纸袋，外层为加有塑料内衬的编织袋或塑料袋。饲料袋应附标示有饲料名称、主要营养素百分比含量、使用说明、净重、生产日期、保质日期、生产单位等内容的标签。

成品饲料应放在通风、清洁、干燥的专用仓库内，严禁与有毒、有害物品同库存放。常温下保质期不宜超过 3 个月。在运输中应防止包装破损、日晒、雨淋，严禁与有毒、有害物品混运。

4. 饲料质量要求

配合饲料的色泽、气味、霉变、结块、杂质等感观正常，应混合均匀、新鲜、无杂质、无异味、无霉变、无发酵、无虫蛀及鼠咬。

饲料的营养成分和颗粒的长度、粒径、粉化率与硬度等指标应符合国家或地方标准。饲料中不得掺入抗生素、驱虫剂、防腐剂、色素、促生长剂及激素等药物及添加剂。

饲料卫生指标应符合国家或地方相应标准。

三、饲养操作与日常管理

1. 水族箱的准备

以 1.17m×0.46m 规格的水族箱为例，先用自来水将水族箱洗刷干净，在箱底铺上卵石和细砂（图 29-2），再用 20ppm 的高锰酸钾溶液或 10%的食盐水浸泡 1h 以上用于灭菌，放尽高锰酸钾溶液或食盐水，再往水族箱中装入晾晒 3 天以后的自来水，水深约 0.35m，水容积约 $0.20m^3$。

图 29-2　水族箱

2. 饲养密度

将购入或选择好的实验红鲫投放于水族箱中，饲养密度可参照表 29-4 计算。

表 29-4　水族箱放养实验红鲫的规格与密度

规格（体长/cm）	密度（尾/m^3）	水容积为 $0.20m^3$ 的水族箱放养数量
5	180	36
6	165	33
7	150	30
8	120	24
9	100	20
10	80	15

3. 投喂饲料

投饲率与实验红鲫体重、水温、水中溶氧及饲料配方有关，为体重的 1%～7%。日投饲量=平均尾重×尾数×投饲率。投饲量全年之中 7～9 月最高，12～1 月最低。宜定时、定量投饲。

对幼鱼（夏花）可投喂煮熟的蛋黄或豆浆，每天 9：00～10：00、16：30～17：30 各喂食 1 次，以天凉多投，天热少投为原则，投喂量应以实验红鲫 1h 左右吃完为宜，一般每次每箱投喂量约半个蛋黄。如 1 天投喂 2 次，则早晚各 1 次，晚上投喂宜早不宜晚。生长几月后的幼鱼（春片）可投喂全价颗粒饲料，辅以蛋黄或豆浆。成鱼则投喂全价颗粒饲料。每天 9：00～10：00 喂食 1 次，投喂量约为鱼体重的 3%。

4. 换水及清污

水质颜色以保持淡绿色透亮为宜。夏季 3～7 天部分换水一次，15～30 天全部换水一次；冬季一般 15～30 天部分换水一次，不全部换水。换水宜少不宜多（一次换水量为总水量的 1/5～1/3），换水时要从水族箱底部把粪便等渣滓一起吸去。换水时温差不宜超过 3℃，温差超过 7℃时易得病。

5. 常见疾病及防治

实验红鲫对疾病的抵抗力很强，饲养得当一般不会得病，但也要重视疾病的防治。关键做好以下两点：①勤换水、勤清洗、勤消毒，及时处理排泄物，保持水质清新。②重视对病原菌和寄生虫感染的防控，及时处理排泄物。

实验红鲫常见疾病及防治方法见表 29-5。

表 29-5 实验红鲫常见疾病及防治

疾病名称	发病季节	症状	防治方法
出血病	水温 15～35℃发病，22～32℃发病高峰	口腔、鳃盖及鳍条均充血，鳃丝灰白，肌肉微红，肠充血，肛门红肿，腹部膨胀，轻压腹部即有淡黄色积水流出	水体隔日泼洒三氯异氰尿酸 0.3～0.5mg/L，累计 3 次以上
烂鳃病	4～10 月	鳃丝腐烂带有污泥，鳃盖骨内表皮充血，严重时鳃盖骨中央腐蚀成透明小窗	水体泼洒漂白粉 1.5mg/L，4～6 天
水霉病	春、秋季水温在 18℃左右	病鱼焦躁不安，患处菌丝呈放射状，似灰白色棉毛，患处肌肉腐烂	1%～3%食盐水浸浴 20min
腐皮病	常年	病鱼体表局部发炎充血，病灶鳞片脱落，背鳍、尾鳍不同程度被蛀蚀	水体泼洒漂白粉 1.5mg/L，或在病灶处涂抹高锰酸钾溶液
竖鳞病	4～7 月	病鱼体表粗糙，鳞片向外张开竖起，鳞囊内积聚半透明或带血的渗出液	外用食盐 3%加小苏打 3%浸浴 10～15min
锚头鳋病	水温 12～33℃	肉眼可见针状虫体寄生于体表、鳍及眼上，寄生部位有充血红斑，病灶鳞片松动或脱落，黏液增多，有的形成明显溃疡	水体用 20mg/L 高锰酸钾浸浴 15～30min
车轮虫病	4～7 月	鱼体发黑，体表或鳃黏液增多，严重时鳍、头部和体表出现一层白翳，病鱼成群沿池边狂游，鱼体消瘦	水体泼洒硫酸铜 0.5mg/L 加硫酸亚铁 0.2mg/L

续表

疾病名称	发病季节	症状	防治方法
小瓜虫病	初冬、春末水温为15～25℃	由于小瓜虫寄生，鱼体皮肤、鳍条上以致鳃瓣上均满布白点状的囊泡，故又称白点病；寄生处体表发炎，局部坏死，以致鳞片脱落，鳍条腐烂、裂开；若寄生于鳃，则鳃部充血、发炎	用0.05ppm孔雀石绿和25ppm甲醛液混合处理，2次/天；或者使用1%的盐水浸泡病鱼数天
肠炎病	常年；当水质恶化、投喂变质饲料或不正常投饲时易发病	该病的病原体为肠形点状气单胞菌，为条件致病菌；病鱼常常腹部膨大，呈现红斑，肛门红肿突出，轻轻挤压腹部即有黄色黏液从肛门流出；解剖可见腹腔积水，肠道内无食物，有淡黄色黏液，内壁糜烂	用0.1g/kg体重的磺胺胍投喂2～6天

第五节　使 用 管 理

一、实验红鲫的获取

1. 来源

为引种或实验用所购入的实验红鲫，应来源于政府管理部门认可的专业或规范的实验红鲫保种与繁殖生产机构。应向供应单位索取与所购入同批次实验红鲫有关的品（种）系、遗传学与微生物学背景、主要生物学（模型）特性、年（月、日）龄、性别、饲养管理技术要点等资料信息。

2. 选择

一是选择遗传质量合格的实验红鲫；二是选择健康的，无特定病原体感染的，体色、体型和体质均一的实验红鲫；三是根据实验内容选择年龄、体重及模型性状均满足实验要求的实验红鲫。

3. 运输

可用氧气袋充氧来进行活体运输。具体操作方法：按鱼∶水∶氧气为1∶1　∶4的体积比例，给氧气袋加入清洁水和实验红鲫，然后挤压出袋内空气，再以氧气瓶向氧气袋灌入氧气至氧气袋膨胀，立即用橡皮筋扎紧袋口，最后将装载有实验红鲫的氧气袋置于瓦楞纸箱或木箱内，用胶带纸封好箱即可。以15h内到达目的地为宜。

二、基本操作技术

参照斑马鱼的要求（第二十五章）执行。

第六节　疾 病 控 制

一、健康检查与隔离检疫

1. 健康检查

对实验红鲫个体的检查，可通过外观检查、解剖检查、显微镜检查等方法进行。

（1）外观检查：观察体色、体形有无异常，泳动姿态有无异常，摄食是否正常，体表黏液分泌量有无异常，有无竖鳞、疖疮、囊肿、充血、出血、溃疡等症状，鳍条、鳞片等有无损伤，眼球有无突出、凹陷或浑浊等变化，鳃黏液及颜色变化，腹部有无肿胀，肛门有无红肿、拖便等现象，粪便形状及颜色是否正常，有无胞囊及其他寄生虫寄生等情况。

（2）解剖检查：观察有无腹水，脾、肾、肝、胆、肠道、鳔、性腺、脑、肌肉等是否正常，有无寄生虫或胞囊及其他病理变化等。

（3）显微镜检查：观察体表、鳃、肠道等部位寄生虫感染状况，检查主要器官、组织的病变情况。

2. 隔离检疫

所购入的实验红鲫到达本实验室后，应单独饲养 1～2 周以进行隔离检疫。

所用水族箱或水池应与其他实验鱼或实验室分开，分开饲养过程中，除了水环境和饲料等符合规范要求外，一是要按上述方法密切观察实验红鲫健康；二是必要时抽样，进行特定病原体检测。隔离期满且检查结果为阴性时，将实验红鲫转移至正常养殖系统中，用于生产或实验研究。

二、主要疾病及防治

实验红鲫对疾病的抵抗力较强，实验室的实验红鲫一般不易患病。但消毒不严，饲养管理不规范，实验红鲫也会患有各种疾病。表 29-5 列举了实验红鲫常见的疾病及防治方法。

三、质量检测与疾病诊断

1. 质量检测

购入时应向生产供应单位索取遗传检测报告，并根据体色是否一致、体质是否健壮做遗传质量的初步判断。一般来说，纯系的实验红鲫体色应全红。

在购入或引入实验红鲫的当天，首先要做好检疫验收工作。在做好上述健康检查的同时，视实验鱼的健康状况和实验研究的内容与要求，根据微生物质量标准，有选择性地进行特定病原体的检测。

2. 疾病诊断

一旦发现所购入的或饲养中的实验红鲫出现疾病的临床表现，可根据表 29-5 描述的临床症状进行疾病诊断。

四、卫生与防疫

水质水温失宜、饲喂不当、操作不慎、病原体侵入等原因均可使实验红鲫发生疾病。

因此，做好实验红鲫的卫生与防疫非常重要。

1. 平时的卫生与预防

1）养殖设施内的水质水温应符合环境质量标准的技术要求

认真选择水源，养殖用水的水质要符合所养鱼的环境质量要求。如选用自来水放养，事先必须除去自来水中的氯气，可将自来水暴露3～4天以除去氯气。饲养密度要适当（表29-4）。注意水温要相对稳定。换水时，所注入的新水与水族箱或池中原有水的温差以0.5～1℃为宜，并防止昼夜温差偏大。饲养过程中为确保标准水质，对水族箱或池应做到勤换水、勤除粪、勤排污。

2）饲料质量保证合格，投喂做到定时定量

要按照实验红鲫的食性选择新鲜、清洁、适口、营养素达标的饲料，确保饲料质量符合实验红鲫饲料标准。不给实验红鲫饲喂发霉变质的饲料。根据鱼体大小、摄食和生长情况，定时定量投喂，并根据季节、气候等情况调整投喂量。

3）实验操作细心规范，避免或减少鱼体受伤

进行换水、捞鱼、挤卵、注射等操作时，要做到规范操作，细心照料，善待爱护，避免或减少鱼体受伤和受虐待。

4）严格进行消毒灭菌，确保设施与器具清洁卫生

对水族箱或鱼池在放养实验红鲫前的2～3周，要严格进行消毒灭菌，可用20ppm的漂白粉或0.7mg/L的$CuSO_4$浸泡水族箱或鱼池。所有的容器、工具都应洗净并经消毒后使用。对各容器和工具的消毒灭菌可用3%食盐水或10ppm的高锰酸钾溶液浸泡0.5～1天，当然能够经高温高压灭菌更佳。

5）随时注意鱼体消毒，避免或减少病原体感染

新购入的实验红鲫在投放水族箱前应先进行鱼体消毒。水族箱每次换水也都应消毒鱼体。常用的消毒药液有3%食盐水、2～3ppm呋喃西林溶液、10ppm高锰酸钾溶液，从中任选一种，将实验红鲫药浴10～15min即可。

2. 对疾病发生的处置

1）注意观察，及时发现病鱼

病鱼主要表现在行动和体色上。一般病鱼常离群缓游，浮于水面或靠边角处，反应迟钝或没有反应，有的急躁、速游、旋转，或擦碰池底、箱壁。体色暗淡无光或变色、发白、发乌。皮肤充血、黏液多、脱鳞，鱼鳍残损或舒展无力。注意观察，及时发现病鱼。

2）隔离处理病鱼

病鱼是传染源，一旦发现就立即捞出，隔离检查，及早确诊。对重病鱼和死鱼要妥善处理，防止传播。有些病鱼治愈后仍带毒带菌，必要时可全群淘汰。

3）消毒鱼池、容器和工具

病鱼接触过的水体、池、箱、工具都可能是传染源，要及时消毒处理。老水要排尽，砂粒、水草要换掉或消毒后再用，容器要彻底清洗消毒，工具也要彻底消毒。

第三十章 两 栖 类

第一节 主要生物学特性

两栖类（Amphibia）属变温脊椎动物，分为有尾两栖类和无尾两栖类。两栖类由古总鳍鱼类进化而来，在个体发育中经历幼体水生和成体水陆两栖生活，仅有少数种类终生生活在水中。两栖类卵无壳，需要在水中繁殖。两栖类目前还没有如小鼠、大鼠那样的实验动物质量控制标准，所以只能称为“试验用动物”。常用的有有尾两栖类蝾螈、小鲵；无尾两栖类青蛙、蟾蜍。

一、生理学特性

两栖类虽已具备登陆的身体结构，但繁殖和幼体发育仍然必须在水中。大多数两栖类都有一系列从幼体变成成体的变态发育过程。其幼体形态似鱼，用鳃呼吸，有侧线，依靠尾鳍游泳。经过变态发育成为小的可上陆生活的性未成熟的次成体，再达到性成熟。与爬行类皮肤具有防止体内水分散失的功能不同，两栖类的皮肤很薄，没有鳞甲，经常是湿润的，有呼吸功能。两栖动物和爬行动物主要生理学特性见表 30-1。

表 30-1 两栖动物和爬行动物主要生理学特性比较

	两栖动物	爬行动物
消化系统	捕食都没有咀嚼，直接将食物吞下后在胃内消化	
呼吸系统	幼体使用外鳃呼吸；无尾类成体使用肺呼吸，有尾类成体可保持鳃呼吸，有些如泥螈有原始的肺；两者都还进行皮肤呼吸	肺呼吸，但不如哺乳动物发达；水生种类还具有辅助呼吸器官，如鳖的口咽腔黏膜
循环系统	成体动物有一静脉窦、两心房、一心室；体循环静脉血经静脉窦、右心房进入心室，肺循环静脉血经左心房进入心室	静脉窦退化消失，两心房，不完善的两心室；非鳄类具有完全分开的心房，心室未完全分隔；鳄类具有几乎完全分开的心室，但左右主动脉弓基部具有一个帕尼扎孔（foramen of Panizza），双循环不彻底
排泄系统	中肾型肾，体内多水，尿液的渗透压低于血液或与其相等；排泄产物以尿素为主	后肾型肾，为减少水分丢失，排泄产物以溶解度很小的尿酸为主；海洋爬行动物具有鼻腺，可排出体内多余的盐
生殖系统	成体雌雄异体；除无足两栖类（如蚓螈）体内受精，为卵胎生外，大部分种类水中产卵，体外受精，体外发育，卵常聚集一起，外被胶质膜，形成卵带或卵块	雌雄异体，大多数卵生，体内受精，体外发育；少数卵胎生；性别决定机制包括染色体和孵化温度决定性别两种

二、行为学特性

两栖动物的活动受制于温度，因而能够活动、分布在寒冷带的种类可能一年中只有很少的时间活动，而热带种类的活动时间可能受到旱季的影响。在温带生活的种类夏季面临高温，需寻找低温处度夏，冬季又需要进行冬眠。

成体常栖息于江河、湖泊、池塘、沟渠、稻田等水域中的岸边或杂草、林木丛中，主要以蝼蛄、蚱蜢、天牛、蚊蝇、蜗牛、金龟子、蚜虫和稻螟等农业害虫为食。蛙眼只对活动的物体有反应，只能捕食运动中的昆虫和小动物。

蝌蚪生活在水中，用鳃呼吸，以浮游生物、孑孓、有机碎屑等为食。

第二节　种源及繁殖

一、种子要求

可向有实验动物生产许可证的单位或进行规模化人工养殖的单位引种。由于有些种类的引种于野外，需经过有关部门的批准，进行培育前需要进行隔离检疫。

二、隔离检疫

动物引进后，应隔离饲养2～3天，如无异常现象，可转入动物实验室；如发现动物异常，则进行必要的病原检测及消毒处理。

第三节　繁育技术

一、繁殖生物学

（1）一般1～2年性成熟，寒冷地区可能会延长。

（2）性成熟雌性蛙的体型一般大于雄性蛙。发情时，会出现婚色等现象，具有抱对行为。在抱对前，雄蛙开始鸣叫吸引雌蛙，当雌蛙选择到合适的雄蛙后开始抱对，雄蛙不再鸣叫。雄蛙伏于雌蛙背部，两前肢抱住雌蛙前肢后部。抱对一般在傍晚、雨天或夜晚进行，抱对时间长短不一，一般为几小时到几天。蟾蜍可于秋末抱对，直到来年3月天气转暖，水温适宜于产卵时排精排卵。春季水温上升或雨季来临，雌蛙受到雄体的拥抱刺激，将卵排出体外的水中。有的一次性排出，有的则时排时停。产卵时，雄蛙接受到雌蛙信息和机械性反应，将精液排出，卵子水中受精。

（3）动物产卵时一般选择有水草或树根生长的水域，卵外围包被卵胶膜，聚集成团状沉于水中草丛或树根上，通过拉扯便于产卵。待胶膜吸水膨胀后浮于浅水面或黏附于水草上。在适宜的温度条件下，约一周时间受精卵孵化成蝌蚪。

二、亲本选择

雌雄亲本宜选用野生或人工选育的非近亲交配、常温培育且性成熟的成体，并进行各个方面的评价。

（1）感官性状的判断。形态应符合各自的分类特征，体形完整，体表清洁，皮肤完整，无异物附着；活动自如，身体下潜游泳灵活，体质健壮，反应敏捷，无畸形，无外伤，无病害；雌雄性别特征明显。

（2）可参考一些可量性状特征，如体重。性成熟雌雄牛蛙均需超过 350g。

（3）同一批次随机抽样检验，观察各个器官系统；结构正常，发育良好，均无病变；畸形率和伤病率不应高于 2%。

（4）通过目检、镜检和血清学鉴定等手段来进行疾病诊断，排除患病动物。

三、繁殖技术

选择好亲本后，进行人工繁殖。

（1）恰当的性比搭配，一般雌雄性比为 1∶1。

（2）适当降低饲养密度，一般以 1～2 只/m^2 为宜。

（3）彻底清理饲养环境，做好消毒工作。亲本也适当进行消毒，可用 20mg/L 浓度的高锰酸钾溶液浸浴 3～5min 或用 3%食盐水浸浴 10min。

（4）增加饲料中的动物性成分，产卵前更应适量增加鲜活动物性饲料的投喂比例。投喂要定量、定点、定时。加强水质管理，增加巡查次数，对水质进行严格监测，做好繁殖记录。

（5）保证环境安静，杜绝外界干扰，以避免由于受惊而导致交配失败、产卵中止等现象。

（6）产卵停止后应加强对水体的消毒，保持水质清新、环境安静。同时加强饲料的投喂，适当提高投饲率，尽可能投喂些含蛋白质、脂肪较高的动物性饲料，增加亲本的营养积蓄。

（7）可适当进行人工催情，如饲料中增加维生素 E 或注射催产素。大鲵等已发展出成熟的人工授精手段，可参考专门书籍。

（8）经过几代人工饲养后，有些种类会出现退化现象，这时需精选优质个体或捕捉野生种进行繁殖复壮。

第四节　饲养管理

一、设施环境

在人工饲养条件下，需为两栖爬行动物提供适当的湿度、温度和光照周期，以维持它们正常的生理功能和正常的行为。设施环境要求安静，减少惊吓干扰，水源水质应符合 GB/T 18407.4—2001《农产品安全质量-无公害水产品产地环境要求》的规定，生产用水水质应符合 NY 5051—2001《无公害食品-淡水养殖用水水质的规定》的规定，空气、底质应符合 GB/T 18407.4—2001《农产品安全质量-无公害水产品产地环境要求》的规定，整个养殖场地符合 SC/T 0004—2006《水产养殖质量安全管理规范》的规定。

养殖设施分为蝌蚪池和成体池，要求如下。

（1）蝌蚪池水深 30cm 左右，池壁需有坡度，水中溶氧不低于 4mg/L。

（2）成体池水深 20～50cm，pH 一般为 6.8～8.0，池底留有泥土，也留出旱地，还必须设置防逃设施。若不使用水池饲养成体，则需设立湿度控制装置，一般维持 70%以上即可。

（3）需要维持室温的稳定，一般控制于20℃左右，但有些种类如猪蛙需要30℃左右的温度。如无特殊要求，光照以自然光照为宜，或模拟自然昼夜光照规律，但饲养池需要遮荫板。

二、饲料、饮水

1. 饲料

不同种属的两栖动物营养需要差别很大，尤其是食肉性、杂食性和植物食性种类之间的差别更大。需根据养殖物种差异及发育需求进行饲料投放，但应注意以下几点：鲜活动植物饲料要求不腐烂、无污染和药残；配合饲料不霉变，原料应符合各种原料的标准，添加剂应符合《饲料和饲料添加剂管理条例》的规定；配合饲料还需具有一定的感官要求及理化指标要求。

蛙类和蟾蜍，孵化出蝌蚪4～5天以后可供给精饲料，喂豆浆、蛋黄、水蚤及水中浮游生物，每天喂给2次，但控制投放量。蝌蚪经1周饲养后可以豆浆、豆渣、豆饼粉、小球藻为主投喂，并添加一定鱼粉，20～30天后逐步以红虫、水蚤、蝇蛆为主食。

幼体的饲喂需要诱饵驯食，先用鲜活诱饵喂1～2天，第3天开始在诱饵中添加20%的人工饵料，以后逐日加大比例，10天后增加到80%。饲喂的活饵料有蚯蚓、蝇蛆、黄粉虫、虫蛾、蜗牛和泥鳅等，死饵料有蚕蛹干、动物内脏及配合饵料等，最后以活饵代替死饵，驯养幼蛙捕虫为食。

成体的饵料以活的昆虫为主，如人工培养的蝇蛆、蚯蚓、黄粉虫、红虫、水蚤等。

2. 饮水

不需要单独给予饮水。

三、饲养操作与日常管理

1. 水质管理

需进行严格的水质管理，保持池水水位稳定、水质清新，以换水或加水的方法调节水质，保持适当的水位。高温季节可视情况增加换水次数。

2. 日常管理

每天巡查，观察摄食、活动情况和水质变化情况。检查进排水及防逃设施，及时清除残饵、污物，保持饲养池及饲养室内清洁，并及时捕杀老鼠等。夏天和冬天适当增加巡查次数。

四、废物处理

产生的大量废水，其可参考DB 33/453—2006水产养殖废水排放要求或者SC/T 9101—

2007 淡水池塘养殖水排放要求进行排放。

实验处理后的动物经确认死亡后，可送至专用焚尸炉烧毁，不得随意乱放。排泄物、垫料等也应择地焚烧和掩埋。

五、人员安全防护

养殖蟾蜍等两栖类，需注意其耳后腺等毒腺分泌的毒液，如被喷射到需立即进行清洗。

一般药物：消毒乙醇和碘酒各 2 小瓶，高锰酸钾 50g。

第五节 使用管理

一、动物的获取

1. 来源

1）野外实验

在野外对动物进行实验，需要记录捕捉的地点、时间、温度和其他一些有关观测指标。

2）野生捕捉

从野外捕捉而在实验室进行实验，这类动物需进行准确的分类定位，了解地理起源，记录捕捉及运输的方法、时间和条件等，两栖类还需有 1 个月内繁殖和变态的记录。

3）人工养殖

亲本至少一方来自野外捕捉。亲本可能会将携带的病原体传递给子代。

4）人工繁殖

经从野外获得的卵人工孵化而成，或者亲本均非野外捕捉。整个饲养过程严格控制食物来源，鲜活食物也来自实验室培养。

2. 运输与接收

（1）装运前应放养在清水中，以去除体表附着物，并停食 1～2 天，排净体内粪便。

（2）采用网布袋包装后，装入泡沫箱、塑料箱等装运容器中。包装容器应坚固、洁净、无毒、无异味，并具有良好的通气排水条件。箱内垫充物应清洗、消毒、无污染。包装应避免动物互相挤压、碰撞受伤。

（3）在运输过程中应防止日晒和剧烈振动，适时淋水保湿，若气温过高，需要控温，保持 25℃以下。

3. 隔离检疫

可参考引种过程中的隔离检疫方法。

二、基本操作技术

1. 抓取与固定

蛙类抓取方法宜用左手将动物背部贴紧手掌固定，把后肢拉直，以中指、无名指、小指压住其左腹侧和后肢，拇指和食指分别压住左、右前肢，右手进行操作。抓取蟾蜍时不要挤压两侧耳后部突起的耳后腺，以免刺激腺体排射含蟾酥的分泌液至使用者眼睛或口腔里。

2. 供试品给予方法

（1）口服法：把药物放入饲料或溶于饮水中让动物自动摄取。此法优点在于简单方便，缺点是不能保证剂量准确。

（2）灌胃法：在急性实验中多采用灌胃法。此法剂量准确。灌胃法是用灌胃器将所应投给动物的药灌到动物胃内。灌胃器由注射器和特殊的灌胃针构成。

（3）淋巴囊注射：一般多选用腹部淋巴囊给药。实验者用左手执握动物固定其四肢，右手取注射器，将针头从蛙大腿上端刺入，经大腿肌层入腹壁肌层，再进入腹壁皮下，即进入腹部淋巴囊，然后注入药液。将针头插入口腔黏膜，过下颌肌肉层而入皮下淋巴囊，可注入药物。

（4）直接投药：直接在水中添加药物进行实验。

3. 样品收集

（1）血液收集：可从腹壁静脉采血。

（2）粪便收集：可收集池边粪便，实验过程中可采集肠道食糜或大肠中粪便。

4. 安死术

可采取注射过量麻醉剂的方式处死。蛙类和蟾蜍，常用金属探针插入枕骨大孔，破坏脑脊髓的方法处死。

第六节　健 康 检 查

一、异常行为的观察

（1）通常生病动物精神不振，活动力差，被捕捉时活动缓慢无力。

（2）观察游泳行为的变化，如游泳异常、漂浮于水面、不下水且在休息台上呆滞不动。

二、主要传染性疾病

主要疾病见表 30-2。

三、质量检测与疾病诊断

（1）质量检测可参考亲本选择标准进行。

（2）可根据表 30-2 所列症状进行目检来判断疾病类型，也可用镜检和血清学检测病原体来判断部分疾病。

表 30-2　两栖类主要疾病

病名	病因	主要病症	主要危害对象
脱皮病、烂皮病	饵料单一，维生素 A 缺乏，上皮组织代谢异常，皮肤腺分泌物减少，湿润度降低而显干燥，皮肤出现斑纹、腐烂，进而感染各种溶血性病菌，造成皮肤溃烂	皮肤光泽度差，可见皮肤斑裂、脱落，先是体背部，继而大面积皮肤脱落、溃烂，厌食，恶动，严重者导致死亡；发病快，传播性强，一般 7～10 天大部分个体出现症状，死亡率高	对蛙的各个发育阶段均有危害
水霉病、白毛病、肤霉病	水质污染或机体受损导致感染水霉菌	可见感染部位有棉絮状浅白色的菌丝	可以侵害各发育阶段的蛙类和鲵类
红腿病	水体变质而杂生细菌，密度过大或运输、转池过程中造成外伤，导致细菌感染	死亡率高，是最常见的、危害最严重的一种疾病；腿部和腹部皮肤充血发红，或有红点、红斑，皮下肌肉充血，严重时发生溃烂，内脏器官如肺、肠、肾等充血、出血，表现为行动迟缓、食欲不振	主要危害幼体和成体，发病急，传播快
鳃霉病	水质恶化，杂生霉菌	由于鳃霉菌侵入蝌蚪鳃部，鳃组织充血、出血，后期鳃丝变成苍白色，呼吸功能丧失而致死	主要危害发育中蝌蚪的鳃组织
胃肠炎	摄食霉败变质饲料、不易消化饲料，或摄食过饱、水温急剧变化等	无力、不下水、常钻在池边角落、不食，或后肢伸直、缩头弓背、闭眼、仰卧在地等；解剖可见胃肠道充血发炎	多发生于春夏或夏秋之交，主要危害蛙类幼体和成体及稚鲵、幼鲵和成鲵
疥疮病	感染疥疮型点状产气单胞菌	初期鲵体背部皮肤及肌肉组织发炎；随着病情的发展，这些部位形似脓疮，用手触摸有水肿的感觉；病情严重时，肌肉组织呈现出血，渗出体液，既而坏死、溃疡，肠道出血发炎	主要危害幼鲵和成鲵
赤皮病	感染荧光假单胞杆菌	机体出血发炎，特别是腹部最为明显，尾部腐烂	主要危害幼鲵和成鲵
打印病、红梅斑病	感染点状产气单胞杆菌点状亚种	病灶主要发生在躯干后部，其次是肛部，也有全身出现病灶的；初期症状是皮肤先出现圆形、卵圆形或椭圆形的红斑，有的似脓泡状，随后表皮溃烂；随着病情发展，肌肉腐烂直至烂穿孔，漏出骨骼和内脏为止，随即死亡	主要危害幼鲵、成鲵和亲鲵

四、卫生与防疫

应坚持“预防为主，防治结合，综合治理”的原则。

1. 防病措施

（1）定期对饲养场地进行清理和消毒。水池平时每周一次用含有效氯 30%的漂白粉 1～2mg/L 泼洒，或用生石灰 30～40mg/L 化浆泼洒，两者交替使用。

（2）保持良好通风，经常换水，维持良好的水质和空气质量，尤其是在夏季和冬季一定要多观察多检查，保持适宜的饲养环境。

（3）合理投喂优质饲料。新鲜材料洗净后用聚维酮碘（含有效碘 1%）30mg/L 浸泡 15min 后投喂。

（4）定期用生石灰、漂白粉等消毒水体、饲料台、工具等，用于消毒的药物有高锰酸钾 100mg/L 浸洗 30min，食盐 5%浸洗 30min，漂白粉浸洗 20min。

（5）及时隔离生病动物，查明病因并采取防治措施。对原饲养地进行消毒处理，同池或同室饲养的动物换至新的养殖地并用消毒液处理，处理方法和时间视具体病况而定。药物使用方法应符合 NY 5071 的规定。

2. 主要疾病防治方法

两栖动物主要疾病防治方法见表 30-3。

表 30-3　两栖类主要传染病防治方法

病名	防治方法
脱皮病	多喂动物性活饵料及富含维生素 A 的饲料，或增加饲料中维生素 A 的含量；猪肝拌磺胺消炎粉做药饵口服，成体可投喂鱼肝油胶丸，1 粒/天，连用 3～5 天；病重的个体用 5%的食盐水局部洁洗，或用 3%的食盐水，每升水加入 50 万 U 青霉素，每日浸洗 2 次
水霉病	定期更换池水和消毒，避免机体外表的损伤；可用 5%的盐水洁洗局部，或用 1%的紫药水涂抹局部；给大鲵内服增效联胺，50mg/kg，拌和饲料投喂，连续 7 天
红腿病	放养密度不可过大，避免皮肤损伤，保持洁净卫生；可用 5%的盐水局部擦洗，同时肌内注射庆大霉素 1 万 U/只成体；或用 20%的磺胺咪溶液浸洗 15min
鳃霉病	铜铁合剂浸洗消毒，浓度为 0.7ppm，10～20min
胃肠炎	不饲喂霉败变质饵料和饲料，防止过食配合料，换水温差不大于 2℃；可投喂酵母片，每只半片，每日 2 次，至痊愈；或链霉素肌注 1 万 U/只成体，每日 1 次，连用 2 天；给大鲵内服增效联胺，50mg/kg，拌和饲料投喂，连续 8 天
疥疮病	避免机体损伤；增效联胺内服，200mg/kg，拌和饲料投喂，连续 5 天；呋喃唑酮内服，80mg/kg，连续 5 天
赤皮病	避免机体损伤；增效联胺内服，50mg/kg，拌和饲料投喂，连续 5 天；注射卡那霉素 1/3ml/kg，连注 5 天；在体外，用五倍子 2～5mg/L 泼洒鱼池
打印病	避免机体损伤；呋喃唑酮 20mg/L 浸泡 15min，0.8mg/L 全池泼洒；肌内注射金霉素、氯霉素、四环素，3mg/kg，连续 10 天

第三十一章　家　　蚕

第一节　生活史及生物学特性

一、生活史

家蚕（*Bombyx mori*）又称桑蚕，属鳞翅目，蚕蛾科（Bombycidae）。它的一生经过卵、幼虫、蛹和成虫 4 个阶段。从蚕每年孵化的次数来说，分一化性（在自然环境里一年孵化一次）、二化性和多化性 3 种。从养蚕季节来说，有春蚕、夏蚕、秋蚕等。

二、生物学特性

刚从卵孵出的幼虫，一般为黑色，也有褐色的，形态像蚂蚁，故称蚁蚕。蚁蚕食桑后，迅速生长，体色逐渐变淡而呈青白色。幼虫生长到一定程度时，必须脱去旧皮换上新皮才能继续生长。在蜕皮期间幼虫不食不动，俗称“眠”，刚蜕皮的幼虫称起蚕，眠是划分龄期的界限。蚁蚕食桑后至第 1 眠称 1 龄蚕，第 1 眠至第 2 眠称 2 龄蚕，第 2 眠至第 3 眠称 3 龄蚕，第 3 眠至第 4 眠称 4 龄蚕，第 4 眠后称 5 龄蚕。通常 1～3 龄的蚕称小蚕，4～5 龄的蚕称大蚕。幼虫发育到最后一龄的末期，逐渐停止食桑，蚕体收缩而稍透明，称熟蚕。熟蚕开始吐丝结茧，结茧完毕后，在茧内蜕皮化蛹。

化蛹以后，蛹体虽静止不动，但蛹体内剧烈地进行着组织溶解和组织发生两个过程，前一个过程破坏幼虫的器官和组织，后一个过程形成成虫的器官和组织。当成虫的体质发育完成后，蜕去蛹皮，羽化为成虫，从茧内钻出。成虫不从外界取食，它具有发达的生殖器官，交配产卵后，约 1 周自然死亡，家蚕的一个世代就此告终。

第二节　饲 养 管 理

一、蚕种催青及收蚁

1. 蚕种催青

从出库当天至第 4 天，宜用温度 24℃，干湿差 2.5℃，第 5 天至孵化以 26～28℃温度、1～1.5℃的温差来保护。第 8 天有 20%蚕卵点青（蚕卵一端有小黑点），即遮光制黑（黑布包种），第 10 天（即浸种约第 8 天）5：00 揭开黑布，开灯感光，让小蚕孵化。

2. 收蚁

收蚁宜在 9：00 进行。应提前选摘顶芽第二片桑叶作收蚁用叶，将叶切成丝或小方块直接撒到蚕种纸上，约 10min 蚁蚕全部爬上桑叶，这时连同蚁蚕和桑叶翻倒在蚕座上，整理好即可。

二、小蚕人工饲料与饲养技术

1. 饲料制作

1～2 龄小蚕人工饲料育每张蚕种约需饲料干粉 2.1kg。干料加水 1.85 倍左右，揉和均匀后装入 35cm×25cm 的保鲜袋内。1 龄饲料每袋装湿料 290g 左右，2 龄饲料可略厚，每袋装湿料 320g 左右（厚度约 0.3cm，装料量可按市售保鲜袋面积折算），擀平后用封口机封口。蒸煮 40min 灭菌，蒸煮灭菌后取出，在冷却前再擀压一遍。饲料冷却后即可使用，如保存时间在 3 天以上，应放入冰箱中 5℃左右保存。

2. 切条

1～2 龄蚕均采用切条育。1 龄切条宽度 0.8cm，切条摆放间隔 0.4cm；2 龄切条宽度 1cm，切条摆放间隔 0.5cm。

3. 收蚁

采用收蚁袋收蚁，在收蚁当日早晨，切放饲料后立即收蚁。收蚁时撕开收蚁袋，将有蚁蚕的一面放在饲料上，让蚕自行爬到人工饲料上，当大部分蚁蚕已爬到人工饲料上后，将剩余的少量蚁蚕用蚕筷打落到饲料上。收蚁后如用塑料蚕盒饲育，将蚕盒叠放整齐，如用蚕匾饲育，在蚕座上放置竹制十字撑，再覆盖塑料薄膜。

4. 饲育温湿度及光线

人工饲料育蚕对温度比较敏感，因此 1～2 龄温度比桑叶育蚕高。1 龄温度 30℃，眠中 29℃；2 龄温度 29℃，眠中 28℃。1～2 龄蚕相对湿度 85%，眠中在 75%以下。小蚕人工饲料育蚕采用暗饲育，除操作时间外，门窗用黑布遮好，蚕室尽量保持黑暗。

5. 蚕座面积

每张蚕，1 龄座面积 0.68m^2，2 龄 1.65m^2。如用 70cm×47cm 大小的塑料蚕盒，每张蚕种 5 盒，每盒饲养 0.2 张蚕种，1 龄每盒蚕座面积 0.135m^2，2 龄满盒。

6. 给饵次数

1～2 龄每龄给饵 1 次。另外，收蚁第 2 天饲料切条匀蚕后，在饲料间隙较大处应补充少量饲料，2 龄第 2 天扩座时再补充饲料 1 次。

7. 小蚕眠起管理

（1）眠起特征：1 龄蚕体色由青灰色转炒米色，体躯微缩，体表发亮，蚕体黏蚕粪；2 龄由青色转乳白色，有驼蚕（蚕背蚕）现象，皮肤发亮；3 龄蚕体色由青灰色转乳白色，蚕体肥短，体皮紧张发亮。

（2）眠除：即在蚕眠前和眠起加网除去蚕粪和残渣（蚕沙），除沙是保证蚕座清洁，防止蚕病传染的重要措施之一。

（3）饱食就眠：眠前除沙后要给 1～2 次桑，使蚕饱食安定。

（4）提青分批：同一批蚕中有 95%以上蚕已入眠后，仍有少量爬动而不眠地吃桑（称迟眠蚕），这时应撒上石灰粉，加网再给桑，引出迟眠蚕另行饲养，经 4～6h 后，这部分蚕就可入眠。

（5）眠中保护：首先，在眠定后把薄膜揭开，撒上新鲜石灰粉。其次，将蚕室温度降低 1℃，干湿温差保持在 1.5～2℃。再次，要避免强风直吹，强光直射和振动。人工饲料育蚕眠中时间较桑叶育蚕长，经 26～28h，等起蚕达 98%以上并向四周爬散时，为饷食时期。

8. 3 龄饷食和饲育技术

收蚁后第 9 天，3 龄起蚕达 98%以上时加网饷食。3 龄饷食用叶应采适熟偏嫩的 2 龄叶，用不加辅剂的消特灵液浸消 1min，取出脱干后切成三角叶饷食，饷食给桑量宁少勿多。3 龄是人工饲料育和桑叶育的转换期，3 龄期的饲育温度和叶质直接影响到 4～5 龄的饲育及产茧量的高低，特别是春蚕期要适当加温，温度控制在 26℃，3 龄应尽量选用优质桑叶，就眠时要分批提青，蚕期中要加强通风换气和防病措施。小蚕人工饲料育逐日技术处理与饲育技术参考见表 31-1。

表 31-1 小蚕人工饲育技术

龄期	饲育温湿度	日顺	蚕座面积/m^2	饲料用量/kg	技术处理
1 龄	龄中 30℃，相对湿度 85%；眠中 29℃，相对湿度 75%	1	0.68	0.61	5：00 感光，8：00 左右收蚁，切条育，条宽 0.8cm，条间间隔 0.4cm
		2			上午带条匀蚕，使蚕座内蚕稀密均匀，在饲料间隙较大处少量加料，结合匀蚕上下、左右调盒，以促使感湿均匀
		3			上下、左右调盒
		4			8：00 左右见眠，停止补湿；16：00 左右撒焦糠止桑
2 龄	龄中 29℃，相对湿度 85%；眠中 28℃，相对湿度 75%	5	1.65	0.74	19：00 左右饷食，加塑料蚕网，网上摆放条宽 1cm 的饲料，条间间隔 0.5cm
		6		0.48	上午适当淘汰小蚕；下午扩座加饲料至目的面积
	26℃，相对湿度 70%	7			上下、左右调盒
		8			上午见眠后十字错盒，停止补湿；15：00 左右撒焦糠止桑
3 龄		9			20：00 左右加网饷食，饷食用 2 龄叶，并以不加辅剂的消特灵液浸渍消毒脱干后切成三角叶

三、大蚕饲养

1. 防高温多湿

在饲养大蚕期，室内要通风良好，经常打开门窗，促使室内空气流通，避免室内多湿、高温闷热现象。大蚕饲养适宜温度 23～25℃，干湿温差 2.5～3℃。

2. 搞好蚕座卫生

防止蚕病传染和发生，大蚕期每天早上用新鲜石灰粉进行蚕体蚕座消毒，每天除沙（室内地面育不除沙），阴雨天湿度大，每天撒新鲜石灰粉 2 次，保持干爽。注意拣出病蚕、死蚕，淘汰弱小蚕，以防蚕病蔓延。

3. 4龄良桑饱食

4龄蚕是蚕体成长过渡到丝腺成长的转折时期，如果营养不良，会影响产量和质量。要求桑叶新鲜质好，选采顶叶下第6～15片叶喂用。

4. 5 龄期合理给桑

5 龄用桑占用桑量 85%左右，合理用桑是提高桑叶效益的关键。具体操作是两头紧中间松，即5龄第1～2天和第6～7天给叶量要严格控制，以到下次给叶时能吃光为宜。第3～6天要让蚕充分饱食。

第三节　健 康 检 查

一、蚕种生产的微粒子病预知检查

蚕微粒子病（pebrine disease of Chinese silkworm，PDS）又称锈病。由原生动物孢子虫纲的微孢子虫（microsporidia）寄生而导致的传染性原虫病。常见的蚕微孢子虫（*Nosenabombycis naegeli*，NB）在分类上属于孢子虫纲、微孢子虫目、微孢子虫科、微孢子虫属，通过镜检可以发现。

1. 养蚕前环境抽样检测

（1）抽样范围：在养蚕前，对蚕室、贮桑室周围环境及室内尘土、蚕具浮丝、桑园昆虫、泥叶、虫口叶、桑园表土、室外堆过蚕沙场所的表土、宿舍、办公场所等进行多次抽样检查。

（2）抽样标准：泥土 50g/样；昆虫全检；泥叶 2 片叶/样。

（3）抽样方法：随机抽样或对角线法抽样。

（4）结果：如果镜检发现 NB，则重点清洗、消毒，直到再检无 NB 为止。

2. 原种补正检查

（1）检查对象：每批留样蚁蚕；收蚁之后检测催青死卵、苗末蚁、卵壳等。

（2）注意问题：直接磨碎后离心沉淀再镜检。实行按区收蚁，在蚕匾两头编号，与收蚁连纸对号，便于查找，防止混淆。

3. 蚕期检查

将迟眠蚕装入样品袋中，注明品种、批次等信息，置于温度 28～30℃、干湿温差 0.5～1℃的环境中 2 天后镜检。如果镜检发现某区有 NB，应将其淘汰或改作丝茧育隔离饲养。

二、防治措施

1. 把好蚕前消毒关

蚕前消毒，一扫二洗三消。消毒前先对蚕室蚕具及房前屋后彻底打扫清洗，再进行消毒。用含1%有效氯浓度的漂白粉液将整个蚕室蚕具及大环境彻底消毒一次；用物理方法对蚕室蚕具进行蒸汽消毒；用含1%有效氯浓度的消特灵液对蚕室蚕具及大环境再消毒一次；用毒消散对蚕室蚕具进行熏烟消毒。

在蚕前消毒过程中，把握正确的消毒方法。一是正确用药。目前，常用的消毒药为氯制剂和醛制剂，二者要分开使用。在实际生产中，往往存在混用现象，如在用甲醛对蚕具进行熏蒸消毒的同时又用氯制剂浸蚕具补湿，或在用毒消散进行熏烟消毒时又用氯制剂补湿。这样药物相互之间发生化学反应，降低了药效，反而起不到较好的消毒效果。二是在蒸汽消毒时，必须保持煮沸2h以上，药物消毒时必须保持湿润30min以上。三是在对蚕匾进行消毒时，喷雾方式往往消毒不彻底，宜用浸渍方式。

2. 蚕期消毒不能忽视

蚕期中环境消毒是对蚕前消毒效果的保持。小蚕期应每眠对蚕室及环境用含1%有效氯浓度的漂白粉液消毒1次，大蚕期应每3天消毒1次，每次除沙后都要对蚕室地面及周围小环境进行消毒。蚕期过程中的消毒应把握适度原则，根据不同的天气情况灵活掌握喷药量，一般雨天消毒时应减少喷药量，晴天的中午或下午消毒时可适当加大喷药量，早晚消毒时应适当减少喷药量。如遇长期阴雨天，消毒后蚕室地面不能及时干燥，喷药30min后可在地面撒石灰，待其吸去水分后将吸湿后的石灰扫去，以减少蚕室的湿度。

3. 把好桑叶消毒关

为防止桑叶将野外昆虫病原带入，桑叶要用含0.33%有效氯含量的漂白精液进行全程消毒。桑叶消毒通常用浸渍和喷雾两种方式，原蚕区散户种茧育一般小蚕1～3龄采用浸渍方式，4～5龄采用喷雾方式。小蚕桑叶浸渍30min后用清水洗去残留药物，充分晾干后备用。大蚕桑叶消毒时应掌握好喷药量，喷药时要使药物充分雾化，翻叶时必须翻抄均匀，使桑叶消毒达到既无干叶又不滴水的效果，消毒后的桑叶用塑料布盖30min以上，通过雾化的药物杀死残留在死角的病原，达到最佳消毒效果，30min后晾干桑叶，供下次给叶备用，不能给水叶，更不能现消现喂。

4. 做好隔离淘汰

小蚕期坚持每次给叶前用小防、焦糠或小防与焦糠配成“三七”糠撒蚕体蚕座，大蚕期每天至少用两次石灰、大防、焦糠或大防与焦糠配成“三七”糠撒蚕体蚕座。防病一号、焦糠和石灰的使用不但能起到隔离的目的，还有干燥吸湿功能和消毒杀菌功能。同时，在龄期中注意淘汰弱小蚕，眠期中加强迟眠蚕、迟起蚕淘汰，整个蚕期的淘汰比例应控制在总量的5%～10%。

5. 控制好蚕室、蚕座温湿度

湿度过大是诱发僵病发生的基本条件。因此，要预防僵病，控制蚕室及蚕座湿度是重点。在蚕期中要防止高温多湿或低温多湿。一般1～3龄28～26℃，干湿温差1.5～2℃；4～5龄26～24℃，干湿温差2.5～3℃。小蚕期1龄采用全防干育，2龄采用半防干育，3龄起采用自然防干育而打破传统1龄、2龄全防干育、3龄半防干育的做法，在种茧育中这种做法有利于僵病防治，避免小蚕期湿度过大诱发僵病。大蚕期坚持勤除沙，特别是眠前必须除沙，5 龄中每天除沙 1 次。阴雨天多撒干燥材料，每天保持用硫磺、柏丫等烟熏两次以上，以达到控制和减小蚕座湿度的目的。高温闷热天要加强室内通风换气。

6. 药物防僵

饷食前用防病一号进行蚕体消毒，然后再给叶。因为刚蜕皮后的起蚕是蚕最脆弱的阶段，极易受到真菌的感染，所以饷食前的蚕体消毒是防僵的关键。1～3 龄每天撒 1 次小蚕防病一号或“三七”糠，3 龄中用 1 次赛力散或西丁生防僵粉，4 龄中用 2 次赛力散或西丁生防僵粉，2 次 402 焦糠，5 龄中隔日用 1 次防僵粉或 402 焦糠。如有僵病发生，每日用药 1 次。

第三十二章　果　　蝇

第一节　生活史及生物学特性

一、生活史

果蝇（fruit fly；学名 *Drosophila*）为双翅目，短角亚目，果蝇科，果蝇属昆虫，约1000种。实验室中常用于遗传学、生理学、发育生物学及免疫学等研究的品种为黑腹果蝇（*D. melanogaster*；以下简称果蝇）。果蝇1个完整的生活周期分为4个明显的时期，即卵→幼虫→蛹→成虫。卵长约0.5mm，白色，前端背面伸出一对触丝，能附着在食物或瓶壁上，不致深陷于食物中。25℃下，卵经22～24h孵化为幼虫，幼虫经两次蜕皮成为三龄幼虫，4～5mm，肉眼可见其一端稍尖为头部，上有一黑色钩状口器，幼虫生活4天左右化蛹，起初颜色淡黄，柔软，以后逐渐硬化变成深褐色，此时即将羽化。成虫约2.5mm长，成虫果蝇自羽化后大约10h可交配，1～2天后即可产卵，成虫果蝇在25℃下一般存活1个月，适宜条件下可存活2～3个月。果蝇的生活周期和各发育阶段的经过时间见图32-1。

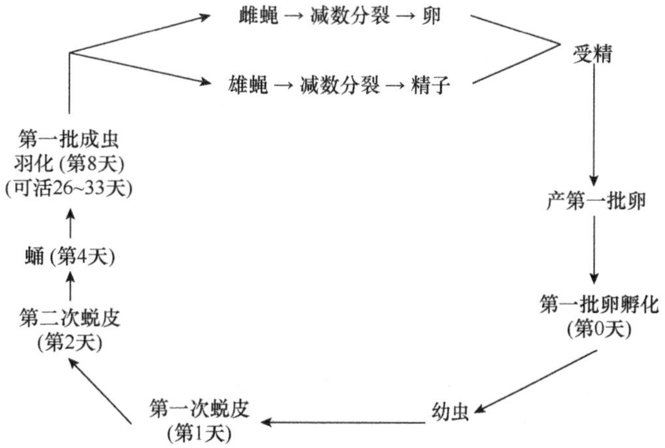

图32-1　果蝇的生活周期和各发育阶段的经过时间

二、生物学特性

1. 形态特征

成虫：体长约4mm，浅黄色或灰黄色，复眼红色或暗红色，触角芒状，第三节粗大，椭圆形至长圆形。中胸背面横排11列刚毛，前面5列后面6列，无小盾前鬃，小盾后鬃2行2列。胸部和腹部均生有较密的黑褐色短毛。前翅具有2个黑色斑块，前缘脉有缘褶 2 个，具臀室。雌成虫比雄成虫体型大，腹末较尖削，腹背有 5 条黑色条纹。前足第一跗节无性梳，雄成虫腹末圆钝，腹部背面有 3 条黑纹，前 2 条较细，后 1 条粗并且延伸至腹面，第四、五腹节背面黑色。

卵：梭形，初产水滴状润白，后白色，长 0.4～0.5mm，前端背面有 2 根触丝。

幼虫：白色，无足型，无头。体躯尾端粗，前端稍细略呈楔形，每一体节有一圈钩刺，体前端具黑色口钩，在口钩基部左右各有一唾腺。整个体躯稍呈半透明状，透过体壁可见消化道内有断线状黑褐色食物消化残留物。

蛹：略呈梭形，前端有 2 个呼吸孔，后端有尾芽，初时淡黄色，后颜色加深，近羽化时深褐色。

2. 生活习性

（1）成虫习性：黑腹果蝇成虫为舐吸式口器，主要以水果汁液为食，对发酵果汁和糖醋液等有较强的趋向性。成虫可存活 25～40 天，温度在 8～33℃内均可生存，以 25℃左右为最适宜，高于 33℃时果蝇成虫陆续死亡，当气温低于 8℃时果蝇成虫不在田间活动，多聚集于果壳（如葡萄）、幼虫取食后的烂果孔穴里。果蝇成虫飞翔能力弱，多在背阴和弱光处活动，多数时间栖息于杂草丛生的潮湿地里。

（2）成虫羽化：成虫羽化时间多数在 6：00～8：00。成虫羽化时，先借助于顶囊的顶力将蛹背部前端顶开一小裂口，或直接顶开蛹盖，靠足的推力及身体的扭动将身体带出。刚羽化的成虫体色淡，翅未完全展开而紧贴虫体，不能飞翔，30min 至 2h 内爬行或静伏并舒展身体，身体逐渐硬化，体色开始加深，6h 后身体充分硬化，体色变为正常。雌虫比雄虫虫体微大，雌雄性数量比接近 1∶1，雌性略高。

（3）求偶与交尾：经羽化后身体充分硬化、体色变为正常的雌雄成虫，开始飞动取食，雄虫 12h、雌虫 8h 后达到性成熟。雄虫性成熟后表现出兴奋、好动、飞行敏捷迅速，开始追逐异性，主要行为有展翅、振动、尾追、打圈等。而雌虫不表现太多反应，只是偶尔飞行。雌雄成虫交尾时雄虫在上，用足抱握雌虫，腹部向下弯曲连接雌虫生殖器。交尾时间 6～25min，多数为 17～18min，雌虫交尾一次便可终生产卵。

（4）产卵：雌成虫交尾后 24h 可产卵。雌虫可直接将卵产在腐烂的水果表面。在温度 25℃左右、湿度 70%左右条件下，雌虫交尾后 24h 直至死亡前一天都可产卵，每只雌虫一生可产约 500 粒卵。

（5）卵的孵化和幼虫：卵在 25℃条件下发育，20h 后可陆续孵化，40h 内孵化完毕。孵化时幼虫凭借自身的蠕动和口钩的力量破卵而出，开始在果肉汁液里蠕动，并挥动口钩取食。幼虫分 3 龄，25℃左右时 1 龄、2 龄幼虫发育期各约 1 天，3 龄约 3 天，5 天左右可发育为老熟幼虫。幼虫每经一龄需蜕皮并遗弃原口钩，长出新口钩。

（6）化蛹和蛹：幼虫发育至老熟时停止取食，开始爬动寻找化蛹场所。入土化蛹或在腐烂食物上直接化蛹。正常气温下，温度在 15℃以上时，这些蛹能正常羽化。幼虫入土化蛹的深度与土壤湿度有关，土壤含水量在 10%以下和 35%（土壤含水量达到饱和）时，幼虫在土表化蛹，土壤含水量在 15%～20%时，幼虫在土表下 1cm 左右处化蛹，最深的在 3cm 处。

第二节 人工繁育技术

一、繁殖方法

果蝇生活周期的长短与温度关系密切，30℃以上能导致不育或死亡，低温则使它生活周期延长，生活力下降。世代时间（受精卵到成虫）：30℃ 11天，28～29℃ 7天，25℃ 9天，22℃ 11天，18℃ 19天。也有以生活周期（受精卵到下一代受精卵）计算的，时间比世代时间多1～2天。

二、保种注意事项

（1）保种温度保持在18℃。当室温高于15℃时，可直接室温保种，既省电又可避免因培养箱自控失灵造成的意外。保种湿度应控制在相对湿度50%～60%。

（2）经常观察，及时补湿。培养箱风机都是24h常转，培养基在没有湿度控制的培养箱中很容易被吹干，故应及时补加无菌水。方法是用消毒注射器顺瓶壁缓缓注入，以填满干裂缝隙为宜。

（3）适当补加酵母粉。可将适量酵母粉融入无菌水，在补水时加入（不必每次都加酵母粉）。

（4）选用20目左右的玉米粉（目前市售玉米粉多在40～60目）配制培养基，因为过细的玉米粉同样用量配成的培养基要黏稠得多，粗粒玉米粉配成的培养基则显得相对松软，从而利于果蝇幼虫的活动。

（5）保种防杂。原种保种时，一定要注意防止种系间的混杂。培养瓶的棉塞要塞紧，避免果蝇逃出，转移果蝇时，防止果蝇飞散，如果发现有从中逃逸者，必须捕杀。最好每天只转接一个种系或分室转接不同种系。实验室保存种系较多时可能没有办法分批转接，可以使用电蚊拍杀灭逃逸果蝇，但实验室及室外走道切忌使用杀虫剂。

（6）培养基的灭菌。为减少长时间培养中的培养基污染问题，在保种时，可将分装好的培养基放入高压灭菌锅中于121℃下灭菌30min，虽杀死了培养基中的酵母菌，但大大减少了培养基污染的机会，实际上移入果蝇后依靠果蝇体表携带的酵母菌自然接种，可使培养基中的酵母菌复得，以供果蝇生长发育需要。

（7）同一品系至少保存两份，最好是相差半个世代，即一份成虫，一份幼虫。有许多基因型的果蝇在18℃繁殖较差，因此将品系保存于18℃时的最初2～3代，最好在室温或25℃维持备份。

（8）保存品系的标签至少应注明重要的基因型。最好使用可多次粘贴的不干胶标签，便于转接时更换标签。同时也应将保存品系的其他信息记录在笔记本或数据库中，包括详细的基因型、品系来源、制作者、世系等。

（9）果蝇品系应在转接时进行例行检查，如发现螨虫立刻进行隔离及检疫处理。

第三节　饲 养 管 理

一、培养基的配制

常用培养基有玉米粉培养基和小麦粉培养基。玉米粉培养基配方如下：玉米粉 10g，蔗糖 13.5g，琼脂 1.5g，水 75ml 和质量分数为 10%的苯酚溶液 0.5ml（1g 苯酚粉末溶解于 10ml 体积分数为 95%的乙醇中）。配制时先用水将玉米粉调成糊状，多余水放入烧杯，加入剪碎的琼脂，加热煮沸，待琼脂全部溶解后，把玉米粉糊缓缓倒入烧杯，糖浆可同时加入，边加边搅拌，加完后继续煮沸 5min，为了防止培养基中霉菌生长，可滴入 5ml 质量分数为 10%的苯酚溶液。在培养基未完全冷却前，小心将其倒入培养瓶，勿沾污瓶壁，培养基在瓶内厚度约 3cm。冷却后，每瓶再加入鲜酵母液 3 滴，瓶壁如有水珠可用吸水纸吸干，以防打湿果蝇翅膀而引起死亡，用消毒过的滤纸对折成宽约 2cm 的长条插入瓶中作为化蛹的干燥场所。制备好的食物于 4℃冰箱中保存，保存期限一般为 7 天。

二、培养方法

培养果蝇常用无色透明的广口瓶作培养瓶，用纱布包裹的棉花球作瓶塞，可用蒸汽消毒，饲养瓶先要洗净晾干消毒，然后倒入饲料，冷却后用酒精棉球擦瓶壁，之后滴入酵母菌数滴再插入消毒过的吸水纸。也可使用标准大小的一次性塑料培养瓶和培养管。全世界各大果蝇品种保藏中心培养瓶的尺寸略有区别，但一般培养瓶容积约为 150ml，培养管容积约为 35ml。

（1）原种培养：事先检查果蝇有无混杂，以防原种丢失。转接的果蝇成虫数取决于基因型和食物等环境因素，一般经验是突变越多的果蝇生殖能力越弱。为避免过量繁殖，一般培养管里转 1～3 只雌蝇，培养瓶里 5～20 只。而雄蝇一般 1～2 只足以。突变的品系生殖能力较弱，需要增加果蝇数目。出现过量繁殖时，可以将部分幼虫用勺或小铲转入新鲜培养基中。移入新培养瓶时，需将瓶横卧，然后将果蝇挑入，待果蝇清醒过来后再把培养瓶竖起，以防止果蝇黏在培养基上。引入瓶内的果蝇会自行交配，并很快产卵，最适温度在 20～25℃，一般 10～14 天可繁殖一代，培养过程中避免日光直射。30℃以上会致果蝇不育和死亡，低温会延长生活周期，同时生活力降低。果蝇在培养过程中，一般每 3～4 天需要换 1 次培养基。原种培养每 2～4 周换一次培养基（据温度来确定），每一原种培养至少保留两套，标签上写明名称、日期等。当子蝇即将孵化出来以前，倒出亲本，以免和子代混淆。

（2）果蝇幼虫的土法培养：可在实验前 15 天将烂梨和香蕉装入食品袋内，不要封口，置温暖潮湿处，以此为培养基，进行自然接种，自行繁殖幼虫。一般在春夏和初秋季节在袋中装入培养基进行幼虫培养。

三、培养过程中应注意的问题

1. 培养基的防霉防菌

因为酵母菌与霉菌生活环境相似，均为 pH 4.5～6.0，所以在培养基的配制、酵母液的制备乃至转管时瓶塞的取放等每一个细节都要按无菌操作的基本要求去完成，防止霉菌的污染。对于已经被霉菌大量污染的培养基，应及时倒掉，不宜再用。或者在培养基制作过程中加入丙酸预防霉菌的生长。培养果蝇时在培养基中加入少量活酵母也可以帮助抑制霉菌生长。过量生长的细菌会在培养基表面产生黏膜，影响幼虫生长。因为果蝇幼虫以细菌为食物，所以正常生长的品系一般较少出现此类问题。如果所有培养基都出现细菌生长，有可能是因为培养基偏碱性，应将培养基 pH 降低到 5，也可在培养基制作时加入抗生素。

2. 培养温度

温度对果蝇的生长、发育、繁殖至关重要。果蝇生活的最适温度为 20～25℃。当温度降至 10℃以下时，生活周期延至 57 天以上，生活力明显降低，而高于 30℃时引起不育和死亡。因此，选培养箱培养最为妥当。

3. 保证果蝇种系的纯正

要想保证遗传学实验的杂交测试不受干扰，一定要保证亲本果蝇的纯正。如发现有从瓶中逃逸者，必须捕杀。经常对亲本果蝇进行性状检查，排除杂交者或突变者。

4. 酵母菌的选择

以往常使用干酵母片，但其菌体活力较差，难以大量繁殖。现在改用发酵面包专用活性酵母粉来制备酵母菌液，或直接使用干酵母粉，效果较好。

5. 果蝇的复壮

由于长期在低温下生活，果蝇的生活力大大降低。因此，必须挑取个体较大、繁殖力较强的雌雄果蝇装入新培养瓶，继续培养。

6. 螨虫的预防

有多种螨虫可以污染果蝇品系。有些种以果蝇卵为食物，有些种与果蝇竞争培养基。污染了螨虫的品系如果有备份，应将已污染了的品系立即用冰箱冷冻或进行高压锅高温处理，防止螨虫扩散。

所有外来果蝇进入实验室前均需经过检疫。检疫果蝇（F_0）需隔离，并于短期内多次更换食物（每天 3～4 次，连续 3 天），交配产生后代（F_1）并保留。对后代重复以上操作，彻底排除螨虫后（第三代，F_2）方可入库（大致需要 1 个月）。检疫操作应远离没有污染的品系及实验台面。最好将检疫品系用装水的浅托盘隔离，螨虫游泳能力弱，这样可以增强隔离效果。

7. 环境保持清洁

实验台面和工具应保持清洁。接触可能被螨虫或霉菌污染的品系后，应用 70%乙醇擦拭台面和所有工具。当实验室工作人员需要共用台面或工具时，也应在使用前后用 70%乙醇擦拭。

8. 废弃果蝇的处理

实验用的果蝇在实验完成后应尽快处理，转接了果蝇的培养基在常温最多保留 30 天，以防止螨虫或霉菌等生长。大批量废弃果蝇需同果蝇管及托盘一起放入−20℃冰箱进行 12h 以上的冷冻处理，确认果蝇死亡后进行专业填埋处理，防止实验动物流入自然。

9. 出现污染时的报备

如果发现实验室出现螨虫或霉菌等污染，应立即向实验室负责人汇报，并开展隔离和检疫工作。如果该实验室向其他实验室提供果蝇品系，也必须注明实验室出现了污染，尤其是螨虫污染。

第四节 使 用 管 理

一、野外采集

1. 时机的选择

果蝇生活和繁殖所需的温度范围比较狭窄，当天气预报的日最高气温在 15℃以下和 35℃以上时，基本上收集不到，收集果蝇应在日最高气温稳定为 18～28℃时进行，日最高气温达 30℃左右时，在阴凉处可收集得到。收集的日期可根据实验的需要和果蝇各期发育所需的时间（表 32-1）来定，如做唾腺染色体装片，需要三龄期幼虫，如果在 20℃下培养，从卵到幼虫的发育需 8 天，则可在实验前第 11 或第 10 天开始，连续 4～5 天每天放一瓶饵料诱捕。

表 32-1 果蝇发育所需时间与温度关系

	10℃	15℃	20℃	25℃	28℃
卵→幼虫			8 天	5 天	约 3 天
幼虫→成虫	57 天	18 天	6.3 天	4.2 天	约 2.5 天

2. 收集器皿的选择

许多玻璃器皿如烧杯、牛奶瓶、试管、罐头瓶、锥形瓶都可用。根据多年的观察实验发现，果蝇更喜欢透明光亮的器皿，如同时在牛奶瓶、罐头瓶和烧杯、锥形瓶中放入相同的饵料，果蝇进去最多的是透明度最大的烧杯和锥形瓶，而最不愿去透明度最差的牛奶瓶。因此适于收集和培养果蝇的器皿是锥形瓶，其底部空间大，瓶高，便于果蝇活动和产卵；瓶壁面积大，便于幼虫爬壁化蛹；口小易盖，成蝇不易飞出来；透明度大，便于观察。

3. 诱饵的选择

果蝇常常会在烂水果附近飞行，但并不能说明可用烂水果作为饵料，因为果蝇不会在霉烂的水果上繁殖，所以烂水果是不可取的。可选择具有芳香味、熟透变软开始发酵和没有霉变的水果，如李子、香蕉、桃等，经验证明水果中熟透的香蕉最好。

4. 收集方法

将收集用的器皿洗净，用沸水冲烫灭菌，选择熟透质软、外皮完整无霉变的香蕉，剥去皮，切成 2 段分置于两个瓶中，放在实验室内或厨房或其他有果蝇飞行的地方进行诱捕。一般在 1～2 天内就有果蝇入瓶取食。此时收集瓶可不加盖，任凭果蝇自由出入，以便引诱更多的果蝇。但要注意，如有绿头苍蝇混入，应及时挥走或剔除。当出入瓶中的果蝇雌雄个体都有时，即可交配产卵繁殖后代。每只雌蝇可产卵 200～500 只。

二、麻醉

（1）使用单一乙醚做果蝇麻醉，从昏迷时间和安全性两方面考虑，有必要在“几滴乙醚、半分钟”的基础上减少乙醚用量，延长麻醉处理时间。乙醚用量 60μl（约 2 滴）麻醉处理时间 3～7min，昏迷时间可达 18.6～22.7min，2h 的复苏率 99%以上。

（2）乙醚-乙醇混合使用时，在麻醉速度、昏迷时间、耐受程度、复苏率多方面取长补短，能起到加强麻醉效果的作用，是较好的复合麻醉剂。

（3）乙醚和乙醇的配比不同，麻醉昏迷时间的效果也不一样。其中乙醚∶乙醇=1∶1 的配比适用的剂量/时间组合范围宽，不仅适于对生活力强的野生型果蝇做麻醉，对生活力很弱的突变型也同样安全有效。

（4）在麻醉空间不变的情况下，麻醉剂的用量和麻醉处理的时间是可以调控的。使用者可以根据实际需要选取所需要的麻醉剂量及麻醉处理时间参数。

（5）用乙醚、乙醇混合液麻醉后苏醒的果蝇，基本上能正常交配和产卵并繁殖后代。但其对果蝇及后代的生活力、体质方面的毒理作用还有待进一步研究。

（6）目前实验室中常用的方法是使用高压二氧化碳气体，经过减压阀减压后，通过通气平板来麻醉果蝇。这种麻醉方法对果蝇无伤害，复苏迅速。这一系统还可以同时使用壁式加湿系统，以防止静电对操作的影响。

三、果蝇的保存

果蝇培养基外保存时，温度在 20℃或 25℃，相对湿度为 40%，保存时间为 4h 或 8h，果蝇的繁殖不受影响。

随着相对湿度的增加，果蝇的繁殖力逐渐减弱。培养基外保存超过 8h 则影响果蝇繁殖力。实验前收集的处女蝇培养基外保存时，应选温度 20℃或 25℃、相对湿度 40%、保存时间 8h 内为宜。

四、果蝇的防治

1. 及时清理落地果

果成熟前期果蝇发生量不大，随着果实成熟期的推进，落地果增多，雌蝇大量在落地果上产卵、繁殖。因此，及时彻底地清理落地果是比较有效的防治方法之一。

2. 药液诱杀

用敌百虫、香蕉、蜂蜜、食醋按 10∶10∶6∶3 的比例配制成混合诱杀浆液，每亩投放10份诱杀成虫，好果率可达95%以上，防治效果较为理想。

3. 药剂喷施落地果

用药剂直接喷施果树或果实，农药残毒不易清洗。所以在果实成熟期内不宜用化学农药，但可在成熟期前用低毒残留的1.8%爱福丁或阿维菌素喷洒落地果，并及时清理，可有效防治果蝇的发生。

4. 诱杀成虫

根据成虫趋性，于6月上中旬果实开始着色时，将香瓜、菜瓜从中剖开或柚果皮等，在糖醋药液中浸泡数小时后悬挂在树冠中，每株2～4处。糖醋液配方：水10～12份、红糖1.5份、醋1份、敌百虫0.1份。也可将腐烂瓜果堆在树下，淋透糖醋液进行诱杀。还可将牛皮纸剪成宽20cm、长适量的纸块浸入糖醋液中，1h后捞出晒至半干，涂上凡士林，以图钉钉于树干上，诱黏成虫。

5. 烟驱成虫

6月中下旬成虫产卵期间，将苦蒿、艾叶晾至半干，在轻微风的傍晚，于果园上风处堆积生火熏烟后，再以鲜山苍子或桉树枝叶覆盖，使其产生浓烟，驱赶成虫效果很好，但大风或无风日效果较差。

五、遗传学和发育学实验用果蝇的获取

遗传和发育实验用的果蝇种系要求遗传背景清晰，而野外采得的果蝇可能带有功能不明的转座子，所以这些实验所需果蝇应从专业果蝇库或实验室获取。目前国内的专业果蝇库包括清华果蝇平台等。

六、处女蝇的收集

雌蝇交配一次后可储存大量精子，满足5～7天受精的需要，所以多数实验需要使用未交配过的处女蝇。22℃左右时，雄蝇羽化后10h内，雌蝇羽化后8～12h内，一般无法交配。通常操作是将培养瓶中的成虫倒掉，在8h后再收集新羽化的成虫，分选出雌蝇作为处女蝇。温度25℃时可以在6h内收集处女蝇。自然光培养下的果蝇多数在清晨羽化，应重点保证这个时间段的处女蝇收集。可以在晚上将果蝇放入18℃培养箱，以避免清晨实验开展前过多果蝇羽化。

第三十三章　蚊

第一节　生物学特性

一、生活史

蚊（*mosquito*）属于双翅目（Diptera），蚊科（Culicidae），俗称“蚊子”。蚊分布很广，种类很多，迄今为止全世界已记录蚊虫共3亚科，38属，3350多种和亚种。生活史中有卵、幼虫、蛹和成虫4个虫态。前3个虫态生活于水中，成蚊生活于水面上或陆地环境。雌、雄蚊虫经交配、雌蚊吸血后产卵，产卵的方式、场所、数目及受精卵的形态因种而异。按蚊卵卵球形，单卵产于大型清洁水体，浮于水面；库蚊卵圆锥形，多卵产于污水水体，集成卵块飘浮水面；伊蚊卵橄榄形，单卵产于小型清洁积水，下沉水底；少数种类的卵黏集在水生植物叶面下。多数种类产出的卵胚胎发育成熟即孵化出幼虫，但有些按蚊卵在低温、潮湿条件下可10天至1个月不孵化。伊蚊卵抗旱耐冷，可渡过旱季或越冬。卵的发育期视蚊种和水温而异，夏天一般2天即可孵出幼虫。幼虫滤食，经4次蜕皮后而化蛹。蚊蛹不食，常浮于水面或潜入水中。夏天蛹常经2～3天便从背部裂开，羽化为成蚊。蚊虫羽化后1～2天，常在未吸血前交配。一般情况下，雌蚊只有吸血才能产卵、繁殖后代。从雌蚊产卵到发育为成蚊，完成生活史所需时间因蚊种、温度、食物等生活条件不同而异：在夏季，淡色库蚊在23～26℃下2万～3万；中华按蚊在28～30℃约需2周；白纹伊蚊在28℃下约2万。在适宜条件下，蚊虫1年可繁殖7～8代。

二、形态学特征

1. 成蚊

蚊虫是全变态昆虫，成蚊分头、胸、腹3部分，是体细、足长的小型昆虫。头的前端有一长喙，是蚊虫取食的口器，绝大多数雌蚊的口器适于叮刺吸血，翅脉和翅缘都有鳞片，头、胸、足及多数蚊虫的腹部也覆盖鳞片，这是区别于其他双翅昆虫的特征（图33-1）。

2. 卵

蚊卵很小，长1mm左右，形状不一，因种而异。刚产出的卵为灰白色，但很快就变成黑色。库蚊卵多为长圆形，许多卵连在一起，称为卵块（每块为100～150个），浮于水面。伊蚊卵为单生，呈纺锤形，无浮囊，多沉于水底。按蚊卵船形，两侧有浮囊各一个，常排成图案状浮于水面。

3. 幼虫

俗称孑孓，共有4龄。幼虫分头、胸、腹3部，体生有大量长毛。其毛生长的部位与排序和形状大小及数量的多少均是分类的重要特征。口器为咀嚼式，尾端有一根呼吸管（库蚊和伊蚊）或一对呼吸孔（按蚊）。库蚊和伊蚊幼虫头向下与水面成45°角，按蚊幼虫与水面平行（图33-2）。

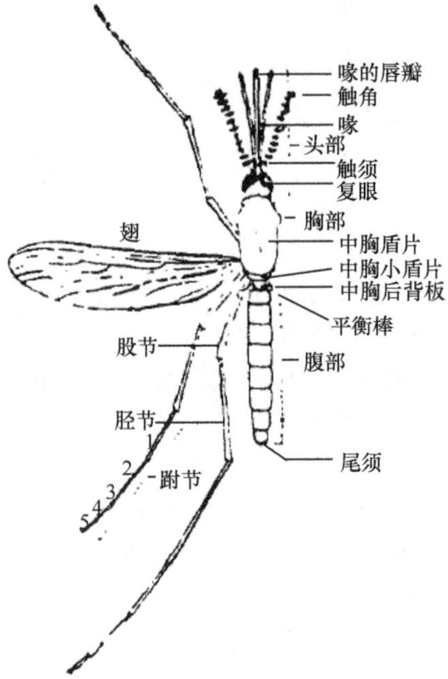

图33-1　成蚊外部形态
（来自徐承龙和姜志宽）

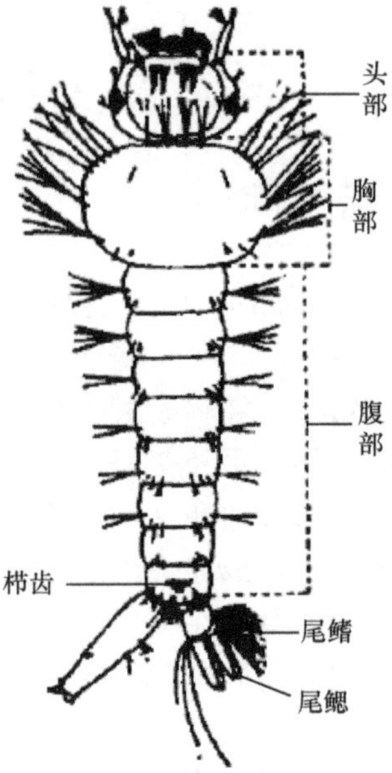

图33-2　蚊幼（按蚊）
（来自徐承龙和姜志宽）

4. 蛹

外形似逗点，头部与胸部融合为圆球形状的头胸部。其后为细长的腹部，腹部末端有一对扁平的尾鳍，在胸部背面有一对喇叭形呼吸角（图33-3）。蚊蛹不食能动，遇到惊扰时即潜入水中。抵抗能力强，在无水情况下，只要保持一定的湿润，蚊蛹仍能发育羽化成蚊。

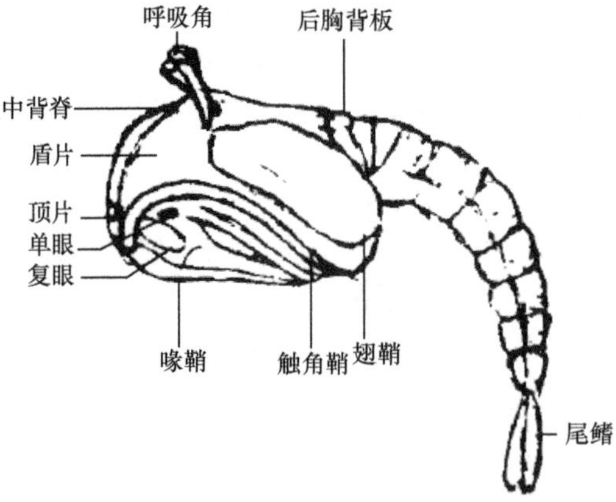

图33-3　蚊蛹及其呼吸角（来自徐承龙和姜志宽）

第二节　饲 养 管 理

一、设施环境

（1）饲养室的内壁涂白色，装置纱门、纱窗。白天有自然光线透入。

（2）室内温湿度的控制：室内的温度应保持在 25～27℃，相对湿度通常保持在 60%～70%，并设上下水，保持通风等。

（3）室内光照要求：在饲养过程中，应给幼虫日光灯照射，每日 10～16h。

二、蚊虫食物

（1）幼虫的饲料：药用酵母粉和干净无霉菌猪肝粉。幼虫用水、自来水放置在恒温室内 24h 以后方可使用，以达到水温接近室内温且去氯去硬度的目的。

（2）成蚊饲以动物血及葡萄糖液。

三、饲养方法

（一）中华按蚊的饲养方法

1. 蚊卵的收集和保存

将已吸血的雌蚊放入蚊笼内正常饲养。待胃血消化完、卵巢发育成熟后，在蚊笼内放入一个垫有棉花的培养皿，上覆盖尼龙布或滤纸，浸湿供雌蚊产卵；产卵后将有卵的尼龙布或滤纸折叠后放进垫有厚层湿棉垫的培养皿内，盖好，恒温放置 2～3 天，通常 48h 胚胎发育成熟。发育成熟后，放置 2～3℃冷藏箱内。正常卵下水时间不宜超过 10 天，卵的孵化率随蚊卵放置时间延长而逐渐减低。

2. 幼虫饲养

饲养蚊幼虫要掌握水温、饲料和幼虫密度 3 个环节。

（1）Ⅰ～Ⅱ龄幼虫的饲养：将胚胎成熟的蚊卵放入盛脱氯自来水的白瓷盆（盘）内，经 2～8h 大部分卵孵出幼虫，去除浮在水面和盆边的卵壳和尚未孵出的卵粒，使幼虫同步发育。将少量酵母粉均匀撒在水面上，每天 2～4 次，每次撒下的饲料应能尽快吃完，避免酵母粉在水面发酵成膜，致使幼虫缺氧死亡。饲养是否充足可按下法判断：先轻吹一下水面，如果水面吹得开，食料和幼虫迅速向四周均匀扩散则加饲料；如果水面吹不动或是吹开一部分又立即合拢，表示不能增加饲料，应立即加些清水。

（2）Ⅲ～Ⅳ龄幼虫的饲养：Ⅲ～Ⅳ龄幼虫发育快，密度以每盆 600～700 条幼虫为宜。每天增加撒酵母粉的量，并在水底喂上饲料。当幼虫到达Ⅳ龄末期即将化蛹前，幼虫食量明显减退，应及时减少每次喂料量，以免剩余的酵母粉发酵而使水质浑浊腐臭，引起幼虫大量死亡。

3. 蛹的处理

可用吸管将蛹直接吸出，但在大批饲养蚊虫时，可以利用幼虫和蛹的不同习性，用玻璃漏斗将两者分开。方法如下：固定玻璃漏斗，漏斗柄端连接一条长 10cm 左右的透明塑料软管，软管的末端套一个弹簧夹。玻璃漏斗内盛满水。先把养殖的蛹和幼虫用纱网滤出，再把滤出蛹和幼虫浸入漏斗中，用玻璃棒轻轻地拨动水面，幼虫受惊而下沉，而蛹在水面上下来回泳动，幼虫自动分离。这时打开弹簧夹，放出幼虫至下面盛水的盆内，将蛹集中于小瓷碗内，每碗 1000 只左右，将蛹碗放入蚊笼内，经 48h 多数羽化为成蚊。

4. 成蚊的饲养

在成蚊饲养过程中，温度、湿度、食料同样是影响成蚊寿命的主要因素，成蚊笼两旁放两个盛水的盆，将覆盖在蚊笼上湿布的两端浸在水盆内，以增加蚊笼内的湿度，保持笼内外空气流通。蚊笼纱上面放上浸透过 10%葡萄糖液的海绵，每天更换一次新鲜糖水。成蚊羽化 2～3 天后，小白鼠放入蚊笼内供雌蚊吸血。如果吸血率低，可延长成蚊光照时间。成蚊吸饱血后 2～3 天，把做好的产卵皿放入笼内，供雌蚊产卵。

（二）淡色库蚊的饲养方法

不同虫态的饲养方法如下。

（1）卵的饲养：产卵后分别将卵放入盛有水的瓷盆中饲养，因为库蚊卵不能离开水，在水中保存，孵化。

（2）幼虫饲养：幼虫饲养食料是比例为 1∶1 的肝粉∶酵母粉，用水完全湿润后呈糊状，用吸管将饲料送到盆的水底部，沿盆均匀撒一圈，按幼虫大小掌握饲料量。每天用纱布条刮去水面上的浮膜，当水质发混发臭应及时换水。

（3）蛹的饲养：待 4 龄幼虫变蛹时，分别将蛹挑出放到瓷碗内，并放到成蚊笼内。

（4）成蚊的饲养：待蛹羽化后，饲养食品与按蚊一样，食用 10%葡萄糖液，用小白鼠供雌蚊吸血。但淡色库蚊喜欢晚上吸血，为此每天应在成蚊笼附近增加蓝色灯光照的时间，刺激成蚊群飞，有利于交配、吸血、产卵。

（三）白纹伊蚊的饲养方法

（1）幼虫养殖方法与库蚊基本相似，白纹伊蚊幼虫比较活跃，水易浑浊，每天应不定时地用纱布条在水面平行掠过，以除去微生物油膜，使幼虫更好地呼吸、吃食、成长。

（2）大部分化蛹在饲养开始后第 8～10 天，在第 8 天吸蛹前最好换一次水，使水质较清，便于挑蛹。把所挑的蛹盛于新鲜的净水中，碗中的水不宜太满，将碗放到成蚊笼内。

（3）成蚊的饲养：食物与上述两种蚊虫一样，但白纹伊蚊喜欢在潮湿的附着物上产卵。用小碗盛上一定的水，碗周围贴上白色滤纸，供雌蚊产卵。产卵后，把带有卵的滤纸取出吸去多余的水，放置在培养皿内，在恒温处保存孵化。

第三节　使 用 管 理

一、蚊虫采集

1. 常用器材

（1）采集成虫的用具有试管、吸蚊管、捕虫网、指形管、简易纸杯、毒瓶（杀虫瓶）、手电筒、采集蚊笼等。

（2）采集幼虫的用具有水勺、水网、虹吸管等。

2. 采集方法

采集前应先了解所需采集蚊虫相关的生物学知识，如形态、生活习性、季节消长和栖息场所等。采集蚊虫需根据各虫种的生活习性和发育期，在不同的孳生地点和栖息场所搜寻，用适当的工具采集。

1）成蚊采集

成蚊一般喜在阴暗潮湿且无风的地方。在房屋内栖息的蚊虫经常出现在天花板、墙角、家具背面、床板下及悬挂的衣物上。其他如地下室、牛栏、马厩、猪圈、地窖、山洞、石洞、桥洞、树洞和防空洞等均为蚊虫喜欢栖息的地方。在户外栖息的蚊虫，有的白天喜欢停留在遮荫较暗的地方，如植物叶子的下面、丛草及灌木中，特别是幼虫孳生地的附近。

调查成蚊密度可选用灯诱法、人诱叮刺法（在蚊媒病发生地区和疫点内不宜使用）、帐诱法和雌蚊诱卵器法等中的任何 1～2 种，并做好记录。

试管采集法：在野外条件简陋的情况下，可用试管捕集停滞的成蚊。蚊虫在管内飞行撞击棉球，鳞片容易脱落。为了取得完整的蚊虫标本，最好每管盛 1 只蚊虫，并及时加以处理。

吸蚊管采集法：1 只吸蚊管可捕集成蚊 20～30 只，但切勿过多，同时也不宜放置时间过久，应即时将蚊虫处理，以免相互撞击受伤，影响蚊种鉴定。

毒瓶（管）采集法：用毒瓶（管）扣捕停息的蚊虫。

捕蚊网采集法：飞翔或停息于草丛、灌木中的成蚊，都可用捕虫网采集。用网捕获后，应将蚊虫及时移入蚊笼。途中携带时，应用湿毛巾遮住笼外，以维持笼内湿度，尽量避免日光曝晒和振动，以免蚊虫死亡。如果采集的蚊虫用于制作标本进行形态鉴定等，最好在采集后用氯仿杀死，而不放入蚊笼内，以免在笼内飞撞，使鳞片掉落，影响蚊种鉴定。

诱捕法：利用成蚊对紫外线、某些气味有一定趋向性的特点，设计了多种诱蚊装置。野外常用的是紫外诱蚊灯，或加干冰以增加吸引力，以及用稻草浸液或脱氯水作诱饵，在其上方加产卵蚊诱捕装置，后者捕获的是吸过血即将产卵的雌蚊，适用于蚊媒携带病原体的调查。

除了以上方法外，采集成蚊的方法还有帐诱法、窗阱诱捕法等。帐诱法（包括人诱、动物诱）的原理分别是利用蚊虫对人、动物所散发气味的趋性进行设计。人诱法就是利用人作为诱饵，裸露下肢诱引蚊虫停息捕捉。为了调查成蚊的密度，常用人工小时法，即在人居住的房、屋外或动物饲养舍，每次在日落后 1h 进行测定，测定者用电动吸蚊器在每个测定点捕捉 15min，分类计数。窗阱诱捕法是根据蚊虫对光的趋性而设计的。

2）幼虫和蛹采集

有些稀有蚊种常需要在野外采集幼虫和蛹，经过培养羽化才能获得成蚊。不同种蚊虫常孳生于不同的环境，在采集时对不同类型孳生地需采用不同的调查方法。

大面积水体：可用水勺或水网捞取。

小型积水：孳生于小型积水中（如树洞、竹筒、石凹、破盆、小罐等处）的幼虫及蛹均可采集。特殊类型孳生地：树洞、竹筒及大叶植物叶腋中的幼虫及蛹可用虹吸管采集。其他小型孳生地，可用小勺或吸管直接吸取所见到的幼虫和蛹。

其他：曼蚊属幼虫和蛹用呼吸管刺入水草的根、茎内吸取氧气，不浮于水面，故采集时需将水及水草一起迅速捞起，放在白搪瓷盆中，摆动水草使幼虫脱离，然后吸取。采到的标本带回实验室进行分类和饲养。

采集蚊虫标本时，还应注意以下事项：①要保持标本完整。对所用工具、采集方法、如何处理保存标本等均应事先考虑周到。尽可能地使采集到的标本保持完整。因为与其他节肢动物一样，蚊虫每一构造（足或翅、体毛或鳞片等）均是分类的依据。若采到的标本足断翅破、损毛失鳞，这样残缺不全的标本会为虫种鉴定带来困难，降低标本使用价值，甚至成为无用的材料。②标本要有详细的记录。所有采集的标本都必须有详细、正确的记录。除详记采集日期、地点外，有条件时还应结合使用照相机或摄像机详细记录采集场所的性质与环境，宿主种类和寄生的部位，以及其他必要的资料。这些记录对虫种的鉴别和研究来说都是重要的科学根据。

3）蚊卵采集

可从幼虫孳生地采集蚊卵。单个分散虫卵需借助放大镜采集。按蚊卵单个分散地浮在水面，捞取时可用水勺在孳生地的下风水处捞取表面的水，倒在白搪瓷盘内仔细检查，用毛笔尖黏置于滤纸上，然后放入试管内，加软木塞塞紧，带回实验室进行鉴定、保存或做饲养孵化。如果采取蚊卵仅为教学用，也可将血已消化、腹部膨大发白的按蚊饲养于蚊笼内，放 1 个垫有湿棉花、上置滤纸的培养皿，蚊即产卵于滤纸上。

二、标本保存及运送方法

1. 原则

所采集的蚊虫标本如不进行饲养，在保存之前应全部处死。处死成蚊一般是用氯仿熏死，用干藏法保存；而处死幼虫和蛹可用热水（70℃左右）或沸水致死，或直接放入保存液内杀死。

2. 保存方法

1）干标本保存法

通常采用针插法将标本置于昆虫盒内或玻璃管中。干藏的标本，必须待标本干燥后才能保存。含有血食的蚊虫，最好留养适当时间，待血食消化后再杀死保存。

为防止保存在昆虫盒内的标本霉变或被虫蛀，应当保证昆虫盒的密封性，标本盒及玻璃管内还需加入樟脑、本榴汕等防腐剂。

2）湿固定保存法

虫卵、幼虫和蛹一般用湿固定保存法保存。保存液通常为70%乙醇、布勒氏（Bless）液。

成虫也可于捕捉后投入70%乙醇中保存，以备封制玻片标本。为了保持其姿态完好，使其肢足伸展，最好以加热至70℃的固定液杀死，然后再保存于70%乙醇中。

3. 标本运送方法

（1）包装干标本：对针插标本，可将针插在小昆虫盒、标本管（瓶）内，并在盒内或管内软木上涂少许防腐剂（樟脑合剂或苯酚）。

液浸标本：保存在固定液中的标本，用软性充填物（纱布、棉花、泡沫或海绵等）轻塞以防标本晃动撞击。

玻片标本：将玻片装入玻片盒内，外部再适当包裹。如无玻片盒，则将两张玻片背面相合，正面两端各以棉签棒、火柴棒或厚纸片隔开，每20～30张玻片用线扎紧，再包以厚纸，装入包装盒（或木匣）内。

活体标本：①虫卵，可将带有蚊卵的湿滤纸或湿尼龙纱放在密封塑料袋内，可直接航空邮寄。但在夏季，远距离邮寄不适用。随身携带时也可将带有蚊卵的湿滤纸或湿尼龙纱放在有盖培养皿内，底部可垫多层滤纸或棉花。②幼虫和蛹，将幼虫和蛹放在孳生地的水中，盛装容器不能密封或加盖，用纱布覆盖、线绳扎口，也可在容器盖上扎多个孔。③成蚊，采集到的成蚊保存在纸杯或简易蚊笼内。在纸杯的绢纱上及蚊笼内放置浸有10%蔗糖水的棉球或海绵，并注意用湿布或毛巾保湿。

（2）运送方法有随身携带或邮寄。活体标本一般随身携带。

第四节　蚊 虫 防 治

一、病原微生物灭蚊

1. 细菌制剂灭蚊

病原细菌对蚊虫生物的防治最令人瞩目。其中，发展最快、研究最深入的是苏云金杆菌以色列变种（Bt1）和球形芽胞杆菌（BS），二者均用于孳生水体多种蚊幼虫的防治研究。病原细菌制剂对蚊幼虫的杀灭作用如同化学杀虫剂，利用细菌所产生的活性成分，经人工修饰工厂化生产加工而成，又称为生物杀虫剂。其作用机制是利用蚊幼虫取食Bt1和BS产生的伴胞晶体毒素来发挥杀蚊作用。

2. 索线虫

罗索属线虫是索科线虫的一个属。该属线虫寄生期幼虫在蚊幼虫宿主体内寄生并发育，不仅摄食宿主的营养物质，而且严重破坏宿主的体壁，导致宿主幼虫死亡，是蚊幼虫的天敌。在自然界对稻田孳生的蚊幼虫种样，特别是中华按蚊和三带喙库蚊起着自然调节作用，也是一种有前途的生物防治剂。

二、环境防治

各种蚊虫对水体孳生环境条件有相应的选择，通过有计划、有目的地对环境进行治理、改造和处置来消除蚊虫孳生、繁殖场所是防治蚊虫的根本措施。通过改善人类居住条件和生活习惯，减少人类与媒介的接触概率来减少或防止受其侵害，及时排除居住环境周围的积水，填平深坑，疏通沟渠，间歇灌溉，控制植被，加强集体和个人的防护等，都是简便、易行、经济有效的环境防制措施。例如，稻田采用间歇灌溉，可阻挠中华按蚊、三带喙库蚊的产卵和生长发育；城市居住环境周围及时排除积水，翻盆倒灌，可减少伊蚊的孳生；房屋装置纱门纱窗和个人使用蚊帐等都可以降低人蚊接触概率，减少蚊媒病的发生。

三、化学防治

化学药物灭蚊是目前应用最广、使用数量最多的灭蚊方法。通常是利用天然或化学合成的毒物，以不同的剂型（粉剂、乳剂、油剂、水悬剂、颗粒剂、微胶囊、缓释剂等），通过不同的作用机制（胃毒、触杀、熏杀或内吸等），采用不同的作用方式（喷雾、喷洒、涂刷、浸泡等）对蚊虫进行杀灭或驱赶。虽然使用杀虫剂存在着抗性、环境污染等问题，但是它具有见效快、使用方便、可大量供应及适合于大规模应用的优点。特别在蚊媒传染病流行，灾区蚊虫密度高，需快速控制时常常是首选的方法。目前，化学防治仍然是蚊虫防治的重要手段，关键是要合理使用，即根据蚊虫的具体情况和具体场所，选用恰当的杀虫剂、恰当的剂型、选择恰当的方法、恰当的时间，然后作用到恰当的场所。常用的方法主要有：常量喷雾、超低容量喷雾、热雾、滞留喷洒、常量喷洒、涂刷、浸泡、熏蒸等。例如，室内灭成蚊常选用气雾剂喷雾来速杀，用滞留喷洒处理室内墙面来进行长效缓杀，以及蚊香熏杀等；室外灭成蚊常选用超低容量喷雾来快速杀灭；居区周围的灭蚊，常用喷洒来控制居区周围的幼虫孳生水体；室外工作和旅游人员常常在体表和物表涂抹驱避剂来驱赶蚊虫，以防蚊虫叮咬等。

四、物理防治

利用机械方法，以及光、声、电子等物理条件来捕杀、诱杀或驱除蚊虫。目前家庭挥扇驱蚊或用蝇拍扑打成蚊是最简单的物理防治方法，装置纱窗纱门及使用蚊帐来阻隔蚊虫也是物理防治的措施之一。除此以外，利用某些蚊种对光的趋向习性，人为地制造一定光谱的诱蚊灯来诱杀成蚊，利用声波或超声波来驱赶蚊虫均是较理想的物理防治方法。但是目前真正较理想的诱蚊灯和驱蚊器产品并不多见，尚有待于进一步研究与开发。

五、遗传防治

通过照射、化学和杂交处理等手段来改变或移换蚊虫的遗传物质，降低其繁殖势能，从而达到控制或消灭蚊虫种群的目的。目前研究较多的有：①释放人工繁殖的大量绝育雄蚊，和自然界种群的雌蚊进行交配，使它们绝育，从而降低自然界中蚊虫的数量，以至最后被消灭。②释放遗传变更的有育蚊虫，即利用转基因技术处理人工繁殖的蚊虫，并释放到自然界中，逐步替换自然界中蚊虫种群的生态平衡，使之后代畸变及染色体易位，逐渐减少自然界中蚊虫的数量和传病能力。

第三十四章 文 昌 鱼

第一节 主要生物学特性

文昌鱼（amphioxus 或 lancelet）属于脊索动物门（Chordata），头索动物亚门（Cephalochordata），文昌鱼科（Branchiostomidae），是国家二级保护动物。

一、形态学特性

文昌鱼的形态类似鱼却不是鱼。文昌鱼虽然与鱼类具有许多共同的特征，如脊索、神经管、鳃裂、肛门后尾部等，但不具有鱼类的脊椎骨、软骨等骨骼构造，也无明显的头部，所以文昌鱼不是鱼类。文昌鱼拥有很多自身的特征。文昌鱼身体细长而侧扁，没有头的分化，前端稍钝，后端较尖。全身白色半透明，肌节明显，有背鳍、尾鳍和臀鳍。它没有骨质的骨骼，只以一条纵贯全身的脊索作为支柱。神经管在脊索的上方，其前端略微膨大，形成脑泡，是脑的雏形。由于脊索越过神经管向前一直延伸到身体的最前端，故文昌鱼被称为头索动物。在文昌鱼身体前端有一漏斗形的口笠，口笠的边缘有触须数十条，防止大沙砾进入口中。口笠后面有咽，咽的两侧有垂直的鳃裂，文昌鱼的鳃裂不直接在体表开孔，而是被皮肤和肌肉包裹，形成一对围鳃腔。腹部有颗粒状的生殖腺排列。腹前部两侧有纵褶，称腹褶。腹褶和臀鳍的交界处有围鳃腔孔，或称腹孔。在腹孔后面臀鳍和尾鳍的交界处有肛门。

二、生活习性

文昌鱼对自然环境的要求十分严格，要求海水透明度较高，水质清洁，水深为 5～10m，酸碱度在 8.1～8.2，最适盐度为 1L 海水中含 24～29g 盐，最适宜的水温为 12～30.5℃。有大量淡水流入、酸度较高的海底污泥等环境都会使其死亡。

三、生活史

文昌鱼为雌雄异体，1 龄的文昌鱼即可发育成熟，直到 4 龄仍有生殖能力。体外受精，受精卵细胞分裂，很快成为被有纤毛的幼体，其身体不断增长，很快成为大型的幼体，甚至在变为成体之前它的生殖腺就早已开始发育了。

四、生殖

生殖腺常沿体壁成对排列，11 个月后即开始成熟。性成熟时卵巢呈黄色，精巢呈乳白色。卵巢和精巢都没有生殖导管，精卵释放时冲破鳃腔壁通过围鳃腔经腹孔排出体外，在海水中受精发育。文昌鱼释放配子时，雄鱼首先游出洞穴，然后是雌鱼，它们在水中游动的过程中完成排卵释精，几分钟后又游回海底，钻入沙中。美国佛罗里达文昌鱼（*Branchiostoma floridae*）的生殖腺可以在一周内重新充满配子，因此在生殖季节里可以几次产卵。而我国的厦门文昌鱼和青岛文昌鱼一年只生殖一次。产卵多在傍晚前后进行，受精卵在翌日上午即发育成能自由游动的幼体，这时鳃裂的数目尚少，没有围鳃腔。3个月后长成成体，但性腺则要到1年后才能发育完全。

文昌鱼的性腺发育并不同步，不仅同一种群中的卵巢发育存在差别，而且同一个体中部的卵巢发育比两端好，同一个卵巢内卵子的发育也不同步。每年当水温上升到适宜的温度时，文昌鱼开始繁殖，一般水温在23～26℃时适于文昌鱼产卵排精；高于28℃则对性腺发育有不利的影响。文昌鱼的繁殖季节因海域的不同而存在差别。美国佛罗里达文昌鱼的产卵期从5月末至9月初。而我国的厦门文昌鱼一般从5月上旬开始进入繁殖季节，6月达到旺季，8月后一般不再产卵。青岛文昌鱼产卵季节则比厦门文昌鱼晚，为6月下旬至7月中旬，盛产期为6月下旬至7月初。

第二节 饲 养 管 理

一、成体的饲养管理

根据成体数量的多少，把文昌鱼饲养在形状、大小不同的容器中，容器有50cm×35cm×30cm透明塑料桶，直径40cm、高16cm的不透明灰白塑料盆和直径28cm、高11cm、不同颜色的塑料容器等。饲养文昌鱼的容器内垫以5～10cm的海沙，海沙取自文昌鱼生活的海区，经金属网筛（1mm网格）筛过，先用淡水浸泡2天，再用新鲜海水浸洗2次。加入经沙滤处理的天然海水，水面高出沙面5～10cm，连续充气，置于室内自然光照下，全年水温通过空调器控制在10℃（冬季）和30℃（夏季）之间。饲养密度取决于文昌鱼个体大小及沙层表面积，一般每平米饲养成体2000～3000尾。每天喂以单细胞藻2次，8：00～9：00、17：00～18：00各一次，投饵前更换部分海水；投饵量视容器内文昌鱼个体大小及数量而定，一般以投饵3～4h后肉眼仍可见桶中略显浑浊为度。每次喂养之前观察记录饲养容器的海水水温、盐度和pH变化，尽量保持这些因素与其采集地一致。每隔30天左右清洗一次养殖容器内的沙层，以保持清洁。洗沙时，将沙连同文昌鱼一起放入金属网筛（1mm网格），在海水中轻轻地不断摇动，沙可落过网筛，鱼在网筛中，容易将鱼与沙分开，筛出的沙用淡水清洗、海水浸泡后可再使用。

二、幼体的饲养管理

文昌鱼从开口到变态完成为幼体（larvae）阶段。饲养幼体的容器与成体一样，但在幼体早中期，饲养容器底部不必垫沙。幼体开口后，应及时投喂单细胞藻类，幼体的饲养密度视幼体大小控制在每毫升海水10～40尾，刚孵化的个体小，密度可高些，邻近变态时个体较大，密度应低些。同亲体一样，保持通气，每天投喂2次，投饵前适量替换部分海水，替换海水时用 300 目筛绢遮于饲养盆上方，从筛绢上方舀出海水，然后加入适量新鲜海水并投喂藻类。饲养幼体的容器每过一段时间就会沉积食物残渣及幼体排出的粪便，严重影响幼体的存活，必须及时清理。清理时，先把水体上层干净的海水连同浮在水体中的幼体倒入另一干净的大盆，而盆底部分可在替换海水时采用 300 目筛绢过滤的方法把脏物浓缩，然后转移到玻璃培养皿，于解剖镜下用吸管慢慢将脏物吸去，留下幼体。待幼体发育到 8 鳃裂以上，可以开始添加细沙以便于幼体变态后能及时潜入沙中，用于饲养亚成体文昌鱼的细沙比成体细，可用金属网筛（0.5mm 网格）筛过，为了便于清理，起始阶段沙层不宜过厚，控制在 1cm 以下。

三、亚成体的饲养管理

把文昌鱼变态完成到性腺开始发育称为亚成体（juveniles）阶段，其饲养管理方法与成体基本相似。保持通气，定时投喂足量饵料；保持养殖盆细沙的干净对提高亚成体的成活率很重要，每月清洗沙层 1～2 次。洗沙时与成体稍有不同，因为亚成体文昌鱼很小，不易与细沙分开。清洗时分批把少量细沙连同文昌鱼一起放到大的培养皿中，然后加入适量的干净海水，轻轻摇动，趁文昌鱼露出沙面后，把海水连同文昌鱼一起倒出到另一盆中，不断重复直到细沙里文昌鱼全部筛出为止。之后再把文昌鱼中的脏物吸去（体长 1cm 以上的亚成体，可借助 50～100 目的筛绢把文昌鱼和脏的海水分开）。随着文昌鱼的生长，应该逐渐增加沙层厚度，并适当加些饲养成体用的粗沙。

第三节　使用管理

一、文昌鱼的采集

文昌鱼栖居于海底沙中，故采集时需将含文昌鱼的沙子挖上来。采集用的铁耙网底长 80cm、宽 30cm，其带齿的长方形框后面套有一个双层口袋，外层口袋长约 1m，由尼龙鱼网做成，内层口袋比外层口袋长出 10～12cm，由 80 目的尼龙筛绢做成。使用内袋即可采集到文昌鱼及其幼虫。采集时，将耙袋放入海中，沉底后开船拖行数米，收铁耙，将袋中文昌鱼及沙一起小心地倒入盛有海水的塑料桶内。采集的文昌鱼一般在 4～5h 内运回实验室。测量体长时将沙中的文昌鱼细心地逐条拣出，放入塑料培养皿中，再将培养皿放在尺子上，逐条测量长度。

二、文昌鱼的应用

文昌鱼是特殊的实验用水生动物。它是从低级无脊椎动物进化到高等脊椎动物的中间过渡动物，也是脊椎动物祖先的模型。文昌鱼的摄食、排泄等机能都同无脊椎动物的形式，但血管系统、呼吸系统、神经系统和胚胎发生过程都有了脊椎动物的模样；而且在生物化学上均可见到它具有脊椎动物所含有的磷酸肌酸物质，但却不具备脊椎动物所含有的血红蛋白和铁的化合物，文昌鱼含有一种特殊的钒元素。所以，从形态、生理、生化和发生方面看，都说明它是无脊椎动物进化到脊椎动物的过渡类型动物和见证，是重要的比较生物学、遗传学的天然动物模型。因为文昌鱼没有脊椎骨，不容易留下化石遗迹，所以文昌鱼是活的生物进化见证物。无论在教学上还是科研上，文昌鱼都是十分重要的实验材料。

第三十五章 秀丽隐杆线虫

第一节 生物学特性

一、形态学特性

秀丽隐杆线虫的学名为 *Caenorhabditis elegans*，简写成 *C. elegans*。属于线形动物门，线虫纲动物。其呈蠕虫状，成体长 1.0～1.5mm，身体直径约 70.0μm。秀丽隐杆线虫为两侧对称，体表有一层角质层覆盖物，无分节，有 4 条主要的表皮索状组织及 1 个充满体液的假体腔。秀丽隐杆线虫的基本解剖构造包括 1 个口、咽、肠、性腺，以及胶原蛋白角质层。

二、生活史

秀丽隐杆线虫的一只成虫可以生产出表型各异的 300～350 个后代。从卵到成虫只有 3.5 天，寿命 2～3 周，非常适合实验室进行生物学研究。在发育过程中，秀丽隐杆线虫共生成 1090 个细胞，其中 131 个将会死亡，所以野生型秀丽隐杆线虫成虫有 959 个细胞，并且每个细胞的位置固定不变。

雌雄同体，可以自我繁殖，也可以与雄性交配繁殖。自我繁殖的大多是雌雄同体，与雄性交配的后代，50%是雌雄同体，50%是雄性。可以人为控制繁殖方式，获得理想表型。

三、雌雄判断

秀丽隐杆线虫有 5 对常染色体和 1 对性染色体。它有两种性别：雌雄同体和雄性。雌雄虫可通过尾部的形态差异来鉴别，雌雄同体虫体尾端较细长，雄虫尾端则较粗，显得比较钝圆。

第二节 秀丽隐杆线虫培养

一、NGM 培养基上培养线虫

1. 线虫食物的准备

在实验室里，通常采用大肠杆菌 OP50（*E. coli* strain OP50）作食物对秀丽隐杆线虫进行单一性种源培养。

大肠杆菌 OP50 的培养：从保存大肠杆菌 OP50 的 LB 琼脂培养板上挑选单一克隆接种到盛有 100ml LB 培养基溶液的容积为 250ml 的带螺旋帽的瓶子中，37℃过夜培养后就可以用来涂布 NGM 培养板。

LB 琼脂培养基：10g 胰蛋白胨，5g 酵母粉，5g NaCl，15g 琼脂，加 H_2O 至 1L，调节 pH 到 7.5，高压灭菌备用。

LB 培养基：10g 胰蛋白胨，5g 酵母粉，5g NaCl，加 H_2O 至 1L，调节 pH 到 7.5，高压灭菌备用。

2. NGM 平板的准备

可制备 3 种型号的平板：直径 35mm 的小号平板在交配或使用昂贵药品时使用；直径 60mm 的中号平板用来保存种源；直径 100mm 的大号板用来培养大量线虫，如特定的突变模型。NGM 培养基可用蠕动泵方便且干净地注入平板中。

3. NGM 平板的准备

1）仪器和试剂

氯化钠、琼脂、蛋白胨、5mg/ml 溶于乙醇的胆固醇（不要高压灭菌）、1mol/L K_3PO_4 缓冲液（pH 6.0）（108.3g KH_2PO_4，35.6g K_2HPO_4，加 H_2O 至 1L）、1mol/L $MgSO_4$、带盖的灭菌平板、蠕动泵等。

2）方法

（1）在 2L 锥形瓶中加入 3g NaCl，17g 琼脂，2.5g 蛋白胨，975ml H_2O，瓶口用铝箔封住，高压灭菌 50min。

（2）55℃水浴 15min，冷却锥形瓶。

（3）加入 1ml 1mol/L $CaCl_2$，1ml 5mg/ml 溶于乙醇的胆固醇，1ml 1mol/L $MgSO_4$ 和 25ml 1mol/L K_3PO_4 缓冲液，漩涡混匀。

（4）无菌操作，用蠕动泵把 NGM 溶液分配到平板里，使平板的 2/3 装有琼脂。

（5）使用前将平板在室温下放 2～3 天，进行污染物检测并蒸发过多的水分。培养基在室温下的密闭容器里可存放数周。

4. 接种 NGM 培养板

无菌条件下，用移液管涂布大约 0.05ml 大肠杆菌 OP50 液体培养物到小号或中号 NGM 平板上或是涂布 0.1ml 培养物到大号 NGM 平板上。必要时，液滴可用吸管尖或玻璃棒涂开。涂布区域散开成大点的菌苔，以有助于观察线虫。注意不要把菌苔一直涂到培养板的边上，要保证菌苔在中心。如果菌苔扩展到培养板的边缘，线虫将会爬到平板的边上，变干，死亡。大肠杆菌 OP50 菌苔室温过夜生长或 37℃培养 8h（接种线虫前冷却平板到室温）。涂有大肠杆菌 OP50 的平板可在室温下的密闭容器里存放 2 万～3 万。

5. 将线虫转移到 NGM 培养板上

（1）组块法：用无菌的解剖刀或刮刀将琼脂块从一个旧板移到一个新板，在琼脂块里将会有成百条线虫，线虫将会爬出琼脂块并散布到新板的菌苔上。这种方法对于转移那些已经钻进琼脂块或是很难单独挑出来的线虫（如在饥饿培养基上）很好用。

这种组块法用于转移同源种时较好，但是如果种群是异源的或是种源必须通过交配保存，则不适宜选用本方法。

（2）无菌滤纸转移线虫法：将几片无菌滤纸轻轻放到养殖线虫的平板上，吸收水分获得线虫，然后将滤纸转移至新鲜的 NGM 培养基，收集线虫。这种方法只适于转移同源种，如果种群是异源的或是种源必须通过交配保存，则不适宜选用本方法。

（3）线虫采集器挑取线虫法：用由约 30cm 长的铂丝固定在接菌环的把手里制成的线虫采集器在解剖镜下挑取识别的线虫，慢慢降低铂丝的顶端并轻轻地从线虫的一侧擦过并挑起来，也可以在轻轻触及选中线虫的顶部之前在采集器的末端弄一团大肠杆菌 OP50，线虫将会黏到细菌上。用这种方法一次可挑起数个线虫。将挑起的线虫放到新鲜培养板上时，要慢慢降低采集器的顶端，轻轻碰触琼脂表面，停留一段时间让线虫从采集器上爬下。

二、液体培养基上培养线虫

大量的线虫可以在液体培养基上生长。线虫的液体培养经常用含有密集大肠杆菌 OP50 作为食物来源的 S 培养基。在得到线虫之前，最好只在液体里培养一代线虫。当培养的线虫超过一代时，尽管有食物存在，过度拥挤也经常会使 Dauer 结构的形成。

用在 LB 或别的丰富培养基上过夜培养的大肠杆菌 OP50 做一个细菌浓缩球。浓缩球可以在 4℃保存数周或在约–70℃冰箱里无限期地保存。

1. 试剂

（1）S 基液：5.85g NaCl，1g K_2HPO_4，6g KH_2PO_4，1ml 胆固醇（5mg/ml 在乙醇中），加 H_2O 到 1000ml，高压灭菌。

（2）1mol/L 柠檬酸钾（pH 6.0）：20g 水合柠檬酸，293.5g 水合柠檬酸钾，加 H_2O 至 1L，高压灭菌。

（3）微量元素溶液：1.86g $EDTANa_2$，0.69g $FeSO_4·7H_2O$，0.2g $MnCl_2·4H_2O$，0.29g $ZnSO_4·7H_2O$，0.025g $CuSO_4·5\ H_2O$，加 H_2O 至 1L，高压灭菌，避光保存。

（4）1mol/L $CaCl_2$：在 1L H_2O 中加入 55.5g $CaCl_2$，高压灭菌。

（5）S 培养基：1000ml S 基液，10ml 1mol/L 柠檬酸钾（pH 6.0），10ml 微量元素溶液，3ml 1mol/L $CaCl_2$，3ml 1mol/L $MgSO_4$。无菌操作加入各组分，不能高压灭菌。

（6）刚洗脱细菌的 4 个大号板的线虫。

（7）浓缩大肠杆菌 OP50。

2. 方法

（1）加 250ml 培养基到灭菌的 1～2L 的锥形瓶中。

（2）将过夜培养的用 2～3L 培养物浓缩到的大肠杆菌 OP50 球接种到 S 培养基上。

（3）用 5ml S 培养基依次冲洗 4 个大号线虫培养板（刚洗脱了细菌），并且加到 250ml 烧瓶里。

（4）把烧瓶放到20℃摇床里，用力摇动，从而使培养物中氧气充足。

（5）培养应该通过在显微镜下检查一滴培养液来监测。如果食物耗尽（溶液看起来不再是浑浊的），加入更多悬浮于S培养基里的浓缩大肠杆菌OP50。

（6）把烧瓶放到冰上15min，让线虫沉淀。

（7）吸出烧瓶里的大部分液体。

（8）将剩余的液体转移到50ml无菌尖底离心管，以1150×g速度旋转2min使线虫成团。

（9）吸出剩余液体。

三、注意事项

（1）线虫在16～25℃生长最好，通常为20℃。线虫在25℃比在16℃生长快2.1倍，在20℃比在16℃快1.3倍。

（2）平板需要保存在密闭容器里，否则会干掉。

（3）当进行倒培养基、接种培养基或是转移线虫等操作时，应尽可能缩短盖子拿下来的时间，以减少污染。

（4）在培养板的底部标上品种的名字和日期。

（5）废弃的平板要灭菌。

第三节　保　　存

目前常用的冻存线虫的方案有两种：液体冻存方案和软琼脂冻存方案。在液氮中长期保存材料，推荐液体冻存方案。使用此方案时，线虫沉淀到冷冻瓶的底部，不融化整瓶内容物没有可用的材料能取回。软琼脂冻存方案中琼脂的加入可帮助线虫悬浮于溶液的各处，一勺冻存物可以将材料取出来，并且剩余的能留在瓶子里并放回冰箱以后使用。用软琼脂冻存液的瓶子冰冻时应该保存在–80℃。

一、液体冻存

1. 仪器和试剂

（1）S缓冲液：129ml 0.05mol/L K_2HPO_4，871ml 0.05mol/L KH_2PO_4，5.85g NaCl。

（2）S缓冲液（同上）+30%甘油（V/V）（高压灭菌）。

（3）1.8ml冻存管。

2. 方法

（1）用0.6ml S缓冲液冲洗含有刚处于饥饿态的L1～L2期线虫1个大号，2～3个中号，或5～6个NGM培养基到要冷冻的每个冻存管里。在无菌试管里收集液体。

（2）加入等体积的S缓冲液和30%甘油，混匀。

（3）等分1.0ml混合物到标有品种名和日期的1.8ml冷冻管。

（4）把冷冻管装入小的有容纳微型管空位的泡沫聚苯乙烯盒或是商业的泡沫聚苯乙烯装运盒。

（5）把盒子放到−80℃冰箱过夜（或至少12h）。

（6）第2天把冻存管运到长久冷冻的地方。

二、软琼脂冻存

1. 仪器和试剂

（1）S缓冲液：129ml 0.05mol/L K_2HPO_4，871ml 0.05mol/L KH_2PO_4，5.85g NaCl。

（2）软琼脂冻存液：0.58g NaCl，0.68g KH_2PO_4，30g甘油，0.56ml 1mol/L NaOH，0.4g琼脂，加H_2O至100ml（高压灭菌）。

（3）1.8ml冻存管。

2. 方法

（1）在高压灭菌锅或微波炉中融化软琼脂冻存液，并放到50℃水浴里至少15min。

（2）用0.6ml S缓冲液冲洗含有许多刚处于饥饿态的L1～L2期线虫1个大号，2～3个中号，或5～6个NGM培养基到要冷冻的每个冻存管里。用带盖的无菌试管收集液体并在冰里放15min。

（3）向试管里加入等体积的软琼脂冻存液，混匀。

（4）等分1.0ml混合物到标有品种名和日期的1.8ml冷冻管。

（5）把冷冻管装入小的有容纳微型管空位的泡沫聚苯乙烯盒或是商业的泡沫聚苯乙烯装运盒。

（6）把盒子放到−80℃冰箱过夜（或至少12h）。

第四节　复　　苏

一、液体冻存线虫的融化

（1）从−80℃冰箱里拿出一个冻存管并让其在室温融化，直到所有的冰融化成液体。

（2）将内容物倒到一个大号的种有大肠杆菌OP50菌苔的NGM培养板上，几分钟后会看到线虫的蠕动。

（3）2～3天后，将10～15条线虫各自转移到独立的培养基上，让线虫繁殖一代并给后代做正确的基因型记号。

二、软琼脂冻存线虫的融化

（1）从−80℃冰箱里拿出一个冻存管并转移到小的有容纳微型管空位的泡沫聚苯乙烯盒中。

（2）动作要快，以使冻存管里的溶液不会融化。灼烧一个小勺或刮刀，并用它取出冻存液的 1/4～1/3，将溶液放到种有大肠杆菌 OP50 菌苔的 NGM 培养板上。

（3）把冻存管尽快放回到–80℃冰箱里。

（4）几分钟后会看到线虫蠕动。2～3 天后，将 10～15 条线虫各自转移到独立的培养基上，让线虫繁殖一代并给后代做正确的基因型记号。

三、使用及运输

需要的品种可从冻存管里融化得到，或是从 11℃恒温箱里的饥饿培养基中得到。每个品种置于新鲜准备的已经涂布作为食物来源的大肠杆菌 OP50 的 NGM 培养板上，并能繁殖几天。

材料的可见基因型要标明，以确定与描述相符。

养殖线虫的平板用封口膜包住后可以运输、托运。

主要参考文献

北京市实验动物管理办公室. 2002. 屏障设施运行与管理. 北京: 军事医学科学出版社.

陈筱侠. 2006. 美国动物福利法规汇编. 上海: 上海科学技术出版社.

陈子亮, 李学家, 张秀娟. 2010. 提高实验猴繁殖率的综合措施. 中国比较医学杂志, 20(1): 69-70.

程水生, 崔保安, 陈光华. 2012. 兽医实验动物学. 北京: 中国农业出版社.

邓永堂, 姚永刚, 徐林. 2014. 树鼩——基础生物学与疾病模型. 昆明: 云南科技出版社.

范国连, 何东健. 2008. 基于电子标识的动物身份识别与跟踪系统. 农机化研究, 6: 97-99.

范宁宁, 李萍. 2008. 文昌鱼在中国的人工繁育. 鲁东大学学报(自然科学版), 24(2): 168-171.

方喜业, 邢瑞昌, 贺争鸣. 2008. 实验动物质量控制. 北京: 中国标准出版社.

冯书唐. 2011. 中国实验用小型猪. 北京: 中国农业出版社.

郭新彪, 刘君卓. 2005. 突发公共卫生事件应急指引. 北京: 化学工业出版社.

贺争鸣, 李根平, 李冠民, 王禄增, 陈振文. 2011. 实验动物福利与动物实验科学. 北京: 科学出版社.

侯岩岩, 麦丽开, 史森, 廖力夫, 燕顺生, 贵有军. 2011. 灰仓鼠净化及生长发育指标测定.实验动物与比较医学, 31(4): 293-294.

霍仲厚. 1998. 医学实验动物标准化管理指南. 长春: 吉林科学技术出版社.

军事医学科学院实验动物中心. 2003. 实验用动物管理与使用指南. 北京: 原子能出版社.

克拉克 M. 2007. 比较基因组学. 邱幼祥, 高翔译. 北京: 科学出版社.

李登来. 2007. 水产动物疾病学. 2 版. 北京: 中国农业出版社.

李根平, 邵军石, 李学勇. 2010. 实验动物管理与使用手册. 北京: 中国农业大学出版社.

李学勇. 2008. 实验动物设施运行管理指南. 北京: 科学出版社.

马建章, 贾竟波. 1990. 野生动物管理学. 哈尔滨: 东北林业大学出版社.

曲连东, 张永江. 2007. 动物实验的生物安全与防护. 北京: 中国农业科学技术出版社.

台湾实验动物学会. 2001. 实验动物管理与使用指南.

田克恭, 贺争鸣, 刘群, 顾小雪. 2015. 实验动物疫病学. 北京: 中国农业出版社.

夏长友, 陈洪岩. 2008. SPF 禽饲养管理与质量控制技术. 哈尔滨: 东北林业大学出版社.

夏春. 2005. 水生动物疾病学. 北京: 中国农业大学出版社.

徐国景, 唐利军, 易工城, 孔丽佳. 2008. 实验动物管理与实用技术手册. 武汉: 湖北科学技术出版社.

徐平. 2007. 实验动物管理与使用操作技术规程. 上海: 上海科学技术出版社.

张奇亚, 桂建芳. 2008. 水生病毒学. 北京: 高等教育出版社.

张耀州. 2008. 家蚕生物反应器. 杭州: 浙江大学出版社.

周文伟, 石巧娟, 施张奎, 萨晓婴. 2009. 45 代 Z: ZCLA 长爪沙鼠生长繁殖性能的研究. 医学研究杂志, 38(7): 58-61.

Ashburner M, Golic KG, Hawley RS. 2005. *Drosophila*: A Laboratory Handbook. 2nd ed. New York: Cold Spring Harbor Laboratory Press.

Ball RS. 2006. Issues to consider for preparing ferrets as research subjects in the laboratory. ILAR J, 47(4): 348-357.

Bert H, James K. 2010. The UFAW Handbook on the Care and Management of Laboratory and Other Research Animals. New York: Wiley-Blackwell.

Claassen V. 1994. Neglected factors in pharmacology and neuroscience research. *In*: Huston JP. Techniques in the Behavioral and Neural Sciences, Vol. 12. Amsterdam: Elsevier Science: 422-459.

Driscoll CA, Macdonald DW, O'Brien SJ. 2009. From wild animals to domestic pets, an evolutionary view of domestication. Proc Natl Acad Sci, 106(Suppl 1): 9971-9978.

Grandin T. 1997. Assessment of stress during handling and transport. Journal of Animal Science, 75: 249-257.

ILAR. 2012. 实验动物饲养管理和使用手册. 8 版. 王建飞, 等译. 上海: 上海科学技术出版社.

Khan N, Umrysh B. 2008. Improving animal research facility operations through the application of lean principles. ILAR e-Journal, 49e: 15-22.

Malaga CA, Weller RE, Montoya E, Moro J, Buschbom RL. 1991. Mortality and body weight changes in *Aotus nancymai* shipped from Iquitos, Peru to Richland, Washington. Journal of Medical Primatology, 20: 6-11.

Moberg G. 2000. Biological response to stress: implications for animal welfare. *In*: Moberg G, Mench J. The Biology of

Animal Stress: Basic Principles and Implications for Animal Welfare. Oxford: CAB International: 1-21.

Moberg G, Mench J. 2000. The Biology of Animal Stress: Basic Principles and Implications for Animal Welfare. Oxford: CAB International.

Reilly J. 1998. Variables in animal based research: Part 2. Variability associated with experimental conditions and techniques. ANZCCART News, 11(1): Insert 1-12.

Robinson V, Morton DB, Anderson D, Carver JFA, Francis RJ, Hubrecht R, Jenkins E, Mathers KE, Raymond R, Rosewell I, Wallace J, Wells DJ. 2003. Refinement and reduction in production of genetically modified mice. Laboratory Animals, 37(Suppl 1): 1-51.

SCAHAW. 2002. The Welfare of Animals During Transport(details for horses, pigs, sheep and cattle). Health and Consumer Protection Directorate-General, European Commission. http: //www.europa.eu.int/comm/food/fs/sc/scah/out71_en.pdf [2015-10-12].

SCAHAW. 2004. The Welfare of Animals During Transport(broilers and hens; turkeys; ducks, geese, pigeons and quail; ostrich & other ratites; deer; reindeer; rabbits; dogs & cats; rodents & primates; fish; exotics). European Food Safety Authority, European Commission.

Tuli JS, Smith JA, Morton DB. 1995. Stress measurements after transportation. Laboratory Animals, 29: 132-138.

Wallace ME.1976. Effects of stress due to deprivation and transport in different genotypes of house mouse. Laboratory Animals, 10: 335-347.